明清民国时期
关中-天水地区城市水利研究

王挺 著

图书在版编目（CIP）数据

明清民国时期关中－天水地区城市水利研究 / 王挺著
. -- 北京 ：社会科学文献出版社，2024. 4
国家社科基金后期资助项目
ISBN 978－7－5228－3087－2

Ⅰ. ①明… Ⅱ. ①王… Ⅲ. ①城市水利－水利史－研究－中国－明清时代－民国 Ⅳ. ①TV－092

中国国家版本馆 CIP 数据核字（2024）第 019314 号

国家社科基金后期资助项目
明清民国时期关中－天水地区城市水利研究

著　　者 / 王　挺

出 版 人 / 冀祥德
责任编辑 / 周　琼
文稿编辑 / 梅怡萍
责任印制 / 王京美

出　　版 / 社会科学文献出版社 · 马克思主义分社（010）59367126
地址：北京市北三环中路甲 29 号院华龙大厦　邮编：100029
网址：www. ssap. com. cn
发　　行 / 社会科学文献出版社（010）59367028
印　　装 / 三河市龙林印务有限公司

规　　格 / 开　本：787mm × 1092mm　1/16
印　张：35. 75　字　数：559 千字
版　　次 / 2024 年 4 月第 1 版　2024 年 4 月第 1 次印刷
书　　号 / ISBN 978－7－5228－3087－2
定　　价 / 185. 00 元

读者服务电话：4008918866

国家社科基金后期资助项目
出版说明

后期资助项目是国家社科基金设立的一类重要项目，旨在鼓励广大社科研究者潜心治学，支持基础研究多出优秀成果。它是经过严格评审，从接近完成的科研成果中遴选立项的。为扩大后期资助项目的影响，更好地推动学术发展，促进成果转化，全国哲学社会科学工作办公室按照“统一设计、统一标识、统一版式、形成系列”的总体要求，组织出版国家社科基金后期资助项目成果。

全国哲学社会科学工作办公室

目　录

第二篇 城市用水的环境与供应

第三篇 城市水灾的特征与应对

第四篇　城市水体的营建与功能

绪　论

一　选题缘起与意义

安全、清洁、健康、宜居、美丽的人居环境是人类社会共同的向往与追求。未来世界可能将是城市的世界，城市将成为最主要的人居环境，人们“之所以聚居在城市里，是为了美好的生活”。[①] 2018 年，世界人口的 55% 居住在城市，预计到 2050 年，世界将有 68% 的人口居住在城市。[②]在城市中，水一直是生产、分配和消费的关键性力量，是城市建设、发展和治理不可分割的重要组成部分。[③] 随着当前城市化进程的加快，“看海”“黑臭”等城市水问题较为突出，并成为 21 世纪国际社会争论激烈的城市问题之一，尤其是在发展中国家。[④] 如何治理城市水问题，如何营建城市人居水环境，已成为当今国际社会高度关注的重要问题。

随着我国城市经济的繁荣发展和城市化迈进“新常态”，“乡村中国”在逐步转变为“城市中国”。与此同时，“我国水安全已全面亮起红灯”，“水已经成为了我国严重短缺的产品，成了制约环境质量的主要因素，成了经济社会发展面临的严重安全问题”。[⑤] 近几十年来，我国城市水灾、缺水、水体黑臭等水问题显现，已成为制约我国城市建设发展的重要因素。2006 年以来，我国每年受淹城市均在 100 座以上，2008—

① 〔美〕刘易斯·芒福德：《城市文化》，宋俊岭等译，郑时龄校，中国建筑工业出版社，2009，第 517 页。

② United Nations，World Urbanization Prospects：The 2018 Revision［Key Facts］，available at https：//population. un. org/wup/Publications/Files/WUP2018 - Key Facts. pdf，最后访问日期：2021 年 9 月 9 日。

③ 〔英〕肖恩·埃文：《什么是城市史》，熊芳芳译，北京大学出版社，2020，第 91 页。

④ 王兴会：《21 世纪发展中国家城市水问题浅析》，《水利发展研究》2003 年第 4 期，第 38—41 页；Juha I. Uitto 等：《城市用水：21 世纪的挑战》，江东、王建华译，《世界科学》1999 年第 5 期，第 29—30 页。

⑤ 中共中央文献研究室编《习近平关于社会主义生态文明建设论述摘编》，中央文献出版社，2017，第 53 页。

2010 年 3 年间，全国共有 62% 的城市发生过内涝事件，其中发生次数在 3 次以上的城市达 137 座。[①] 近些年来，我国城市内涝依然经常出现，灾情严重者如 2012 年 7 月 21 日的北京水灾、2021 年 7 月 20 日的郑州水灾等等。除短时间的城市"看海"外，城市用水资源的长期短缺问题同样较为严峻。截至 2014 年，全国 657 座城市中有 300 多座属于联合国人居署评价标准的"严重缺水"和"缺水"城市。[②] 此外，在城市化进程中，我国城市也存在水体环境问题，一些城市存在不同程度的黑臭水体。当前，无论是城市新建，还是旧城扩展，对城市水环境可能都是巨大的压力和挑战。

针对当前我国城市水问题的现状，加强城市水利基础设施建设，整治、改善城市人居水环境，是当前城市建设的一项重要工作。从城市水问题的复杂性和城市水问题治理的紧迫性来看，城市水问题的治理需要具备系统思维，有必要"从更纵深的历史尺度来看待城市水问题的产生与演化，把当前城市水问题的治理规划置于城市全生命期中去衡量"。[③] 通过回顾历史时期的城市水利实践，总结历史时期城市与水环境互动的经验与教训，从中找出城市水问题难以解决的症结所在，这是一项十分重要的基础研究工作。当前城市大多数是历史城市在时空上的延续和发展。习近平总书记指出，"我们必须认识、尊重、顺应城市发展规律，端正城市发展指导思想，切实做好城市工作"，"城市工作中出现这样那样问题，归根到底是没有充分认识和自觉顺应城市发展规律"。[④] 因此，充分认识城市在历史时期与水环境的互动关系，对当下城市的建设发展具有一定的启示价值。有些历史时期遗留下来的城市水利工程，在当下的城市建设中，依然可以发挥重要作用，依然可以有效解决当前的城市水问题，如已逾千年的江西赣州城福寿沟至今仍为

① 王浩等：《我国城市水问题治理现状与展望》，《中国水利》2021 年第 14 期，第 4—7 页。

② 《全国 657 个城市中 300 多个喊"渴"——10 年来城市用水规律已发生显著变化，节水城市建设需加速跑》，《劳动报》2014 年 5 月 18 日，第 1 版。

③ 王浩等：《我国城市水问题治理现状与展望》，《中国水利》2021 年第 14 期，第 4—7 页。

④ 中共中央党史和文献研究院编《十八大以来重要文献选编》（下），中央文献出版社，2018，第 78—79 页。

旧城区的排水干道。[①]

我国人居环境科学的创建者吴良镛院士指出，通过“审视中国人居发展过程中的历史事实和当代中国人居的发展特点与主要矛盾，挖掘人居主要特征及其演进规律，为当代人居建设提供历史智慧，为未来中国人居乃至全球人居的发展模式提供中国经验”。[②] 本书则通过抓住“水”这个影响城市建设发展的关键要素，考察我国历史时期的城市水环境与城市水利实践，探讨我国历史时期城市与水环境的互动关系，旨在为当下的城市人居水环境营建提供历史依据，助力我国当前水生态文明城市的创建。

二 前人研究评述

历史城市水利研究是指涉及历史时期城市建设发展与水环境互动关系的相关研究。20 世纪 80 年代以来，该类研究随着我国城市水利科学的发展取得重要进展，涉及的研究内容主要包括：城市选址与水环境的关系、城市用水问题与供水方式、城市水灾问题与应对措施、城市水系水体的营建与演变等等。为了叙述方便和直接引出本研究，关于 20 世纪 80 年代以来我国历史城市水利研究的详细回顾见本书附录 1，我们在此直接展示最后的评述部分。

（一）从研究对象来看

微观个案研究可以弄清所研究城市在历史时期是如何处理与水环境的互动关系的，对所研究城市现在以及未来的建设发展具有一定的借鉴和指导作用。目前，微观个案研究虽然涉及城市水利的各个方面，甚至一项研究同时涉及城市水利多方面内容乃至进行全方位的整体考察，但在研究对象选取方面仍存在一些问题。首先，个案研究仅限于研究对象本身，就个案论个案，研究中呈现出来的某些问题，往往只有上升到区域层面才能解释清楚。从个案上升到区域，是解决个案研究中许多难以解释问题的重要方法。其次，个案研究所青睐的对象往

---

① 吴庆洲：《龟城赣州营建的历史与文化研究》，《建筑师》2012 年第 1 期，第 64—73 页；Q. Wu, “Study on Urban Construction History and Culture of the Tortoise City of Ganzhou,” *China City Planning Review* 4 (2011): 64 - 71。

② 吴良镛：《中国人居史》，中国建筑工业出版社，2014，第 3 页。

往是一些古都、历史文化名城，其原因在于这些城市的行政地位较高、经济发达、研究资料（包括考古材料）丰富，在当下仍然是相当重要的城市。这种研究对象的选择趣向往往忽视了那些可能存在卓越城市水利实践的普通城市（主要是今天的中小城市），忽视了对这些城市所蕴藏的独特历史经验与教训进行总结。正如日本学者斯波义信针对当前中国城市史研究现状而发出的疑问："相对了解的是首都、省城和大的府州城，而对于起着行政都市'常数'作用的县城，不知为何没有详细调查其形状、面积、人口构成、人们的职业构成、文武部门以及文化宗教设施。"[①] 无论是古都、历史文化名城，还是普通中小城市，城水互动一直贯穿着每座城市建设发展的始终。普通中小城市占我国城市总数的比例要远高于古都和历史文化名城，甚至可以说是中国城市的主体部分。所以，在探讨历史时期城市与水环境的互动关系时，我们不仅要关注古都、历史文化名城，而且要关注广大中小城市，以便发现其中蕴藏的"普遍性"。

基于历史时期我国全体城市视角的宏观整体研究，虽取得重要成绩，但尚未出现关于城市水利各方面内容整体探讨的综合性论著。郑连第的《古代城市水利》一书可以说做出了开创性贡献，但相比"城市水利"所囊括的范围与内容，该书主要探讨的是古代城市水利工程（尤其是引水工程）的功能和成就。与郑著相比，熊达成、郭涛的《中国水利科学技术史概论》和郭涛的《中国古代水利科学技术史》涉及的历史城市水利内容虽然有所扩展，包括城市供水、城市防洪、城市水运等方面，但还是没有涉及城市水利内容的全貌。可喜的是，关于历史城市水利某一方面的宏观整体研究在持续深入，在之前主要研究古都和历史文化名城的基础上，涉及的城市案例正在不断拓展。例如，吴庆洲的《中国古城防洪研究》是一部关于我国古代城市防洪研究的力作，将中国古代城市防洪研究从个案的积累上升到以流域为线索的系统梳理。[②] 杜鹏飞和黄立人则探讨了现代中国之前的我国城市供水整体情况，总结了中国古代

① 〔日〕斯波义信：《中国都市史》，布和译，北京大学出版社，2013，第225—226页。
② 冯江：《建步立亩与精耕细作——吴庆洲教授的建筑教育之道》，《城市建筑》2011年第3期，第40—42页。

城市供水的主要措施，并概述了19世纪末西方供水技术如何传入中国。[①]这些研究的不断推进，为将来撰写整体全面的历史城市水利综合性论著奠定了基础。

基于地理单元或行政单元的中观区域研究，与宏观整体研究相比，涉及的案例要广得多，尤其涉及区域内的中小城市。不过，在城市水利内容层面，目前中观区域研究在城市水灾及其应对方面的成果最为丰富，在其他方面的成果相对较少，而全面整体性研究则更少。相比宏观整体研究，我们认为当下开展中观区域研究更为必要：（1）中观区域研究对微观个案研究有重要意义。有些个案研究无法解决的问题，上升到区域层面，可能迎刃而解。在个案研究开展的同时，从区域性视角反观个案，往往会得到更深层次的认识。（2）我国地理环境与城市文化的地区性会造成历史时期各地区城市水利的差异性。与当下相比，历史时期人们在解决城市水问题、营建城市人居水环境时，可能会更多地考虑当地的环境和文化背景，故各地区的城市水利具有各自的地区特色。（3）中观区域研究的开展，无论是对城市水利某一方面的宏观整体研究，还是对城市水利多方面的宏观整体研究，都是一项基础性工作。

这里还需重点指出的是，无论是宏观整体研究，还是中观区域研究，在案例选取方面仍然需要进一步思考，具体体现在两个方面。

其一，既往这两类研究主要基于对古都、历史文化名城或大城市的考察。那么，这些古都、名城或大城市是否具有典型性或代表性？研究得出的结论能否代表众多的普通城市？所谓“典型”或“代表”案例，是指那些具有普遍性的案例，是指那些具备地区城市水利问题共性的案例。我们不能因城市的行政级别较高或者是历史文化名城，就认为其具有典型性或代表性。实际上，这些城市有时可能是特殊个案，而越具有特殊性的个案越缺乏典型性。反之，那些越缺乏特殊性的普通城市，越有可能是比较理想的典型案例。所以，正如斯波义信指出的：“在中国城市史研究方面，通常认为：用长安、洛阳、北京之类模式足以千篇一律地概括中国城市的全部，这种观念堪称根深蒂固，因此难以有普遍意义

① P. Du, A. Koenig, “History of Water Supply in Pre-modern China,” in A. N. Angelakis, et al., *Evolution of Water Supply Through the Millennia* (London: IWA Publishing, 2012), pp. 169 -226.

上的真正的城市论，或城市形态论、城市生态论方面的科学研究。”[①] 既然“只看长安或北京无法了解中国的都市史”，[②] 那么只看这些古都、历史文化名城或者大城市，也无法真正了解我国历史时期的城市水利。

其二，这两类研究关注的区域范围一般比较大，那么，选取的有限案例是否能够代表整个区域？既往宏观整体研究选取的案例多数集中在我国东、南部丰水地区，[③] 对西北内陆地区的城市涉及较少；中观区域研究在选取城市案例时，相对容易一些，但仍然会产生所选案例能否代表所研究区域的疑问。当然，对于一个国家或一个区域来说，对内部所有城市进行逐个分析，这在理论上虽然可行，但实际操作却非常困难，工作量极大。鉴于此，我们认为，在进行宏观整体研究和中观区域研究时，研究者应当对所研究区域进行适当分区，甚至分区里面再分区，然后再寻找分区里面的典型案例进行个案研究。基于这些典型案例研究，才有可能总结出城市水利的地域性特征和总体性特征。当然这种研究思路是否可行，还需进一步探讨。

（二）从研究内容来看

习近平总书记曾强调，“治水要良治，良治的内涵之一是要善用系统思维统筹水的全过程治理，分清主次、因果关系，找出症结所在”。[④] 城市水利建设往往是一个系统工程，城市水利各个方面的关系十分紧密，故整体全面的系统考察或综合研究有助于发现城市水问题产生的症结所在。虽然目前关于历史城市水利的各个方面均得到不同学科领域的广泛关注，呈现多元繁荣局面，但对城市水利各个方面内在联系的整体性考察和总体性反思并不多见。

自20世纪80年代以来，我国水利史、历史地理学、建筑史、环境

---

① 〔日〕斯波义信：《宋代江南经济史研究》，方健、何忠礼译，虞云国校，江苏人民出版社，2001，第350页。

② 〔日〕斯波义信：《中国都市史》，封底。

③ 我国东部、西南部外流流域分布有多年平均径流量在300亿立方米以上的主要河流11条，整个外流域面积约占全国总面积的63.7%，而年径流量却占全国年径流总量的95.4%；西北内陆流域面积占全国总面积的36.24%，而年径流量仅占全国年径流总量的4.55%。参见顾朝林《中国城镇体系——历史·现状·展望》，商务印书馆，1992，第377—378页。

④ 《习近平关于社会主义生态文明建设论述摘编》，第54页。

史、城市史等学科分别开展历史城市水利相关方面的研究，取得重要进展，但具有整体视角、系统思维的研究则有待进一步推进。水利史界虽最先提出“城市水利”的概念，并对其内涵不断界定，但重点关注的是历史时期城市水利工程的营建，并对其经验进行总结。在《中国古代水利科学技术史》一书中，郭涛先生专门讨论了我国古代的城市水利，对城市供水、城市防洪、城市水运交通三个方面进行案例研究，但没有涉及城市排水、城市水系水体、城市水资源管理、城市水体环境等方面。[①] 历史地理学界关注历史城市水利的时间相对较早，是 20 世纪 80 年代以来相关研究成果较为丰富的学术领域。其研究主要集中在城市供水、城市河湖水体演变、城市水体环境等方面，近些年来开始涉及城市防洪方面，但对城市雨洪排蓄方面关注较少。以吴庆洲先生为代表的建筑史学者主要是对历史时期的城市防洪、城市水系等方面有广泛而深入的研究。与上述学科领域相比，环境史界关注历史城市水利研究相对较晚，而且主要关注的是城市水体环境的演变，其他方面近些年来逐渐有所涉及。

在国外，历史城市水利研究一直是“水历史”研究的重要组成部分。20 世纪 70 年代以后，随着全球环境问题的突出和水危机的加重，国际学术界的“水历史”研究逐渐突破传统的“水利史”或“水科技史”研究阶段，不再局限于关注人类历史上水利工程的发展与相关技术的进步，而是基于历史的视野，采用多学科的研究方法，全面系统地研究历史上人类与水的互动关系，并从中吸取经验教训。[②] 在这种研究趋势的带动下，许多学术团体和学术组织应运而生。值得注意的是，2001 年，国际水历史学会（International Water History Association，IWHA）在联合国教科文组织政府间水文计划（UNESCO－IHP）政府间理事会的倡导与协调下成立，旨在促进水历史的研究与应用；2006 年 10 月 28 日至 30 日，国际水协会（International Water Association，IWA）第一届古代文明中水与废水技术国际研讨会（The 1st IWA International Symposium on

① 郭涛：《中国古代水利科学技术史》，中国建筑工业出版社，2013，第 254—277 页。

② 郑晓云：《国际水历史科学的进展及其在中国的发展探讨》，《清华大学学报》（哲学社会科学版）2017 年第 6 期，第 77—86、195 页；郑晓云：《关于水历史》，《光明日报》2014 年 1 月 8 日，第 16 版；郑晓云：《近年来国际上水历史研究的进展与关注》，载中国水利学会水利史研究会编《2013 年中国水利学会水利史研究会学术年会暨中国大运河水利遗产保护与利用战略论坛论文集》，2013，第 417—419 页。

Water and Wastewater Technologies in Ancient Civilizations）成立了古代文明中水与废水技术专业委员会（Specialist Group on Water and Wastewater Technologies in Ancient Civilizations），其目的在于用历史的眼光重新评价古代文明中水与废水管理方面的卓越成就，并借此为目前和未来的国际水问题的解决提供一些可行性方案。国际水历史研究的活跃，不仅反映了国外学界对继承历史时期人类管理水资源和治理水问题经验的重视，也反映了当前水问题的解决亟须汲取历史时期的经验与智慧。[①] 虽然自20世纪80年代初我国水利史界提出“城市水利”概念以来，我国历史城市水利研究已经取得丰硕的成果，但有必要进一步关注和响应国际水历史界的相关研究，即用系统思维整体探讨历史上城市与水的互动关系。

综上，我们认为，当前我国历史城市水利研究在研究对象层面，应当继续以“解剖麻雀”的方式拓展历史时期中小城市的个案研究，有必要加大中观区域层面综合性研究的力度，持续深化历史城市水利各个方面的宏观整体性研究；在研究内容层面，城市水问题的治理是一个系统性工程，城市水利各方面之间的联系非常紧密，应该围绕城市建设发展与水环境的互动过程，开展历史城市水利的全方位研究和总体性反思。

三 研究对象的选择

鉴于当前微观个案研究的现状，我们主张将个案研究上升到区域层面来探讨，同时加大“不知名”中小城市的研究力度，而不仅限于“名城”；鉴于目前宏观整体研究和中观区域研究需要反思案例选取的“典型性”问题，我们主张进行中观区域城市群体研究，对区域内部所有城市进行整体考察，从而识别城市案例的典型性、代表性和特殊性。这种研究对象的选取思路，不仅出自学术史的分析，更是出自学理上的内在要求，即以“区域”的视角探究城市水利。以“区域”的视角探讨城市问题，一直是城市、建筑学界所提倡的。早在20世纪初，城市科学已孕育着区域理论。城市规划学的先驱格迪斯（P. Geddes，1854－1932）率

① 郑晓云：《国际水历史科学的进展及其在中国的发展探讨》，《清华大学学报》（哲学社会科学版）2017年第6期，第77—86、195页。

先提出聚集区理论和区域观念。[1] 随后，美国建筑师斯坦因（C. Stein，1882－1975）提出“区域性城市”理论；著名城市理论家芒福德（L. Mumford，1895－1990）也提出“区域整体性理论”，主张大中小城市相结合，并认为“真正成功的城市规划必须是区域规划”，研究城市的发展不可能离开区域而就城市论城市。[2] 至20世纪60年代，施坚雅（G. W. Skinner，1925－2008）提出区域体系的分析方法，将19世纪中国的城市划分为九大区域。[3] 后来，著名建筑学家吴良镛先生提出“地区建筑学”的概念，认为中国城市建设与建筑文化的地区性是一条内在的规律，[4] 主张研究人居环境科学要树立区域的观念。城市人居环境历史的研究同样需要“区域”的视角。吴良镛先生认为，在城市史研究过程中，要重视中国城市发展的区域性和综合性。[5] 作为城市史研究重要内容的城市水利，理应需要进行“区域”性关注，因为不同地区历史时期城市与水环境的互动均是基于当地自然环境和历史文化而展开的。

基于上述讨论，我们选择明清民国时期关中－天水地区的城市群体作为研究对象。之所以选择关中－天水地区，主要基于以下考虑。

第一，历史地位。关中－天水地区是中华民族的发祥地之一，是周、秦二族发源、发展、建国、立都之地。早在秦汉时期，该地区就已经形成城市群雏形。[6] 陈述彭先生等在分析我国城镇化的历史文化背景时，根据地理条件的差异列有12个城市群，认为它们与中华民族多元古文化有深刻的历史渊源，其中关中－天水地区城市群属西周、汉、唐古文化区。[7]

---

① 《从城市概念到区域概念——城市科学与区域科学》，载《吴良镛城市研究论文集——迎接新世纪的来临（1986—1995）》，中国建筑工业出版社，1996，第60—67页。

② 吴良镛：《人居环境科学导论》，中国建筑工业出版社，2001，第13页。

③ 〔美〕施坚雅主编《中华帝国晚期的城市》，叶光庭等译，中华书局，2000，第242—297页。

④ 吴良镛：《建筑文化与地区建筑学》，《华中建筑》1997年第2期，第13—17页。

⑤ 吴良镛：《中国城市史研究的几个问题》，《城市发展研究》2006年第2期，第1—3页。

⑥ 肖爱玲、朱士光：《关中早期城市群及其与环境关系探讨》，《西北大学学报》（自然科学版）2004年第5期，第615—618页。

⑦ 陈述彭等：《数字城市建设的本土化》，载赖明、王蒙徽主编《数字城市的理论与实践：中国国际数字城市建设技术研讨会暨21世纪数字城市论坛》，世界图书出版公司，2001，第5—12页。

第二，问题显著。虽然水环境问题是历史时期关中－天水地区城市发展的重要制约因素，但学界对该地区历史城市水利研究仍显薄弱，缺乏区域层面的整体探讨。就该地区最大城市西安而言，城市给水问题汉唐时期就已经存在。20 世纪 50 年代以来，学界不断考察历史时期西安城的民生用水问题及其解决措施，并为西安城今后水源的利用与开发提出了诸多建议。[①] 然除西安城外，关中－天水地区其他城市尚未得到学界足够的关注，以致目前对历史时期关中－天水地区的城市水环境问题及其治理，整体上并不清楚。

第三，现实关怀。城市群是当今世界城市和区域发展的主流和大趋势。2005 年《中共中央关于制定国民经济和社会发展第十一个五年规划的建议》首次提出"把城市群作为推进城镇化的主体形态"，2014 年《国家新型城镇化规划（2014—2020 年）》最终明确"把城市群作为主体形态"。[②] 在此期间，2009 年，国务院新闻办公室发布规划建立"关中－天水经济区"，旨在将其建设成西部及北方内陆地区的"开放开发龙头地区"。其中，城市化水平的提高是关中－天水经济区规划的六大发展目标之一。[③] 在"一带一路"倡议背景之下，2018 年 1 月国务院正式批准《关中平原城市群发展规划》，规划期为 2017—2035 年。这不仅是《关中－天水经济区发展规划》的升级换代，还是对城市化在该经济区可持续发展中根本路径判断的高度认可。[④] 值此规划实施之际，研究历史时期关中－天水地区的城市水利，对该地区目前及未来的城市水利规划建

---

① 主要研究成果有黄盛璋《西安城市发展中的给水问题以及今后水源的利用与开发》，《地理学报》1958 年第 4 期，第 406—426 页；马正林《由历史上西安城的供水探讨今后解决水源的根本途径》，《陕西师范大学学报》（哲学社会科学版）1981 年第 4 期，第 70—77 页；史念海《论西安周围诸河流量的变化》，《陕西师范大学学报》（哲学社会科学版）1992 年第 3 期，第 55—67 页；包茂宏《建国后西安水问题的形成及其初步解决》，载王利华主编《中国历史上的环境与社会》，生活·读书·新知三联书店，2007，第 259—276 页。

② 刘士林：《城市中国之道——新中国成立 70 年来中国共产党的城市化理论与模式研究》，上海交通大学出版社，2020，第 97—98 页。

③ 《国家发展改革委关于印发关中－天水经济区发展规划的通知》，https://www.ndrc.gov.cn/xxgk/zcfb/ghwb/200907/t20090703_962101.html，最后访问日期：2021 年 9 月 9 日。

④ 李忠民、姚宇主编《中国关中－天水经济区发展报告（2018—2019）》，中国人民大学出版社，2022，第 37 页。

设应该具有一定的参考价值。

需要说明的是，本书关注的“关中－天水地区”与“关中－天水经济区”“关中平原城市群”在地理范围上存在一定差别。本书从地理环境和历史文化背景出发，所关注的“关中－天水地区”实际上是关中－天水经济区的渭河流域地区，即关中地区和天水地区，不包括商洛地区。商洛地区位于秦岭以南，无论是地理环境，还是历史文化背景，都与渭河流域地区存在一定的差异。至于关中地区与天水地区，二者在地理环境背景方面较为一致，且二者历史时期在政治、经济、文化上具有紧密联系。[①] 从现实意义看，本书关注的关中－天水地区城市群体是最新规划的“关中平原城市群”的主体部分，并占据其中心区域。[②]

之所以选择明清民国时期，是因为本书主要关注关中－天水地区城市水利现代化建设之前，传统城市是如何与水环境发生互动的，是如何治理城市水环境问题的。研究时间起讫点的确定理由，具体如下。

第一，根据城市水利发展的性质，将研究时间的下限定在新中国成立之际。英国著名历史学家阿诺德·汤因比将历史进程中的城市分为静态传统城市和动态变化的机械化城市，“与工业革命同步的机械化城市与所有较早类型的城市之间的差异是等级的差异”。[③] 自从晚清现代化潮流冲击中国以来，我国城市改良运动随之而起，传统城市开始走向机械化城市，但集中表现在中东部地区。至于西北地区，少数大城市或许受到这一运动影响，广大中小城市受影响较小，依然是静态传统城市。就外观而言，静态传统城市一般是有城墙环绕的，而近代机械化城市则突破了城墙的束缚。[④] 到20世纪五六十年代，关中－天水地区各中小城市才开始拆除城墙，逐步突破原来的城市格局，开始进行现代化建设。就城市水利现代化而言，新中国成立之前关中－天水地区城市一直处于传统水利时期，缺乏对城市水问题的现代化治理。除西安等少数城市外，该地区大多数城市是在新中国成立之后才开始逐步迈进城市水利现代化建

① 李建国：《关中与天水历史渊源考——关中－天水经济区的历史阐释》，《陕西教育学院学报》2012年第2期，第75—79页。

② 国家发展改革委、住房城乡建设部：《关中平原城市群发展规划》，2018年1月。

③ ［英］阿诺德·汤因比：《变动的城市》，倪凯译，上海人民出版社，2021，第133、149页。

④ ［英］阿诺德·汤因比：《变动的城市》，第7页。

设阶段的。比如城市供水方面，该地区最早使用自来水的应该是西安城，始于1952年10月，[①] 大多数城市是在20世纪五六十年代才开始使用自来水，有些城市甚至延后至七八十年代才开始。[②] 再如城市排水方面，除西安等少数城市在新中国成立前已有现代意义上的城市排水设施外，大多数城市是从20世纪五六十年代才开始营建现代化排水设施的，有些城市甚至迟至七八十年代才开始。鉴于关中－天水地区城市水利现代化建设的开启时间并不一致，我们很难选择一个固定的年份来作为本研究的时间下限。为叙述方便，我们在进行区域整体研究时，将研究时间下限定在1949年。但在进行专题研究或个案研究时，时间下限可能延后至20世纪五六十年代。总之，在新中国成立之前，关中－天水地区城市总体上处于静态传统城市阶段，城市水利实践的性质较为一致，没有发生质的变化。

第二，根据关中－天水地区城址的选定情况，将研究时间的上限定在明初。经调查，在关中－天水地区开启城市现代化建设之前，主要有46座城市。[③] 当然，中国历代王朝并无设市标准的具体规定，我们大体上将建有县级以上治所（含县级治所）的城邑作为城市。[④] 故本书考察的46座城市，即关中－天水地区各级治所所在的城邑——治所城市，其类型包括会城、府城、州城和县城。这些治所城市不仅是不同等级的统治中心，同时也具有不同程度的经济职能，还是不同级别的文化中心。[⑤] 其中，作为城市"常数"的县城占总数的大多数，而这些县城正是考察

① 在民国时期，西安城曾兴办自来水事业，但以失败告终。具体情况参见程森《民国西安的日常用水困境及其改良》，载中国古都学会编《中国古都研究》（第28辑），三秦出版社，2015，第92—107页；李梦扬《民国时期西安自来水事业建设》，硕士学位论文，陕西师范大学，2018。

② 经调查，凤翔、武功、临潼、蒲城、华阴、华县等城均到20世纪80年代才建成自来水。另外，自来水设施建成之后，并不能马上成为城市民生用水的主要来源，还需经过一定时间的推广普及。例如，清水城使用自来水始于1975年，到1986年成立县自来水公司，县城居民才全部使用自来水。天水城使用自来水始于1957年，但到90年代初才普及自来水。

③ 需要说明的是，1929年，析朝邑县东部黄河滩地于大庆关城置平民县，属陕西省，后于1950年撤销，并入朝邑县。鉴于大庆关城、平民镇作为平民县治所时间较短，本书不涉及该二城。

④ 庄林德、张京祥编著《中国城市发展与建设史》，东南大学出版社，2002，第161页。

⑤ 吴良镛：《中国建筑与城市文化》，昆仑出版社，2009，第153页。

区域性城市全貌时必须要关注的。[①] 据本书第一章考证发现，在关中－天水地区开启现代化建设前存在的46座城市中，绝大多数城市（近九成）在明代之前城址已经选定，并且绝大多数城市（近九成）城址延续至今，而今天关中－天水地区大体有八成城市是在明清民国时期城址的基础上逐步发展起来的。

四 本书关注的问题

通过评述20世纪80年代以来我国历史城市水利研究，根据明清民国时期关中－天水地区城市水利的实际情况，本着系统思维和整体观照，本书关注的主要问题分为四个方面，即本书的四篇。

第一篇：城址的选定与水环境

要想营建卓越的城市人居水环境，城址的选择至关重要。城址的选择与迁徙虽受政治、经济、军事以及自然环境等多种因素的影响，但有学者认为自然环境因素是中国古代城市选址首先注重的因素。[②] 在众多的自然环境因素中，水环境因素尤其不可忽视，城址选定之后城市的建设发展与其所具备的水环境关系极为密切。“水用足”“沟防省”等目标是我国历史时期城市人居环境建设一直追求的。因城址的选定是城市建设发展的前提，故城市选址与水环境的关系可以说是历史城市水利研究的首要议题。

早在先秦时期，周、秦二族在关中－天水地区先后营建了一批都邑聚落。在这些都邑的选址过程中，城址的选定与水环境的关系已经得到高度重视。《诗经·大雅·公刘》载，“逝彼百泉，瞻彼溥原，乃陟南冈，乃觏于京”，“相其阴阳，观其流泉”，说的就是周族首领公刘带领族人在有“百泉”之便的豳地营建城邑的情景。清顺治《邠州志》对公刘选择城址时重视水环境解释道：“自古郡邑之建，必先视其泉之所在。若公刘创京于豳之初，相其阴阳，观其流泉，先卜其井泉之垣，而后居之也。”[③] 那么，在现代化建设之前的历史时期，关中－天水地区的城址

① 〔日〕斯波义信：《中国都市史》，第2页。

② 田银生：《自然环境——中国古代城市选址的首重因素》，《城市规划汇刊》1999年第4期，第28—29、13、79页。

③ 顺治《邠州志》卷四《艺文·撰记》，顺治六年刻本，第12页a。

在选定过程中与水环境有着怎样的关系？这是我们考察明清民国时期关中－天水地区城市水利的首要问题。关乎此，本篇开展如下工作：(1) 对现代化建设之前关中－天水地区存在的46座城市的城址选定时间进行逐个考证，统计分析这些城址选定时间的分布特征，这是本书研究的重要背景。(2) 整体考察历史时期关中－天水地区城址的选定过程，及其与水环境（水资源、水灾害）的关系。(3) 为进一步讨论历史时期关中－天水地区城市选址与水环境的复杂关系，我们选择了一条流域（千河流域）和一个单体城市（潼关城）来开展案例研究。

第二篇：城市用水的环境与供应

当城市落点以后，城市作为人口最为密集的人居环境，其用水问题的解决应作为“首位考虑”。[①] 正如明人项忠所言：“城贵池深而水环，人贵饮甘而用便，斯二者亦政之首务也。”[②] 城市的用水需求主要表现在四个方面：(1) 城市居民的生存生活对水资源的需求。这部分水资源必须得到保障，否则城市无法继续发展，甚至难以生存。(2) 防火、军事防卫对水资源的需求。城市是人群、物质财物、精神产物等集中地，火灾或战争的发生都会给城市生命、财产带来巨大损失。如果具备一定的水资源用于防火防卫，可以在一定程度上减少损失。(3) 城区工农业生产对水资源的需求。一定的水资源是这些工农业生产得以持续发展的重要保障。(4) 城市生态环境对水资源的需求。“城无水不美”已成为公论，钱学森先生提出的“山水城市”重点也在于“水”。城市内部或周围若有一定的湖池水体，那么该城市的环境将得到较大改善。因此，历史城市水利研究需要对城市的用水环境进行分析，包括当地的降水量、地表水资源、地下水资源等等。在此基础上，进一步分析历史时期城市是如何解决用水问题的，即城市供水，包括供水技术、渠道管理、水源分配等等。

在历史时期的关中－天水地区，一些城市在解决用水问题方面曾取

---

① 〔美〕保罗·M. 霍恩伯格、〔美〕林恩·霍伦·利斯：《欧洲城市的千年演进》，阮岳湘译，光启书局，2022，第348页。

② （明）项忠：《新开通济渠记》，明成化元年（1465年）仲秋立，碑存西安碑林博物馆第5展室。参见王其祎、周晓薇《明西安通济渠之开凿及其变迁》，《中国历史地理论丛》1999年第2辑，第73—98页。

得显著成效。譬如古都西安城，其历史时期的供水系统就十分完备，已成为我国古代城市用水问题得到很好解决的样板。自 20 世纪 50 年代以来，历史时期西安城的用水环境、供水工程等方面已得到学界的广泛关注。除西安城以外，该地区其他城市得到关注不多。本篇在前人研究的基础上，对明清民国时期关中 - 天水地区城市的用水环境特征和供水情况进行逐一考察，并从区域层面上进行归纳、总结，同时开展案例探讨，以期为当下该地区城市用水问题的解决提供一些历史依据。本篇关注的学术问题主要有：(1) 明清民国时期关中 - 天水地区城市地下水资源的特征如何？内部存在怎样的差异？(2) 明清民国时期该地区城市供水具有怎样的总体特征和内部差异？(3) 开渠引水入城是历史时期该地区城市用水问题得以解决的重要方式，那么这些引水入城渠道是如何营建的，又是如何进行管理的？(4) 在关注区域层面城市供水问题时，我们发现永寿麻亭故城供水问题的解决较为独特，因而将其作为个案开展微观专题研究。

第三篇：城市水灾的特征与应对

城市缺乏水资源，城市难以发展甚至有衰落的可能。反之，城市也不需要过多的水，无论是城市上空的临时暴雨，还是过境洪水，均会对城市产生剧烈影响。如何应对城市水灾，如何做好城市的障水防洪与雨洪排蓄工作，是城市建设发展过程中不可跨越的议题。[①] 开展长时段的城市水灾研究，分析历史时期城市水灾的特征和原因，有助于发现城市水灾的发生规律；分析历史时期城市障水防洪、雨洪排蓄等措施的合理性和科学性，有助于当前制定正确的城市防洪减灾对策。

关中 - 天水地区城市虽然位居西北内陆，不过在历史时期同样存在较为严重的水灾问题，在障水防洪、雨洪排蓄方面同样做了大量工作。本篇旨在对明清民国时期关中 - 天水地区城市水灾进行区域性整体考察，对区域内每座城市的水灾史料进行系统搜集与整理比对，并据此开展如下工作：(1) 系统整理明以降关中 - 天水地区城市水灾史料（见本书附录 2），并据此分析该地区城市水灾的特征；(2) 梳理总结明清民国时期关中 - 天水地区城市障水防洪的措施；(3) 基于整体考察，以秦州（天

---

① 吴良镛：《中国人居史》，第 440 页。

水）城为例，从长时间尺度来考察城市防洪实践产生的“利”“害”两方面环境效应；（4）整体考察明清民国时期关中－天水地区城市雨洪排蓄情况，并探讨其排蓄效果和地区特性。

第四篇：城市水体的营建与功能

在城市发展史上，城市与自然的分离或陌生，与城市积聚发展进程的推进，是同时进行的。有些城市除了仅存的景观公园和抬头能仰望的星空、云彩外，就“很少能见到自然”了。[①] 这并非人类期盼的理想人居环境，因为“山水林田湖是城市生命体的有机组成部分，不能随意侵占和破坏”。[②] 20世纪80年代，德国、瑞士等国提出了“重新自然化”概念。2015年12月20日，习近平总书记在中央城市工作会议上强调，“城市建设要以自然为美，把好山好水好风光融入城市，使城市内部的水系、绿地同城市外围河湖、森林、耕地形成完整的生态网络。要大力开展生态修复，让城市再现绿水青山”。[③] 要想开展城市生态修复，“重新自然化”，城市水体环境的营建与保护是重中之重。探讨我国历史时期城市水体的营建与功能，分析城市水体的历史演变与人类活动和自然环境之间的关系，从中汲取经验教训，对当前城市水体的营建和保护具有启示意义。

城市水体环境是指城市区域河流、湖池、湿地以及其他水体构成的水生态环境。我国历史时期城市水体大体包括城外的护城河、河流、湖池和城内的河流、沟渠、湖池、坑塘等。与我国东部、南部丰水地区城市相比，关中－天水地区地表水资源相对缺乏，城市水体环境较为简单。本篇将明清民国时期关中－天水地区的城市水体分解为湖池、护城河、泮池三个基本要素，并对这些要素的营建、演变与功能分别进行归纳与总结。具体开展如下工作：（1）梳理明清民国时期关中－天水地区城市湖池的分布情况，探讨当时该地区城市湖池形成的水源类型与功能；（2）搜集整理明清民国时期关中－天水地区城市护城河的营建尺度史料（见本书附录3），探讨当时该地区城市护城河的营建是否存在制度上的规定和影响，并总结当时该地区城市护城河营建的尺度特征、蓄水状况

---

① 〔美〕刘易斯·芒福德：《城市文化》，第291页。

② 《十八大以来重要文献选编》（下），第89页。

③ 《十八大以来重要文献选编》（下），第90页。

与功能演变；（3）归纳明清时期关中－天水地区城市庙学泮池的创建时间特征、表现形式、蓄水方式与水利功能，进而指出庙学泮池在当时该地区城市水系水体营建过程中的重要地位；（4）基于整体考察，选择凤翔东湖与陇州（县）莲池进行比较，以探讨历史时期关中－天水地区城市湖池兴衰演变的过程与原因，并对当前城市湖池的保护提出建议。

上述四个方面体现了城市在建设发展过程中与水环境的互动关系，而且四个方面彼此之间联系紧密。城市营建者首先要处理好城市选址与水环境之间的关系，这决定着城市在建设发展过程中具备怎样的水环境。当城址选定之后，“城市的用水需求与供水”和“城市的水灾威胁与应对”两方面的城水互动，成为城市营建者需要重点考虑的两类城市水利工作，因为这影响到城市的可持续发展。在处理上述两类工作的同时，城市营建者如何开发利用和保护城市水体资源，城市水体资源又如何为城市居民服务，这影响到城市人居环境的品质。总之，鉴于城市与水环境的复杂关系，我们认为历史城市水利研究应具有系统思维、整体思维，即整体全面地探讨历史时期城市与水环境的互动关系。

五 本书的研究方法

（1）在研究资料方面，本书综合运用地方志、碑刻、诗文集、报刊等多方面资料。关于上述资料的种类以及搜集、整理状况，下文将详细介绍。此外，我们多次前往关中－天水地区，对该地区主要城市进行实地考察，印证已经掌握的资料，搜集当地珍藏的原始资料，获取对历史场地的感观认知，从而使相关研究得以顺利开展。比如，我们去西安碑林、陇县档案馆等地开展史料调查，搜集到《新开通济渠记》《民国陇县野史》等重要史料；我们通过对凤翔东湖和陇县莲池的实地考察，对二者的形成与演变有明确的感观认识；当我们看见千阳西河沟、宝鸡金陵河和陇县北河等水体时，感知到古今城市水环境的剧烈变化。

（2）在研究路径方面，本书采用了“逐个分析→归纳总结→案例研究→综合讨论”的方法。如何进行中观区域性城市群体研究？我们认为，应以全面的城市个案研究为基础，但并不是个案研究的简单相加，而是个案研究与区域研究的互相促进。具体而言，首先在区域背景下进行全面的个案考察，逐个分析，然后进行归纳总结，获得初步的区域认识；当区域认识初步形成后，反过来指导、深化案例研究，然后再进行归纳总结。如此反复，深化区域性的总体认识。本书首先对明清民国时期关中－天水地区46座城市进行逐一考察。在此基础上，从前文所列四个方面进行区域层面的归纳总结。其次，选取区域层面的典型案例和特殊案例，对区域内普遍问题和特殊问题进行专题研究。最后，结合区域研究和案例研究，进行综合讨论，提炼出基本认识。

（3）在研究内容方面，本书以问题为中心，采取整体分析方法，进行融贯的综合研究。本书将城市水问题视为一个系统整体，全方位考察历史时期各方面城市水问题及其治理，对历史城市水利进行全面观照。由于城市水问题比较复杂，涉及的学科领域比较多，因此需对多学科研究内容与成果进行综合运用。其实早在20世纪80年代，吴良镛先生便指出，“就城市科学研究来说，已经不是要不要交叉学科的问题，而是今后如何更自觉、更有效地推进与城市有关的交叉学科的研究与发展问题”。[①]

（4）在具体问题分析方面，本书采用了文献考证与分析、计量分析、要素分析、比较研究等方法。文献考证与分析，是指对历史文献进行核对、比较与考证，旨在获取可信的历史信息，并根据这些信息开展研究。计量分析在本书中的应用，主要体现在两个方面：一是城市水灾时空分布的特征分析，二是城市护城河营建尺度的特征分析。要素分析，即将城市这个综合体分解为若干构成要素，然后分别对这些要素进行专题分析。本书关注的城市要素主要包括护城河、庙学泮池、城市湖池、引水渠道、防洪堤坝等。至于比较研究，在区域层面，我们将关中－天水地区与其他地区进行比较，将关中－天水地区分成若干亚区进行比较；在案例层面，我们将关中－天水地区同类型城市进行比较，将关中－天水地区城市与其他地区城市进行比较。

六　采用的主要资料

通过广泛调研国内外相关研究，我们发现，可供历史城市水利研究

① 吴良镛：《关于城市科学研究》，《城市规划》1986年第1期，第5—7页。

的资料极其广泛。目前，国内相关研究采用的资料主要是历史文献，包括地方志、档案、碑刻、报刊、诗文集、笔记、外文史料等；而国外相关研究涉及的资料种类较为广泛，除历史文献之外，还包括地形数据、遥感数据、航拍照片等等。根据本书确定的主要研究议题，并借鉴国内外相关研究，我们力求广开资料源，尽可能搜集比较全面的资料。本书采用的资料主要分为如下几类。

(1) 地方志。地方志素有“一地之百科全书”之称，详细记载了各地治所城市的营建状况，是研究地方城市历史的主要资料。城市水利实践是地方志记载的重要内容之一，主要分散在建置、疆域、地理、官师、学校、水利、艺文、祥异等卷之中。另外，地方志的前几卷基本上都刊有古地图，包括星野图、疆域图、城池图、衙署图、学宫图、八景图、山川图等，包含大量珍贵的城市历史信息。这种城市历史信息的图像存储方式，具有直观、承载量大的特点，“从地图的具体性、形象性来说，其作为史料十分珍贵”,[①] 非一般文字资料所能代替。明代中后期，关中地方志的编写蔚然成风，出现了大批质量上乘的地方志，对后世地方志的编写与续修产生了深远影响。[②] 地方志是本书最主要的资料来源，而关中地区高质量的地方志为本书奠定了坚实的资料基础。根据《中国地方志联合目录》提供的信息，我们对关中-天水地区历史时期的地方志进行了全面普查，基本上做到了将同一府、州、县的现存方志搜齐。另外，新中国成立以后编写的新方志、城乡建设志、地名志、文物志、水利志等志书，也为我们了解近百年来关中-天水地区的城市水利提供了重要帮助。在利用方志时，我们将相同或类似记载放在一起进行比对，弄清史料之间的因袭关系，按照最原始、最可信的原则，择优采用。

(2) 碑刻。除地方志外，碑刻因“刻词当时所立，可信不疑”,[③] 成为研究我国历史时期城市水利的另一种重要资料。我们对明清民国时期关中-天水地区的碑刻文献尽可能地进行了搜集与查阅。

(3) 笔记、日记、游记和行记。元明以后，记录西北地区政治、经

① 〔日〕斯波义信：《中国都市史》，第230页。

② 党永辉、郑晓星：《明代中后期关中方志出版探微》，《中国出版》2014年第6期，第64—67页。

③ (宋) 赵明诚：《金石录》，刘晓东、崔燕南点校，齐鲁书社，2009，序。

济、文化、军事、民风习俗、山川景色等内容的笔记、日记、游记、行记著作大量出现，到晚清民国时期更是出现了一个繁荣时期。我们对《西北行记丛萃》（共两辑），明清两代的《笔记小说大观》《清代史料笔记丛刊》等文献进行了系统查阅，发现了一些非常有价值的珍贵史料。

（4）诗文集。明清以来，关中－天水地区的官员和知识分子在他们的诗文集中大量记载了当时的城市建设活动，其中不乏城市水利方面的记载，如明人余子俊的《余肃敏公文集》对西安城通济渠开凿的记载、清伏羌王权的《笠云山房诗文集》对伏羌城防洪堤坝建设的记载等，均极其珍贵。此外，明清民国时期，途经关中－天水地区各城市的官员和知识分子也在诗文中留有相关记载。

（5）文史资料。20 世纪 60 年代之后，各级政协委员会相关机构征集、编辑的文史资料，含有比较丰富的城市史料。这些史料基本上是记述人“亲历、亲见、亲闻”得来的，对研究晚清民国时期城市历史具有重要价值。

（6）晚清民国报刊。我们从晚清期刊全文数据库（1833—1911）、民国时期期刊全文数据库（1911—1949）、大成故纸堆等数据库中搜集到大量相关报刊，这对研究晚清民国时期关中－天水地区的城市水利有重要帮助。

（7）其他资料，包括档案、实录、正史、历史地理著作、史料汇编等。就今人整理的史料汇编而言，与本书有关的十分丰富，其中比较重要的有《清代黄河流域洪涝档案史料》《中国三千年气象记录总集》《二十五史水利资料综汇》《陕西历史自然灾害简要纪实》等等。我们通过这些史料汇编，尽可能查找原始资料，无条件查找原始资料的才转引这些史料汇编。

七　创新之处与研究价值

（一）创新之处

1. 基于“区域”“整体”的研究思路。通过评述 20 世纪 80 年代以来我国历史城市水利研究，本书提出“区域”“整体”的研究思路，这与学界之前的中观区域研究不同。主要表现在两个方面：第一，前人在进行中观区域研究时，虽然关注的对象比宏观整体研究要广泛，但一般还是重点关注区域内重要城市或者水问题较为突出的城市。我们则对区域内的城市群体进行整体考察，关注每座城市的水环境与水问题状况，然后在此基础上进行归纳总结，并选择一些城市作为典型案例或特殊案例，开展专题讨论。第二，前人在进行中观区域研究时，往往关注城市水利的某一个方面。其实，城市水利是一个系统工程，“城市水问题的本质是水循环失衡”,[①] 不同城市水问题的治理彼此紧密联系。例如，城市水灾问题可能是由治理城市用水问题导致的，而城市水灾问题的治理也可能引发城市水体环境问题。鉴于此，我们对明清民国时期关中－天水地区的城市水问题进行整体性观照和总体性反思，试图寻找城市水问题的症结所在。

2. 开展以问题为中心的融合研究。由于是整体考察城水互动的全过程，本书涉及之前学界多个学科领域关注的问题，故对这些学科领域的研究方法进行了借鉴和融合。本书借鉴了我国古代城市形态研究的“要素分析法”,[②] 将城市水利系统分解为若干要素，分别开展长时段、整体性的考察，随后再综合讨论。本书计量分析了明清民国时期关中－天水地区的城市地下水位特征、城市水灾特征和护城河营建尺度特征。本书的比较研究主要表现在：区域内部的分区比较、区域内部同类型城市的比较、本地区城市与其他地区城市的比较。这种多重比较揭示了历史时期城市水利实践具有同一性和地域性特征。

（二）研究价值

1. 现实价值。基于“区域”“整体”的研究思路，我们将以往多个学科领域各自关注的研究议题整合在一个框架之中，对历史时期城市与水环境的互动进行整体性观照和总体性反思，总结了值得当前借鉴与反思的经验与教训。这些认识对当前关中平原城市群城市水问题的治理和城市人居水环境的营建，或许能提供一定的历史依据。

2. 学术价值。本书整体全面地关注明清民国时期关中－天水地区的

---

① 王浩等：《我国城市水问题治理现状与展望》，《中国水利》2021 年第 14 期，第 4—7 页。

② 成一农：《古代城市形态研究方法新探》，社会科学文献出版社，2009，第 11 页。

城市水利，对城址的选定与水环境的关系、城市用水的环境与供应方式、城市水灾的特征与应对措施、城市水体的营建与功能等方面进行综合探讨和专题研究。本书最后提炼出两点基本认识：（1）城市水利功能效应具有多面性和历时性特征；（2）城市水利实践具有同一性和地域性特征。这些认识有助于理解我国城市现代化建设之前城市与水环境的互动关系，显示出区域性长时段城市水利研究的重要价值。

第一篇　城址的选定与水环境

第一章　关中－天水地区城市现代化建设前城址的选定时间

关中－天水地区早在秦汉时期就已经形成城市群雏形。[①] 在随后的历史发展过程中，关中－天水地区城市的城址经常发生变迁。本书主要关注关中－天水地区城市水利现代化建设之前（即20世纪五六十年代之前）的传统城市水利。经调查，在关中－天水地区开启城市水利现代化建设之前，主要有46座城市。经本章的逐个考证，我们发现到明代这46座城市的城址已经基本选定，并且绝大多数（近九成）延续至今。新中国成立以后，关中－天水地区城市水利规划建设逐步迈进现代化。这是本书选择“明清民国时期”来探讨关中－天水地区传统城市水利的主要原因。另外，本章的考证结果对认识今天关中平原城市群的形成应该也有一定价值。

一　城址选定时间的界定

历史文献在记载城址历史时，往往记载三种时间，即“城址始为重要聚落时间”、“城址始筑城池时间”和“城址成为治所时间”。在这三种时间中，哪一种时间是本书探讨的“城址选定时间”呢？我们的主张是第三种时间，即“城址成为治所时间”。那么，为什么前两种时间不能称为“城址选定时间”，而主张第三种时间呢？之所以这样主张，主要是从城址具备城市的性质和功能层面来判断的。现分析三种时间如下。

1. “城址始为重要聚落时间”。乡村、集镇和城市是人居环境的不同类型，对于同一人居环境地点，或者可以说是发展的不同阶段。中国传统城市与乡村、集镇的显著区别在于，它是一定地域范围内的行政中心、经济中心、文化中心等，具有政治、经济和文化上的功能。因此，

---

① 肖爱玲、朱士光：《关中早期城市群及其与环境关系探讨》，《西北大学学报》（自然科学版）2004年第5期，第615—618页。

城址在成为重要聚落时，还不一定是城市，当然也就谈不上城址的选定，但聚落的形成为其后来发展成城市奠定基础。在本书关注的关中－天水地区，一些城址在成为城市之前，已经是比较重要的聚落，如蓝田、三原、宝鸡等。但因当时这些聚落还不具备城市的性质和功能，即使它们规模较大，也不能称为城市。

2.“城址始筑城池时间”。“城址始筑城池”通常指的是始筑城墙和营建护城河。那么，城址开始修筑城墙和营建护城河，城址是否具备城市的性质和功能呢？应该说不一定。据成一农研究，在我国古代，城墙并不是所有城市必不可少的组成部分。[①] 一些城址在成为治所城市之前，就已经具备一定规模的城墙和城区，但它可能只是军事关隘和交通要塞，还不是真正意义上的城市。比如本书关注的天水地区的秦安、伏羌、宁远等，在设立治所之前已经出现城池，但还不能称为城市。另外，还有一些城址在成为治所城市之后，很长一段时间没有城池，如本书关注的关中地区的朝邑、蒲城、富平、宜君、扶风、岐山等城。所以，城址是否能被称为城市，与城址是否具备城墙、护城河没有必然的联系。

3.“城址成为治所时间”。一处城址不管是否已经发展成比较重要的聚落（如镇、关隘），不管是否已经具备坚固的城池，只有成为地方行政治所后，才会逐步成为一定地域范围内政治、经济和文化中心，才会具备城市的性质和功能，才符合我国古代治所城市的标准。正如1983年12月5日，国务院副总理万里在接见第一期市长研究班全体学员时指出，“城市的概念，第一个应该是政治概念，城市开始都是统治阶级的统治机关的中心，这是个政治概念”，随后才形成军事堡垒和经济中心。[②]

明代以来，史料在记载城市历史时，上述三种时间常有混淆。另外，因史料记载不统一或城址的迁徙变动，某些城址的“始为重要聚落时间”、“始筑城池时间”和“成为治所时间”，本身就需要经过考证才能弄清。例如，关中地区的永寿麻亭故城最后一次作为治所城市的起始时间，究竟是元至元二年（1265年）、元至元十五年和元至正四年（1344

① 成一农：《古代城市形态研究方法新探》，社会科学文献出版社，2009，第245页。
② 周干峙、储传亨主编《万里论城市建设》，中国城市出版社，1994，第189页。

年）中的哪一年，需要进行细致的考证。

由于上述问题的存在，一些新编方志和现代著作没有经过细致判别和考证，便采用了史料中的某一种记录，以致弄错一些城市的城址选定时间。目前，学界对历史时期城址的选定时间进行了大量考证工作，也取得了重要进展。其中，吴镇烽对历史时期陕西城治要地进行了考证，但其关注的重点是历史上的“故城”，对治所城市的城址选定时间考证较为简略，可能存在一些疏忽，比如对同官、兴平、礼泉等城的考证。[①]鉴于此，我们在前人研究的基础上，对关中－天水地区城市现代化建设之前存在的46座城市的城址选定时间进行逐个考证，从而将这些城市的“城址始为重要聚落时间”、“城址始筑城池时间”和“城址成为治所时间”区别开来。

二　城址选定时间的考证

基于对史料的多方搜集与分析，我们对关中－天水地区城市现代化建设之前存在的46座城市的城址选定时间进行了逐个考证。现将每座城市的考证结果简述如下。

1. **韩城**[②]。关于今韩城老城区成为治所的时间，有三种观点：一是唐武德八年（625年），如《关中胜迹图志》卷九《同州府·地理》载：“隋开皇十八年（598年），改置韩城县，属冯翊郡。唐武德三年，属西韩州，八年徙州治此。”[③]二是金大定四年（1164年），如赵艺华认为，“金大定四年（1264[④]），始建治城于今址（今韩城市老城区）”。[⑤]三是隋开皇十八年，如《陕西省韩城市地名志》认为，“韩城故城，自隋开皇十八年（公元598年）设治以来，历经数朝，城之毙伤，不知凡几，尚未查清”。[⑥]实际上，隋开皇十八年始置韩城县，这一点方志史料记载

① 吴镇烽：《陕西地理沿革》，陕西人民出版社，1981，第532—627页。

② 由于历史时期治所城市的等级常发生变动，本章不在城市名称后加治所等级。

③ （清）毕沅：《关中胜迹图志》，张沛校点，三秦出版社，2004，第333页。

④ 原文误，应为1164年。——笔者注

⑤ 赵艺华：《韩城古城今昔》，载韩城市政协文史资料研究委员会编《韩城文史资料汇编》（第11辑），韩城市印刷厂，1990，第1—27页。

⑥ 韩城市民政局编《陕西省韩城市地名志》（内部资料），西安地图出版社印刷分厂，1990，第11页。

较为一致。[①] 那么，隋开皇十八年（598 年）韩城县始置时，治所是否在今韩城老城区？清乾隆《同州府志》记载："韩城县署在城内正西，本汉唐旧治。"[②] 嘉庆《韩城县续志》也载："县治，案志引《通志》，县本汉唐旧治。又以《府志》有'韩城旧县在薛封土岭下'之文，疑而俟考。今按县城为北魏以后旧治。其在薛封者乃元时韩城治，未几，复旧。"[③] 另有民国《韩城县乡土教材》记载了韩城城池建筑情况："在隋时或沿旧，或创始，今之城池确已奠定矣。"[④] 综合来看，隋开皇十八年始置韩城县时，治所很可能已在今老城区。隋唐以后，韩城治所位置基本未变，仅"元时治在薛封土岭上"，[⑤] 经四年（1265—1269 年）又迁回今址。[⑥]

2. **潼关**。历史上的潼关城主要有五座，即汉潼关城、隋潼关城、唐至明初潼关城、明清民国潼关城和今潼关城（1960 年至今）。武周天授二年（691 年），因黄河不断下切，水位降落，黄河南岸与原麓之间可东西通行，北移潼关城至今潼关县秦东镇故城址处。直至 1960 年，因黄河三门峡水库蓄水，潼关城南迁至距旧城 10 公里的西南原上吴村。[⑦] 明初，潼关城在唐宋元旧址的基础上大肆扩建，依河砌基，依山筑城，潼河穿城而过，"东南西三面踞山，北一面俯河"，[⑧] 基本上形成此后直至 1960 年迁城前的格局。明洪武九年（1376 年），潼关卫得以设置，成为一座军事治所城市。[⑨] 清雍正二年（1724 年），潼关卫废除，五年"以输纳不便，照甘省改卫为县之例，设县专理，就近属华州"，[⑩] 城市主导功能

---

① 嘉靖《雍大记》卷二《考易》，嘉靖元年刻本，第 16 页 b；康熙《陕西通志》卷四《建置·沿革》，康熙六年刻本，第 12 页 b；（清）毕沅：《关中胜迹图志》，第 333 页。

② 乾隆《同州府志》卷二《公署》，乾隆六年刻本，第 54 页 a。

③ 嘉庆《韩城县续志》卷五《刊误补遗》，嘉庆二十三年刻本，第 7 页 a—b。

④ 樊厚甫：《韩城县乡土教材》，民国 33 年石印本，韩城市志编纂委员会 1985 年点校本，第 4 页。

⑤ 嘉庆《韩城县续志》卷五《刊误补遗》，第 7 页 b。

⑥ 韩城市文物旅游局编《韩城市文物志》，三秦出版社，2002，第 35 页。

⑦ 潼关县地名志编纂委员会编《陕西省潼关县地名志》（内部资料），陕西省第四测绘大队印刷厂，1987，第 3 页；潼关县志编纂委员会编《潼关县志》，陕西人民出版社，1992，第 2 页。

⑧ 咸丰《同州府志》卷一二《建置志》，咸丰二年刻本，第 11 页 b。

⑨ 嘉靖《雍大记》卷三《考易》，第 11 页 a。

⑩ 雍正《敕修陕西通志》卷三《建置第二》，雍正十三年刻本，第 10 页 a。

发生由“军城”向“治城”的转变。其实，从明永乐以后，潼关城的军事功能逐渐削弱，政治、经济、文化功能逐渐加强。

3. **朝邑**。明正德《朝邑县志》记载：朝邑县城“先在西原上，有相地者云：‘城居高而左下，法不利。’知县后其言稍稍验，乃更移置原下，然无城。景泰初，知县申闰筑焉，方三里有奇”。[①] 明天启《同州志》则明确记载了城池建筑时间：“朝邑县初在西原上，后徙原下，无城，城于景泰二年（1451 年）令申闰（筑），仅三里。”[②] 可见，朝邑城址在明景泰二年始筑城池之前，已经作为县治一段时间了。至于其何时“成为治所”，我们至今尚未发现相关史料记载。但据清乾隆《朝邑县志》对“县治”“文庙”的记载可以推知，金元时期原下朝邑城址应该已是治所城市了。乾隆《朝邑县志》卷七记载：“县治在城中央，不知其所自起，据李益志，起金大定七年（1167 年），元大德七年（1303 年）知县李英重修”；“文庙，元知县成好德、洪武初县丞下礼先后增葺”。[③] 1958 年，大荔、朝邑二县合并，朝邑城遂废弃；次年，三门峡库区移民后，朝邑城全部拆除。[④]

4. **郃阳**[⑤]。明清民国时期多数方志记载，西魏大统三年（537 年），刺史王罴在今合阳县城处筑郃阳城。[⑥] 不过，清乾隆《郃阳记略》卷一

---

① 正德《朝邑县志》卷一《总志第一》，正德十四年刻本，第 1 页 b 至第 2 页 a。

② 天启《同州志》卷三《建置》，天启五年刻本，第 8 页 a。

③ 乾隆《朝邑县志》卷七《城池公署学校坛庙修建考》，乾隆四十五年刻本，第 1 页 b、第 4 页 a。

④ 大荔县志编纂委员会编《大荔县志》，陕西人民出版社，1994，第 465、875 页。

⑤ “郃阳”于 1964 年 9 月改名为“合阳”。因本书主要考察城市现代化建设之前的传统城市水利，故采用“郃阳”之名。参见中国人民政治协商会议合阳县委员会文史资料研究委员会编《合阳文史资料》（第 1 辑）（内部发行），合阳县印刷厂，1987，第 3 页。

⑥ 嘉靖《郃阳县志》卷上《城隍》，嘉靖二十年刻本，第 15 页 a；万历《陕西通志》卷一〇《城池》，万历三十九年刻本，第 2 页 b；天启《同州志》卷三《建置》，第 9 页 a；顺治《重修郃阳县志》卷二《建置志·城池》，顺治十年刻本，第 6 页 a；康熙《陕西通志》卷五《城池》，康熙六年刻本，第 4 页 a；雍正《敕修陕西通志》卷一四《城池》，第 20 页 a；乾隆《郃阳县全志》卷一《建置第二》，乾隆三十四年刻本，第 14 页 a；乾隆《同州府志》卷二《城池》，乾隆六年刻本，第 48 页 b；（清）龙皓乾：《有莘杂记》自序，合阳县地方志编纂委员会办公室 2019 年 5 月复印本，第 3 页；乾隆《同州府志》卷六《建置上》，乾隆四十六年刻本，第 4 页 a；咸丰《同州府志》卷一二《建置志》，第 7 页 a；民国《郃阳县新志材料》一卷，民国间铅印本，第 2 页 a—b。

《建置记·沿革》明确指出："西魏大统三年（537 年），华州刺史王罴移县城西四十里，隶武乡郡，即今县治。"[①] 然而 1983 年《陕西省合阳县地名志》否定此说，认为"据旧县志载，此说无据"。[②] 另《嘉庆重修大清一统志》指出，"隋开皇十六年（596 年），自古城移于今理"，[③] 故 1990 年《陕西省渭南地区地理志》、1996 年《合阳县志》和 2008 年《渭南市志》等继承此说。[④] 再有清末光绪《郃阳县乡土志》认为："今县治徙置年代无确，据《地理韵编》断自隋时以为即今治城，然则徙置当在南北朝时矣。"[⑤] 综上来看，今合阳县城城址成为治所的时间应该在隋开皇十六年或在此之前。

5. **华阴**。华阴城址在历史上有"四座三迁"之说，[⑥] 但据夏振英考证，华阴城址应当"五迁"，即春秋、战国时的阴晋城→秦时宁秦城→汉高帝八年至北魏太和十一年（前 199 年至 487 年）的华阴城→北魏太和十一年至隋大业五年（487—609 年）的敷西城→隋大业五年至今的华阴城。[⑦] 经核查，此结论基本可靠，明清民国方志均记载"华阴（县）城（池）本隋唐旧址"。[⑧] 今华阴老城区从隋大业五年成为治所，一直延续至今。[⑨]

---

① （清）许秉简编撰《洽阳记略》，谭留根、党鸣校注，陕西人民出版社，2004，第 43 页。

② 合阳县地名工作办公室编《陕西省合阳县地名志》（内部资料），1983，第 163 页。

③ （清）穆彰阿等纂修《嘉庆重修大清一统志》卷二四四《同州府二》，民国 23 年上海商务印书馆《四部丛刊续编》本，第 2 页 a。

④ 陕西师大地理系《渭南地区地理志》编写组编《陕西省渭南地区地理志》，陕西人民出版社，1990，第 334 页；合阳县志编纂委员会编《合阳县志》，陕西人民出版社，1996，第 355 页；渭南市地方志办公室编《渭南市志》（第 1 卷），三秦出版社，2008，第 344—345 页。

⑤ 光绪《郃阳县乡土志》之《历史》，光绪三十二年编，民国 4 年铅印本，第 1 页 a。

⑥ 《华阴县志》编纂委员会编《华阴县志》，作家出版社，1995，第 238 页。

⑦ 夏振英认为华阴城址为"五迁"，我们认为应当为"四次迁徙"。参见夏振英《华阴县城考》，载华阴县政协文史研究委员会编《华阴县文史资料选辑》（第 1 期）（内部发行），洛南县印刷厂，1985，第 1—11 页。

⑧ 雍正《敕修陕西通志》卷一四《城池》，第 21 页 a；乾隆《华阴县志》卷三《城池》，民国 17 年西安艺林印书社铅印本，第 1 页 a；乾隆《同州府志》卷二《城池》，乾隆六年刻本，第 50 页 a；乾隆《同州府志》卷六《建置上》，乾隆四十六年刻本，第 9 页 b；咸丰《同州府志》卷一二《建置志》，第 9 页 b；民国《华阴县续志》卷二《建置志·城池》，民国 21 年铅印本，第 1 页 a。

⑨ 《华阴县志》编纂委员会编《华阴县志》，第 238、239 页。

6. **同州（大荔）**[①]。清道光《大荔县志》、咸丰《同州府志》等均认为同州城初为东汉建安年间（196—220年）移置的冯翊郡治所。[②] 至于具体移置时间，清咸丰《同州府志》认为是建安三年，而1994年《大荔县志》则认为是建安五年。[③] 到北魏时，一度“改州治于李润堡，城遂废”；北魏永平三年（510年），“刺史元爕始复表还（冯翊旧城）”，[④] 自此至今城址未变。新中国成立后，“大荔县城依托老城向东、向北、向西发展”。[⑤] 至于始筑城池时间，明万历《陕西通志》称“同州城始建未详”；[⑥] 另有一些方志史料认为同州城“昉于秦，盖厉共公灭大荔而筑者，后世因之”，[⑦] 此说可能是“无据之言”。[⑧]

7. **澄城**。清顾祖禹《读史方舆纪要》记载，北魏太平真君七年（446年）“置澄城郡，治澄城县”，“迁于今县治”。[⑨] 今澄城县城老城区成为治所始于此时，并一直延续至今，仅在元末和民国年间有短暂变动。元顺帝时，兵变毁坏城中衙署，县治被迁于亲邻寨五年；[⑩] “洪武二年（1369年），县丞乐韶躬诣督府，禀命复故治，廨宇廛居寻就规绳”。[⑪] 1921年，县知事胡居刚以城内驻靖国军为由，分建县署于韦庄镇，并于1923年迁回原址。[⑫] 关于澄城城池始筑时间有两种说法：一是“后魏时建”[⑬] 或“建

① 1913年，同州府撤销，城池即为大荔县城。

② 道光《大荔县志》卷六《土地志·城池》，道光三十年刻本，第1页b至第2页a；咸丰《同州府志》卷一二《建置志》，第5页b。

③ 《大荔县志》，第446页。

④ 天启《同州志》卷三《建置》，第1页a。

⑤ 《渭南市志》（第1卷），第342页。

⑥ 万历《陕西通志》卷一〇《城池》，第2页b。

⑦ 如天启《同州志》卷三《建置》，第1页a；乾隆《大荔县志》卷一《封域》，乾隆七年刻本，第18页a；乾隆《同州府志》卷六《建置上》，乾隆四十六年刻本，第1页a。

⑧ 咸丰《同州府志》卷一二《建置志》，第5页b。

⑨ （清）顾祖禹：《读史方舆纪要》，贺次君、施和金点校，中华书局，2005，第2611页。

⑩ 天启《同州志》卷三《建置》，第9页b。

⑪ 嘉靖《澄城县志》卷一《建置志·城池》，嘉靖二十八年修，咸丰元年重刻明嘉靖三十年本，第13页a。

⑫ 澄城县志编纂委员会编《澄城县志》，陕西人民出版社，1991，第281页。

⑬ 康熙《陕西通志》卷五《城池》，康熙六年刻本，第4页b；雍正《敕修陕西通志》卷一四《城池》，第20页a；乾隆《澄城县志》卷二《城属二》，乾隆四十九年刻本，第3页a；乾隆《同州府志》卷二《城池》，乾隆六年刻本，第49页a；乾隆《同州府志》卷六《建置上》，乾隆四十六年刻本，第5页a；咸丰《澄城县志》卷三《建置》，咸丰元年刻本，第1页a。

筑约始于后魏"[1]；二是"建筑莫知所始"。[2]

8. **华州（县）**[3]。1992年《华县志》载："今县城是在古华州城的基础上发展起来的。自唐朝永泰元年（765年）以后，华州城一直在今县城一带。"[4] 而2008年《渭南市志》则载："北魏太平真君元年（440），置华州郡，迁治所于今址，建华州城。"[5] 经系统查阅史料，我们发现明清民国方志大多数记载唐永泰元年节度使周智光在今华州老城区一带"始建"或"建"华州城。[6] 综上来看，今华州老城区"成为治所时间"应在唐永泰元年之前。

9. **白水**。1989年《白水县志》考证了历史时期白水城址的变迁，指出"唐时的白水县城，在今县城城址"；[7] 2008年《渭南市志》也称"春秋战国以后，县城址变迁频繁，唐代移于今址"。[8] 明清方志虽有"唐建白水县于今治"[9] 的记载，也有白水城建筑、修葺时间的相关记载，如明万历《陕西通志》载"白水县城，相传唐尉迟恭监筑，然莫详也"，[10] 清乾隆《白水县志》载"唐贞观时，尉迟恭为同州刺史，县城或其所檄修者"，[11] 但均没有指出今白水县城城址"成为治所"的具体时间。我们初步判断，在唐贞观时，今白水县城城址可能已是治所。自唐至元，白水县治所未有变迁。元末兵燹，白水城变为丘墟。明洪武二年（1369年），主簿

① 民国《澄城县附志》卷二《建置志·城池》，民国15年铅印本，第1页。

② 嘉靖《澄城县志》卷一《建置志·城池》，第12页b；乾隆《澄城县志》卷二《城属二》，第3页a；咸丰《同州府志》卷一二《建置志》，第7页b。

③ 1913年，"华州"改为"华县"。参见刘安国《陕西交通挈要》，中华书局，1928，第57页。

④ 华县地方志编纂委员会编《华县志》，陕西人民出版社，1992，第44页。

⑤ 《渭南市志》（第1卷），第341页。

⑥ 如万历《陕西通志》卷一〇《城池》，第3页a；康熙《陕西通志》卷五《城池》，康熙六年刻本，第4页b；康熙《续华州志》卷一《郡制考补遗》，康熙间刻本，第34页b；雍正《敕修陕西通志》卷一四《城池》，第21页a；乾隆《同州府志》卷二《城池》，乾隆六年刻本，第49页b；乾隆《同州府志》卷六《建置上》，乾隆四十六年刻本，第8页a；咸丰《同州府志》卷一二《建置志》，第9页a；民国《华县县志稿》卷三《建置志·城池》，民国38年铅印本，第3页a。

⑦ 白水县县志编纂委员会编《白水县志》，西安地图出版社，1989，第54页。

⑧ 《渭南市志》（第1卷），第346页。

⑨ 乾隆《白水县志》卷二《建置志·县治沿革》，民国14年铅印本，第2页a。

⑩ 万历《陕西通志》卷一〇《城池》，第3页a。

⑪ 乾隆《白水县志》卷二《建置志·城池》，乾隆十九年刻本，第3页a。

丁华将县治“权寄治于南五里之临川（今白水县南古城处）”,[①] 即南临川城。该城“俗称古城，离县五里，旧志元同佥陆大用筑，经乱废，明主簿丁华创修”。[②] 洪武三年（1370 年），张三同出任白水知县，乡里耆庶告诉他：“临川阻河傍谷，侧近蒲城，遇时雨骤降，则西有山水冲激，溢里巷、倾栋宇，而士民不便于所止，东有河水泛滥，激巨石、走原野，而乡民不便于转输。若复于旧，则一县之民便。”[③] 张三同“深嘉其言”，为了“他日老幼无涉水之忧，垣屋无漂溺之患，转输者易，供亿者便”,[④] 于洪武四年“还旧治，始加修筑”,[⑤] 建成土城，并一直延续至今。

10. **蒲城**。1990 年出版的《陕西省渭南地区地理志》指出：“唐开元四年（公元 716 年）将县城迁到今址。”[⑥] 而 1993 年《蒲城县志》和《陕西省蒲城县地名志》则认为：北魏太和十一年（487 年），设立南白水县，治所即在今蒲城县城。[⑦] 经核查，北魏太和十一年为今蒲城县城城址成为治所的时间较为可靠。蒲城的沿革情况大体为：北魏“孝文帝太和十一年分白水置南白水县”,[⑧]“西魏废帝二年（553 年），改南白水县为蒲城”,[⑨]“南白水故城即（蒲城）今治”。[⑩] 另外，明清方志大多数记载，北魏太和十一年在今蒲城老城区设立治所时，并未筑城，而是“西魏时（535—556 年）建（筑）”。[⑪]

11. **渭南**。据明嘉靖《雍大记》载，“后魏孝昌三年（527 年），徙

---

① （明）张三同：《创复县治记》（洪武六年四月），载乾隆《白水县志》卷四《艺文志·记》，乾隆十九年刻本，第 8 页 b。

② 乾隆《白水县志》卷二《建置志·古迹》，乾隆十九年刻本，第 47 页 b。

③ （明）张三同：《创复县治记》（洪武六年四月），载乾隆《白水县志》卷四《艺文志·记》，乾隆十九年刻本，第 8 页 b。

④ （明）张三同：《创复县治记》（洪武六年四月），载乾隆《白水县志》卷四《艺文志·记》，乾隆十九年刻本，第 9 页 a。

⑤ 雍正《敕修陕西通志》卷一四《城池》，第 23 页 a。

⑥ 《陕西省渭南地区地理志》，第 336 页。

⑦ 蒲城县志编纂委员会编《蒲城县志》，中国人事出版社，1993，第 337 页；蒲城县地名工作办公室编《陕西省蒲城县地名志》（内部资料），第 9、196—197 页。

⑧ 嘉靖《雍大记》卷三《考易》，第 3 页 a。

⑨ 民国《续修陕西通志稿》卷一三二《古迹二》，民国 23 年铅印本，第 19 页 b。

⑩ 雍正《敕修陕西通志》卷一三《山川六》，第 11 页 a。

⑪ 如康熙《陕西通志》卷五《城池》，康熙六年刻本，第 5 页 a；雍正《敕修陕西通志》卷一四《城池》，第 21 页 b；乾隆《同州府志》卷二《城池》，乾隆六年刻本，第 50 页 a；咸丰《同州府志》卷一二《建置志》，第 10 页 b。

置今县东南四里明光原上”；隋开皇十四年（594年），文帝杨坚“过县，以（明光）原上乏水”，故将明光原上的渭南城迁到湭水（沈河）东侧的今渭南老城区。[①] 当时尚未修筑城池，至隋大业九年（613年）始筑城池。明嘉靖《渭南县志》转引《括地志》载：“隋炀帝大业九年筑，则今县城即此是也。”[②] 元代以前，渭南城“仍隋所筑”，“周堇堇三里奇，（明）洪武初吴丞云拓修之，周七里”。[③]

12. **蓝田**。蓝田城本名峣柳城。据明嘉靖《雍大记》载，北周建德二年（573年），“自县西三十里故城徙峣柳城，今治是也”。[④] 另据《读史方舆纪要》卷五三《陕西二》载：“后周时县移今治。峣柳城，今县治也。晋永和十年（354年），桓温伐秦，破青泥，秦主健遣太子苌帅众军峣柳以拒之。又义熙十五年（419年），刘裕伐姚秦沈田子、傅弘之等，入武关，进屯青泥，秦主泓使姚和都屯峣柳拒战，即此城也。”[⑤] 这说明峣柳城在作为治所之前，已是一座非常重要的关隘城池。到北宋时，蓝田城仅是原峣柳城的东南一隅，“仅三里许，止开二门，狭隘殊甚”。[⑥] 宋宋敏求《长安志》卷一六《县六 · 蓝田》记载：“县城本名峣柳城，以前对峣山，其中多柳，因取为名”，“城周八里，今县城止东南一隅而已”。[⑦] 直到明嘉靖二年（1523年），蓝田知县王科才“毁其旧址，更筑之，周围计五里，开东、西、南、北四门”。[⑧] 次年，御史李东路过蓝田城，在《蓝田王侯修理记》中称赞了王科的修城功绩：“吾邑之城之制，旧甚小，故庙宇、公署、廨舍之类皆在其中，势不能不小就焉。若此者百余年于兹矣。嘉靖甲申（1524年）夏，余奉命出按南服，假道家山省丘陇，入其城，则城非旧制，加大三之二，增东、西二门。”[⑨]

13. **临潼**。临潼城址的选定与城南华清池关系十分密切。据《新唐

---

① 嘉靖《雍大记》卷三《考易》，第2页b。
② 嘉靖《渭南县志》卷八《建置考二》，嘉靖二十年刻本，第1页b。
③ 万历《渭南县志》卷三《建置志》，万历十八年刻，天启元年增刻本，第1页a。
④ 嘉靖《雍大记》卷二《考易》，第9页a。
⑤（清）顾祖禹：《读史方舆纪要》，第2560页。
⑥ 雍正《蓝田县志》卷一《建革》，雍正八年增刻顺治本，第21页b。
⑦（宋）宋敏求撰，（元）李好文编绘《西安经典旧志稽注 · 长安志 · 长安志图》，阎琦等校点，三秦出版社，2013，第294页。
⑧ 隆庆《蓝田县志》卷上《沿革》，嘉靖八年修，隆庆五年续修刻本，第1页b。
⑨ 隆庆《蓝田县志》卷下《文章》，第21页b至第22页a。

书·地理志》载，唐天宝“三载（744 年），以（新丰）县去（华清）宫远，析新丰、万年置会昌县”；“七载省新丰，更会昌县及山曰昭应”。[①] 昭应县城在华清宫北，即位于今临潼老城区一带。北宋大中祥符八年（1015 年），为避玉清昭应宫名，改昭应县名为临潼，城址未变。[②] 那么，今临潼老城区作为治所始于天宝三载，还是天宝七载？民国何正璜认为“今日之县址，乃天宝七年所设定，至宋代大中祥符八年，才开始有现在的名字”。[③] 我们认为，城址应当定于天宝三载，因为该年始置会昌县，到天宝七载改县名为昭应，并没有记载其城址有所迁移。1991 年《临潼县志》认为“临潼县城郭始建于唐天宝三年（744）”，[④] 这是将“成为治所时间”误为“始筑城池时间”。其实，天宝三载在今临潼老城区设置会昌县，到天宝六载才“始建”城郭。[⑤]

14. **富平**。今富平县老城本名窑桥寨、窑桥头。元末，富平守将张良弼因“兵毁”，将县治自义亭城（今县城东北）迁徙于此，“依窑桥险居，今治所也”。[⑥] 明洪武三年（1370 年），徐达经略关中，张良弼弃城而去，徐达“相地即定为县治，然仅有土垣缭之，无城池”。[⑦] 1994 年《富平县志》认为“今日旧县城址，系明洪武三年（1370）所定”；[⑧] 2008 年《渭南市志》也认为“明洪武二年（1369），选择窑桥寨为县治，筑垣缭之”。[⑨] 我们认为今富平县老城成为治所应该定于元末张良弼迁城时。清人曹玉珂在《重修富平县城记》中也认为“邑城始于（张）思道（即张良弼）”。[⑩] 不过其在元末确定为治所后，并没有修筑城郭，明初筑

---

① （宋）欧阳修、宋祁：《新唐书》卷三七《地理一》，中华书局，1975，第 962 页。

② 嘉靖《雍大记》卷二《考易》，第 7 页 a。

③ 何正璜：《美丽的临潼》，《旅行杂志》第 17 卷第 9 期，1943 年 9 月，第 15—22 页。

④ 陕西省临潼县志编纂委员会编《临潼县志》，上海人民出版社，1991，第 446 页。

⑤ 万历《陕西通志》卷一〇《城池》，第 1 页 b；顺治《重修临潼县志》之《疆域志·沿革》，顺治十八年刻本，第 1 页 b；雍正《敕修陕西通志》卷一四《城池》，第 2 页 b；乾隆《西安府志》卷九《建置志上》，乾隆四十四年刻本，第 9 页 b；（清）毕沅：《关中胜迹图志》，第 12 页。

⑥ 万历《富平县志》卷二《地形志》，乾隆四十三年吴六鳌刻本，第 2 页 b。

⑦ 光绪《富平县志稿》卷二《建置志·城池》，光绪十七年刻本，第 5 页 a。

⑧ 富平县地方志编纂委员会编《富平县志》，三秦出版社，1994，第 479 页。

⑨ 《渭南市志》（第 1 卷），第 344 页。

⑩ 乾隆《富平县志》卷八《艺文》，乾隆四十三年刻本，第 80 页 a。

土垣缭之。直到明正统初年［一说景泰初年[①]］，富平知县高应举“始理门墙”,[②]“就高阜筑土为城，四周壁削，仅三里”。[③] 至嘉靖年间（1522—1566 年），富平知县胡志夔“砌以砖”，改土城为砖城。[④] 清代，因富平城垣狭小，向西南发展，筑“连城”“金城”，形成南关商业区。[⑤] 20 世纪 60 年代后，因位居高阜、城池狭小且交通不便，富平城向东南发展，以城东杜村（窦村）为中心开辟新城区。[⑥]

15. **宜君**。从北魏太平真君七年（446 年）建立县制到唐代，宜君县城址经历“两迁三座”，即三堡镇、石柱镇故县村和唐玉华宫附近。[⑦] 五代后梁开平年间（907—911 年），出于军事需要，宜君县治从唐玉华宫附近迁至龟山，即今宜君县城城址处。[⑧] 但直到明景泰以后，龟山城址才开始筑城。明万历《陕西通志》载：“宜君县城，旧无。皇明景泰中，主簿李仲和始筑，然石滓难成。成化中（1465—1487 年），县丞杨安因龟山之势筑削为城。”[⑨] 明末清初，宜君城毁于战乱，县治一度迁至县东石堡村，即“寇焰城颓，宅狐兔者十年”,[⑩] 实际上将近 20 年，即明崇祯七年至清顺治十年（1634—1653 年）。

16. **同官（铜川）**[⑪]。历史时期，同官城址经过两次迁徙，即铜官故城→同官故城→同官城。北魏太平真君七年，罢铜官护军，始置铜官县。清乾隆《同官县志》引《寰宇记》载：“铜官故城在县东南十里，后周

---

① 如嘉靖《耀州志》卷一《地理志》，嘉靖三十六年刻本，第 10 页 a；万历《陕西通志》卷一〇《城池》，第 3 页 b；康熙《陕西通志》卷五《城池》，康熙六年刻本，第 3 页 a；雍正《敕修陕西通志》卷五《建置四》，第 48 页 b。

② 万历《富平县志》卷二《地形志》，第 3 页 a。

③ 光绪《富平县志稿》卷二《建置志·城池》，第 5 页 a。

④ 光绪《富平县志稿》卷二《建置志·城池》，第 5 页 b。

⑤ 《渭南市志》（第 1 卷），第 344 页。

⑥ 《富平县志》，第 479 页。

⑦ 宜君县志编纂委员会编《宜君县志》，三秦出版社，1992，第 368 页；秦凤岗：《宜君城的变迁》，载中国人民政治协商会议陕西省宜君委员会文史资料委员会编《宜君文史》（第 1 集），铜川市印刷厂，1984，第 226—231 页。

⑧ 《宜君县志》，第 368 页。

⑨ 万历《陕西通志》卷一〇《城池》，第 10 页 b。

⑩ 雍正《宜君县志》之《艺文》，雍正十年刻本，第 60 页 a。

⑪ 1946 年，“同官”改名为“铜川”。

建德四年（575 年）徙今治（同官故城），今考县东南十里有高平村。”[①]明乔三石《耀州志》明确指出，北周建德四年所建之城即频山之下的同官故城，并非明清同官城，“周武帝徙铜官故县于今县（同官城）东北一里，去铜字为同，然则（同官）故城之在县北一里者，即后周所建也”。[②]清康熙《陕西通志》也认为：“同官故城，在县东北一里，后周武帝建德四年徙铜官故县于此，改铜为同。”[③]明景泰元年（1450 年），同官知县樊荣在明清城址处“始筑县城”，[④]即明清同官城，但不知何时迁徙至此。清乾隆《同官县志》对城址迁徙时间提出疑问：“明景泰元年始为筑浚，则又即以后周之城为今城矣，皆承前志之误耳；今城筑于明景泰初无疑也，则其自频山而徙今治也，其即始于此时欤？”[⑤]民国《同官县志》也提出疑问：“自后周建德四年迄明景泰元年，九百年间，究竟何时徙于今治，旧志缺载，待考。”[⑥]尽管明清同官城成为治所时间有待考证，但直到 20 世纪 50 年代，城址一直未变。1958 年，铜川撤县建市，城市建设逐渐转移到旧县城以南的狭长谷地，[⑦]旧县城今为铜川市印台区驻地。

17. **高陵**。明清地方志大多记载今高陵老城区于北魏年间“成为治所”，即“后魏徙于今所”。[⑧]明万历四十六年（1618 年），高陵知县赵天赐《重建高陵县治记》明确记载，高陵“历代建置迁徙不常，至后魏复徙于此，至今无变迁焉”。[⑨]但明清方志均没有提供其确切的成为治所的年份。《陕西省高陵县地名志》根据北魏太武帝拓跋焘于神䴥四年

---

① 乾隆《同官县志》卷一《舆地·古迹》，民国 21 年西安克兴印书馆铅印本，第 14 页 a—b。

② 转引自乾隆《同官县志》卷一《舆地·古迹》，乾隆三十年抄本，第 14 页 b。

③ 康熙《陕西通志》卷二七上《古迹》，康熙六年刻本，第 66 页 b。

④ 崇祯《同官县志》卷五《秩官·题名》，万历四十六年刻，崇祯十三年增补本，第 25 页 b。

⑤ 乾隆《同官县志》卷二《建置·城池》，乾隆三十年抄本，第 2 页 b。

⑥ 民国《同官县志》卷二《建置沿革志·二、县城迁建》，民国 33 年铅印本，第 2 页 a。

⑦ 铜川市地方志编纂委员会编《铜川市志》，陕西师范大学出版社，1997，第 119 页。

⑧ 嘉靖《雍大记》卷二《考易》，第 6 页 a；嘉靖《高陵县志》卷一《地理志第一》，嘉靖二十年刻本，第 1 页 b；雍正《高陵县志》卷二《建置志·城池》，雍正十年刻本，第 1 页 b；（清）穆彰阿等纂修《嘉庆重修大清一统志》卷二二八《西安府二》，第 8 页 b。

⑨ 雍正《高陵县志》卷九《艺文志中·碑记》，第 35 页 b。

(431年) 灭夏后据有关中，推测城址迁徙时间不早于是年。[①] 2000年《高陵县志》也认同此说，将今高陵老城区成为治所的时间直接定在北魏神䴥四年。[②] 关于今高陵老城区最早筑城时间，明清方志等史料的记载基本一致，即隋大业七年（611年）。[③]

18. **耀州（县）**[④]。今铜川市耀州区老城区最初为北宋华原县城。华原县城原本在今城北塔坡原（古称步寿原）上，“北宋时，随着人口和商品经济的发展，又将华原县城移至塔坡原下今址”。[⑤] 具体迁徙时间不确，据明嘉靖《耀州志》载，“文庙，宋嘉祐中（1056—1063年），知州史炤建”，[⑥] 可知应在北宋嘉祐之前。此后，华原或耀州治所一直位于今铜川市耀州区老城区，仅在元末，因兵燹，城池尽毁，“官就夏侯堡，治事者五年，洪武二年（1369年），知州魏必兴至，乃重建州治”。[⑦] 明洪武三十年，“高侯永登者始筑（城池）”。[⑧]

19. **三原**。据明嘉靖《重修三原志》载，宋元时，“三原县治在今县治东北三十里浮阳乡张家里”，“元至元二十四年（1287年），（徙）县治于龙桥镇，今县治是也”。[⑨] 明嘉靖《雍大记》也载：元“至元二十四年，徙三原县于龙桥镇，是今县治”。[⑩] 龙桥镇作为县治至今已有730多年的历史，而作为镇则形成更早，可能有上千年的历史。明嘉靖《陕西

① 高陵县地名工作办公室编《陕西省高陵县地名志》（内部资料），八七二八五部队印刷厂，1984，第9、46、160页。

② 高陵县地方志编纂委员会编《高陵县志》，西安出版社，2000，第309页。

③ 如嘉靖《高陵县志》卷一《地理志第一》，第1页b；嘉靖《高陵县志》卷四《官师传第八》，第20页b；万历《陕西通志》卷一〇《城池》，第1页b；康熙《陕西通志》卷五《城池》，康熙六年刻本，第2页a；雍正《敕修陕西通志》卷一四《城池》，第2页b；雍正《高陵县志》卷一《地理志·沿革》，第2页a；雍正《高陵县志》卷二《建置志·城池》，第1页b；雍正《高陵县志》卷四《官师志》，第25页a；乾隆《西安府志》卷九《建置志上》，第10页a；乾隆《西安府志》卷二五《职官志》，第6页a；（清）毕沅：《关中胜迹图志》，第13页。

④ 明清为耀州，1913年改设耀县，2002年设立铜川市耀州区。参见《铜川市志》，第9页。

⑤ 耀县志编纂委员会编《耀县志》，中国社会出版社，1997，第48页。

⑥ 嘉靖《耀州志》卷三《祠祀志》，嘉靖三十六年刻本，第6页a。

⑦ 嘉靖《耀州志》卷三《建置志·州治》，嘉靖三十六年刻本，第1页a。

⑧ （明）乔世宁：《丘隅集》卷一三《碑》，嘉靖四十二年刻本，第3页a。

⑨ 嘉靖《重修三原志》卷一二《词翰四》，嘉靖十四年刻本，第1页b。

⑩ 嘉靖《雍大记》卷二《考易》，第11页a。

通志》载："宋建龙（隆）四年（963年），清水涨岸，人见二青羊斗于桥下。已而羊不见，桥倾，随浪去。观者惊传斗羊为龙。后人建桥于故处，遂名为龙桥焉。"[①] 至于三原县治迁至龙桥镇的原因，嘉靖《重修三原志》载："龙桥市井繁衍，故迁县治居焉"，[②] 说明宋元时期龙桥镇得到长足发展。至明代，三原城发展为南、北二城格局，中间清河东西贯穿，龙桥连接南北二城。其中，南城于"元至正二十四年（1364年）筑"，为县治所在地。[③] 西关城筑于明初，"周一里六分，城高池深与县城等，为邑右翼"。[④] 北城实为北关城，"居民与南（城）等，自国初迄今，多缙绅髦士家，然无城"。[⑤] 明弘治至嘉靖年间，曾多次"谋筑"北城，但皆"弗果"。[⑥] 嘉靖二十五年（1546年），"北虏犯塞，窥三原"；次年，巡抚谢兰"葺旧城于水南，创新城于水北，皆重隍，原人赖以无恐"。[⑦] 创建之后的北城"周围四里四分三厘，城高三丈，女墙五尺，壕深三丈"，[⑧] 南临清河。相比西关城、北城（北关城），东关城建筑时间最晚。明末，年岁"饥馑，盗贼蜂起"，东关因无城池，"居人不堪其扰"。[⑨] 故崇祯八年（1635年），贡生赵希献等首倡筑东关城，"周围三里三分四厘，城高三丈，隍凿三丈五尺"。[⑩] 入清以后，三原南城南面又形成一"南关"，但一直没有城垣。清光绪《三原县新志》载："南关，无城，东西通衢，旧市廛店舍相连百余家，亦邑南面之屏障。回乱焚毁殆尽，今商贾渐集，不异昔时，屡谋建筑而未能图，始固不易哉。"[⑪] 民国刘安国

---

① （明）马理等纂《陕西通志》卷二《土地二·山川上》，董健桥等校注，三秦出版社，2006，第62页。

② 嘉靖《重修三原志》卷一一《词翰三》，第2页a。

③ 嘉靖《重修三原志》卷一《地理》，第5页a。"至正二十四年"可能为"至元二十四年（1287年）"之误，即南城于元至元二十四年迁城时土筑。

④ 乾隆《三原县志》卷二《城池》，乾隆三十一年刻，光绪三年抄本，第15页b。

⑤ （明）马理：《溪田文集》卷三《明三原县创修清河新城及重隍记》，载贾三强主编《陕西古代文献集成》（第17辑），陕西人民出版社，2018，第448页。

⑥ 乾隆《三原县志》卷二《城池》，乾隆三十一年刻，光绪三年抄本，第16页a—b。

⑦ （明）马理：《重修河北新城记》，载乾隆《三原县志》卷二〇《艺文一》，乾隆三十一年刻，光绪三年抄本，第23页b。

⑧ 康熙《三原县志》卷二《建置志·城池》，康熙四十四年刻本，第2页b。

⑨ 乾隆《三原县志》卷二《建置·城池》，乾隆四十八年刻本，第3页a。

⑩ 康熙《三原县志》卷二《建置志·城池》，第2页b。

⑪ 光绪《三原县新志》卷二《建置》，光绪六年刻本，第4页a。

《陕西交通挈要》也载："南关无城壁而市况盛，旅舍甚多，盖此处为西安及其他南部诸县城之门户，故有渐次发展之望。"①

20. **西安**。隋开皇二年（582 年），隋文帝杨坚命高颎、宇文恺等在汉长安城东南 20 里的龙首原南麓营建新都——大兴城。隋大业九年（613 年）三月"丁丑，发丁男十万城大兴"。② 唐永徽四年（653 年），改"大兴"名为"长安"，③ 并加以修葺、扩建，至"永徽五年筑罗城"，④ 都城格局基本完成。唐天祐元年（904 年），"朱全忠迁昭宗于洛，毁长安宫室百司庐舍"；同年，匡国军节度使韩建"去宫城，又去外郭城，重修子城（皇城）"，"是谓新城"。⑤ 新城面积仅为原唐长安城的 1/16。⑥ 五代至元，城市格局基本上没有发生变化。明洪武二年（1369 年）始名"西安"；三年，开始在元奉元城的基础上进行扩建与增补，历时八年，城市面积由元时的 5.2 平方公里扩大至 11.5 平方公里，⑦ 奠定了此后 600 多年西安城的基本格局。

21. **泾阳**。明清地方志多数认为，苻坚始在今泾阳县城处置县、建城。例如，明嘉靖《泾阳县志》、清康熙《泾阳县志》均载："土城，后秦符（苻）坚创筑，其制无考。"⑧ 但清乾隆《泾阳县后志》考证认为："据《禹贡锥指》，苻秦置泾阳县，今县东南故城是也，隋移今治。……苻秦初置泾阳在今县东南，与咸阳相接，故隋初互为改移。大业后始定今治，则县城创自隋非自苻秦，明矣。"⑨ 若考证属实，今泾阳县城老城区成为治所当在隋代。关于具体时间，除"大业后"，还有一种观点，即隋开皇三年（583 年）。明嘉靖《雍大记》载："隋开皇三年，罢咸阳

① 刘安国：《陕西交通挈要》，第 44 页。

② （唐）魏徵、令狐德棻：《隋书》卷四《炀帝下》，中华书局，1973，第 84 页。

③ （清）顾祖禹：《读史方舆纪要》，第 2511 页。

④ 雍正《敕修陕西通志》卷一四《城池》，第 1 页 a。

⑤ 康熙《陕西通志》卷二七上《古迹》，康熙六年刻本，第 20 页 a。

⑥ 吴宏岐：《论唐末五代长安城的形制和布局特点》，《中国历史地理论丛》1999 年第 2 辑，第 145—159 页。

⑦ 王树声：《明初西安城市格局的演进及其规划手法探析》，《城市规划汇刊》2004 年第 5 期，第 85—88、96 页。

⑧ 嘉靖《泾阳县志》卷一《城池》，嘉靖二十六年刻本，第 5 页 a；康熙《泾阳县志》卷二《建置志·城池》，康熙九年刻本，第 2 页 a。

⑨ 乾隆《泾阳县后志》卷一《建置志·城池》，乾隆十二年刻本，第 13 页 b。

郡，徙县治于废郡，隶雍州，即今县也。”[①] 2001 年《泾阳县志》采纳此说，认为“隋开皇三年（583）迁县城于今址，以后再未变迁”。[②]

22. **咸阳**。清顾祖禹《读史方舆纪要》卷五三《陕西二》载：“咸阳有三故城：其一在今县东三十里，秦所都也；其一在今县东北二十里，苻秦咸阳郡城也；其一在今县东二十里，唐县城也。”[③] 清康熙《陕西通志》也载：“咸阳故城，城有三，秦城在今县东三十里，隋城在县东二十二里，其城周八里，唐城在渭北杜邮馆西，崇一丈五尺。”[④] 元末明初，唐时杜邮故城毁于战火，咸阳官署暂寄于今渭城区东耳村。[⑤] 至明洪武四年（1371 年），咸阳“县丞孔文郁始迁今治，时城池尚无；景泰三年（1452 年），知县王瑾创修之”。[⑥]

23. **淳化**。北宋淳化四年（993 年），淳化县治始置于“金龟乡梨园镇地”，[⑦] 并一直持续到今天。明万历《陕西通志》则认为北宋淳化四年“始建”城池。[⑧] 此当有误，应该是始设治所。《资治通鉴》卷二六〇《唐纪七十六》载，唐昭宗乾宁二年（895 年），“克用令李罕之、李存信等急攻梨园，城中食尽，弃城走”，[⑨] 可见唐末梨园一带已筑有城池。[⑩] 另据明嘉靖《雍大记》载：“元移县治于三水，改为三水县，至正十八年（1358 年），复徙今治。”[⑪] 但清康熙《淳化县志》对此考证为：“旧志称移县治于三水，改为三水县。今按《三水重建城池记》称，至正统入淳化后复立三水。岁月皆可考，是未尝改为三水也。”[⑫] 清人洪亮吉考证指出：“《元史・地理志》淳化下云至元七年（1270 年）省三水入本县，

---

① 嘉靖《雍大记》卷二《考易》，第 7 页 b。

② 泾阳县县志编纂委员会编《泾阳县志》，陕西人民出版社，2001，第 61 页。

③ （清）顾祖禹：《读史方舆纪要》，第 2540 页。

④ 康熙《陕西通志》卷二七上《古迹》，康熙六年刻本，第 25 页 a。

⑤ 咸阳市渭城区地方志编纂委员会编《咸阳市渭城区志》，陕西人民出版社，1996，第 126 页。

⑥ 万历《陕西通志》卷一〇《城池》，第 1 页 a。

⑦ 乾隆《淳化县志》卷二《土地记第一》，乾隆四十九年刻本，第 2 页 a。

⑧ 万历《陕西通志》卷一〇《城池》，第 4 页 a。

⑨ （宋）司马光编著，（元）胡三省音注《资治通鉴》，“标点资治通鉴小组”校点，中华书局，1956，第 8476 页。

⑩ 咸阳市文物事业管理局编《咸阳市文物志》，三秦出版社，2008，第 24 页。

⑪ 嘉靖《雍大记》卷三《考易》，第 7 页 b。

⑫ 康熙《淳化县志》卷一《舆地志・疆域》，康熙四十年吏隐堂刻本，第 4 页 b。

不云移县治至三水，旧志盖误也。”[①] 可见，元时淳化县治是否一度迁移，还需进一步考证。今淳化县城规模已经远远超过原来的城池，冶峪河及其支沟将今城区分割成四块，[②] 其中老城区即明清民国时期的城区范围。

24. **鄠县**[③]。隋大业十年（614 年），鄠县治所从汉隋故城迁徙二里至今西安市鄠邑区老城区，史料记载较为一致。[④] 但是鄠县汉隋故城是在今鄠邑区老城区北还是南，史料记载不一。北宋《太平寰宇记》卷二六《关西道二 · 雍州二》记载，“自汉至隋皆以鄠城置县，即今县北二里故鄠城是也”，“（隋）大业十年移于今所”；[⑤] 明嘉靖《雍大记》承袭此说，“自汉至隋皆为扈城，置县，即今北二里故城是（也），隋大业十年改今治”；[⑥] 崇祯《鄠县志》卷一《建置志 · 沿革》也载，“自汉至隋皆为鄠城，置县，即今北三里故城是（也），隋大业十年改今治”。[⑦] 上述虽有“二里”“三里”之分，可均记为在“今（县）北”。但明万历《陕西通志》、清康熙《陕西通志》、雍正《敕修陕西通志》、乾隆《西安府志》等却载鄠县汉隋故城“在县南二里”，不过也均明确指出“隋大业十年始徙今治”。[⑧] 总之，自隋大业十年至今，今鄠邑区老城区一直为治所所在地。[⑨]

25. **兴平**。三国时期，今兴平境内茂陵、平陵二县被撤，始设始平县。[⑩] 隋大业九年，始平县治由文学城“徙于今治”（今兴平老城区），[⑪]

---

① 乾隆《淳化县志》卷二《土地记第一》，乾隆四十九年刻本，第 2 页 b。

② 淳化县地名工作办公室编《陕西省淳化县地名志》（内部资料），八七二八五部队印刷厂，1986，第 15 页。

③ “鄠县”于 1964 年改名为“户县”。因本书主要考察城市现代化建设之前的传统城市水利，故采用“鄠县”之名。参见户县地名志编纂办公室编《陕西省户县地名志》（内部资料），陕西省岐山彩色印刷厂，1987，第 16 页。

④ 目前，我们仅发现康熙《陕西通志》卷四《建置 · 沿革》记为“（隋）大业二年徙今治”，其他均记为“隋大业十年”。

⑤ （宋）乐史：《太平寰宇记》，王文楚等点校，中华书局，2007，第 553 页。

⑥ 嘉靖《雍大记》卷二《考易》，第 8 页 a。

⑦ （明）张宗孟编纂《明 · 崇祯十四年〈鄠县志〉注释本》，郑义林等注译，户县档案局整理，三秦出版社，2014，第 29 页。

⑧ 万历《陕西通志》卷一〇《城池》，第 1 页 b；康熙《陕西通志》卷五《城池》，康熙六年刻本，第 2 页 a；雍正《敕修陕西通志》卷一四《城池》，第 3 页 a；乾隆《西安府志》卷九《建置志上》，第 11 页 a。

⑨ 《陕西省户县地名志》（内部资料），第 16 页。

⑩ 陕西省咸阳市地名办公室编《陕西省咸阳市地名志》（内部资料），八七二八五部队印刷厂，1987，第 55 页。

⑪ 嘉靖《雍大记》卷二《考易》，第 5 页 b。

同年“始建”城池。[①] 唐景龙四年（710 年），“金城公主降吐番赞普，中宗送至县，因改为金城（县），徙于马嵬故城”，[②]“后还故治，至德初置兴平军，（至德）二载（757 年）改为兴平县”。[③] 此后，兴平县治所一直位于今兴平老城区，未再变动。

26. **醴泉**[④]。1999 年《礼泉县志》记载：“今礼泉县城是明洪武二年（1369 年）迁来的”，“位于县境西南部，作为县治，……已有 600 多年的历史”。[⑤] 该结论与明清方志等史料记载基本一致。明嘉靖《醴泉县志》记载：“醴泉旧县在城东三十里，元末酷罹兵燹。洪武二年，县丞楚玘建移徙于此。”[⑥] 崇祯《醴泉县志》载：“楚玘，洪武二年任（醴泉县丞），因元末兵燹，徙迁县治于今所。”[⑦] 清末陶保廉《辛卯侍行记》也载：“唐故城在县北十里仲桥，宋元故城在县东三十里，明初徙今治。”[⑧] 虽然明洪武二年今礼泉县城城址成为治所，但在元末，今礼泉县城处已经筑有城池。明嘉靖《醴泉县志》载：“醴泉旧城，二里余一百步，元末枢密院副也先速迭儿增筑土城，高二丈五尺，东北（按：“北”应为“西”）二百二十五步，南北二百五步，周一里许，……池深一丈三尺。”[⑨] 清顾祖禹《读史方舆纪要》卷五三《陕西二》也载：“县有内城，土城也，元末筑，周里许。成化四年（1468 年）增筑东西南三面。外城周六里有奇。”[⑩]

---

① 万历《陕西通志》卷一〇《城池》，第 1 页 a；康熙《陕西通志》卷五《城池》，康熙六年刻本，第 1 页 b；雍正《敕修陕西通志》卷一四《城池》，第 2 页 a；乾隆《西安府志》卷九《建置志上》，第 8 页 b。

② 嘉靖《雍大记》卷二《考易》，第 5 页 b。

③ 民国《重纂兴平县志》卷一《地理志·沿革》，民国 12 年铅印本，第 2 页 a。

④ 1958 年 12 月至 1961 年 8 月，醴泉县并入乾县；1961 年 9 月，复设醴泉县；1964 年 9 月，改“醴”为“礼”。因本书主要考察城市现代化建设之前的传统城市水利，故采用“醴泉”一名。参见礼泉县志编纂委员会编《礼泉县志》，三秦出版社，1999，第 71 页。

⑤《礼泉县志》，第 8、72 页。

⑥ 嘉靖《醴泉县志》卷一《土地·公署》，嘉靖十四年刘佐刻本，第 8 页 b。

⑦ 崇祯《醴泉县志》卷三《官师志》，崇祯十一年刻本，第 10 页 b。

⑧（清）陶保廉：《辛卯侍行记》，刘满点校，甘肃人民出版社，2002，第 177 页。

⑨ 嘉靖《醴泉县志》卷一《土地·城池》，第 3 页 a。

⑩（清）顾祖禹：《读史方舆纪要》，第 2577 页。

27. **三水（栒邑）**[①]。2000年《旬邑县志》记载："明代以前，县治屡迁，均不在今址。明成化十三年（1477）始定今址。十四年（1478），知县杨豫谋划修筑城垣，成化二十三年（1487）十月至弘治元年（1488）三月由知县马宗仁修筑门堞和城池。"[②] 经核查明清方志，此说基本可信。元至正十八年（1358年），三水县"移置淳化县，始废，明因之"。[③] 至明成化十三年，在今旬邑县城城址复置三水县治所。明嘉靖《雍大记》载："成化丁酉（1477年），都御史余子俊、马文升奏，复故县，属邠州郡。"[④] 成化十四年，三水知县杨豫创筑城池，"周五里五分"，[⑤]"坛社、庙学、官署、廨舍悉如成邑，惟城池、门堞则历十（年）有余，袛经两尹而未及建焉"，[⑥]"迄成化二十二年，新尹马宗仁克落厥成"。[⑦] 今旬邑县城城址自明成化十三年以来，一直作为治所所在地，仅1932年4月至1933年9月短暂迁徙至张洪镇。[⑧]

28. **乾州（县）**[⑨]。唐睿宗文明元年（684年），"析醴泉、始平、好畤、武功、豳州五县之地，置奉天县"，[⑩]"始迁县城于今（乾县城）址"。[⑪] 换言之，今乾县城老城区此时成为奉天县治所。唐德宗建中元年（780年），国师桑道茂谏言："国家不出三年有厄，会奉天有王气，宜高

---

① 三水因与广东省三水县重名，故于1913年改名为"栒邑"，后于1964年改名为"旬邑"。因本书主要考察城市现代化建设之前的传统城市水利，故采用"三水""栒邑"称呼。参见旬邑县地名志编辑委员会编《陕西省旬邑县地名志》（内部资料），八七二八五部队印刷厂，1988，第5页。

② 旬邑县地方志编纂委员会编《旬邑县志》，三秦出版社，2000，第395页。

③ （明）李锦：《创修城池记》，载康熙《三水县志》卷四《艺文》，康熙十六年刻本，第14页a。

④ 嘉靖《雍大记》卷三《考易》，第7页b。

⑤ 康熙《陕西通志》卷五《城池》，康熙六年刻本，第5页b。

⑥ （明）李锦：《创修城池记》，载康熙《三水县志》卷四《艺文》，第14页a。

⑦ 康熙《三水县志》卷一《邑图》，第10页b。

⑧ 《旬邑县志》，第14—15页。

⑨ 1912年，乾州废州建县，以原州城为县城，并一直延续至今。参见乾县县志编纂委员会编《乾县志》，陕西人民出版社，2003，第366页；乾县建设志编纂委员会编《乾县建设志》，三秦出版社，2003，第52页。

⑩ 康熙《陕西通志》卷四《建置·沿革》，康熙六年刻本，第17页b。

⑪ 《乾县志》，第367页；《乾县建设志》，第2、50、149页；师荃荣：《古州奉天，历史璀璨》，载中国人民政治协商会议乾县委员会文史资料委员会编《乾县文史资料》（第4辑），1998，第55页。

垣堞为王者居，使可容万乘者。”[①] 唐德宗采纳其谏言，“诏京兆尹严郢发众数千及神策兵城之”，“子城周五里，罗城周十里有奇，崇二丈二尺，上阔七尺，下阔一丈二尺，内外壕深二丈，阔三丈”，[②] 形成子城、罗城的内外城结构。到明清时期，子城已经圮坏，乾州城即唐奉天罗城。[③] 至新中国成立初期，城墙依然保存完整，到20世纪50年代后期毁坏较严重。

29. **武功**。今武功县城于1961年始为武功县治所在地。在此之前，武功县治所在今武功镇，时间跨度为北周建德三年（574年）至1958年12月。明嘉靖《雍大记》记载：“（北周）武帝建德三年，省武功郡美阳县，自此以前皆治漦城，今西南二十二里故漦城是（也），其后立武功县于今治所中亭川。”[④] 此中亭川即今武功镇。《读史方舆纪要》卷五四《陕西三》亦载：“武功旧治渭川南郿县境，后汉移治古漦城，今亦曰武功城，后周建德三年始移武功县于今治。”[⑤] 明清方志较少记载今武功镇成为武功县治所的时间，多数记载的是筑城时间，而且并不一致。清雍正《武功县后志》载：“县城依雍原之麓，土筑，北周时建，城上古砖犹刻周字可据。”[⑥] 清康熙《陕西通志》载：“武功县城池，秦孝公建。”[⑦] 清雍正《敕修陕西通志》载：“武功县城池，依雍原之麓，唐贞元十五年（799年）建。”[⑧] 1958年12月，武功县并入兴平县；1961年9月1日，武功县建制恢复，但县治由武功镇移至普集镇。[⑨]

30. **盩厔**[⑩]。明清以来多数方志史料记载，北周建德三年今周至县城

① 崇祯《乾州志》卷上《建置志·城池》，崇祯六年刻本，第6页a。

② 崇祯《乾州志》卷上《建置志·城池》，第6页a。

③ 崇祯《乾州志》卷上《建置志·城池》，第6页a；康熙《陕西通志》卷五《城池》，康熙六年刻本，第5页a。

④ 嘉靖《雍大记》卷三《考易》，第5页b。

⑤ （清）顾祖禹：《读史方舆纪要》，第2620页。

⑥ 雍正《武功县后志》卷一《建置志·城池》，雍正十二年刻本，第1页a。

⑦ 康熙《陕西通志》卷五《城池》，康熙六年刻本，第5页b。

⑧ 雍正《敕修陕西通志》卷一四《城池》，第24页a。

⑨ 武功县地方志编纂委员会编《武功县志》，陕西人民出版社，2001，第49、65、408页。

⑩ “盩厔”于1964年改名为“周至”。因本书主要考察城市现代化建设之前的传统城市水利，故采用“盩厔”一名。

处成为治所，“始徙县于今治”。[①] 而民国《广两曲志》却载：“《通志》，武帝三年，移今所。故志，后周三年，由鄠西北三十里移今所，置周南郡。《寰宇记》，建德三年，移今所。其说不一。”[②] 此外，明清以来史料多数记载“盩厔县城池，本隋唐旧址”。[③] 可见，今周至县城处在隋唐时期已成为治所，其“成为治所时间”应该在“北周建德三年（574年）”。关于盩厔城池“始筑时间”，明万历《陕西通志》和清康熙《陕西通志》认为“汉始建”，[④] 多数方志记载“兹城之建不知始自何代”。[⑤]

31. **永寿**。本书关注的永寿城，是指位于山岗的麻亭故城（今永平镇）。经考证，麻亭故城作为永寿县治的时间有三段：第一段为唐武德二年至四年（619—621 年），第二段至少包括北宋的嘉祐至元丰年间（1056—1085 年），第三段为元至元十五年至民国 30 年（1278—1941 年）。[⑥] 明末寇乱，永寿麻亭故城曾经“七经残破，城垣倒塌无存，百姓逃散，房宇尽废，县治无处站立，权宜之计，暂居山寨，蹉跎数十年来，民穷财尽，无策修理”。[⑦] 至清康熙八年（1669 年）三月，永寿知县张焜在麻亭故城原址“借债千金，倡率捐助，建造城池”，[⑧] 后一直延续至 1941 年。

---

① 嘉靖《雍大记》卷二《考易》，第 9 页 b；（清）穆彰阿等纂修《嘉庆重修大清一统志》卷二二八《西安府二》，第 11 页 a；周至县政协文史资料委员会、周至县志编纂委员会办公室编，赵育民编著《周至大事记（公元前 24 世纪至 1949 年）》，周至县印刷厂，1987，第 18 页；周至县志编纂委员会编《周至县志》，三秦出版社，1993，第 219 页。

② 民国《广两曲志》之《内编·地理志第一》，民国 10 年修，民国 19 年铅印本，第 4 页。

③ 雍正《敕修陕西通志》卷一四《城池》，第 4 页 b；乾隆《西安府志》卷九《建置志上》，第 16 页 a；乾隆《重修盩厔县志》卷二《建置》，乾隆五十八年补刻本，第 1 页 a；（清）毕沅：《关中胜迹图志》，第 16 页；民国《盩厔县志》卷二《建置》，民国 14 年西安艺林印书社铅印本，第 1 页 a；《周至县志》，第 219 页。

④ 万历《陕西通志》卷一〇《城池》，第 1 页 b；康熙《陕西通志》卷五《城池》，康熙六年刻本，第 2 页 b。

⑤ （清）邹儒：《重修盩厔县城记》，载乾隆《盩厔县志》卷一二《文艺》，乾隆十四年刻本，第 43 页 a 至第 44 页 a；康熙《盩厔县志》卷二《建置·城池》，康熙二十年刻本，第 1 页 a；乾隆《盩厔县志》卷二《建置·城池》，第 2 页 b；民国《盩厔县志》卷二《建置》，第 1 页 a；民国《广两曲志》之《内编·地理志第一》，第 4 页。

⑥ 关于永寿麻亭故城作为永寿县治时间的具体考证，参见本书第八章的相关论述。

⑦ （清）张焜：《兴复县治详》，载康熙《永寿县志》卷七《艺文》，康熙七年刻本，第 25 页 b。

⑧ 康熙《永寿县志》卷二《城池》，第 1 页 a。

32. **邠州（县）**[①]。2000年《彬县志》记载："邠县城，即隋豳州城、唐邠州治新平故城、宋邠州治新平故城、明清邠州治城、民国邠县城。隋开皇三年（583）在今泾河川道建豳州城。开皇四年，白土县治迁至豳州城，改称新平县。"[②] 明清方志所载时间均为邠州"始筑城池时间"，且均认为唐代始建其城。明万历《陕西通志》载："邠州城，唐始建。"[③] 清顺治《邠州志》载："故邠州城，南北狭而东西依水，唐城也；四面广阔而东南亘于山顶，宋城也；俱于今城相因。"[④] 我们关注的其"成为治所时间"，应为隋开皇三年（583年）或之前。

33. **扶风**。今扶风县城于唐武德三年（620年）成为治所，时为沛川县治，以"县南沛川水为名"。[⑤] 据《关中胜迹图志》卷一五《凤翔府·地理》记载：唐贞观八年（634年），沛川县改为扶风县。[⑥] 扶风城池修筑时间较晚，清顺治《扶风县志》载，"初无城，明初景泰元年（1450年），知县周本始创建之"。[⑦]

34. **长武**。今长武县城于唐至德二年（757年）设置宜禄驿，这是丝绸之路上的重镇和盐马交换关市。后于此地设置宜禄县，"宋元因之"。[⑧] 明初，宜禄县"并入邠州，改为宜禄镇"。[⑨] 至明万历十一年（1583年）三月，"于宜禄镇置长武县"，[⑩] "城基即宜禄驿之堡，扩而充之"。[⑪] 可见，虽然长武城在明代之前已经是宜禄县治所，但从明初至万历十一年下降为宜禄镇，直至明万历十一年重新成为治所。

35. **麟游**。据1993年《麟游县志》记载，今麟游县境在秦汉时已经置县；隋义宁元年（617年）设凤栖郡于今麟游县城址处，二年改为麟

---

① "邠州"于1913年废州设"邠县"，于1964年改名"彬县"，2018年设立"彬州市"。因本书主要考察城市现代化建设之前的传统城市水利，故采用"邠州""邠县"称呼。

② 彬县志编纂委员会编《彬县志》，陕西人民出版社，2000，第76页。

③ 万历《陕西通志》卷一〇《城池》，第4页a。

④ 顺治《邠州志》卷一《土地·古迹》，第28页a。

⑤ 光绪《扶风县乡土志》卷三《古迹篇第十九》，收入《中国方志丛书·华北地方》第273号，成文出版社有限公司，1969，第141—142页。

⑥ （清）毕沅：《关中胜迹图志》，第468页。

⑦ 顺治《扶风县志》卷一《建置志·城池》，顺治十八年刻本，第14页a。

⑧ 万历《陕西通志》卷一〇《城池》，第4页a。

⑨ 雍正《敕修陕西通志》卷一四《城池》，第25页b。

⑩ 乾隆《长武县志》卷四《县境桥亭镇堡寺庙表》，嘉庆二十四年增刻本，第1页b。

⑪ 康熙《长武县志》卷上《建置志·城池》，康熙十六年刻本，第1页b。

游郡；唐贞观六年（632 年），将治所迁至东五里童山。[①] 经核对史料，此说基本可信。北宋《太平寰宇记》卷三〇载："隋义宁元年，唐高祖辅政于仁寿宫（唐贞观五年更名为'九成宫'），置凤栖郡及麟游县；二年改凤栖为麟游郡"；"唐武德元年（618 年）罢郡，改麟游郡为麟州"；"贞观元年，废麟州，以所管普润、麟游二县属岐州，六年，以县自（九成）宫城移于今所"。[②] 清光绪《麟游县新志草》载："县志云，故城在今县西，贞观六年移今治，据此则古城当在九成宫，今治乃唐城遗址。"[③] 明景泰元年（1450 年），麟游知县张翀"因唐城旧址重修县治"，[④] 此为内城；天顺元年（1457 年），麟游知县张绪"增修外城，因山为险，周及九里三分"。[⑤] 明末至民国，麟游城多次修筑。1969 年，因童山故城吃水困难，交通不便，也无扩建前途，于是将麟游县治迁回至唐贞观六年之前的九成宫原址。[⑥] 可见，麟游县治位于童山的时限为632—1969 年。

36. **郿县**[⑦]。据明万历《郿志》载，明时"县治当城中央，宋政和二年（1112 年）建"。[⑧] 2000 年《眉县志》考证认为，今眉县县城城址在北周天和元年（566 年）已筑城，且"宋、金、元、明、清历朝，均以此地为县治"。[⑨] 故今眉县县城城址至迟在北宋政和二年已成为治所。

37. **岐山**。1992 年《岐山县志》对"岐山县治的始建地"和"今岐山县城的始筑时间"进行了考辨，认为：（1）岐山县始建于隋开皇十六年（596 年），岐山县治的始建地在今岐山县城处——凤鸣镇；（2）今岐山县城池始筑于"唐贞观中"。[⑩] 关于岐山县城池的始筑时间，明清方志

---

① 麟游县地方志编纂委员会编《麟游县志》，陕西人民出版社，1993，第 330 页。

② （宋）乐史：《太平寰宇记》，第 642 页。

③ 光绪《麟游县新志草》卷二《建置志·城池》，光绪九年刻本，第 1 页 a。

④ 光绪《麟游县新志草》卷四《官师志》，第 2 页 b。

⑤ 康熙《麟游县志》卷二《建置第二》，顺治十四年刻，康熙四十七年增刻本，第 1 页 a。

⑥ 《麟游县志》，第 329 页。

⑦ "郿县"于 1964 年改名为"眉县"。因本书主要考察城市现代化建设之前的传统城市水利，故采用"郿县"名。

⑧ 万历《郿志》卷二《政略》，收入傅璇琮等编《国家图书馆藏地方志珍本丛刊》（第 139 册），天津古籍出版社，2016，第 200 页。

⑨ 眉县地方志编纂委员会编《眉县志》，陕西人民出版社，2000，第 127 页。

⑩ 岐山县志编纂委员会编《岐山县志》，陕西人民出版社，1992，第 770—771 页。

的记载存在一定分歧。明万历《陕西通志》、万历《重修岐山县志》、清顺治《重修岐山县志》、康熙《陕西通志》、雍正《敕修陕西通志》、乾隆《凤翔府志》等均认为：唐武德四年（621 年）建，土筑。对此，清乾隆《岐山县志》卷二《建置・城池》认为"旧志于无考者，皆曰唐武德四年建，则因述建县之讹而无不讹也，《通鉴纲目》注：武德中移治龙尾城，旧志误为今治"，最后认定"城池，唐贞观中始建，旧志武德四年误"。[①]清光绪《岐山县志》卷二《建置・城池》、民国《岐山县志》卷二《建置・城池》和 1992 年《岐山县志》采用乾隆《岐山县志》之说。不过也有学者提出岐山城墙建设"始于武德，终于贞观"一说。[②] 虽然今岐山县城凤鸣镇于隋开皇十六年（596 年）已为治所，后"为本县历代政治、经济、文化中心"，[③] 不过，从隋开皇十六年至唐贞观年间（627—649 年），岐山县治几迁。《读史方舆纪要》卷五五《陕西四》如是记载："大业九年（613 年）又移治于今治东北八里岐山麓，唐武德初复移岐阳县界之张堡垒，七年又移于龙尾驿城，贞观八年移治于石猪驿南，即今治也。"[④]

38. **凤翔**[⑤]。公元前 677 年，秦德公由平阳迁都雍城，即位于今凤翔城中心以南，凤翔城始建于此。雍城是秦九都之第六都，也是其建置时间最长的正式都城，历时 295 年，即德公元年至献公二年（前 677 年—前 383 年）。北魏时，太武帝拓跋焘在秦雍城之北修筑了雍城镇，为岐州治所，位于今凤翔东湖以东。唐末，凤翔节度使李茂贞在北魏雍城镇以西始建凤翔城，此城延续到明清。[⑥] 现今，凤翔城的建设范围涵盖了雍城、魏城和唐城。[⑦]

---

① 乾隆《岐山县志》卷二《建置・城池》，乾隆四十四年刻本，第 1 页 a。
② 杨鸿昌：《漫话岐山城墙》，载中国人民政治协商会议陕西省岐山县委员会文史资料委员会编《岐山文史资料》（第 5 辑），岐山县新星印刷厂，1990，第 80—84 页。
③ 岐山县地名办公室编《陕西省岐山县地名志》（内部发行），陕西省岐山彩色印刷厂，1989，第 17 页。
④ （清）顾祖禹：《读史方舆纪要》，第 2639 页。
⑤ 凤翔城在明清时期为凤翔府城和凤翔县城的合城。1913 年，裁府留县。2021 年 1 月，陕西省撤销凤翔县，设立宝鸡市凤翔区。
⑥ 万历《陕西通志》卷一〇《城池》，第 4 页 b。
⑦ 肖逸：《县城历史渊源考略》，载政协凤翔县委员会学习文史委员会编《凤翔文史资料第二十三辑：凤翔城建史料》（内部发行），华伟彩印厂，2008，第 1—2 页。

39. **宝鸡**。北周天和元年（566 年）秋七月，今宝鸡市老城区始筑“留谷城”，其初始功能为“置军人”，即屯留兵马的军事据点。[①] 隋“大业十年（614 年），移陈仓旧理于渭北留谷城，即今县”。[②] 留谷城由单纯的军事营垒转变为治所城市，即陈仓县治。唐至德二年（757 年），“以陈仓为凤翔县，乃改为宝鸡县”，[③] 至此留谷城开始作为宝鸡县治所。明清方志均认为，宝鸡县城池建于“唐至德中（756—758 年）”或“至德二载”。[④] 实际上，城池早已建筑，“留谷先已有城，不始于至德也”，[⑤] 而“至德年间”乃始为宝鸡县治。本书关注的今宝鸡市老城区成为治所的时间，应是其成为陈仓县治的时间，即隋大业十年。此后其一直为治所所在地，历经 1400 多年，仅清“同治六年（1867 年）十一月，匪起攻城失陷，破坏不堪居，官民移治西郊玉涧堡”，[⑥] 数年后迁回。

40. **汧阳**[⑦]。据 1991 年《千阳县志》记载，千阳县自西汉高帝二年（前 205 年）置隃麋县后，县城五易其地，即汉隃麋城、马牢故城（570—575 年）、古城（575—1322 年）、古新城（1322—1547 年）和汧阳城（1548 年至今，即今千阳县城）。[⑧] 从古新城迁往汧阳城，缘于明嘉靖二十六年（1547 年）的大水毁城。嘉靖二十七年，凤翔府组织七县农民，“鸠发一郡七城财粟夫匠”，[⑨]“由眉县知县王某为总领工，历时一年

---

① （唐）令狐德棻等：《周书》卷五《帝纪第五·武帝上》，中华书局，1971，第 73 页。

② 民国《宝鸡县志》卷一《地理·沿革》，民国 11 年陕西印刷局铅印本，第 7 页 b。

③ （后晋）刘昫等：《旧唐书》卷三八《志第十八·地理一》，中华书局，1975，第 1402 页。

④ 康熙《陕西通志》卷五《城池》，康熙六年刻本，第 9 页 b；雍正《敕修陕西通志》卷一四《城池》，第 9 页 a；乾隆《宝鸡县志》卷二《建置·城池》，乾隆二十九年刻本，第 1 页 b；乾隆《宝鸡县志》卷三《建置》，民国间陕西印刷局铅印本，第 1 页 a；乾隆《凤翔府志》卷二《建置·城池》，乾隆三十一年刻本，第 2 页 b；（清）穆彰阿等纂修《嘉庆重修大清一统志》卷二三五《凤翔府一》，第 4 页 b；民国《宝鸡县志》卷三《建置·城池》，第 1 页 a。

⑤ 乾隆《宝鸡县志》卷三《建置》，民国间陕西印刷局铅印本，第 1 页 b。

⑥ 民国《续修陕西通志稿》卷八《建置三·城池》，第 24 页 b。

⑦ “汧阳”于 1964 年改名为“千阳”。因本书主要考察城市现代化建设之前的传统城市水利，故采用“汧阳”一名。

⑧ 千阳县县志编纂委员会编《千阳县志》，陕西人民教育出版社，1991，第 7、8、135 页；柳万林：《千阳县城变迁简述》，载中国人民政治协商会议陕西省千阳县委员会文史资料研究委员会编《千阳文史资料选辑》（第 7 辑）（内部发行），千阳县印刷厂，1992，第 5—8 页。

⑨ 顺治《石门遗事》之《建置第二》，顺治十年刻本，第又 12 页 a。

建成今千阳县城”。[①] 本书主要关注的是汧阳城。

41. **陇州（县）**[②]。历史时期，陇州城址多变。[③] 清乾隆《陇州续志》载：“按《通志》，陇城（于）西魏在今州南八里，周明帝二年（558年）移今治。”[④] 1987年《陇县城乡建设志》和1993年《陇县志》也载，北周明帝二年，为避水患，城池迁至今陇县城址处。[⑤] 此后至今，建置虽有变迁，但治所一直设于今陇县城址处，时间长达1400余年。至于今陇县城址处始筑城池时间，1987年《陕西省宝鸡市地理志》记载为北周大象二年（580年）。[⑥]

42. **清水**。2001年《清水县志》称，西汉元鼎二年（前115年）始置清水县，治所在牛头河北岸二级阶地（即今县城北2公里邽山之阳集翅坡下）。[⑦] “后因唐开元时地震，宝应初复遭吐番兵火，城圮庐毁”，[⑧] 唐大中二年（848年），凤翔节度使崔洪收复清水县，并迁移县治于牛头河南岸，今清水县城址处。[⑨] 五代后唐长兴三年（932年），吐蕃复据清水，清水县辖地南移，“徙治上邽”。[⑩] 至北宋太平兴国二年（977年），秦州经略使曹玮收复清水，迁回县治，“因（汉时治所）南二里许人家稠密，改筑今城”，[⑪] 即在唐清水城址处重新筑城。此后至今，清水县治所一直未变。1955年，“拆东城门时，梁上有宋太平兴国二年筑城及筑

① 王霖：《千阳大事记（明、清部分）》，载中国人民政治协商会议陕西省千阳县委员会文史资料研究委员会编《千阳文史资料选辑》（第2辑）（内部发行），千阳县印刷厂，1986，第189页。

② 陇州于1913年改州为县。参见《陇县城乡建设志》纂辑组编《陇县城乡建设志》，1987，第21页。

③ 徐军：《陇县县治变迁及重要城址的初步考证》，载中国人民政治协商会议陕西省陇县委员会文史资料研究委员会编《陇县文史资料选辑》（第4辑），1986，第95—111页。

④ 乾隆《陇州续志》卷二《建置志·城池》，乾隆三十一年刻本，第8页b至第9页a。

⑤ 《陇县城乡建设志》，第4页；陇县地方志编纂委员会编《陇县志》，陕西人民出版社，1993，第469页。

⑥ 陕西师大地理系《宝鸡市地理志》编写组编《陕西省宝鸡市地理志》，陕西人民出版社，1987，第313页。

⑦ 清水县地方志编纂委员会编《清水县志》，陕西人民出版社，2001，第65页。

⑧ 乾隆《清水县志》卷三《建置》，乾隆六十年抄本，第1页a。

⑨ 中国人民政治协商会议清水县委员会编《清水史话》，甘肃省委印刷厂，1999，第76页。

⑩ 民国《甘肃通志稿》之《建置一·县市》，民国18年至25年修，稿本，第15页b。

⑪ 乾隆《清水县志》卷三《建置》，第1页a。

城工匠等人员的记载匾”。[①]

43. **秦州（天水）**[②]。秦武公十年（前688年），秦人征服邽、冀两大戎族部落，并在今天水一带置县建邑。西晋泰始五年（269年），“置秦州，镇冀城（位于今甘肃甘谷县东）”。[③] 西晋太康七年（286年），秦州复置，州城由冀迁治上邽（今天水市区所在地）。[④] 此后，虽然建置几经变更，但今天水城区一直作为治所所在地。[⑤] 唐宋之际，因地震灾害和战乱，秦州治所曾迁至成纪敬亲川。[⑥] 宋初迁回今城址之后，一直作为治所，延续至今。

44. **秦安**。今秦安县城是在宋代秦寨的基础上发展而来的，故明嘉靖《秦安志》称“宋秦砦（同‘寨’）即今县治”。[⑦] 明清民国方志记载，秦安城虽在设置秦寨时很可能已有土城，并于金皇统年间（1141—1149年）进行扩大和增修，[⑧] 但直到金正隆二年（1157年）才始置秦安县。[⑨] 故明嘉靖《秦安志》总结道：“宋为秦砦，金为秦安城，后为县。”[⑩] 自金正隆二年至今，秦安县治所一直未变，即在今秦安

---

① 《清水史话》，第47页。

② 在历史上，今天水城有多种称谓，明清时称为秦州城。1913年2月，秦州改为天水县。参见天水市秦城区地方志编纂委员会编《天水市秦城区志》，甘肃文化出版社，2001，第28页。

③ 顺治《秦州志》卷一《州郡述》，顺治十一年刻本，第3页b。

④ 雍际春、李根才：《段谷与上邽地望考》，《天水师范学院学报》2002年第4期，第24—29页。

⑤ 《天水市秦城区志》，第3、70页。

⑥ 《天水市秦城区志》，第71—72页。

⑦ 张德友主编《明清秦安志集注》（一卷），甘肃人民出版社，2012，第114页。

⑧ 嘉靖《雍大记》卷六《考易》，第8页a；康熙《陕西通志》卷五《城池》，康熙六年刻本，第16页b；康熙《巩昌府志》卷九《建置上·城池》，康熙二十七年刻本，第4页b；乾隆《甘肃通志》卷七《城池》，乾隆间《四库全书》本，第21页b；乾隆《直隶秦州新志》卷三《建置》，乾隆二十九年刻本，第16页b；道光《秦安县志》卷二《建置》，道光十八年刻本，第6页a；民国《甘肃通志稿》之《建置一·县市》，第15页a；张德友主编《明清秦安志集注》（八卷），甘肃人民出版社，2012，第889页。

⑨ 朱允明编《甘肃省乡土志稿》第一章“甘肃省之沿革”第二节“各县之沿革”，收入中国西北文献丛书编辑委员会编《中国西北文献丛书（第1辑）·西北稀见方志文献》（第30卷），兰州古籍书店，1990，第51页。

⑩ 嘉靖《秦安志》卷一《建置志第一》，收入《中国方志丛书·华北地方》第559号，成文出版社有限公司，1976，第19页。

县城处。[①] 本书关注的“成为治所时间”为金正隆二年，而非置秦寨的宋代。

45. **伏羌（甘谷）**[②]。伏羌县始于秦武公十年（前688年）首设二县之冀县，是中国最早的建县之一。[③] 冀县古城位于清时伏羌城南面，当时“遗址尚存”，[④] 而伏羌城为“方城，距古冀城百步许，创于宋，元因之”。[⑤] 据清末民初甘谷县绅田骏丰考证：唐武德三年（620年），冀县始改名为伏羌县，广德元年（763年）以后，伏羌陷于吐蕃；宋建隆三年（962年）置伏羌寨，熙宁三年（1070年）升为伏羌城；元至元十三年（1276年），以伏羌城升为伏羌县，“中间不复置县者五百十四年”。[⑥] 故本书关注的“成为治所时间”应为元至元十三年。至于明清伏羌城址“始筑城池时间”，方志记载为“宋始建”[⑦]、“创于宋”[⑧] 等。民国行一《甘谷县志略》提供一说较为明确：“（宋）真宗（大中）祥符九年（1016年），知秦州曹玮败吐番于伏羌，建设城槨（郭），是为甘谷正式有城池之始。”[⑨]

46. **宁远（武山）**[⑩]。据2002年《武山县志》考证，今武山县城处于北宋天禧三年（1019年）始筑寨城，即宁远寨，北宋崇宁三年（1104年）升为县城。[⑪] 关于何时在今城址处设置宁远寨，史料记载不一，有

---

① 秦安县地名委员会办公室编《甘肃省秦安县地名资料汇编》（内部资料），1985，第15页。

② 伏羌于1928年改名为“甘谷”。参见朱允明编《甘肃省乡土志稿》第一章“甘肃省之沿革”第二节“各县之沿革”，收入《中国西北文献丛书（第1辑）·西北稀见方志文献》（第30卷），第52页。

③ 天水市城乡建设环境保护委员会编《天水城市建设志》，甘肃人民出版社，1994，第36页。

④ 乾隆《甘肃通志》卷二二《古迹一》，乾隆元年刻本，第19页a。

⑤ 乾隆《伏羌县志》卷三《建置志》，乾隆三十五年刻本，第1页a。

⑥ 田骏丰：《伏羌县修城记》，载中国人民政治协商会议甘谷县委员会文史资料委员会编《甘谷文史资料》（第3辑），甘谷县印刷厂，1989，第13—25页。

⑦ 康熙《陕西通志》卷五《城池》，康熙六年刻本，第15页b。

⑧ 康熙《巩昌府志》卷九《建置上·城池》，第5页b。

⑨ 行一：《甘谷县志略》，《陇铎月刊》第2卷第10—11期，1941年12月，第12—14页。

⑩ 宁远即今武山，因与湖南省宁远县重名，1914年宁远改名武山。参见武山县地名委员会办公室编《甘肃省武山县地名资料汇编》（内部资料），七二二七工厂，1984，第16页。

⑪ 武山县地方志编纂委员会编《武山县志》，陕西人民出版社，2002，第59、483页。

北宋建隆元年（960年）[1]、天禧二年（1018年）[2]、熙宁五年（1072年）[3]等说。而关于宁远寨升为宁远县的时间，史料记载较为一致，即北宋崇宁三年（1104年）[4]。

三 城址选定时间的特征

上文对关中－天水地区城市现代化建设前存在的46座城市的“城址始为重要聚落时间”、“城址始筑城池时间”和“城址成为治所时间”逐一进行了考证。我们将每座城市的“城址成为治所时间”整理成表1－1。关于关中－天水地区城市现代化建设前城址选定时间的分布特征，我们据表1－1得出如下基本认识。

1. 在关中－天水地区城市现代化建设前存在的46座城市中，只有醴泉（1369年）、咸阳（1371年）、潼关（1376年）、三水（1477年）、汧阳（1548年）和长武（1583年）6座城市的城址选定时间是在明代。同官城于明景泰元年（1450年）筑城，目前还不知其城址选定时间是否在1368—1450年。即使在此期间，也只有7座城市的城址选定时间是在明代。因此，在此46座城市中，城址选定时间早于明代的有39—40座，占城市总数的85%—87%。换言之，在关中－天水地区城市现代化建设前的城市群中，近九成城市的城址在明代之前已经确定下来。

表1－1 关中－天水地区城市现代化建设前存在的46座城市的城址成为治所时间

序号	城市	城址成为治所时间	延续时间
1	凤翔	秦德公元年（前677年）	至今

① 邢效贤：《忆武山县城旧貌》，载政协武山县文史委员会编《武山县文史资料选辑》（第4辑），1993，第198—203页。

② 光绪《甘肃新通志》卷一三《舆地志·古迹附陵墓》，光绪三十四年修，宣统元年刻本，第18页a；朱允明编《甘肃省乡土志稿》，收入《中国西北文献丛书（第1辑）·西北稀见方志文献》（第32卷），第562页。

③ 康熙《陕西通志》卷四《建置·沿革》，康熙六年刻本，第42页b。

④ 嘉靖《雍大记》卷六《考易》，第3页b；康熙《陕西通志》卷四《建置·沿革》，康熙六年刻本，第42页b。

续表

序号	城市	城址成为治所时间	延续时间
2	同州	东汉建安三年（198 年）或五年、北魏永平三年（510 年）	至今
3	秦州	西晋太康七年（286 年）、宋初	至今
4	高陵	北魏神麚四年（431 年）至北魏末年	至今
5	澄城	北魏太平真君七年（446 年）	至今
6	蒲城	北魏太和十一年（487 年）	至今
7	陇州	北周明帝二年（558 年）	至今
8	蓝田	北周建德二年（573 年）	至今
9	武功	北周建德三年	1958 年 12 月结束
10	盩厔	北周建德三年	至今
11	同官	北周建德四年至明景泰元年（575—1450 年）	大体延续至今
12	泾阳	隋开皇三年（583 年）或隋大业后	至今
13	邠州	隋开皇三年或之前	至今
14	渭南	隋开皇十四年	至今
15	郃阳	隋开皇十六年或之前	至今
16	岐山	隋开皇十六年、唐贞观八年（634 年）	至今
17	韩城	隋开皇十八年或之前	至今
18	华阴	隋大业五年（609 年）	至今
19	西安	隋大业九年	至今
20	兴平	隋大业九年	至今
21	鄠县	隋大业十年	至今
22	宝鸡	隋大业十年	至今
23	永寿	唐武德二年（619 年）、北宋嘉祐（1056—1063 年）之前、元至元十五年（1278 年）	1941 年结束
24	扶风	唐武德三年	至今
25	白水	唐贞观年间（627—649 年）或之前	至今
26	麟游	唐贞观六年	1969 年结束
27	乾州	唐文明元年（684 年）	至今
28	临潼	唐天宝三载（744 年）	至今
29	华州	唐永泰元年（765 年）之前	至今
30	清水	唐大中二年（848 年）、北宋太平兴国二年（977 年）	至今
31	宜君	五代后梁开平年间（907—911 年）	至今

续表

序号	城市	城址成为治所时间	延续时间
32	淳化	北宋淳化四年（993 年）	至今
33	耀州	北宋嘉祐（1056—1063 年）之前	至今
34	宁远	北宋崇宁三年（1104 年）	至今
35	鄠县	北宋政和二年（1112 年）之前	至今
36	秦安	金正隆二年（1157 年）	至今
37	朝邑	金大定七年（1167 年）之前	1958 年结束
38	伏羌	元至元十三年（1276 年）	至今
39	三原	元至元二十四年	至今
40	富平	元末	大体延续至今
41	醴泉	明洪武二年（1369 年）	至今
42	咸阳	明洪武四年	至今
43	潼关	明洪武九年	1960 年结束
44	三水	明成化十三年（1477 年）	至今
45	汧阳	明嘉靖二十七年（1548 年）	至今
46	长武	明万历十一年（1583 年）	至今

注：此表所列城市，按城址成为治所时间先后排序，以便清楚发现城址选定时间的分布特征。城址成为治所之后，有过短暂迁徙他处的，不再展示再次成为治所的时间。

2. 在城址选定时间早于明代的 39 座城市（不包括同官）中，城址选定时间在唐代及之前的有 29 座，占全部 46 座城市的 63%；城址选定时间在隋代及之前的有 21 座，占全部 46 座城市的 46%。换言之，在关中－天水地区城市现代化建设前的城市群中，有近半数城市在隋代已经选定城址，有六成多城市在唐代已经选定城址。另外，在城址选定时间在唐代及之前的 29 座城市中，城址一直延续使用至今的有 26 座，占今天关中－天水地区（关中－天水经济区的渭河流域地区）城市总数 50 座[①]的 52%。换言之，今天关中－天水地区大体有一半城市的城址作为治所已超过 1100 年。

① 古今城市发展有别，我们将今天的有些区政府所在地也作为单独城市进行统计。因此，在明清民国时期 45 座城市的基础上（朝邑城 1958 年废弃拆除），新增阎良区、杨陵区、王益区、麦积区和张家川回族自治县，一共 50 座城市。不当之处，敬请批评指正。

3. 在关中 - 天水地区城市现代化建设前存在的46座城市中，有武功、永寿、麟游、朝邑和潼关5座城市在20世纪发生城址变动。除永寿城址迁移（1941年）较早外，其余4座城市的城址变动均发生于20世纪五六十年代，其中麟游最晚，于1969年迁移城址。除此5座城市外，其余41座城市至今城址大体未变，占当时关中 - 天水地区城市总数46座的89%，占今天关中 - 天水地区城市总数50座的82%。换言之，今天关中 - 天水地区大体有八成城市是在明清民国时期城址的基础上发展起来的。

总体而言，基于城址选定时间的初步考证，在关中 - 天水地区城市现代化建设前存在的46座城市中，绝大多数城市（近九成）在明代之前城址已经选定；除武功、永寿、麟游、朝邑和潼关5座城市在20世纪40年代至60年代城址发生变动之外，其余41座城市（近九成）的城址大体上一直延续至今。在今天关中 - 天水地区的城市中，有八成城市是在明清民国时期城址的基础上发展起来的，有一半是在唐代及之前选定的城址基础上发展起来的。

第二章　历史时期关中－天水地区城市选址与水环境的关系

城市发展须臾离不开水，故水环境无疑是城市选址时的重要影响因素。刘易斯·芒福德曾指出："远在新石器文化尚未广泛形成农业村庄和城镇的时候，人类大约已经懂得如何为后来这些村庄、城镇选择有利的地点了：流水终年不断的清泉，坚实的高地，交通便利而又有河流或沼泽为保护的地点，濒临江口河湾，有丰富的鱼类、蚌类资源等等。"① 可见，早在史前时期，水环境已成为人类聚落选址过程中比较重视的因素之一。在我国仰韶、龙山文化时期至夏商时代，先民们在城市选址过程中，对城市的供水、防洪、排水、水运等方面十分重视，已经认识到理想的城址应具备地势较高、水源丰富、濒临适宜航行的河流或湖泊等条件。② 至战国时代，《管子》对城市选址与水环境的关系更是做了精辟论述，认为城址应该选在水资源丰沛、地势高低适宜的地区，应该有利于供水、防洪、排水等。③ 这种选址思想是战国前约2000年的古城选址的经验总结，对后世的城市选址产生了广泛而深远的影响。④

关于城市选址与水环境的关系，一直受到学界的高度关注。学界已

---

① 〔美〕刘易斯·芒福德：《城市发展史——起源、演变和前景》，宋俊岭、倪文彦译，中国建筑工业出版社，2004，第8页。

② 张国硕、程全：《试论我国早期城市的选址问题》，《河南师范大学学报》（哲学社会科学版）1996年第2期，第28—31页。

③ 《管子》卷一《乘马第五》："凡立国都，非于大山之下，必于广川之上，高毋近旱而水用足，下毋近水而沟防省。"《管子》卷一八《度地第五十七》："故圣人之处国者，必于不倾之地，而择地形之肥饶者，乡山左右，经水若泽，内为落渠之写，因大川而注焉。……地高则沟之，下则堤之。"参见《管子》，（唐）房玄龄注，（明）刘绩补注，刘晓艺校点，上海古籍出版社，2015，第22、370—371页。

④ 吴庆洲：《中国古城的选址与防御洪灾》，《自然科学史研究》1991年第2期，第195—200页。

充分认识到水环境对城市选址的影响，甚至认为它是最重要的影响因素，得出城市选址具有临河分布的特性或规律的结论，强调水环境问题与城址迁移之间的因果关系。① 其实，城市选址是一个高度复杂的人地关系互动过程，城市选址与水环境的关系可能难以得出规律性或单一化的结论。我们认为要想进一步揭示历史时期城市选址与水环境的复杂关系，必须要从多种视角来进行综合考虑。相比之前学界的宏观整体研究和微观个案研究，中观区域性不同类型城市的比较研究或许能反映出城市选址的复杂性；相比之前学界仅关注城市水环境的某一方面，比如城址与河流的位置关系、水灾与城市迁移的关系等，全方位考虑城市水环境应该能获得较为深入的认识。

在关中－天水地区城市群的发展过程中，因其位于西北内陆，且地形复杂多样，各类城市水环境问题均较为显著。我们在前一章探讨了关中－天水地区城市现代化建设前各城城址的选定时间及其分布特征。本章将在前一章的基础上，通过梳理历史时期关中－天水地区这46座城市城址的选定过程，综合探讨城市选址与水环境之间的复杂关系。

一 城市选址的临河分布规律再探

城址与河流之间的位置关系，是城市选址与水环境关系的重要表征之一。学界对此已有广泛探讨，“城址选择临河分布”“沿河设城”“近

① 章生道：《城治的形态与结构研究》，载〔美〕施坚雅主编《中华帝国晚期的城市》，第84—111页；马正林：《中国城市的选址与河流》，《陕西师范大学学报》（哲学社会科学版）1999年第4期，第83—87、172页；陈乃华：《古代城市发展与河流的关系初探》，《南方建筑》2005年第4期，第4—6页；靳怀堾：《中国古代城市与水——以古都为例》，《河海大学学报》（哲学社会科学版）2005年第4期，第26—32、93页；殷淑燕、黄春长：《论关中盆地古代城市选址与渭河水文和河道变迁的关系》，《陕西师范大学学报》（哲学社会科学版）2006年第1期，第58—65页；许鹏：《清代政区治所迁徙的初步研究》，《中国历史地理论丛》2006年第2辑，第116—131页；陈隆文：《水患与黄河流域古代城市的变迁研究——以河南汜水县城为研究对象》，《河南大学学报》（社会科学版）2009年第5期，第102—109页；李嘎：《滹沱的挑战与景观塑造：明清束鹿县城的洪水灾难与洪涝适应性景观》，《史林》2020年第5期，第30—41、55页；何一民：《近水筑城：中国农业时代城市分布规律探析》，《江汉论坛》2020年第7期，第87—91页。

水筑城”等结论相继提出，有观点认为：“近水筑城是世界城市选址的共同规律”；[①]“中国的都城毫无例外地都把城址选择在河流的沿岸，或距河流不远，而地方城市也大都如此，这是中国城市选址的一条基本规律”。[②] 诚然，城市发展离不开水资源，国内外许多著名城市的确分布在河流沿岸，如伦敦临泰晤士河、巴黎临塞纳河、罗马临台伯河、南京临长江等，但城址选择临河分布能上升到规律吗？著名城市规划学者董鉴泓认为，城市与河流的相对位置关系因地理环境差异而不同：北方一些城市虽然近河但不临河；山区或江河上游城市即便临河，与水面高差较大；水网地区城市不仅临河而且高程接近水面。[③] 我们认为，河流是影响城市选址的重要因素之一，但是否为主导因素，不可一概而论，常有城址分布在河流附近地区，但这不一定由于河流水利的主导作用。“城址选择临河分布”“沿河设城”“近水筑城”等规律性认识，均强调河流在城址选定过程中的主导作用，实际情况是否如此，还需具体分析城址的选定过程。

（一）关中－天水地区城址与河流之间的位置关系

经第一章的考证，我们发现明代以来关中－天水地区的城址基本稳定，今天关中－天水地区的城市中有八成是在明清民国时期城址的基础上发展起来的。那么，明清民国时期这些城市的城址与河流之间的位置关系如何？马正林先生曾指出，清雍正时关中地区 39 个州县城中有 37 个位于河流沿岸。[④] 然而通过对关中地区城址与河流之间的位置关系进行逐一考察，我们发现实际情况可能并非如此。在明清民国时期关中地区的 41 座城市中，有 10 余座，可能不能称为临河分布或者位于河流沿岸。经逐一考察，我们认为明清民国时期关中－天水地区 46 座城市与河流之间的位置关系大体可以分为七类：“一面山（原）、三面河”类

---

① 何一民：《近水筑城：中国农业时代城市分布规律探析》，《江汉论坛》2020 年第 7 期，第 87—91 页。

② 马正林：《中国城市的选址与河流》，《陕西师范大学学报》（哲学社会科学版）1999 年第 4 期，第 83—87、172 页。

③ 董鉴泓：《我国城市与河流的关系》，《地理知识》1977 年第 12 期，第 14—15 页。

④ 马正林：《中国城市的选址与河流》，《陕西师范大学学报》（哲学社会科学版）1999 年第 4 期，第 83—87、172 页。

（16 座，占比 35%），“盆地中、一面河”类（4 座，占比 9%），“河流交汇处”类（2 座，占比 4%），“原阜与河流之间”类（5 座，占比 11%），“河流穿城”类（2 座，占比 4%），“山岗、高阜之上”类（5 座，占比 11%）和“距河流一定距离”类（12 座，占比 26%）。下面分别加以介绍。

第一类：“一面山（原）、三面河”。这类城市一侧面山（原），与山（原）相对的一侧面临一条大河，其余两侧是发源于山（原）而注于大河的两条小河。需要说明的是，城市与山（原）、大河的距离有可能较远，但与两侧小河流中的一条距离可能较近。在明清民国时期的关中－天水地区，该类城市包括：渭北台塬地区的邠州（县）和三水（栒邑），关中西部的凤翔、汧阳和宝鸡，天水地区的宁远（武山）和伏羌（甘谷），渭河平原的岐山、郿县等 9 座城市，大体有 16 座城市。经整体比较，其中的邠州（见图 2－1）、三水、宝鸡（见图 2－2）、汧阳、鄠县等城较为典型。

图 2－1　清代邠州城与河流位置关系

资料来源：雍正《敕修陕西通志》卷八《山川一》，第 53 页 a。中国国家图书馆藏品。

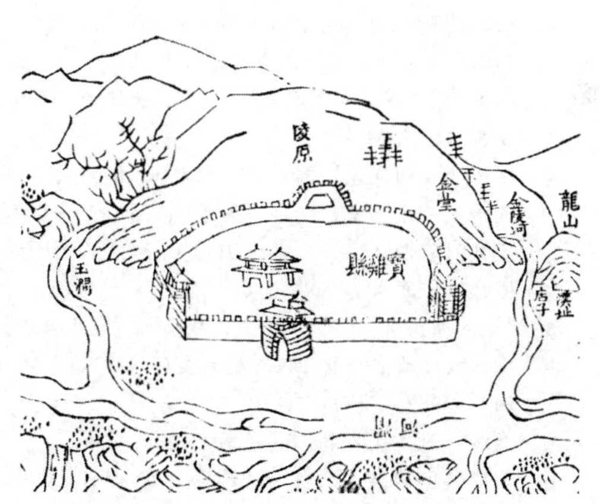

图 2－2　清代宝鸡城与河流位置关系

资料来源：乾隆《宝鸡县志》卷首《全疆图》，乾隆二十九年刻本，第 1 页 b 至第 2 页 a。中国国家图书馆藏品。

例如邠州城，“邠山，在州治南，城垣所依也，又紫微山，在城西南隅，连跨外郭”；[①] “泾水在城北二里”；[②] 城西有洪龙河，又称过涧，“距城不百步”；[③] 城东门外有南河，又称皇涧。[④] 与邠州城一样，三水城也是“北枕山，南面河，涧水东环，溪水西绕”，[⑤] 即“汃水在县南门外，即三水河”；[⑥] 东门外为东涧河“清流如线，环堞而注于汃水”；[⑦] 西门外“数十武许”为西溪河，“溪水自北界来，带县而南”，[⑧] 流入汃水。明人文在中《对僚友称三水县》称三水城：“蜿蜒龙门艮方来，左涧右溪县治开。汃水西流环玉带，翠屏南耸拱文台。”[⑨]

又如宝鸡城，据明嘉靖《雍大记》载，该城“左金陵，右玉涧，面渭水，背陵原”。[⑩] 城池背靠陵原，“自吴岳发脉，延袤一百二十里，城居其麓”。[⑪] 东、南、西三面均为河流，分别是金陵河、渭河和玉涧河，“三水相环如带”。[⑫] 关于宝鸡城与各面河流的距离，明清民国方志一致记载为：渭河在城南半里或一里，金陵河在城东五里，玉涧河在城西南二里。[⑬]

明清民国时期，汧阳城有两处城址，即古新城和汧阳城。两处城址的微观地理环境十分相似，均为“一面山（原）、三面河”。古新城“背

① （清）顾祖禹：《读史方舆纪要》，第2626页。
② （明）马理等纂《陕西通志》卷二《土地二·山川上》，第81页。
③ （明）席勤学：《重修显应院记》，载乾隆《直隶邠州志》卷九《庙属九》，乾隆四十九年刻本，第14页a。
④ 康熙《陕西通志》卷一一《水利》，康熙六年刻本，第20页a。
⑤ 同治《三水县志》卷一《城池》，同治十一年刻本，第5页a。
⑥ 康熙《陕西通志》卷三《山川》，康熙五十年刻本，第31页a。
⑦ 康熙《三水县志》卷二《山川》，第11页b。
⑧ （明）张拱极：《聚珍桥记》，载康熙《三水县志》卷四《艺文》，第19页b。
⑨ 中国人民政治协商会议旬邑县委员会文史资料研究委员会编《旬邑文史资料》（第1辑），1987，第190页。
⑩ 嘉靖《雍大记》卷四《考易》，第3页b。
⑪ 乾隆《宝鸡县志》卷二《建置·城池》，乾隆二十九年刻，抄本，第1页b。
⑫ （清）毕沅：《关中胜迹图志》，第468页。
⑬ （明）马理等纂《陕西通志》卷三《土地三·山川中》，第91页；（明）龚辉：《全陕政要》卷二，嘉靖刻本，第67页b；顺治《宝鸡县志》卷二《地纪·山川》，顺治十四年刻本，第2页b至第3页a；康熙《陕西通志》卷三《山川》，康熙六年刻本，第48页b至第49页a；康熙《陕西通志》卷一一《水利》，康熙六年刻本，第26页a；雍正《敕修陕西通志》卷一〇《山川三》，第31页b至第32页a；乾隆《宝鸡县志》卷一《地理·山川》，乾隆二十九年刻，抄本，第14页b、第17页b；乾隆《凤翔府志》卷一《舆地·宝鸡山川》，道光元年补刻本，第20页b、第21页b；民国《宝鸡县志》卷二《山川》，第9页b至第10页b。

枕冯原，俯瞰汧水，平原高阜，形势较胜，复有汧、晖二水环绕于前”，[①] 处于汧河和晖川河环绕之中。明嘉靖二十六年（1547 年），大水毁城，次年在古新城东五里处重筑新城，即汧阳城。汧阳城土城砖跺，南临汧水，西有东江河，东有天池沟。[②]

关中平原渭河以南诸城多数是“南屏秦岭，北对渭河”，从秦岭北麓发源的山间河流从城市两边流过。秦岭与渭河距离城市大多较远，但发源于秦岭北麓注入渭河的河流距离城市较近。譬如鄠县城，“西（二里）有涝河，东有皁、檀二峪水夹送以入于城，遂结县治”，“渭水稍远”。[③] 临潼城虽然与城北渭水相距 15 里，[④] 但“潼水在县西半里，源出骊山南谷中，即饮济泉也，流至县西门外数百步，合县东之临河入于渭”，[⑤] 而临河即石瓮谷水，“径县东门，北流折而西，与潼水合”。[⑥] 蓝田城虽有所不同，但也是“一面山（原）、三面河”的城址环境，北依横岭，城南距灞水“一里”[⑦] 或“半里”[⑧]，城东半里为白马谷水（又名土胶河），[⑨] 西北三里为浐水，[⑩] 有谓“灞水建城环处碧”。[⑪]

第二类：“盆地中、一面河”。这类城市位于盆地之中，一条主要河流贯穿盆地而过，城池一侧面临此河。此外，城池周围可能还有其他小河流，均流入这条主要河流。在明清民国时期的关中－天水地区，该类城市大体有 4 座，即秦州（天水）、清水（见图 2－3）、秦安（见图 2－4）和韩城。

---

① 顺治《石门遗事》之《舆地第一》，第 10 页 a。

② 关于汧阳城与周围河流的位置关系，参见本书第三章的相关论述。

③ 康熙《鄠县志》卷二《地理考》，康熙二十一年抄本，第 1 页 a。

④ 康熙《陕西通志》卷三《山川》，康熙六年刻本，第 10 页 b；康熙《临潼县志》卷二《山川志》，康熙四十年刻本，第 4 页 b；乾隆《西安府志》卷六《大川志》，第 5 页 b。

⑤ 雍正《敕修陕西通志》卷九《山川二》，第 18 页 a。

⑥ 乾隆《临潼县志》卷一《地理》，乾隆四十一年刻本，第 16 页 b。

⑦ 道光《陕西志辑要》卷二，道光七年朝坂谢氏赐书堂刻本，第 7 页 b。

⑧ 民国《续修蓝田县志》第三门志第六卷《土地志》，民国 24 年修，民国 30 年餐雪斋铅印本，第 7 页 a。

⑨ 康熙《陕西通志》卷一一《水利》，康熙六年刻本，第 5 页 b；雍正《敕修陕西通志》卷九《山川二》，第 30 页 a。

⑩ 雍正《敕修陕西通志》卷九《山川二》，第 30 页 b。

⑪ （明）刘玑：《玉峰并秀》，载中国人民政治协商会议陕西省蓝田县委员会文史资料研究委员会编《蓝田文史资料》（第 4 辑），蓝田县印刷厂，1985，第 55 页。

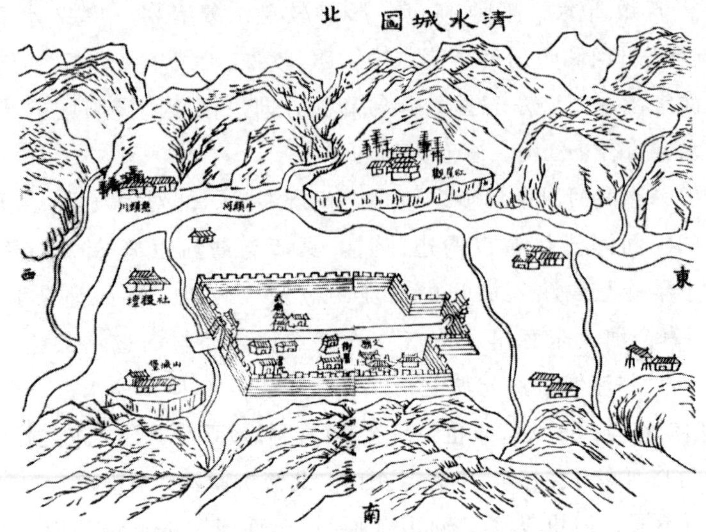

图2－3　清代清水城与河流位置关系

资料来源：光绪《重纂秦州直隶州新志》卷首《诸图》，光绪十五年陇南书院刻本，第37页b至第38页a。中国国家图书馆藏品。

图2－4　清代秦安城与河流位置关系

资料来源：乾隆《直隶秦州新志》卷首《诸图》，第24页b至第25页a。中国国家图书馆藏品。

秦州（天水）城是典型的山间河谷盆地型城市，所谓“孤城山谷间”,[①] 具有“两山夹峙，一水中流”的山水环境格局。其城址位于渭河支流藉河北岸的河谷阶地上，并沿藉河呈带状东西向分布，而在藉河河谷两侧有南北两山对峙并东西延伸。[②] 韩城的城址环境与秦州城大体类似，地处山原夹谷之中，狮、象二山雄踞其西，南一里有澽水环绕，[③] “北、东、南三面紧靠高差50—70米的黄土台塬”,[④] 故有“北屏韩原，南临澽水”[⑤] 之说。清水城则位于群山环抱之中的“一片平坦的地方”,[⑥] 城址“紧靠南塬（笔架山），北临河水（牛头河），地带狭长，故将城垣建为东西长方形”。[⑦] 秦安城位于秦安中部葫芦河下游的兴国盆地，东依凤山，西濒陇水（即葫芦河），城河之间仅“三十步”[⑧] 或“五十步”[⑨]。清道光《秦安县志》载其“环县皆山，陇水贯其中”。[⑩] 另外，秦安城南有南小河，“在县东二里，亦曰东川，源自中岭，截九龙，会西沟龙泉，至县西南入陇河”,[⑪] “故秦安有四山拱立，二水环流之语”。[⑫]

第三类：“河流交汇处”。河流交汇处可能是宜居环境诞生之地，故有“山水大聚之所必结为都会，山水中聚之所必结为市镇，山水小聚之所必结为村落”[⑬] 之说。在明清民国时期的关中 - 天水地区，该类城市

---

① （唐）杜甫：《秦州杂诗》，转引自《天水市秦城区志》，第1136页。

② 关于秦州（天水）城址与河流的位置关系，参见本书第十一章相关论述。

③ （明）马理等纂《陕西通志》卷二《土地二·山川上》，第72页；康熙《陕西通志》卷一一《水利》，康熙六年刻本，第15页b；乾隆《韩城县志》卷一《水》，乾隆四十九年刻本，第15页b。

④ 《陕西省渭南地区地理志》，第327页。

⑤ 万历《韩城县志》卷一《城郭》，万历三十五年刻本，第7页b。

⑥ 白维一：《我记得的清水（1938—1943年）》，载清水县政协文史资料委员会、国立第十中学校友清水联谊会编《清水文史》（第2辑），1993，第60页。

⑦ 民国《清水县志》卷二《建置志》，民国37年石印本，第1页a—b。

⑧ （明）马理等纂《陕西通志》卷四《土地四·山川下》，第134页；（明）曹学佺：《大明一统名胜志》之《陕西名胜志》卷九，崇祯三年刻本，第24页b；乾隆《直隶秦州新志》卷二《山川》，第11页a。

⑨ 康熙《巩昌府志》卷五《山川》，第14页a；乾隆《甘肃通志》卷六《山川》，乾隆元年刻本，第53页b；光绪《甘肃新通志》卷七《舆地志·山川下》，第3页a。

⑩ 道光《秦安县志》卷一《舆地》，第2页b。

⑪ 乾隆《甘肃通志》卷六《山川》，乾隆元年刻本，第54页b。

⑫ 秦安办事处：《秦安经济概况》，《甘行月刊》第6期，1941年12月，第35—47页。

⑬ 转引自李先逵《风水观念更新与山水城市创造》，《建筑学报》1994年第2期，第13—16页。

大体有两座，即耀州（县）（见图2－5）和陇州（县）二城。

耀州城位于漆、沮二河交汇的三角台地上，“前抱乳山，后倚高原，漆水经其东，沮水绕其西”，[①] 可谓双流夹抱。明嘉靖《耀州志》记载：“州有步寿原控其北，宝鉴诸山翼其左，（落）星原环其右，漆沮左右会流，乳山合抱其前，亦称四塞形胜之区。”[②] 和耀州城类似，关中西部的陇州（县）城位于千河、北河交汇的三角滩地，三面环水。[③]

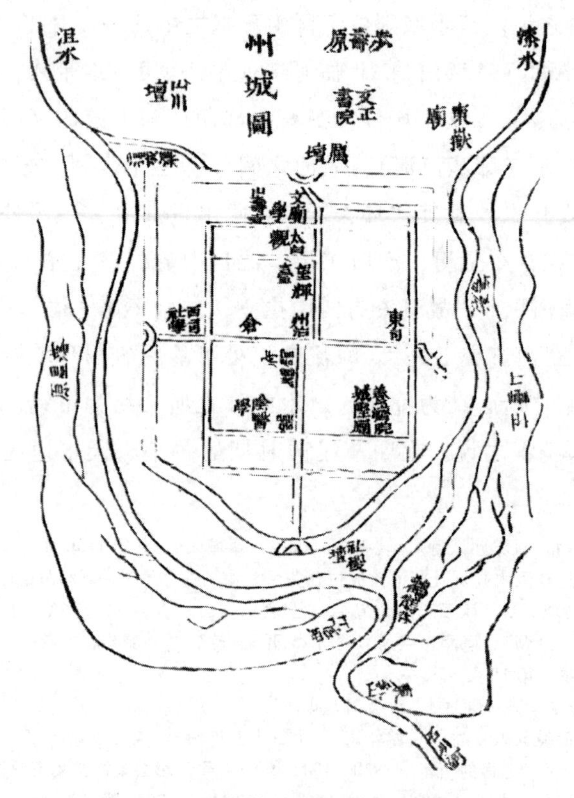

图2－5 明代耀州城与河流位置关系

资料来源：嘉靖《耀州志》卷一前，嘉靖三十六年刻本，第1页a。中国国家图书馆藏品。

第四类：“原阜与河流之间”。这类城市位于原阜与河流之间，河流距离城市较近。在明清民国时期的关中－天水地区，这类城市大体有5

① 乾隆《续耀州志》卷一《地理志·疆域》，乾隆二十七年刻本，第4页a—b。

② 嘉靖《耀州志》卷一《地理志》，嘉靖三十六年刻本，第9页a。

③ 关于陇州城的微观城址环境，参见本书第三章的相关论述。

座，即咸阳（见图2－6）、武功、扶风、醴泉和同官。

图2－6　清代咸阳城与河流位置关系

资料来源：雍正《敕修陕西通志》卷六《疆域一》，第5页b至第6页a。中国国家图书馆藏品。

“咸阳”之名源于咸阳城址的微观地貌环境。据民国《重修咸阳县志》载，咸阳“县在山南渭水北，故曰咸阳，其城渭水南环，毕原北枕”。[①] 咸阳城“距渭甚迩”，而“毕原在县北三里，南北数十里，东西二百余里”。[②] 武功城西“半附雍原之麓”，[③] 漆水在“县东门外”。[④] 宋游靖《重修县厅碑》称武功“凤冈（即雍原北冈）西拱，武水（即漆水）南倾”。[⑤] 扶风城西北依高岗，东、南两侧临河，分别是漆水（又名畤沟河、七星河）、沣水，两河相交于城池东南角。据清顺治《扶风县志》载，扶风城“当山麓水涯之间，西北倚岗，阜势颇高，东南近漆沣，形颇低”。[⑥] 关于扶风城与漆、沣二水的距离，明清方志有明确记载，如明嘉靖《陕西通志》载，“漆水河在城东一里”，“沣川河在城西南五十

① 民国《重修咸阳县志》卷一《地理志·形势》，民国21年铅印本，第3页a。

② 光绪《咸阳乡土志》之《山水》，光绪咸阳县誊清稿本，第26页。

③ 正德《武功县志》卷一《地理》，万历四十五年许国秀刻本，第2页b。

④ 正德《武功县志》卷一《地理志》，正德十四年冯玮刻本，第2页a。

⑤ 正德《武功县志》卷一《建置志》，正德十四年冯玮刻本，第8页b。

⑥ 顺治《扶风县志》卷一《建置志·城池》，第14页b。

步”；[①] 清顺治《扶风县志》载，“沣水在南门外”，“漆水在东门外”；[②] 康熙《重修凤翔府志》也载，“沣水县南五十步”，“漆水县东一十步，南流与沣水合”。[③] 正因扶风城与漆、沣二水的距离较近，“城数患，水势冲激”。[④]

第五类：“河流穿城”。河流穿城而过，成为城市的主轴，在世界城市发展史上屡见不鲜，如塞纳河穿巴黎而过，泰晤士河贯穿伦敦，清溪川贯穿首尔，等等。在明清民国时期的关中－天水地区，这类城市主要有两座，即三原和潼关。

三原南北二城之间有清河（又称清水、清峪水、清谷水、清谷河等）贯穿而过，形成“南北对峙，一水中流”的城池格局（见图2－7）。南城为三原城主城，治所衙署机关多集中于此，北城实际上是北关城，两城中间有桥连接。南北两城人口大体相当，明嘉靖《重修三原志》载：“县民千余家，半居溪北。”[⑤] 嘉靖《陕西通志》也载：“其北居人与南城等。”[⑥] 与清河东西贯穿三原城不同，明清民国时期的潼关城被潼河南北贯穿，其城址环境为“面山阻河，潼河穿城”，即南障南山，北阻黄河，潼河贯穿而过，可以说是囊山纳河。[⑦] 除三原、潼关二城外，渭南城虽然在明清民国时期主要属于“一面山（原）、三面河”类，南依台原，“渭水在县北门外”，[⑧] 城“西门外百数十步”有湭河（沋河），[⑨] 城“东二里”[⑩] 或“东三里”[⑪] 有明光谷（峪）水，但1934年陇海铁路通车后，渭南城西门街和湭河（沋河）西岸兴建商业铺店和粮食集市，城区开始跨越湭河（沋河）向西扩展，成为“河流穿城”类。[⑫]

① （明）马理等纂《陕西通志》卷三《土地三・山川中》，第89页。
② 顺治《扶风县志》卷一《舆地志・山川》，第5页a。
③ 康熙《重修凤翔府志》卷一《地理第一・山川》，康熙四十九年刻本，第24页b。
④ 顺治《扶风县志》卷一《舆地志・山川》，第5页a。
⑤ 嘉靖《重修三原志》卷一三《词翰五》，第18页a。
⑥ （明）马理等纂《陕西通志》卷二《土地二・山川上》，第61页。
⑦ 关于明清民国时期潼关城的城址环境，参见本书第四章的相关论述。
⑧ 康熙《陕西通志》卷三《山川》，康熙五十年刻本，第14页b。
⑨ 嘉靖《渭南县志》卷八《建置考二》，第16页a。
⑩ 嘉靖《渭南县志》卷八《建置考二》，第16页a。
⑪ 雍正《渭南县志》卷二《舆地志・山川》，雍正十年刻本，第9页b。
⑫ 渭南县志编纂委员会编《渭南县志》，三秦出版社，1987，第384页。

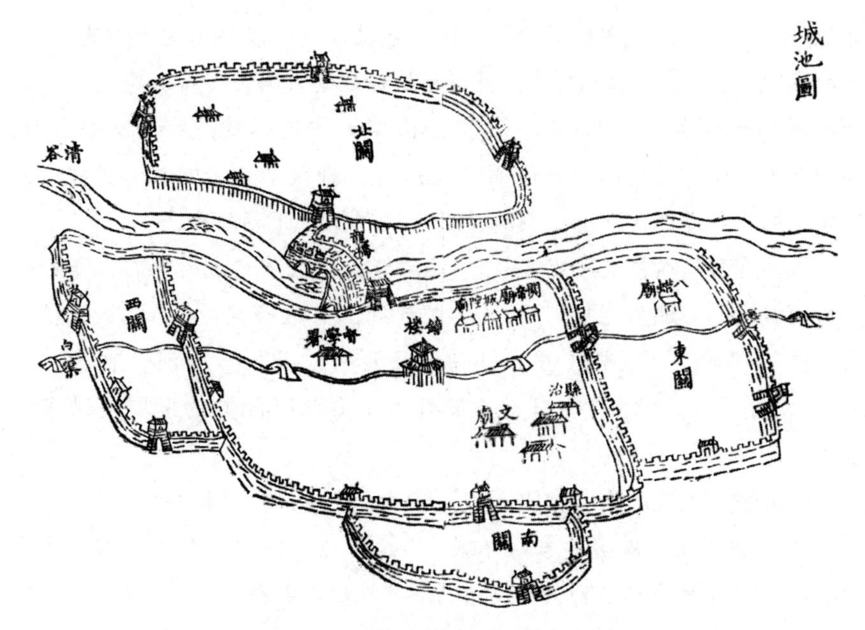

图 2－7　清代三原城与河流位置关系

资料来源：乾隆《三原县志》卷首《图》，乾隆四十八年刻本，第 1 页 b 至第 2 页 a。中国国家图书馆藏品。

第六类："山岗、高阜之上"。由于军事防御等其他因素的作用，位居山岗、高阜之上的城市在我国古代不在少数。在明清民国时期的关中－天水地区，这类城市大体有 5 座，即宜君、永寿、麟游、淳化和富平，均在关中地区。此类城市即便与河流相距不远，但因位于山岗、高阜之上，与水面高差较大，缺乏河流水利，河流并非主导城市选址的因素，因此应该不能称为临河分布。

宜君城因明末兵燹，由龟山之下改建龟山之上。清顺治《宜君县志》载：宜君"县治原在龟山之下，自明末兵燹，俱为灰烬，后改建山上，今有上城、下城之名"。① 雍正《敕修陕西通志》也载："龟山，在县西，形似龟，县城半跨其上。"② 清初白乃贞《宜君城记》对宜君的城址环境评价道，"城因龟山之势而成之，实自胜国"。③ 1932 年 8 月 21 日，

① 顺治《宜君县志》一卷，收入傅璇琮等编《国家图书馆藏地方志珍本丛刊》（第 144 册），第 24 页。

② 雍正《敕修陕西通志》卷一三《山川六》，第 48 页 a。

③ 雍正《宜君县志》之《艺文》，第 60 页 a。

顾执中在《西行记》中也记道："宜君县城，一面以高山为天然之屏障，县政府即建于此，居高临下为全县形势最佳之地，居民多居山麓。"① 至于河流对该城的影响，清卢坤在《秦疆治略》中这样论述："城据山岩，地当孔道。……虽有山河数道而流急地狭，难兴水利，惟城南里许有四季泉，以水色随四时而变，其味甚甘，人民俱于此汲饮焉。"②

永寿麻亭故城位居"岭巅"，"环邑皆山也"，③ "虎岭峙右，龙峰蟠左，山城险固，地势崔嵬"。④ 虽然城池周围有数条河流，"莫谷水城西北二里"，"武亭河县西一里，好畤河县西南一里"，⑤ 泔河"在县东一里，一名东河"，⑥ 但这些河流并没有为永寿麻亭故城的发展提供多少水利。

麟游城位于童山之上。明嘉靖《雍大记》载其"因山头为城，四面深涧"；⑦ 清康熙《麟游县志》亦载："麟邑在万山中，堑山为城，因涧为池。"⑧ 麟游河（也称杜水、大横水）"在麟游县南一里，源出招贤川，经流城下"。⑨ 与永寿麻亭故城不同的是，麟游河"经城下，邑人取汲"，⑩ 且对南郭农郊、菜畦有灌溉之功。⑪

与麟游城相似，淳化城"东门外"⑫ 虽有冶峪河，但城址位于冶峪河西畔台地上。⑬ 清毕沅《关中胜迹图志》卷二七《邠州·地理》引《邠州志》对淳化城形胜描述为："石门、仲山，拥其前后，左有高岭，右有深沟，依山为城，临水为池。"⑭ 雍正《敕修陕西通志》也载：其

① 顾执中：《西行记》，范三畏点校，甘肃人民出版社，2003，第48页。

② （清）卢坤：《秦疆治略》，收入《中国方志丛书·华北地方》第288号，成文出版社有限公司，1970，第165页。

③ （明）张朝纲：《游武陵山记》，载康熙《永寿县志》卷七《艺文》，第16页a。

④ 道光《陕西志辑要》卷四，第45页a。

⑤ 道光《陕西志辑要》卷四，第46页a。

⑥ 雍正《敕修陕西通志》卷一三《山川六》，第26页b。

⑦ 嘉靖《雍大记》卷四《考易》，第4页a。

⑧ 康熙《麟游县志》卷一《舆地第一》，第11页a。

⑨ 嘉靖《雍大记》卷一一《考迹》，第22页a。

⑩ （明）马理等纂《陕西通志》卷三《土地三·山川中》，第92页。

⑪ 光绪《麟游县新志草》卷二《建置志》，第6页a。

⑫ 康熙《淳化县志》卷一《舆地志·川泽》，第8页b。

⑬ 咸阳市地方志编纂委员会编《咸阳市志》（第1卷），陕西人民出版社，1996，第243页。

⑭ （清）毕沅：《关中胜迹图志》，第817页。

“环城皆山，南北深沟，东带河”。[①]

富平城虽然不像永寿、麟游位居山岭之上，但也“地踞高阜，四面壁削”，[②]“高出周围四十余米”。[③] 虽“有温泉河绕城而东，石川河绕境而南”，[④] 但经考察，二水没有给富平城带来直接水利。正如明嘉靖《耀州志》所载：“人言富平不据河山之险，然城地特高，四面俱下，城盖倚岩坂斩削为之，自其门入，即高仰如登山者。”[⑤]

第七类：“距河流一定距离”。经考察，明清民国时期关中－天水地区存在一些距河流一定距离的城市，大体有12座，即乾州、泾阳、同州、澄城、长武、蒲城、高陵、兴平、郃阳、朝邑、白水和西安，均在关中地区。

白水城虽“以南临白水，故名”，[⑥] 但“县治南距南河为里者五”。[⑦] 元末兵燹，白水城变为丘墟，县主簿丁华将治所迁往城南五里位于白水岸边的“南临川城”。但南临川城因“临川阻河傍谷，侧近蒲城，遇时雨骤降，则西有山水冲激，溢里巷、倾栋宇，而士民不便于所止，东有河水泛滥，激巨石、走原野，而乡民不便于转输”。[⑧] 明洪武四年（1371年），知县张三同将县治“还旧治，始加修筑”，[⑨] 建成土城，与白水之间的距离复为“五里”。白水城正是因为临河有患，才迁回原址。虽然原址距离白水“五里”，但在当时应属于距河流有一定距离的城市。

既然相距“五里”已算距离河流有一定距离，那么乾州城距城西漠谷水（又名夹道水）“五里”[⑩]，泾阳城距城南泾河“十里”[⑪]、

---

① 雍正《敕修陕西通志》卷一四《城池》，第25页a。

② 光绪《富平县志稿》卷二《建置志·城池补遗》，第57页a。

③ 《渭南市志》（第1卷），第344页。

④ （清）卢坤：《秦疆治略》，收入《中国方志丛书·华北地方》第288号，第21页。

⑤ 嘉靖《耀州志》卷一《地理志》，嘉靖三十六年刻本，第10页a。

⑥ （明）马理等纂《陕西通志》卷七《土地七·建置沿革上》，第263页。

⑦ （明）石希仁：《创修县治记》（洪武三年三月），载乾隆《白水县志》卷四《艺文志·记》，乾隆十九年刻本，第6页a。

⑧ （明）张三同：《创复县治记》（洪武六年四月），载乾隆《白水县志》卷四《艺文志·记》，乾隆十九年刻本，第8页b。

⑨ 雍正《敕修陕西通志》卷一四《城池》，第23页a。

⑩ （明）马理等纂《陕西通志》卷二《土地二·山川上》，第78页；康熙《陕西通志》卷一一《水利》，康熙六年刻本，第19页a。

⑪ 康熙《陕西通志》卷三《山川》，康熙六年刻本，第12页b。

"七里"[①] 或"五里"[②]，同州城距城西南洛水"五里"[③]，应该均不属于临河分布或沿河设城。澄城城虽距城西澄水仅"三里"，并"县名以此"，[④] 但从其供水情况来看，曾"远汲三里涧"[⑤]（即县西河），距河流有一定距离。澄水在澄城选址过程中应该不是主导因素，否则就不需"远汲三里"。长武城虽"东环黑水，西距回中，南枕宜山，北带泾河"，[⑥] 但泾河一直在城（西）北"二十里"，[⑦] 黑水河也在城"东四十里"[⑧]、城南"十里"[⑨] 或"十五里"[⑩]。蒲城城距离城东洛水或"五十里"[⑪] 或"四十里"[⑫]，距城北白水河"四十余里"。[⑬] 高陵县名始于秦，秦昭襄公封其弟公子市为高陵君于此，"以其地大阜而高也"而得名；[⑭] 其城址附近一直没有河流，形胜虽有"泾渭当前"，[⑮] 但"渭水在县南十里"，"泾水在县西南二十里"。[⑯] 兴平城位于渭北平原，其形胜为"后倚高原，前襟渭水"，[⑰] 然明清时期，渭水距离兴平城较远：康熙时渭水

---

① 雍正《敕修陕西通志》卷九《山川二》，第35页a；乾隆《泾阳县后志》卷一《地理志·山川》，第8页a；乾隆《泾阳县志》卷一《地理志·山川》，乾隆四十三年刻本，第9页a；乾隆《西安府志》卷七《大川志》，第1页a。

② （清）穆彰阿等纂修《嘉庆重修大清一统志》卷二二七《西安府一》，第40页b；宣统《重修泾阳县志》卷一《地理上·山川》，宣统三年天津华新印刷局铅印本，第4页b。

③ （明）马理等纂《陕西通志》卷二《土地二·山川上》，第69页；（清）顾祖禹：《读史方舆纪要》，第2602页；雍正《敕修陕西通志》卷一二《山川五》，第55页b。

④ （明）马理等纂《陕西通志》卷二《土地二·山川上》，第71页。

⑤ 嘉靖《澄城县志》卷一《地理志·井泉》，第8页a。

⑥ （清）毕沅：《关中胜迹图志》，第818页。

⑦ 康熙《陕西通志》卷三《山水》，康熙五十年刻本，第32页a；雍正《敕修陕西通志》卷一三《山川六》，第37页b；道光《陕西志辑要》卷四，第59页a。

⑧ 康熙《陕西通志》卷三《山水》，康熙五十年刻本，第32页a。

⑨ 康熙《长武县志》卷上《建置志·山川》，第8页a。

⑩ 雍正《敕修陕西通志》卷一三《山川六》，第38页a；乾隆《长武县志》卷二《县境山川表》，第5页a；道光《陕西志辑要》卷四，第59页a。

⑪ （明）马理等纂《陕西通志》卷二《土地二·山川上》，第78页。

⑫ 雍正《敕修陕西通志》卷一三《山川六》，第11页a；乾隆《同州府志》卷二《山川》，乾隆六年刻本，第37页a。

⑬ 《陕西省蒲城县地名志》（内部资料），第196页。

⑭ 雍正《高陵县志》卷一《地理志·沿革》，第1页a。

⑮ 道光《陕西志辑要》卷一，第54页a。

⑯ 康熙《陕西通志》卷三《山川》，康熙六年刻本，第11页b；雍正《敕修陕西通志》卷九《山川二》，第20页b至第21页a；乾隆《西安府志》卷六《大川志》，第9页b至第10页a；道光《陕西志辑要》卷一，第55页a。

⑰ （清）毕沅：《关中胜迹图志》，第12页。

“在县南二十五里”,[①] 雍正至道光时渭水“在县南二十里”,[②] 到民国时渭水仍在兴平城南“十余里”。[③] 尽管渭河河道在北移，但距离兴平城还是有一定距离的。

郃阳城名虽源自洽水，即“城南有洽水，县取名焉”,[④] 但此城指的是郃阳故城，即“魏文侯之筑合阳”。[⑤]《陕西省合阳县地名志》考证认为,“合阳之名最早始于战国时期，因魏文侯十七年（公元前429年）在合水（亦称‘洽水’）北岸筑城而得名”。[⑥] 与郃阳故城不同，明清郃阳城与河流之间有一定距离。明嘉靖《陕西通志》载:“大浴河在县西二十里，桥头河在县北十五里，百良河在县东北三十里，郃水在县西北二里，东流入黄河。……金水在县西北四十里”;[⑦] 嘉靖《郃阳县志》也载:“百良河县东北三十里，……桥头河县北十五里，大浴河县西二十里，洽水县西北二里，金水县西北四十里，东南入黄河。”[⑧] 关于大浴河、桥头河和百良河与明清郃阳城的距离，后世方志与明嘉靖《陕西通志》的记载基本一致。至于洽水与明清郃阳城的距离，清代方志一致记载，洽水在郃阳城西北30里。此洽水并非战国时洽水，当时洽水在魏文侯所筑郃阳故城（即莘里村）南，“即莘里村南北二涧水，至村西合流，其水汉永平间绝，有明复出”。[⑨] 魏文侯所筑郃阳故城在明清郃阳城东约40里，可能是在“西魏大统三年（537年），（由）华州刺史王罴移县城西四十里”,[⑩] 故明嘉靖《陕西通志》和嘉靖《郃阳县志》中“郃（洽）水在县西北二里”很可能有误。另外，明嘉靖《郃阳县志》载郃阳形胜:“背梁山，面乳罗，左黄河，右大浴”,[⑪] 也未

---

① 康熙《陕西通志》卷三《山川》，康熙六年刻本，第7页b。

② 雍正《敕修陕西通志》卷九《山川二》，第15页b；乾隆《西安府志》卷六《大川志》，第3页b；道光《陕西志辑要》卷一，第43页a。

③ 民国《重纂兴平县志》卷一《地理志·山川》，第2页b。

④ 乾隆《同州府志》卷二《地理》转引《水经注》，乾隆四十六年刻本，第9页a。

⑤ 乾隆《郃阳县全志》卷一《建置第二》，民国31年刻本，第16页a。

⑥ 《陕西省合阳县地名志》（内部资料），第3页。

⑦ （明）马理等纂《陕西通志》卷二《土地二·山川上》，第70页。

⑧ 嘉靖《郃阳县志》卷上《山川》，第3页a。

⑨ 乾隆《郃阳记略》卷一《建置记·城池》，见（清）许秉简编撰《洽阳记略》，第47页。

⑩ 乾隆《郃阳记略》卷一《建置记·沿革》，见（清）许秉简编撰《洽阳记略》，第43页。

⑪ 嘉靖《郃阳县志》卷上《山川》，第4页a。

提到洽水。

朝邑城在明清时期与黄、渭、洛三河之间的距离虽不断变化，但均有一定距离。明嘉靖《陕西通志》载：“黄河在县东三十里，……渭河在县南三十里，……沮水亦云洛水，在县南五里许。”① 清雍正《敕修陕西通志》、乾隆《同州府志》、道光《陕西志辑要》均载：“黄河在县东七里，……洛水在县南五里，……渭水在县南四十里。”② 在黄、渭、洛三河中，黄河迁徙变动最大，“自明隆庆中，黄河屡徙，而西县地改移河东”，③ 到清乾隆嘉庆年间朝邑城距黄河“不过五里”，④“至道光时益西逼县城，沿岸村镇田庐半沦于河”。⑤ 虽然“黄水愈复西啮，洛水适又东徙”，⑥ 但朝邑城与河流之间仍有一定距离。朝邑逐渐靠近黄河，主要在于黄河的迁徙，并非朝邑城最初选址临河。

西安城虽然素有“八水绕长安”一说，但这是从“形胜”角度而言的。如果从西安城的微观城址环境来看，“这些河流距离西安城址较远，尤其是唐以后”，⑦ 其中泾水更是在渭北。关于明清时期西安城与周围诸河的距离，方志史料记载大体一致，即“渭水在府城北三十里”，“浐水在府城东十五里”，“灞水在府城东二十里”，“潏水在府城南二（三）十里”，“沣水在府城西南（三）四十里”，“镐水在府城西北一十八里”，“交水在府城南三十里”，“涝水在县城西南二十里”。⑧ 民国时期的《西京快览》更是明确指出：“西安城区无河道，俗称八水绕长安，均远在

---

① （明）马理等纂《陕西通志》卷二《土地二·山川上》，第70页。

② 雍正《敕修陕西通志》卷一二《山川五》，第57页a—b；乾隆《同州府志》卷二《山川》，乾隆六年刻本，第3页a—b；道光《陕西志辑要》卷三，第14页a。

③ 民国《续修陕西通志稿》卷五《疆域》，第14页a。

④ 水利电力部水管司科技司、水利水电科学研究院编《清代黄河流域洪涝档案史料》，中华书局，1993，第332、369页。

⑤ 民国《续修陕西通志稿》卷五八《水利二》，第7页b。

⑥ 民国《续修陕西通志稿》卷五八《水利二》，第7页b。

⑦ 程森：《民国西安的日常用水困境及其改良》，载《中国古都研究》（第28辑），第92—107页。

⑧ 万历《陕西通志》卷六《山川》，第5页a；（清）顾祖禹：《读史方舆纪要》，第2519—2523页；康熙《陕西通志》卷三《山川》，康熙六年刻本，第3页a—b；康熙《陕西通志》卷一一《水利》，康熙六年刻本，第2页a—b；雍正《敕修陕西通志》卷九《山川二》，第3页a至第5页a、第10页a至第12页a；乾隆《西安府志》卷五《大川志》，第1页a至第16页a；道光《陕西志辑要》卷一，第19页b、第27页b；阎文儒：《西京胜迹考》，新中国文化出版社，1943，第9—37页。

数十里外。”① 此时不但河道距离西安城远，而且除泾渭两水外，“其余六条水，淤的淤，干的干，甚至有些连河床的遗迹也已经无影无迹，更谈不到‘绕’了”。②

在上文，我们将明清民国时期关中－天水地区46座城市与河流之间的位置关系大体分为七类。虽然其中可能有一些不当之处，但仍可以反映出当时存在一些城市距离河流有一定距离的情况。其实，城市是否临河分布，是否沿河而设，根本上要看河流在城址选定过程中是否起主导作用，而不能仅看城址与河流的距离。那些位居山岗、高阜之上的城市，尽管有些距离河流较近，但河流并非城址选定的主导因素，因此应该不能称为城址选择临河分布，而这一类城市在历史上不在少数。即便依照城河距离来判断，那么城址距离河流多远可以称为临河分布？迄今为止，我们尚未发现这种量化标准受到学界讨论。也就是说，一般称某座城市临河分布往往是基于一种主观判断，距离标准比较模糊。按照明初白水城为避水患，从临白水的南临川城向北迁回至相距有“五里”的旧城来看，“五里”应该算距离河流有一定的距离，属于非临河城市了。如果是这样，那么那些距离河流五里以上乃至几十里的城址仍被称为临河分布，就必须讲清它们临河分布的依据。在此需要强调的是，我们不能按照今天的距离概念或标准，来理解历史时期城址距离河流的“五里”或“十里”。因为今天的城市与交通条件，与历史时期的城市与交通条件差异较大。

（二）城市选址临河分布的商榷

一些研究之所以得出城市选址具有临河分布的特性或规律的结论，主要基于对我国古代重要城市（尤其是古都）选址临河分布的判断，甚至认为“都城城址必须选择在河流沿岸，就几乎成为不可抗拒的规律”。③ 那么，我国古代都城最初选址时真的都是临河分布吗？

前文提到的西安城，虽然素以“八水绕长安”闻名，但那是从“形胜”角度而言的，并非指的是微观城址环境。有“十朝古都”之誉的南

---

① 鲁涵之、张韶仙编《西京快览》第一编“概要”，西京快览社，1936，第14页。

② 沈毅：《水和西安：“望不见八水绕长安，使人心痛酸……”》，《西北通讯》第6期，1947年8月，第32页。

③ 马正林编著《中国城市历史地理》，山东教育出版社，1998，第304页。

京城今天虽然临江，但当初选址时并不临长江。近代以后因商业交通的逐步发展，南京城才逐渐紧靠长江。[①] 当然除长江之外，南京城历史上还有秦淮、青溪诸水，但这些水系基本上是在城址选定以后逐渐开凿的："秦凿淮，吴凿青溪、运渎，杨吴凿城濠，宋凿护龙河，宋元凿新河，明开御河、城壕。"[②] 需要指出的是，秦淮河是一条自然河流，城址选定之前就存在，并非秦始皇东巡时下令开凿的。即便如此，南京城的嚆矢——楚金陵邑城也并非临秦淮河而建，而是建造在石头山（今清凉山）上。[③] 其后的孙吴建邺城"在淮水北五里，据覆舟山下"，[④] 建邺城"正门曰宣阳，又南五里至淮水，立门曰大航"。[⑤] 清初顾祖禹《读史方舆纪要》卷二〇《南直二·应天府》则进一步认为"孙吴至六朝，都城皆去秦淮五里"。[⑥] 正是因为六朝"古城近北，秦淮既远，其漕运必资舟楫，而濠堑亦须水灌注，故孙权时，引秦淮为运渎以入仓城，开潮沟以引江水，又开渎以引后湖，又凿东渠名青溪，皆入城中"。[⑦] 后来，秦淮河虽然穿城而过，但也只是杨吴以后的事情，"六朝宫城皆在（秦）淮水之北而近于覆舟（山），楚秦隋唐之城皆在（秦）淮水西北而据于石头，杨吴以后之城皆跨淮水之南北而近于聚宝"。[⑧] 可见，杨吴之前的南京城与秦淮河是存在一定距离的，并非临近建城。

同样作为古都的北京城，其最初的城址选择并非位于河流沿岸。北京城的前身——蓟城的诞生与永定河的古渡口有着密切关系，但因永定河夏季泛滥无常，不利于一座城市在临近河流的地方成长。[⑨] 故城址最终选择在离渡口最近而又不受洪水威胁的一个原始居民点上，即今天北

---

① 董鉴泓：《我国城市与河流的关系》，《地理知识》1977 年第 12 期，第 14—15 页。

② 康熙《江宁府志》卷一《图纪上》，收入《金陵全书·甲编·方志类·府志》（第 11 册），南京出版社，2011，第 186 页。

③ 蒋赞初：《南京城的历史变迁》，《江海学刊》1962 年第 12 期，第 44—49 页。

④ （明）陈沂：《金陵古今图考》卷上，天启金陵朱氏刊本，第 10 页 a。

⑤ （明）曹学佺：《大明一统名胜志》之《应天府志胜》卷一引《建康宫阙簿》，第 4 页 a。

⑥ （清）顾祖禹：《读史方舆纪要》，第 951 页。

⑦ （宋）陈克、吴若撰，吕祉纂《东南防守利便》，中华书局，1985，第 9 页。

⑧ 康熙《江宁府志》卷一《图纪上》，收入《金陵全书·甲编·方志类·府志》（第 11 册），第 190 页。

⑨ 侯仁之、邓辉：《北京城的起源与变迁》，中国书店，2001，第 23 页。

京莲花池以东广安门一带。《水经注》卷一三《㶟水》引《魏土地记》明确记载了蓟城与城南河流的距离："蓟城南七里有清泉河。"[①] 北魏时㶟水又称清泉河，也就是今天的永定河，可见当时蓟城与永定河之间还是有一定距离的。当然除永定河外，蓟城周围还有洗马沟水、高梁水等小河。这些河流的上源是永定河冲积扇前端地下泉水汇聚而成的湖泊。其中，"湖水（今莲花池）东流为洗马沟，侧城南门东注"，[②] 即洗马沟水围绕蓟城西、南城墙而过。莲花池是蓟城至金中都的水源地，洗马沟水道如此分布，不排除其是在蓟城诞生之后人工营建而成的。高梁水距离蓟城较远，所谓"蓟东十里有高梁之水者也"。[③] 随着北京城的发展和扩建，这些水道后来均成为城区内部水系的重要组成部分，但不能因此推测当初选址时是选在这些河流沿岸。所以，有些古城今天位于河流沿岸，或者有河流穿城而过，当初选址时河流是否起主导作用，还是需要考证的，不能以今天的"果"（临河分布）去反推当初选址时的"因"（河流的主导作用）。

或许古希腊城市与河流之间的位置关系，更能说明城址不一定选在河流沿岸地区，河流在城市选址过程中不一定起主导作用。与其他文明不一样，古希腊最高级的文化活动中心多出现在降水量较少、水资源贫乏的半干旱地区，如雅典、克里特岛的克诺索斯等。[④] 古希腊虽然没有像埃及的尼罗河和美索不达米亚的底格里斯河、幼发拉底河那样大的河流，但也有一些小的河流和湖泊。然而古希腊人并没有将主要城市建在这些河流与湖泊的附近地区。[⑤] 学界对此给出多种解释：一是希腊城市的发展主要依赖于商业贸易，而非农业生产；[⑥] 二是保护人民免生水源

---

① （北魏）郦道元原注《水经注》，陈桥驿注释，浙江古籍出版社，2001，第216页。

② 《水经注》卷一三《㶟水》，见（北魏）郦道元原注《水经注》，第217页。

③ 《水经注》卷一三《㶟水》，见（北魏）郦道元原注《水经注》，第217页。

④ A. N. Angelakis, D. Koutsoyiannis, "Urban Water Engineering and Management in Ancient Greece," in B. A. Stewart, et al., *Encyclopedia of Water Science* (New York: Marcel Dekker Inc., 2003), pp. 999 - 1007.

⑤ D. Koutsoyiannis, et al., "Urban Water Management in Ancient Greece: Legacies and Lessons," *Journal of Water Resources Planning and Management* 1 (2008): 45 - 54.

⑥ N. Zarkadoulas, D. Koutsoyiannis, N. Mamassis, A. N. Angelakis, "A Brief History of Urban Water Management in Ancient Greece," in A. N. Angelakis, et al., *Evolution of Water Supply Through the Millennia*, pp. 259 - 270.

性疾病，或者免受水患侵害；[①] 等等。

（三）城址临河分布与河流水利的关系

前辈学者之所以主张城市选址存在临河分布的规律或特性，主要考虑到河流沿岸土地平坦、物产丰盈、供水方便、交通便利等，即河流给城市发展带来的便利条件。城市的建设发展的确需要充足的水源、便利的水运交通等条件。但问题是，河流真的都能给城市发展带来这些便利条件吗？河流真的因此可以主导城市的选址吗？我们认为，要想了解河流在城市发展过程中的实际功用，只能具体城市具体分析，必须充分考察城址的选定过程和城市的发展历程。我们不能以今天的距离概念或标准，见到城址临河、近河，就“以果论因”，设想该城选址之时就是看重供水方便、水运便利等河流水利。通过对关中－天水地区城市发展历史的逐一考察，我们发现河流对城市的实际功用可能并非预想的那样。

第一，河水可能并非历史时期关中－天水地区城市用水的最主要来源。一直以来，认为城市选在河流沿岸或附近地区，就是因为河流能够给这些城市提供丰富的用水资源，这似乎已成为一种共识。何一民先生认为，之所以形成“沿河设城”的分布规律，关键在于水是生命之源，而河流是水资源的主要供给源，因而河流成为所有城市生存和发展的重要条件之一。[②] 如果是这样，那么就关中地区的历史名城而言，周丰、镐二京的用水应来自沣水，秦都咸阳的用水应来自渭河，汉长安城的用水应来自潏水、渭河等周围河流，明清醴泉城的用水应该来自城北泥河等，但实际情况并非如此。秦都咸阳采用凿井汲水的方式来解决生产、生活之需。[③] 汉唐时期，西安城虽建有地表渠道供水系统，但民生用水主要来自井水；五代十国时期，西安城内渠系淤废，城市用

---

① G. Antoniou, et al., “Historical Development of Technologies for Water Resources Management and Rainwater Harvesting in the Hellenic Civilizations,” *International Journal of Water Resources Development* 4 (2014): 680 – 693; A. N. Angelakis, et al., “Urban Water Supply, Wastewater, and Stormwater Considerations in Ancient Hellas: Lessons Learned,” *Environment and Natural Resources Research* 3 (2014): 95 – 102.

② 何一民:《近水筑城：中国农业时代城市分布规律探析》,《江汉论坛》2020 年第 7 期，第 87—91 页。

③ 李令福:《关中水利开发与环境》，人民出版社，2004，第 59 页。

水全赖水井。[①] 程森指出，唐以后在同一时期为西安城提供水源的河流仅有一两条而已，而且引水工程常发生“周期性”淤废，凿井而饮是西安民众最主要的用水方式，民国时期更是如此。[②] 民国《西京快览》明确记载：“西安离河道，远在二十里外，全城饮用之水，全取给于井。”[③] 经对明清民国时期关中－天水地区城市供水的系统考察，我们发现凿井浚泉汲取地下水应该是该地区城市供水的最主要方式，具有区域普遍性特征。[④]

但不可否认，河流是历史时期关中－天水地区部分城市用水的来源之一。具体到明清民国时期，关中－天水地区城市用水虽主要来自地下水，但河流之水对于部分城市还是发挥了重要作用。咸阳城用水虽以汲取井水为主，但有相当一部分人在饮用渭河水。[⑤] 白水曾因城中井水、窖水不足，汲取城南白水河，“城内饮畜浣衣皆取于河”。[⑥] 澄城在明弘治年间（1488—1505 年）开凿芳泉井之前，曾“远汲三里涧中”，[⑦] 即县西河。另外，一些城市还开渠将河水引入护城河和城中庙学泮池，如蓝田引白马河水注入护城河，韩城引濠水入护城河，耀州引沮水入泮池，华州引城南南溪之水入泮池，华阴引城南黄神谷渠灌注护城河与泮池，等等。

第二，河流应该没有给历史时期关中－天水地区城市带来便利的水运。黄盛璋先生认为，历史时期关中地区只有渭河存在水运，但至“十一世纪中叶，渭河一般就不通舟楫，仅能行驶木筏”，并指出渭河水运在时间上呈现时代愈往后，运输效能愈弱，困难愈大的特点，至于泾、洛虽然是渭河的两大主要支流，“但古今都无舟楫之利”。[⑧] 辛德勇先生认

① 西安市地方志编纂委员会编《西安市志 第二卷·城市基础设施》，西安出版社，2000，第 158—159 页。

② 程森：《民国西安的日常用水困境及其改良》，载《中国古都研究》（第 28 辑），第 92—107 页。

③ 鲁涵之、张韶仙编《西京快览》第四编“名胜古迹”，第 14 页。

④ 关于明清民国时期关中－天水地区城市供水方式，参见本书第六章。

⑤ 《咸阳市志》（第 1 卷），第 574 页。

⑥ （清）卢坤：《秦疆治略》，收入《中国方志丛书·华北地方》第 288 号，第 64 页。

⑦ 嘉靖《澄城县志》卷一《地理志·井泉》，第 8 页 a。

⑧ 黄盛璋：《历史上的渭河水运》，《西北大学学报》（哲学社会科学版）1958 年第 2 期，第 97—114 页。

为，西安、咸阳以下的河段是历史时期渭河的主要通航河段，西汉至隋唐时期的渭河水运艰难，主要是断断续续地漕运关东粮食至长安，至五代时渭河水运陷于停顿。[①] 马正林先生也指出，唐末迁都洛阳以后，渭河水运迅速转入衰败时期；至明清时期，渭河虽有东粮西运之事，但也仅限于下游部分河段；清中叶以后，渭河已基本上不能行船，仅夏秋季节下游的某些河段上有小木船通行。[②] 我们认为，明清民国时期渭河及其支流（泾河、洛河等）即便存在一定的水运条件，也主要集中在河流的下游地区，仅少数城市得利，如咸阳、临潼、渭南、潼关、同州（大荔）等城。正如《清经世文编》卷一一四《工政二〇》所载，渭河"向可通行船只，利济甚普，今皆湮废，但查咸阳以东，现有买卖煤米往来客船，而咸阳以西，船行绝少"。[③] 随着陇海铁路通车西安以后，渭河下游的水运功能更是逐渐衰落，至 1962 年三门峡水库蓄水后，渭河下游河道迅速被泥沙淤积，成为一片淤泥地，水运功能基本丧失。[④]

第三，历史时期，河流给关中－天水地区部分城市带来严重水灾。据我们搜集的城市水灾史料分析，明以降 600 年间关中－天水地区有六成的城市水灾是河水泛滥所致，有半数多城市（25 座）有河水泛滥侵城之患，其中耀州（县）、秦州（天水）、潼关、陇州（县）、朝邑、汧阳、同官、咸阳等城尤为严重。[⑤] 明清耀州城位于漆、沮二河交汇的三角台地上，"前抱乳山，后倚高原，漆水经其东，沮水绕其西"，[⑥] 每遇"岁涨屡啮

① 辛德勇：《西汉时期陕西航运之地理研究》，载中国地理学会历史地理专业委员会《历史地理》编辑委员会编《历史地理》（第 21 辑），上海人民出版社，2006，第 234—248 页；辛德勇：《隋唐时期陕西航运之地理研究》，《陕西师范大学学报》（哲学社会科学版）2008 年第 6 期，第 77—88 页；辛德勇：《东汉魏晋南北朝时期陕西航运之地理研究》，载陕西师范大学中国历史地理研究所、西北历史环境与经济社会发展研究中心编《历史地理学研究的新探索与新动向——庆贺朱士光教授七十华秩暨荣休论文集》，三秦出版社，2008，第 6—11 页。

② 马正林：《渭河水运和关中漕渠》，《陕西师范大学学报》（哲学社会科学版）1983 年第 4 期，第 92—102 页。

③ （清）贺长龄、魏源等编《清经世文编》（全 3 册），中华书局，1992，第 2774 页。

④ 史红帅：《民国西安城市水利建设及其规划——以陪都西京时期为主》，《长安大学学报》（社会科学版）2012 年第 3 期，第 29—36 页。

⑤ 关于明以降 600 年关中－天水地区城市水灾的特征，参见本书第九章的相关论述。

⑥ 乾隆《续耀州志》卷一《地理志·疆域》，第 4 页 a—b。

城根”。[①] 从明初到1962年，耀州（县）城一共发生27次城市水灾，其中有25次是河水泛溢侵城。潼关城经明初扩建后，形成黄河北临、潼河穿城的城址环境，虽有利于军事防御，却因潼、黄二河泛溢发生多次水灾。从明初至1960年迁城，潼关城至少发生19次比较严重的水灾，其中14次为潼河泛溢侵城，3次为黄河泛溢侵城。北周明帝二年（558年）以后，陇州城位于城南汧河和城北北河、水峪河交汇的三角滩地，“像一座水中飘浮的美丽岛屿，屹然兀立”。[②] 河流泛溢给陇州（县）城带来严重水灾，仅明以降600年间就至少发生14次较为严重的河水泛溢侵城事件。咸阳城“南临渭水，冲崩为患”，[③] 城南防洪堤坝的营建与修葺一直是咸阳城建史上的重要内容，在明清民国时期就进行了十余次较大规模的修建。

不仅是临河近河城市，距河流一定距离的城市也可能有河水泛溢侵城之患。比如朝邑城，与黄、渭、洛三河均有一定的距离，三河不仅因“水挟泥沙，其流皆浊，于灌田大不宜，故三河均无水利可言”，[④] 还给朝邑城带来严重的水灾。明成化年间，朝邑城离黄河有“三十里”，[⑤] 但“黄河水至濠，城几没，公（朝邑知县李英）筑堤捍水，患乃息”。[⑥] 清乾隆时期，因黄河不断西侵，朝邑城与黄河的距离有所缩短，此时竟接连发生“黄河入县城”事件：“乾隆四十二年（1777年）一次，五十八年一次，时半夜，水从城上过，伤人无算。”[⑦]

综上，如果仅从供水方便、交通便利等河流水利角度，来论证历史时期城市选址具有临河分布的规律或特性，是值得商榷的。实际上，一些河流可能不但没有给临河近河城市带来多少水利，反而给它们带来严重的水患。城址最终的选定往往是一个复杂过程，是多种因素综合作用的结果，而不仅仅是水环境因素的作用。

---

① 乾隆《续耀州志》卷一《地理志·城池》，第4页b。

② 李乐天、徐军：《陇县八景》，载中国人民政治协商会议陕西省陇县委员会文史资料研究委员会编《陇县文史资料选辑》（第2辑），1982，第163页。

③ 雍正《敕修陕西通志》卷一四《城池》，第2页a。

④ 民国《续修陕西通志稿》卷五八《水利二》，第7页a。

⑤ （明）马理等纂《陕西通志》卷二《土地二·山川上》，第70页。

⑥ 咸丰《同州府志》卷二七《良吏传上》，第36页a。

⑦ 《咸丰初朝邑县志》下卷《灾祥记》，咸丰元年刻本，第17页a。

二 城址迁移与水环境问题的多样关系

城市选址与水环境的关系不仅表现在最初选址时，之后的城址迁移同样涉及与水环境的关系。据目前学界相关研究可知，城址迁移与否与水环境问题之间的关系较为复杂，城址迁移会出于水环境问题，但水环境问题不一定会致使城址迁移。段伟等分析了水患对明清苏北、鲁西地区州县治所迁移的影响，发现苏北24个州县中只有8个州县因水患迁移治所，16个州县在水患影响下仍坚守旧治，鲁西71个州县中只有10个州县因水患迁移治所，61个州县在水患影响下未迁移治所。[①] 其实，不仅在水患（或称水灾、洪灾）方面，城市用水与城址迁移的关系同样具有多样表现。就历史时期关中－天水地区城市而言，城市水灾严重可能致使一些城市发生城址迁移，但也存在水灾严重而城址一直不变或就地微调的情况；城市用水问题可能致使一些城市发生城址迁移，但也同样存在用水困难而城址一直不变或局部微调的情况。

（一）城址迁移与城市水灾的关系

城市选址当然要尽可能避免水灾。水灾致使历史时期城址发生迁移的案例不胜枚举。在历史时期的关中－天水地区，存在一些城市因水灾而发生城址迁移的。例如，西安城在汉唐时期发生过一次城址迁移，城市水灾就是重要原因之一。汉长安城位于龙首原北麓，有渭、潏等河及昆明池水灾的威胁。另外，城区又属于低洼地带，非常潮湿，也不利于居住。从气候角度来看，北朝末年至隋唐时期关中地区的气候逐渐向温暖湿润转变，汉长安城遭受水灾的概率在不断提高。故仇立慧认为，“隋代在都城选址时，势必将防止水患和洪涝灾害作为首要的考虑因素”。[②] 而新建的隋唐长安城，远离渭河、潏水、昆明池等，北屏地势较高的龙首原，摆脱了洪水泛溢的威胁。又如，明洪武二年（1369年），白水城

① 段伟、李幸：《明清时期水患对苏北政区治所迁移的影响》，《国学学刊》2017年第3期，第34—48、143页；段伟：《黄河水患对明清鲁西地区州县治所迁移的影响》，《中国社会科学院研究生院学报》2021年第2期，第132—144页。

② 仇立慧：《隋唐时期都城选址迁移的资源环境因素分析》，《干旱区资源与环境》2011年第3期，第38—42页。

因元末兵燹变为丘墟，主簿丁华将县治“权寄治于南五里之临川”，[①] 但洪武四年（1371 年）知县张三同因“其地阻河傍谷，遇时雨骤降，河水泛溢，居民输挽不便，乃复还今治”。[②]

然而在历史时期的关中－天水地区，同样存在一些城市，虽然面临着严重的水灾威胁，但城址一直不变。朝邑城从西原迁下之后，“使贼处高窥下，见我虚实”，且“又经大河尝冲破东城，谓此亦当改如昔也”。[③] 黄河水患入侵朝邑城屡次发生，清“乾嘉年间，黄河三次大溢，突越县城，东半尽没于水，虚无人烟，桐阁老人谓：‘宜裁去受水之半，移西原以复旧址’，率未能见诸施行”。[④] 直至 1958 年三门峡工程蓄水以后，朝邑城才被彻底放弃。相比朝邑城，耀州（县）城的水患频繁而城址未迁，或许更为突出。自北宋以后，耀州城不断受到城池左右漆、沮二水的严重威胁，虽然屡次筑堤、坚城以障水防洪，但效果不佳。明末耀州人左佩玹认识到，通过加固城堤、城墙等措施，均无法根除耀州城的水患，故著成《迁城论》一文，力驳众议，主张尽快将耀州城迁徙至城北三里塔坡原（古称步寿原）上的华原县旧址。[⑤] 此原“三面峻峭斩削，即以当城，如富平县城制”，水患可免，“自是而人不与水争势，水自不与人争地”，[⑥] 但城池一直未迁。清乾隆时，耀州知州汪灏在《请暂缓城工先筑河堤议》中也认识到：“耀州一城，漆、沮二水环抱合流，自（明）正统己巳（1449 年）筑城，至今三百余年，屡啮屡崩，筑堤修坝，终难免于冲激。”[⑦] 尽管耀州城市水灾如此严重，甚至宁可如陕西巡抚鄂弼所奏，“耀州城身为漆、沮二水汕刷，节次将城身那

---

① （明）张三同：《创复县治记》（洪武六年四月），载乾隆《白水县志》卷四《艺文志·记》，乾隆十九年刻本，第 8 页 b。

② 乾隆《白水县志》卷二《建置志·城池》，乾隆十九年刻本，第 3 页 a。

③ 《咸丰初朝邑县志》上卷《建置志》，第 1 页 a。

④ 民国《朝邑新志》卷二《建置·城池》，收入中国科学院文献情报中心编《中国科学院文献情报中心藏稀见方志丛刊》（第 18 册），国家图书馆出版社，2014，第 449 页。

⑤ 费杰、何洪鸣：《明代左佩玹〈迁城论〉与耀州城的洪水灾害》，《防灾科技学院学报》2011 年第 4 期，第 86—88 页。

⑥ （明）左佩玹：《迁城论》，载乾隆《续耀州志》卷九《艺文志·论》，第 22 页 a 至第 23 页 b。

⑦ （清）汪灏：《请暂缓城工先筑河堤议》，载乾隆《续耀州志》卷一《地理志·堤工》，第 6 页 a。

进一二十丈”,[①] 收缩城池范围，也没有迁徙城址，而且一直延续至今。天水地区的宁远（武山）城在历史时期一直面临着北面渭河、南面红峪河的水患困扰，城址“南逼南山，北迫渭水，地局势促，故城形如偃月”，有人“以为当改迁高桥蓼川阔大之处”。[②] 尽管水患致使宁远（武山）城池修筑不断，但北宋至今城址一直未变，真是“昔人建置不嫌隘偏，各有所见，未可轻议也”。[③]明正德十二年（1517 年），宁远“知县江万玉避水（患）改修，然无余地，终不离窠臼”。[④]

与朝邑、耀州、宁远等城不同，陇州、汧阳、同官等城曾因水灾迁城，但迁城之后的新城，水灾依旧存在，此后城址一直未变。陇州城始设于今陇县城东南杜阳镇堡子身村，后于“北周明帝二年（558），因避水患，迁至今（陇）县城址”,[⑤] 并一直延续至今。但位于今城址的陇州（县）城，在历史时期水灾依旧频繁发生。汧阳城与陇州（县）城同样位于关中西部的千河河谷。明嘉靖二十六年（1547 年）六月二十五日，大雨，汧、晖二河水涨，整座城池被大水彻底冲毁，以致灾后无法修葺补筑。[⑥] 次年即嘉靖二十七年，凤翔府组织七县民夫工匠，“鸠发一郡七城财粟夫匠”,[⑦] 在今千阳城址处重筑新城。不过，迁徙之后的新城，水患依旧频繁，但城址一直持续至今，未再发生迁移。[⑧]

北周建德四年（575 年）后，同官治所何时从频山之下的同官故城迁徙至明清同官城处，有待考证。不过迁徙原因，史料记载清晰，即频山之下的同官故城水灾严重。明崇祯《同官县志》记载：“同官故城在县东北里许频山下，追后周患漆、同两水，徙城于今治，其瓦砾尤存。”[⑨] 同官故城北靠频山，漆水与同官川水分别从东西而来，并交汇于

---

① 《清实录》第 17 册《高宗实录》（九）卷六八三，乾隆二十八年三月丁亥，中华书局，1986 年影印本，第 649—650 页。

② 康熙《巩昌府志》卷九《建置上 · 城池》，第 5 页 a—b。

③ 康熙《巩昌府志》卷九《建置上 · 城池》，第 5 页 b。

④ 康熙《巩昌府志》卷九《建置上 · 城池》，第 5 页 b。

⑤ 《陇县城乡建设志》，第 4 页；《陇县志》，第 469 页。

⑥ （明）兰秉祥：《汧邑河水变异记》，载顺治《石门遗事》之《舆地第一》，第 10 页 b 至第 11 页 b。

⑦ 顺治《石门遗事》之《建置第二》，第又 12 页 a。

⑧ 关于陇州（县）、汧阳二城的城址变迁与城市水灾的关系，参见本书第三章的专题研究。

⑨ 崇祯《同官县志》卷八《古迹 · 故城》，第 25 页 b。

城南，城池易于受到漆、同二水的威胁。虽然同官故城因漆、同二水之患，迁徙至明清同官城处，不过迁徙之后的同官城并没有免于水灾，而是继续受到漆同水（漆同合流）的威胁，“频被水患，城址渐促”。[①] 明清两代，同官城至少发生 9 次河水泛溢侵城事件，但城址并未发生变动（见图 2－8）。

上述三城虽因水灾迁移过城址，但重新选择的城址并没有免于水灾，甚至有甚于前，不过并没有再发生城址迁移。有些仅仅是对城址进行适当微调，如陇州城。唐大历二年（767 年），因为水灾，“苟氏献地”微调陇州城址。[②] 明景泰元年（1450 年），陇州城再次因北河水灾而微调城址，知州钱日新改筑城池，城池周长由九里三分缩小至五里三分，城池面积大幅度缩小。[③]

与陇州城一样，渭河以南的华州城也因水灾将城址缩小到原城址的东南隅，而没有发生城址迁移。唐永泰元年（765 年），同华节度使周智光营建华州城，此后州城位置仅稍许变化。清同治七年（1868 年）七月，华州知州王赞襄“于旧城东南隅高阜筑小城，创西垣、北垣三百八十九丈，其东南则仍旧垣，补葺缺陷”。[④] 关于王赞襄截筑新城的原因，史料一致记载为：旧城年久失修，居民鲜少，屡遭兵火，“不足资捍卫”[⑤]、“难资守卫”[⑥] 或“难资守御”[⑦]。那么，为什么要在旧城东南隅高阜上营建新城呢？史料无明确记载，我们认为应该基于如下两方面原因。

---

① 乾隆《同官县志》卷二《建置·城池》，乾隆三十年抄本，第 2 页 b。

② 乾隆《陇州续志》卷八《艺文志·记》收录的吴炳《厘正唐灵义侯庙记》载：“相传唐时苟氏献地建城。……唐大历二年（767 年），故郡偪艰于得水。苟氏献地，因迁其城于此，故立庙祀之。其子孙记云：‘大历二年，河水涨溢坏城。’以今形势考之，陇故城似患水，非艰于水也。”（第 51 页 b 至第 52 页 b）清乾隆时，陇州知州吴炳根据苟氏子孙所记，并结合当时州城的微观城址环境，判定“唐时苟氏献地建城”，可能是由于水灾而非缺水。至于《庙记》中的“迁其城于此”，我们认为可能是在今陇县城址处进行了城址微调。之所以是微调而不是远距离迁徙，是因为唐代之前陇州城已经迁徙至今陇县县城处。

③ 康熙《陕西通志》卷五《城池》，康熙六年刻本，第 9 页 b 至第 10 页 a。

④ 光绪《三续华州志》卷二《建置志》，光绪八年合刻华州志本，第 1 页 a—b。

⑤ 民国《华州乡土志》之《政绩》，民国 26 年《乡土志丛编第一集》本，第 3 页 a。

⑥ 光绪《三续华州志》卷二《建置志》，光绪八年合刻华州志本，第 1 页 a。

⑦ 民国《华县县志稿》卷三《建置志·城池》，第 3 页 b 至第 4 页 a。

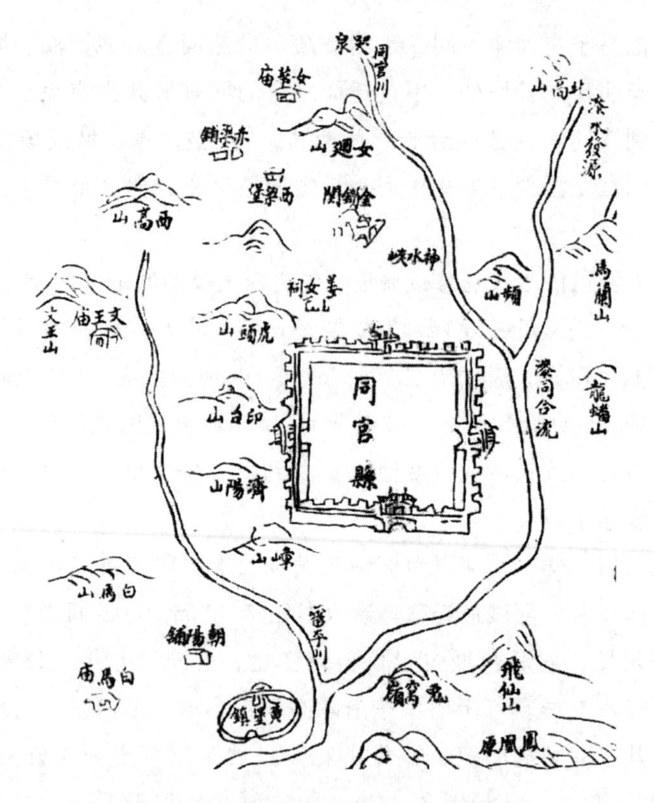

图 2－8 清代同官城与河流位置关系

资料来源：民国《同官县志》卷一《疆域总图》，第 4 页。中国国家图书馆藏品。

其一，华州城的重要衙署机构均位于东南隅高阜上。明隆庆《华州志》载：“华州城内有隆阜，建州者截阜百丈为南城，即阜首以建州治之官署，……学宫亦因东城高阜。”① 另外，华州“州治在南门内”；②“儒学在州治之东阜上，盖为华城东南隅也”；③“启圣祠，在州治东高阜存；文庙，在州治东高阜”；④“城隍庙，在城东南隅，金大定年建”；⑤等等。可见，截东南高阜营建新城，实际上是占据了华州老城的核心部分。

① 隆庆《华州志》卷二《地理志 · 山川考》，光绪八年合刻华州志本，第 17 页 b 至第 18 页 a。
② 隆庆《华州志》卷四《建置志》，光绪八年合刻华州志本，第 1 页 a。
③ 隆庆《华州志》卷四《建置志》，光绪八年合刻华州志本，第 6 页 b。
④ 光绪《三续华州志》卷三《祠祀志》，光绪八年合刻华州志本，第 1 页 b。
⑤ 雍正《敕修陕西通志》卷二九《祠祀二》，第 48 页 a。

其二，华州“南面山高，北面地仰，中间地形洼下”，[①]“每逢山水暴发，沙堤不能收束，辄至泛滥，洪决村居，尽成泽国”，[②]而华州老城处于中间地带，故城内北部和城外以北常有积水之患。明正德年间，华州知州桑溥见州城之北积水万顷，“命官以导入渭川，民利赖甚多”。[③]清光绪十年（1884年），华州城发生严重水灾，“蛟水涨发，从旧城东门灌入，直抵北城之下，潴而不流，深者六七尺，浅者二三尺”。[④]此后十余年间，华州老城北部水域面积“有增无减”。[⑤]至光绪二十二年，陕西巡抚魏光焘派游击萧世禧率绿营兵治理华州老城区的水患，“派勇丁开一线之路，引水北流，从陈家村起，过西罗村至庙东入晋公渠，长三百余丈，宽二尺，深三尺”，“不数年水下降”。[⑥]

所以，华州知州王赞襄截旧城东南隅高阜来营建新城很可能是为了免除水患。而在截筑新城之前，华州城的重要衙署机构已多分布于城池东南隅高阜上，这在很大程度上与城北易遭水患有关。在中国古代城市建设中，凡重要的建筑均置于地势较高之处，这不仅利于通风、防潮和军事防御，也是建筑设计上防洪的重要措施。[⑦]因此，王赞襄截旧城东南高阜筑为新城，放弃易遭水灾的城池北部，是城址微调的正确选择。

（二）城址迁移与城市用水的关系

因城市用水问题而发生城址迁移，在历史时期的关中-天水地区也不乏其例。有因水量不足而迁城的，如渭南城。北魏孝昌三年（527年），渭南县撤销，设立渭南郡及南新丰县，郡、县均筑城于“今县（今渭南市老城区）东南四里明光原上”。[⑧]隋开皇十四年（594年），隋文帝杨坚“过县，以原上乏水”，[⑨]“移县于今治”，[⑩]即今湭水（沈河）

---

① （清）汪廷楝：《二华开河渠图说》，童光瀛绘图，光绪二十三年石印本，第2页。

② 民国《华州乡土志》之《地理形势》，第48页b至第49页a。

③ 隆庆《华州志》卷一三《官师列传·良吏传》，光绪八年合刻华州志本，第3页b。

④ （清）汪廷楝：《二华开河渠图说》，第14页。

⑤ （清）汪廷楝：《二华开河渠图说》，第14页。

⑥ 民国《华县县志稿》卷六《政治志下·水利》，第14页a。

⑦ 吴庆洲：《中国古城防洪研究》，中国建筑工业出版社，2009，第511页。

⑧ 嘉靖《雍大记》卷三《考易》，第2页b。

⑨ 嘉靖《雍大记》卷三《考易》，第2页b。

⑩ （清）顾祖禹：《读史方舆纪要》，第2559页。

东侧的渭南市老城区。也有因水质问题而迁城的，如西安城。西安城在汉唐时期发生过一次城址变迁，除上文提及城市水灾威胁之外，地下水咸苦也是重要原因之一。《隋书·庾季才传》记载："汉营此城，经今将八百岁，水皆咸卤，不甚宜人。"[①] 仇立慧等指出，汉唐长安城发生城址迁移的"最主要因素之一是汉长安城区地下水受到污染，变得咸苦，不可食用，渠道引水供不应求，水资源短缺"。[②]

虽然用水问题能够致使城址发生迁移，但在历史时期的关中－天水地区，同样存在一些用水问题比较严重而城址长期不变的城市，如麟游、永寿等城。麟游城自唐贞观六年（632 年）被迁移至东五里童山，此城址一直持续到 1969 年。在这 1338 年里，用水问题一直是麟游城发展的重要制约因素。城中兴国寺东南虽有一新井，"其味甚甘"，[③] 但后来"芜没不可考"。[④] 位于麟游城西北二里的五龙泉，成为城市民生用水的主要来源之一，"居民资汲"。[⑤] 该泉始于唐代，因水甘香清冽，"烹茶作酒，珍于余味"，[⑥] 城中百姓"昼夜汲取，不竭不盈"，[⑦]"可谓不满一泉水，能养全邑人"。[⑧] 新中国成立后，五龙泉处建有两级抽水站，并设置自来水管，将水送至麟游城中，以解决居民用水需求。[⑨]

与麟游城一样，永寿治所在 1941 年正式迁徙至今城址之前，曾位于山岗上的麻亭故城（今永平镇）至少近 700 年。[⑩] 麻亭故城的用水环境极为恶劣："凿井数十丈尚不及泉，为之者至难，或泉不佳则费已重矣。"[⑪] 清初永寿知县张焜将永寿麻亭故城的用水问题列入永寿"十四无之苦"。其《十四无之苦》之《无井泉而汲窘》云："西来都是燥山坡，

---

① （唐）魏徵、令狐德棻：《隋书》卷七八《列传第四十三·艺术》，第 1766 页。

② 仇立慧等：《古代西安地下水污染及其对城市发展的影响》，《西北大学学报》（自然科学版）2007 年第 2 期，第 326—329 页。

③ 康熙《重修凤翔府志》卷一《地理第一·山川》，第 26 页 b。

④ 光绪《麟游县新志草》卷二《建置志》，第 4 页 b。

⑤ 康熙《陕西通志》卷一一《水利》，康熙六年刻本，第 26 页 b。

⑥ 康熙《麟游县志》卷一《舆地第一》，第 12 页 b。

⑦ 光绪《麟游县新志草》卷一《地舆志·山川》，第 14 页 a。

⑧ 赵力光主编《古都沧桑——陕西文物古迹旧影》，三秦出版社，2002，第 371 页。

⑨ 宝鸡市地方志编纂委员会编《宝鸡市志》，三秦出版社，1998，第 131 页。

⑩ 关于永寿麻亭故城作为县治时间的考证，参见本书第八章的相关论述。

⑪ 乾隆《永寿县新志》卷一〇《补遗类·地舆》，乾隆五十六年刻本，第 5 页 b。

百仞无泉可若何。地力竭兮闲民力，苍波郁处等恩波。寻源数里收清涧，待雨终朝注宿沱。曾说饮人一口水，如今饮水亦难多。”[①] 为解决严峻的城市用水问题，永寿通过营建渠道引水入城，却并没有迁移城址。渠道始建于北宋嘉祐六年（1061 年），此后至民国时期，历代都有所维修、改建或新建。1930—1941 年，永寿县治由麻亭故城迁往监军镇，其最主要原因或最直接原因应该是军事因素，“迁治的缘故是因为县老爷们怕土匪时常扰乱”。[②] 据 1935 年永寿《请迁移县治及拨款补修城垣建修县政府案》载：“民国十八年（1929）冬间土匪陷城，县政府房舍及所有档案尽付一炬。尔时因办公无地，遂呈准将县政府权移于距县城四十里之监军镇，地方借用第二高级小学校地，房舍为办公地点。”[③] 1941 年，永寿县长王孟周复呈请迁移县治的理由是“水源缺乏，居民零落，匪徒时扰，影响县政无法推行”。[④] 用水问题虽然是永寿麻亭故城自古以来的问题，但并非此次迁城的主导因素。因为麻亭故城作为永寿县治已历时至少近 700 年，且作为新县治的监军镇用水问题同样严峻，“城区人畜饮水比较困难，东堡子为苦水，南堡子和新园子为甜水，商民饮水靠买甜水，城区少数农民也有饮用窖水的”。[⑤]

除上述情况之外，历史时期关中－天水地区还有一些城市因用水问题而发生城址微调，这种情况仍属于城址未迁类，其中白水城较为典型。明洪武四年（1371 年），白水城因水患从南临川城（今白水县南古城处）迁回唐宋元旧址处，并修筑土城（即后来的内城）。自明洪武初至嘉靖中期 180 多年间，白水城修葺不断，但未有增改。由于白水城内地下水位埋藏较深，难以凿井，而城外东、北二关有井泉三眼，故“民咸环之而居，城内故无井，皆出汲”。[⑥] 城市用水资源如此分布导致白水城内居

---

① 康熙《永寿县志》卷七《艺文》，第 18 页 b。

② 王文琮：《永寿县治迁址记略》，载中国人民政治协商会议陕西省永寿县委员会文史资料研究委员会编《永寿文史资料》（第 2 辑），1986，第 152—153 页；舒永康：《西行日记》（二），《旅行杂志》第 7 卷第 10 号，1933 年 10 月，第 31—48 页。

③ 民国《永寿县志》之《旧志拾遗·文》，咸阳日报社印刷厂，2005，第 371 页。

④ 《永寿文史资料》（第 2 辑），第 153 页。

⑤ 中国人民政治协商会议永寿县委员会文史资料委员会编《永寿文史资料》（第 4 辑），咸阳报社印刷厂，1993，第 21 页。

⑥ 乾隆《白水县志》卷四《杂志·别传》，乾隆十九年刻本，第 90 页 b。

民稀少，而城外东、北二关居民稠密。明嘉靖三十三年（1554年）三月，马理在《修东北二城外郭铭》中记载：白水城自洪武六年（1373年）张三同筑城开始，已“历年百八十终，中城庐稀，北关民稠，东关亦然，蜂房以鸠，关有井甘，繘瓶云集，中城则亡，咸于此汲”。[①] 明人韩邦奇在《兵宪张公创建外郭去思碑记》中也指出：白水“县故有城，城中居民仅百家，拥卫县治而已，城东、北烟火相望千余家。盖城地高澙，凿井虽千尺不及泉，城外有甘井三”。[②]

城区百姓因水资源而积聚在城外东、北二关，从而促使白水城向东、北方向展筑，城址向东北做出微调。明嘉靖三十二年，因“寇陷中部将逼境”，潼关兵备道张瀚檄白水知县温伯仁加筑外城，“起自内城西北隅，终于东南隅，增广五里有奇，周围共计九百六十丈零，高阔俱二丈，建东、西、北三门”，[③]“环关外居民并三井于内”，[④] 将原先东关城、北关城囊入城中，形成内、外城格局（见图2－9）。明人马理在《修东北二城外郭铭》中明确指出，如果不向东、北拓展城池、修筑城墙，那么“有虞闭城，内外俱凶，外无郛郭，内靡飧饔”。[⑤] 所以此次白水城郭展筑的目的体现在两个方面。

第一，城市用水资源对城市的军事防御极为重要，展筑城郭是为了保证城市用水资源的安全。白水城的用水资源主要分布在城外东、北二关，一旦发生战争，“人守无水”[⑥]，必将造成“内靡飧饔”。正如时任潼关兵备道张瀚所问：“寇至而民尽入城，隔绝井道，七日不饮，其可生乎？”[⑦] 因此，必须展筑城郭保护水源。在张瀚的指示下，知县温伯仁“展筑城郭，围护井泉，以备不虞”。[⑧]

第二，东、北二关因汲水方便，人口稠密，实际已是白水城人口的主要集聚区，展筑城郭正是为了保护这些城民。“筑城以卫君，造郭以守民”，军

① 乾隆《白水县志》卷四《艺文志·铭》，乾隆十九年刻本，第3页b至第4页a。
② 乾隆《白水县志》卷四《艺文志·记》，民国14年铅印本，第16页b至第17页a。
③ 乾隆《白水县志》卷二《建置志·城池》，乾隆十九年刻本，第3页b。
④ 万历《白水县志》卷一《城郭》，万历三十七年刻本，第4页a。
⑤ 顺治《白水县志》卷下《艺文》，顺治四年刻本，第35页a。
⑥ 咸丰《同州府志》卷二七《良吏传上》，第64页a。
⑦ 乾隆《白水县志》卷四《杂志·别传》，乾隆十九年刻本，第90页b至第91页a。
⑧ 乾隆《白水县志》卷三《官师志·官师列传》，乾隆十九年刻本，第31页b。

事防御是城池最基本、最原始的功能。明人韩邦奇在《兵宪张公创建外郭去思碑记》中明确指出此次城郭展筑的必要性："城以卫民，今城中民故若此，城外民乃若此。猝有变，民纵避兵入城，然无水，敌兵七日不退，民无孑遗矣，是兹县之忧也。城既难恃，城外之民复不可移，必筑郭始可无虞。"① 明人马理在《修东北二城外郭铭》中也认为，城郭展筑以后，即使寇至，"中城出汲弗怖，二关有郭，敌来守固，城郭无患，民社永吉"。②

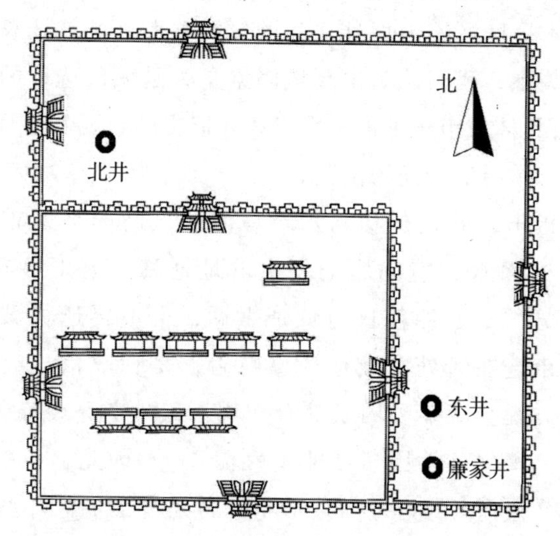

图 2－9　明嘉靖三十二年（1553 年）城郭展筑后的白水城示意图

资料来源：笔者据史料自绘。

此次城郭展筑以后，白水城的中心由原西南内城转移至东、北二关城。清乾隆《白水县志》记载：白水"（内城）东门外直抵东郭门为东关，有民庐；（内城）北门外西折直抵西郭门为西街，有民庐；（内城北门外）北折直抵北郭门为北关，有民庐，市会在焉。内城南门及小西门外皆无民庐，东、西、北三郭门外亦无附郭而居者，东、北二郭内少虚壤"。③ 后来，随着东郭城外居民的出现及增多，东郭城又开辟东南水门，又名汲井门，以方便百姓汲水。④

① 乾隆《白水县志》卷四《艺文志·记》，民国 14 年铅印本，第 17 页 a。
② 顺治《白水县志》卷下《艺文》，第 35 页 b。
③ 乾隆《白水县志》卷二《建置志·街庐》，乾隆十九年刻本，第 5 页 b 至第 6 页 a。
④ 乾隆《白水县志》卷二《建置志·城池》，乾隆十九年刻本，第 3 页 b。汲井门不知何时所建，但在明隆庆二年（1568 年）已经建成。

三 水环境在诸因素综合作用中让位

城市选址与水环境之间存在密切关系，这是毋庸置疑的。至于水环境因素在城市选址过程中，究竟起到多大程度的作用，章生道曾指出：“水也许是影响城址选择的最重要因素，因为它在运输、防卫、给水以及通过灌溉间接地影响粮食供给等方面起了重要的作用。”[①] 通过考察历史时期关中－天水地区河流与城址之间的位置关系、城址迁移与水环境问题之间的多样关系，我们认为水环境因素是否是城市选址的“最重要因素”，需要分析具体城市选址的整个过程才能得知，要看水环境因素在诸多影响因素综合作用中所处的位置。

前文已经指出，城址迁移与水环境问题之间的关系较为复杂，虽然存在一些城市因水环境问题而发生城址迁移，但也存在一些城市，水环境问题十分严重，即使进行城址微调，也不再迁移城址。原因何在？其实，城市选在何处、城址迁移与否，是在政治、经济、自然环境、军事、地方社会等多种因素综合作用下人地关系复杂互动的结果，有时甚至包括一些偶然性因素或非理性因素。[②] 因此，如果单从水环境层面来考虑，有些城市的选址与迁移不见得是合理的。那些城市水环境问题十分严重，城址却一直没有发生迁移，很大程度上是由于水环境因素在诸因素综合作用中让位于其他因素。近年来，已有学者认识到，必须对水环境问题导致城址迁移的惯有思路保持审慎的态度，应该结合城址迁移的具体情况进行综合比较分析。例如，程森指出水灾是历史时期陕西略阳城的常态，但以军事功能为主的略阳城并没有因水灾发生城址迁移，清道光八年（1828年）的略阳城迁移并非水灾所致，而是因为移建新城比修复旧城更能为国家节省库银。[③] 段伟等分析了水患对明清时期苏北政区治所和鲁西地区州县治所迁移的影响，指出水患并不是治所

---

① 章生道：《城治的形态与结构研究》，载〔美〕施坚雅主编《中华帝国晚期的城市》，第91页。

② 成一农：《中国古代城市选址研究方法的反思》，《中国历史地理论丛》2012年第1辑，第84—93页。

③ 程森：《水患与治所城市迁移的关系研究——以道光初年陕西略阳县为中心》，载华林甫主编《新时代、新技术、新思维——2018年中国历史地理学术研讨会论文集》，齐鲁书社，2020，第235—252页。

迁移的唯一决定性因素，旧治的综合优势、修筑砖石城墙防范水患、迁治成本的考量等，均可导致治所不发生迁徙。[①] 马剑等以清代绵州城因水灾迁城而最后复回为例，强调要重视城址迁徙过程中“人”作为活跃因素所发挥的“变量”作用和地理区位作为稳定因素所发挥的深层次影响，以明了影响迁治诸因素间的博弈过程和主次关系。[②] 同样，在历史时期的关中－天水地区，水环境因素在与其他影响城址迁移因素的综合作用中，也会发生让位。下面以陇州（县）、汧阳、宜君、潼关四城为例加以说明。

先看陇州（县）、汧阳二城。位于千河河谷的陇州（县）、汧阳二城均因水灾问题迁移至今城址处，但迁移之后的新城依旧深受水灾困扰，此后即便微调城址，也不再迁移。这很可能是因为在影响千河流域城址迁移诸因素的综合作用中，水环境因素让位于交通等因素。千河，古称汧水，其河谷是历史时期关中通往西北地区的交通要道，即汧陇道。随着西周时期秦人的东迁，汧陇道逐渐得到开辟。到汉唐时，汧陇道不仅是关中通往陇右的行旅往来、驿邮军事、经济贸易的必经之地，还是丝绸之路的重要路段，有“关陕锁钥”之称。北宋以后，汧陇道地位虽然有所下降，但仍不失为重要交通路线，“为陕省西北入甘孔道”。[③] 千河河谷的这种交通区位优势，成为千河流域城市选址诸因素综合作用中的主导因素。因此，历史时期千河流域城市基本上位于千河河谷地带，即汧陇道上。所以陇州（县）、汧阳二城即使因水灾再次迁移城池，城址应该还是位于千河河谷地带。而千河流域独特的气候、地形、水文等环境因素，很可能还是会给新城带来频繁的水灾。在降水方面，流域内降水丰沛，夏秋季节常有水势浩大、冲刷强烈的洪水发生。在地形、水文方面，两边高而中间低的河谷地形，加上仅向东南开启的半闭流的流域水文特征，千河河谷容易在短时间内蓄积大量洪水，造成水灾。因此在雨水季节，千河干道只要某处发生阻塞，便可在短时间内蓄积大量水流。

---

① 段伟、李幸：《明清时期水患对苏北政区治所迁移的影响》，《国学学刊》2017 年第 3 期，第 34—48、143 页；段伟：《黄河水患对明清鲁西地区州县治所迁移的影响》，《中国社会科学院研究生院学报》2021 年第 2 期，第 132—144 页。

② 马剑、张宇博：《洪水与战事中的清代绵州迁治研究》，《历史地理研究》2021 年第 2 期，第 105—118、160 页。

③ 乾隆《凤翔府志》卷二《建置·关梁》，乾隆三十一年刻本，第 20 页 a。

千河古称“汧水”，“汧”字本义就是“流水停积聚集的地方”。[①] 现今，千河上修建了段家峡、冯家山和王家崖三座水库，也许正出于此。这种有利于汇水、蓄水的河谷环境，在给人们带来便利的同时，也给分布于其间的城市带来严重水灾。位于今城址处的陇州（县）、汧阳二城很可能因交通等因素城址未再迁移，但二城一直面临着严重的水灾威胁。[②]

再来看宜君城。位于渭北台塬地区的宜君城，在五代后梁开平年间（907—911 年），出于军事需要，从唐玉华宫附近迁至龟山之下。明末，因兵燹，宜君县治由山下“改建山上”，“有上城、下城之名”。[③] 城址布局虽然有所微调，但基本上没有发生迁徙。原因在于龟山位居交通战略要道，有“长安北门管钥”之称，[④] 即“省城通陕北之交通要道”。[⑤] 清道光《陕西志辑要》对宜君县城的“形势”评价为“城据山岩，路当冲要”。[⑥] 抗日战争时期，朱德等认为宜君县城这种“形势”，“完全是古代战争城堡的修筑法，不合于经济生活的原则”。[⑦] 由于“城据山岩”，用水问题一直是宜君城发展的瓶颈，“虽有山河数道而流急地狭，难兴水利，惟城南里许有四季泉，以水色随四时而变，其味甚甘，人民俱于此汲饮焉”。[⑧] 与军事、交通因素相比，水环境因素不足以使宜君城发生迁移。五代至今，宜君城一直位于龟山，仅明清易代之际因兵燹而短暂迁徙至石堡村。如今宜君这个山梁县城依旧在发展，一年四季游客不断。当代著名作家贾平凹在《宜君记》中写道：“宜君划为县以后，城便建在山上”，“整个山梁峭而精光，凌众山之上，像是连接关中和陕北的一道天桥”。[⑨]

---

① 广东、广西、湖南、河南辞源修订组，商务印书馆编辑部编《辞源》（修订本）（第 3 册），商务印书馆，1981，第 1772 页。

② 关于陇州（县）、汧阳二城的城址变迁与城市水灾的关系，参见本书第三章的专题研究。

③ 顺治《宜君县志》一卷，收入傅璇琮等编《国家图书馆藏地方志珍本丛刊》（第 144 册），第 24 页。

④ 《宜君县志》，第 368、41 页。

⑤ 仲靖哉：《各科常识：地理：陕西地理　第二十六课　宜君县（附地图）》，《抗建》第 36 期，1939 年 10 月，第 4—5 页。

⑥ 道光《陕西志辑要》卷四，第 72 页 a。

⑦ 朱德等：《第八路军》（第 4 版），抗战出版社，1938，第 8 页。

⑧ （清）卢坤：《秦疆治略》，收入《中国方志丛书·华北地方》第 288 号，第 165 页。

⑨ 王永生编《贾平凹文集》（第 11 卷），陕西人民出版社，1998，第 254 页。

最后来看潼关城。作为我国古代著名的八大关隘之一的潼关，因南障秦岭，北阻黄河，控扼关中通往中原的交通要道，军事战略位置极为重要。出于军事防御需要，潼关城在明洪武九年（1376 年）大规模扩建，形成“面山阻河，潼河穿城”的城址环境。明永乐（1403—1424 年）以后，潼关城开始由军事防御为主的“军城”逐渐转变为行政管理为主的“治城”。[①] 与此同时，潼关城的交通要塞、物资转换作用也在加强。清光绪三年（1877 年）六月十八日，冯焌光在《西行日记》中记道，潼关“城内市集颇盛”。[②] 20 世纪 30 年代，陇海铁路、西潼公路横穿潼关城，沟通东西物资交流；因黄、渭水运，潼关上游可至禹门、咸阳等地，下游远涉豫、鲁，与山西也有风陵渡往来横渡。[③] 在城市功能的转变过程中，原先利于军事防御的城址环境，不但无法满足新型潼关城对水环境的要求，而且给潼关城的发展带来了严重水环境问题。从 1376 年至 1960 年迁城共 585 年，潼关城至少发生 19 次较为严重的水灾，其中 14 次为潼河泛溢侵城，3 次为黄河泛溢侵城。另外，随着潼关“治城”经济的发展、人口的增加以及相关衙署机构的设立，城市用水需求大大增加，城市用水问题也成为制约潼关城发展的重要因素。面对严峻的水环境考验，潼关城一直没有发生城址迁移。为了缓解城市水环境问题，潼关官方和士绅充分认识到潼关城址环境的特性和区域城市发展的共性。为应对城市水灾，符合微观城址环境的潼河浚修制度得以执行，这对减轻潼关城水灾起到了重要作用。明正德至万历年间和清嘉庆至民国初年两段时间潼关城水灾较少，就是缘于潼河浚修制度的执行。在解决城市用水问题方面，周公渠、益民渠和灵源渠的营建，将城南水源引入城中，满足了潼关城的用水需求。这种开凿渠道从秦岭北麓山谷引泉水、河水入城的方式具有区域普遍性，是历史时期关中平原渭河以南诸城用水问题得以解决的重要措施。可见，尽管明以后潼关城的水环境问题比较严重，但因军事、交通、经济等因素的影响大于水环境因素，潼关城一直没有发生迁移，而是通过一系列城市水利实践来缓解

① 谢立阳：《潼关历史地理研究》，硕士学位论文，陕西师范大学，2012，第 66—67 页。
② （清）冯焌光：《西行日记》，王晶波点校，甘肃人民出版社，2002，第 108 页。
③ 《潼关县志》，第 425 页。

水环境问题。[①]

四 小结

城市是一定地域范围内的政治、经济、文化中心。城址的选择或迁移无疑是地方社会中的重大事件，牵涉到方方面面，必然存在大量烦琐反复的讨论和争论。在理论上，城市选址当然要寻找一个环境、交通、政治、经济等各方面都具有优越性、合理性的城址。但在实际执行过程中，城市选址是一个以人为主体的人地关系复杂互动过程，除受环境、政治、经济、军事等因素影响外，还会涉及地方社会利益再分配、社会习俗、地方精英与官府博弈等其他多方面因素，甚至包括一些非理性因素和偶然性因素。有时一次城址迁移能将涉及的地理、环境、社会、经济等多方面因素一一展现出来。[②]

通过考察历史时期关中－天水地区城市选址的具体情况，我们发现历史时期城市选址与水环境的关系较为复杂，并得出几点初步认识：(1) 河流附近地区虽有大量城址分布，但城址最终的选定是多种因素综合作用的结果，不仅仅是水环境因素的作用。有些城址临河近河可能并非出于供水方便、水运便利等河流水利，相反河流可能会给一些临河城市带来严重水灾。(2) 水环境问题无疑对历史时期城市选址有重要影响，但其能否致使城址迁移具有多样表现。有些城市会因为严重的水环境问题，发生城址迁移；也有一些城市尽管存在严重的水环境问题，但城址一直不变（可能存在微调）。(3) 在影响城市选址的诸因素综合作用中，水环境因素有时可能是主导因素或决定性因素，有时会让位于交通、军事、经济等其他因素。总之，城址的最终选定，是多种因素综合作用下的人地关系复杂互动的结果。

---

① 关于明清民国时期潼关城的功能转变与水问题治理，参见本书第四章的专题研究。

② 近年来，持类似观点的相关研究有李嘎《水患与山西荣河、河津二城的迁移——一项长时段视野下的过程研究》，载中国地理学会历史地理专业委员会《历史地理》编辑委员会编《历史地理》（第32辑），上海人民出版社，2015，第29—47页；古帅《宋代以来山东东平城地理研究——以城址迁移和城市水环境为中心的考察》，载行龙主编《社会史研究》（第8辑），社会科学文献出版社，2020，第221—257页；古帅《水患、治水与城址变迁——以明代以来的鱼台县城为中心》，《地方文化研究》2017年第3期，第61—69页；等等。

最后需要强调的是，在影响城市选址的诸因素综合作用中，水环境因素让位于其他因素经常发生，从而使城市的建设发展可能面临着一定的水环境问题。而水环境问题的存在，最终还是会制约城市的建设发展，尤其是进入城市现代化建设的今天，水环境好坏与城市生命力强弱紧密相关。

第三章　迁而不弭：历史时期千河流域的城址变迁与城市水灾

第二章已经指出，学界已认识到，关于城市选址与水环境的关系，必须对水环境问题导致城址迁移的惯有思路保持审慎的态度，需要结合城址迁移的具体情况进行综合比较分析。我们认为历史时期城址变迁的原因极为复杂，需要多角度多方位的比较探讨。相比单体城市的微观个案研究，同一区域环境内不同城市的比较探讨，或许更容易发现问题的症结所在。本章基于这一思路，以历史时期关中西部千河流域为例，比较探讨该流域内城址变迁与水环境问题之间的复杂关系。

千河，古称汧水、汧河，其河谷是历史时期关中地区通往西北地区的交通要道，即汧陇道。早在西周时期，伴随着秦人的东迁，汧陇道逐渐得到开辟，早期城邑开始在汧陇道上兴起。到汉唐时期，汧陇道不仅是关中地区通往陇右的必经之地，还是丝绸之路的重要路段（沿着汧陇道的陇关道翻越陇山入甘肃），有“关陕锁钥”之称。[①] 北宋以后，因政治、军事形势的变化，汧陇道的交通地位虽有所下降，但直至明清，仍不失为重要交通路线，“为陕省西北入甘孔道”。[②] 因交通区位优势显著，历史时期千河河谷地带兴起了一批城邑，主要有汧县故城、郁夷县故城、临汧故城、汧阴（杜阳）县故城、陇州（汧源、陇县）城、隃麋县故城、汧阳马牢故城、汧阳古城、汧阳古新城、汧阳城等。[③] 现今千河流域的主要城市——陇县和千阳二城，在历史时期的名称、城址多有变化，涉及上述所列的多处古城，且基本上位于千河河谷的汧陇道上。

① 徐军：《千陇古道——丝绸之路》，载中国人民政治协商会议陕西省陇县委员会文史资料研究委员会编《陇县文史资料选辑》（第8辑），1991，第159—169页。

② 乾隆《凤翔府志》卷二《建置·关梁》，乾隆三十一年刻本，第20页a。

③ 徐军：《陇县县治变迁及重要城址的初步考证》，载《陇县文史资料选辑》（第4辑），第95—111页；陇县地名志编辑委员会编《陕西省陇县地名志》（内部资料），陕西省岐山彩色印刷厂，1989，第187—191页。

因独特的气候、地形、水文等环境因素，千河流域的水灾一直比较严重，而位居千河河谷的陇州（县）城、汧阳（千阳）城也深受水灾困扰。那么，历史时期陇州（县）、汧阳（千阳）二城是如何应对水灾的？水灾与二城城址的变迁有着怎样的关系？

一 陇州（县）的城址变迁与城市水灾

历史时期，陇州（县）城址经过多次迁移。[①] 为避免水灾，北周明帝二年（558 年），城址被迁徙至今陇县县城处，[②] 并延续至今。虽然今陇县县城城址作为治所已有 1400 多年，但在成为治所之后，城市水灾一直不断。也就是说，陇州城因水灾迁城，但迁城之后的新城并没有摆脱水灾的困扰，可谓“迁而不弭”。

北周明帝二年迁城之后的新城水患严重，从其微观城址环境可以清晰感知。经查阅史料（见表 3－1），关于陇州城的微观城址环境，我们可以勾勒出这样一幅画面：城南有南河，即汧河（千河）；城北有北河，逼近城池，绕城东而南注入汧河，“河流迁徙靡常”，“夏秋霪雨水发，直冲城根”；[③] 城东北四里有水峪河，向南注入北河，“值雨暴水溢时，冲啮州城为患”。[④] 总之，陇州（县）城“位于千河、北河交汇的三角滩地，海拔 909 米，三面环水”，[⑤] “像一座水中飘浮的美丽岛屿，屹然兀立”（见图 3－1、图 3－2、图 3－3）。[⑥]

表 3－1 关于陇州（县）城微观城址环境的史料描述

序号	微观城址环境描述	史料来源
1	“州城东南北汧水、北河诸流环绕，有船浮水面之象”	康熙《陇州志》卷二《建置志·寺观》，康熙五十二年刻本，第 17 页 a

① 徐军：《陇县县治变迁及重要城址的初步考证》，载《陇县文史资料选辑》（第 4 辑），第 95—111 页。

② （清）边祖恭：《重修陇州城垣记》，载宣统《陇州新续志》卷三一《艺文志》，宣统二年抄本；《陇县城乡建设志》，第 4 页；《陇县志》，第 469 页。

③ 乾隆《陇州续志》卷二《建置志·城池》，第 9 页 a。

④ 雍正《敕修陕西通志》卷一〇《山川三》，第 42 页 a。

⑤ 《陇县志》，第 469 页。

⑥ 李乐天、徐军：《陇县八景》，载《陇县文史资料选辑》（第 2 辑），第 163 页。

续表

序号	微观城址环境描述	史料来源
2	“州治建于汧之北干，而州治之北又有陇川诸流环绕城下，则州城有船浮水面之象，而淋涝暴冲，不无漂泊之患”	康熙《陇州志》卷七《艺文志·文记》，第25页a
3	“州治三面环水，东北陇川诸流逼迩城下，淋涝暴冲，时患漂泊”	康熙《陇州志》卷七《艺文志·文记》，第23页a
4	“城介两河，每水冲，辄坏”	乾隆《凤翔府志》卷二《建置·城池》，乾隆三十一年刻本，第5页a
5	“其城介于南北两河，环山带水，形同泽国”	乾隆《陇州续志》卷二《建置志·城池》，第7页a
6	“陇城四面环水，境内诸河，以南北两河为大”	乾隆《陇州续志》卷二《建置志·河渠》，第25页a
7	“陇县城，在千河、北河、水峪河交汇处，海拔900—915米，略高于河床，历来每逢暴雨，河水猛涨，威胁县城，因之城区安全，全赖堤防保护”	《陇县城乡建设志》，第42—43页
8	“我县县城地处南北两条大河下游的夹口地带，上游河床高，一遇洪水，对城内威胁甚大”	《陇县人民委员会关于保护县城城墙及其周围防洪工程的布告》（会办刘字002号），载陇县水利水保局水利志编写办公室编《陇县水利志》，陇县印刷厂，1985，第171页

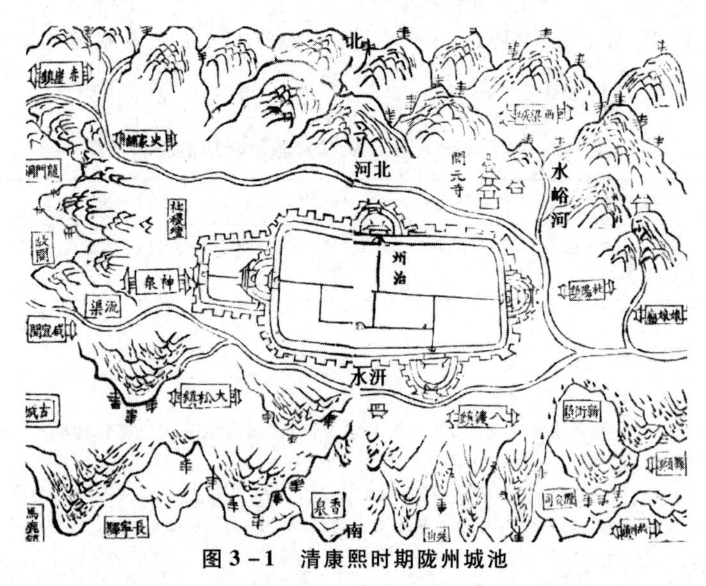

图3－1 清康熙时期陇州城池

资料来源：康熙《陇州志》卷首《州境全图》，第1页b至第2页a。中国国家图书馆藏品。图中“南”“北”“汧水”“北河”“水峪河”为笔者添加。

图 3-2　今陇县千河

资料来源：笔者摄于 2022 年 8 月 3 日。

图 3-3　今陇县北河与千河交汇处

资料来源：笔者摄于 2022 年 8 月 3 日。

当然，除微观城址环境的感知外，大量的陇州（县）城市水灾史料才是最有力的证明。经调查，明以降 600 年陇州（县）城至少发生城市水灾 18 次，其中有 14 次是河水泛溢侵城（见本书附录 2）。因史料佚失，现存陇州城水灾的文字记载，仅能追溯到明宣德六年（1431 年），该年“四月，大水，庐舍学宫漂没”。[①] 不过，我们发现在陇州城东北处

① 康熙《陇州志》卷八《祥异志·祥异》，第 2 页 a。

曾有“建造木塔”一事，这为我们了解明代之前的陇州城水灾提供了一些线索。该木塔位于陇州城东北处的开元寺中，即“在州北一里河北坂（上）”。[①] 开元寺始建于唐初，相传为尉迟敬德监修；唐开元年间，重修并扩建，故名。因木塔上干云霄，观之极奇，有“秦中第一巨观、陇州第一福地”之誉，[②] 开元寺也因此驰名西府。木塔历代均有重修，不幸在清同治年间（1862—1874 年）回民起义中付之一炬。[③] 关于木塔建造原因，清初陇州知州黄云蒸在《木塔说》中指出：

> 州治建于汧之北干，而州治之北又有陇川诸流环绕城下，则州城有船浮水面之象，而淋涝暴冲，不无漂泊之患。其历年久远，而所恃以不恐者，赖乎州治之东古刹中木塔以镇之也。木塔何镇乎？尔州城若舡，木塔譬之系舡之桩。然舡系于桩，水虽泛涨，而必无漂泊之患。此虽堪舆家言，揆诸理亦不悖。理既不悖，则此塔不止一刹之壮丽，而实为郡城之攸系。为郡城之攸系，则当与郡城并重，忍坐视其颓废而不为之所哉。塔肇于汉，而兴于唐。唐命大臣尉迟敬德督理重修，非无谓也。据古碑记，当未建塔前，每于日中现塔影，遂于其地建此塔，工师解木，木中又显佛像。种种瑞应，有开必先。[④]

清初陇州参政李月桂《重修开元寺记》也载：

> 建塔之初，有圣灯见于林表，塔影显于日中，工师解木，木中又得佛像。其说荒唐不可尽信。独是州治三面环水，东北陇川诸流逼迩城下，淋涝暴冲，时患漂泊，故于其地作塔以镇之。譬之城其舡也，塔其系舡之桩也。舡系于桩，水虽泛涨，可无漂溺之虞，城之于塔亦然。此虽堪舆家言，而理或可据。今岁夏间，霪雨连绵，匝月不收，河水横溢，岸堤溃绝，几至逼冲城垣，而经营畚筑，卒

---

① 雍正《敕修陕西通志》卷二八《祠祀一》，第 86 页 b。
② 康熙《陇州志》卷七《艺文志·文记》，第 25 页 b。
③ 徐军：《陇县开元寺始末考证》，载《陇县文史资料选辑》（第 2 辑），第 187—192 页。
④ 康熙《陇州志》卷七《艺文志·文记》，第 25 页 a—b。

赖以底定，则此说益信为不诬矣。[①]

据上文可知，木塔建造可能缘于两种原因：一种是听信堪舆家所言，认为建木塔可以镇陇州城的水灾；另一种是建塔之前，日中出现塔影，又有木工解木，木中出现佛像，于是建塔。对于前者，黄云蒸、李月桂均认为“理亦不悖”“理或可据”“益信为不诬”；对于后者，李月桂认为此说“荒唐不可尽信”，而黄云蒸未做评论。我们认为，不管“木塔镇水”说是否真实可靠，其在一定程度上反映了唐代以来陇州城市水灾的严峻性。

此外，我们还发现唐代陇州城有“苟公献地建城”一事，也可说明陇州城市水灾的严重。清乾隆时陇州知州吴炳《厘正唐灵义侯庙记》记载：“相传唐时苟氏献地建城。……唐大历二年（767年），故郡偪艰于得水。苟氏献地，因迁其城于此，故立庙祀之。其子孙记云：‘大历二年，河水涨溢坏城。’以今形势考之，陇故城似患水，非艰于水也。”[②]吴炳根据苟氏子孙所记，并结合当时陇州城的微观城址环境，判定唐时“苟氏献地建城”可能是由于水灾而非缺水。清末《陇州乡土志》也载：苟公“献地建城，绩著唐宋二代”，“盖因州治先在汧河南岸之原古秦城地，迭被水患，公献河北业地改筑之，即今治也”。[③]《陇州乡土志》明确主张“苟公献地建城”缘于陇州城“迭被水患”，不过记载内容可能有误。此次“献地建城”应该是在今陇县城址附近微调城址，而不是从汧河南岸迁往汧河北岸，因为唐时陇州城已经迁徙至今陇县城址处，清雍正《敕修陕西通志》有载：“西魏陇州，在州南八里，周明帝移今治。”[④]

经上述分析可知，在明代之前，陇州城为应对城市水灾，已经出现“木塔镇水”和城址微调等水利实践。明清以后，方志等史料更是明确记载了陇州（县）城应对水灾的具体实践。

首先还是微调城址。明景泰元年（1450年），陇州城再次因北河水

① 康熙《陇州志》卷七《艺文志·文记》，第23页a—b。

② 乾隆《陇州续志》卷八《艺文志·记》，第51页b、第52页b。

③ 光绪《陇州乡土志》卷四《耆旧》，光绪三十二年抄本，第1页。

④ 雍正《敕修陕西通志》卷一四《城池》，第10页a。

灾而微调城址，知州钱日新将城池面积大幅度缩小。据清雍正《敕修陕西通志》记载，陇州城由“（北）周明帝移今治，旧城周九里三分，土筑，西南门二，明景泰元年（1450 年），知县（州）钱日新以水患改筑，周五里三分”。①

其次是修筑堤坝以护城垣。清乾隆八年（1743 年），陇州“东北城基以北河水冲七十八丈，塌半面城身一十八丈”，知州郑大纶“禀拨民夫补修”；② 乾隆十年，陇州知州洪维松仿“洪泽湖笆工成法”，修筑护城堤坝防洪。乾隆《陇州续志》对郑大纶、洪维松等修筑堤坝保护城垣有详细记载：

> 知州郑大纶请帑修筑石堤保护城垣，未蒙俞允；又请动公项运土筑堤，工费较省，亦未邀准；复援酌拨民夫徐为粘补之例上请，奉批照行。十年，陈大中丞以为用土木之工远护城根何如用土木之工就岸筑坝，再于河之下游就势挑浚，为河水去路，一堵一泄，水不浸城，城自无患。委西安府白同本府孟亲临确勘情形，公同酌议，嗣经详明，滩俱砂碛，秋水时至，堤防易溃，砂遇水冲，旋挑旋淤，万难举行。请于水势汕刷之处签钉木桩，仿洪泽湖笆工成法，以竹席紧贴排桩，内用好土三尺夯碱坚筑，余则砂土并用，足资捍卫，覆允在案。知州洪维松捐费购料，劝动民夫于乾隆十年九月协力兴修完固。③

清光绪二十年（1894 年），边祖恭任陇州知州。其对郑大纶请帑修筑石堤高度评价，“识见固过人远矣”。④ 此时，陇州“垣墉倾裂，壕池淤填”，⑤ 边祖恭“甫下车，即筹款修城浚池，縻费近万金而无妄用，力役至月余而民无怨言，又以余款修北河堤，以保城垣，防冲溃”。⑥ 因陇州城东北角防洪形势最为严峻，边祖恭相度地势，拟筑石坝，并劝谕士

① 雍正《敕修陕西通志》卷一四《城池》，第 10 页 a—b。
② 民国《续修陕西通志稿》卷八《建置三 · 城池》，第 26 页 b。
③ 乾隆《陇州续志》卷二《建置志 · 城池》，第 7 页 a 至第 8 页 a。
④（清）边祖恭：《重修陇州城垣记》，载宣统《陇州新续志》卷三一《艺文志》。
⑤（清）边祖恭：《重修陇州城垣记》，载宣统《陇州新续志》卷三一《艺文志》。
⑥ 光绪《陇州乡土志》卷二《政绩》，第 5—6 页。

绅支持，最后在城东北角修筑石坝，“长三十丈，高九尺，底宽丈余，开陇郡数百年所未有，而全城为之生色”。[①] 20多年后的1916年初，因“北河逼近城垣，官绅计议在河岸垒石为堤，阔一丈，高丈五，由城西北角起东北角止”。[②] 北河堤坝刚刚修好，同年“六月，暴雨，北河大涨，河堤吹毁无遗”。[③] 次年三月，重修北河河堤，“此次重修，石墙外护以木栅，栅外植柳，比上年坚固数倍”。[④] 实际上，防洪效果并未增强，同年（1917年）秋季“暴雨，北河大涨，河堤全被吹毁，河水逼近城东北角”。[⑤] 新中国成立后，陇县城依旧受到南北两河的威胁与破坏。到1979年7月21日，陇县多地暴雨，北河洪水依然入城，“县木器厂、县委、西大街小学以及附近的商店、居民院内水深1米，损失严重”。[⑥] 因此，陇县人民政府一直非常重视修筑北河、千河和水峪河沿岸的防洪堤坝，以加强城区安全防护。

当然，障水防洪不仅在于防洪堤坝的修筑，城墙的营建与保护同样重要。为加固城墙，陇州城于明嘉靖十八年（1539年）、隆庆二年（1568年）、万历五年（1577年）等对城墙进行多次补修。[⑦] 清光绪二十二年（1896年），陇州知州边祖恭在《重修陇州城垣记》中指出：“乾嘉以来，水患频仍，城垣坍塌者屡矣。”[⑧] 因此，边祖恭常说陇州“州城非箍砖不可，而北城为尤急，但有志未逮耳”。[⑨] 城墙原本土筑，箍砖显然是为了增强对水灾的抵御能力。新中国成立以后，陇县人民政府曾明令禁止挖毁城墙，目的在于继续利用城墙来抵御水灾。1961年10月25日，《陇县人民委员会关于保护县城城墙及其周围防洪工程的布告》（会办刘字002号）发布，强调“城墙和城周围堤岸、丁坝、渠道等防洪设施，均应保护，经常维修”。[⑩] 但到1964年，为了陇县城区的发展，城墙开始拆除，

① （清）边祖恭：《重修陇州城垣记》，载宣统《陇州新续志》卷三一《艺文志》。
② 《民国陇县野史》下编卷九《编年》，民国34年至1964年抄本，第1075页。
③ 《民国陇县野史》下编卷九《编年》，第1076页。
④ 《民国陇县野史》下编卷九《编年》，第1080页。
⑤ 《民国陇县野史》下编卷九《编年》，第1080页。
⑥ 《陇县志》，第41页。
⑦ 《陇县志》，第481页。
⑧ 宣统《陇州新续志》卷三一《艺文志》。
⑨ 光绪《陇州乡土志》卷二《政绩》，第6页。
⑩ 《陇县水利志》，第171页。

到20世纪80年代末，陇县城仅东北角部分城墙留存。[①]

二 汧阳的城址变迁与城市水灾

位于千河河谷的另一座重要城市——汧阳，在历史时期与陇州（县）城有着非常相似的命运：因水灾迁城，但“迁而不弭”，迁城之后的新城水灾依旧严重。汧阳自汉高帝二年（前205年）置隃麋县后，城址五易其地，即汉隃麋城、马牢故城、古城、古新城和汧阳城。[②] 古城之前迁移的过程和原因，目前已不可考。从古城迁至古新城，清顺治《石门遗事》记载为“元至治二年（1322年），因圮坏移建新城，界汧晖二河之间”。[③]“圮坏”的原因可能是战争，也可能是自然灾害。迁城原因记载最为明确的，是从古新城迁往汧阳城，即明嘉靖二十六年（1547年）的大水毁城。

因史料缺载，我们目前无法得知汉隃麋城、马牢故城和古城的水灾情况。至于古新城，其于“元至治二年，南徙于下，西有汧河，东有晖水”，[④]“背枕冯原，俯瞰汧水，平原高阜，形势较胜”。[⑤] 其中，“汧河，县南，水势汹涌，冲崩道路城郭，为患甚大”；[⑥] 晖水在古新城“东五十步”，[⑦]“自冯坊里由南入汧，为北山水所聚，势极猛迅”。[⑧] 古新城的这种微观城址环境展现了该城的水灾之忧。明嘉靖二十六年六月二十五日，大雨，汧、晖二河水涨，大水淹城。汧阳知县张涵、儒学教谕张相等人在此次水灾中丧生。古新城整座城池被此次大水彻底冲毁，以致灾后无法修葺补筑，只得迁移他处重新筑城。清顺治《石门遗事》所载《汧邑

---

① 参见《陕西省陇县地名志》（内部资料），第19页。另外，我们在陇县实地考察时，询问当地人士得知，陇县城东北角城墙最后因陇县中学的扩建而拆毁。

② 《千阳县志》，第7、8、135页；柳万林：《千阳县城变迁简述》，载《千阳文史资料选辑》（第7辑）（内部发行），第5—8页；民国《新汧阳县志草稿》卷一《地理志·古迹》，卷二《建置志·城池》，民国36年抄本。

③ 顺治《石门遗事》之《建置第二》，第又12页a。

④ 顺治《石门遗事》之《舆地第一》，第10页b。

⑤ 顺治《石门遗事》之《舆地第一》，第10页a。

⑥ （明）龚辉：《全陕政要》卷二，第71页b。

⑦ （明）马理等纂《陕西通志》卷三《土地三·山川中》，第94页。

⑧ 顺治《石门遗事》之《舆地第一》，第又3页a。

河水变异记》详细记载了此次水灾的灾情。

> 嘉靖二十六年（1547年）丁未，入夏淫雨不止，伤及禾稼。新尹洪洞张公涵冒雨至汧，钦上命也。方其始至，屏壁倾倒，众以为不祥。时复有人见一白叟传云："六月二十五日，大水冲城，人遭陷溺。"不信者以为妖言。及是夜半，雷声震惊，雨势滂沱，电光灼耀中，见有红黄气绕聚晖河，象若相敌。少焉，北城一隅为水所倾，自西而南俱倾溺矣。维时县尹张公中伤竟毙。儒学教谕张公相一家八口俱没。其乡士夫若致仕李公□、生员蒲子嘉宾等，悉与其害，漂没无存。惟东南一角水势缓弱，尚存孑遗。人有凭依大树全活者，有漂去桴木复来者，有居室未坏而幸存者。时皆寄居毗卢寺，身无完衣，痛哭载道。士民何辜，罹此苦耶！分守周公、郡守刘公、判府张公、推府何公相继来视，多方抚恤。[①]

次年，即嘉靖二十七年，凤翔府组织七县民夫工匠，"鸠发一郡七城财粟夫匠"，[②] 由眉县知县王命实为总领工，在古新城东五里处即今千阳县城处，历时一年，建成汧阳城，并延续至今（见图3-4）。

新筑的汧阳城，土城砖跺。其微观城址环境为："县南一里"[③] 为汧河（千河），"县西门外"[④] 有东江河（又称东江水、诸施沟、西河沟、小河沟），城东有天池沟（又称东河沟）。其中，"东江河""东江水"之名应该源自其位于古新城（1322—1547年）之东。据清顺治《石门遗事》记载，当时东江河在汧阳城西门外，"湮塞，宜浚治，导引诸水绕城西北，惜时不易为"。[⑤] 东江河由于"湮塞"而成河沟，又在县西门外，故后来称为"西河沟""小河沟"。关于东江河流经汧阳城西门外西关且南入汧河（千河），史料对此记载大体一致。至于城东天池沟与汧阳城之间的距离，史料记载不一（见表3-2）。

---

① 顺治《石门遗事》之《舆地第一》，第10页b至第11页b。
② 顺治《石门遗事》之《建置第二》，第又12页a。
③ 雍正《敕修陕西通志》卷一〇《山川三》，第34页b。
④ 顺治《石门遗事》之《舆地第一》，第又3页b。
⑤ 顺治《石门遗事》之《舆地第一》，第又3页b。

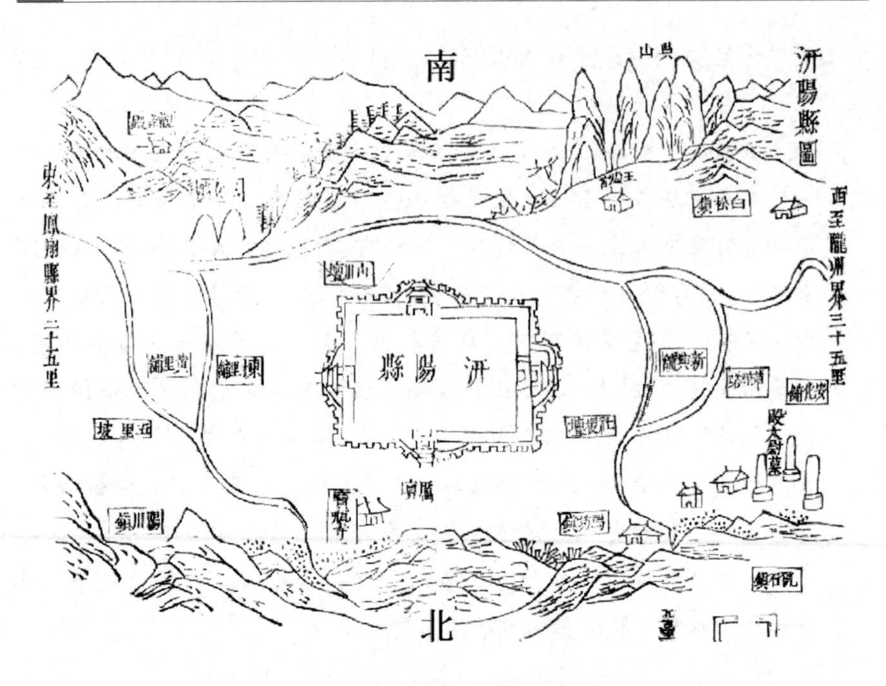

图 3－4 清乾隆时期汧阳城池

资料来源：乾隆《凤翔府志》卷首《图考》，道光元年补刻本，第 22 页 b 至第 23 页 a。中国国家图书馆藏品。图中“南”“北”为笔者添加。

表 3－2 关于天池沟与汧阳城之间距离的史料记载

序号	天池沟与汧阳城之间的距离	史料来源
1	“天池沟在县东五里，水流不涸”	（明）马理等纂《陕西通志》卷三《土地三·山川中》，第 94 页
2	“天池沟，在县东五十里，水流不涸，因名”	（清）顾祖禹：《读史方舆纪要》，第 2651 页
3	“天池沟，在县东五十里，今止可十余里。志称，水流不竭，近傍有长渠引水入城，最有济益，宜更修广”	顺治《石门遗事》之《舆地第一》，第又 3 页 b
4	“在县东五十里，水流不涸”	康熙《陕西通志》卷三《山川》，康熙六年刻本，第 49 页 b
5	“天池沟，在县东五十里，傍有长渠，引水入城”	康熙《陕西通志》卷一一《水利》，康熙六年刻本，第 26 页 b
6	“天池沟，县东五里，水流不涸”	康熙《重修凤翔府志》卷一《地理第一·山川》，第 29 页 a
7	“天池沟，在县东十里，水流不竭，近旁有长渠，引水入城，最有济，宜更修广，今废”	雍正《敕修陕西通志》卷四〇《水利二》，第 7 页 a

续表

序号	天池沟与汧阳城之间的距离	史料来源
8	“天池沟，县东二里，发源洁白里小源沟，南流入汧，旁有渠，土人开之，以灌蔬果”	乾隆《凤翔府志略》卷一《舆地考》，乾隆二十六年刻本，第 34 页 a
9	“天池沟，县东二里，发源洁白里小源沟，南流入汧，傍有渠，土人开之，以灌蔬果”	乾隆《凤翔府志》卷一《舆地·山川》，乾隆三十一年刻本，第 33 页 a
10	“天池沟，县东关外，发源洁白里小原沟，南流入汧，夙构有桥。至嘉庆十年（1805 年），知县王廷璧重修，建坊，傍立石碑，颜曰‘太平桥’”	道光《重修汧阳县志》卷一《地理志·山川》，道光二十一年刻本，第 6 页 b
11	“太平桥，县东门外，跨天池沟上，隆庆三年（1569 年）建”	顺治《石门遗事》之《建置第二》，第 15 页 a
12	“太平桥，县东门外天池沟上，隆庆三年建”	康熙《重修凤翔府志》卷二《建置第二·关梁铺舍》，第 36 页 a
13	“太平桥，在县东门外，跨天池沟上，明隆庆三年建”	雍正《敕修陕西通志》卷一六《关梁一》，第 40 页 b
14	“太平桥，县东门外，跨天池沟，隆庆三年建”	乾隆《凤翔府志》卷二《建置·关梁》，乾隆三十一年刻本，第 19 页 b

在第 1 条史料中，“天池沟在县东五里”，此“县”为古新城。因为嘉靖《陕西通志》于明嘉靖二十一年（1542 年）刊刻，此时汧阳还未发生大水毁城和迁城。由于古新城与汧阳城之间的距离“凡五里”，① 因此古新城东“五里”之处的“天池沟”大体就在汧阳城处，应该不会在汧阳城东“五十里”、“十里”或“五里”。所以，第 2—7 条史料应该有误，可能是修志过程中因袭了“错误”记载。第 10—14 条史料中“县东门外”“县东关外”的记载应该是正确的，这与第 1 条史料也可相互印证。至于第 8 条、第 9 条史料中的“县东二里”，我们认为可能是因为天池沟的河道变动，也可能是因为测量位置的不同。

基于上述分析可知，重新选址营建的汧阳城依然处于汧河、东江河、天池沟等河流的环绕之中。这种微观城址环境令汧阳城面临着严峻水灾威胁，事实也确实如此（见表 3 – 3）。

① （明）兰秉祥：《新建汧阳城记》，载民国《新汧阳县志草稿》卷一七《艺文志·著述》。

表 3－3 明清民国时期汧阳城水灾情况举隅

序号	时间	灾情	资料来源
1	乾隆三十六年（1771年）	“汧阳县城东有天池沟一道，西有小河沟一道，俱系宣泄北山之水南入汧河。五月二十四日，山水汹涌，二沟宣泄不及，以致漫溢两岸，东西两关厢居民被淹共一百八十一户，淹毙男女大小一百三十四口，倒房二百二十七间”	《清代黄河流域洪涝档案史料》，第283页
2	嘉庆二十四年（1819年）	“八月，大雨，城外西河水暴涨盛大，跨东岸流，冲毁民宅，人有漂没者”	道光《重修汧阳县志》卷一二《祥异志》，第2页b至第3页a
3	道光二十年（1840年）	“八月，暴雨特甚，水涨澎湃，西城外小河安乐桥率被冲毁”	道光《重修汧阳县志》卷一二《祥异志》，第3页b
4	1916年	“6月4日起，淋雨14日，山崩路陷，西关安乐桥被毁，秋禾损伤严重”	《千阳县志》，第53页

三 城址变迁而水灾不弭的原因

历史时期，千河流域的陇州（县）、汧阳二城均因水灾迁徙至今城址处，但“迁而不弭”，水灾困扰依旧。之所以如此，除上文讨论的微观城址环境因素外，我们认为根本原因在于千河流域独特的气候、地形、水文等环境因素。

首先，历史时期千河流域范围内降水丰沛，夏秋季节常有水势浩大、冲刷强烈的洪水发生。

千河流域的径流量主要来源于降水补给，径流量与降水量呈良好的正相关关系，径流量的长期变化趋势与降水量变化趋势一致。[①] 王明根据千河流域多年径流资料（1954—2005年）分析指出，千河流域在西北地区属于富水区域，单位面积产水量仅低于秦岭山区。[②] 虽然1954年以前千河流域的径流量，我们没有直接数据，但根据历史时期千河流域相当兴盛的灌溉、漕运状况，可以推测当时该流域的降水应该较为丰沛。

---

① 万红莲：《千河流域近50年降水变化特征及对径流量的影响》，《江西农业学报》2011年第3期，第120—122、125页。

② 王明：《千河流域水资源开发利用现状及存在问题》，《地下水》2007年第4期，第15—16页。

曹魏青龙元年（233 年），卫臻重修成国渠，自陈仓（今宝鸡市东）引汧水东流入渠，灌溉舄卤之地三千余顷。[①] 唐宋时期，陇山地区林木繁盛，为了营建都城，常通过汧水漕运木材。唐武德八年（625 年），水部郎中姜行本奏请在陇州汧源县（今陇县）修五节堰，[②] 其目的不是农业灌溉，而是漕运，将采伐或购买的关山之木，水运到京城长安，以供唐朝大兴土木之用。[③] 唐咸亨三年（672 年），修筑昇元渠，引汧水上凤翔原东流，经岐山、扶风二县，到六门堰（在今武功县境）与成国渠连接。[④] 清乾隆《陇州续志》载，“宋初，市木秦陇，以春、秋二时联巨筏，自渭达河，历砥柱，以集于京，设官监市，其利甚溥”，并认为“陇河渠在唐宋固有益于国，非只利济民田已也”。[⑤]

历史时期，千河流域丰沛的降水不仅表现在灌溉、漕运方面，还表现在流域内曾出现“弦蒲薮”“隃麋泽”这样的湖泊方面。弦蒲薮是先秦时期的九大湖泊之一，至隋以前还是比较有名的湖泽。[⑥] 据申雨康考证，“弦蒲薮中心可能位于今陇县县城西约 19.2 公里处，即千河干流上游曹家湾镇坡底下村东部的河谷地带，沿千河河谷向西部与东南部延伸”。[⑦] 除弦蒲薮外，汧阳城附近还有隃麋泽。明嘉靖《陕西通志》载，隃麋泽“在县东八里，汉以此泽名县”，[⑧] 并没有记载其“堙废”情况；而清雍正《敕修陕西通志》却载：“其地近水，宜粳稻，今多堙废。”[⑨] 在清乾隆三十一年（1766 年）《凤翔府志》中，达灵阿的序文称“弦蒲、隃糜（麋）详职方于周礼”，将隃麋泽与弦蒲薮并称，其面积可能不会太小。吴镇烽也将隃麋泽与泾阳西北的焦获泽、陇县弦蒲薮、潼关

---

① （唐）房玄龄等：《晋书》卷二六《志第十六·食货》，中华书局，1974，第 785 页。

② （后晋）刘昫等：《旧唐书》卷四九《志第二十九·食货下》，第 2113 页。

③ 马执中：《古代陇县水利工程五节堰》，载中国人民政治协商会议陕西省陇县委员会文史资料研究委员会编《陇县文史资料选辑》（第 5 辑），1987，第 116 页。

④ （宋）欧阳修、宋祁：《新唐书》卷三七《志第二十七·地理一》，第 967 页。

⑤ 乾隆《陇州续志》卷二《建置志·河渠》，第 27 页 a—b。

⑥ 张宝林：《陇州弦蒲薮》，载中国人民政治协商会议陕西省陇县委员会文史资料办公室编《陇县文史资料选辑》（第 11 辑），1994，第 150—152 页。

⑦ 申雨康：《千河上游的“弦蒲薮”》，《中国历史地理论丛》2023 年第 1 辑，第 136—142 页。

⑧ （明）马理等纂《陕西通志》卷三《土地三·山川中》，第 94 页。

⑨ 雍正《敕修陕西通志》卷一〇《山川三》，第 35 页 a。

阳陓泽、蒲城盐池泽并列为古代关中大泽。[①]

无论是根据历史文献记载，还是现代水文研究，[②] 千河流域的降水主要集中在夏秋季节，且多暴雨，河流水势稍微有所束缚，就会有水势浩大、冲刷强烈的洪水发生。民国《续修陕西通志稿》载："汧河为东西要道，仅有木桥二，春夏雨多，山水骤发，桥尽冲坏，行旅望洋而叹。"[③] 陇州（县）城南关外的南河桥"入夏水涨辄圮"。[④] 汧阳城南里许的千河两岸有"天生巨石，相对若门"的大、小石门，即汧阳八景之一的"石门延月"。[⑤] 清顺治《石门遗事》载："大、小石门，汧水奔腾，经汧河至玉清宫前，有石峡对锁，束之使不得逞。每逢霖雨水发，则波势汹涌，軯軯若雷，声彻昼夜。"[⑥] 大石门（见图3－5）在汧阳县南里许，因"双峡对峙，汧水奔流至此锁束，水势顿杀"，[⑦] 冲击力、破坏力极强。清顺治汧阳知县王国玮《石门记》专门记有："纵视城头石门，其山石对立，……汧晖二水，汇奔极猛，到峡口锁束。若扼吭逆留之水不得快志往，遂乃怒激奔腾，两相射激。若兵挺击撞回，复哄斗，经数遭乃去，去则鸟奔兽轶，冲石翻岸。若武夫悍卒，醉怒决张，不可拘缚。益以淫雨暴涨，川水迸发，则汹涌怒号，惊闻数里。"[⑧]

其次，因两边高而中间低的河谷地形，加上仅向东南开启的半闭流的流域水文特征，千河河谷易于在短时间内蓄积大量洪水，造成水灾。

千河流域位于关中西北的丘陵沟壑区，流域内山峦重叠，沟壑纵横，地形地貌复杂多变。西南部为关山山脉，北部为千山山脉，中部为千河川谷，"汧河全部，皆沉于山谷之中，河谷山游，以在陇县境内为最宽，约二公里，向下则渐缩减，至汧阳县城附近，约宽千余公尺"。[⑨] 千河流域地势总体上是西北高、东南低，同时西南、东北两侧地势向千河谷地

① 吴镇烽：《陕西地理沿革》，第15页。
② 彭随劳：《千河流域水文特性分析》，《西北水资源与水工程》2002年第2期，第58—61页。
③ 民国《续修陕西通志稿》卷六八《名宦五》，第24页a。
④ 乾隆《凤翔府志》卷二《建置·汧陇关梁》，道光元年补刻本，第20页a。
⑤ 光绪《增续汧阳县志》卷一三，光绪十三年刻本，第后5页a。
⑥ 顺治《石门遗事》之《舆地第一》，第2页b。
⑦ 乾隆《凤翔府志略》卷一《舆地考》，第32页b。
⑧ 顺治《石门遗事》之《舆地第一》，第又2页b。
⑨ 鲁涵之、张韶仙编《西京快览》第一编"概要"，第8页。

图 3－5　今天的千河大桥（曾经的大石门）

资料来源：笔者摄于 2022 年 8 月 5 日。

倾斜，千河干道呈西北—东南走向。千河流域支流众多，其上、中游呈扇形，汇集来自西北、西南和东北三侧的地表径流，构成仅向东南开启的半闭流区。这种地形地势使流域内所有水量均注于千河干道，“平时各沟谷，多干涸无水，一旦山洪暴发，则倾山倒海而下，水势猛而且急，并携巨量之泥沙倾泻于河，此汧河之特殊情形也”。[①]

据上所述，在雨水季节，千河干道只要某处发生阻塞，便可在短时间内蓄积大量水流。千河古称“汧水”，“汧”字本义就是“流水停积聚集的地方”。[②]《尔雅·释水》云：“汧，出不流。”郭璞注为“水泉潜出，便自停成污池”。[③] 可见，古人可能很早就认识到千河流域容易在短时间内蓄积大量水流，容易形成河谷湖泊。弦蒲薮正是先秦时期形成于千河河谷的著名湖泊。《周礼·职方》载：“正西曰雍州，其泽薮曰弦蒲。”清光绪《增续汧阳县志》载：“汧水出西北入渭，以其初出不流，

① 鲁涵之、张韶仙编《西京快览》第一编“概要”，第 9 页。

② 《辞源》（修订本）（第 3 册），第 1772 页。

③ （晋）郭璞注《尔雅》，浙江古籍出版社，2011，第 46 页。

停成弦蒲泽薮。"[①] 史念海先生认为，弦蒲薮可能是"两旁高崖崩坠，壅阻水流所致"，其实际大小恐难如《周礼·职方》描写那样，能与大野、圃田等大泽并列。[②] 申雨康认为，"弦蒲薮可能于西周末年幽王时因地震山崖崩坍堰塞而成"。[③] 因阻塞河道形成河谷湖泊，几乎在整个千河干道都有可能发生。陇州（县）城西30里有流渠河，即千河上流，非常容易壅阻成湖，"关山以下溪涧诸水至此，悉汇归一处，每遇山水骤发，水石激搏，奔流迅驶"。[④] 清顺治汧阳知县王国玮在《石门后记》中记道，当他初到汧阳履职之时，"闻故老言，昔当缔建之始，曾经佥议，在此地立堤闸，以时启闭，水有所蓄，以渐进，毋复猛迅，便可设舟使南北来往，不至病涉"；起初，王国玮以为此乃"老生迂谈，且时不易为"，后经实地考察，始知"前之所言，不为无据也"，并且认为"昔时定有堤闸梁坝，……倘如前人所议立闸小石门，遇旱益可蓄水灌田，且一苇可航，涉川攸济"。[⑤] 这种有利于汇水、蓄水的河谷地形，在给人们带来便利的同时，也给分布于其间的城市带来严重水灾。清同治六年（1867年），"大水，（陇州）西区固关岔口山崩，聚水数日，始冲下东流，淹没曹家湾街房数百间，又冲去东岳庙水磨数盘，沙岗子街（现南河桥南边）被截为两段，白马寺移至南门外高处，'诚巨灾也'!"[⑥] 现今，千河干道上修建了段家峡、冯家山和王家崖三座水库。其中，冯家山水库于1982年建成，是一个有17平方公里以上水面的人造湖泊。[⑦] 多座人工水库在千河流域的兴建，再次说明了千河流域降水丰沛且地形、水文利于汇水、蓄水。

再者，虽然历史时期千河流域城市水灾发生根本上在于独特的流域环境，但流域环境的人为影响与城市水灾之间的密切关系同样不容忽视。

明嘉靖二十六年（1547年），汧阳古新城水灾，时人已经认识到人

---

① 光绪《增续汧阳县志》卷一三《地理志·山川补遗》，第1页a。

② 史念海：《河山集》，生活·读书·新知三联书店，1963，第32页。

③ 申雨康：《千河上游的"弦蒲薮"》，《中国历史地理论丛》2023年第1辑，第136—142页。

④ 乾隆《陇州续志》卷二《建置志·关梁》，第18页a。

⑤ 顺治《石门遗事》之《舆地第一》，第3页a—b。

⑥ 《陇县志》，第131页。

⑦ 《千阳县志》，第38页。

类活动是此次水灾发生的重要原因。明人兰秉祥在《汧邑河水变异记》中发出“我汧罹此大祸，果天道偶然乎？亦人事有失乎？”[①] 的疑问，并明确指出生态环境的破坏与汧阳城水灾发生的关系：

> 其前开垦未广，阻塞尚多，二水（汧、晖）俱为小溪，未闻有涉水之患。后关山道通，泉流亦疏，水势冲绕西城，识者思防之而未逮也。[②]

正如上文所说，千河流域的生态环境随着人类的“开垦”而恶化。秦汉及之前，千河流域具有良好的生态环境，“山青、水秀、草盛”。[③] 直到唐代，千河流域还是“水腻山春节气柔”[④]、“远山如画翠眉横”[⑤]。此后，陇山地区的森林植被因军事、农业生产以及宫廷建设等原因遭到严重破坏，[⑥] 千河流域的生态环境逐步恶化。

明清时期，千河流域的植被破坏更为严重，水土流失加剧。明嘉靖四十三年（1564 年），杜阳河岸的杜阳镇被“更名沙河镇”，[⑦] 可见当时的杜阳河已是一条沙河。清顺治十年（1653 年），汧阳知县王国玮纂成今千阳县首部方志——《石门遗事》，书中记载了当时千河流域植被破坏、水土流失的状况，摘录几例如下。

《石门遗事》之《舆地第一》：

> 双清阁，志称在汧县东南四里玉清宫外。邑人于此观竞渡，可以望远。……且浊流迅急若箭，不可容舠，浅沙□塞，止有荒烟樵采而已。尚复可问竞渡乎？昔时人安物阜，生聚蜂□，以竞渡为乐观。一旦风景凋谢，从前胜事，既难问诸水滨，且长吏效走牛马，

① 顺治《石门遗事》之《舆地第一》，第 11 页 a。
② 顺治《石门遗事》之《舆地第一》，第 10 页 b。
③ 陈荣清：《论先秦石鼓诗歌与汧渭流域生态环境的保护》，《宝鸡文理学院学报》（社会科学版）2011 年第 3 期，第 27—31 页。
④ 语出中唐姚合的《穷边词》。
⑤ 语出晚唐韦庄的《汧阳间》。
⑥ 苏宓夫：《唐代对陇山森林的破坏》，《中国历史地理论丛》1994 年第 3 辑，第 244 页。
⑦ 乾隆《陇州续志》卷二《建置志 · 市镇》，第 28 页 a。

□梧掣肘，复不能施其拯救。徒扼腕于民生之日促，坐听夫庐井之荒芜。[①]

《石门遗事》之《祀典第三》：

（毗卢寺）东为晖川河，河水久涸，沙石鳞叠。然岸极旷阔，其水势猛发浩淼，不问而可知也。[②]

《石门遗事》之《田赋第四》：

树植材木，园林果蔬，所在繁殖，素不计钱。苏子瞻谓水甘而肉美，昔固然也，近乃戕伐殆尽。[③]

从上述材料可知，当时汧阳境内的植被已遭到严重破坏，水土大量流失，导致汧阳城周边的河流淤塞，“沙石鳞叠”，曾经“观竞渡”的双清阁此时已经“浊流迅急”，沙石淤积，难复旧观。到清乾隆时，陇州城四面河流，“非乱石磊砢，即砂砾漫衍”，在夏秋霖雨之际，这些河流“激流汹涌”，但“不数日而水落石出矣”。[④] 可见，森林植被的破坏不仅造成了河流淤塞，还削弱了其截留雨水的功能，降水全部汇入河道，而且很快一泻殆尽。

清道光时（1821—1850年），千河流域水土流失现象更为严重，“水流变迁，或沙淤水竭，昔有水而今无水，或河患屡遭，忽东流而或西流，以至粮田熟地变为沙滩”。[⑤] 汧阳境内的西沟、石鱼沟、三川沟、吴姑泉、三泉、新碧潭、曲子涧、涧口河、晖川河、天池沟、乱石滩、西流河、东江河等河流“会归，沙流淤厚，两岸地亩悉成沙洲，水流甚细”。[⑥] 其中，天池沟在明嘉靖二十一年（1542年）《陕西通志》、清顺

① 顺治《石门遗事》之《舆地第一》，第8页b。
② 顺治《石门遗事》之《祀典第三》，第又20页b。
③ 顺治《石门遗事》之《田赋第四》，第30页a。
④ 乾隆《陇州续志》卷二《建置志·河渠》，第25页a。
⑤ 道光《重修汧阳县志》卷一《地理志·山川》，第8页a。
⑥ 道光《重修汧阳县志》卷一《地理志·山川》，第5页b。

治十年（1653年）《石门遗事》、康熙六年（1667年）《陕西通志》、康熙四十九年《重修凤翔府志》等方志中均被记载为“水流不涸”并有“长渠引水入城”，而雍正十三年（1735年）《敕修陕西通志》却记载引水长渠已经废弃。东江河更是在清顺治年间（1644—1661年）已经“湮塞”。[①] 由此可以推测，清道光时，天池沟和东江河的淤积可能更为严重。至于千河，汧阳城南里许的大石门此时已经“沙石填满，名存实废”。[②]

总之，唐宋以后尤其是明清时期，千河流域“开垦日广”，生态环境破坏，河性恶化，加剧了城市水灾的发生。至20世纪七八十年代，千河流域的陇县、千阳二城仍然发生过较为严重的水灾。[③] 此后，千河流域生态环境治理提上日程，陇县、千阳二城的水灾发生次数减少。我们去陇县、千阳实地调查时，询问当地居民，得知现在二城较少发生水灾。可见，流域环境的好坏与城市水灾之间存在着密切的联系。

四 小结

早在西周时期，千河流域即已出现城邑。此后，千河河谷地带先后出现了一些城池。其中，陇州（县）、汧阳二城在历史时期是该地区的政治、经济和文化中心。二城城址均经过多次变迁，因史料缺载，二城迁移的原因现在多已不可考。据现有史料可知，二城最后一次迁移均因水灾，但迁城之后的新城并没有摆脱水灾的威胁，可谓“迁而不弭”。有学者指出，明代以后陇州（县）城的水患与其复杂的城市下垫面和强降雨突发密切相关，其中关键之处在于千河、北河的恶劣河性，即砂砾充斥河道、河身易徙等。[④] 我们对上述观点表示赞同，但这只是就陇州（县）城的个案分析所得。其实，陇州（县）、汧阳二城“迁而不弭”水灾的根本原因在于千河流域独特的气候、地形、水文等环境因素，而不仅仅是因为城市下垫面或微观城址环境。根据史料和现代水文研究，千

---

① 顺治《石门遗事》之《舆地第一》，第又3页b。

② 道光《重修汧阳县志》卷一《地理志·山川》，第5页a。

③ 《陇县志》，第41、132—133页；《千阳县志》，第53、400页。

④ 李嘎：《旱域水潦：水患语境下山陕黄土高原城市环境史研究（1368—1979年）》，商务印书馆，2019，第113—117页。

河流域夏秋季节降水丰沛，常有水势浩大、冲刷强烈的洪水发生；而两边高、中间低的河谷地形，加上仅向东南开启的半闭流的流域水文环境，千河河谷地带容易在短时间内蓄积大量洪水，造成水灾。此外，唐宋尤其是明清以后，千河流域生态环境不断恶化，降水失去涵养，水土流失加剧，致使流域内水灾的发生频率上升和破坏性增强。总之，千河流域独特的环境因素为该流域城市水灾的发生孕育了条件，而人类活动所造成的生态环境恶化，则进一步加剧了城市水灾的发生。因此，加强千河流域的环境治理，是防治该流域城市水灾最为重要的举措。

第四章　变与不变：明清民国时期潼关城的功能转变与水问题治理

城市功能是指城市在国家或区域自然和社会经济环境中所承担的任务和发挥的作用。因具备特殊优势而形成的独特功能，往往是城市最初的主导功能，但随着历史的演进，主导功能可能被其他功能叠加甚至代替。这样，原先的特殊优势因城市功能的更迭可能不再具备，甚至可能成为城市发展的软肋或瓶颈。因军事防御需要建立的军城，在历史时期基本上都会发生功能转变，其中较为典型的有天津、保定、威海、腾冲、张家口等城。[①] 那么，有些军城当初险要独特的城址环境可能成为城市发展的不利因素或制约因素。位于陕、晋、豫三省交界处的军事名城——潼关，就是其中的典型案例。

潼关是我国著名的八大关隘之一，历朝历代对其都十分重视。其地处陕、晋、豫三省交界处，南障秦岭，北阻黄河，控扼关中通往中原的交通要道，是关中地区的东大门。因地势天然险要，潼关久已称著典籍，被誉为“三秦锁钥”“四镇咽喉”。汉唐时期，潼关是“帝宅之牖户”。虽然唐以后国家政治中心东移，但潼关仍不失为重要军事关塞。因时势演变、微观地貌变化、交通道路变迁等多种因素的综合作用，潼关城在历史时期发生多次迁移，主要历经汉潼关城、隋潼关城、唐至明初潼关城、明清民国潼关城和今潼关城。[②]

武周天授二年（691 年），由于黄河不断下切，水位降落，黄河南岸与原麓之间可东西通行，故北移潼关城，“移近黄河，始立潼关”。[③]

---

① 何一民、付娟：《从军城到商城：清代边境军事城市功能的转变——以腾冲、张家口为例》，《史学集刊》2014 年第 6 期，第 16—24 页。

② 许正文：《潼关沿革考》，《人文杂志》1989 年第 5 期，第 93—97 页；艾冲：《古代潼关城址的变迁》，载中国地理学会历史地理专业委员会《历史地理》编辑委员会编《历史地理》（第 18 辑），上海人民出版社，2002，第 122—129 页。

③（明）马理等纂《陕西通志》卷七《土地七·建置沿革上》，第 271 页。

因控扼东西、南北交通要道，武周天授以后的潼关城“比汉城和隋城更为科学适用”,[①] 故城址一直位于今潼关县秦东镇故城址处。直到1960年，因三门峡水库蓄水，潼关城南迁至西南吴村原上。[②] 不过在明初，潼关城在唐宋元城址的基础上大为拓展，奠定了整个明清民国时期的城池格局。后经明清民国时期多次修葺，这座军事名城的城垣“雄伟高大，可与西安、汉中二城相并称”。[③] 明永乐以后，潼关城市功能开始发生转变，由以军事防御为主的“军城”逐渐转变为以行政管理为主的“治城”。[④] 随着城市功能的转变，原先利于军事防御的城址环境给潼关城带来严重的水问题，而水问题得以治理是这座城市持续发展的重要条件。那么，在功能转变而城址不变的情况下，明清民国潼关城是如何治理不利城址环境带来的水问题的？本章就此做一初步分析。

一 潼关城的营建与功能转变

武周天授二年（691年），在今潼关县秦东镇潼关故城遗址处建立新的潼关城，“上跻高隅，俯视洪流，盘纡峻极，实谓天险”。[⑤] 然此潼关城仅位居潼河东岸，城池规模仅是后来明清民国时期潼关城潼河以东一部分。唐李吉甫《元和郡县图志》卷二《关内道二》载：“（潼）关西一里有潼水，因以名关。”[⑥] 可见，唐时潼河并非穿城而过。唐以后，潼关城虽多次修筑，如北宋熙宁年间（1068—1077年）“侍御史陈洎筑城”,[⑦] 但直至明以前，潼关城的城池规模依然没有扩大到潼河西岸。关于明清民国时期潼河贯穿潼关城而过，潼关旧志做出两种解释：一种认为是河道变化，明清民国时期潼关城西门外的杨家河可能是潼河故道，城中之潼河“或后人引潼水以通城中”；另一种则认为是城池扩建，潼

① 关治中：《潼关天险考证——关中要塞研究之三》，《渭南师专学报》（社会科学版）1999年第3期，第35—39页。

② 《潼关县志》，第2、25页；《渭南市志》（第1卷），第340页。

③ 李镜东：《潼关印象记》，《申报周刊》第1卷第14期，1936年4月，第332—334页。

④ 谢立阳：《潼关历史地理研究》，硕士学位论文，陕西师范大学，2012，第66—67页。

⑤ （宋）王应麟撰，张保见校注《通鉴地理通释校注》，四川大学出版社，2009，第382页。

⑥ （唐）李吉甫：《元和郡县图志》，贺次君点校，中华书局，1983，第35页。

⑦ 康熙《潼关卫志》卷上《建置志第二·城池》，康熙二十四年刻本，第9页a。

河河道自唐以后并未发生多大变化，潼河穿城是由于“潼水以西关城盖后所展筑也”。[①] 我们认为应该是后者，正是明初潼关城的扩建，潼河才穿城而过。清咸丰《同州府志》也指出：“明洪武中，展拓关城，潼水遂在城内。”[②]

那么，明初为什么要大规模扩建潼关城？原因在于军事防御。明洪武初年，为加强地方防御，全国设立大量卫所，潼关成为卫所之一。明洪武七年（1374 年），潼关设守御千户所，洪武九年，改设潼关卫。[③] 明初虽然地方城市的城墙修筑并不普遍，但十分重视卫所城市的城墙修筑。[④] 潼关城因其独特的地理位置和历史背景，得以大规模扩建。早在洪武五年，千户刘通已经开始在唐宋元城池基础上修筑。[⑤] 洪武九年潼关设卫之后，指挥佥事马骙依河砌基，依山筑城，潼河穿城而过，“东南西三面踞山，北一面俯河”，[⑥] 基本上奠定了此后直至 1960 年迁城前潼关城的城池格局。

关于扩建之后的潼关城，我们可以用“囊山纳河”来形容其微观城址环境。首先看“囊山”。扩建之后的潼关城内部南高北低，东南包举麒麟、砚台（又称印台）、笔架三山，西南囊括凤凰山和象山（俗名蝎子山）。城墙周长初为“十一里七十二步”，[⑦] 到民国时潼关城周长仍有“十一里二分”。[⑧] 明清时期，潼关城正北、正西城墙为版筑，东南、西南部分“藉三山砌堞，而南以水关连络之，无事版筑”，东北部分连山，则“少加版筑”。[⑨] 到 1931 年，“东、西、北三方俱用砖砌，东南、西南两方均跨原麓，因势增陴，高出云表”。[⑩] 再看“纳河”，即潼河穿城而过。潼河有二源，西源即潼谷水，出松果山佛头崖，东源禁沟水，即“蒿岔峪水自龙王庙北流”。东西二源在王家园相会为深潭，成为潼关八

---

① 雍正《敕修陕西通志》卷一三《山川六》，第 13 页 a。
② 咸丰《同州府志》卷一八《山川志下》，第 45 页 b。
③ 嘉靖《雍大记》卷三《考易》，第 11 页 a。
④ 成一农：《古代城市形态研究方法新探》，第 217—227 页。
⑤ 康熙《潼关卫志》卷上《建置志第二·城池》，康熙二十四年刻本，第 9 页 a。
⑥ 咸丰《同州府志》卷一二《建置志》，第 11 页 b。
⑦ （明）马理等纂《陕西通志》卷七《土地七·建置沿革上》，第 306 页。
⑧ 民国《潼关县新志》卷上《地理志第一》，民国 20 年铅印本，第 1 页 b。
⑨ 康熙《潼关卫志》卷上《建置志第二·城池》，嘉庆二十二年刻本，第 8 页 a—b。
⑩ 民国《潼关县新志》卷上《地理志第一》，第 1 页 b。

景之一的“禁沟龙湫”。[①] 汇合以后，潼河北流五里，从南水关入城，横亘关城，将全城分割为二，最后从北水关出城，注入黄河。除潼河穿城外，潼关城周边的河流还有：北门外一里为黄河；东门外为原望沟，俗称阎王沟，“源出刘果山南，北入大河”；西门外为杨家河，北流“入黄河”。[②] 总体而言，扩建之后的潼关城规模广袤，“俯视全城，若巨舰之侧倚海岸”。[③]

因潼河南北穿城而过，潼关城在潼河入城、出城处分别设置南、北水关。明建文二年（1400 年），成山侯在潼河入城处修建南水关；宣德年间（1426—1435 年），守备魏赟在潼河出城处建北水关。[④] 南、北水关建成之后得到不断修筑，成为明清潼关城营建的重要组成部分。例如，明嘉靖十八年（1539 年），兵备道何鳌重修南、北水关，“物料夫役檄各州县协济备极，经营一年始成”；[⑤] 天启四年（1624 年），“河水冲毁北水关，七年兵宪黄公和修筑”。[⑥]

对潼关南、北水关进行最大规模的修建，应该是清乾隆末年的德成等人。乾隆五十二年（1787 年）正月初四，乾隆帝根据福康安所奏——“西安城内钟鼓楼座，及潼关城垣，年久坍损，请动项修理”，下谕工部侍郎德成于“川省城工”验收完毕之后，乘“回京之便，顺道至西安、潼关等处，会同巴延三，详悉履勘，核实估计，奏闻办理”。[⑦] 此次潼关城的修建虽由德成、巴延三负责勘估，但具体实施则由潼商道德明负责，“修南面土城三千二百九十八丈七尺，北面砖城七百三十三丈三尺，高三丈，顶宽一丈八尺，底宽三丈，……（在）南水关（建）闸楼七间，（在）北水关（建）闸楼九间”。[⑧] 此次修建始于乾隆五十三年四月，竣工于五十六年七月，历时三年零三个月。工程完竣之后，乾隆帝根据陕

① 雍正《敕修陕西通志》卷一三《山川六》，第 13 页 a—b；（清）陶保廉：《辛卯侍行记》，第 12 页。

② 康熙《潼关卫志》卷上《地理志第一·山川》，嘉庆二十二年刻本，第 4 页 b 至第 5 页 a。

③ 民国《潼关县新志》卷上《地理志第一》，第 1 页 b。

④ 康熙《潼关卫志》卷上《建置志第二·城池》，康熙二十四年刻本，第 9 页 a。

⑤ 康熙《潼关卫志》卷中《职官志第五·名宦》，康熙二十四年刻本，第 2 页 b。

⑥ 康熙《潼关卫志》卷上《建置志第二·城池》，康熙二十四年刻本，第 9 页 b。

⑦ 《清实录》第 25 册《高宗实录》（一七）卷一二七二，乾隆五十二年正月癸酉，中华书局，1986 年影印本，第 5 页。

⑧ 嘉庆《续修潼关厅志》卷上《建置志第二·城池》，嘉庆二十二年刻本，第 5 页 a—b。

甘总督勒保等人所奏，得知此次潼关城修建，耗资甚巨，共费银“一百三十五万余两之多”。对此，乾隆帝十分怀疑，“著派和琳驰驿前往，详查确勘，大加删减，毋任稍有浮冒”。[①] 后据和琳所奏，乾隆帝得知：“该处工程从前经巴延三、德成会同勘估时，将不应添修之水关、泊岸等工，率行浮估，并城上添建堆拨房七十二座，尤属虚糜帑项，以致用银一百三十余万两之多”。虽然德成、巴延三等人“俱自认糊涂错误”，但乾隆帝认为其“任意浮估，已属显然”，将二人“革任”，并让二人“自备资斧，速行前往潼关工所，眼同和琳等，当面讲求，以服其心”。[②] 后复据和琳上奏，乾隆帝对此次工程的虚糜帑项极为震怒，尤其对南、北水关的修建。乾隆帝在该年（1791 年）十月二十八日指出：

> ……内如南、北水关二座，券洞之上，只须随城安砌排垛、宇墙，尽可饰观。今德成仿箭楼式样成造，于两关添建闸楼，悬挂千斤闸板，每块重五千斤，非七八十人不能启放。试思水关安设闸板所以御水，而非藉以御寇。即为防人起见，平时放下，适遇潼水猝至，不能拽起，转至阻遏，城内淹浸民居。是防患而适以滋患，如荆州前年之合城皆水。虽下愚无知，亦不至糊涂若此。……[③]

据上文可知，乾隆帝认为德成等对潼关南、北水关等处的修建，过于糊涂，“种种错误实出情理之外”，这种判断在某些方面是有一定道理的。明正德年间（1506—1521 年），潼关南、北水关“制始备”，“两关竖木栅，候阴晴启闭”，[④] 而德成于两关“悬挂千斤闸板，每块重五千斤，非七八十人不能启放”。水关安设闸板的目的在于“御水”，而非“御寇”，如此之重的闸板不利于“御水”，反而容易“滋患”。德成等人

---

① 《清实录》第 26 册《高宗实录》（一八）卷一三八七，乾隆五十六年九月戊子，第 616 页。

② 《清实录》第 26 册《高宗实录》（一八）卷一三八八，乾隆五十六年十月癸丑，第 645 页。

③ 《清实录》第 26 册《高宗实录》（一八）卷一三八九，乾隆五十六年十月己巳，第 661—662 页。

④ 嘉庆《续修潼关厅志》卷下《艺文志第九 · 记》，第 16 页 a。

的修建，基本上奠定了此后南、北水关的格局，“规制宏爽，映照川原”。[①] 可惜在1937年秋，国民党中央军第四十六军李及兰师为减少日军炮击目标，将南、北水关城楼和东、南、北城楼拆除，仅保留西城楼。[②]

关隘是冷兵器时代战争的产物，往往设在地势险要之处。杜甫曾以“艰难奋长戟，万古用一夫”来形容潼关之险。经明初扩建，潼关城的城池格局基本定型，可是城市的主导功能却在此后逐渐发生转变。明洪武年间（1368—1398年），潼关城设置守御千户所、卫所，是一座军事治所城市，军事防御功能十分显著。明永乐以后，潼关城开始向行政治所城市转化，在军事功能上叠加政治功能、经济功能。永乐二十二年（1424年），“传谕守领诸兵除去戎衣各务农业”，[③] 军民共垦。清康熙《潼关卫志》卷上《田赋》也载：“关历代设兵，有民自明始。”[④] 随着潼关城中居民身份的变化，潼关城市性质也开始发生变化，民治功能逐渐增强。清雍正二年（1724年），“潼关卫废”。[⑤] 废卫不久，因在潼关增设驻防满兵，有兵饷粮草之需，[⑥] 故于雍正五年，“以（兵饷粮草）输纳不便，照甘省改卫为县之例，设县专理，就近属华州”。[⑦] 乾隆十三年（1748年），潼关又裁县设厅，隶属同州府。[⑧] 至乾隆五十六年十月二十八日，乾隆帝因德成等人修建潼关一事指出：“潼关在汉唐时，原为雄镇，安设重兵，自不能不于城上建设堆拨。今昔异势，潼关尚不如直省之一邑，并无重兵在彼驻守。”[⑨] 此时，这座因地势险要以利防御而发展起来的军

① 民国《潼关县新志》卷上《地理志第一》，第2页a。

② 中共潼关县委党史研究室编《中国共产党潼关县历史大事记（1919.5—2000.12）》，陕西人民出版社，2001，第44页；侯成德：《潼关建城史话》，载政协陕西省潼关县委员会文史资料委员会编《潼关文史资料》（第7辑）（内部交流），富平县政府印刷厂，1994，第20页。

③ 嘉庆《续修潼关厅志》卷上《田赋志第四》，第19页a。

④ 康熙《潼关卫志》卷上《田赋志第四》，康熙二十四年刻本，第27页a。

⑤ 雍正《敕修陕西通志》卷三《建置第二》，第1页a。

⑥ 于志嘉：《犬牙相制——以明清时代的潼关卫为例》，《“中央研究院”历史语言研究所集刊》第80本第1分，2009年，第77—135页。

⑦ 雍正《敕修陕西通志》卷三《建置第二》，第10页a。

⑧ 嘉庆《续潼关县志》卷上《地理志第一·沿革》，民国20年铅印本，第1页a。

⑨ 《清实录》第26册《高宗实录》（一八）卷一三八九，乾隆五十六年十月己巳，第662页。

城，已然成为一座普通的治所城市，完成了“军城”向“治城”的转变。潼关城的性质与功能虽不断发生变化，官厅衙署、公廨牌坊、文庙书院等逐步兴建，但城池的位置、环境和基本格局一直未变，一如明初。[①]

“军城”和“治城”对地理环境的需求不同。利于“军城”的城址环境，不一定利于“治城”。民国时期，严重敏在《西北地理》中明确指出，潼关城因“山河两阻，市廛逼窄，城市建设颇难发展”。[②] 具体到水环境，“军城”与“治城”的需求差别明显，“治城”更加需要稳定的用水资源、安全的水环境等。早在战国时代，《管子》卷一《乘马第五》已对治所城市的城址水环境做了精辟论述：“凡立国都，非于太山之下，必于广川之上，高毋近旱而水用足，下毋近水而沟防省。”[③] 显然，潼关城在由“军城”向“治城”转变时，原先的“军城”城址无法满足“治城”发展对水环境的要求。随着行政衙署机构逐渐设立，人口与物质财富不断集聚，潼关城的水问题逐渐显著起来。

二 用水需求与引水渠道营建

（一）民生用水和泮池用水

随着潼关城由“军城”向“治城”转变，加上“其在三省交界之地，且为陕西出入之门户，输入输出之货物散集甚繁，商业甚盛”，[④] 城市的经济功能逐渐得以体现。清光绪三年（1877 年）六月十八日，冯焌光在《西行日记》中记道，潼关“城内市集颇盛”。[⑤] 民国时期的潼关城更是物资交流的集散地，因为陇海铁路、西潼公路横穿关城，沟通东西物资交流，而凭借黄、渭水运，上游可至禹门、咸阳等地，下游远涉豫、鲁，与山西也有风陵渡往来横渡。[⑥] 在如此重要的交通条件之下，潼关城内市场扩展至西关、东关、北关，“形成百业荟集，商业繁盛之区”。[⑦] 李镜东在《潼关印象记》中记载：“当陇海路初达潼关时，商业上曾极一时之盛，东大

① 1913 年，潼关裁厅复设县。参见《潼关县志》，第 15 页。
② 严重敏：《西北地理》，大东书局，1946，第 226—227 页。
③ 《管子》，第 22 页。
④ 刘安国：《陕西交通挈要》，第 55 页。
⑤ （清）冯焌光：《西行日记》，第 108 页。
⑥ 《潼关县志》，第 425 页。
⑦ 《潼关县志》，第 403 页。

街、三民街、西大街都开设着不少的新商店，而一出西门，直达陇海路车站半里多长的西关，许多商店住宅，都在那时兴建的。什么旅馆、舞台、妓院，也随着商业发展而产生了。古旧的潼关在那时可称为黄金时代。”①

城市功能的转变，交通区位优势的凸显，致使明清以来潼关城内人口组成变化很大，人口数量也形成一定的规模。清乾隆十三年（1748年），纪虚中任潼关厅抚民同知，其《修潼津河碑记》（乾隆十九年）明确指出潼关城当时“人户殷繁，地价昂贵”。② 民国时期，潼关城商业繁荣，城区人口有所增加，改西关为冲关镇，加上城中潼河东、西两岸的潼东镇和潼西镇，三镇共有人口 3.5 万人。③ 至于城内人口数量，顾执中、陆诒于 1933 年 7 月 8 日访问潼关县长郭须静，得知“潼关全县的人口约有三万多，……城内人口为一万八千人，泰半都是农民”。④ 随后不久，汪扬同样提到“潼关人口共三万有奇，……城内人口为一万八千，泰半均系农民”。⑤ 张恨水在 1934 年 5 月至 8 月写成的《西游小记》中记道，“听说全县有八万人口，县城里倒占有四万多人口”。⑥ 该“听说”可能有所夸大。虽然上述史料各自记载的具体数字不同，但民国时期潼关城内人口数量较多，基本可以肯定。而且顾执中、汪扬、张恨水等人的记载均表明，潼关城内人口大体占全县人口的一半以上。1992 年《潼关县志》也载，抗日战争之前，潼关县城有居民 2.6 万多人，抗战中迁出 2/3 以上。⑦ 抗日战争胜利以后，县城居民数量回升。新中国成立后直至 1960 年迁城前，潼关城内人口数基本保持在 2 万左右。⑧

潼关城中有如此数量的人口，必然需要大量的生活用水，那么如何保证供应？1992 年《潼关县志》记载，1949—1958 年，潼关城内居民主

---

① 李镜东：《潼关印象记》，《申报周刊》第 1 卷第 14 期，1936 年 4 月，第 332—334 页。

② （清）纪虚中：《修潼津河碑记》，载刘兰芳、张江涛编著《陕西金石文献汇集·潼关碑石》，三秦出版社，1999，第 229—230 页。

③ 宋明非供稿，文史办整理《古潼关城与大石桥》，载《潼关文史资料》（第 7 辑）（内部交流），第 37—40 页。

④ 顾执中、陆诒：《到青海去》，董炳月整理，中国青年出版社，2012，第 11 页。

⑤ 汪扬：《西行散记》，中国殖边社，1935，第 40 页。

⑥ 张恨水：《西游小记》，邓明点校，甘肃人民出版社，2003，第 15 页。

⑦ 《潼关县志》，第 106 页。

⑧ 《潼关县志》，第 228 页。

要饮用井泉水、潼河水，水源充足。[①] 但明清民国时期可能有所不同。井泉水是潼关民生用水的主要来源，这是有据可依的。潼关城区地下水位埋藏较浅，故城池内外形成多处泉眼，如普济泉、酒泉、四眼泉、福泉、蟹眼泉等。不过，明清民国时期潼关城还建有三条重要引水渠道，向城内供应水源，即周公渠、益民渠和灵源渠，其作用不可忽视。李灵斋在《昔日周公渠》中提到："昔日潼河水甜，县城内井水皆苦咸且碱重，民不乐用。周公渠成后，解决了城内居民饮水之难。"[②] 可见，在周公渠修成之前，潼关城可能已经出现民生用水问题。

其实，周公渠的营建最初不是为了供应民生用水，而是在于解决潼关庙学泮池的水源问题。明清时期，潼关城由"军城"向"治城"逐渐转变，政治功能逐渐代替军事功能成为主导功能，从而要求其衙署设置也要做出相应调整。潼关庙学因此得以兴建。明正统四年（1439 年），潼关都指挥佥事姚深奏建潼关卫学。[③] 成化十年（1474 年），地处卫治东部的卫学被水冲崩，并于次年，由姚深子姚琮"迁学于西城，故营其地高于旧址"。[④] 不过此时潼关庙学的设置并不完备，"苟就圣庙，制俭止三丈，屋卑而陋，他宜有咸缺"，[⑤] 比如泮池。泮池是地方城市庙学不可缺少的组成部分，是儒家圣地曲阜泮水的象征。泮池需蓄水，故解决泮池水源问题是泮池营建的重要组成部分。明嘉靖二十一年（1542 年），周相任潼关兵备道，修建庙学，创修庙学泮池。时人王维桢在《潼关卫修学记》中详细记载了周相等人修建潼关庙学的过程："四明周君至，于是发谋修学。迁学左右十余家，约官地偿之，过当弗计制，乃拓改殿两庑，崇广皆倍昔，始有棂星门，有启圣祠，有乡贤祠，有名宦祠，有神厨库，有教官衙，有号房，又于其外横竖二坊"，"分区布位，增无创有"。[⑥] 周相为

---

① 《潼关县志》，第 228 页。

② 政协陕西省潼关县委员会文史资料委员会编《潼关文史资料》（第 6 辑）（内部交流），富平县政府印刷厂，1992，第 295 页。

③ 康熙《潼关卫志》卷上《建置志第二 · 学校》，康熙二十四年刻本，第 11 页 b。

④ 嘉庆《续修潼关厅志》卷中《人物志第六 · 宦绩》，第 29 页 b 至第 30 页 a。

⑤ （明）王维桢：《潼关卫修学记》，载（清）李元春汇选《关中两朝文钞》卷九，道光壬辰守朴堂刊刻本，第 33 页 a。

⑥ （明）王维桢：《潼关卫修学记》，载（清）李元春汇选《关中两朝文钞》卷九，第 33 页 a—b。

解决庙学泮池的水源问题，始修“周公渠”。周公渠由潼关城南门外的王家园“引潼水”，从南水关入城后，“沿象山，折西北，入道治，以达学之泮池，池满出，经府部街，入河”。[①] 然周相并未完成周公渠的营建，完成周公渠注入泮池的是其继任者汪尚宁。明嘉靖二十三年（1544年），汪尚宁“继周公相修黉宫”，[②]“询功未卒者，于是为露台，为明伦堂，为泮池，学遂完美无缺”，[③] 最终完成周公渠直注泮池，故“舆人曰：‘是即引潼水自南门入，折流而注之泮池，又北折而达于黄河，则汪君为也。’”[④]

上文已经提及，周公渠的营建不仅解决了庙学泮池的水源问题，同时给城内民生用水提供了极大便利。就在汪尚宁修成周公渠的次年，即嘉靖二十四年，王维桢“见渠水绕城中，民就其门汲”。[⑤] 清康熙《潼关卫志》也载，周公渠“深七尺，宽四尺，上尽覆以石条，每百步凿孔，任民汲水称便”。[⑥]

周公渠的营建，缓解了潼关城市功能转变过程中出现的用水问题，因此受到官方的高度重视，并得到不断维修。至清乾隆前，周公渠已经淤废，亟待修葺，“因工费浩繁，未曾兴举”。[⑦] 乾隆三年（1738年），清政府经仔细勘察提出修葺方案，即“于南水关外王家园分水之处，引流从柳家村至南水关及象山口止，计长四百余丈，或深浚土沟，或架槽承接，入城而后，明置石槽，街旁通引，约工费三百余金，即可通流遍达”。[⑧] 此后，周公渠又经多次修葺，如乾隆十五年，监生李训“捐白金七百两，修周公渠及泮池焉”；[⑨]“嘉庆二十年（1815年），同知向淮以渠久壅塞，自南水关

① 康熙《潼关卫志》卷上《建置志第二·津梁》，康熙二十四年刻本，第13页b。
② 康熙《潼关卫志》卷中《职官志第五·名宦》，嘉庆二十二年刻本，第2页b。
③ （明）王维桢：《潼关卫修学记》，载（清）李元春汇选《关中两朝文钞》卷九，第33页b。
④ （明）王维桢：《潼关卫修学记》，载（清）李元春汇选《关中两朝文钞》卷九，第34页a。
⑤ （明）王维桢：《潼关卫修学记》，载（清）李元春汇选《关中两朝文钞》卷九，第34页a。
⑥ 康熙《潼关卫志》卷上《建置志第二·津梁》，康熙二十四年刻本，第13页b。
⑦ 民国《续修陕西通志稿》卷五八《水利二》，第6页b。
⑧ 民国《续修陕西通志稿》卷五八《水利二》，第6页b。
⑨ 嘉庆《续修潼关厅志》卷中《人物志第六·义行》，第21页a。

寻故道疏浚，添设石槽、石板，砌至学宫，并葺泮池，水遂大通”。[①] 至晚清民国时期，周公渠仍然在为城中泮池用水、民生用水发挥作用。李灵斋《昔日周公渠》对此有较详细记载：周公渠入城后，“经凤凰嘴、蝎子山到二层山居民区，又经象山下的西巷子流入暗渠，经过西门街道，至西书院巷流入潼关县政府东边，再到文庙流进三‘泮池’。……周公渠水流过泮池又进入暗渠，流向北街路西转北到马王楼下，沿北城墙南侧向东流入北水关洞，出城外又流入西菜园，然后流入黄河”。[②]

民国时期，陇海铁路的修建更是将潼关城带入黄金时代，“城内户口很繁，商业也相当发达”，[③] 城市用水需求进一步增加。除周公渠供应民生用水外，潼关城还新建一条引水渠道，即益民渠。1927 年，冯玉祥的中校副官王作舟出任潼关县长，在县政府门首立冯玉祥《廉政碑文》，主张“为人民除水患、兴水利、修道路、种树木及做种种有益的事”。[④] 在此使命下，1928 年，王作舟在潼关城主持修建益民渠，“水绕县城西部主要街巷，民赞其便”。[⑤] 关于益民渠的渠线设计，民国《潼关县新志》有详细记载：“由南水关外穿城而入，沿西河埁引至西大街观音堂巷口，分两支：一经博爱街（南北街）抵北大街；一绕西大街，折而北流，经大同街，抵北大街，同由马王楼下，汇归北水关。”[⑥] 整个渠道用混凝土浇筑，沿西河埝在丹凤巷、汪家巷、小老院巷口以混凝土筑有水池，“便民生活用水”。[⑦] 据 1933 年《大公报》报道，潼关城内“居民以为饮食者为益民渠水，但该渠建筑已六七载，今渐坍塌。（潼关县长）郭须静莅任之初，曾视察一次，但未闻拨款重修，顷有商民推举代表，要求县长，急速补苴，以利民生”。[⑧] 可见，益民渠供水对城区居民生活的重要性。直至新中国成立前，益民渠才最终废弃，前后一共使用 20

---

① 嘉庆《续修潼关厅志》卷上《建置志第二·津梁》，第 10 页 a。

② 《潼关文史资料》（第 6 辑）（内部交流），第 294—295 页。

③ 安华：《由北平到西安的道上（西安见闻记之一）》，《西北论衡》第 5 卷第 6 期，1937 年 6 月，第 77—81 页。

④ 《中国共产党潼关县历史大事记（1919.5—2000.12）》，第 24—25 页。

⑤ 《潼关县志》，第 725 页。

⑥ 民国《潼关县新志》卷上《地理志第一》，第 5 页 b。

⑦ 《潼关县志》，第 219 页。

⑧ 《潼关益民渠，商民请求修补》，《大公报》（天津）1933 年 5 月 3 日，第 6 版。

多年。[①]

周公渠和益民渠都是从南水关外引水入城的。关于二者的水源，周公渠有文献明确记载，“引潼水入城”，[②] 而益民渠，至今尚未发现相关文献记载。我们认为，二渠之所以都从城南入城，主要看重的是城南山麓丰富的泉水，而不是潼河水。一方面，潼河是季节性河流，虽河宽数丈，但平时水少甚至干涸，直至夏秋雨季，水势才较大，故难以长期稳定地供应二渠水源；[③] 另一方面，如果周公渠仅从潼河取水，就没有必要从城南穿城而入，因为潼河经过城中，可以在城内直接引潼河水。另外，民国《潼关县新志》对“潼水”也做出了另一种解释：“所谓潼水者，实则禁沟老户城数处泉流耳。”[④]《陕西省潼关县地名志》也载：潼河“沿河一带有小股泉水，可供村庄人畜用水，还可灌溉少量农田”。[⑤] 所以，潼关周公渠和益民渠应该主要引城南泉水入城。

（二）园林用水和农业用水

随着城市功能的转变，潼关城用水不仅是庙学泮池用水和城中百姓生活用水，城池内外的园林池沼和农业生产也需要不少水资源。周公渠也曾为城内的园林池沼提供水源。清代潼关邑人王之林曾“命其子长庚捐金，引周公渠水入凤山书院，作池注焉”。[⑥] 辛亥革命后，秦军张钫在潼关城内纸坊巷修建公馆，引周公渠水浇灌馆内的花园。[⑦] 不仅如此，周公渠还为潼关城区农业生产提供水源。潼关城南北门外有田园种植菜蔬。周公渠对其均有灌溉之利，“南门外灌地约百亩而强，北门外灌地约百亩而弱，向有成规”。[⑧] 民国《续修陕西通志稿》也载，周公渠入城后“分引二渠，一渠经道署后院穿北城外，灌菜地约三十亩，一渠循西坝，

---

① 《潼关县志》，第219页。

② 康熙《潼关卫志》卷上《建置志第二·津梁》，嘉庆二十二年刻本，第13页b。

③ 《陕西省潼关县地名志》（内部资料），第179页。

④ 民国《潼关县新志》卷上《地理志第一》，第3页a。

⑤ 《陕西省潼关县地名志》（内部资料），第179页。

⑥ 嘉庆《续修潼关厅志》卷中《人物志第六·义行》，第23页a—b。

⑦ 李灵斋：《昔日周公渠》，载《潼关文史资料》（第6辑）（内部交流），第294—295页。

⑧ 民国《潼关县新志》卷上《地理志第一》，第4页b。

经石桥，穿北城外，灌菜地约三十余亩”。[①] 虽然不同文献对周公渠灌溉田园亩数记载不同，但周公渠灌溉田园属实。

潼关城不仅在南北城门外有农业生产，城内南部麒麟山、凤凰山、象山等山上也均有农田。[②] 其中，东南隅麒麟山上有古寨，名曰“上寨”，寨旁“有田千余亩，人耕其上”；西南隅象山之上“有田百亩曰‘黎家坪’”，相传黎姓首垦。[③] 农业生产离不开水源，麒麟山千亩良田有可能得益于其上的“白莲池”（见图4－1）。白莲池通过灵源渠，引城南蒿岔峪西山下龙王庙前泉水北流，[④]“从上南门入于池”。[⑤] 灵源渠在入潼关城之前，已为城南“原上二十余村所食用”。[⑥] 对此，清嘉庆《续修潼关厅志》详细记载了灵源渠的流经路线以及分支情况：

> 出（蒿岔）峪北流，经关而上老马胡同、南营村、南午庄、许家城、陈家城，（东分一支，流南歇马东西二村），北流一里经邓家寨，（西分一支，流兴邑至巡底），又北二里，（东分一支，流北歇马，径斜路城，过东城子，至大留屯），又北五里径留果斜龙王庙之西，（东分一支，流留果村，至西董村），折而西径瀵井、杨家湾，（分一支，流寺角营、杨家庄），又北四里，径黄邑雷村，直达上南门，入白莲池。[⑦]

经过城南原上20多个村落的分水之后，剩余之水从潼关城上南门入城，汇聚为白莲池。不过该渠流量并不稳定，“雨涝水流，天旱水断”。[⑧] 因“历年岁旱水少，村民不给于食，无余水可引”，至清嘉庆时，白莲池已经因池水枯竭而废。[⑨]

---

① 民国《续修陕西通志稿》卷五八《水利二》，第5页b至第6页a。
② 《陕西省潼关县地名志》（内部资料），第195—196页。
③ 康熙《潼关卫志》卷上《地理志第一·山川》，康熙二十四年刻本，第3页b。
④ 嘉庆《续修潼关厅志》卷上《地理志第一·山川》，第2页b。
⑤ 康熙《潼关卫志》卷上《地理志第一·古迹》，康熙二十四年刻本，第7页a。
⑥ 民国《潼关县新志》卷上《地理志第一》，第4页b。
⑦ 嘉庆《续修潼关厅志》卷上《地理志第一·山川》，第2页b至第3页a。
⑧ 《潼关县志》，第220页。
⑨ 嘉庆《续修潼关厅志》卷上《地理志第一·山川》，第3页a。

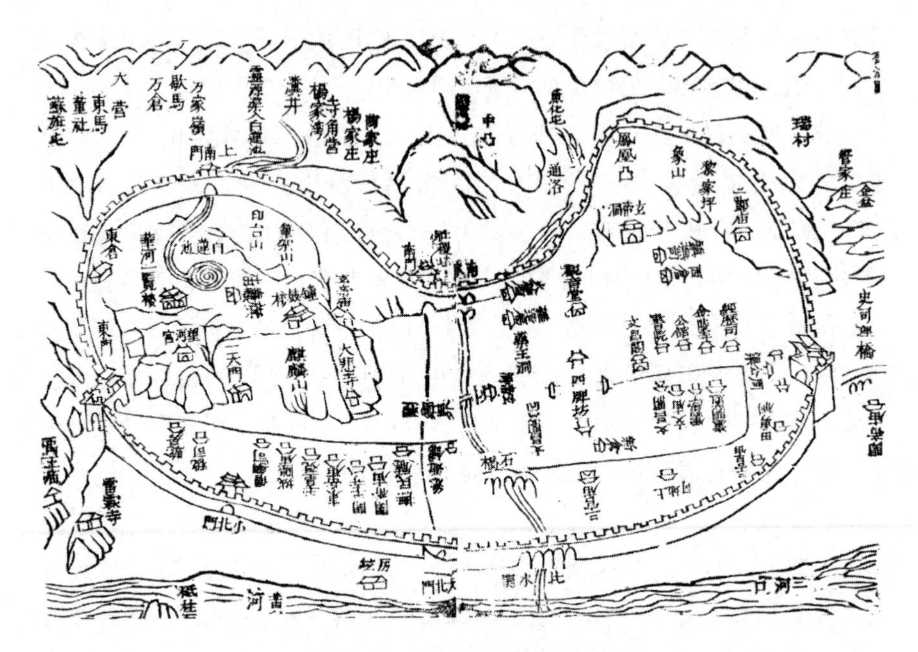

图 4－1 清康熙时期潼关卫治

资料来源：康熙《潼关卫志》卷首《卫治图》，康熙二十四年刻本，第 2 页 b 至第 3 页 a。

由上文我们不难看出，明清民国时期潼关城通过营建三条引水渠道来解决城区用水问题。这种开凿引水渠道从秦岭北麓山谷引泉水、河水入城的方式，可以说是明清民国时期关中平原渭河以南城市供水的一种常用方式。例如，西安开龙首、通济二渠引水入城，华州“引（南溪）细流入于州城”,[①] 华阴“引黄神谷水入城”,[②] 临潼“引汤泉注之（泮池）”,[③] 鄠县“引南山阜、栗、涝谷三水注之（壕池）”,[④] 眉县“创渠引（水）入城及泮壁”,[⑤] 等等。可见，明以后潼关城引水渠道的营建是符合区域城市发展规律的，而灵源渠、白莲池的干涸也是该区域城市发展面临的一个共同问题，即城南村落民生用水与农业生产用水对城市引

① 乾隆《同州府志》卷二《山川》，乾隆六年刻本，第 18 页 b。

② 万历《华阴县志》卷三《建置》，万历四十二年修，抄本，第 28 页 b。

③ 民国《临潼县志》卷三《祠祀》，民国 11 年西安合章书局铅印本，第 1 页 b。

④ 乾隆《鄠县新志》卷二《建置第二》，乾隆四十二年刻本，第 2 页 b。

⑤ 宣统《郿县志》卷二《地录第一之下・水》，宣统元年增补，宣统二年陕西图书馆铅印本，第 7 页 b。

水资源的争夺。[①]

三 水灾问题与潼河浚修制度

（一）城市水灾问题

潼关城地势险要，这在军事防御上发挥过独特作用。不过，“天险之地”的潼关城虽能将千军万马拒之关外，却因潼河穿城、黄河北临，抵挡不住滔滔洪流的入侵。经对潼关城水灾史料的系统搜集与整理，我们发现：从洪武九年（1376 年）潼关城扩建到 1960 年潼关迁城的 585 年间，潼关城至少发生 19 次比较严重的水灾，平均约每 31 年发生一次，其中 14 次为潼河泛溢侵城，3 次为黄河泛溢侵城，2 次为雨水灾城（见本书附录 2）。

现存潼关城最早的水灾记载可能是，明成化十年（1474 年），潼关卫学“圮于水”。[②] 此后百余年，我们没有发现潼关城市水灾史料。直至明末，潼关城才出现几次较为严重的水灾，潼关卫治、北水关等遭到严重破坏，分别是万历十七年（1589 年）、天启四年（1624 年）和天启七年。此外，明末还有一次没有明确年份信息的潼关城水灾，即明时潼关卫人盛以弘[③]的《南山水涨，冲崩潼河石梁及北水门，河道东徙，时予家居，赋此记事》一诗所描述的那次水灾。该诗云：

> 仲夏山雨涉，翻涛壑势洸。潼津诸流会，暴涨溢舆梁。驱奔轻巨石，沦荡漱崇冈。深底成堆阜，通衢化浩洋。镇楼失雄壮，冲�入池隍。青蔬艺数亩，餐食资圃场。弥漫皆沙砾，何以充藜肠。登高一骋望，两岸旷豁长。洪河无蔽隔，误视作池塘。切怀江海兴，临眺觉神扬。无用忧昏垫，携友且倘徉。[④]

---

① 关于明清民国时期关中平原渭河以南城市引水渠道的营建，参见本书第六章、第七章的相关论述。

② 雍正《敕修陕西通志》卷二七《学校》，第 28 页 b。

③ 盛以弘，字子宽，陕西潼关卫（今潼关县）人，生卒年不详，明神宗万历二十六年进士，由庶吉士累官礼部尚书，著有《紫气亭集》《凤毛馆贴》。《明史》、康熙《潼关卫志》卷中《人物志第六·乡贤》、康熙《潼关卫志》卷中《选举志第七·科目》等有其传记。

④ 康熙《潼关卫志》卷下《艺文志第九·诗》，康熙二十四年刻本，第 26 页 b 至第 27 页 a。

该诗真实记录了农历五月份潼关城发生的一次水灾。此次水灾对潼关城造成了极为严重的破坏：潼河之上的潼津桥和北水关均受到严重毁坏；城池内外的农业生产之地“弥漫皆沙砾”，居民的生活受到了严重影响；最为严重的是潼河河道迁徙，原来的河道成为高阜，而灾前的“通衢”却成为河道，汪洋一片。该诗是目前发现的关于潼关城水灾最早的一次详细描述。但可惜的是，诗中没有记载水灾发生的确切年份。该诗作者盛以弘活跃在明万历至崇祯年间，我们不知此次水灾是否是万历十七年（1589 年）、天启四年（1624 年）和天启七年中的一次。李嘎根据《明史·盛以弘传》，推定此诗正是描述天启四年的那次水灾。[①] 不过，就灾情记载来看，天启四年那次水灾和天启七年那次水灾几乎一致（见本书附录 2）。故此诗描述的水灾如果是天启四年那次，那么也有可能是天启七年那次。另外，此诗描写的灾情重于天启四年的“（潼）河水冲毁北水关”。所以，根据灾情描述，我们姑且将其作为明末已知三次水灾之外的另一次，因为史料是不可能将全部水灾记载下来的。

清代潼关城的水灾主要集中在康熙至嘉庆年间（1662—1820 年），基本上为潼河泛溢所致。康熙十九年五月二十九日，潼关城发生了一次突发性潼河入侵事件。清康熙《潼关卫志》卷上《禋祀志第三·灾祥》[②]、康熙《潼关卫志》序[③]、清人孔兴釪的《重修潼河石桥序》[④]、清人秦振的《关帝庙碑记》[⑤]、清人杨端本的《浚河修北水关记》[⑥] 等史料详细记载了此次水灾的灾情，综合如下。

水灾发生前，潼关城“天色晴霁，远近百姓俱就河湄，趁集贸易有无”。中午时分，“南门外偶有黑云一片，滃然而作，俄而大雨如注”，潼关城内百姓“忽闻奔吼之声，山水暴至，从南门突入”。洪水入城后，

① 李嘎：《旱域水潦：水患语境下山陕黄土高原城市环境史研究（1368—1979 年）》，第 103 页。

② 康熙《潼关卫志》卷上《禋祀志第三·灾祥》，康熙二十四年刻本，第 22 页 a 至第 23 页 a。

③ 康熙《潼关卫志》序，康熙二十四年刻本，第 6 页 a 至第 12 页 b。

④ 康熙《潼关卫志》卷下《艺文志第九》，康熙二十四年刻本，第 1 页 a 至第 2 页 a。

⑤ 刘兰芳、张江涛编著《陕西金石文献汇集·潼关碑石》，第 228—229 页。

⑥ 嘉庆《续修潼关厅志》卷下《艺文志第九·记》，第 15 页 b 至第 17 页 b。

“巨浸吞啮，惊涛淼漭”，“城内两岸居民，急不能避”，被洪水席卷，“男妇之溺死者二千三百八十五人”。潼河两岸“官民庐舍漂没数百余间”。水势北行，但“北门泄水之洞又为乱木砖石所塞”，“冲激逾时”方“毁北城水门而出”，“城中之害乃始得息”，“民乃得大半存全”，“不然几无潼矣”。此次水灾使潼关城遭受到严重的破坏，人员伤亡严重，财产、建筑损失惨重：“城西、北、中三街漂没几尽”，“屋宅、器皿皆逐波臣而去”，“北城水关崩数十丈”，“楼垛俱没”；潼河河堤崩圮，“裂岸东徙，向来故道尽成平陆”；至于潼河之上的石桥，“桥础漂沉，仅以枯槎数株揵流而渡，不无颠踬之虞”。同年闰八月，潼商道孔兴釪上任时，潼关城“蒿目荒凉，非複昔年雄盛，烟井半为瓦砾之场，阛市尚有鱼鳞之迹”。

潼关邑人杨端本[①]就此次水灾曾作《庚申五月晦日，关大水，漂没居民二千三百余人，诗以哀之》，也可反映其惨重灾情：

> 吁嗟乎，悲哉！庚申之夏民逢灾，黑云压城轰霆雷。天吴移海洪波颓，天河倒泻潼谷摧。鼋鼍喷浪雨翻盆，蛟龙跳跃金鳞开。巨石腾排击城陴，汹涌势欲凌崔嵬。倾刻冲崩北城圮，怒涛迅卷黄河水。千家屋宇尽漂溺，二千百人同日死。死者横尸委泥沙，生者号呼居无址。两岸哭声彻晓昏，青磷夜夜照河沚。吁嗟乎，悲哉！河伯不仁民如此，伊谁绘图垂涕献。[②]

此次潼关水灾之后五年，即康熙二十四年（1685年），高梦说“以参政分守潼关”，因“潼水涨，没民居，坏城垣，水道壅塞，地亩淤废”，“与抚民厅唐咨伯修筑浚导，民渐复业”。[③] 但灾后七八年，潼关城依然“旷荡如墟落”。[④] 可见，此次水灾之后，潼关城经过一段较长时间才慢慢恢复过来。康熙四十八年，潼关城又遭大水，“度漂没将如庚

---

① 杨端本，字函东，一字树滋，陕西潼关卫（今潼关县）人，生卒年不详。清顺治十二年（1655年）进士，于康熙二十四年编纂《潼关卫志》，著有《潼水阁诗文》16卷。参见梁建邦选析《咏潼关诗词选析》，西北大学出版社，1995，第103—104页。

② 康熙《潼关卫志》卷下《艺文志第九·诗》，康熙二十四年刻本，第又33页b。

③ 嘉庆《续修潼关厅志》卷中《职官志第五·名宦》，第2页b。

④ 嘉庆《续修潼关厅志》卷下《艺文志第九·记》，第16页a。

申之惨”。[①] 遗憾的是，此次“如（康熙）庚申之惨”的潼关城水灾，史料没有太多记载。

清乾隆元年（1736 年）“六月十九日酉戌两时，（潼关）天降骤雨，大水自城西流来，将潼关满城西面城墙冲倒四十四丈，幸而雨即停止”。[②] 乾隆十四年“七月朔之二日，大雨如注者仅数刻，潼水暴发，决南水关之桥，桥果为木石壅塞，东至桥之东，洪决而溢，由上北门而出。时跪祷于岸，浪吼如雷，水壁立数丈，幸而水决北门一扉，其势顿落。当是时，如北门不决，吾民其鱼矣”。[③] 同年八月二十二日，陕西巡抚陈弘谋上奏：潼关厅“有潼河一道，发源于商洛等县群山之中，穿城而过，流入黄河。七月初二，忽遇暴雨，诸山之水汇聚潼河，势甚涌涨，南北水门、城洞、桥座俱被冲塌，城河沙石填塞，两岸居民铺房，间有被水冲损者”。[④] 40 年后的乾隆五十四年七月，“阴雨连旬，潼河大涨”。[⑤] 此次潼河泛涨，是否对潼关城有所破坏，史料没有明确记载。乾隆以后直至清末，潼关城水灾不多，目前仅发现一次，即嘉庆二十年（1815 年）“秋七月，潼河大涨，闸拥北水关，泛滥城中，坍塌民居”。[⑥]

民国时期至 1960 年潼关迁城前，有 7 个年份潼关城发生了比较严重的水灾，即 1925 年、1933 年、1935 年、1945 年、1946 年、1952 年和 1953 年，一共发生 8 次水灾。换言之，从 1925 年至 1953 年，潼关城平均每隔 3.6 年就会发生一次水灾，相当频繁。在这 8 次水灾中，有 4 次是潼河泛溢侵城，有 3 次是黄河泛溢侵城，1 次是雨水灾城（见本书附录 2）。

据上文所述，不难看出，潼关城（1376—1960 年）的水灾主要集中在明末、清康熙十九年（1680 年）到嘉庆二十年和 1925—1953 年这三

① （清）秦振：《关帝庙碑记》，载刘兰芳、张江涛编著《陕西金石文献汇集·潼关碑石》，第 228—229 页。

② 《故宫奏折抄件》（水电部水科院），载渭南地区水利志编纂办公室编《渭南地区水旱灾害史料》（内部发行），渭南报社印刷厂，1989，第 87 页。

③ （清）纪虚中：《修潼津河碑记》，载刘兰芳、张江涛编著《陕西金石文献汇集·潼关碑石》，第 229—230 页。

④ 《清代黄河流域洪涝档案史料》，第 184 页。

⑤ 嘉庆《续修潼关厅志》卷上《禋祀志第三·灾祥》，第 18 页 a。

⑥ 嘉庆《续修潼关厅志》卷上《禋祀志第三·灾祥》，第 18 页 a—b。

个时间段。那么，为什么这三个时间段潼关城水灾发生较为频繁，而其他时间潼关城却较少发生水灾？难道是这三个时间段潼关城的障水防洪工作做得不好？其实并非如此。

（二）潼河浚修制度

在水灾的威胁下，城市加强自身的防洪排涝能力，可以在一定程度上减少水灾的破坏，潼关城也有此努力。明末，大理卿张维任[①]面对“每夏雨暴注，则（潼）河挟山水泛滥北涌，辄冲圮为人害，未有障狂澜者”，“首议”障水防洪。除“得院司道诸当路千金助”，张维任自己也慨然出资，倡议募捐，在城内修筑潼河石堰，人称“张公堰”。[②] 该堰约 4 米高，长约一华里半。[③] 同样是在明末，潼关兵备道文球也曾“修筑潼河石堰”。[④] 到清代，乾隆五十二年（1787 年），潼商道德明对潼关城内潼河两岸进行了砖石泊岸，因城内潼河泛溢并常改道东徙，故“东岸石泊、西岸砖泊”。[⑤] 潼河两岸筑堰、泊岸，显然是为了抵御潼河泛溢对潼关城的侵犯。

除在潼河两岸修筑障水防洪工程之外，北面黄河不时南侵潼关城，同样需要进行障水防洪工作。清乾隆五十三年四月，潼商道德明奉敕修筑潼关城墙时，将南面修筑为土城，将北面修筑为砖城，或许正是出于黄河冲击之故。[⑥] 为防御黄河南侵破坏，潼关城还在北墙外修建了护城堤。该护城堤从东关“四圣宫”东角之“望河楼”起，绕北城至西城门，工程浩大。[⑦] 该堤在水下十余米深处，曾“打有梅花桩，桩上均以厚石条铺十余层，用糯米汁灌缝，再以大铁钯钉铆扣而成”，全长 1000

---

① 张维任，字觉菴，潼关城张家巷人，万历七年（1579 年）中举人（一说万历十九年）。参见《潼关县志》，第 725 页。

② （明）冯从吾：《张御史维任祠记》，载嘉庆《续修潼关厅志》卷下《艺文志第九·记》，第 13 页 b 至第 14 页 a；康熙《潼关卫志》卷中《人物志第六·乡贤》，嘉庆二十二年刻本，第 17 页 b。

③ 贾耀南：《古潼关城的建筑概况》，载李明扬主编《潼关文史资料》（第 8 辑），太白文艺出版社，1998，第 54—58 页。

④ 康熙《潼关卫志》卷中《职官志第五·兵宪》，嘉庆二十二年刻本，第 6 页 b。

⑤ 嘉庆《续修潼关厅志》卷上《建置志第二·津梁》，第 10 页 a。

⑥ 嘉庆《续修潼关厅志》卷上《建置志第二·城池》，第 5 页 a。

⑦ 徐文华供稿，梁子实整理《忆潼关城楼、水关楼雄状及毁坏经过》，载李明扬主编《潼关文史资料》（第 8 辑），第 93—96 页。

余米，名曰汉（旱）台。[①] 1933 年，清华大学教师夏坚白在对陇海路进行沿线考察时，曾指出因“靠了坚固的护堤，潼关幸未受过黄河的危害”,[②] 强调了护堤对北面黄河南侵的抵御。1951—1953 年，潼关在县城北关至花园约 1 公里又一次抛石护岸，以抵御黄河对潼关城的冲击。[③]

从上文所述来看，在潼关城水灾发生次数较多的三个时间段里，潼关城做了大量障水防洪工作。这些工作虽在一定程度上减轻了水灾影响，但并没有从根本上消除潼关城水灾。相反，在明初至万历年间、清嘉庆至民国初年这两段潼关水灾较少的时间里，我们较少发现潼关城的障水防洪记载。两相比较，原因何在？要想探究潼关城水灾的时间分布规律，潼河浚修制度是一个重要突破口。

潼关城之所以经常遭受水灾，从根本上来说，在于其地形地貌和水文环境。潼关城南 30 里为秦岭诸山，潼河发源于此，并穿城而过，北注黄河。每当夏秋之交，暴雨如注，潼河汇聚秦岭北麓诸峪之水，势必成为巨大洪流，潼关城受灾可能性极大。清康熙《潼关卫志》载：“（潼）河南受诸山谷之水，北入大河。方其安流也，潺潺一线，似无足经意，然往牒中亦时见其为患焉。……盖潼水挟诸山谷之水而来，乘高趋下，势若建瓴。关城地势尤低，设遇暴雨霪霖，河身窄隘必至泛溢。北门区区数洞，亦不能约其汹涌之势，而使之安流以去。虽曰天灾不时有，而地势如此，原非人力之所能预筹。”[④] 民国《续修陕西通志稿》也载：“城内潼河每因山水湍激，沙石涌下，往往淤塞水关，为居民害。”[⑤]

在这种环境中，潼关城若要免于水灾，必然要求能够快速宣泄潼河洪水。然明初潼关开始移民开荒种植，尤其是永乐以后，军民垦殖屯田，加上战乱，自生林木遭砍伐而退化。随着人口的繁衍，明清两代在潼关南山不断进行农业生产和伐木作薪，植被遭严重破坏，水土流失加重，

---

① 宋明非供稿，文史办整理《古潼关城与大石桥》，载《潼关文史资料》（第 7 辑）（内部交流），第 37—40 页。

② 夏坚白：《陇海路视察记》（续三），《旅行杂志》第 8 卷第 5 号，1934 年 5 月，第 45—58 页。

③ 《潼关县志》，第 233 页；渭南市水利志编纂委员会编《渭南市水利志》，三秦出版社，2002，第 223 页。

④ 康熙《潼关卫志》卷上《禋祀志第三·灾祥》，康熙二十四年刻本，第 22 页 b 至第 23 页 a。

⑤ 民国《续修陕西通志稿》卷五八《水利二》，第 5 页 b。

河流易被沙石淤积，以致宣泄不畅。[①] 鉴于此，明正德年间（1506—1521年），潼河浚修制度“始备”，“河三年一疏，故数百年无水患”。[②] 虽然“数百年”有所夸张，但的确有七八十年（从明正德年间至万历十七年）潼关城没有水灾。但不知何时，此制废弛，“沙石壅，河心高于岸”，[③] 泄洪能力大幅下降，潼关城水患增多。清康熙《潼关卫志》记载：“当年修浚之防，今废不举，每遇涨发，城内居民、屋宇多遭崩漂之患，是为大害。”[④] 清康熙时，高梦说针对此种情形，提醒潼关城民，“凡值暴雨霪潦，即早为迁避之计，勿恃水之来有门去有洞，而晏然不加之意，庶永免鱼腹之危乎”。[⑤] 可见，明末至清乾隆年间，潼关城水灾频繁与潼河浚修制度的废弃应该有密切关系。至清乾隆十四年（1749年），潼河浚修制度得以恢复，才逐渐奠定了此后至民初潼关城水灾较少的局面。

清乾隆十三年秋，潼关裁县设厅，属同州府，纪虚中首任潼关厅抚民同知。其《修潼津河碑记》详细记载了他对潼关城水灾成因在于地理形势抑或潼河壅塞的思考。[⑥] 在“检阅关志”时，纪虚中发现潼关城有“潼河之溢而为害也，凡廿余年一经”一说。据潼关城水灾史料来看，从明万历十七年至乾隆十三年，潼关城发生7次水灾，与“凡廿余年一经”一说基本吻合。纪虚中对此十分怀疑，“岂数之限于天者，果若是不爽欤，抑人事之有未尽也”，“天欤？人欤？余终有疑而未信也”。为此，纪虚中“亲诣河干，考其形势”，承认潼关城因其地理形势易受到“奔腾而汹涌”的洪水威胁，但同时也认为“黄河之宽以为容纳，不患其不受之裕如而去之迅速也”。在实地考察的同时，纪虚中也“集厥耆庶，博采详咨”。有人告诉他：“潼津桥之初建也，乃五洞，骑而过其下

① 《潼关县志》，第191、229页。

② （清）杨端本：《浚河修北水关记》，载嘉庆《续修潼关厅志》卷下《艺文志第九·记》，第16页a。

③ （清）杨端本：《浚河修北水关记》，载嘉庆《续修潼关厅志》卷下《艺文志第九·记》，第16页a。

④ 康熙《潼关卫志》卷上《建置志第二·城池》，康熙二十四年刻本，第8页b。

⑤ 康熙《潼关卫志》卷上《禋祀志第三·灾祥》，康熙二十四年刻本，第23页a。

⑥ （清）纪虚中：《修潼津河碑记》，载刘兰芳、张江涛编著《陕西金石文献汇集·潼关碑石》，第229—230页。

者，举策而及其鞭。今则沙壅其三，其二亦高不数尺矣。”至此，纪虚中恍然大悟：“潼河之廿余年而一溢也，盖人也，非天也。秋夏之交也，大雨之如注也，无岁不然也。其始也，有桥之五洞以泄之，顺流而趋于黄，不溢也。及其后也，日积月累，五洞壅其半矣。更兼惊涛骇浪，拥大木数十而下，则并其半而亦塞之，激而行之，焉得不成在山之势也哉。”[①]

就在纪虚中上任的第二年（1749 年），潼关城又发生了一次严重水灾。乾隆十四年（1749 年）七月初二日，“潼河暴发，冲崩南北水关，淹塌民居”，[②]“计其去前之溢而为害也，又复廿余年”。[③] 纪虚中目睹了此次水灾，对潼河泛溢在于河道淤塞有了进一步的认识：“潼河之溢，人而非天也。……夫水之溢也，由于桥之塞；桥之塞也，由于河之淤；而河之淤也，实由于积日累月之所致。”水灾之后，纪虚中“请司农钱九千余金，淤者疏之，塞者通之，凡四越月而工竣”。但是，纪虚中也认识到这只是暂时的应对方法，要想长久治理水患，必须恢复潼河浚修制度。与明代“三年一疏”不同的是，纪虚中实行的是“岁修”。他认为“今如不为岁修之计，吾恐两季之后，阳侯复苦吾民矣”。于是，纪虚中“复集绅耆而议”岁修，众人十分赞成，认为“潼河岁修之举，诚不可已”。然而，潼河“岁修”费用的来源成为关键问题，因为“国家经费有限，而关城烟户寥寥，如劳民力，恐弗胜也”。众绅耆的意见是：“潼城向有官房基一百一十四间，官地七亩一分，为居民承租，每岁不过廿余金，居民享其利已久矣。目今人户殷繁，地价昂贵，如按其旧租之额酌量而加增焉，可得八十二两零，以为岁修用，不劳民，不伤财，诚盛举也。”[④] 纪虚中赞成此种做法，将其“定为成规，竖石以记”，[⑤] 以告后来者继续执行此项措施。

后来潼河“岁修”的确得以如期进行。乾隆十五年（1750 年）六

① （清）纪虚中：《修潼津河碑记》，载刘兰芳、张江涛编著《陕西金石文献汇集·潼关碑石》，第 229—230 页。

② 嘉庆《续修潼关厅志》卷上《禋祀志第三·灾祥》，第 18 页 a。

③ （清）纪虚中：《修潼津河碑记》，载刘兰芳、张江涛编著《陕西金石文献汇集·潼关碑石》，第 229—230 页。

④ （清）纪虚中：《修潼津河碑记》，载刘兰芳、张江涛编著《陕西金石文献汇集·潼关碑石》，第 229—230 页。

⑤ 嘉庆《续潼关县志》卷中《职官志第五·抚民同知》，第 5 页 a。

月，工部议准陕西巡抚陈弘谋乾隆十四年的上疏："同州府属潼河，发源商洛，由潼关城南水门出北水门，入黄河。今年水势涌涨，城洞、桥座俱被冲塌，城河沙石填塞，应动项挑修。嗣后于每年农隙水涸时，责令该同知逐一测探，遇有浅阻淤积之处，酌用民力疏浚。"[①] 此后，"历任同知以城内潼河两岸官地募修官房，又佃种官田，每年共收租银八十二两二钱，以为岁修潼河之用，故河疏水顺相安无事，若忘其傍水滨居也"。[②] 潼河"岁修"得以执行，这应该是清乾隆之后潼关城水灾减少的主要原因。

综上可见，尽管潼关城的城址环境容易发生水灾，但只要潼河浚修制度得到执行，便可以在一定程度上减少潼关城的水灾。明正德年间（1506—1521 年）"始备"的潼河"三年一疏"以至于七八十年潼关城无水灾，清乾隆十四年（1749 年）以后的潼河"岁修"也促成百余年潼关城少水灾，这些均有力说明了浚修制度的执行对减少城市水灾有重要作用。潼河浚修制度的制定与执行，取决于明清官绅对潼关微观城址环境的详细考察。这启示我们今天在应对城市水灾时，必须充分考察城址的微观环境特征，进而制定出正确的城市防洪对策。

四　小结

城市功能是城市本质的表现，是城市生存和发展的决定因素。城市建立之初的主导功能，随着城市的发展可能被其他功能叠加乃至代替。明初，潼关城经过大规模扩建，成为"囊山纳河"的军事城市。此后，随着政治、经济功能的叠加，潼关城完成了由"军城"向"治城"的转变。在城市功能转变过程中，潼关城池的位置、环境和基本格局一如明初，但官厅衙署的设置发生相应变化，城市人口的组成、数量也有显著变化。原先利于军事防御的微观城址环境，无法满足"治城"对水环境的要求，甚至给潼关城带来严重的水问题。

每一时代城市空间形态的营造过程，是基于对城市发展过程中诸种

---

① 《清实录》第 13 册《高宗实录》（五）卷三六六，乾隆十五年六月癸未，中华书局，1986 年影印本，第 1046 页。

② 民国《续修陕西通志稿》卷五八《水利二》，第 5 页 b。

基本问题的反映。[①] 潼关城市水利实践的开展，缓解了城市功能转变过程中出现的用水不足问题和水灾问题。在缓解城市用水不足问题方面，周公渠、益民渠和灵源渠的营建将城南泉水、河水引入城中，满足了潼关城的用水需求。这种开凿引水渠道从秦岭北麓山谷引泉水、河水入城的方式具有区域普遍性，是明清民国时期关中平原渭河以南城市供水的一种常用方式。在应对城市水灾方面，明正德年间至万历十七年（1589年）和清嘉庆二十年（1815年）至民国初年，这两段时间潼关城市水灾较少，应该主要归功于潼河浚修制度的执行。这种浚修制度的制定与执行，主要基于对潼关微观城址环境特征的把握。明清民国时期潼关城在治理水问题方面的努力启示我们：认识区域城市发展的共性和微观城址环境的特性，对治理城市发展过程中出现的水问题具有重要意义。

① 段汉明：《城市学——理论·方法·实证》，科学出版社，2012，第315页。

第二篇　城市用水的环境与供应

第五章　明清民国时期关中－天水地区城市地下水的特征

关中－天水地区位于西北内陆地区，地表水资源比较贫乏，地下水资源一直是历史时期城市民生用水的重要来源。目前，学界对历史时期关中－天水地区城市地下水资源的考察主要集中在西安城。李健超、仇立慧等探讨了历史时期西安城市地下水质污染的原因、过程和规律，以及地下水污染对西安城市建设发展的影响。[①] 除水质外，水位也是影响地下水作为城市民生用水的主要因素。胡英泽在分析我国古代北方地区民生用水时，探讨了该地区部分中小城市地下水资源的水质与水位。[②] 但迄今为止，我们尚未发现有从整个区域层面来探讨历史时期关中－天水地区城市地下水资源的相关研究。鉴于此，本章对明清民国时期该地区城市地下水资源状况进行了逐一考察，从水位、水质两个方面归纳总结了该地区城市地下水的总体特征和内部区域差异。

一　城市地下水位的区域差异

历史时期黄土高原地区民生用水的环境特征，常被描述为“土厚水深”。[③] 关中－天水地区虽隶属黄土高原地区，但地区内部的地下水位并非都“土厚水深”，而是存在明显的区域差异。通过搜集关中－天水地区的相关史料，我们对明清民国时期该地区城市地下水位埋

---

① 李健超：《汉唐长安城与明清西安城地下水的污染》，《西北历史资料》1980 年第 1 期，第 78—86 页；仇立慧等：《古代西安地下水污染及其对城市发展的影响》，《西北大学学报》（自然科学版）2007 年第 2 期，第 326—329 页。

② 胡英泽：《凿池而饮：明清时期北方地区的民生用水》，《中国历史地理论丛》2007 年第 2 辑，第 63—77 页；胡英泽：《古代北方的水质与民生》，《中国历史地理论丛》2009 年第 2 辑，第 53—70 页。

③ 胡英泽：《凿池而饮：明清时期北方地区的民生用水》，《中国历史地理论丛》2007 年第 2 辑，第 63—77 页。

藏深度[①]的相关信息进行了整理和分析，发现该地区城市地下水位存在明显的区域差异，大体可以分为渭北台塬地区、渭河平原地区、关中西部及天水地区三个亚区（见图5－1）。这种区域内的亚区划分，是根据明清民国时期关中－天水地区城市地下水位埋藏深度和地理环境特征大致划分的，与实际的地理分区有所区别。比如，这里的“关中西部”仅包括宝鸡、凤翔、汧阳和陇州（县）四城。

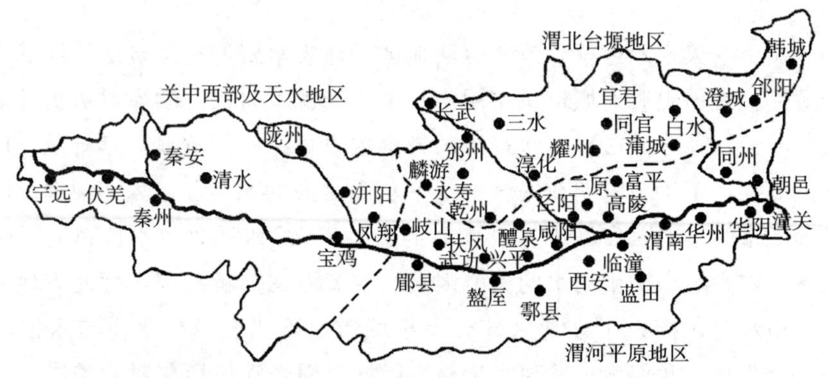

图5－1 明清民国时期关中－天水地区城市地下水位区域差异分区示意图

资料来源：笔者自绘。

（一）渭北台塬地区

本亚区包括15座城市，分别是韩城、郃阳、澄城、白水、蒲城、宜君、同官、耀州（县）、淳化、三水（栒邑）、邠州（县）、长武、永寿、乾州（县）和麟游。本亚区黄土堆积较厚，城市地下水位埋藏较深，达几十丈乃至更深，呈现出黄土高原典型的“土厚水深”的用水环境特征。

在本亚区中，麟游、永寿、宜君、邠州（县）和白水五城地下水位埋藏最深。麟游、永寿、宜君三城均位于山岗，城区汲取地下水以供百姓使用较为困难，但也并非完全没有。其中，永寿城地处岭巅，“居人弗能凿井”。[②] 明人郭宗皋《惠民泉记》载：“永寿之邑据高控险，土厚不可以井。”[③] 清人张焜《捐疏水泉记》也载：“永寿，山邑也，地厚而燥，

---

① 本章中的“地下水位埋藏深度”特指地下水位距离地表的距离，有时略等于“井深”。

② 雍正《敕修陕西通志》卷四〇《水利二》，第50页b。

③ 康熙《永寿县志》卷七《艺文》，第6页a。

土石间杂，穴之皆焦枯少滋液，掘深虽百仞不及泉。”[①] 与永寿城一样，宜君城也地处龟山梁顶，城区地下水埋藏较深，自古就有“吃水贵如油”的说法。[②] 相比永寿、宜君二城，邠州（县）、白水二城地下水位埋藏要浅一些，但也凿井不易。明人刘玑在《重修官井记》中描述邠州城“土厚，难以凿井”。[③] 白水城“城地高渴，凿井千尺，恒苦不得泉”，[④] 城东门外南侧的东井（原名张家井）、城西门外北侧的北井均深约“三百四五十尺”。[⑤]

长武、乾州（县）、澄城、郃阳等城虽可凿井汲水，但需凿井几十丈。长武城地处渭北台塬高地，城内居民用水困难，至清乾隆年间“始有水井，深20丈左右”。[⑥] 至于乾州（县），陈赓雅《西北视察记》记载：“乾县地处高原，鲜有水利可言，耕种田地，惟赖雨雪。掘井及泉，城北较高，须深六十丈左右，城中须四十丈，东部地势渐低，汲井可资灌溉，然亦深三四十丈。”[⑦] 与长武、乾州（县）一样，澄城城内凿井同样需要达到几十丈才能汲水。明弘治年间，澄城知县徐政在城中“预备仓凿一井，深三百六十尺，命曰‘芳泉’”；[⑧] 而澄城北郭后土庙中也“有井二眼，深约二十六丈余，水味香甜，邑取民汲焉”。[⑨] 距离澄城较近的郃阳城，是渭北台塬地区汲取地下水相对容易的城市，在20世纪70年代以前，“城区机关和居民全部饮用井水，井深六七丈”。[⑩]

（二）渭河平原地区

本亚区包括22座城市，分别是潼关、朝邑、华阴、同州（大荔）、华州（县）、渭南、蓝田、临潼、富平、高陵、三原、西安、泾阳、咸阳、鄠县、兴平、醴泉、武功、盩厔、扶风、郿县和岐山。这些城市集

---

① 康熙《永寿县志》卷七《艺文》，第32页a。
② 《宜君县志》，第371页。
③ 顺治《邠州志》卷四《艺文·撰记》，第11页b。
④ 顺治《白水县志》卷上《城隍》，第6页b。
⑤ 乾隆《白水县志》卷二《建置志·井泉》，民国14年铅印本，第4页b。
⑥ 长武县志编纂委员会编《长武县志》，陕西人民出版社，2000，第267页。
⑦ 陈赓雅：《西北视察记》，甄暾点校，甘肃人民出版社，2002，第290页。
⑧ 雍正《敕修陕西通志》卷一二《山川五》，第62页a。
⑨ 民国《澄城县附志》卷二《建置志·祠庙》，第5页。
⑩ 《合阳县志》，第363页。

中分布在关中渭河平原地区，城市地下水位埋藏深度在关中－天水地区三个亚区之间居中，大体上在几米到几十米。

在该亚区内，渭河以南、秦岭北麓的10座城市[①]地下水资源较为丰富。这些城市多数是“南屏秦岭，北对渭河”，位于秦岭北麓冲积平原上，城市东西两侧一般有发源于秦岭北麓的河流，自南向北注入渭河。河流之间泉池密布，城市地下水位埋藏较浅。就明清郿县城来看，明嘉靖《陕西通志》详细记载了其周边地区河流、泉池的分布情况：

> 渭河在城北三里。清湫河在城东二十五里，出太白山，经黑峪北流入渭。斜峪河在城西南三十里，出衙岭山，经斜谷北流入渭。……清远泉在城东一十里。槐芽泉在城东三十里。柿林（里）泉在城东四十里。鱼龙泉在城东南阳峪谷。……观音泉在城西南三十里。温泉在城东五十里横渠镇南，出太白山下，其水沸涌如汤，今名汤浴。……红崖（头）泉在城西五里。北崖泉在城北一里。以上诸泉俱溉田。荷（河）池在城东北一十里。[②]

除上述河流、泉池之外，明清郿县城周边还有一些河流、泉池，如“一湾泉，县东一里；五眼泉，县西五里”；[③] 等等。清宣统《郿县志》卷首《水利图》（见图5－2）清晰绘制出郿县城周边河流、泉池的分布状况。明清民国时期渭河以南、秦岭北麓诸城周边的水环境状况，多数和郿县城类似。

西安城是渭河以南的最大城市，虽然距河流有一定距离，但大体有着类似于郿县城的周边水环境。从20世纪50年代初开始调查、勘测和发掘隋唐长安城以来，专家们已在城中发现了大量民生用水井，其深度一般在7米以内。[④] 明时，秦简王朱诚泳曾有诗云：“（西安）城西地卑湿，一掘能及泉。”[⑤] 可见明代西安城西地下水位的埋藏较浅。1935年，

---

① 即潼关、华阴、华州（县）、渭南、临潼、蓝田、西安、鄠县、盩厔和郿县。

② （明）马理等纂《陕西通志》卷三《土地三·山川中》，第90页。

③ 康熙《重修凤翔府志》卷一《地理第一·山川》，第26页a。

④ 赵强：《略述隋唐长安城发现的井》，《考古与文物》1994年第6期，第71—73页。

⑤ （明）朱诚泳：《小鸣稿》卷二《偶书》，载贾三强主编《陕西古代文献集成》（第17辑），第85页。

傅健等对西安城地下水位进行了细致调查，“共计测井一百七十余眼，以西安市全面积计，平均每井可代表三百六十平方公尺内之面积，井之深度自八九公尺至二十余公尺不等”，各地“水深亦有差别，平均水深约为一公尺余”。[①] 井深减去水深，即为地下水位距离地表的距离，也就是本章说的埋藏深度。那么，当时西安城内地下水位埋藏深度大概为七八公尺至二十余公尺。西安城西边鄠县城的地下水位埋藏同样不深，在1956年以前，鄠县城区居民通过开凿简易土井来获取浅层地下水。[②] 与鄠县城一样，蓝田城到20世纪五六十年代尚无自来水设施，城区民生饮用水源大部分来自小口浅井水。[③]

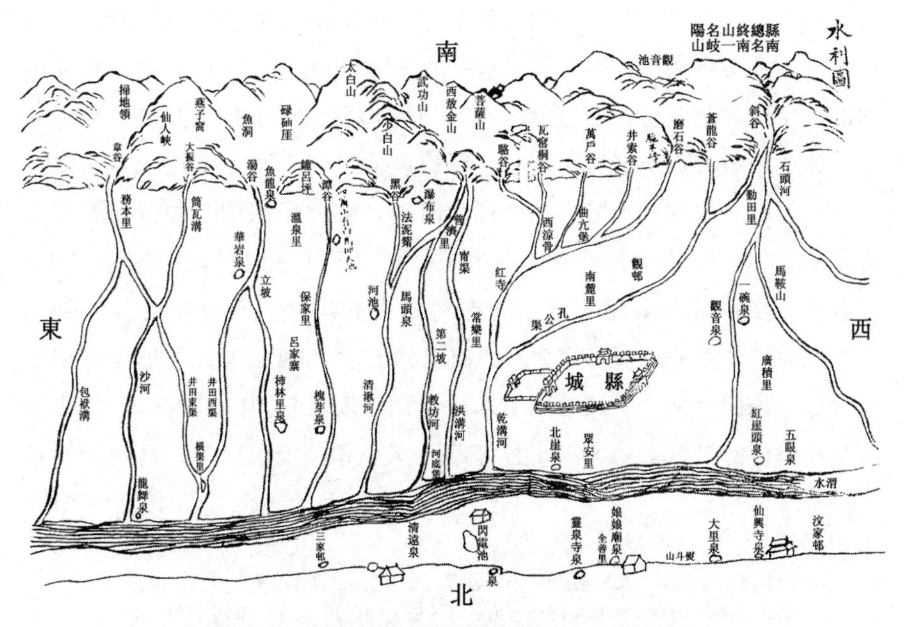

图 5-2　明清时期鄠县城与周边河流、泉池关系

资料来源：宣统《鄠县志》卷首《水利图》，第11页。中国国家图书馆藏品。图中河流、山脉、泉池、方位、注文等文字是笔者按照原图重新录制的。

距离西安城较远的潼关城，位于黄河、渭河以及潼河等河流的交汇

① 傅健：《西安市之地下水》，《陕西水利月刊》第3卷第5期，1935年6月，第1—10页。

② 户县城乡建设志编纂委员会编《陕西省户县城乡建设志》（内部资料），西安市第二印刷厂，1991，第28页。

③ 蓝田县地方志编纂委员会编《蓝田县志》，陕西人民出版社，1994，第404页。

地带，地下水位埋藏较浅，城池内外有多处泉眼，可供应城区民生用水。在城外，西关普济洞前有普济泉，“泉水清冽异常，大旱不涸，居人资汲”；[①] 西郭门外有酒泉，“相传造酒香冽”，[②] 不失为城区水源之一；东门外原望沟内有湫泉，“上下凡数泉，清冽异常，大旱不涸，民人资汲”。[③] 在城内，四眼泉“清甘，居民赖以资汲”；[④] 城西北隅有福泉，“天将雨则溢”；[⑤] 城东北隅有蟹眼泉，“河将涨则溢”。[⑥] 这种泉水自溢现象，在潼关城西边的华州城也同样存在，华州八景之一的“泮壁甘泉”就是如此。此甘泉位于明清华州城东南隅高阜上的学宫旁，“自沙土中涌出”，[⑦] “深四五尺，甘冽异常，水旱无盈缩”。[⑧] 清同治七年（1868 年），华州“新城北甘泉涌出”。[⑨] 华州城地下水位埋藏较浅，不仅体现在甘泉自涌，还可从城区水井的深度得知。在 1965 年前，华县城内的饮用水井“深丈许至五六丈不等”，[⑩] 即几米至十几米。

相比于渭河以南诸城，渭北平原地区城市地下水位的埋藏可能要深一些，但也基本在几十米之内。民国时期，咸阳城区的水井深度大多在 3.3—5.7 米，平均水深在 1.7 米左右。[⑪] 民国刘安国《陕西交通挈要》记载当时泾阳城“概用井水，井深约二丈五尺许，水极佳良”。[⑫] 1946 年，三原城外挖修城壕，宽 2 丈，深至见水，[⑬] 可见城区地下水位埋藏不是太深。民国之前，扶风城地下水位埋藏深度也仅 10 米左右。[⑭] 相比而言，高陵、醴泉等城的地下水位埋藏要深一些。民国时期，高陵城的自

① 嘉庆《续修潼关厅志》卷上《地理志第一·山川》，第 2 页 b。
② 康熙《潼关卫志》卷上《地理志第一·古迹》，康熙二十四年刻本，第 6 页 a。
③ 嘉庆《续修潼关厅志》卷上《地理志第一·山川》，第 2 页 b。
④ （明）马理等纂《陕西通志》卷三八《政事二·水利漕运附》，第 1961 页。
⑤ 康熙《潼关卫志》卷上《地理志第一·古迹》，康熙二十四年刻本，第 6 页 a。
⑥ 康熙《潼关卫志》卷上《地理志第一·古迹》，康熙二十四年刻本，第 6 页 a。
⑦ （明）马理等纂《陕西通志》卷二《土地二·山川上》，第 72 页。
⑧ 雍正《敕修陕西通志》卷一三《山川六》，第 6 页 a。
⑨ 光绪《三续华州志》卷四《省鉴志》，民国 4 年王淮浦修补重印清光绪本，第 3 页 b。
⑩ 《华县志》，第 300 页。
⑪ 《咸阳市志》（第 1 卷），第 574 页。
⑫ 刘安国：《陕西交通挈要》，第 43 页。
⑬ 三原县志编纂委员会编《三原县志》，陕西人民出版社，2000，第 578 页。
⑭ 扶风县水利水保局编《扶风县水利志》，扶风县水利水保局，1986，第 92 页。

备水井、醴泉城南门外的汤房庙水井和西关水井均不超过 30 米。[①]

（三）关中西部及天水地区

本亚区包括 9 座城市，包括关中西部的凤翔、陇州（县）、汧阳、宝鸡四城和天水地区的清水、秦安、秦州（天水）、伏羌（甘谷）、宁远（武山）五城。相比于渭北台塬地区和渭河平原地区，该亚区虽然地理位置更偏于西部地区，但城市地下水位的埋藏最浅，一般保持在十米以内，城区地下水资源较为丰富。

第三章已经指出，关中西部的千河流域在西北地区属于富水区域，单位面积产水量仅低于秦岭山区。[②] 位于千河河谷的陇州（县）城、汧阳城地下水位埋藏较浅，地下水资源丰富。[③] 其中，陇州（县）城民生用水历来以井水为主，井深一般在 3 米至 5 米。[④] 清乾隆三十年（1765 年）陇州知州吴炳疏浚营造城池西北隅莲池时记载："北城外地去此仅十余步，掘土必数丈始及泉，兹地较城外高甚，锄二尺许辄有灵泉，混混不舍昼夜，亦奇观也。"[⑤] 可见城区地下水位埋藏之浅。距离千河流域不远的凤翔城，在明清时期城区名泉众多，尤其是在城池东部地区，有橐泉、谦泉、龙王泉、忠孝井等名泉。其中，橐泉"注水不盈，旋盈旋涸，有似无底"，[⑥] 谦泉"盈而不溢，有似乎谦"，[⑦] 可见城区地下水位埋藏较浅。至于宝鸡城，其位于渭河北岸二级阶地，明清时期南门内有东、西二官井，"相距百余步，阔五尺，深不及丈"。[⑧]

位于天水地区的清水城，地处牛头河谷地，城市地下水资源丰富、埋藏较浅，城区及周边有众多露头清泉分布，如东贯泉、西贯泉、灵湫泉、上水沟泉等。民国时期，清水城中"井深一般 6—7 米"。[⑨] 距清水

---

① 《高陵县志》，第 318 页；《礼泉县志》，第 262—263 页。

② 王明：《千河流域水资源开发利用现状及存在问题》，《地下水》2007 年第 4 期，第 15—16 页。

③ 我们去陇县、千阳二城实地考察时，询问当地居民用水情况，均被告知用水不存在什么困难。

④ 《陇县城乡建设志》，第 36 页。

⑤ 乾隆《陇州续志》卷八《艺文志·记》，第又 53 页 a。

⑥ 康熙《陕西通志》卷三《山川》，康熙六年刻本，第 44 页 a。

⑦ 雍正《敕修陕西通志》卷一〇《山川三》，第 21 页 b。

⑧ 顺治《宝鸡县志》卷二《地纪·山川》，第 4 页 a。

⑨ 《清水县志》，第 669 页。

城不远的秦安城，位于葫芦河流经的兴国盆地，城区附近有南小河和西小河两条支流的汇合，地下水资源比较充足，泉水露头广泛。秦安城在1965年自来水设施建成前，主要由街泉和民用水井来供水，街泉形状似井，埋藏水位较浅，离地面仅2—4米，而民用水井一般水深6—10米不等。[①] 秦州（天水）城地下水南北差别较大，北关由于地势较高，地下水位埋藏较深，但城南官泉水位埋藏较浅，"水源离地面仅三尺许，清澈甘甜，水量可供全城人饮用"，[②] 官泉附近的井泉深度也"皆不盈尺，有家家泉水之便"。[③]

二　城市地下水质的特征及原因

在历史文献中，我国城市地下水质的特征常被描述为"甜""咸卤""咸苦""苦"等。因地下水资源与城市民生关系极为密切，故历史文献尤其注重对城市地下水"咸卤""咸苦""苦"等污染情况的记载。就关中－天水地区的西安城而言，在明清民国时期的文献中，我们会经常发现有关其地下水质"咸卤""咸苦""苦"的记载。除西安城地下水"咸苦"外，明清民国时期关中－天水地区其他城市是否也存在地下水"咸苦"问题？如果存在，有多少城市存在？这些地下水"咸苦"城市的空间分布特征如何？这些城市地下水"咸苦"的具体原因又如何？

（一）地下水"咸苦"城市的空间分布

通过查阅各城史料，我们发现明清民国时期关中－天水地区至少有23座城市出现了地下水"咸苦""咸卤"问题，占该地区城市总数（46座）的一半。其中，关中地区有22座城市，天水地区仅有1座城市。在关中地区内部，渭河以北有19座城市，渭河以南有3座城市。在渭河以北的19座城市中，除凤翔城外，其他18座城市均分布在渭河以北的东、

① 政协秦安县委员会文史资料委员会编《秦安文史资料》（第8期），1993，第10—11页。

② 岳维宗：《"天水"一名及"妙胜院"古址考辩》，载张俊宗主编《陇右文化论丛》（第1辑），甘肃人民出版社，2004，第261—264页。

③ 天水市人民政府编《甘肃省天水市地名资料汇编》（内部资料），甘肃省天水新华印刷厂，1985，第174页。

中部地区（见图5－3）。

在关中渭河以北的地下水“咸苦”城市中，邠州（县）、同州（大荔）二城地下水“咸苦”较早。邠州城早在宋代地下水已经“咸苦”，《宋史·刘几传》载：“邠地卤，民病远汲，几浚渠引水注城中。”[①] 到新中国成立之前，城区有农民在自家院落试打水井，但多因井水盐度高无法饮用而废弃。[②] 同州城在五代后梁时也已经出现“井水咸苦，人不可饮”的问题；[③] 到明嘉靖年间（1522—1566年），同州“城中有井，水咸苦，不甚宜人”；[④] 清康熙二十年（1681年）辛酉科举人俞卿任同州知州时，城中钟鼓楼下“井泉苦咸不可食”。[⑤] 可以说，明清同州城区地下水咸苦问题大体上一直存在。

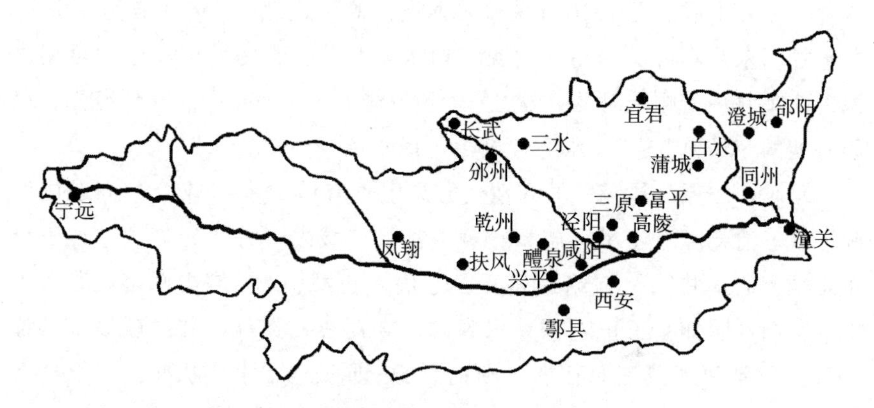

图5－3　明清民国时期关中－天水地区地下水“咸苦”城市的空间分布示意图

资料来源：笔者自绘。

乾州（县）城和澄城县城在明嘉靖之前已经出现城区地下水“咸苦”现象。明嘉靖《陕西通志》载，“（乾州）城中水皆咸苦”，唯有城区西北兴国寺西御井（一名甘井）水“甘美”；[⑥] 到民国时期，刘安国

① （元）脱脱等：《宋史》，中华书局，1977，第9075页。

② 《彬县志》，第225页。

③ （宋）薛居正等：《旧五代史》卷二二《牛存节传》，中华书局，1976，第301页。

④ （明）马理等纂《陕西通志》卷二《土地二·山川上》，第69页。

⑤ 乾隆《大荔县志》卷五《循吏》，乾隆七年刻本，第17页b。

⑥ （明）马理等纂《陕西通志》卷二《土地二·山川上》，第78页。

《陕西交通挈要》也载：乾县城“所用井水，混浊不适为饮料”。[①] 至于澄城县城，明嘉靖二十九年（1550年）澄城知县敖佐“因城中水咸，即（城西北）社稷坛凿二井，水清且甘，祭祀饮食，神人共赖，俗呼‘双泉’”。[②]

白水城在清顺治以后地下水质逐渐恶化。清顺治《白水县志》记载：“城三井，张家井东门南，北井西门北，廉家井东南隅。品北井一，张家（井）、廉家井次之。”[③] 当时，三井均为城区百姓的可用水源，不过北井水质要优于张家井和廉家井。后来，乾隆《白水县志》记载：“北井水味甜，俗谓之甜水井；东井（张家井）水味略苦，俗谓之苦水井。”[④] 到道光年间，《秦疆治略》也载：“城外东、北止有井二眼，北井水甘，东井水咸。”[⑤] 民国《续修陕西通志稿》也载：“南（应为‘北’）井水甘，东井水苦。”[⑥] 综上可见，白水城北井一直为城区民生的可用水源，而东井从清顺治时的“次之”，到乾隆时的“略苦”，再到道光、民国时期的“咸”“苦”，水质逐渐由可用水源变为“苦水”。

富平、三原、凤翔三城在清代方志中也有地下水“咸苦”问题的明确记载。清乾隆《富平县志》记载，富平“城内（井水）咸卤，惟王公正志祠有甜水井”；[⑦] 光绪《富平县志稿》也载：“县城内水多咸苦，不中食，旧惟明知县王正志祠井水独甘，今祠改祀文昌，井虽就废，其址犹存。”[⑧] 清康熙《三原县志》则记载了三原城地下水质状况：三原“南北二城井水多咸苦不可食，万家之烹饪浣涤，咸取给于此河（清河）”。[⑨] 至于关中西部的凤翔城，其东关“井多咸苦不堪饮”，只有通津门外的谦泉“澄彻清甘，作豆粥软美，尤宜烹茶，居民取汲者数百家”。[⑩] 与上述三城一样，咸阳城区在清代可能已经出现地下水“咸苦”问题。清乾

① 刘安国：《陕西交通挈要》，第62页。
② 嘉靖《澄城县志》卷一《地理志·井泉》，第8页a。
③ 顺治《白水县志》卷上《城隍》，第8页a。
④ 乾隆《白水县志》卷二《建置志·井泉》，乾隆十九年刻本，第5页a。
⑤ （清）卢坤：《秦疆治略》，收入《中国方志丛书·华北地方》第288号，第64页。
⑥ 民国《续修陕西通志稿》卷六一《水利五》，第16页a。
⑦ 乾隆《富平县志》卷八《艺文》，乾隆四十三年刻本，第28页a。
⑧ 光绪《富平县志稿》卷一〇《故事志·故事表》，第31页a—b。
⑨ 康熙《三原县志》卷一《地理志·河渠》，第8页a。
⑩ 康熙《重修凤翔府志》卷一《地理第一·山川》，第16页b。

隆年间，咸阳城中东街已有“甜水巷”，[①] 说明当时咸阳城地下水可能已有“咸苦”问题。到民国时期，咸阳城内水井大多苦咸，“不宜饮用，只能用来洗衣（物）或作他用，少数井水质甘甜，可供饮用，‘甜水巷’就因井水甘甜可口而得名”。[②] 泾阳城距离三原、咸阳均不远，晚清刘光蕡的《清白池铭（并序）》明确记载，“泾邑水咸卤不可食”。[③] 明清时期，泾阳城以茶叶加工、炮制和销售而闻名关中，加工茶叶“所用之水井水，味咸，虽不能作饮料，而炒茶则特殊”，[④] 可见泾阳城区也存在井水“咸苦”问题。

至于地下水位埋藏较深的宜君城，民国刘安国在《陕西交通挈要》中详细记录了其地下水质状况：“此处虽为高原，而城中尚有井数处，惟浊臭不可为饮料，本地人呼为苦水，城外有泉，清冽可酌，本地人呼为甜水。”[⑤]

除明清民国时期方志史料的直接记载外，新中国成立之后的新编方志、文史资料等对关中渭河以北的城市地下水“咸苦”问题也有所追述。高陵城在历史时期的用水主要来自地下水，民国时期城中自备水井深度一般不超过 30 米，但水味咸苦。[⑥] 扶风城自唐武德三年（620 年）一直为治所，年代久远，污水渗渍，城区地下浅层水已有污染，苦、咸、涩味俱有。[⑦] 醴泉城在历史时期的居民生活用水一直是井水，但城内井水多是苦水，不宜饮用。[⑧] 长武城在清乾隆以后，始用水井取水，但除岱岳庙内和尚自用的两眼井水质清甜可口外，其他井水质混浊皂涩。[⑨] 兴平城在新中国成立之前，“有公井两口，私井 452 口，皆为苦水，且污染严重，唯县城西大街保宁寺内有甜水井两口，供全城 11000 多人饮用，供水十分紧张”；到 1959 年 8 月 20 日，兴平“水厂一号井开始供水，解

---

① 乾隆《咸阳县志》卷二《建置・街道》，乾隆十六年刻本，第 6 页 a。
② 《咸阳市志》（第 1 卷），第 574 页。
③ 柏堃编辑《泾献文存》外编卷六，民国 14 年铅印本，第 5 页 b。
④ 《泾阳地方经济调查》，《陕行汇刊》第 4 卷第 1 期，1935 年，转引自《泾阳县志》，第 434 页。
⑤ 刘安国：《陕西交通挈要》，第 90 页。
⑥ 《高陵县志》，第 318 页。
⑦ 《扶风县水利志》，第 93 页。
⑧ 《礼泉县志》，第 262 页。
⑨ 《长武县志》，第 267、309 页。

决了至县城北什字口的部分城区用水”，至此，居民饮用苦水的历史即告结束。[①] 三水（栒邑）城在1965年以前，除城区泰塔路附近的井水和西沟水为甜水外，其余水味多咸涩。[②] 郃阳城在20世纪70年代以前，城区百姓全部饮用井水，但“有些巷道，井水苦咸，不能饮用”。[③] 1985年，蒲城县城的3万多居民终于喝上了清澈甘甜的地下水，而在此之前，素有“关中粮仓”之称的蒲城境内世世代代饮用着高氟水。[④]

在关中渭河以南地区，有西安、潼关、鄠县三城出现城市地下水“咸苦”问题，其中西安城的地下水“咸苦”尤为显著。早在隋代，西安城区地下水已经“咸苦”。《隋书·庾季才传》载：“汉营此城，经今将八百岁，水皆咸卤，不甚宜人。”[⑤] 正因城市地下水“咸卤”等原因，隋文帝杨坚令宇文恺等在汉长安城东南龙首原兴建大兴城，即隋唐长安城。隋唐长安城建成以后，城中地下水丰沛，水质甘甜，甜水井比比皆是，但至唐天宝末年，长安城地下水开始苦咸。元和（806—820年）以后，关于长安城中井水咸苦的记载逐渐增多。[⑥] 至北宋大中祥符年间（1008—1016年），永兴军知府陈尧咨奏：“永兴军城里井大半咸苦，居民不能得甜水吃用。”[⑦] 明清西安城在唐末韩建“新城”的基础上有所增扩，其地下水质“咸苦”严重，大致呈现以东西大街为分界的“南甜北咸”的水质分布。[⑧] 西安城内西南地区地下水质较好，清康熙年间在城内西南地区出现“甜水井街”等街巷名，并一直延续到新中国成

① 中国人民政治协商会议陕西省兴平县委员会文史资料委员会编《兴平文史资料》（第12辑）（内部资料），兴平市印刷厂，1993，第69、74页；兴平县地方志编纂委员会编《兴平县志》，陕西人民出版社，1994，第438—439页。

② 《旬邑县志》，第397—398页。

③ 《合阳县志》，第363页。

④ 董存杰：《为了结束饮用高氟水的历史——记蒲城县武装部长王大信》，《中国民兵》1986年第4期，第16—17页。

⑤ （唐）魏徵、令狐德棻：《隋书》卷七八《列传第四十三·艺术》，第1766页。

⑥ 李健超：《汉唐长安城与明清西安城地下水的污染》，《西北历史资料》1980年第1期，第78—86页；吴宏岐：《西安历史地理研究》，西安地图出版社，2006，第157页。

⑦ （宋）陈尧咨：《长安龙首渠记事碑》，载西安市水利志编纂委员会编《西安市水利志》，陕西人民出版社，1999，第402—403页。

⑧ 王荫樵编《西京游览指南》，天津大公报西安分馆，1936，第242页；张世华：《弘扬长安城引水历史风貌，创建现代西安优美水环境》，载西安市城乡建设委员会、西安历史文化名城研究会编《论西安城市特色》，陕西人民出版社，2006，第312—319页。

立后。[①] 民国时期，西安城地下水质可能有所恶化，“查甜水为至佳之饮料，西安市惟西南一带有之，余若东北一带多系含埝苦水”，[②]“（苦水）味检而气臭，不堪为饮料”，[③]“往往注茶一二小时，色即暗黑，味咸不能饮”。[④] 关于民国时期西安城的地下水质不良情况，程森、高升荣等均有详细描述。[⑤]

与西安城较早出现地下水“咸苦”记载相比，记载潼关、鄠县二城地下水“咸苦”的文献出现较晚。不过，在民国之前，二城地下水很可能已经“咸苦”。李灵斋在《昔日周公渠》中记载：“昔日潼河水甜，县城内井水皆苦咸且碱重，民不乐用。周公渠成后，解决了城内居民饮水之难。”[⑥] 至于鄠县城，1957 年底热电厂建成投产，涝河上游被严重污染，河水无法饮用，而城中自备井又多为咸水，群众生活出现了“吃水难”问题。[⑦]

在天水地区，到目前为止，我们仅发现宁远一城有地下水“咸苦”的记载。20 世纪 50 年代初，宁远城在盐市台和县武装部前院曾掘井两口，但水味咸苦，不能食用。[⑧]

从明清民国时期关中－天水地区地下水“咸苦”城市的空间分布（见图 5－3）来看，天水地区 5 座城市中有 1 座城市地下水“咸苦”，占比 20%，而关中地区 41 座城市中有 22 座城市地下水“咸苦”，占比约 54%，相比而言，天水地区城市地下水质要优于关中地区；在关中地区内部，渭河以南 10 座城市中有 3 座城市地下水“咸苦”，占比 30%，而渭河以北 31 座城市中有 19 座城市地下水“咸苦”，占比约 61%，相比

---

① 西安市地名委员会、西安市民政局编《陕西省西安市地名志》（内部资料），五四四厂，1986，第 107 页。

② 《建设厅十七年七月份行政状况报告书》（续），《陕西省政府公报》第 403 号，1928 年 9 月，第 11—13 页。

③ 刘安国：《陕西交通挈要》，第 37 页。

④ 钱菊林：《西兰旅行随纪》，《旅行杂志》第 10 卷第 4 号，1936 年 4 月，第 23—36 页。

⑤ 程森：《民国西安的日常用水困境及其改良》，载《中国古都研究》（第 28 辑），第 92—107 页；高升荣：《民国时期西安居民的饮水问题及其治理》，《中国历史地理论丛》2021 年第 2 辑，第 73—80 页。

⑥ 《潼关文史资料》（第 6 辑）（内部交流），第 295 页。

⑦ 《陕西省户县城乡建设志》（内部资料），第 29 页。

⑧ 《武山县志》，第 486 页。

而言，渭河以南地区城市地下水质要优于渭河以北地区；而在关中渭河以北地区，绝大多数地下水“咸苦”城市都位于东、中部地区。

（二）城市地下水“咸苦”的原因

目前，关中-天水地区的西安城在历史时期地下水质“咸苦”的原因已得到学界一定的关注。民国时期，通过调查西安城地下水，傅健指出：“据经验知西门大井之水为最畅旺，源源不绝。考之地质，当系井近于水源，且流经沙粒层，以含水层质粗，水之渗滤，速而清洁，故其味甘而流不断也。其在东北隅及北大街回回坊一带，则水味苦燥，多不能供饮料之用，是当系地下水经过含矿性之地层后，水与矿质化合，而变其色味。此一带地下，或多含有碱性矿质也。”傅健最后认为“水味之苦燥，系红胶泥含有碱性质体”，不过他同时也提出“未知其是否如此”。[①] 20世纪80年代，李健超提出新的认识，指出历史时期西安城地下水“咸苦”既不是上游溶解各种盐类所致，也不是本地区地层中所含化学成分所致，而是城市居民长期生产、生活的污染所致，并且与城市排水设施、渠道系统的兴废有着密切的关系。[②] 后来，仇立慧等也认为，古代西安城地下水的污染主要是由城区居民生产的生活污水、垃圾和人畜排泄物等在特殊地形和水文条件下不断下渗造成的。[③] 那么，明清民国时期西安城地下水“咸苦”的原因究竟怎样？明清民国时期关中-天水地区其他城市地下水“咸苦”的原因又是如何？它们与西安城地下水“咸苦”的原因相同吗？

我们对明清民国时期关中-天水地区23座地下水“咸苦”城市进行逐一考察，发现多数城市出现城区不同区域的地下水“咸苦”程度不一的情况。大体来说，居民密集且活动程度较高的城中，地下水“咸苦”程度较高；而居民较少且活动程度较低的城池周边区域和城外，地下水“咸苦”程度较轻，有可供民生饮用的水源存在。可见，城市居民活动

---

① 傅健：《西安市之地下水》，《陕西水利月刊》第3卷第5期，1935年6月，第1—10页。

② 李健超：《汉唐长安城与明清西安城地下水的污染》，《西北历史资料》1980年第1期，第78—86页。

③ 仇立慧等：《古代西安地下水污染及其对城市发展的影响》，《西北大学学报》（自然科学版）2007年第2期，第326—329页。

的确对该地区城市地下水“咸苦”有重要影响。

如前文所说，西安城的确由居民活动而致使城区地下水“咸苦”，这从整个城区地下水“咸苦”程度不一的情况就可以体现出来。清末民国时期，因城内水质“咸苦”严重，西安城内可供民生饮用的井泉寥寥可数，当时可供饮用的“五大名井”中有四处位于城外和城池周边地区。除皇井位于城中外，海眼井位于西门瓮城内侧，五道十字井位于东门外，龙头井、轮轮井则分别位于南城墙附近的南院门总督府署门前和大车家巷内。其中，海眼井与龙头井对西安城市民生用水最为重要。[①] 1928 年《陕西省政府公报》也载，西安城在东门附近修路时发现一甜水井，觉得“有改修之必要，故徇人民之请，估工修理，将井口放至五尺，井底放至七尺，井口用砖砌箍，计长一丈三尺，又用石条砌成一丈五尺之井台，台上盖一方形陆角瓦亭，不但遮蔽天雨酷暑，且可点缀东门风景”。[②] 可见，虽然西安城中地下水质“咸苦”，但城池周边地区仍然存在可以饮用的“甜水”。

与西安城一样，关中渭河以北的乾州、醴泉、富平、同州四城因城区不同区域居民活动程度不一，均出现城池内外地下水“咸苦”程度不一的情况，城区民生用水的来源地由城中向城池周边地区乃至城外转移。

首先来看乾州城。明人王桢在《乾州修建城池四门记》中对当时乾州城内外地下水质不同有确切记载：“夫乾之为水，出城则甘，中多咸苦，惟城北隅稍甘焉。”[③] 明嘉靖《陕西通志》也载，“（乾州）城中水皆咸苦”，唯有城西北兴国寺西御井（一名甘井）水“甘美”。[④] 乾州城地下水质之所以会出现这种局面，可能源于两个方面：（1）城外居民活动程度要低于城内，故地下水质要优于城内；（2）在乾州城内部，州署、文庙、儒学等衙署机关多分布在城池东南部，西北隅的居民活动程度相对较低，故地下水质要相对较好，有“甘井”分布。清光绪《乾州志稿》载：乾州城中有“甘井三，一东岳庙，一白衣堂，一兴国寺，俗

① 《西安市水利志》，第 72 页。

② 《建设厅十七年七月份行政状况报告书》（续），《陕西省政府公报》第 403 号，1928 年 9 月，第 11—13 页。

③ 雍正《重修陕西乾州志》卷五《碑记》，雍正五年刻本，第 6 页 a。

④ （明）马理等纂《陕西通志》卷二《土地二 · 山川上》，第 78 页。

谓之三台井，芳洌略无差别；又有二大井，一在城北隅，一在南门外，水尤甘美，惜已渫矣”。[①] 其中，“白衣堂，在城西北，有井甚甘，州署取水其中”。[②] 参照清光绪《乾州志稿》卷一《城郭图》（见图5－4），我们可以发现白衣堂和兴国寺[③]均位于城池西北隅，而东岳庙（即太山庙[④]）则“在城内东北隅”。[⑤] 可见，清代乾州城的“三台井”和“二大井”，均位于城区居民活动程度相对较低的地区。到民国时期，乾州城南仍有井泉可取，如“县城南大井，口径丈许，砌以砖石，在城南乾武汽车路东侧，距城二百步”。[⑥]

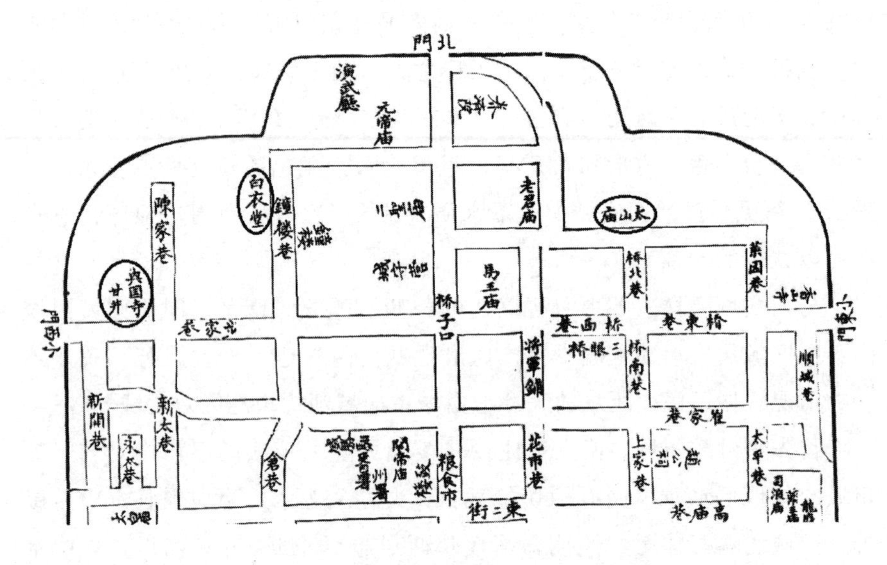

图5－4 清代乾州城北部和“三台井”位置

资料来源：光绪《乾州志稿》卷一《城郭图》，第5页b至第6页a。中国国家图书馆藏品。图中“圆圈”为笔者添加。

---

① 光绪《乾州志稿》卷五《土地志·山川》，光绪十年乾阳书院刻本，第11页b。

② 光绪《乾州志稿》卷五《土地志·寺观》，第16页a。

③ 光绪《乾州志稿》卷五《土地志·寺观》也载：“兴国寺，在城西北隅，不知创于何代。元末毁于兵，惟正殿岿然存。明洪武年，知州蒋抝重新之。成化中，敕赐藏经舍利宝塔，知州许珙有记。正统四年，知州苏璟捐修。寺内有甘井，一名御井，唐德宗行在所用，知州王凤曾作亭表之。”第15页a。

④ 太山即东岳泰山，如《孟子·梁惠王上》载：“挟太山以超北海，语人曰：‘我不能。’是诚不能也。”

⑤ 雍正《重修陕西乾州志》卷三《寺庙》，第19页a。

⑥ 民国《乾县新志》卷九《古迹志·营棚》，民国30年铅印本，第15页a。

位于渭北泾西的醴泉城，在民国之前，主要依靠凿井浚泉汲取地下水以供居民使用。但城内井水多为苦水，只有城北泥河北岸的誌公泉和城南门外汤房庙、西关两眼深约30米的井水为适于饮用的优质甜水。[①] 其中，“汤房庙在县城南门外，内有淡水井一口，城内居民多取为饮料”。[②] 从地理位置来看，这“一泉两井”均位于醴泉城的周边地区和城外。

至于渭北泾东的富平城，清乾隆《富平县志》载：“王公祠，在县北，祀王公正志，城井多咸卤，祠内井味独甘。”[③] 光绪《富平县志稿》也载：“县城内水多咸苦，不中食，旧惟明知县王正志祠井水独甘，今祠改祀文昌，井虽就废，其址犹存。”[④] 从清光绪《富平县志稿》所附富平城池图（见图5-5）可以看出，甘井所在的文昌宫位于城北，此处应

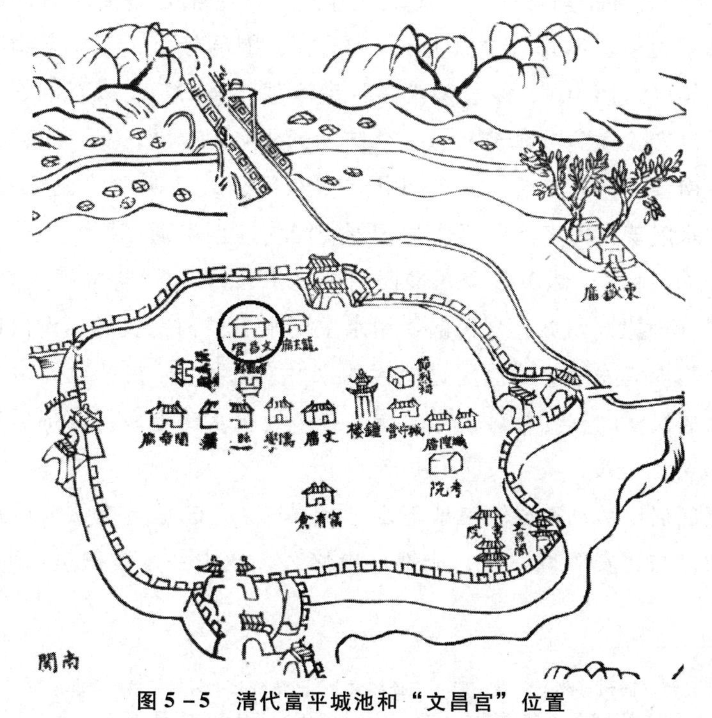

图5-5 清代富平城池和“文昌宫”位置

资料来源：光绪《富平县志稿》卷一《地理志》，第17页b至第18页a。中国国家图书馆藏品。图中“圆圈”为笔者添加。

① 《礼泉县志》，第262页。

② 民国《续修醴泉县志稿》卷四《建置志·祠庙》，民国24年铅印本，第21页b。

③ 乾隆《富平县志》卷二《建置·祠庙》，乾隆四十三年刻本，第11页b。

④ 光绪《富平县志稿》卷一〇《故事志·故事表》，第31页a—b。

该为居民活动程度较低的城池周边地区。

最后来看同州城。明人薛瑄在《同州重修庙学政绩碑》中记载，同州“城内故水泉碱苦，不可以饔飧，乃祷于（护）城河西隙地，凿二井，果有甘泉涌出，人以为诚意所感，由是早夜汲运，公私皆获寒泉食之利”。[1] 明嘉靖《陕西通志》也载：同州城内“（儒）学前南城下”有泉井三眼，“两眼湮塞，止存一眼，水虽甘而不足用”；“东门井在东城门内，西门井在西城门外，城中有井，水咸苦，不甚宜人，居民多汲此井”。[2] 入清以后，同州城中钟鼓楼下虽有井泉，但“苦咸不可食”，[3] 城区民生用水逐渐转向城南庙学前南城墙下的文泉井、三泉井和东西城门附近的井水。康熙二十年（1681年），辛酉科举人俞卿任同州知州，“于（城南文庙）泮池南凿井曰‘文泉（井）’，满城沾足”；[4]“康熙四十七年，知州蔺佳选凿修（文泉井），味甚甘，阖邑赖之，年久渐涸；乾隆四十一年（1776年），知县陈学昌督工浚理，涤旧污，以石砌之，泉水涌出，汲者云集”。[5] 清雍正《敕修陕西通志》载：“（三）泉井，在州学前、南城下，有三穴。又东门井在城东门外，又西门井在城西门外，城中井水咸苦，民多汲此。”[6] 民国刘安国《陕西交通挈要》也载：当时“普通均用井水，味不甘美，惟西门外之水较好”。[7] 新中国成立之初，大荔城（即原同州城）居民的饮用水主要来自城西三关庙、南门内莲花池和北门内双潦池等城池周边地区的水井、水池。[8] 在城池周边和城外地区，居民活动程度相对较低，加上有多处积水潦池，可以降低地下水的“咸苦”程度。

城区居民活动造成城市地下水“咸苦”，应该是历史悠久城市的普遍现象。与西安等城一样，成都历史悠久，城内井水含碱量高而味苦，

---

① 光绪《同州府续志》卷一四《文征续录上》，光绪七年刻本，第3页a。

② （明）马理等纂《陕西通志》卷二《土地二·山川上》，第69页。

③ 乾隆《大荔县志》卷五《循吏》，乾隆七年刻本，第17页b。

④ （清）李世镐：《太守俞公生祠序并赞》，载光绪《大荔县续志》附《足征录》卷二《文征补编》，光绪五年修，十一年冯翊书院刻本，第13页a至第15页a。

⑤ 乾隆《大荔县志》卷二《地理下·山川》，乾隆五十一年刻本，第5页a。

⑥ 雍正《敕修陕西通志》卷一二《山川五》，第56页a。

⑦ 刘安国：《陕西交通挈要》，第61页。

⑧ 《大荔县志》，第235页。

每天有成百上千的挑夫挑城外江水入城，供居民饮用。[①] 除城区居民活动的共性因素外，城市地下水"咸苦"与城址所在的地质环境也有密切关系。例如，沿海地区城市因受海潮咸水影响，城市地下水也常常"咸苦"。明人谢肇淛在《五杂俎》中云："山东东、兖沿海诸州县井泉皆苦"，"闽地近海，井泉多咸"。[②] 华北平原地区城市虽不受海水影响，但明清时期该地区城市井水苦涩也与当地的地质环境因素有关。[③] 仇立慧等认为，虽然历史时期西安城地下水"咸苦"的主要原因在于城区居民的生活、生产污染，但是西安城的特殊地形与地下水水文条件是不可忽视的重要客观因素。[④] 那么，明清民国时期关中 - 天水地区其他中小城市地下水"咸苦"是否也受到地质环境因素的影响呢？

据前文考察发现，明清民国时期关中 - 天水地区至少有 23 座城市存在地下水"咸苦"问题，其中有 18 座城市分布在关中渭河以北的东、中部地区，占"咸苦"城市总数的 78%。这种集中分布应该与当地的地质环境有密切关系。德国地质学家李希霍芬曾经考察过关中渭河平原，认为："渭河平原其初原为一通海大湖，含盐卤质甚多，后经水淹泥淀，土质逐渐转良，始适垦殖。尚有数处如蒲城、富平、渭南等卤泊甚多，不能耕种。又如泾阳、三原、大荔，虽掘井数十尺，犹含盐质，不能用以灌田。"[⑤] 到民国时期，蒲城、富平两县仍"有盐滩二，东者曰卤泊，西曰内富，掘井将含盐水取出，泼于土畦蒸晒，再将土淋水，入釜煎之而得盐，是为滩盐，据云年产不下数千吨"。[⑥] 另外，关中渭河以北位于黄土高原南缘，黄土的渗透性具有明显的各向异性的性质，垂直向渗透系数比水平向渗透系数大几十倍乃至上百倍。因此，黄土地区城市内部的

---

① 王笛：《茶馆：成都的公共生活和微观世界，1900—1950》，北京大学出版社，2021，第 41 页；张亮：《清末民国成都的饮用水源、水质与改良》，载朱庆葆主编《民国研究》（2019 年秋季号 总第 36 辑），社会科学文献出版社，2020，第 74—94 页。

② 上海古籍出版社编《明代笔记小说大观》，上海古籍出版社，2005，第 1531—1532 页。

③ 周春燕：《明清华北平原城市的民生用水》，载王利华主编《中国历史上的环境与社会》，第 234—258 页。

④ 仇立慧等：《古代西安地下水污染及其对城市发展的影响》，《西北大学学报》（自然科学版）2007 年第 2 期，第 326—329 页。

⑤ 遯羊：《恭谒桥陵记》（下），《建国月刊》第 16 卷第 6 期，1937 年 6 月，第 1—25 页。

⑥ 赵国宾：《富平蒲城之盐业》，《中国矿业纪要》（地质专报丙种第四号）第 4 期，1932 年 12 月，第 292 页。

废、污水容易通过黄土的垂直节理入渗并污染地下水，并可因为入渗污水溶滤黄土中盐类而进一步增加地下水的矿化度、硬度等。[①] 例如，渭北大荔县地下水质受污染就较严重，含氟量高，“荔水尤多醶硵间，一穿井，苦涩不堪入口”。[②] 与大荔县相邻的蒲城县世世代代饮用着高氟水，蒲城县城的地下水矿化度较高，水味微咸，含氟量大。[③] 据现代水文地质勘查，中国北方高氟地下水广泛分布。[④] 关中盆地地下水氟含量水平偏高，其中北部明显高于南部，东部和中部高于西部，尤其在咸阳—礼泉—武功一带以及蒲城—大荔一带，形成两个高值区。[⑤] 可见，明清民国时期关中渭河以北东、中部地区之所以有大量城市出现地下水“咸苦”问题，与这一地区的地质环境应该有着一定的关系。

三 小结

经上述分析，关于明清民国时期关中－天水地区城市地下水的总体特征和内部区域差异，我们大体可以得出以下几点基本认识。

1. 明清民国时期关中－天水地区城市地下水位呈现明显的内部区域差异，大体可以分为三个亚区：渭北台塬地区城市地下水位埋藏最深，达到几十丈乃至更深，呈现出黄土高原地区典型的“土厚水深”的用水环境特征；渭河平原地区城市地下水位的埋藏深度在三个亚区之间居中，大体上在几米乃至几十米；关中西部及天水地区城市地下水位的埋藏浅，一般在十米以内。

2. 明清民国时期关中－天水地区至少有 23 座城市存在地下水“咸苦”问题，占该地区城市总数的一半。其中，有 19 座城市分布在关中渭河以北地区，而且除凤翔城外，基本上集中分布在关中渭河以北的东、中部地区；关中渭河以南地区仅发现西安、潼关、鄠县三城存在地下水

---

① 刘贤娟、杜玉柱主编《城市水资源利用与管理》，黄河水利出版社，2008，第 151 页。

② 乾隆《大荔县志》卷三《水利》，乾隆七年刻本，第 17 页 a；乾隆《大荔县志》卷二《地理下·水利》，乾隆五十一年刻本，第 5 页 b 至第 6 页 a。

③ 《陕西省蒲城县地名志》（内部资料），第 10 页。

④ 何锦等：《中国北方高氟地下水分布特征和成因分析》，《中国地质》2010 年第 3 期，第 621—626 页。

⑤ 邓林等：《关中盆地地下水氟含量空间变异特征分析》，《中国农村水利水电》2009 年第 4 期，第 77—80 页。

“咸苦”问题；天水地区目前仅发现宁远一城存在地下水“咸苦”问题。这些城市地下水之所以“咸苦”，一方面是因为城区居民活动的影响，多数城市出现城区不同区域地下水“咸苦”程度不一的情况，往往居民密集且活动程度较高的城中，地下水“咸苦”程度较高，而居民较少且活动程度较低的城池周边区域和城外，地下水“咸苦”程度较轻；另一方面是因为地质环境的影响，尤其是地下水“咸苦”城市集中分布的关中渭河以北的东、中部地区。

最后需要强调的是，我们在关注城市地下水特征时，既要关注每座城市的自身层面，也要关注整个区域层面，如此方能找到问题的症结所在。如果我们仅关注某一单体城市，而不关注整个区域层面，得出的认识有可能是特例，而无法抓住普遍性的本质问题。比如，关于历史时期西安城地下水“咸苦”问题，如果仅仅关注西安一城，地质环境因素有可能上升不到主要因素层次，这或许是前人对西安城地下水“咸苦”原因有着不同认识的原因。

第六章　明清民国时期关中-天水地区城市的供水方式

在城市建设发展过程中，水资源的有效保障关系到城市的生存与健康发展。对于水资源不丰或获取困难的城市，用水问题的解决是城市建设发展必须高度关注的问题。关于我国历史时期城市用水问题及其解决方式，学界已有相当深入的研究。例如，我国历史地理学界的侯仁之、黄盛璋二先生曾经分别探讨了北京、西安二城发展过程中水源问题的解决。[①] 近20年来，学界在此方面更是取得诸多重要进展，尤其是引起国外学者的关注。[②] 基于现有研究来看，历史时期城市用水问题的解决，或者说城市供水方式，大体来说有四种：（1）城区凿井浚泉汲取地下水，（2）利用城区河湖池沼之水，（3）蓄聚城区雨水，（4）开凿渠道远距离引水入城。不同地区水环境不同，城市供水或城市水问题的解决情况不同，甚至差异较大。即便在同一地理单元，内部的城市供水同样会存在一定的差异。鉴于此，弄清一个地区历史时期城市供水的总体特征和内部区域差异，对该地区当前城市用水问题的解决应该具有一定的借鉴意义。

① 侯仁之：《北京都市发展过程中的水源问题》，《北京大学学报》（人文科学）1955年第1期，第139—165页；黄盛璋：《西安城市发展中的给水问题以及今后水源的利用与开发》，《地理学报》1958年第4期，第406—426页。

② 相关研究成果难以全部展示，在此简要列举几项，如 P. Du，H. Chen，"Water Supply of the Cities in Ancient China，" *Water Science & Technology*：*Water Supply* 1（2007）：173-181；L. W. Mays，D. Koutsoyiannis，A. N. Angelakis，"A Brief History of Urban Water Supply in Antiquity，" *Water Science & Technology*：*Water Supply* 1（2007）：1-12；A. N. Angelakis，et al.，*Evolution of Water Supply Through the Millennia*；X. Y. Zheng，"The Ancient Urban Water System Construction of China：The Lessons We Learnt，" in I. K. Kalavrouziotis，A. N. Angelakis，*Regional Symposium on Water*，*Wastewater and Environment*：*Traditions and Culture*（Patras：Hellenic Open Univ.，2014），pp. 35-45；鲁春霞等：《北京城市扩张过程中的供水格局演变》，《资源科学》2015年第6期，第1115—1123页；冯兵：《隋唐五代时期城市供水系统初探》，《贵州社会科学》2016年第5期，第67—72页。

城市用水问题是影响关中－天水地区历史时期城市建设发展的重要因素之一。就目前学界研究来看，该地区最大城市——西安历史时期用水问题的解决，已得到学界广泛关注，并取得相当丰硕的成果。[①] 不过，除西安城外，历史时期关中－天水地区其他城市的用水问题，学界目前关注不多。至于历史时期该地区城市供水的总体特征和内部区域差异，目前也并不清楚。本章通过对明清民国时期关中－天水地区城市供水情况的逐一考察，总结出城市水利现代化建设前该地区城市供水的总体特征和区域差异。据我们初步总结，从城市供水的水源类型来看，明清民国时期关中－天水地区城市供水来源包括地下水、渠水、河水和雨水四类，其中地下水最为重要。

一　城区凿井浚泉

城市水资源有地表水资源和地下水资源之分。城区泉水、井水均为城市地下水资源。不同之处在于，泉水多为地下水在地表的露头，而井水的地下水位埋藏较深，需要开凿一定深度的井口才能获取。通过逐一考察明清民国时期关中－天水地区城市供水的具体情况，我们发现城区地下水（即泉水、井水）应该是当时该地区城市用水的主要

① 主要研究成果有黄盛璋《西安城市发展中的给水问题以及今后水源的利用与开发》，《地理学报》1958 年第 4 期，第 406—426 页；马正林《由历史上西安城的供水探讨今后解决水源的根本途径》，《陕西师范大学学报》（哲学社会科学版）1981 年第 4 期，第 70—77 页；郭声波《隋唐长安龙首渠流路新探》，《人文杂志》1985 年第 3 期，第 83—85、21 页；李健超《隋唐长安城清明渠》，《中国历史地理论丛》2004 年第 2 辑，第 59—65 页；曹尔琴《长安黄渠考》，《中国历史地理论丛》1990 年第 1 辑，第 53—66 页；王其祎、周晓薇《明西安通济渠之开凿及其变迁》，《中国历史地理论丛》1999 年第 2 辑，第 73—98 页；郭声波《隋唐长安的水利》，载史念海主编《唐史论丛》（第 4 辑），三秦出版社，1988，第 268—286 页；贾俊霞、阚耀平《隋唐长安城的水利布局》，《唐都学刊》1994 年第 4 期，第 6—11 页；郭声波《隋唐长安水利设施的地理复原研究》，载纪宗安、汤开建主编《暨南史学》（第 3 辑），暨南大学出版社，2004，第 11—31 页；史红帅《明清西安城市水利的初步研究》，载侯甬坚主编《长安史学》（第 3 辑），中国社会科学出版社，2007，第 56—80 页；史红帅《民国西安城市水利建设及其规划——以陪都西京时期为主》，《长安大学学报》（社会科学版）2012 年第 3 期，第 29—36 页；包茂宏《建国后西安水问题的形成及其初步解决》，载王利华主编《中国历史上的环境与社会》，第 259—276 页；程森《民国西安的日常用水困境及其改良》，载《中国古都研究》（第 28 辑），第 92—107 页；高升荣《民国时期西安居民的饮水问题及其治理》，《中国历史地理论丛》2021 年第 2 辑，第 73—80 页。

来源。虽然明清民国时期关中－天水地区城市地下水呈现明显的内部区域差异，[①] 但在城区凿井浚泉汲取地下水应该是明清民国时期该地区城市供水的最主要方式，在整个关中－天水地区具有普遍性特征。我们按照第五章城市地下水位区域差异的分区，来分别探讨每个亚区城市的凿井浚泉情况。

（一）渭北台塬地区

渭北台塬地区位于陕北黄土高原南缘，黄土密布。虽然该亚区城市地下水位埋藏较深，呈现出黄土高原典型的“土厚水深”的用水环境特征，但在城区及周边地区凿井浚泉汲取地下水仍是明清民国时期该亚区城市供水的主要方式。

由于城区地下水位埋藏较深，渭北台塬地区一些城市凿井汲水不易，其中白水、澄城二城表现较为明显。白水县境“地势极高，取水最难”，[②] “盖治城所在，故井深尚可凿，其乡间乏井，则无为之计者”。[③] 可见，白水城区之所以还能凿井汲水，很大程度上缘于是治所所在地，“官民咸仰汲之”。[④] 在明嘉靖之前，白水城中无井，城池周边却有三口重要水井，分别是城东门外南侧的东井（原名张家井）、城西门外北侧的北井和城池东南隅的廉家井。为便于获取水资源，白水城区百姓“咸环之而居”。因为“城内故无井，皆出汲”，生活不便。[⑤] 明嘉靖三十二年（1553年），由于“寇陷中部将逼境”，为保证白水城区百姓用水，潼关兵备道张瀚檄白水知县温伯仁加筑外城，“起自内城西北隅，终于东南隅”，[⑥] 将之前白水城的北关城、东关城囊入城中，形成内、外二城格局，之前的三口重要水井也被囊入外城之中。到20世纪20年代，白水县城“仅有公用水井二眼，供给汲用，辄感不足”，白水县建设局为增加城区居民用水，“将公共体育场之旧井，大加浚淘”，[⑦] 并将中山大街

---

① 关于明清民国时期关中－天水地区城市地下水的特征，参见本书第五章的专题研究。

② （清）卢坤：《秦疆治略》，收入《中国方志丛书·华北地方》第288号，第64页。

③ 民国《续修陕西通志稿》卷六一《水利五》，第16页a。

④ 万历《白水县志》卷一《城郭》，第4页a。

⑤ 乾隆《白水县志》卷四《杂志·别传》，乾隆十九年刻本，第90页b。

⑥ 乾隆《白水县志》卷二《建置志·城池》，乾隆十九年刻本，第3页b。

⑦ 《纪事·各县建设局消息》（第一），《陕西建设周报》第2卷第25期，1930年11月，第18—20页。

中间的化字纸炉拆除，“以砖改砌公共水井”。[①]

澄城县城因城区地下水位埋藏较深，凿井汲水十分不易。明弘治年间（1488—1505年），知县徐政在澄城城内“预备仓凿一井，深三百六十尺，命曰‘芳泉’”。[②] 此后，芳泉井成为澄城城区居民用水的主要来源之一，不过城区“居民众多，一井不足于用”。[③] 明嘉靖二十五年（1546年），因“北虏猖獗”，澄城知县徐效贤“择城中隙地凿四井，以戒不虞，邑人取汲称便，名曰‘徐公井’”。[④] 此徐公井自从开凿之后，到200余年后的清代中叶，一直为澄城城区居民用水的主要来源之一。清人张秉直在《徐公井记》中记载，“盖二百余载于今矣”，“城内辘轳相闻，至今永赖焉”。[⑤] 明嘉靖二十九年，徐效贤卒于任上，敖佐接任澄城知县，“因城中水咸，即（在城西北）社稷坛凿二井，水清且甘，祭祀饮食，神人共赖，俗呼‘双泉’”。[⑥] 此外，尽管城区地下水位埋藏较深，凿井汲水不易，明清澄城衙署机构内部还是不断有井眼被开凿。例如，澄城学宫东南隅有井一眼，为明澄城知县杨泰所穿，[⑦] “凿井于神厨□，味清且甘，祭祀饮食，神人共赖”；[⑧] 澄城北郭后土庙中也“有井二眼，深约二十六丈余，水味香甜，邑取民汲焉”；[⑨] 等等。

因城区地下水位埋藏较深，凿井汲水较为不易，渭北台塬地区一些城市试图发掘城池周边的泉水以供城区居民使用，如长武城。到清乾隆年间（1736—1795年），长武城才开始在城中凿井汲水。[⑩] 在此之前，城中居民用水主要依靠城北的通济泉。该泉“自城墙下出，极旱不竭，名为‘秀水’，居民皆取资焉，但有泄无蓄，故从无富室”。[⑪] 长武城凿井

① 《各县建设工作琐志四：城固、白河、长安、石泉、白水、耀县》，《陕西建设周报》第2卷第6—7期，1930年7月，第11—13页。

② 雍正《敕修陕西通志》卷一二《山川五》，第62页a。

③ （清）张秉直：《徐公井记》，载乾隆《澄城县志》卷一七《艺文十七中》，第11页b。

④ 嘉靖《澄城县志》卷一《地理志·井泉》，第8页a。

⑤ 乾隆《澄城县志》卷一七《艺文十七中》，第11页a—b。

⑥ 嘉靖《澄城县志》卷一《地理志·井泉》，第8页a。

⑦ 嘉靖《澄城县志》卷一《建置志·儒学》，第14页b。

⑧ 张进忠编著《陕西金石文献汇集·澄城碑石》，三秦出版社，2001，第220页。

⑨ 民国《澄城县附志》卷二《建置志·祠庙》，第5页。

⑩ 《长武县志》，第267页。

⑪ 康熙《长武县志》卷上《建置志·城池》，第1页b。

汲水之后，因井水水质苦涩，加上提取困难，城区官商居民仍旧多饮用通济泉水。[①] 即便是在战争时期，如同治元年（1862 年）九月回民起义，长武北城“凿以土门，名曰‘小北门’，下有通济泉，东面又有北门，两门皆汲水之路”。[②]

与长武城相比，明清民国时期宜君、麟游等城汲取城池周边泉水的距离稍微远一些。宜君城在 20 世纪 70 年代之前，城区用水主要依靠城南南山峁下的泉水，即南泉。[③] 清雍正《宜君县志》记载：“南泉，城南里许，一名四季泉，因水色随四时而变也，有三穴，其味甚甘，上、下城人民俱于此汲饮焉。”[④] 到民国时期，刘安国在《陕西交通挈要》中记载：宜君城“虽为高原，而城中尚有井数处，惟浊臭不可为饮料，本地人呼为苦水，城外有泉，清冽可酌，本地人呼为甜水”。[⑤] 与宜君城类似，五龙泉位于麟游城“西北二里，居民资汲”，[⑥] 为麟游城区居民用水的主要来源之一。五龙泉始建于唐代，因水甘香清冽，“烹茶作酒，珍于余味”，[⑦] 方圆数十里之人肩挑驴驮来此取水。麟游城中百姓“昼夜汲取，不竭不盈”，[⑧]“可谓不满一泉水，能养全邑人”。[⑨]

澄城县城即便克服了“土厚水深”的问题，凿井汲水，也经常利用城西三里县西河（即澄水）东岸的澄泉。澄泉水质甘美，与城西诸泉一起注入县西河，成为澄城县城的重要水源，故澄水又名官泉，澄泉也名官泉。明嘉靖《陕西通志》记载：“澄水在县西三里，县名以此，源发大庆里西庄涧下，水之源洁流清，又呼为‘官泉’，酿酒甘美，人多用之。”[⑩] 嘉靖《澄城县志》也载：“澄泉在县西三里，水之源洁流清故名，俗名‘官泉’，酿酒香美，邑人多用之，会甘泉入于洛。”[⑪] 到清代，澄

---

① 《长武县志》，第 267 页。
② 宣统《长武县志》卷二《山川表》，宣统二年铅印本，第 5 页 b。
③ 《宜君县志》，第 206 页。
④ 雍正《宜君县志》之《山川》，第 6 页 a。
⑤ 刘安国：《陕西交通挈要》，第 90 页。
⑥ 康熙《陕西通志》卷一一《水利》，康熙六年刻本，第 26 页 b。
⑦ 康熙《麟游县志》卷一《舆地第一》，第 12 页 b。
⑧ 光绪《麟游县新志草》卷一《地舆志·山川》，第 14 页 a。
⑨ 赵力光主编《古都沧桑——陕西文物古迹旧影》，第 371 页。
⑩ （明）马理等纂《陕西通志》卷二《土地二·山川上》，第 71 页。
⑪ 嘉靖《澄城县志》卷一《地理志·山川》，第 6 页 b。

城儒士张萝谷的《澄泉吟》记载："邑西古道旁，一泓似盂水，自昔呼澄泉，莫知命名始，酝酿甘如饴，澄澈清见底，汲饮无竭时，洒沾盈屣履。"[①] 可见澄泉对澄城百姓的重要性。直到民国时期，澄泉依然"源洁流清，治城内外多取食之"。1923年，澄城邑绅杨射斗一改澄泉旧时蓄水坑口的"形圆口小"，"督工凿作长方形，汲者称便"。[②]

虽然渭北台塬地区城市地下水位总体上埋藏较深，城区凿井汲水不易，汲取城池周边泉水有的也有一定的距离，不过也有少数城市例外，城区就有丰沛的井泉水，如同官城。明清时期，同官城中有多处泉水可供居民饮用，如方泉、石泉、芹井泉、榆柏泉、清廉泉、三山泉、济众泉、灵泉、亭子泉等。其中，方泉在同官县治西南济阳山下，"泉流潴城中"，[③] "甘冽异常，宜酒宜茶，邑人咸赖此"。[④] 清康熙二十五年（1686年）同官城池截筑之后，方泉即位于"西门外，一名汲灵泉"，[⑤] "甘冽异常，三山及城内人民恃为饮料"。[⑥] 另外，城西北"虎山岩下有石泉，流引县治中"，[⑦] "清涌不竭"，[⑧] "供居民数百家之饮料"，[⑨] 不过在清代"雍正年间泉涸"，[⑩] 至"民国初，浚之复其故"。[⑪] 在同官文庙后儒学内还有芹井泉，"水色清白，烹茶酿酒味佳"。[⑫] 到1944年，同官城区泉水"大都涸废"，"惟西门外之方泉、城西南南寺沟之榆柏泉、北门外虎踞山下之虎溪水（即石泉），居民尚恃以为饮料"。[⑬] 新中国成立之后，方泉仍可供应铜川县城数千人饮用。[⑭]

与同官城的凿井浚泉便利相比，明代邠州城在经过一番营建之后，

---

① 咸丰《澄城县志》卷二九《艺文・诗》，第21页a。
② 民国《澄城县附志》卷一《地理志・名胜》，第31页。
③ 嘉靖《耀州志》卷二《地理志・同官山》，嘉靖三十六年刻本，第5页a。
④ 康熙《陕西通志》卷三《山川》，康熙六年刻本，第28页b。
⑤ 民国《同官县志》卷二四《古迹古物志・二、古城堡及传说遗迹》，第4页b。
⑥ 民国《同官县志》卷六《地形志・四、山脉略说》，第5页a。
⑦ 嘉靖《耀州志》卷二《地理志・同官山》，嘉靖三十六年刻本，第5页a。
⑧ （明）马理等纂《陕西通志》卷二《土地二・山川上》，第85页。
⑨ 民国《同官县志》卷六《地形志・四、山脉略说》，第5页a。
⑩ 乾隆《同官县志》卷一《舆地・山川》，乾隆三十年抄本，第8页b。
⑪ 民国《同官县志》卷六《地形志・四、山脉略说》，第5页a。
⑫ （明）马理等纂《陕西通志》卷二《土地二・山川上》，第86页。
⑬ 民国《同官县志》卷七《水文志・四、水道略说》，第3页b。
⑭ 《铜川市志》，第377页。

恢复了城区泉水供应居民使用。明代邠州城北隅“儒学后百步许，旧有泉一泓，其水颇甘，人汲之以供日用。傍有龙王庙，历岁滋久，泉既壅塞，庙亦倾圮。自此，取水者多于东南门外，近则一二里，远则三四里，甚为民病。自成化至今，盖三十余年矣”。[①] 明正德年间（1506—1521年），齐宁任邠州知州，“见取水者无长幼男妇，皆远出城外，跋涉甚难，遂谋诸父老，慨然以兴复旧泉为任，乃于正德六年九月十二日亲历其所，相其地势，命工疏凿，不数日告成，既阔且深，视旧有加，四周各甃以石”。[②] 此后，邠州城民取水“无复前日之劳”，[③] 出城汲水的情况有所转变。到民国时期，邠县城“井水供饮料尚可，故均用之”。[④]

（二）渭河平原地区

与渭北台塬地区城市相比，渭河平原地区城市地下水位的埋藏相对浅一些，城区凿井浚泉相对容易。首先来看关中渭河以南诸城，这些城市大体具备凿井浚泉的条件。清初，鄠县名儒王心敬在《井利说》中指出：“西安渭水以南诸邑十五六皆可成井。”[⑤] 其中，鄠县城在1956年之前主要以人工开挖简易土井的浅层水为城区居民的生活用水。[⑥] 民国刘安国在《陕西交通挈要》指出，当时华阴城居民饮水“概用井水，惟均不澄清”，[⑦] 蓝田城也“使用井水，良好可供饮料”。[⑧] 另外，渭南、华州、盩厔等城在20世纪六七十年代之前也一直以井水供水为主。[⑨] 除凿井汲水，疏浚城区的泉水也是渭河以南诸城的常用供水方式。就蓝田城而言，明代孝子张继志在蓝田城东北隅崖下守墓时曾掘得一泉，名为“孝子泉”，后变为井；清光绪三十二年（1906年），“居民阎姓在井西北二十步掘土得泉，灌田，城内居民争汲水，仍称‘孝子泉’”；1932年，蓝田“知县

① 顺治《邠州志》卷四《艺文·撰记》，第11页b。
② 顺治《邠州志》卷四《艺文·撰记》，第12页a。
③ 顺治《邠州志》卷四《艺文·撰记》，第12页a。
④ 刘安国：《陕西交通挈要》，第64页。
⑤ （清）李元春汇选《关中两朝文钞》卷一九，第81页b。
⑥ 《陕西省户县城乡建设志》（内部资料），第28页。
⑦ 刘安国：《陕西交通挈要》，第60页。
⑧ 刘安国：《陕西交通挈要》，第41页。
⑨ 《渭南市志》（第1卷），第322页。

王绍沂砌泉、建屋”，城北门附近的居民平时饮用此泉，旱时灌溉农田。[①] 大体来说，清代民国时期蓝田城区居民食用此水，人数几达半数。[②]

在明清民国时期渭河以南诸城中，西安城的供水可能有些特殊，大体经历了以龙首渠为主、以通济渠为主和以井水为主三个阶段。[③] 从清乾隆年间到1952年自来水供水，西安城区用水基本依赖水井，[④] 这段时期西安“城内外居户，家家有井，全市约有土井万余口”。[⑤] 西安城中有如此之多的水井，一度使人疑惑，“一个城里，面积虽大，人口虽多，也决不会有一万个井”，可到“身为住户，始知所谓万井，不但真有，而且是概略数字，事实上的井比万还多”。[⑥] 清代民国时期西安城中水井虽多，不过有苦水井、甜水井之分，“苦水味咸而气臭，不堪为饮料”，[⑦] 城区居民饮水仰赖甜水。民国王望在《新西安》中记载：当时“西门有大井数口，井水味淡而甘，尤以大甜水井为最著名，每日水车群集，用四辘轳汲水，仍取之不竭，全城多半饮料，均取给于此”。[⑧] 其实早在明代，西门外已有甜水井供水，当时西安城中“居民日汲水西门外”。[⑨] 到清康熙初年，相传“有善识井脉工匠开西瓮城井，水甘而旺，足资汲引”。[⑩] 民国时期，除“西门内及东门外各有一甜水井”外，西安城区“其余各井水均属苦汁，不能取饮”，陕西省建设厅为此决定采用现代凿井技术开凿洋井，同时“省政府之建设厅及西京筹备委员会之建设局，均有凿井队之组织，以便民众付低价凿自流井，以求饮料之解决”。[⑪]

---

① 民国《续修蓝田县志》第三门志第六卷《土地志》，第23页a。

② 蓝田县水利志编写组编《蓝田县水利志》，煤炭科学研究总院西安分院印刷厂，1992，第262页。

③ 史红帅：《明清时期西安城市地理研究》，中国社会科学出版社，2008，第132—171页；史红帅：《民国西安城市水利建设及其规划——以陪都西京时期为主》，《长安大学学报》（社会科学版）2012年第3期，第29—36页。

④ 《西安市志　第二卷・城市基础设施》，第159页。

⑤ 王望编《新西安》，中华书局，1940，第22页。

⑥ 敬周：《豆棚瓜架录》，《大路周刊》第1号，1936年5月，第27—28页。

⑦ 王望编《新西安》，第22页。

⑧ 王望编《新西安》，第56页。

⑨ （明）陆容：《菽园杂记》卷一，李健莉校点，载《明代笔记小说大观》，第370页。

⑩ 嘉庆《长安县志》卷一三《山川志上》，嘉庆二十年修，刻本，第14页a。

⑪ 胡时渊编《西北导游》，中国旅行社，1935，第25—26页；倪锡英：《西京》，中华书局，1936，第133页；陈光垚：《西京之现况》，西京筹备委员会，1933，第31—32页。

与渭河以南诸城一样，明清民国时期渭河以北平原地区城市也主要通过在城区凿井浚泉来供应居民用水，不过多数城市地下水出现了“咸苦”问题。例如同州城，虽然“城中有井，水咸苦，不甚宜人”，但仍可汲取“学前南城下”的泉井、东门内的东井、西门外的西井等。[①] 尽管同州城区地下水“咸苦”问题一直存在，但至民国时期，大荔县城城区可以供居民饮用的水井仍有 10 眼。[②] 咸阳城可能在清乾隆时期，部分地下水已经被污染，但在整个明清民国时期，井水应该是咸阳城区居民用水的最主要来源，[③] 城区曾有水井 6000 多眼。[④]

与同州、咸阳等城一样，醴泉城在明清民国时期同样存在地下水“咸苦”问题，城北泥河北岸的誌公泉和城南门外汤房庙、西关两眼深约 30 米的井水成为城区民生用水的主要来源。[⑤] 其中，誌公泉水质甘美，长期为城区居民汲用，[⑥] “相传誌公卓锡见泉日冽清香，取以沦茗，味颇异”；[⑦] 醴泉城南门外汤房庙内“有淡水井一口，城内居民多取为饮料”。[⑧] 民国刘安国在《陕西交通挈要》中也载，当时醴泉城“虽用井水，而西关外有清泉，市人亦有汲为饮料者”。[⑨]

关于渭北平原的富平、扶风、武功、岐山等城的凿井浚泉供水情况，我们尚未发现明清民国时期的相关文字记载。新中国成立之后的新编方志、地名志、水利志等对这些城市在自来水供水之前的凿井汲水情况有所追述。富平城虽在明万历年间，由知县刘兑从县治北门外怀德渠水分引玉带渠灌注护城河，但城中百姓生活用水主要依靠北门外泉水，肩挑人抬，极为不便。[⑩] 扶风城在新中国成立前，城区居民“用水全靠土井，且水味苦涩”，直到 1961 年才在“西大街北建成 16 米高的自来水

① （明）马理等纂《陕西通志》卷二《土地二·山川上》，第 69 页。
② 《大荔县志》，第 459 页。
③ 《咸阳市志》（第 1 卷），第 574 页；咸阳市建设志编纂委员会编《咸阳市建设志》，三秦出版社，2000，第 252 页。
④ 《咸阳市渭城区志》，第 142 页。
⑤ 《礼泉县志》，第 262 页。
⑥ 《礼泉县志》，第 117 页。
⑦ 崇祯《醴泉县志》卷一《地理志》，第 7 页 b。
⑧ 民国《续修醴泉县志稿》卷四《建置志·祠庙》，第 21 页 b。
⑨ 刘安国：《陕西交通挈要》，第 48 页。
⑩ 《富平县志》，第 488 页。

塔一座，容水50立方米，解决了全城机关、单位和居民用水”。[①]

（三）关中西部及天水地区

本书第五章已经指出，与渭北台塬地区和渭河平原地区相比，明清民国时期关中西部及天水地区城市地下水位埋藏最浅。因此，该亚区城市凿井浚泉汲取地下水最为便利，尤其是疏浚城区的泉水。

位于关中西部的凤翔、陇州（县）二城曾分别疏浚城区泉水来营建城市水系。城区较为丰富的泉水不仅可以营建水系，还成为城区居民用水的主要来源。凤翔城区有橐泉、谦泉、龙王泉、忠孝井等泉水可供居民饮用。其中，橐泉位于凤翔城内东南隅，《尔雅》云“无底曰‘橐’”，“此泉注水不盈，旋盈旋涸，有似无底，故名”。[②] 谦泉则位于凤翔城“东关通津门外，（东）关中井多咸苦不堪饮，此泉澄彻清甘，作豆粥软美，尤宜烹茶，居民取汲者数百家，……时汲时盈，盈而不溢，有似人之不放纵者，故名‘谦’”。[③] 龙王泉位于凤翔城外东北城壕边，水味甘美，流注东湖，曾灌农田百亩。[④] 凤翔城东南文昌宫内曾有忠孝井，“井湮不知所始”，康熙时已经废弃。[⑤] 至于千河流域，在新中国成立前，陇州（县）城内公署、寺院、富户均凿有水井，东西大街等街巷有公用水井七眼，水质良好，专供沿街居民生活之用；[⑥] 汧阳“城区素以井水为主，西关辅以泉水”。[⑦]

至于同属关中西部的宝鸡城，其城中有东、西官井，二井位于“县南门内东西马道，二井相距百余步，阔数尺，深不盈丈，清甘涌出不竭，居民咸取汲焉”（见图6－1）。[⑧] 此外，宝鸡城中及北坡泉水也是城区居民用水的重要来源，主要有猗园泉、八角泉、空洞泉等。其中，猗园泉因位于宝鸡县署后党崇雅猗园内而得名，其“清冽足供阖城饮

---

① 扶风县地名办公室编《陕西省扶风县地名志》（内部资料），1985，第11页。
② 康熙《陕西通志》卷三《山川》，康熙六年刻本，第44页a。
③ 康熙《重修凤翔府志》卷一《地理第一·山川》，第16页b。
④ 《宝鸡市志》，第127页。
⑤ 康熙《重修凤翔府志》卷一《地理第一·山川》，第17页a。
⑥ 《陇县城乡建设志》，第36页；《陇县志》，第480页。
⑦ 《千阳县志》，第139页。
⑧ 乾隆《宝鸡县志》卷五《古迹·渠泉》，乾隆二十九年刻，抄本，第28页b。

濯”。[1] 八角泉则位于宝鸡城北八角寺旁，“明弘治十四年（1501 年），邑令许庄凿引入城；乾隆二十八年（1763 年），邑令许起凤重修县城，增补风匣城，复引水入”；[2] 后遭废弃，至 1939 年，“邑令王奉瑞又引入城内，城外设置自来水管二处”。[3] 空洞泉位于宝鸡城区东北空洞寺下，清“雍正元年（1723 年），邑令刘光然引入东关”，[4] 并“设蓄水池，水味甘美，供给千余家”。[5] 新中国成立之后，八角泉、空洞泉等处都修有蓄水池，由宝鸡市自来水公司管理，成为市区自来水的水源地。[6]

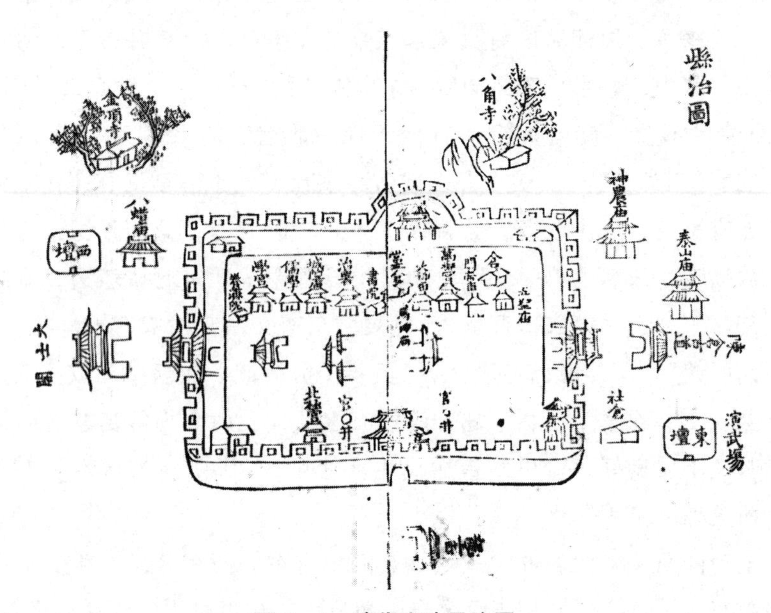

图 6－1　清代宝鸡县治图

资料来源：乾隆《宝鸡县志》卷首《县治图》，乾隆二十九年刻本，第 4 页 b 至第 5 页 a。中国国家图书馆藏品。

在明清民国时期的天水地区，疏浚城区泉水以供百姓所用，表现更为显著。秦州（天水）城在使用自来水以前，城区居民大部分饮用来自

① 乾隆《宝鸡县志》卷五《古迹·渠泉》，乾隆二十九年刻，抄本，第 24 页 b。

② 乾隆《宝鸡县志》卷五《古迹·渠泉》，乾隆二十九年刻，抄本，第 24 页 b。

③ 民国《最近宝鸡乡土志》，民国 35 年关西四知堂石印本，第 39 页。

④ 乾隆《宝鸡县志》卷五《古迹·渠泉》，乾隆二十九年刻，抄本，第 24 页 b。

⑤ 民国《最近宝鸡乡土志》，第 39 页。

⑥ 宝鸡市金台区地方志编纂委员会编《宝鸡市金台区志》，陕西人民出版社，1993，第 44 页。

大城西南隅南祥门外的官泉水。此官泉系罗峪河冲积扇前缘地下水涌出泉，水质清冽甘美，涌出量较大，“供全城居民及官厅饮料”。[①] 明清宁远城西南百步许也有一涌泉（又称古流泉、古流水、古灵泉），“其水自地涌出，以资民饮”。[②] 秦安城在1965年使用自来水之前，也一直汲取城区地下水，主要有河流沙泉水源和井水水源两种。其中，井水水源又有官私之分。官井又称街泉、官泉，主要有四眼，分布在街道和城壕处，即金汤门街泉、南城壕街泉、北城壕街泉和饮马巷街泉。[③] 清光绪《甘肃新通志》记载了清末秦安城北门外还有一眼街泉，“水甘冽，城中人皆取汲，泉近街，故邑旧号街泉云”。[④] 私井一般在城区住户的院子里，供住户自家使用。据统计，到1963年，秦安城区共有私井480多口。[⑤]

至于清水，正如其名，“村村有泉水，处处有河流，泉流都是晶莹清亮的”。[⑥] 在明清民国时期，清水城区有众多露头清泉分布，其中东、西贯泉“为县城内三分之二居民生活用水的主要来源”。[⑦] 东贯泉因泉水涌腾而称“涌泉”，“在县治学宫棂星门前”，[⑧] 故又雅称“文泉”，又因“其味极嘉，故号为‘香泉’”。[⑨] 到民国时期，清水文庙成为国立十中校本部，当时文庙“木牌坊前面的一口地泉涌出大量清澈甜美的水，足够供应学校和附近住户的使用”，[⑩] 此泉即东贯泉。西贯泉则位于清水城西关永清坞下，“三泉连贯”，四季涌流，又称闵泉、泯泉、清泉，“清而且甘，郭民皆汲之”。[⑪] 据张守荣回忆，民国时期“永清堡下有三眼水泉，水量取之不尽，水质甘甜适口，足供整个西关人之用”。[⑫] 到1966

---

① 民国《天水县志》卷二《建置志·廨署》，民国28年铅印本，第7页a。
② （明）马理等纂《陕西通志》卷四《土地四·山川下》，第128页。
③ 《秦安文史资料》（第8期），第9—10页。
④ 光绪《甘肃新通志》卷一〇《舆地志·水利》，第21页b。
⑤ 《秦安文史资料》（第8期），第9页。
⑥ 齐沛浩：《我记忆中的国立十中》，载《清水文史》（第2辑），第29页。
⑦ 《清水县志》，第934页。
⑧ 康熙《清水县志》卷二《地理纪》，康熙二十六年刻本，第5页b。
⑨ （明）马理等纂《陕西通志》卷四《土地四·山川下》，第136页。
⑩ 白维一：《我记得的清水（1938—1943年）》，载《清水文史》（第2辑），第62页。
⑪ （明）马理等纂《陕西通志》卷四《土地四·山川下》，第136页。
⑫ 张守荣：《往事片断回忆》，载《清水文史》（第2辑），第75页。

年，合三眼水泉为一体，建贮水池，上盖房屋一座，北墙安装溢水管道，成为城西及西关一带人民生活用水的主要来源。[①] 除东、西贯泉外，惠泉位于清水“县署东南五十步”；[②] 灵湫泉（即灵湫池）位于清水城东郊外二里泰山庙坡根之下，“实系居民汲水之清泉”，[③] 为清水东关及沙鱼沟一带人民生活水源；清水城南上水沟泉，水质甘冽爽口，为西关南部、上水沟一带及城区的又一用水来源。[④]

二 开渠引水入城

在明清民国时期的关中－天水地区，开渠引水入城是一种区域普遍性仅次于凿井浚泉的城市供水方式。据目前调查来看，明清民国时期关中－天水地区至少有24座城市曾开渠引水入城，占该地区城市总数（46座）的一半多。从这24座城市的地理位置来看，有16座城市分布在渭河平原地区，占该亚区城市总数（22座）的73%，其中渭河以南的10座城市均曾开渠引水入城；有4座城市分布在渭北台塬地区，占该亚区城市总数（15座）的27%；有4座城市分布在关中西部及天水地区，占该亚区城市总数（9座）的44%。通过比较这24座城市的引水入城渠道，我们发现：因经历不同时期的疏浚整治，这些引水入城渠道延续使用时间一般较长；有些城市的引水入城渠道在明代之前就已开始营建，并一直使用到民国时期；当然也存在少数城市的引水入城渠道营建使用时间不长的情况。下面按照开渠引水入城城市的地理位置分布，分为四个亚区进行讨论，并总结每个亚区的特点。

（一）关中渭河以南地区

在明清民国时期，关中渭河以南诸城均曾营建引水渠道，将城南或城外泉水、河水引入城中，以供应城市建设发展对水资源的需求。一些城市的引水入城渠道在明代之前已经营建，如西安、鄠县、盩厔等城。大多数城市的引水入城渠道因得到多次疏浚修治，延续使用时间较长。

在关中渭河以南诸城中，西安城早在汉唐时期就已营建渠道从城南

---

① 《清水县志》，第668—669页。

② 乾隆《清水县志》卷二《山川》，第2页b。

③ 民国《清水县志》卷一《舆地志》，第36页b。

④ 《清水县志》，第669页。

引水入城。比如龙首渠，其“在府城东南，隋开皇三年（583 年）引浐水北流入苑，五代后废，宋大中祥符七年（1014 年）知永兴军陈尧咨修复”。① 到元至元元年（1264 年），“陕西行省赛平章复引水入城，日久湮塞，至元十年复开”。② 明初，西安城市用水问题一度严峻起来，“城中皆鹾卤，水不可饮”，③ 龙首渠渠道再次得到疏浚修治。明洪武十二年（1379 年），曹国公李文忠“命西安府官役工凿渠、甃石，引龙首渠水入城中，萦绕民舍，民始得甘饮”。④ 到明天顺末年成化初年，因龙首渠“引水从东门以入，然水道依山，远至七十里，艰于修筑，岁用颇繁，且水利止及城东”，不够全城使用，加上西安“城内井泉咸苦，饮者辄病”等原因，⑤ 陕西巡抚项忠、西安府知府余子俊、长安县知县王铎、咸宁县知县刘昇等在西安城西南 15 里皂河上丈八头处建一石闸，开凿通济渠，遏水北上，“引交、潏二水，自城西南隅入城”，⑥ “匝遍城市，人人得户汲，至今便利”。⑦ 明人王恕《修龙首、通济二渠碑记》总结了龙首、通济二渠对西安城居民用水的重要贡献：“陕西城中水苦咸不可用，故昔人凿龙首、通济二渠，引城外河水入城，由是城中王侯、官僚以及军民百万余家，皆得甜水，以造饮食，厥功懋哉。”⑧ 清康熙初年，陕西巡抚贾汉复不仅强调了龙首、通济二渠对西安城市发展的重要作用，还指出引水入城渠道关乎风气：“省会龙首旧渠绕流城市，又腹心中之经络也。经络通而后腹心壮，则是渠之有关于风气，不仅润色秦疆，而实以巩固神京也。”⑨ 清康熙六年（1667 年），贾汉复等重修龙首、通济二渠，以期“经络疏通，腹心滋润，风气开而民物阜”。⑩ 康熙以后，龙

① 万历《陕西通志》卷一一《水利》，第 1 页 a。

② 嘉靖《雍大记》卷一一《考迹》，第 3 页 b。

③ 《明实录》第 3 册《明太祖实录》卷一二八，洪武十二年十二月，“中央研究院”历史语言研究所校印，1962 年影印本，第 2038 页。

④ 《明实录》第 3 册《明太祖实录》卷一二八，洪武十二年十二月，第 2038—2039 页。

⑤ 《明实录》第 22 册《明宪宗实录》卷一二，天顺八年十二月甲午，第 265 页。

⑥ （明）马理等纂《陕西通志》卷二《土地二·山川上》，第 46 页。

⑦ 万历《陕西通志》卷一一《水利》，第 1 页 a。

⑧ （清）李元春汇选《关中两朝文钞》卷一，第 21 页 a。

⑨ （清）贾汉复：《修龙首渠碑记》，载康熙《陕西通志》卷三二《艺文·碑》，康熙五十年刻本，第 58 页 b。

⑩ （清）贾汉复：《修龙首渠碑记》，载康熙《陕西通志》卷三二《艺文·碑》，康熙五十年刻本，第 59 页 a。

首、通济二渠对西安城的供水贡献逐渐减弱，城中渠道也屡修屡塞。虽然至清末民国时期，龙首、通济二渠仍得到不断疏浚修治，[①] 如清末慈禧避难西安时疏浚通济渠，西安为民国陪都西京时期（1932—1945 年）疏浚龙首通济二渠故道，1947 年整修龙渠（即通济渠）等等，但渠水已不再是西安城区居民用水的主要来源。[②]

鄠县城也是关中渭河以南诸城中较早在城南开渠引水入城的。金鄠县知县孔天监查知鄠县原“引斜谷水通流县城”，“自皇统癸亥（1143 年）于今六十余年，源流堙塞”。[③] 在道士杨洞清的协助下，孔天监率民在城南斜峪关峪口“剜苔剔藓，披寻故道，计度赀力，大具工役”，筑堰开渠引水。后经多方努力，该引水渠道最后“延袤五十余里，通于邑衢”，[④]“自县西南绕城，至东郭，北流入渭”，[⑤]“以资一邑汲溉”，[⑥] 此即鄠县“孔公渠”。后来由于“年久渠淤，明景泰二年（1451 年），典史高瑄复开（渠道）”。[⑦] 明朝末年，鄠县城南引斜谷水入城渠道再次遭到堙塞。到清初，“王乡绅稍沿旧迹，引流绕南郊入园池，随卸于城壕，为无益之水”；清顺治十四年（1657 年），鄠县“修泮壁，从西旧迹分□入泮”。[⑧] 清康熙六年（1667 年），鄠县大旱，知县梅遇“上沿故道至南河沟傍，创渠，复引入城内及泮壁”。[⑨] 梅遇率士民在斜峪关峪口鸡冠石西筑堰，拦河蓄水，开凿新渠，“后人德之，总名‘梅公渠’”。其中，

---

① 程森、高升荣等对民国时期西安城营建渠道引水入城有较为详细的论述。参见程森《民国西安的日常用水困境及其改良》，载《中国古都研究》（第 28 辑），第 92—107 页；高升荣《民国时期西安居民的饮水问题及其治理》，《中国历史地理论丛》2021 年第 2 辑，第 73—80 页。

② 史红帅：《民国西安城市水利建设及其规划——以陪都西京时期为主》，《长安大学学报》（社会科学版）2012 年第 3 期，第 29—36 页。

③ （金）强造：《孔天监水利碑记》，载雍正《鄠县志》卷一〇《艺文志·记》，雍正十一年刻本，第 5 页 b 至第 8 页 b。

④ （金）强造：《孔天监水利碑记》，载雍正《鄠县志》卷一〇《艺文志·记》，第 5 页 b 至第 8 页 b。

⑤ 乾隆《凤翔府志略》卷一《舆地考》，第 25 页 a。

⑥ 康熙《陕西通志》卷一一《水利》，康熙六年刻本，第 25 页 b。

⑦ （明）马理等纂《陕西通志》卷三《土地三·山川中》，第 90 页；康熙《陕西通志》卷一一《水利》，康熙六年刻本，第 25 页 b。

⑧ 万历《鄠志》卷一《续地形志》，收入傅璇琮等编《国家图书馆藏地方志珍本丛刊》（第 139 册），第 187—188 页。

⑨ 雍正《鄠县志》卷一《舆地志·山川》，第 11 页 b。

“西渠[①]由石麓庙（即石龙庙）、贾家寨，绕东北雷村、官村庵、党家寨、铁炉庵、水磨头、王长官寨、王家庄，入县西门内，出东门，过北崖下，入渭，亦长三十余里”。[②] 到雍正年间，梅公渠因年久失修，“虽存而水微，断续无常”。[③] 宣统元年（1909年），“知县沈锡荣重为开浚，民甚称便”。[④] 据民国傅健的《陕西郿县渠堰之调查》记载，梅公渠“中渠由石龙庙向北直流，渠宽1.8公尺，水深0.33公尺，渠道坡度较大，水流湍急，经贾家寨、雷村、南北党家寨、水磨头、王家庄等村，至县南街，全渠共长三十余里，经十三村。……此（中）渠较东西二渠为佳，渠深流畅，水量充足”。[⑤] 到1936年7月，泾洛渠工程局整修梅公渠，后将其改名为“梅惠渠”。[⑥]

距离郿县城不远的盩厔城，在城南开渠引水入城的历史，也许比郿县城还要早。据清乾隆《盩厔县志》记载，盩厔城南“西骆谷之水，历代常引入县治，循郭而入于渭，逮元末水道湮塞，耕者夷之，漫为陆壤”；明正统八年（1443年），“郑公达来宰邑，会岁旱，井泉俱涸，民甚病之，公乃询诸耆老，知西骆谷水先代常注于兹，公遂策马径即其处，相地势之高下，亲为区画，附近之民争操畚锸恐后，不浃旬，渠道大辟，水势奔注于濠”。[⑦] 此渠名为“广济渠”，渠道“北至（盩厔）西关，引为城壕，东西分流，又合马家河北入渭”。[⑧]

位于关中渭河以南最东端的潼关城，在明清民国时期曾开凿周公渠、益民渠和灵源渠，将城南山间的泉水、河水引入城中，以供应城中居民生活、园林池沼、庙学泮池、农业生产等方面用水。明嘉靖二十一年（1542年），潼关兵备道周相修建潼关庙学，为解决庙学泮池蓄水问题，营建“周公渠”。周公渠由潼关城南门外的王家园引水从南水关入城，

① 此西渠是相对于东渠而言，后该西渠再分为中、西二渠，故入郿县城水渠为“中渠”。
② 雍正《郿县志》卷三《水利志》，第3页a。
③ 雍正《郿县志》卷一《舆地志·山川》，第11页b。
④ 宣统《郿县志》卷二《地录第一之下·水》，第8页a。
⑤ 傅健：《陕西郿县渠堰之调查》，《水利月刊》第7卷第4期，1934年10月，第239—257页。
⑥ 《眉县志》，第209页。
⑦ 乾隆《盩厔县志》卷二《建置·水利》，第25页b至第26页a。
⑧ 雍正《敕修陕西通志》卷九《山川二》，第41页a。

“沿象山，折西北，入道治，以达学之泮池，池满出，经府部街，入（黄）河，渠深七尺，宽四尺，上尽覆以石条，每百步凿孔，任民汲水称便”。[①] 周公渠因得到不同时期的多次疏浚修治，至晚清民国时期，仍在为供应城中泮池用水、居民生活用水发挥作用。[②]

同样位于关中渭河以南的华州城，在明清民国时期也将州城西南的太平峪海眼泉水引入城中。此泉“在州西南十五里，冬温夏凉，灌田，每大旱，此泉不竭”，[③] 出太平峪之后为太平河支流——南溪。南溪被引入华州城后，向城中园林池沼、衙署机关、庙学泮池以及农业生产供应水资源。对此，明隆庆《华州志》记载：“太平峪有五眼泉，一名海眼泉，引细流入于华州，城内花果蔬木之需，华州官署四宅之圃，咸冬夏用之，而不更注城外，即有余入于泮池。”[④]

除西安、鄠县、盩厔、潼关、华州五城外，明清民国时期华阴城曾开渠引城南黄神谷水注入城壕和庙学泮池；临潼城曾开渠引城南里许的汤泉水注入县署马王庙前的莲池和庙学泮池；渭南城曾开渠引城东南龙尾坡东的梁泉水进入城中；鄠县城曾开凿吕公河、白公河等，将城南檀谷水、皁谷水、栗谷水、阿福泉水、直谷水、涝谷水等引入城壕。

在关中渭河以南诸城中，蓝田城的微观城址环境与上述九城有所差别，但同样从城外开渠引水入城以供应城区用水需求，而且从明代一直持续到民国时期。蓝田城东有白马谷水，又名土胶河水，“在县东半里，以其混浊不清，故名之”。[⑤] 在明嘉靖之前，蓝田“城南旧有渠堰引（白马谷）水浇灌西寨一带田地”。[⑥] 明嘉靖二年（1523 年），蓝田知县王科因“城隘且无水”，[⑦] “于（白马谷水）上流凿石开渠，分水入县，居民得园圃之利”。[⑧]

---

① 康熙《潼关卫志》卷上《建置志第二·津梁》，康熙二十四年刻本，第 13 页 b。
② 《潼关文史资料》（第 6 辑）（内部交流），第 294—295 页。
③ （明）马理等纂《陕西通志》卷二《土地二·山川上》，第 72—73 页。
④ 隆庆《华州志》卷二《地理志·山川考》，光绪八年合刻华州志本，第 4 页 b。
⑤ 顺治《蓝田县志》卷一《山川》，收入傅璇琮等编《国家图书馆藏地方志珍本丛刊》（第 130 册），第 51 页。
⑥ 隆庆《蓝田县志》卷上《山川》，第 5 页 b。
⑦ （清）张廷玉等：《明史》卷二〇六《列传第九四·王科传》，中华书局，1974，第 5432 页。
⑧ 隆庆《蓝田县志》卷上《山川》，第 5 页 b。

此即白马谷渠，“一名青泥渠，又名黄龙渠”，[①]“日久渠道梗塞”。[②]在清顺治、乾隆、嘉庆、道光年间，蓝田多位知县均对该渠进行过疏浚修治。清顺治年间，“苏公就大始议浚水，继而代篆顾介石亦谆谆以水宜入城为念，且指画详明，令入东南隅出西北隅，不当正由城门，有志矣而未逮也，至郭公（显贤）加意浚导，渠路较前更阔”。[③]乾隆十二年（1747年），知县蒋文祚“与周生蕃嗣暨乡约樊瑞龙等谋，顺其水势，自蔡家湾小河口开凿”部分新渠，然后疏浚青泥坊旧渠。[④]道光十五年（1835年），蓝田知县胡元煐在《重修蓝田县青泥坊渠碑记》中记载：“国朝顺治间，苏公就大、顾公其言、郭公显贤继修之。嘉庆间，庄公达吉复修之，不数年旋圮。余莅玉山之次年，遍历原隰，得故渠遗址，偕邑绅张翰仙、廪生王日升等谋，顺水势，自蔡家湾小河口疏凿，横筑渠堰，甃以石板，中开渠口。当伏秋盛涨之时，启板泄水，不致冲激损堰，水落则闭板，蓄水导使入城，较从前堵塞之法颇善。”[⑤]至光绪二十六年（1900年），蓝田“知县周之济谕邑绅阎培棠、王文通、阎文枢等重测新渠”，[⑥]在城东“贾家沟引土胶河水入城，过县治前，由城西北隅穿洞而出，灌田五顷有余”。[⑦]到1930年春，蓝田县建设局“测得沿（城东门外南北）沟东北去十里许之贾家沟水，可以改流成渠，遂就地征工，开修新渠，引水流入城中，以资灌溉城内树株桑园，县前街澡塘一所，亦用此渠之水”。[⑧]

（二）关中渭北平原地区

在明清民国时期关中渭北平原诸城中，至少有六城曾开渠引水入城，

---

① 民国《续修蓝田县志》第三门志第六卷《土地志》，第20页b。

② 顺治《蓝田县志》卷一《山川》，收入傅璇琮等编《国家图书馆藏地方志珍本丛刊》（第130册），第52页。

③ 顺治《蓝田县志》卷一《山川》，收入傅璇琮等编《国家图书馆藏地方志珍本丛刊》（第130册），第52页。

④ （清）蒋文祚：《青泥坊渠口碑》，载嘉庆《蓝田县志》卷一一《艺文》，嘉庆元年刻本，第9页a—b。

⑤ 光绪《蓝田县志》附《文征录》卷一《掌故》，光绪元年刻本，第22页a至第23页a。

⑥ 民国《续修蓝田县志》第三门志第六卷《土地志》，第20页b。

⑦ 民国《续修陕西通志稿》卷五七《水利一》，第19页a—b。

⑧ 《各县建设工作琐志二：洋县、靖边、同官、蒲城、蓝田、耀县、咸阳》，《陕西建设周报》第2卷第3—4期，1930年6月，第16—18页。

其中包括郑白—龙洞渠[1]灌溉区的泾阳、三原和高陵三城。这三城均开渠引郑白—龙洞渠水入城，且持续时间较长（见图6－2）。

早在唐代，泾阳城就已通过郑白渠系的成村斗分水三分，“长流入县，以资溉用”。[2] 明代高陵县名流吕泾野在《泾阳修城记》中记载：“唐太和间（827—835年），泾流穿城，以给民用，岁月渐湮”；明正德十一年（1516年）泾阳修城时，“疏行如昔，复作石渠铁牖于水门”，引水入城渠道得以恢复。[3] 据清嘉庆二十四年（1819年）龙洞渠铁眼斗用水告示碑记载，成村铁眼斗“斗口系生铁铸眼，周围砌石，上覆千钧石闸，每月在于铁眼内分受水程，大建初二日起，小建初三日起，十九日寅时四刻止；每月初五、初十、十五日三昼夜长流入县，过堂游泮，以资溉用，名曰‘官水’”。[4] 可见，当时成村铁眼斗共有十六七日水程，其中有三昼夜向泾阳县城供水，引水入城渠道流经衙署、庙学等建筑区，即“过堂游泮”。到民国初年，引水入城渠道依然从县城“北门附近入城，过水道巷，绕县衙北墙外，西流入文庙，供衙、庙及居民商户饮用洗濯，尾水流出南城墙注往泾河”。[5]

在泾阳三限闸“北限”处，郑白—龙洞渠分北白渠东流，“过焦家堡，又东入（三原城）西关支分南流者为石囤斗，又东经（三原）县南城，至东关内支分为平皋小斗，又东出东关外支分为平皋大斗，又东北经林李堡为曲渠斗”。[6] 北白渠穿三原城而流往东南，向城中居民生活、农田灌溉、庙学泮池等供应水源，形成“白渠绕城”的壮观景致。后因龙洞渠水量有限、上游泾阳县的分水作用以及三原境内农业灌溉的耗水等多种因素的影响，北白渠入三原城供水水量减少，故“堰（三原城北清河）水入（北）白渠，故迹在县西门外，是时河浅，故得入渠”。[7] 晚

---

① 战国末年，郑国渠的修建开启了引泾灌溉。秦后，历代续修郑国渠，并在其基础上相继凿修白渠、丰利渠、王御史渠、广惠渠、龙洞渠等。为此，本书用“郑白—龙洞渠”泛指历史时期引泾灌溉渠道。参见《泾阳县志》，第203—206页。

② 乾隆《泾阳县志》卷四《水利志》，第27页a。

③ 柏堃编辑《泾献文存》外编卷四，第8页b。

④ 王智民编注《历代引泾碑文集》，陕西旅游出版社，1992，第59页。

⑤ 白尔恒等编著《沟洫佚闻杂录》，中华书局，2003，第205页。

⑥ 乾隆《三原县志》卷七《水利》，乾隆三十一年刻，光绪三年抄本，第3页b。

⑦ （清）穆彰阿等纂修《嘉庆重修大清一统志》卷二二七《西安府一》，第41页b。

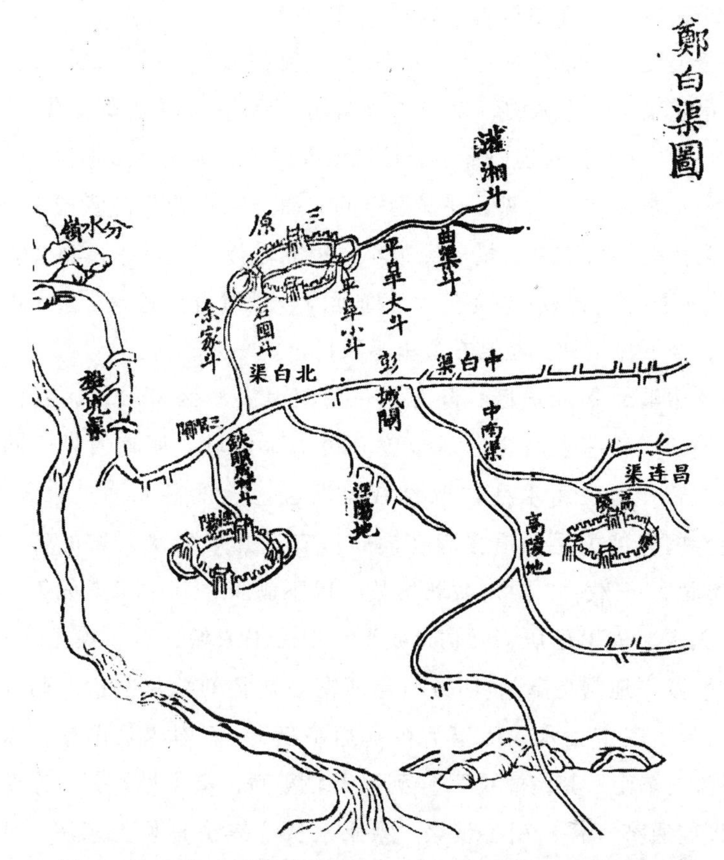

图 6－2　郑白—龙洞渠与泾阳、三原、高陵三城的位置关系

资料来源：乾隆《三原县志》卷首《图》，乾隆四十八年刻本，第 5 页 b 至第 6 页 a。中国国家图书馆藏品。图中“北白渠”“昌连渠”为笔者添加。

清时期，北白渠入城供水的功能已大大削弱，甚至堙塞不通。[①] 到 1943 年，国民党第三十七集团军总司令陶峙岳主持对入城北白渠修浚砌衬，“箍修三原城西关到东门外的一段水渠，拆除骑渠建筑八十余所，每隔五十米修桥一座”，[②] 并“主持在南关、东关、西关各修蓄水池一个”，“成立渠池委员会，改善了城内饮水”。[③] 新中国成立之后，三原城中渠道继续得到疏浚修治。1972 年，三原“城内东部弯道渠段由城隍庙经县政府

① 光绪《三原县新志》卷一《地理》，第 4 页 a。

② 中国人民政治协商会议陕西省三原县委员会文史资料委员会编《三原文史资料》（第 7 辑），三原县印刷厂，1990，第 30—31 页。

③ 《三原县志》，第 303、543 页。

到临履街一线”，“改道取直，砌石加固”。[①]

关于高陵城，元至元七年（1270 年）高陵知县王珪开渠将中南渠支流——昌连渠水引入城中，以“资民食用”。[②] 明嘉靖《高陵县志》载：“高陵令王珪又即县通远门下，引昌连渠入城中，委其余于莲池，至今有三分食用水之称。”[③] 可见，明嘉靖年间，昌连渠仍能为高陵城供应饮用水源。到清初，昌连渠水量已经很小，因此难以有水入城。对此，雍正《敕修陕西通志》记载：“今北门（通远门）外犹有渠迹，……昔时亦入临潼界，今下流微细，至县东五里墨张村止。”[④]

在关中渭北平原地区，除郑白—龙洞渠灌溉区三城外，我们目前还发现同州、富平、岐山三城也曾开渠引水入城。明清时期，同州城地下水咸苦，居民用水往往取自城池周边地区的井水、泉水。不过，明嘉靖年间，潼关兵备道张瀚在同州城有过开渠引水入城的努力，其《松窗梦语》记载：“同州城郭虽整，民不满千，其中半虚无人。余询知城中无水，人不乐居，乃访求泉源，引二渠入城，至今赖之。”[⑤]

富平城“地踞高阜”，明万历年间富平知县刘兑从县治北门外分怀德渠水，“引玉带渠水，历温河桥（通济桥），而南入县隍中，以资保障，下流处东南，其亩灌焉”。[⑥] 到明天启年间，富平城东门外东济桥建成，“即同通济（桥）引玉带渠，余水永从（东济）桥上东注，则窦村东北半臂直抵焦村可成水田，其利溥哉”（见图 6－3）。[⑦] 玉带渠不仅解决了护城河的防御蓄水问题，还为城郭东南的农业生产提供了灌溉水源。

岐山城在元代曾开渠引城池西北 15 里的润德泉水入城，供城中百姓食用、酿酒、灌蔬等。元至元十五年（1278 年），润德泉久涸复出。时

① 《三原县志》，第 294、47 页。
② 雍正《敕修陕西通志》卷三九《水利一》，第 54 页 a。
③ 嘉靖《高陵县志》卷一《地理志第一》，第 9 页 b。
④ 雍正《敕修陕西通志》卷三九《水利一》，第 54 页 a。
⑤ （明）张瀚：《元明史料笔记丛刊·松窗梦语》，盛冬铃点校，中华书局，1985，第 14 页。
⑥ 万历《富平县志》卷二《地形志》，第 3 页 b。
⑦ （清）赵兆麟撰，冯德正书《创修东济桥碑》［顺治十八年（1661 年）三月二十九日立石］，载刘兰芳、刘秉阳编著《陕西金石文献汇集·富平碑刻》，三秦出版社，2013，第 166—167 页。

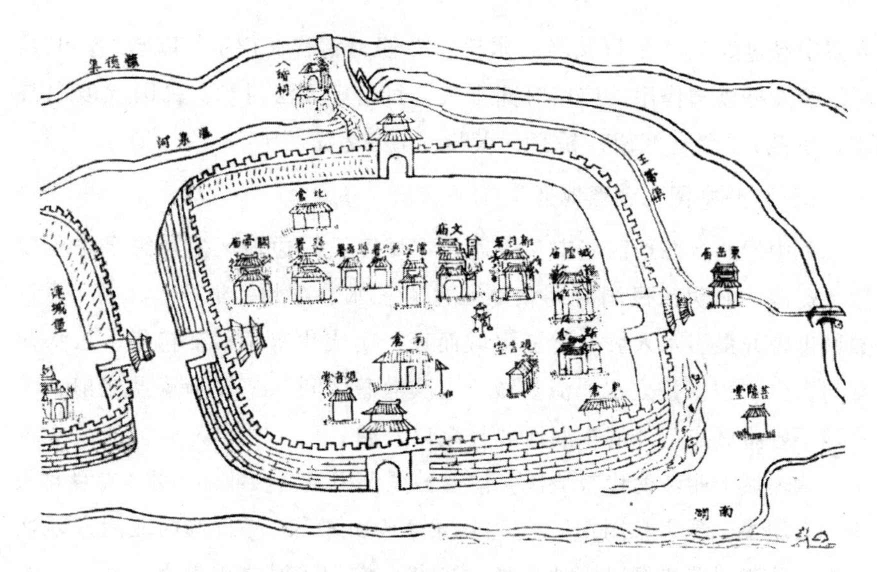

图6－3　富平玉带渠与城北通济桥、城东东济桥

资料来源：乾隆《富平县志》卷一《城池全图》，乾隆五年刻本，第3页b至第4页a。中国国家图书馆藏品。

任岐山知县刘桢发现岐山之阳、周公庙之侧的润德泉“数脉出焉，或滥或泛，昼夜不息”，并认为应当发挥其作用，倡导开渠引润德泉水南流“润城”。刘桢对同僚簿尉寇璋说：“今泉脉突出，洋溢滂湃，莫之能御，觱沸于源，泛滥于野，是有用之利置诸无用之境，可乎哉？若行其所无事，疏之而为沟，汇之而为池，使城市之人濯缨洗耳，酿酒溉蔬，咸获其利，如是则泉不为之虚器，周公不为之虚惠也。”得到寇璋的赞同后，刘桢等“祷神明，假人力，沿之而南，洫之而东，极其所至而后止”，将润德泉水引入岐山城中。到至元十九年夏五月，王利用途经岐山县城，“历其市井，则沟水流于居民之间，馆于公厅，则波水涨于垣墉之外”。[①] 润德泉水入城，给岐山城内居民生活带来了一定便利。至于润德泉何时停止向岐山城供水，我们目前尚未发现明确时间记载。据方志记载，岐山城西郭门外有润德桥，于清“顺治十三年（1656年）知县王彀、典史刘遇知重建，商民便之”；[②] 此桥上有石渠，为“润德泉水流

① （元）王利用：《润德泉复出记》，载光绪《岐山县志》卷八《艺文》，光绪十年刻本，第13页a至第15页a。

② 乾隆《凤翔府志》卷二《建置·关梁》，乾隆三十一年刻本，第16页b。

入城中经过处”，[①] 所以又名“水桥”。[②] 虽然清初润德桥得以修建，但是否继续发挥渡槽作用，作用时间多久，目前已无法得知。民国《岐山县志》也载：“今（润德）桥存，水涸，渠亦久湮。”[③]

（三）关中渭北台塬地区

关中渭北台塬地区城市一般通过在城区及周边地区凿井浚泉来获取用水资源，但明清民国时期该地区也有三水、耀州、邠州、永寿[④]等少数城市曾开渠引水入城。就三水城而言，明成化末年弘治初年，三水知县马宗仁“引西溪之水通流县城，人获灌溉之利”；[⑤] 在清康熙之前，三水城还曾将城东门外的东涧河“导之以入城”。[⑥]

耀州城于明清两代曾疏浚修治通城渠，引城池西北的沮水，“灌北关田，入城中，灌官私园田”。[⑦] 通城渠本金元故渠，“自城西北隅穴地而通流，达于州署之侧以为池，种竹植花，惟为当时之观美焉，而于民则无所利也”，元末明初“湮塞泯迹”。[⑧] 明永乐四年（1406 年），耀州判官华子范筑堰穿渠，修复通城渠，“浇灌附郭，分其流于城中”；[⑨] 成化七年（1471 年），耀州知州邓真“修故通城渠，人大利焉”；[⑩] 嘉靖三十九年（1560 年），耀州知州江从春再次疏浚修治通城渠，并将其引入泮池；到清乾隆年间，通城渠还在继续发挥供水作用，乾隆四十四年《西安府志》称其“至今利赖”。[⑪]

关于邠州（县）城，宋代刘几，明代张九思、齐完、刘三顾，民国赵思献，均有开渠引水入城的努力。宋代邠州通判刘几见“邠地卤，民

---

① 民国《岐山县志》卷二《建置·桥梁》，民国 24 年西安西山书局铅印本，第 6 页 a。

② 乾隆《岐山县志》卷二《建置·桥梁》认为润德桥并非西郭门外，而是“城北二里许有桥曰‘水桥’，上有石渠，系引润德泉水入城所经之处，（旧志）恐误”，第 8 页 a。

③ 民国《岐山县志》卷二《建置·桥梁》，第 6 页 a。

④ 关于永寿麻亭故城营建渠道引水入城的历史，参见本书第八章的专题研究，在此不再讨论。

⑤ （明）李锦：《创修城池记》，载康熙《三水县志》卷四《艺文》，第 15 页 b。

⑥ 康熙《三水县志》卷二《山川》，第 11 页 b。

⑦ 嘉靖《耀州志》卷二《地理志·耀州渠》，嘉靖三十六年刻本，第 11 页 a。

⑧ （明）王袆：《通城渠记》，载康熙《陕西通志》卷三二《艺文·记》，康熙五十年刻本，第 23 页 a—b。

⑨ 嘉靖《雍大记》卷一一《考迹》，第 20 页 b。

⑩ 嘉靖《耀州志》卷六《官师志》，嘉靖三十六年刻本，第 2 页 a。

⑪ 乾隆《西安府志》卷二五《职官志》，第 31 页 a。

病远汲”，便决定开渠引水入城，当时有“客曰：‘自郭汾阳城此州，苟外水可酾，何待今日？无为虚费劳人也！’”，但“几不答，未几，水果至，凿五池于通逵，民大便利”。[①] 可见，邠州城实现开渠引水入城并不容易。明嘉靖三十五年，张九思任邠州州判，“政事可称，引水入城”；[②] 次年，齐完知邠州，也“引水入城，居民甚便”；[③] 明末刘三顾知邠州，继续开渠“引水入城，满州利赖”。[④] 到民国时期，上述引水入城渠道“久已淤塞，遗地亦无可考”。[⑤] 1926 年，邠县知事赵思献“拟引水入城，百计经营，终以内高外低，无从设法，遂尔中止”，[⑥] 这再次说明邠州（县）城的开渠引水入城并非易事。

（四）关中西部及天水地区

在关中西部及天水地区，我们目前也发现宝鸡、伏羌（甘谷）、宁远（武山）、汧阳等城在明清民国时期曾开渠引水入城。不过相比其他亚区，该亚区城市的开渠引水入城在整个城市供水中的地位可能要弱一些，史料记载比较单薄。宝鸡城在明清民国时期曾将城北的八角泉水等引入城中，前文已经提及，在此不再赘述。位于关中西部千河流域的汧阳城东有天池沟，清康熙六年（1667 年）《陕西通志》载天池沟“傍有长渠，引水入城”，[⑦] 而雍正十三年（1735 年）《敕修陕西通志》却载天池沟“近旁有长渠，引水入城，最有济，宜更修广，今废”。[⑧] 在天水地区，明景泰年间，伏羌知县王珣创开通济渠，“在伏羌县西一十里，自延泉铺引渭水穿城至东川，复入于渭，东西灌地四十余里，又于城内修官磨一轮，官民便之”。[⑨] 离伏羌城不远的宁远（武山）城因城区居民饮水困难，曾“引红峪水入城，南关小学等处，都设有蓄水池”。[⑩]

---

① （元）脱脱等：《宋史》卷二六二《刘几传》，第 9075 页。
② 顺治《邠州志》卷二《政事·州守》，第 10 页 b。
③ 顺治《邠州志》卷二《政事·州守》，第 7 页 a。
④ 顺治《邠州志》卷二《政事·州守》，第 8 页 b。
⑤ 民国《邠州新志稿》卷一七《人物》，民国 18 年抄本，第 4 页 b。
⑥ 民国《邠州新志稿》卷一七《人物》，第 4 页 b。
⑦ 康熙《陕西通志》卷一一《水利》，康熙六年刻本，第 26 页 b。
⑧ 雍正《敕修陕西通志》卷四〇《水利二》，第 7 页 a。
⑨ 乾隆《甘肃通志》卷一五《水利》，乾隆间《四库全书》本，第 6 页 a—b。
⑩ 政协武山县文史委员会编《武山县文史资料选辑》（第 2 辑）（内部发行），武山县印刷厂，1989，第 125 页。

三 汲河水与聚雨水

据上文所述，明清民国时期关中－天水地区有两种区域性城市供水方式，即城区凿井浚泉和开渠引水入城。前者具备区域普遍性，大体上是该地区城市的主要供水方式；后者的区域普遍性不如前者，有一半多城市使用过这种供水方式，不过在关中渭河以南地区具有普遍性。除此之外，明清民国时期关中－天水地区城市还存在一些其他供水方式，如汲取河水、凿池聚雨等。从目前掌握的资料来看，这些方式是一些城市供水的重要补充，在整个关中－天水地区可能不具备区域普遍性特征。

（一）汲取河水

本书第二章已经指出，明清民国时期关中－天水地区有大量城市位于河流沿岸。在这些临河近河城市中，有一部分城市通过汲取河水供应城市居民使用，但河水应该只是这些城市居民用水的重要补充。位于渭河岸边的咸阳城，在明清时期有相当一部分人饮用城南渭河水，不过渭河水泥沙含量大，比较混浊，需要经过沉淀才能使用。[①] 到民国时期，因咸阳城区水井水质存在问题，难以满足城区居民用水，这样渭河水仍是可利用水源。[②] 民国时期刘安国的《陕西交通挈要》在记载咸阳城区居民用水时，指出“闻现时用河水者多”。[③] 与咸阳城相似，麟游城南一里有麟游水，“经城下，邑人取汲”，[④] 但其主要使用的应该还是城区及周边的井泉水。

汲取河水供应城市，并非临河近河城市的专利，距离河流一定距离的城市也曾有此努力，只不过需要付出更多的艰辛。西安城虽称“八水绕长安”，不过八水“均远在数十里外”，[⑤] 即便如此，也有人从相距30多里的渭河汲取河水送入城中。曾在西安城住过半年时间的严济宽，在出城游玩时，“往往看到一车一车的水，‘既厄既厄’地由城外送来，川

① 《咸阳市志》（第1卷），第574页；《咸阳市建设志》，第252页；咸阳市秦都区地方志编纂委员会编《咸阳市秦都区志》，陕西人民出版社，1995，第741页。

② 《咸阳市建设志》，第252页。

③ 刘安国：《陕西交通挈要》，第38页。

④ （明）马理等纂《陕西通志》卷三《土地三·山川中》，第92页。

⑤ 鲁涵之、张韶仙编《西京快览》第一编“概要”，第14页。

流不息地”。[①] 白水城居民曾因城区井水、窖水不足，到县城五里外的白水河中游挑水，“每值雨雪载途，民殊不便”。[②] 1958 年，白水城西门外建成水电供应站，开始从白水河抽水，向白水城供应自来水。[③] 澄城县城在明弘治年间开凿芳泉井之前，也曾“远汲三里涧中”，[④] 即县西河。澄城县西河即澄水，“则甘泉、隋公泉、澄泉、洗肠泉、搠枪泉诸水所会”，[⑤] “一名‘官水’，在县西三里，人多资汲”。[⑥] 直到新中国成立之前，澄水仍是澄城城区用水的重要来源之一，城区百姓来澄水人担畜驮取水。[⑦]

一些城市因城区井泉或渠道供水一时艰难，河水一度成为城区居民用水的主要来源。就清代三原城而言，因龙洞渠水量减少且“渠坏”，再加上龙洞渠上游泾阳县的分水作用，至清同治五年（1866 年）修浚龙洞渠时，“水不至原者几二十年”。[⑧] 清光绪《三原县新志》在记述同治初年三原城供水状况时，提到“白渠旧穿城过，居人多赖以养，近堙不通，果得上流疏导，匪惟溉田，而阖城得食，较河水为尤便，斯亦当事者所宜加意焉”。[⑨] 到民国时期，三原清河水流“滔滔不绝，全城商民饮料灌溉均赖此”，[⑩] “水质虽不甚浊，然不能直供饮用，须放置数小时，以沉淀其他物质不可”。[⑪]

河水供水可能存在水污染问题，这在渭河以南的鄠县、渭南、潼关等城表现较为明显。鄠县城位于涝河沿岸，人抬、肩挑、车拉涝河水入城是城区居民生活用水的重要来源之一。到 1957 年底，鄠县热电厂建成

---

① 严济宽：《西安——地方印象记》，《浙江青年》第 1 卷第 2 期，1934 年 12 月，第 245—260 页。

② （清）卢坤：《秦疆治略》，收入《中国方志丛书·华北地方》第 288 号，第 64 页。

③ 《白水县志》，第 20 页。

④ 嘉靖《澄城县志》卷一《地理志·井泉》，第 8 页 a。

⑤ 天启《同州志》卷一《舆地·山川》，第 15 页 b。

⑥ 康熙《陕西通志》卷一一《水利》，康熙六年刻本，第 16 页 a。

⑦ 《澄城县志》，第 284 页。

⑧ 光绪《三原县新志》卷三《田赋》，第 19 页 a。

⑨ 光绪《三原县新志》卷一《地理》，第 4 页 a—b。

⑩ 《秦行调查三原商业报告书（民国四年三月）》，《中国银行业务会计通信录》第 5 期，1915 年 5 月，第 25—49 页。

⑪ 刘安国：《陕西交通挈要》，第 45 页。

投产，涝河上游污染严重，涝河水无法饮用，城区居民用水出现困难。[1]渭南城除在城区凿井汲水之外，城西湭河（沋河）之水也是城区的一大重要水源，不过水质不佳。[2] 除在城区汲取井泉水和开渠引水入城之外，潼、黄二河之水也是明清民国时期潼关城居民用水的重要补充。不过，黄河水“以明矾沉淀之，待其澄乃供饮料，但不免酸味及恶臭”；[3] “潼（河）水流经城内，北注黄河，每届夏季，污浊不堪，沿河妇女藉以洗濯衣服者，日数百人，居民以为饮食者为益民渠水”。[4]

（二）凿池聚雨

胡英泽认为，开凿水池集蓄自然降水是明清时期我国北方地区解决民生用水困难的有效形式。[5] 我们发现，“凿池而饮”可能并非明清时期关中－天水地区城市供水的最主要方式，而是渭北台塬地区一些城市的重要供水方式。由于“渭北黄土层过厚，往往凿井至百余公尺，尚不及泉，即幸而得泉，汲饮艰难，量亦不丰，故在此等地带，皆以窖或明池储雨水代井，前者如蒲城、白水、郃阳、澄城等县，后者如淳化、栒邑等县是也”。[6] 这里更多指的是乡村地区，因为“治城所在，故井深尚可凿，其乡间乏井，则无为之计者，推之韩郃各县民，此等苦况在在皆然”。[7] 至于城市，凿井浚泉汲取城区地下水应该还是主要供水方式，同时也在使用窖或明池所储存的雨水，如白水、澄城、宜君等城。

白水城早在宋代就有聚雨而成的永益池，“筑堤注水，以便汲饮”。[8]到明清时期，白水城仍然筑堤聚积雨水以供城中居民饮用。清顺治《白水县志》记载：“永益池，县门之西，俯下临宇，古注潦之所也。二亭中起，传名‘吏隐’，乃元和中白行简刻石在焉。……艰于汲引，民患

① 《陕西省户县城乡建设志》（内部资料），第29页。
② 刘安国：《陕西交通挈要》，第47页。
③ 刘安国：《陕西交通挈要》，第57页。
④ 《潼关益民渠，商民请求修补》，《大公报》（天津）1933年5月3日，第6版。
⑤ 胡英泽：《凿池而饮：明清时期北方地区的民生用水》，《中国历史地理论丛》2007年第2辑，第63—77页。
⑥ 李隼：《渭北高原上之饮水用水问题》，《陕西水利月刊》第3卷第12期，1936年1月，第4—14页。
⑦ 民国《续修陕西通志稿》卷六一《水利五》，第16页a。
⑧ 万历《白水县志》卷四《古迹》，第23页b至第24页a。

于不久，亦为政之忧也。因是命筑堤，天泽既潴，一邑斯济。”[①] 此外，清道光《秦疆治略》也载，白水“城外东北止有井二眼，北井水甘，东井水咸，不敷民食，皆取给于窖”，[②] 窖水成为城区居民用水的重要补充。除白水城使用窖水外，澄城县城在20世纪50年代为解决城区居民生活用水问题，也在城中大操场打水窖两口。[③] 民国刘安国《陕西交通挈要》也指出，当时宜君城居民生活用水问题严峻，城中井水多为苦水，县城“东部则井泉均无，仅开窖积雨水而用之”。[④]

四　水源的人工售卖

由于城区地下水质存在区域差异以及其他因素，户户凿井汲水并非易事，渠水供水无法贯通每户，河水供水存在着距离远近问题，因此沿街推车、挑担卖水便成为城市供水的重要补充措施。在明清民国时期的关中－天水地区，西安、咸阳、盩厔、三原、兴平、永寿、长武、秦州（天水）、宁远（武山）等城出现过沿街卖水现象。按照出售水源类型来分，人工卖水大体分为两类：一类是售卖井泉水，一类是售卖河水。大体以前者为主，目前尚未发现有售卖渠水或雨水的。

就井泉水的人工售卖而言，清乾隆以后的西安城表现较为突出。到民国时期，西安“全市人民的饮料都得化（花）钱到西门去买”，[⑤] “每天有五十几个工人，昼夜不断的在打水”，“担水的夫子在那里守候的亦不少，真是热闹得很”。[⑥] 王望《新西安》也载：当时西安城中“专以运送甜井之买卖甚盛，市中推手车大车以搬运者，络绎不绝，西门甜水井傍每日水车蚁集，不断向城内输送，该井日夜汲取不涸，赖此以营生者，达数百人”。[⑦] 1934年之后，西安城更是出现西京冰厂等以卖水为业的厂家。拉车卖水的水车夫，从公用甜水井汲水或从水厂、私人甜水井买水，

---

① 顺治《白水县志》卷下《艺文》，第25页b至第26页a。
② （清）卢坤：《秦疆治略》，收入《中国方志丛书·华北地方》第288号，第64页。
③ 《渭南市水利志》，第192页。
④ 刘安国：《陕西交通挈要》，第90页。
⑤ 倪锡英：《西京》，第133页。
⑥ 黄园槟：《西安一瞥》，《中国学生》第1卷第9期，1935年11月，第23页。
⑦ 王望编《新西安》，第22页。

走街串巷，卖给城市居民。[①] 除卖凉水外，当时也卖沸水，不过价格较贵，“煮沸者每杯价约六七厘”，[②] “大约在上海老虎灶上用一枚铜元买得来的一瓶沸水，在西安就要八个铜元（约合大洋两分）”。[③] 西安居民购买甜水主要用来饮用，而“洗脸等用的水，那都是混浊不堪而带咸味的”。[④] 卖水的水车夫多为外地来西安避难的贫民。1939 年，西安城内成立水车夫行业组织——水车夫职业工会，对城中卖水人员进行协调、管理。[⑤] 1952 年西安城建立自来水厂后，卖水行业迅速衰落，城区各处水井陆续填埋，到 1958 年，西安城内卖水行业正式退出历史舞台。[⑥] 西安城区之所以会出现卖井泉水现象，应该在于“甜水井”地理位置的局限，距离甜水井较远地区的居民难以亲自汲取，只能通过购买获取。

相比渭河以南的西安城，渭河以北的长武、永寿、兴平等城同样出现过卖井泉水现象。清乾隆年间，长武城区开始凿井汲水，但因“提取困难，官商居民仍多饮用北水沟通济泉水，常年有 30 多人担挑卖水为业”，[⑦] “每逢隆冬，坡陡路滑，常因挑水跌崖而造成伤亡事故”。[⑧] 1941 年，永寿县治正式迁至监军镇，新城区人畜饮水依旧困难，商民饮水靠购买甜水，城南南堡子一些井户靠卖水为生。[⑨] 兴平城在民国年间，“商贾用水，全靠穷苦人卖水供给”。[⑩]

即便在城区地下水资源比较丰富的关中西部及天水地区，同样存在卖井泉水现象。秦州（天水）城在使用自来水以前，城区居民生活用水主要来自大城西南隅南祥门外的官泉。由于秦州（天水）城“五城连珠”，一字排开，城池规模较大，到官泉汲水成为离官泉较远百姓的一大

① 《西安市志　第二卷·城市基础设施》，第 159—160 页。
② 刘安国：《陕西交通挈要》，第 37 页。
③ 陈必贶：《长安道上记实》，《新陕西月刊》创刊号，1931 年 4 月，第 116—124 页。
④ 黄园槟：《西安一瞥》，《中国学生》第 1 卷第 9 期，1935 年 11 月，第 23 页。
⑤ 《西安市水利志》，第 428 页。
⑥ 《西安市志　第二卷·城市基础设施》，第 160 页；史红帅：《民国西安城市水利建设及其规划——以陪都西京时期为主》，《长安大学学报》（社会科学版）2012 年第 3 期，第 29—36 页。
⑦ 《长武县志》，第 267 页。
⑧ 《长武县志》，第 309 页。
⑨ 康振仁：《永寿县城今昔》，载《永寿文史资料》（第 4 辑），第 17—27 页。
⑩ 《兴平县志》，第 439 页。

生活难题。秦州东关城百姓为饮官泉甜水，“每隔多日抽空让孩子们几里路上抬回一半桶”。[①] 因此，秦州（天水）城区出现了靠卖官泉水为生者，其数目不下数十人，他们肩挑驴驮，以远近论价，水价昂贵。[②] 民国时期，武山城内也“有三五人以卖水为业，预约供水，按担付钱”。[③]

与上述人工售卖井泉水不同，三原、咸阳等城因距离河流较近，出现卖河水现象。前文已经指出，三原城因城区井泉或渠道供水一时艰难，河水一度成为城区居民用水的主要来源，城区随之出现以卖清河水为生的贫民，“贫者复藉食其间，盖水利可记之一端也”。[④]晚清三原著名诗人杨秀芝《池阳竹枝词》诗云：“一曲清流彻底清，沿河两岸列雕甍。侵晨忽破香闺梦，偏是贫儿卖水声。”[⑤] 到民国初年，“川省苦力流徙三原者，于无一定之职业时，即赁桶担卖河水，藉以谋生”。[⑥] 当时三原龙桥下“即为其汲引之场，故挑夫驴马络绎不绝，以供市中之用，挑夫两桶为一担，其值约洋一分，驴马两桶较大，其值约一分许”。[⑦] 与三原城一样，咸阳城区在近代也出现了卖河水的行业，专门为商号、住户挑送渭河水，出现了职业送渭河水工人。[⑧]

五　小结

本章对明清民国时期关中 - 天水地区城市供水情况进行了逐一考察，探讨了该地区城市水利现代化建设之前城市供水的总体特征和区域差异。具体认识如下。

1. 从城市供水的水源类型来看，明清民国时期关中 - 天水地区城市供水的水源包括地下水（井泉水）、渠水、河水和雨水四类。其中，地下水应该是明清民国时期该地区城市用水的主要来源。何一民先生认为，

---

① 窦建孝、刘大有：《天水街道的变迁》，载中国人民政治协商会议天水市委员会文史资料委员会编《天水文史资料》（第 4 辑），天水新华印刷厂，1990，第 26—40 页。

② 《天水市秦城区志》，第 278 页。

③ 《武山县志》，第 486 页。

④ 康熙《三原县志》卷一《地理志 · 河渠》，第 8 页 a。

⑤ 潘志新编选《古今诗词咏三原》，香港天马图书有限公司，1999，第 78 页。

⑥ 《秦行调查三原商业报告书（民国四年三月）》，《中国银行业务会计通信录》第 5 期，1915 年 5 月，第 25—49 页。

⑦ 刘安国：《陕西交通挈要》，第 45 页。

⑧ 《咸阳市渭城区志》，第 142 页；《咸阳市建设志》，第 252 页。

在传统农业时代，凿井修渠技术并不发达，且水井和渠道的供水量十分有限，城市离开了江河几乎是不可想象的，因此近水筑城、临河建城成为城市选址的基本要求。[①] 然而根据我们对明清民国时期关中－天水地区城市的逐个考察得知，情况也许并非如此。尽管明清民国时期关中－天水地区城市地下水呈现明显的内部区域差异，但在城区及周边地区凿井浚泉汲取地下水应该是该地区城市供水的最主要方式，具有区域普遍性特征。明清民国时期，渭北台塬地区城市地下水位埋藏较深，呈现"土厚水深"的用水环境特征，不过凿井浚泉汲取地下水对该地区城市建设发展仍然十分重要；关中西部及天水地区城市地下水位埋藏较浅，在城区凿井浚泉汲取地下水最为便利，尤其是疏浚城区的泉水。

2. 开渠引水入城是明清民国时期关中－天水地区一种区域普遍性仅次于凿井浚泉的城市供水方式。目前，我们共发现24座城市曾开渠引水入城，占当时该地区城市总数的一半多，其中渭河平原地区至少有73%的城市曾开渠引水入城。关中渭河以南诸城均曾营建渠道，将秦岭北麓的泉水、河水引入城中，以满足城市建设发展对水资源的需求。这启示我们今天要做好秦岭山区的植被保护工作，保护好涵养水源的植被。

3. 除城区凿井浚泉和开渠引水入城两种区域性城市供水方式之外，明清民国时期关中－天水地区城市还存在一些其他类型水源的供应方式，如汲取河水、凿池聚雨等。此外，除上述直接获取井泉水、渠水、河水和雨水之外，明清民国时期关中－天水地区一些城市还存在一种沿街推车、挑担卖水的间接供水方式。不过，从我们目前的调查来看，这些方式是明清民国时期关中－天水地区一些城市供水的重要补充，在整个关中－天水地区可能不具备区域普遍性特征。今天，"凿池聚雨"这种传统城市供水方式仍然具有重要价值，可在该地区建设新型窖池集雨工程以供水城市，同时积极发展雨水回收和利用技术。

---

① 何一民.《近水筑城：中国农业时代城市分布规律探析》，《江汉论坛》2020年第7期，第87—91页。

第七章　明清民国时期关中－天水地区城市引水渠道的营建与管理

开渠引水入城是历史时期城市供水的重要方式之一。著名城市理论家刘易斯·芒福德曾指出："大城市最具代表性的技术成就是那些能推进城市积聚的，其中最早的是水道河网的疏理技术，利用水库蓄水、利用巨大的主河道和管网体系从开放的郊外向城市中心输水。"① 早在公元前312年，罗马城修建了第一条引水渠道，开创了人工引水入城的工程纪录；在此后600年中，罗马城营建了10余条引水渠道。② 这些前所未有的公共工程，将罗马城市建设推到一个新的水平，使罗马城有能力承载不断增长的人口。③ 开渠引水入城同样是我国历史时期解决城市用水问题的重要方式，如隋唐长安城的龙首渠等。近些年来，古代城市引水渠道的营建历史与技术成就得到学术界的关注，其中不乏我国历史时期的城市引水渠道。④

本书第六章已经指出，开渠引水入城是明清民国时期关中－天水地区一种区域普遍性仅次于凿井浚泉的城市供水方式。其中，西安城引水渠道的水源、开凿过程、流经脉络、后世修浚、变迁湮废等已得到广泛

---

① 〔美〕刘易斯·芒福德：《城市文化》，第273页。

② P. Bono, C. Boni, "Water Supply of Rome in Antiquity and Today," *Environmental Geology* 2 (1996): 126－134.

③ 〔美〕科特金（Kotkin, J.）：《全球城市史》，王旭等译，社会科学文献出版社，2014，第52页。

④ G. D. Feo, et al., "Historical and Technical Notes on Aqueducts from Prehistoric to Medieval Times," *Water* 4 (2013): 1996－2025; X. Y. Zheng, "Water Management in a City of Southwest China before the 17th Century," *Water Science & Technology: Water Supply* 3 (2013): 574－581.

考证与充分探讨。[①] 然除西安城外，学界目前对明清民国时期关中－天水地区其他城市的引水入城渠道关注不多。[②] 本书第六章已经指出，明清民国时期关中－天水地区至少有24座城市曾开渠引水入城，占该地区城市总数（46座）的一半多。那么，这些城市引水渠道最初发起建设的具体原因是什么？建成后的实际功效如何？引水渠道在城池内外又是如何营建和加以管理的？本章基于区域整体视角，对这24座城市的引水入城渠道进行逐一考察，试图解答上述问题。

一 初因与实际功效

营建城市引水渠道当然是为了向城市供应水资源，这是毫无疑问的。问题是城市引水渠道营建的最初原因并不一样。在城市现代化建设之前，我国传统城市的用水需求主要体现在民生用水、护城河用水、庙学泮池用水以及城区农业生产用水等方面。城市引水渠道因上述用水需求中的某一或某些方面而发起营建，但建成之后发挥的实际功效往往超出最初的预期，发挥出多方面的功能效应。明清民国时期关中－天水地区城市引水渠道的营建充分说明了这一点。

充足且干净的饮用水无疑是城市居民生存生活的首要保障，故"为政在急先务，而水于民用最切，不可一日无"。[③] 如果城区地表地下可供饮用的水源不足，那么就必须通过相关水利工程措施引水入城，渠道引水是最主要方法。元代高陵知县王珪将昌连渠水引入高陵城中，最初目的就是"资民食用"。[④] 明代西安龙首、通济二渠得以开凿的最初原因

---

① 关于西安城引水渠道的研究成果主要有黄盛璋《西安城市发展中的给水问题以及今后水源的利用与开发》，《地理学报》1958年第4期，第406—426页；王其祎、周晓薇《明西安通济渠之开凿及其变迁》，《中国历史地理论丛》1999年第2辑，第73—98页；吴宏岐、史红帅《关于明清西安龙首、通济二渠的几个问题》，《中国历史地理论丛》2000年第1辑，第117—137页；王元林《明清西安城引水及河流上源环境保护史略》，《人文杂志》2001年第1期，第121—127页；史红帅《明清时期西安城市地理研究》，第132—171页；史红帅《民国西安城市水利建设及其规划——以陪都西京时期为主》，《长安大学学报》（社会科学版）2012年第3期，第29—36页。

② 李令福先生对明清三原、泾阳二城的引水渠道有专门探讨。参见李令福《关中水利开发与环境》，第324—326页。

③ （明）刘玑：《重修官井记》，载顺治《邠州志》卷四《艺文·撰记》，第12页a。

④ 雍正《敕修陕西通志》卷三九《水利一》，第54页a。

也是向西安城输送居民饮用水。明人王恕在《修龙首、通济二渠碑记》中记载了龙首、通济二渠最初开凿的原因："陕西城中水苦咸不可用，故昔人凿龙首、通济二渠，引城外河水入城，由是城中王侯、官僚以及军民百万余家，皆得甜水，以造饮食，厥功懋哉。"[①] 明代西安城通济渠的开凿还在于龙首渠"水利止及城东，西北居民不得取饮"。[②] 无论是高陵城开渠引昌连渠水入城，还是西安城开凿龙首、通济二渠，渠道建成之后不仅达到最初的预期，而且发挥出向护城河供水、营建城市水体（高陵莲池、西安莲花池等）、满足庙学泮池蓄水等多方面的功效。

民生用水除饮用水外，还包括卫生用水、园林池沼用水等方面。一些城市引水渠道最初因饮用水的需求而营建，但建成之后在上述方面也发挥了重要作用。比如卫生用水，著名城市理论家刘易斯·芒福德曾指出，"卫生学增加了供水系统的重要性，不仅要求供水的纯净度，而且要求必须不断增加供水量"，"经常性地洗手、洗澡使活水成为城市规划和社区构建中必不可少的元素"。[③] 1930 年春，蓝田县建设局从城东北贾家沟处"开修新渠，引水流入城中"，不仅满足城区居民的饮用水需求，还"以资灌溉城内树株桑园，县前街澡塘一所，亦用此渠之水"。[④]

当然，饮用水之外的其他民生用水需求本身也可以成为城市引水渠道营建的初因。比如园林池沼用水，城市内部若拥有一定的园林池沼，这对改善城市居民生活、调剂精神有重要帮助。1932—1933 年，西京筹备委员会致函陕西省建设厅，商洽修浚龙渠事宜，指出龙渠的修复"关系城市风景及市民卫生至为重要"，通过龙渠引城外河水入莲湖、建国等公园，可以"资市民游览而调剂其精神"。[⑤] 民国时期，王季卢在《西安市龙渠工程报告》中更是明确指出，"龙渠是引导浐河清

---

① （清）李元春汇选《关中两朝文钞》卷一，第 21 页 a。

② 《明实录》第 22 册《明宪宗实录》卷一二，天顺八年十二月甲午，第 265 页。

③ 〔美〕刘易斯·芒福德：《城市文化》，第 455 页。

④ 《各县建设工作琐志二：洋县、靖边、同官、蒲城、蓝田、耀县、咸阳》，《陕西建设周报》第 2 卷第 3—4 期，1930 年 6 月，第 16—18 页。

⑤ 西安市档案局、西安市档案馆编《筹建西京陪都档案史料选辑》，西北大学出版社，1995，第 155 页。

洁之水入内，及宣泄雨水灌注莲湖及建国公园，以点缀风景为目的者”。[①]

除民生用水问题外，护城河用水问题也是我国历史时期城市建设发展经常面临的问题，尤其是在西北内陆地区。明成化元年（1465 年），西安城通济渠的开凿，其初因不仅在于向城中供应民生用水，还在于向护城河供水以利城防。时任陕西巡抚项忠在《新开通济渠记》中说：“若城池无水，则防御未周，水饮不甘，则人用失济，此通济渠所以不得不开，而开之其有以利泽乎将来也大矣。”[②] 清康熙以后，龙首、通济二渠向西安城中供水功能虽逐渐减弱，但出于军事防御，二渠向护城河供水一直得到重视。据李令福先生研究，清雍正以后龙首渠的疏浚皆与灌注护城河有关。[③] 与西安通济渠的开凿初因相似，渭河以南的盩厔城通过开凿广济渠引城南骆谷（峪）水“入隍，卫城”，[④] 以实现“城市咸得水用，城堑又得回护”[⑤] 的双重目的。

不过，也有城市营建引水入城渠道的起因主要在于向护城河供水。渭北富平城因位居高阜，护城河经常无水少水。明万历年间，富平知县刘兑从县治北门外分怀德渠水，“引玉带渠水，历温河桥，而南入县隍中，以资保障”。[⑥] 玉带渠水注入护城河后，富平城的防御得到加强，故万历《富平县志》称“今得金汤”。[⑦] 无论是西安通济渠、盩厔广济渠，还是富平玉带渠，建成之后首先肯定是在一定程度上满足了护城河的用水需求，同时也带来了一些其他功能效应。比如富平玉带渠，不仅因其“绕城如带耳”，[⑧] 成为富平八景中的“玉带环流”，还为城郭东南的农业

---

① 王季卢：《西安市龙渠工程报告》，《北洋理工季刊》第 4 卷第 3 期，1936 年 9 月，第 49—53 页。

② （明）项忠：《新开通济渠记》，明成化元年（1465 年）仲秋立，碑存西安碑林博物馆第 5 展室。参见王其祎、周晓薇《明西安通济渠之开凿及其变迁》，《中国历史地理论丛》1999 年第 2 辑，第 73—98 页。

③ 李令福：《关中水利开发与环境》，第 317 页。

④ 康熙《盩厔县志》卷一《地理·水利》，第 10 页 b。

⑤ （明）项忠：《记事之碑》（明成化五年二月十六日立石），载张发民、刘璇编《引泾记之碑文篇》，黄河水利出版社，2016，第 41 页。

⑥ 万历《富平县志》卷二《地形志》，第 3 页 b。

⑦ 万历《富平县志》卷二《地形志》，第 3 页 b。

⑧ 万历《富平县志》卷一〇《沟渠志》，第 3 页 b。

生产提供了灌溉水源，“其利溥哉”。[①]

与护城河一样，庙学泮池也是我国历史时期城市中的一处基本水体。地方庙学营建泮池受先秦时期鲁国泮宫边的泮水影响，[②] 旨在尊崇礼制，“修泮池者，壮学宫也，壮学宫者，尊孔子也，尊孔子者，崇其道也”。[③] 泮池蓄水意义显著，希望学子从圣人“乐水”、以水比德中得到启示，进而砥砺品行。[④] 因此，泮池蓄水问题的解决是城市庙学建设的重要内容。或借用城中水系营建泮池，如南京夫子庙；[⑤] 或引城中河湖之活水营建泮池，如福建泉州文庙；[⑥] 或将山坡雨水汇入泮池，如四川乐山文庙；[⑦] 等等。关中-天水地区位于我国西北内陆地区，城区地表水资源比较匮乏，无法像丰水地区那样从城中水系、水体获取泮池用水资源。因此，该地区一些城市专门营建引水入城渠道来解决泮池蓄水问题，如潼关、耀州、华阴等城。明嘉靖二十二年至二十三年（1543—1544 年），周相、汪尚宁为解决当时潼关卫学泮池蓄水问题，特意营建周公渠，“引潼水自南门入，折流注之泮池，北折而达于黄河”。[⑧] 明嘉靖耀州知州江从春“创作泮池，引通城渠水注之”，[⑨] 将沮水引入泮池。清康熙四十九年（1710 年），“三水令黄天祐兼牧耀州，再修泮池”，引沮水而南注泮池，“命司水者仍以每月上、中、下旬日注水于池”。[⑩] 明万历二年（1574 年），华阴知县李承科在城南昭光寺前，将华山北麓黄神谷渠“支分一渠入城壕，从东北隅入城，流入县学”，[⑪] 注入泮池。至万历四十

① （清）赵兆麟撰，冯德正书《创修东济桥碑》［顺治十八年（1661 年）三月二十九日立石］，载刘兰芳、刘秉阳编著《陕西金石文献汇集·富平碑刻》，第 166—167 页。

② 张亚祥：《泮池考论》，《孔子研究》1998 年第 1 期，第 121—123 页。

③ （明）沈良才：《修儒学泮池记》，载崇祯《泰州志》卷八《艺文志》，崇祯六年刻本，第 17 页 b。

④ 李鸿渊：《孔庙泮池之文化寓意探析》，《中国名城》2010 年第 1 期，第 20—26 页。

⑤ 彭蓉：《中国孔庙研究初探》，博士学位论文，北京林业大学，2008，第 43—46 页。

⑥ 林从华：《闽台文庙建筑形制研究》，《西安建筑科技大学学报》（自然科学版）2003 年第 1 期，第 20—23、27 页。

⑦ 胡方平：《乐山文庙建筑特征试探》，《四川文物》1995 年第 3 期，第 70—74 页。

⑧ 雍正《敕修陕西通志》卷二七《学校》，第 28 页 b。

⑨ 嘉靖《耀州志》卷三《建置志·学校》，嘉靖三十六年刻本，第 3 页 a。

⑩ 乾隆《续耀州志》卷二《建置志·学校》，第 4 页 a。

⑪ 雍正《敕修陕西通志》卷四〇《水利二》，第 46 页 b。

年，华阴知县王九畴重修庙学，因泮池干涸，再次“引水自华山麓达于学”。[①] 清乾隆《华阴县志》对引城南山麓之水注入泮池评价道：“谷水从巽方来，蜿蜒入城，贯注黉苑泮池，所以裕璧水而资泽宫，攸关甚巨也。”[②]

民生、护城河、庙学泮池等方面的用水需求，是现代化建设之前我国传统城市建设必须解决的重要问题。因此，这些方面往往成为城市引水渠道营建的初因。除此之外，城区农业生产用水也可能是城市引水渠道营建的初因。前文指出，明嘉靖耀州知州江从春“创作泮池，引通城渠水注之”。[③] 其实，通城渠是“金元故渠”，明“永乐初州判华子范复开，成化中知州邓真再修”，不仅“灌北关田”，还“入城中，灌官私园田”。[④] 本书第四章提到的潼关灵源渠，其营建的初因可能在于满足潼关城内东南山上千亩良田的灌溉用水需求。灵源渠的营建，将潼关城南蒿岔峪西山下龙王庙前的灵源泉引向北流，“从（潼关城）上南门入于池”，[⑤] 汇成白莲池。

综上所述，明清民国时期关中－天水地区城市引水渠道营建的初始原因各不相同，在上述提及的民生用水、护城河用水、庙学泮池用水、农业生产用水等方面，或是一个方面的需求，或是多个方面的共同需求。不过相同的是，这些城市引水渠道建成后，在达到最初目的的同时，还发挥出其他方面的功能效应，集多种功能于一身。例如，蓝田城从明代至民国一直营建渠道引城东白马谷水入城，不仅解决了民生用水问题，还使“居民得园圃之利”，[⑥] “灌田五顷有余”，[⑦] “灌溉城内树株桑园”，[⑧] 等等。华州南溪入城，经城池内外的农业生产、园林池沼和衙署用水后，水量大大减少，“即有余入于泮池”。[⑨] 明华州知州陈应麟对利用南溪尾水营建

① 万历《华阴县志》卷八《艺文》，第47页b至第48页a。
② 乾隆《华阴县志》卷一《封域·水利》，第44页a。
③ 嘉靖《耀州志》卷三《建置志·学校》，嘉靖三十六年刻本，第3页a。
④ 嘉靖《耀州志》卷二《地理志·耀州渠》，嘉靖三十六年刻本，第11页a。
⑤ 康熙《潼关卫志》卷上《地理志第一·古迹》，康熙二十四年刻本，第7页a。
⑥ 隆庆《蓝田县志》卷上《山川》，第5页b。
⑦ 民国《续修陕西通志稿》卷五七《水利一》，第19页b。
⑧ 《各县建设工作琐志二：洋县、靖边、同官、蒲城、蓝田、耀县、咸阳》，《陕西建设周报》第2卷第3—4期，1930年6月，第16—18页。
⑨ 隆庆《华州志》卷二《地理志·山川考》，光绪八年合刻华州志本，第4页b。

泮池解释道："此水细，入州中，而不泄于城外，乃翕聚之灵气也。"[①]

二　渠道营建的经验

引水入城渠道的规划设计与建设，对水资源能否成功到达城区、水资源的分配效益等方面均有重要影响。我们对明清民国时期关中－天水地区城市引水渠道营建的历史经验进行了整体考察，现分城外建设、进出城池和城内设计三部分总结如下。

（一）城外建设

城外引水渠道的路线规划，首先必须基于水势、地势等方面的大量田野调查。元代岐山知县刘桢开渠引岐山城西北 15 里的润德泉水入城，明代项忠等开凿通济渠引水入西安城，清初张焜"披榛步寻，得泉山岭，疏导入（麻亭故）城"，[②] 等等，无不如此。其中，从何处引水，何处建设渠首，是城外引水渠道营建的关键环节，需要渠道建设者的细致调查和全盘考虑。渠首确定后，渠首处往往要设置堰坝、水闸等，保证引水，以防泛滥。明成化元年（1465 年），陕西巡抚项忠等在开凿通济渠时，"但虑丈八头节水不可无闸，以防泛滥"，[③] 故"自地名丈八头起，修石闸一座，樽节放水二分"。[④] 清道光十五年（1835 年），蓝田知县胡元煐在疏浚白马谷渠时，同样在渠首设置堰坝以调节水量，即水渠"自蔡家湾小河口疏凿，横筑渠堰，甃以石板，中开渠口，当伏秋盛涨之时，启板泄水，不致冲激损堰，水落则闭板，蓄水导使入城，较从前堵塞之法颇善"，并建议"此后修渠宜于向砌渠口以麻绳系板，水小下板，水大启板"。[⑤]

从渠首至城区的渠道，即城外引水渠道，应该如何营建？《考工记·

---

① 隆庆《华州志》卷二《地理志·山川考》，光绪八年合刻华州志本，第 4 页 b 至第 5 页 a。

② 乾隆《永寿县新志》卷六《职官类·知县》，第 4 页 a。

③（明）项忠：《新开通济渠记》，明成化元年（1465 年）仲秋立，碑存西安碑林博物馆第 5 展室。参见王其祎、周晓薇《明西安通济渠之开凿及其变迁》，《中国历史地理论丛》1999 年第 2 辑，第 73—98 页。

④（明）余子俊：《余肃敏公文集》卷一《地方事》，收入《中国西北文献丛书（第 3 辑）·西北史地文献》（第 3 卷），第 17 页。

⑤ 光绪《蓝田县志》附《文征录》卷一《掌故》，第 22 页 b 至第 23 页 a。

匠人》云，“凡沟必因水势”，“善沟者水漱之”，[①] 强调营建沟渠时重视水势有利于水流畅通。一般来说，自引水口起，城外渠道的海拔高度逐渐降低，引水最为便利。但城外地势总是高低不平，在引水过程中，必然要跨越河流、沟壑、山岭、高坡等障碍。而要想跨越这些障碍，顺利将水引入城中，必须设计合理的渠道，采取一定的工程技术措施。譬如蓝田城的白马谷渠，清乾隆十二年（1747 年）知县蒋文祚和道光十五年（1835 年）知县胡元煐在修浚渠道时，均在蔡家湾小河口处疏凿渠口、横筑渠堰，将河水引入渠道后“顺其水势”，“依崖疏凿”设计引水路线。[②] 明人王恕在《修龙首、通济二渠碑记》中记载，西安城龙首渠在城外申家沟等处，渠道“循岸随湾穿凿”。[③]《明宪宗实录》也载，龙首渠“水道依山，远至七十里”。[④] 城外引水渠道的路线设计只有顺应水势和地势，才有可能将水源引入城中。

因城外地势高低起伏不平，引水渠道营建的工程量较大，需要克服较多困难。当渠道引水遇到沟壑、河流而必须跨越时，往往需要修建渡槽、过水石桥等建筑物。据明人王恕《修龙首、通济二渠碑记》记载，西安城外申家沟等处的龙首渠“每遇山水泛涨，被其冲激辄坏，水不入城”；明弘治十五年（1502 年）陕西巡抚周季麟修渠时，“于两涯直处造桥架槽，引水入渠，遂免冲激之患”。[⑤] 通过“造桥架槽”，引水跨越沟壑，避免原先的山水冲击之患。岐山城为将润德泉水引入城中，利用城北二里许的水桥，在“（桥）上（建）有石渠”，作为引润德泉水入城的渡水石槽。[⑥] 富平城位居高阜，而城北有温泉河水，明万历年间知县刘兑开玉带渠分引温泉河北怀德渠水入城，“由温泉石桥槽水而南，至于县隍”。[⑦] 此温泉河石桥由明万历元年邑人鸿胪卿李道源“用石

① 杨天宇：《周礼译注》，上海古籍出版社，2004，第 671—672 页。

② （清）蒋文祚：《青泥坊渠口碑》，载嘉庆《蓝田县志》卷一一《艺文》，第 9 页 a—b；（清）胡元煐：《重修蓝田县青泥坊渠碑记》，载光绪《蓝田县志》附《文征录》卷一《掌故》，第 22 页 a 至第 23 页 a。

③ （清）李元春汇选《关中两朝文钞》卷一，第 22 页 b。

④ 《明实录》第 22 册《明宪宗实录》卷一二，天顺八年十二月甲午，第 265 页。

⑤ （明）王恕：《修龙首、通济二渠碑记》，载（清）李元春汇选《关中两朝文钞》卷一，第 22 页 b。

⑥ 乾隆《岐山县志》卷二《建置·桥梁》，第 8 页 a。

⑦ 万历《富平县志》卷一〇《沟渠志》，第 3 页 b。

砌筑”,[①] 旨在便利交通，又名李公桥、通济桥，而刘兑在桥上“甃石为渠”，实现了“碧水翻来桥上流”（见图 7－1）。[②]

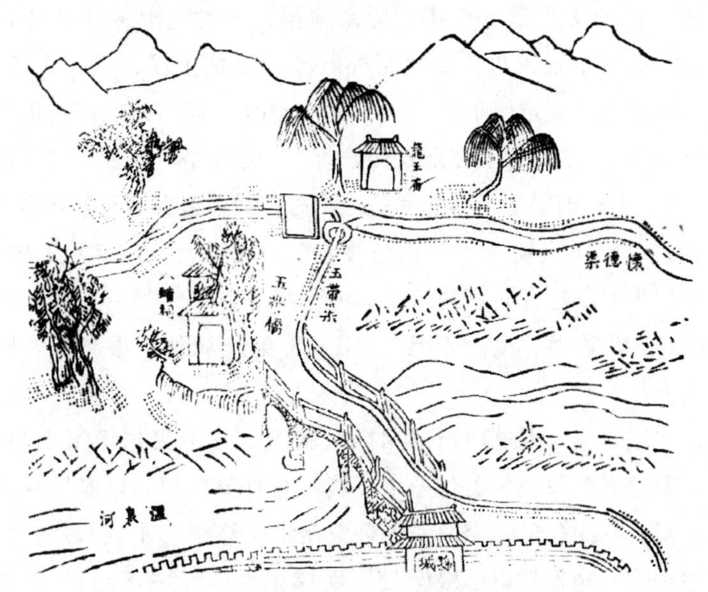

图 7－1　清代富平城温泉河石桥与玉带渠

资料来源：乾隆《富平县志》卷一《八景图》，乾隆五年刻本，第 7 页 b 至第 8 页 a。中国国家图书馆藏品。

当渠道引水遇到山岭、高坡、台塬、洼地而必须跨越时，往往采取破高崖、凿地洞、修地渠、筑堤堰等工程措施。清道光十五年（1835 年），蓝田知县胡元煐重修蓝田城白马谷渠时，“于韩家村破高崖二百三十六丈”。[③] 明西安城龙首渠自留空浐河西岸“筑堰西至亭子头，皆凿原穿洞而过”,[④] 即遇到台塬时，凿塬穿洞，引水流过。面对城外地势的起伏不平，明成化元年（1465 年），项忠等在西安城外营建通济渠时指出，“度地之高者则掘而成渠，地之卑者则筑而起堰”,[⑤] 这可以说是城外引

① 康熙《陕西通志》卷三《山川》，康熙六年刻本，第 16 页 a。

② （清）李因笃：《邑里绝句》之一，载乾隆《富平县志》卷八《艺文》，乾隆四十三年刻本，第 28 页 a。

③ 光绪《蓝田县志》附《文征录》卷一《掌故》，第 22 页 b。

④ 雍正《敕修陕西通志》卷三九《水利一》，第 44 页 b。

⑤ （明）项忠：《新开通济渠记》，明成化元年仲秋立，碑存西安碑林博物馆第 5 展室。参见王其祎、周晓薇《明西安通济渠之开凿及其变迁》，《中国历史地理论丛》1999 年第 2 辑，第 73—98 页。

水渠道营建的普遍经验。至于西安城外通济渠渠道的营建，清雍正《敕修陕西通志》有详细记载："水自闸北西行二里许，折而北流，过丈八头小石桥，又北至南窑头，皆系地渠；又北过甘家寨，转东北流过糜家桥，又北至解家村，又北至外城郭，俱系土堤，高一丈二三尺，阔倍之，又转东至安定门吊桥边。"① 此"地渠"即"地之高者则掘而成渠"，"土堤"即"地之卑者则筑而起堰"。无论是"地渠"，还是"土堤"，基本上为土制渠道，与古罗马时代的石制渠道有着显著差别。相比石制渠道，土制渠道需要不时地疏浚修筑。明弘治十五年（1502 年），陕西巡抚周季麟修理龙首、通济二渠时，将龙首渠"城外土渠六十里亦疏浚深阔，筑岸高厚，以防走泄"，将通济渠"城外土渠亦疏浚修筑二十五里"。②

另外，城外引水渠道两岸通常栽种树木，这不仅加固了土制渠道，还对维护渠道生态系统和美化城市环境具有重要作用。以农田灌溉为主要功能的郑白—龙洞渠，为加强管理曾制定了详细的水利法规，明确规定"每春令利户植榆柳以坚堤岸"。③ 明成化元年（1465 年），陕西巡抚项忠所撰《新开通济渠记》碑阴规定，通济渠"所有两岸栽树"；而该碑所附"西安府呈行事宜"也明确规定，城外通济渠"自丈八头到城两岸栽种（树木）"。④ 至于渠道两岸种植何种树木，《新开通济渠记》并未详细记载，可能是柳树、椿树等。⑤ 明万历四十一年（1613 年），鄠县知县白应辉开白公河引水入城，河道两岸"沿堤树柳数万余"。⑥ 清康熙初年，郿县知县梅遇在营建"梅公渠"引水入城时，"渠旁种柳"；⑦ 1934

① 雍正《敕修陕西通志》卷三九《水利一》，第 38 页 a。

② （明）王恕：《修龙首、通济二渠碑记》，载（清）李元春汇选《关中两朝文钞》卷一，第 22 页 b 至第 23 页 a。

③ 康熙《三原县志》卷一《地理志·河渠》，第 16 页 a；乾隆《三原县志》卷七《水利》，乾隆三十一年刻，光绪三年抄本，第 6 页 b。

④ （明）项忠：《新开通济渠记》，明成化元年（1465 年）仲秋立，碑存西安碑林博物馆第 5 展室。参见王其祎、周晓薇《明西安通济渠之开凿及其变迁》，《中国历史地理论丛》1999 年第 2 辑，第 73—98 页。

⑤ 王其祎、周晓薇：《明西安通济渠之开凿及其变迁》，《中国历史地理论丛》1999 年第 2 辑，第 73—98 页。

⑥ （明）张宏襟：《邑侯白公重开吕公河记》，载民国《重修鄠县志》卷七《金石第二十二》，民国 22 年西安酉山书局铅印本，第 20 页 b 至第 21 页 a。

⑦ 雍正《郿县志》卷四《宦迹志·县令》，第 17 页 b。

年，流入鄠县城的梅公渠依然“渠岸多植杨柳等树”。[①] 另据1935年徐元调查富平县温泉、石川两河的水利报告记载，富平玉带渠“沿渠白杨约300株”。[②] 可见，柳树、杨树是明清民国时期关中－天水地区城外引水渠道两岸经常栽种的树种。

（二）进出城池

引水渠道入城时一般需要经过护城河和城墙。那么，引水渠道如何跨越护城河和城墙，不同城市有不同设计。就跨越护城河而言，大体有两种情况：一种是引水渠道先注入护城河，然后再从护城河引水进入城中。明万历时，华阴知县李承科将华山北麓黄神谷渠，“支分一渠入城壕，从东北隅入城，流入县学”。[③] 另一种是引水渠道借助工程措施，直接越过护城河进入城中。明清华州城的南溪，在经过城南农业灌溉和百姓生活用水之后，水量大大减少，很可能越过护城河直接进入城中。据民国《华县县志稿》记载，华州城“南门外左右皆深隍，南溪水渠经富豪赵氏庭园，流入城内”。[④] 可见，南溪水应该没有进入“深隍”，否则恐怕没有余水再进入城中（见图7－2）。至于这两种跨越护城河的方法占比如何，因缺乏史料记载，我们无法对全部引水入城渠道进行统计分析，无法给出结论。

引水渠道跨越城墙大体也有两种设计：一种是在城墙上开辟水门、水关或洞口，作为引水渠道进入城池的专门通道。三原城因“白渠流绕城中”，故建“水门二”（见图2－7）。[⑤] 泾阳城于唐时已在郑白—龙洞渠系的成村斗“分水三分，长流入县，以资溉用，名曰水门”；[⑥] 明正德十一年（1516年）泾阳修城时，引水渠道穿过泾阳城墙，“复作石渠铁牖于水门”，即在水门上安铁窗（即铁栅栏），以保护城墙。[⑦] 西安城于

---

① 傅健：《陕西鄠县渠堰之调查》，《水利月刊》第7卷第4期，1934年10月，第239—257页。

② 白尔恒等编著《沟洫佚闻杂录》，第173页。

③ 雍正《敕修陕西通志》卷四〇《水利二》，第46页b。

④ 民国《华县县志稿》卷三《建置志·城池》，第3页b。

⑤ 乾隆《西安府志》卷九《建置志上》，第14页a。

⑥ 乾隆《泾阳县志》卷四《水利志》，第27页a。

⑦ 柏堃编辑《泾献文存》外编卷四，第8页b；《重刻吕泾野先生文集》卷一八《泾阳县修城记》，转引自《泾惠渠志》编写组编《泾惠渠志》，三秦出版社，1991，第85页。

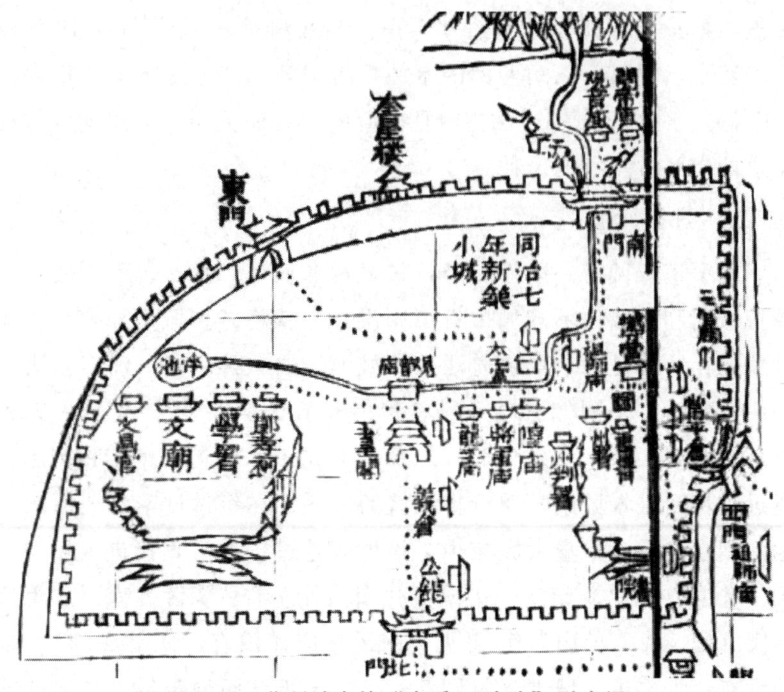

图 7-2　华州城中的“南溪—泮池”引水渠

资料来源：光绪《三续华州志》卷一《地理志·疆域》，民国 4 年王淮浦修补重印清光绪本，第 4 页 b 至第 5 页 a。中国国家图书馆藏品。

清乾隆中叶，“修筑会城，并水门废之，龙首、通济之入城者遂不可复”。[①] 另一种是引水渠道从城门处入城。比如蓝田城的白马谷渠，明嘉靖二年（1523 年），知县王科“凿引河水入城，东入西出，民享其利”；[②] 至清顺治年间，知县顾介石认为“不当正由城门”，“令入东南隅，出西北隅”，但“有志矣而未逮也，至郭公（显贤）加意浚导，渠路较前更阔”。[③] 元时高陵知县王珪“引昌连渠水于通远门下入城中”。[④] 明成化年间，渭南知县周宁为将城池东南的龙尾坡东梁泉水引入城中，在南门下开圈砖门。[⑤] 上文提及的华州城南溪，我们从图 7-2 中也可以

① 嘉庆《咸宁县志》卷一〇《地理志》，嘉庆二十四年修，民国 25 年铅印本，第 4 页 b。

② 乾隆《西安府志》卷六《大川志》，第 23 页 b。

③ 顺治《蓝田县志》卷一《山川》，收入傅璇琮等编《国家图书馆藏地方志珍本丛刊》（第 130 册），第 52 页。

④ 雍正《高陵县志》卷一《地理志·渠制》，第 20 页 b。

⑤ 渭南市临渭区水利志编纂办公室编《渭南市临渭区水利志》，三秦出版社，1997，第 10 页。

发现南溪直接从南门入城。至于这些引水渠道在城门处具体怎样入城，我们目前尚未发现相关史料记载。

据目前考察来看，引水渠道是否出城，如何出城，文献记载较少。明人余子俊曾对西安城通济渠是否出城有所评述："譬如人之一身，水谷有出有入，方无壅塞。前项余水有入无出，恐势不待。目下即有浸倒城垣、淹没民田、损坏民居之患，似前耗力费财，势所必至。原系三边根本，亲藩所在，不可不虑。合无从本城西北角地势低洼去处，亦如丈八头开渠一道，量泄前项城壕余水，经过汉时故城，以达于渭，不过二十余里。节财省力，其实在此。"① 正如余子俊所述，完备的城市引水渠道应该有入有出，以避免因引水而泛溢成灾。

（三）城内设计

渠道的规划设计，是城内引水渠道营建的主要工作之一。一般而言，城内渠道的规划设计不仅受城区地势高低起伏影响，更受官宦府宅、衙署机关、官私园林等左右，其中庙学泮池为引水渠道所经的关键环节。华州城引城南南溪入城后，先后经过多处衙署机关和园林，最后余水进入泮池。从图7－2可以看出，南溪从南门入城后，沿着城中道路，先自南而北，然后自西向东，沿途经过祖师庙、（城）隍庙、将军庙、龙王庙、观音庙、学署等，最后注入泮池。此外，据明隆庆《华州志》记载，南溪岸边还有大量园林，主要有芙蓉园、李氏万春园、刘公凤池留饮、李氏新柿园、东氏同乐园等。②

与华州城的"南溪—泮池"渠道相比，历史文献对明清西安城中龙首、通济二渠的渠道记载较为详细。关于龙首渠在西安城中的渠道，明人王恕《修龙首、通济二渠碑记》如是记载："分作三渠，一从元真观南流，转羊市，过咸宁县总府，西流转北，过马巷口；一从真武庵北流；一从羊市分流，过书院坊，西入秦府。"③ 清雍正《敕修陕西通志》则载："入城分三派，一经流部阳府前，至西分一渠，经流大菜市，往北入

---

① （明）余子俊：《余肃敏公文集》卷一《地方事》，收入《中国西北文献丛书（第3辑）·西北史地文献》（第3卷），第17页。

② 隆庆《华州志》卷二《地理志·山川考》，光绪八年合刻华州志本，第11页b。

③ （清）李元春汇选《关中两朝文钞》卷一，第21页a。

临潼府；一经流京兆驿并永兴府至西转北，经马巷口入莲花池。”① 从龙首渠渠道的两处记载来看，龙首渠的供水中心是西安城东部，主要供应分布在这里的王府和官宦府宅，即秦王府、临潼王府、汧阳王府、永兴王府、郃阳王府、保安王府、咸宁县总府、杨大人宅等。② 虽然明初扩修城池前城西人口多于城东，但并没有在城西营建渠道引水入城，而是在城东引龙首渠入城，这说明王府、官宦府宅的用水需求可能在一定程度上左右了西安城的水利规划，而龙首渠在城东的营建也使得明初西安城向东发展。

华州“南溪—泮池”引水渠和西安龙首渠在城内渠道之所以如此规划，与我国历史时期的城市性质密切相关，即为少数统治阶级服务。明成化元年（1465 年）开凿的通济渠在西安城中的渠道同样如此。明人王恕在《修龙首、通济二渠碑记》中这样记载：通济渠入城后，“分作三渠，一从祠堂经长安县东流，过大菜市、真武庵，流出城，注于池；一从广济街北流，过钟楼，转西过永丰仓，流入贡院；一从永丰仓东街口北流”。③ 清雍正《敕修陕西通志》则载，通济渠入城后，“东南流至白路湾，折而东北流至牌楼南，又正东流入地下砖渠，分三派，一从长安县东流过广济街，又东过大菜市、真武庵，流出城，注于东城壕，今自广济街以东淤塞；一从广济街北流，过钟楼，折而西，过永丰仓前入贡院，现今流通；一从广济街直北，过麻家十字街口，汇入莲花池，今淤。”④ 从通济渠在西安城中的渠道来看，通济渠同样受到王府、官宦府宅、衙署机关用水需求的左右，其先后被引入宜川王府、兴平王府、永寿王府、陕西贡院、巡抚署、西安府署、布政司署、莲花池、最乐园和东关景龙池等，⑤ 如巡抚署“引通济渠，由西垣入东垣出”。⑥ 清光绪二十九年（1903 年），陕西巡抚升允再次疏浚通济渠，“自西门入，曲达街巷，绕护行宫，便民汲引”，⑦ 此“行宫”即光绪二十六年慈禧太后、光

---

① 雍正《敕修陕西通志》卷三九《水利一》，第 44 页 b。
② 史红帅、吴宏岐：《古都西安·西北重镇西安》，西安出版社，2007，第 194 页。
③ （清）李元春汇选《关中两朝文钞》卷一，第 21 页 b。
④ 雍正《敕修陕西通志》卷三九《水利一》，第 38 页 a。
⑤ 史红帅、吴宏岐：《古都西安·西北重镇西安》，第 197—198 页。
⑥ 嘉庆《长安县志》卷一八《衙署志》，第 13 页 b。
⑦ 民国《续修陕西通志稿》卷五七《水利一》，第 4 页 b。

绪帝驻跸西安时所建。

城内引水渠道的营建特征，不仅体现在渠道的规划设计方面，还体现在渠道的建筑材质、建筑形式等方面。就渠道的建筑材质而言，一些城市内部引水渠道由土渠逐渐改成砖渠，其中西安城在明代大体转为砖渠。明成化以前，龙首渠在西安城中有三脉渠道，“惟（咸宁县）总府前二十丈有砖甃砌，余皆土渠，用板木棚盖，以土覆之，常有损坏”。[①] 明成化元年（1465 年），项忠等开凿西安城通济渠，认为“城中为渠不可无甓，以图永久”。[②] 在此思想指导下，所凿通济渠“自西关厢入城，俱用砖甃砌一千四百五十丈”，不过“甃砌未周处亦有损坏”。[③] 项忠《新开通济渠记》碑阴所附“西安府呈行事宜”对城内砖砌通济渠道具体记载为：“水自西城入至东城出，渠用砖灰券砌，券顶以土填与街道相等。”[④] 明弘治十五年（1502 年）陕西巡抚周季麟等修理龙首、通济二渠时，将“龙首渠东关厢及城中三渠，俱用砖甃砌”，“又于通济渠余公甃砌未周处，以砖甃砌七百二十丈”。[⑤] 至此，西安城内引水渠道基本改为砖渠。

在渠道的建筑形式方面，城内引水渠道有明渠、暗渠之分，暗渠有有意营建的，也有明渠被侵占而形成的。明成化年间，西安城中及东西二关厢中的渠道多数为地下暗渠，“环甃其下以通水，其上仍为平地”，[⑥] 尽管此时城中仍有部分渠道为土渠。清雍正《敕修陕西通志》明确记载，通济渠入城后很快进入地下砖渠，“入城东南流至白路湾，折而东北流至牌楼南，又正东流入地下砖渠”。[⑦] 1928 年，陕西省建设厅奉令开凿

① （明）王恕：《修龙首、通济二渠碑记》，载（清）李元春汇选《关中两朝文钞》卷一，第 21 页 b。

② （明）项忠：《新开通济渠记》，明成化元年仲秋立，碑存西安碑林博物馆第 5 展室。参见王其祎、周晓薇《明西安通济渠之开凿及其变迁》，《中国历史地理论丛》1999 年第 2 辑，第 73—98 页。

③ （明）王恕：《修龙首、通济二渠碑记》，载（清）李元春汇选《关中两朝文钞》卷一，第 21 页 b 至第 22 页 a。

④ （明）项忠：《新开通济渠记》，明成化元年仲秋立，碑存西安碑林博物馆第 5 展室。参见王其祎、周晓薇《明西安通济渠之开凿及其变迁》，《中国历史地理论丛》1999 年第 2 辑，第 73—98 页。

⑤ （明）王恕：《修龙首、通济二渠碑记》，载（清）李元春汇选《关中两朝文钞》卷一，第 22 页 b 至第 23 页 a。

⑥ （明）陆容：《菽园杂记》卷一，李健莉校点，载《明代笔记小说大观》，第 370 页。

⑦ 雍正《敕修陕西通志》卷三九《水利一》，第 38 页 a。

西安水渠，在浚深水渠的同时，“由西门至新城砌修暗渠九百丈，全渠附筑汲水池十一处”。[①] 与西安城有意营建暗渠类似，潼关城的周公渠也是有意营建成地下暗渠的：“（周公）渠深七尺，宽四尺，上尽覆以石条，每百步凿孔，任民汲水称便”，[②] 注入庙学泮池后，“又进入暗渠，流向北街路西转北到马王楼下，沿北城墙南侧向东流入北水关洞”，[③] 出城流入黄河。同样，泾阳城内渠道“在铺户门外者，大都石版盖面，饬役抬验，系用砖砌，宽不盈尺，深亦不等”。[④]

三原城中的北白渠，随着城市经济的发展，部分渠段逐渐变为地下暗渠，这与西安、潼关、泾阳等城有意营建地下暗渠不同。三原城中北白渠原本为明渠，“宽丈数，深可走马扬鞭”。[⑤] 为便于通行，北白渠上先后建有多处桥梁，即西关城的通远桥、钟楼西花园巷口的西津桥、钟楼东织罗巷口的东津桥、谯楼北的通济桥、城东门内的广济桥、东关城中的宾阳桥等等。[⑥] 明清时期，三原城市经济得到进一步发展，在城中以钟楼为中心，沿渠岸逐渐形成东、西渠岸街：“东渠岸街，在钟楼东，东南行，通东门；西渠岸街，在钟楼西，西行稍南，通西门（见图2－7）。”[⑦] 因渠岸两旁市廛店舍的发展，渠道“岁久填塞，宽深仅六七尺”。[⑧] 更为严重的是，东、西渠岸街部分渠段逐渐变为地下暗渠。清乾隆《三原县志》记载：“东、西渠岸多铺面，尤窄甚，有始而架板盖蓬，继以筑墙成屋，竟占官道，遂成阴渠，淤而难掏，鼓楼之旁十余间为最。”[⑨] 到1943年，国民党第三十七集团军总司令陶峙岳和三原县政府“拆除骑渠建筑八十余所，每隔五十米修桥一座”，[⑩] 对三原城中北白渠

---

① 《建设厅十七年三月份行政报告》（续），《陕西省政府公报》第272号，1928年4月，第12—13页。

② 康熙《潼关卫志》卷上《建置志第二·津梁》，康熙二十四年刻本，第13页b。

③ 李灵斋：《昔日周公渠》，载《潼关文史资料》（第6辑）（内部交流），第294—295页。

④ 宣统《重修泾阳县志》卷四《水利》，第5页b。

⑤ 乾隆《三原县志》卷七《水利》，乾隆三十一年刻，光绪三年抄本，第13页a。

⑥ 雍正《敕修陕西通志》卷一六《关梁一》，第17页b至第18页a。

⑦ 光绪《三原县新志》卷二《建置》，第9页a。

⑧ 乾隆《三原县志》卷七《水利》，乾隆三十一年刻，光绪三年抄本，第13页a。

⑨ 乾隆《三原县志》卷七《水利》，乾隆三十一年刻，光绪三年抄本，第13页a。

⑩ 《三原文史资料》（第7辑），第30—31页。

进行疏浚整治。

三　渠道供水的管理

要想保证渠道引水入城功能的正常发挥，水资源顺利流入城内且被使用，必须基于严格的渠道管理。在历史时期，许多重要城市尤其是都城，对引水入城渠道的管理极其严格，有专门的管理制度、管理措施和管理人员。在明清民国时期的关中－天水地区，引水入城渠道的管理集中体现在渠道供水的日常管理和渠水资源的分配两个方面。

（一）日常管理

渠道引水入城功能的正常发挥，必须基于渠道畅通。而渠道不被破坏、阻塞，则需要定期的管理维修。上文已经指出，引水入城渠道在城外可能多数是土制渠道，在城内则有土渠、砖渠之分。不论是何种材质的渠道，渠道畅通是确保引水入城成功的重要前提。那么，如何保证引水渠道的畅通无阻，如何保证引水渠道能够得到维修保护？办法首先就是设置专门人员来负责渠道管理，这在明清民国时期的关中－天水地区应该是一种普遍现象。

在明清时期，整个郑白—龙洞渠系设有大量专门的渠道管理人员，如“渠长”“水老”“渠夫”“水手”“斗长”“斗老”等等。属于该渠系的三原城，曾设水老巡视郑白—龙洞渠三限闸至三原城之间的引水渠道，具体负责管理引水渠道的维修工作，“月朔传牌各修渠道，东西洞口属五堵，城以外属经过地户，城以内属沿渠各户”。[①] 设置专门的渠道管理人员，需要一定的经费支持。为加强对蓝田引水入城渠道的管理，清道光十五年（1835 年）蓝田知县胡元煐建议，在白马谷渠“置渠夫二名，就近置地三十亩，以供渠夫衣食，庶渠可经久，而城内亦无水患”。[②] 即便是那些引水渠道不长的城市，也同样会设置专门的渠道管理人员来具体负责渠道事务。潼关城从城南引周公渠入城，灌溉关城南门外田园，设渠老一人，负责放、关渠水事宜。[③] 据 1935 年徐元调查富平县温泉、石

---

① 乾隆《三原县志》卷七《水利》，乾隆三十一年刻，光绪三年抄本，第 13 页 a。

② 光绪《蓝田县志》附《文征录》卷一《掌故》，第 23 页 a。

③ 李灵斋：《昔日周公渠》，载《潼关文史资料》（第 6 辑）（内部交流），第 294—295 页。

川两河水利报告记载，富平城玉带渠仅“长一里余，宽半公尺，深三公寸，流量每时约100立方公尺，共灌田三顷”，也设“有渠长一人”进行管理。[①]

定期巡视渠道，组织人员修理渠道，确保渠道畅通，是渠道管理人员的基本职责。明成化元年（1465年），西安引水入城渠道的管理维修工作即有明确规定：“布政司仍行本府佥取人夫、老人，各自分定去处，常川巡视，遇有河渠损坏，随即修整。”[②] 盩厔城的广济渠自明正统九年（1444年）疏通之后，经常淤塞，后经多次疏浚维修；清乾隆初期，“责成居民谨视堰口，时加修堵，无令湮圮”；[③] 乾隆三十八年（1773年）广济渠复开时，“责成水老启闭疏泄，毋使淤填，以资利赖”。[④] 1934年，傅健的《陕西郿县渠堰之调查》详细记载了当时郿县梅公渠的管理人员及其职责：

> 全渠设堰长一人及沿渠各村水老若干人管理之，均由民众公推，系义务性质。遇有渠堰壅塞，或坍陷纠纷等事，由堰长传集各村水老商议。工程大者，按各村庄用水时分，酌派民工修理，或出款购料纳薪草等以修堰。其属于各村之渠道修理，则由各村水老督促民人办理之。但民人争水成习，对于渠道之管理，多互相推诿，漠不相关。年来天灾人祸频仍，渠道未加修浚，亦已久矣。[⑤]

从上文来看，梅公渠的渠道日常管理缺乏经费制度保障，渠道修浚效果不佳。首先，渠道管理人员由民众公推，属于义务性质，不像上文提及蓝田“置地三十亩，以供渠夫衣食”，故组织力度的大小不一可想

① 白尔恒等编著《沟洫佚闻杂录》，第173页。

② （明）项忠：《新开通济渠记》，明成化元年（1465年）仲秋立，碑存西安碑林博物馆第5展室。参见王其祎、周晓薇《明西安通济渠之开凿及其变迁》，《中国历史地理论丛》1999年第2辑，第73—98页。

③ 乾隆《盩厔县志》卷二《建置·水利》，第25页b。

④ 乾隆《西安府志》卷八《大川志》，第10页a。

⑤ 傅健：《陕西郿县渠堰之调查》，《水利月刊》第7卷第4期，1934年10月，第239—257页。

而知；其次，渠道维修工作及其所需经费被分摊到各村，“按各村庄用水时分”，出力出钱，这必然会引起村与村之间的矛盾与纠纷，“互相推诿，漠不相关”，是不可避免的事情。

相比鄠县梅公渠，明代西安龙首、通济二渠的管理维修，无论是渠道管理人员的设置，还是渠道管理人员的职责，抑或是渠道管理维修经费的保证，均有明确规定。现将明成化元年（1465年）陕西巡抚项忠所撰《新开通济渠记》碑阴所附“本院定行事宜”和“西安府呈行事宜”[①] 中相关规定抄录如下：

1. 龙首渠按察司原置木牌定有老人、人夫巡视，俱依旧规，毋得因见通济渠有水，就将河堰不修，妨误迤东人家浇灌食用，照旧本司发放。

2. 自皂河上源按察使胡公堰起至西城壕约长七十里，每长一里于沿河附近佥定人夫二名，通设老人四名分管，时常巡视，爱护修理。遇有工程颇大，通拘并修十分浩大，另行处置。自丈八头到城两岸栽种，交河亦令前项人夫爱护修理。老人朔望日赴官发放。

3. 丈八头分水石闸于附近佥定二户看管爱护，则定分来之水，深至一尺可勾城中之用，其余仍归皂河故道。

4. 西城壕西岸置水磨一具，水磨之北置窑厂一所，于西门外佥定四户看管爱护，磨课就收在彼，以备支作修渠物料之价。

5. 西城壕西岸窑厂之东，置木厂一所，收积椿木等物以备修渠。令看磨者带管爱护。

6. （城中）每二十丈留一井口，各照地方，每一井口令当地一户看管爱护。冬春二季，严寒半月一次，微寒七日一次；夏秋二季，苦热二日一次，微热四日一次；令人入渠往来寻看，防有弃置死物，仍行禁约诸人，责备看管人户。

从上述规定来看，西安城对引水入城渠道的管理较为全面，也易于

---

① （明）项忠：《新开通济渠记》，明成化元年仲秋立，碑存西安碑林博物馆第5展室。参见王其祎、周晓薇《明西安通济渠之开凿及其变迁》，《中国历史地理论丛》1999年第2辑，第73—98页。

执行。从渠道管理人员的设置方面来看，在明成化以前，西安城龙首渠已“定有老人、人夫巡视”，而通济渠修成后，“人夫、老人”巡视、管理龙首渠道“俱依旧规”；通济渠自开通后，从皂河上源按察使胡公堰至西安城西城壕约70里，每里设置人夫二名，通设老人四名，专门负责通济渠的“时常巡视，爱护修理”，在城中“每一井口令当地一户看管爱护”。从渠道管理人员的职责来看，“时常巡视，爱护修理”是基本职责；对于城中暗渠，则要求渠道管理人员定期派人入渠查看，防止渠道阻塞。从渠道管理维修的经费来看，专门设置水磨，并安排专人管理，其收入所得为渠道修理所用，“以备支作修渠物料之价”，“遂便宜调度，不以科民”；而窑厂烧制砖瓦、木厂收积椿木，作为西安城引水渠道的维修材料。尽管《新开通济渠记》及其碑阴所附相关内容，对西安城引水渠道的管理维修做了较为详尽的规定，但其后西安城中引水渠道还是经常发生淤塞。到民国时期，王荫樵在《西京游览指南》中总结道：“明中叶各渠道皆淤塞，陕抚曾疏浚，清初贾汉复重修，年深代远，又复淤塞，至今水路不通。”①

除常规的渠道管理与维修工作之外，当渠道管理人员发现有破坏、阻塞渠道者，要按照相关规章制度对其予以严厉惩罚。明天启二年（1622年）正月二十五日，高陵知县赵天赐为维护引水渠道的畅通，在泾阳三限闸附近立《兵巡关内道沈示碑》，公布当时关内道道尹发布的告示，要求渠道管理人员按照告示规定严格管理。其文告称：“仰渠旁居民及水手知悉：如有牛羊作践渠岸，致土落渠内者，牛一只、羊十枚以下，各水手径自栓留，宰杀勿论，原主姑免究；牛二只、羊十只以上，一面将牛羊圈栓水利司，一面报官锁拿原主，枷号重责，牛羊尽数辨价，一半赏水手，一半留为修渠之用。特示。”② 政府出台这种明确的渠道管理条例，对保证引水渠道的畅通具有重要作用。

渠道畅通与否，关系到渠水资源能否到达城区；而渠水资源的清洁与否，则关系到城区居民饮水是否安全。因此，渠水卫生的管理工作同样不可忽视，明清西安城在此方面表现突出。明洪武二十九年（1396

① 王荫樵编《西京游览指南》，第29页。

② 张发民、刘璇编《引泾记之碑文篇》，第111—112页。

年），西安城复修龙首渠，为保证城内渠水资源的清洁卫生，便在渠道上“覆以石甃，以障尘秽，计十家作渠口一，以便汲水”。[①] 尽管如此，明成化元年（1465年）项忠、余子俊等开凿通济渠时，龙首渠水入城后仍需“汰清然后可用”。[②] 项忠、余子俊等为保证通济渠的渠水资源清洁卫生做出明确规定：对于城外通济渠，要求渠道管理人员巡视渠道时，“毋容沤打蓝靛、洗濯衣服，（使渠水）秽污不堪食用”，尤其是“丈八头以上军民多于交皂二河岸边沤打蓝靛，以致灰水混浊、河水味苦，令前项老人巡视禁约”；[③] 对于城内通济渠，“城中官府、街市、坊巷，皆支分为渠，又架桥其上，以障尘秽，复作井设幕以汲”，[④] 且“不许诸人于渠上或渠傍开张食店，堆积粮食，不惟惹人作秽，抑恐鼠虫穿穴”。[⑤] 到明弘治十五年（1502年）陕西巡抚周季麟等修浚龙首、通济二渠时，又改进了二渠的卫生保障设施：“昔二渠每十家作一井口汲水，因无遮栏，未免为尘垢所污；今则以砖为井栏，以磁为井口，以板为盖，启闭以时，则尘垢不洁之物，无隙而入，湛然通流无阻。”[⑥]

（二）渠水资源分配

开渠引水入城是一种将远距离的水资源通过渠道引入城市的供水方式。如果引水渠道经过多个县级行政单元，各行政单元之间如何分配渠水资源？如果引水渠道在单一县级行政单元内部，那么城池内外如何分配渠水资源？当引水渠道入城后，渠水资源在城市内部衙署机关、居民区、商业区等地之间又是如何分配的？水资源的分配不公常会引起纠纷，

---

① 《明实录》第5册《明太祖实录》卷二四四，洪武二十九年正月丙子，第3538页。

② （明）项忠：《新开通济渠记》，明成化元年仲秋立，碑存西安碑林博物馆第5展室。参见王其祎、周晓薇《明西安通济渠之开凿及其变迁》，《中国历史地理论丛》1999年第2辑，第73—98页。

③ （明）项忠：《新开通济渠记》，明成化元年仲秋立，碑存西安碑林博物馆第5展室。参见王其祎、周晓薇《明西安通济渠之开凿及其变迁》，《中国历史地理论丛》1999年第2辑，第73—98页。

④ （明）马理等纂《陕西通志》卷二《土地二·山川上》，第46页。

⑤ （明）项忠：《新开通济渠记》，明成化元年仲秋立，碑存西安碑林博物馆第5展室。参见王其祎、周晓薇《明西安通济渠之开凿及其变迁》，《中国历史地理论丛》1999年第2辑，第73—98页。

⑥ （明）王恕：《修龙首、通济二渠碑记》，载（清）李元春汇选《关中两朝文钞》卷一，第23页a。

甚至是武力械斗，所以渠水资源如何分配是渠道供水管理的重要方面。

对于上文提及的第一个问题，在明清民国时期的关中-天水地区主要涉及郑白—龙洞渠灌溉区。郑白—龙洞渠不仅是渭北相关各县农业生产的重要灌溉水源，还是泾阳、三原、高陵三城用水的重要来源。为保证渠水资源在各县有效、公平地分配，郑白—龙洞渠水在各县的分配时间有明确规定。不仅如此，郑白—龙洞渠水供应泾阳、三原、高陵三城的具体时间，不同时期也均有明确规定。关于泾阳城的受水时间，清康熙五十六年（1717年），高陵县令熊士伯《详龙洞已开文》指出："泾阳成村斗分水入县，每月初一、初五、十一、十五，凡四次，不在溉田之数。"[①] 清乾隆《泾阳县志》也载："不知于何时更定，每月惟初一、初五、初十、十五入县，凡四次，此则不在溉田之数者。"[②] 可见，清康熙至乾隆年间，泾阳城每月接受渠水时间大概为四日，但后来改为三日。清嘉庆二十四年（1819年）所立龙洞渠铁眼斗用水告示碑载："每月初五、初十、十五日三昼夜长流入县，过堂游泮，以资溉用，名曰'官水'。"[③] 与泾阳城相比，贯穿三原城的北白渠于清乾隆时每月初十日午时"申刻水进城"，"至十三日卯时余家堵截水方止"；[④] 道光时，进士梁景先在《学圃记事》中记道，"龙洞渠每月入城两天，不敷应用"，[⑤] 而道光《泾阳县志》却载三原城受水时间为"十二日申时六刻起，至十三日子时二刻止"；[⑥] 到民国时期，"（三原）城中各街通以小渠，每月自外河开闸流入活水三日，绕行一次"。[⑦]

不过，即便各县渠水分配时间和各城渠水分配时间都有明确规定，但要保证渠水顺利入城，也并非都是易事。由于流向三原的北白渠地势较高，水流从泾阳三渠口缓流十余里至余家堵（斗），方进入三原县

① 高陵县水利志编写组编《高陵县水利志》，空军西安印刷厂，1995，第95页。
② 乾隆《泾阳县志》卷四《水利志》，第27页a。
③ 王智民编注《历代引泾碑文集》，第59页。
④ 乾隆《三原县志》卷七《水利》，乾隆三十一年刻，光绪三年抄本，第13页a。
⑤ 《泾惠渠志》，第86页。
⑥ 道光《泾阳县志》附《后泾渠志》卷二《龙洞渠志》，道光二十二年刻本，第8页b。
⑦ 《秦行调查三原商业报告书（民国四年三月）》，《中国银行业务会计通信录》第5期，1915年5月，第25—49页。

境。[1] 因流经泾阳县地，“泾民欲擅其利，于分水之始地，故令淤高，以致水难上渠及原者涓滴耳”，[2] 而且泾阳百姓对这段渠道“开移催修，置若罔闻，偷漏邀霸，亦所不免”。[3] 虽然三原城每月有规定的受水时间，但由于“渠坏”，加上泾阳县民“盗截”渠水，进入三原县境的渠水大大减少，以致出现“水不至原者几二十年”，[4] 渠水供给三原城的功能也一度名存实亡。为保证三原境内的农业灌溉和渠水入城，清政府兴修水渠，修订分水制度，多次调节泾阳、三原二县之间的渠水分配。清同治五年（1866 年），陕西巡抚令泾阳、三原二县重修龙洞渠，明确指出修渠的原因不仅仅是“渠坏”，“亦由泾民盗截”，并重新制定了泾阳、三原二县的分水制度：（1）恢复康熙年间三原六日水期，“每月初八日□时承水，十三日□时止”；（2）“储银生息，以备岁修”龙洞渠及支渠；（3）从泾阳三渠口分出的南渠地低，水急流入泾阳、高陵，故废除“泾阳成村铁眼长流之害”。[5]

至于上文提及的第二个问题，关中渭河以南诸城的引水渠道多数是在单一县级行政单元内部。这些引水入城渠道途经城南时，基本上要被城南的农业生产和村民用水消耗一部分水资源。盩厔在城南开凿广济渠，引秦岭北麓骆谷（峪）水入城，因“自骆谷至西郭，上下诸村凿不成井，（故）引渠历地”，[6]“随灌各堡田地三顷，自上而下轮流灌溉，兼备人畜食用”，[7]“余北流至县城外，分注东西城壕”，[8] 可以说是“既利田功，更资汲取，所关甚巨”。[9] 华州太平河出太平峪之后，首先要流经少华乡五、六两保，不仅要为当地百姓提供饮用水，还要“灌竹约共八百亩”。[10] 而太平河支流南溪在被引入华州城之前，要“经富豪赵氏庭园”等，故入城后

① 乾隆《三原县志》卷七《水利》，乾隆三十一年刻，光绪三年抄本，第 12 页 b。
② 乾隆《三原县志》卷七《水利》，乾隆三十一年刻，光绪三年抄本，第 12 页 b。
③ 乾隆《三原县志》卷七《水利》，乾隆三十一年刻，光绪三年抄本，第 13 页 b。
④ 光绪《三原县新志》卷三《田赋》，第 19 页 a。
⑤ 光绪《三原县新志》卷三《田赋》，第 19 页 a—b。
⑥ 康熙《盩厔县志》卷一《地理·水利》，第 10 页 b。
⑦ 乾隆《盩厔县志》卷二《建置·水利》，第 25 页 b。
⑧《盩厔县呈赍遵令采编新志材料》（续），《陕西省政府公报》第 512 号，1928 年 12 月，第 15—16 页。
⑨ 乾隆《西安府志》卷八《大川志》，第 10 页 a。
⑩ 民国《华县县志稿》卷六《政治志下·水利》，第 22 页 a。

为"小道水蕖（渠）"，[①] 即所谓的"引细流入于华州（城内）"。[②]

渠水资源在城南被分，入城渠水水量必然减少，从而减弱了渠水入城供水的功能，甚至因渠水被分而无水入城。西安城通济渠自"闸北西行二里，折而北流，过丈八头小石桥，又北至南窑头，又北过甘家寨，又东北过縻家桥，又北至解家村，又北至外城郭，又东至安定门桥，凡二十六里"，[③] 城外农业用水和民生用水占比很大。清康熙以后，通济渠虽经多次修浚，但不久即废，城市供水功能逐渐减弱，"盖上游民户渐增，田多水少，壅之不得长流，故易塞也"。[④] 华阴城虽在城南昭光寺前开渠引黄神谷渠水灌注护城河和泮池，但黄神谷渠被"上游居民遏资灌溉"，入城水量有限，故城"东门外和城北池俱堙平，仅留水沟一道"，且"沟恒涸也"；[⑤] 而城中庙学泮池则因"居民盗窃灌溉渐成自然，池中仅涓涓细流而已"。[⑥] 蓝田城的入城水渠"一遇旱炎，水势减少，（城）门以外近水者，独擅其利矣，人情之不肯相均也，奈何"。[⑦] 潼关城灵源渠将城南蒿岔峪西山下的灵源泉，引向北流，"为原上二十余村所食用"，[⑧] 并"从上南门入于池"，[⑨] 即白莲池。正因城南 20 余村的分水作用，加上"历年岁旱水少，村民不给于食"，灵源渠在清嘉庆时已无法供水入城，白莲池也因水量缺乏而废弃。[⑩]

由于入城渠水在城南被分，城市用水与城南农业生产用水、乡村百姓用水存在明显的矛盾，矛盾处理不好就会出现讼斗。金鄜县知县孔天监筑孔公渠，引斜谷水入城，"以资一邑汲溉"。[⑪] 孔公渠从引水处至入城前，途径十多个村庄和农业生产区，需"轮流浇灌，分限日时，约溉

---

① 康熙《续华州志》卷一《郡制考补遗》，第 32 页 b。
② 隆庆《华州志》卷二《地理志·山川考》，光绪八年合刻华州志本，第 4 页 b。
③ 嘉庆《长安县志》卷一三《山川志上》，第 13 页 b。
④ （清）陶保廉：《辛卯侍行记》，第 163 页。
⑤ 乾隆《华阴县志》卷三《城池》，第 1 页 b。
⑥ 乾隆《华阴县志》卷一《封域·水利》，第 44 页 a。
⑦ 雍正《蓝田县志》卷一《山川》，第 7 页 b。
⑧ 民国《潼关县新志》卷上《地理志第一》，第 4 页 b。
⑨ 康熙《潼关卫志》卷上《地理志第一·古迹》，康熙二十四年刻本，第 7 页 a。
⑩ 嘉庆《续修潼关厅志》卷上《地理志第一·山川》，第 3 页 a。
⑪ 康熙《陕西通志》卷一一《水利》，康熙六年刻本，第 25 页 b。

田地一百余顷"。[1] 清康熙六年（1667 年），鄠县知县梅遇因入城"水微难遍，时多水讼"，[2] 再引斜谷水营建梅公渠。1934 年傅健调查梅公渠中渠时发现："全渠共长三十余里，经十三村，上游斜峪关、石龙庙为稻田，以下灌溉渠两旁之旱地，共计约一千二百余亩。"至于如何分水，傅健调查发现："按各村田亩多寡，而定用水时分"，上游村落分水"时分已满，则下游村民接水，由上及下，以达于县城东"，"每十五日一轮次，周而复始，不能稍错"。[3]

在明清民国时期关中－天水地区的这些引水入城渠道中，城外分水与入城供水之间矛盾较为突出的也许还是西安城。清康熙以后，西安城渠水入城供水逐渐减弱，这与城南农业灌溉分水有着密切关系。有学者认为，明清西安城市水利衰废的原因主要有四点，即明清之际气候的变化、秦岭水源地的植被破坏、黄土地带渠道难以维护和西安城政治地位的下降。[4] 我们认为，除上述原因外，西安城南农业灌溉对入城水渠的分水，应该也是明清西安城市水利衰落的重要原因。

在清代，西安龙首、通济二渠水源地的生态环境逐渐恶化，渠水水量不仅因此大为减少，还被城南农业灌溉和城外护城河用水大量占用，甚至农业灌溉与护城河用水之间也出现矛盾。康熙时，西安"城外渠道，居民用以灌溉，遂致下流壅闭，每岁四月以后截水灌田，八月以后放水入濠，以卫城垣"。[5] 春夏是农业生产的用水季节，故在二渠水资源的分配中，比较注重城南的农业灌溉，故护城河缺少渠水注入。乾隆二年（1737 年），陕西巡抚崔纪见西安城壕干涸，提到"向来龙首、通济二渠之水皆引注城壕，惟春夏二季民田资藉二渠，或不便遽引入壕，而每岁秋末冬初正可引水壕内"，并要求"今岁九月，应即浚渠引注，仰转饬咸长两县遵照往事，疏引二渠灌注壕内"。[6] 到道光时，西安知府叶世倬再次疏浚通济渠，但"上游民田资之灌溉，未便径放入濠，乃请每年夏

---

① 雍正《鄠县志》卷三《水利志》，第 2 页 b。
② 雍正《鄠县志》卷一《舆地志・山川》，第 12 页 a。
③ 傅健：《鄠县各峪口河流渠堰水利概况》，《陕西水利月刊》第 2 卷第 10 期，1934 年 11 月，第 1—32 页。
④ 吴宏岐：《西安历史地理研究》，第 190—191 页。
⑤ 民国《续修陕西通志稿》卷五七《水利一》，第 4 页 a。
⑥ 民国《续修陕西通志稿》卷八《建置三・城池》，第 3 页 a。

秋截流灌田，冬春放水灌濠”。[①]

正因城南农业灌溉和城外护城河用水的分水作用，西安城区居民生活、园林水体等方面得渠水之利逐渐减弱。清康熙以后，西安城中引水渠道“屡修屡塞”，龙首、通济二渠逐渐非城中民生用水的主要来源。康熙六年（1667 年），陕西巡抚贾汉复等重修通济渠，“旋复湮塞”。[②]乾隆三十年（1765 年），陕西巡抚毕沅因通济渠“为会城日用所关，议加浚治，并委大员专司督办”，[③]“仅复贡院一渠”。[④]而嘉庆《咸宁县志》则载：“乾隆中，修筑会城，并水门废之，龙首、通济之入城者遂不可复。今通济渠入西城壕，而龙首则自灌田外，入东郭冰窖，余者注东城壕，而渠自此绝矣。”[⑤]虽然此后城中渠道仍有修复，但很快便淤塞废弃，嘉庆《长安县志》记载：“城内旧渠，则终未复也。”[⑥]清末民国时期，龙首、通济二渠仍有疏浚修复，但成效有限。

针对上文提及的第三个问题，当引水渠道进入城中，渠水资源是如何进行分配的，其实从城中渠道的规划设计便可以看出。我们在前文已经指出，引水渠道入城后，渠道会受到官宦府宅、衙署机关、官私园林等左右。换言之，引水渠道入城供水，总体上要优先满足王侯官宦等少数统治阶级的用水需求，当时西安城中各官宦府宅就是渠水使用大户。为提高渠水的使用效益，各官宦府宅、衙署机关等如何分水，也有一些具体规定。明成化元年（1465 年）项忠、余子俊等开凿通济渠时，《新开通济渠记》碑阴所附“西安府呈行事宜”明确规定：“各府分水入内校尉人等，不系统属分水去处。井口各置锁钥，令当地看管人户收掌，量宜收闸，以时启闭，不宜听伊专利。”[⑦]因城内地势高低不一，容易造成各井口出水量不一。为合理分配同一渠道不同位置井口的出水量，井

① 民国《续修陕西通志稿》卷五七《水利一》，第 4 页 b。
② （清）毕沅：《关中胜迹图志》，第 74 页。
③ （清）毕沅：《关中胜迹图志》，第 74 页。
④ 嘉庆《长安县志》卷一三《山川志上》，第 14 页 a。
⑤ 嘉庆《咸宁县志》卷一〇《地理志》，第 4 页 b。
⑥ 嘉庆《长安县志》卷一三《山川志上》，第 14 页 b。
⑦ （明）项忠：《新开通济渠记》，明成化元年（1465 年）仲秋立，碑存西安碑林博物馆第 5 展室。参见王其祎、周晓薇《明西安通济渠之开凿及其变迁》，《中国历史地理论丛》1999 年第 2 辑，第 73—98 页。

口水闸的设置可以根据该井口汲水量的多少来调节井内的水量，从而使渠水得到最大限度的有效利用。[①]

四　小结

本书第六章已经指出，明清民国时期关中－天水地区至少有24座城市曾开渠引水入城。这些引水入城渠道营建的初始原因各不相同，主要涉及民生用水、护城河用水、庙学泮池用水、农业生产用水等方面，或是一方面需求，或是多个方面共同需求。不过相同的是，这些引水渠道建成后，在达到最初目的的同时，往往还发挥出其他方面的功能效应，体现出城市水利功能效应的多面性。

经考察，明清民国时期关中－天水地区城市引水渠道的营建经验主要体现在城外建设、进出城池和城内设计三个方面。在城外，这些引水渠道往往顺应水势、地势而设计，工程量较大；通过建设渡槽、过水石桥等水利设施，实现跨沟壑、河流引水；通过修地渠、凿地洞、筑堤堰等水利工程，实现跨越山岭、高坡和洼地；渠首处常常设置闸坝以防泛溢，渠道两侧通常栽种树木以固堤岸。在渠道进入城池时，需要跨越护城河和城墙；在跨越护城河时，有先注入护城河再引入城中，也有通过水利设施直接跨越护城河的；在跨越城墙时，有的在城墙上开辟专门的水门、水关或洞口，也有的从城门处入城。渠道入城后，引水渠道的路线设计往往受到官宦府宅、衙署机关、官私园林等左右，其中庙学泮池为引水渠道所经的关键环节。

渠道引水入城功能的正常发挥，离不开渠道管理。在明清民国时期，关中－天水地区城市引水渠道的管理集中体现在两个方面：一是日常管理。地方政府设置专门的渠道管理人员来具体负责，以保渠道的畅通和渠水的清洁卫生。二是渠水分配。如果引水入城渠道经过多个县级行政单元，各县级行政单元和各城市的受水时间要有明确规定，并保证执行，否则影响渠水分配的公平；引水入城渠道在单一县级行政单元内，城外农业生产、乡村百姓用水、护城河用水等方面的分水作用，会削弱渠水入城供水功能，这应该也是清代西安城市水利衰落的重要原因。

---

① 吴宏岐：《西安历史地理研究》，第160页。

第八章　引水上山巅：历史时期永寿麻亭故城的引水工程

自城市诞生以来，用水问题的解决一直是城市建设发展的重要内容，城市引水技术因此得到发展。学界对古代文明的城市引水技术已有一定的关注，尤其是欧洲、西亚等地区。[①] 其中，古罗马城的引水技术得到的关注较为广泛，其高大的引水渠凌空跨越河谷，将远方的山泉、河水引入城中，这在当时处于世界领先水平。[②] 我国历史时期的城市引水技术同样取得了巨大成就，如汉代长安城的“飞渠”、明清西安城的龙首渠和通济渠等等。在我国历史时期众多引水城市中，关中地区永寿麻亭故城（今永平镇）的引水工程较为独特。永寿麻亭故城的微观城址环境与古罗马城有一定的相似，位于水资源缺乏的山岗上。其用水问题的解决，也与古罗马城一样，蕴含着丰富的水利技术知识，展现了我国古人在城市水利技术方面取得的重要成就。本章考察了历史时期永寿麻亭故城的用水环境与供水方式，梳理了永寿麻亭故城引水工程的营建与修复历史，并对其引水工程的技术成就与影响进行了初步探讨，以期加深对我国历史时期城市引水工程技术的认识。[③]

一　麻亭故城为县治时间考

在历史时期，永寿县治曾多次迁移，有永寿坊（今永寿坊村）、麻亭故城（今永平镇）、义丰塠（今固县村）、顺政店（今永寿村）和监军

---

① A. N. Angelakis, et al., *Evolution of Water Supply Through the Millennia*.

② 张尧娉：《古罗马水道研究的历史考察》，《史学月刊》2020 年第 7 期，第 105—115 页。

③ 程森探讨了历史时期永寿县城的供水困境与解决途径，复原了永寿县城供水的多种途径。本章重点关注的是历史时期永寿麻亭故城的引水技术，二者侧重点不一样。参见程森《历史时期关中地区中小城市供水问题研究——以永寿县为中心》，《三门峡职业技术学院学报》2013 年第 4 期，第 72—76 页。

镇（今监军街道）等城址。[①] 其中，监军镇城址是今永寿县城所在地，麻亭故城是监军镇之前永寿县治所在地，即本书考察的对象。在考察永寿麻亭故城引水工程之前，我们认为有必要考证清楚麻亭故城作为永寿县治的时间。因为永寿麻亭故城位于山岗，用水困难，其作为县治时间的长短与引水工程的营建有密切关系。那么，麻亭故城作为永寿县治的起讫时间如何？一共历时多少年？

康振仁指出，麻亭故城作为永寿县治有三段时间，即唐武德二年至四年（619—621 年）、“北宋嘉祐元年（1056）迁至麻亭”和元至元十五年（1278 年）至 1930 年。[②] 其中，北宋嘉祐元年迁至麻亭，再到何时迁走，康振仁没有说明，而且对这三段时间没有进行具体考证。《陕西省永寿县地名志》也指出了永寿治麻亭故城的时间，即“从唐武德二年起，到 1929 年止，先后三次作为县治所在，长达 671 年以上”，[③] 不过也没有进行具体论证。宋亮经过考证认为，永寿自建县以来凡经八次迁治，其中治麻亭故城（今永平镇）三段时间为：唐武德二年至四年（619—621 年）共 2 年、宋嘉祐六年前（—1061 年）至金泰和元年后（1201 年—）共 140 + 年、元至元十五年至 1930 年共 652 年，总共 794 + 年。[④] 我们认同永寿三次治麻亭故城，但对后两段时间的起讫与上述观点有所不同。

关于第二段时间，我们认为至少包括北宋嘉祐至元丰年间（1056—1085 年）。北宋嘉祐六年，吕大防任永寿令，因县治无水，修建“吕公渠”导水入城。吕公渠供水之城正是麻亭故城，可见麻亭故城在北宋嘉祐六年之前已是永寿县治所。那么，是否是“北宋嘉祐元年（1056）迁至麻亭”，[⑤] 还需进一步考证确认。至于何时迁徙他处，目前也难以考

---

① 宋亮对历史时期永寿县治的迁徙过程进行了系统考证，本章仅关注麻亭故城作为永寿县治的时间。参见宋亮《陕西永寿县治迁移考》，《中国历史地理论丛》2019 年第 4 辑，第 158—160 页。另见永寿县地方志编纂委员会编《永寿县志》，三秦出版社，1991，第 65 页。

② 康振仁：《永寿县城今昔》，载《永寿文史资料》（第 4 辑），第 17—27 页。

③ 永寿县地名志编辑委员会编《陕西省永寿县地名志》（内部资料），八七二八五部队印刷厂，1983，第 123 页。

④ 宋亮：《陕西永寿县治迁移考》，《中国历史地理论丛》2019 年第 4 辑，第 158—160 页。

⑤ 康振仁：《永寿县城今昔》，载《永寿文史资料》（第 4 辑），第 17—27 页。

证，不过，中间一段时间，大体可以把握。北宋元丰前后在世的毕仲询在《幕府燕谈》中记载了永寿麻亭故城的用水困难："永寿山县，凿井数十丈尚不及泉。"① 宋亮也认为，元丰时永寿县治在麻亭故城。② 故北宋嘉祐至元丰年间（1056—1085 年）应该是麻亭故城作为永寿县治第二段时间的重要组成部分。关于第二段时间何时结束，宋亮根据金时乡贡进士郭邦基所作《重修惠民泉记》中"永寿县古麻亭驿也"的记载，认为金泰和时县治仍在麻亭，并将结束时间定在"金泰和元年后（1201 年—）"。③ 郭邦基的记载只能告诉我们当时永寿县治在麻亭故城。至于是否是北宋嘉祐年间延续而来的、在金泰和元年前后持续多久等问题，目前无法确定。

至于第三段时间的起讫年份，史料记载颇为不一。我们认为应当为元至元十五年（1278 年）至 1941 年。关于第三段时间的起始年份，史料中有三种说法：元至元二年、元至元十五年和元至正四年（1344 年）。哪一种是事实呢？首先，我们否定"元至正四年"④ 一说。宋亮已有相关考证，我们在此再提供一条论据，即永寿文庙、儒学均建于元至正四年之前。《大明一统志》记载："永寿县学，在县治西北，元延祐（1314—1320 年）中建。"⑤ 清乾隆《永寿县新志》也载，永寿文庙"旧在县署西北，元延祐七年建，致和元年（1328 年）县尉宋思义重修"。⑥ 文庙、儒学是治所城市最为重要的标志之一，⑦ 因此元延祐七年前麻亭故城应该已经成为永寿县治。其次，我们认为"元至元十五年（1278

① 转引自乾隆《永寿县新志》卷一〇《补遗类·地舆》，第 5 页 b。

② 宋亮：《陕西永寿县治迁移考》，《中国历史地理论丛》2019 年第 4 辑，第 158—160 页。

③ 宋亮：《陕西永寿县治迁移考》，《中国历史地理论丛》2019 年第 4 辑，第 158—160 页。

④ 主张"元至正四年"一说的主要有：嘉靖《雍大记》卷三《考易》载，"元至正四年，又以好畤并入是邑，徙县于麻亭镇"，第 6 页 b；万历《陕西通志》卷一〇《城池》载，"元至正四年徙县治于此"，第 3 页 b；康熙《陕西通志》卷五《城池》载，"永寿县城池，本旧麻亭镇，元至正四年徙县治于此"，康熙六年刻本，第 5 页 b；康熙《永寿县志》卷一《建置》载，"元至正四年，徙县治于麻亭镇"，第 1 页 a；雍正《敕修陕西通志》卷一四《城池》载，"永寿县城池，元至正四年徙建麻亭镇"，第 24 页 a。

⑤ （明）李贤等：《大明一统志》卷三二《陕西布政司》，天顺五年御制序刊本，第 17 页 a。

⑥ 乾隆《永寿县新志》卷五《祀典类·崇祠》，第 8 页 a。

⑦ 〔美〕斯蒂芬·福伊希特旺：《学宫与城隍》，载〔美〕施坚雅主编《中华帝国晚期的城市》，第 701 页。

年）”比“元至元二年”应该更为可靠。据我们目前搜集到的史料来看，主张“元至元十五年”说，共9条，其中最早为《大元一统志》（创修于元至元二十三年）；[①] 主张“元至元二年”说，仅3条，且均转引自《陕西通志》（最早为明嘉靖版）。[②] 因此，无论从史料的丰富程度，还是从可靠性来看，“元至元十五年”均较为可信。

至于永寿县治何时由麻亭故城迁至今县城（监军镇）？1991年《永寿县志》、康振仁、宋亮等均认为是1930年。[③] 其实，由麻亭故城迁至监军镇有一个较长的过程，直到1941年才正式完成迁移。据1944年元月一日刻石的《永寿县治迁移史略碑》（时任永寿县长雷震甲撰，丁祝卿书）记载：“民国十九年三月，由王县长绵堂呈报陕西省政府将本县治移设监军镇。时逾十载，迄未定案。至民国三十年二月，经王县长孟周将迁移县治一案复呈请陕西省政府转咨内政部。呈奉行政院三十年三月十五日勇一字第四一八七号指令准予备案，本县县治遂确定为监军镇。”[④] 虽然直至1941年3月15日，内政部指令监军镇为永寿县治，[⑤] 但1930年3月以后，永寿县治实际上已经开始逐步迁移至监军镇。[⑥] 1931年《新陕西月刊》第1卷第5期则提到，“现在县政府，已移监军镇”。[⑦]

---

① 《元史》卷六〇《志第十二·地理三》：“至元十五年，徙县治于麻亭”，中华书局，1976，第1425页；乾隆《永寿县新志》卷三《建置类·镇堡》：“今麻亭新县治，元至元中始徙建也”，第4页b；嘉庆《永寿县志余》卷一《建置·城池》：“旧城即元至元十五年徙建”，嘉庆元年刻本，第5页a；光绪《永寿县重修新志》卷三《建置·城池》：“旧城即元至元十五年徙建”，光绪十四年刻本，第2页a；光绪《永寿县重修新志》卷三《建置·镇堡》：“今麻亭新县治，元至元中始徙建也”，第6页b；民国《永寿县志》卷一八《古迹古物志·一、古迹》：“元《一统志》：至元中徙永寿县治于麻亭（俗名旧县城，今永平乡公所驻焉）”，第241页；“元至元十五年（1278），复迁至麻亭”（《永寿县志》，第65页）；“至元十五年，复徙永寿县于麻亭驿”（《永寿县呈赍遵令采编新志材料》，《陕西省政府公报》第630号，1929年4月，第12－13页）。

② 乾隆《永寿县新志》卷三《建置类·城池》，第1页a；光绪《永寿县重修新志》卷三《建置·城池》，第1页a。

③ 《永寿县志》，第65页；康振仁：《永寿县城今昔》，载《永寿文史资料》（第4辑），第17—27页；宋亮：《陕西永寿县治迁移考》，《中国历史地理论丛》2019年第4辑，第158—160页。

④ 《永寿县志》，第520—521页。

⑤ 《永寿县志》，第19页。

⑥ 康振仁：《永寿县城今昔》，载《永寿文史资料》（第4辑），第17—27页。

⑦ 郑燕青：《陕西社会状况的鳞爪》，《新陕西月刊》第1卷第5期，1931年8月，第66页。

民国《续修陕西通志稿》也载："永寿旧县去监军镇五里"，[①] 此时已称麻亭故城为旧县。再据1935年永寿《请迁移县治及拨款补修城垣建修县政府案》记载："民国十八年（1929）冬间土匪陷城，县政府房舍及所有档案尽付一炬。尔时因办公无地，遂呈准将县政府权移于距县城四十里之监军镇，地方借用第二高级小学校地，房舍为办公地点，迄今已逾六载。……惟旧县城街舍悉成瓦砾，实难迁归。是本县县治又有监军镇设置之必要。"[②] 可见到1935年前后，监军镇已经逐步代替麻亭故城，成为永寿县的政治、经济、文化中心，不过正式成为永寿县治应该还是在1941年。

关于永寿治麻亭故城的第三段时间，即元至元十五年至民国30年（1278—1941年），需要补充说明的是，永寿县治在此期间曾短暂迁移他处。因明末战乱，永寿麻亭故城一度尽圮，"截南山一寨，权为县治"，至清康熙八年（1669年），永寿知县张焜在麻亭故城原址"借债千金，倡率捐助，建造城池"。[③]

综上，麻亭故城作为永寿县治的时间，唐代有2年，宋代至少有29年（1056—1085年），元以后有663年（不计明清之际短暂迁移）。自北宋嘉祐六年（1061年）吕大防任永寿令之后，麻亭故城至少近700年作为永寿县治。那么，在这么长的时间里，位居山岗的麻亭故城具体用水环境如何？采取了怎样的供水方式？

二 用水环境与供水方式

自北宋以来，关于永寿麻亭故城用水环境与供水方式的史料记载较丰富。北宋毕仲询《幕府燕谈》有关于永寿麻亭故城用水环境的较早记载："永寿山县，凿井数十丈尚不及泉，为之者至难，或泉不佳则费已重矣。"[④] 金泰和四年（1204年）郭邦基在《重修惠民泉记》中称："永寿县，古麻亭驿也。城在巅之巅，三面阻险，攸居之人弗能凿井。"[⑤] 元至

---

① 民国《续修陕西通志稿》卷一三二《古迹二》，第42页b。
② 民国《永寿县志》之《旧志拾遗·文》，第371页。
③ 康熙《永寿县志》卷二《城池》，第1页a。
④ 转引自乾隆《永寿县新志》卷一〇《补遗类·地舆》，第5页b。
⑤ 康熙《永寿县志》卷七《艺文》，第2页b。

元十五年（1278 年），永寿县治迁回麻亭故城，直至明末战乱毁城，可称为“元明旧城”。明人张朝纲的《游武陵山记》在描述元明旧城的城址环境时写道：“长安之西有永寿，环邑皆山也，五峰耸其东，明月峙其西，其北则达古豳分水岭。”[①] 明人郭宗皋《惠民泉记》则进一步描述了元明旧城的用水环境：“永寿之邑据高控险，土厚不可以井。”[②]

明末，永寿麻亭故城“被寇尽圮”，[③] 县治暂居城南山寨。清康熙六年（1667 年），张焜任永寿知县，在麻亭故城原址营建新城，“虎岭峙于右，龙峰蟠于左，川源绕于前，烈山屏于后，四方崒嵂，中央坦□，俨若架上金盘之像”。[④] 新城用水环境没有发生变化，缺水形势依旧严峻。张焜在《捐疏水泉记》中写道：“永寿，山邑也，地厚而燥，土石间杂，穴之皆焦枯少滋液，掘深虽百仞不及泉，居民素苦汲。”[⑤] 张焜将永寿城饮水问题列入永寿“十四无之苦”，其《十四无之苦》之《无井泉而汲窘》云：

> 西来都是燥山坡，百仞无泉可若何。地力竭兮闲民力，苍波郁处等恩波。寻源数里收清涧，待雨终朝注宿沱。曾说饮人一口水，如今饮水亦难多。[⑥]

从上述材料可知，麻亭故城因位居山岗，地下水位埋藏较深，几无井泉之利，城区水资源极度缺乏。此外，因永寿当地降水季节变化大且降雨量不多，凿池蓄积雨水，也难以保证麻亭故城居民拥有稳定的用水资源。那么，持续作为永寿县治数百年的麻亭故城，在历史时期是如何解决城区民生用水问题的？据我们考察得知，主要有“涧饮”和“渠饮”两种供水方式。

何为“涧饮”？即将远距离的山涧之水通过人力、畜力运入城中。北

① 康熙《永寿县志》卷七《艺文》，第 15 页 b 至第 16 页 a。
② 康熙《永寿县志》卷七《艺文》，第 6 页 a。
③ 雍正《敕修陕西通志》卷一四《城池》，第 24 页 a。
④ （清）张焜：《新造城池记》，载康熙《永寿县志》卷七《艺文》，第 28 页 a—b。
⑤ 康熙《永寿县志》卷七《艺文》，第 32 页 a。
⑥ 康熙《永寿县志》卷七《艺文》，第 18 页 b。

宋吕大防在任永寿县令之前，“县无井，远汲于涧”。[①] 明人郭宗皋《惠民泉记》对元明旧城的“涧饮”方式和饮水之贵有较为详细的记载：“永寿之邑据高控险，土厚不可以井，第赖水于廓东深涧中，往来五六里，强半为亥径，其艰也可知。余庚戌道经，米一升易水不一斛，然犹常值也。”[②] 清康熙八年（1669年），张焜在麻亭故城原址营建新城，“涧饮”仍然是建城之初最为重要的供水方式。张焜在其文章和主修的康熙《永寿县志》中有多处关于“涧饮”的描述。例如，康熙《永寿县志》卷二《水利》记载：“永邑土山戴石，掘井孔艰，远汲深沟，邑人苦之。惠民泉创自宋吕大防，代有修导之人。明末贼乱，此泉遂废。至皇清张令焜，捐资疏浚，至今利赖。”[③] 康熙《永寿县志》卷四《职官》也载：“永邑苦于无水，皆求于高坡深涧之下，危途几里，最为艰辛。”[④] 在张焜的诸多记载中，对永寿麻亭故城用水环境之恶劣、“涧饮”之艰辛、水源之珍视等方面描述最为详细的当属《捐疏水泉记》。相关内容抄录如下：

> 汲则挈罂抱瓮行几里，而求于绝壁之涧。下坡如坠，巉巇陡险，踖踖然如邓艾之入蜀。负水而上，步步若蹑梯级，稍纵视失足，鲜不破罂覆瓮。最苦雨中雪中汲，径滑步艰，十汲而常覆二三，覆则更汲，不啻仰明水于方珠，希琼浆于露盘也。民之食指少者，每候霖澍，盛以缶，而约用之。日啖乾（干）饼，稍呷勺许润唇吻而已，不敢饫饮也。予是以有“寻源数里收清涧，待雨终朝注宿沱”之句。尤苦者，东作方殷，麦秋盛暑，渴不得浆，何以胜耕稼之劳？往往求汲之溢，而荒半晌之工，误农莫甚于此。抑宁惟是永有驿，驿赖马力，马赖水草。独永之驿骑艰于饮，饮多不及时，且以奔驰疲乏之后，策饮于险壑之下，饮饱而腾跃于峻坡之上，病马莫甚于此。其带牛佩犊之苦，又不待言矣。予南人，每喜浴，因水贵如醴，三岁于兹，不忍□汤畅一浴，更语□□辈衣浣，勿数浣涤器，勿多挹也。予是以有“曾说饮人一口水，如今饮水亦难多”之句。水之

① （明）马理等纂《陕西通志》卷二《土地二·山川上》，第79页。
② 康熙《永寿县志》卷七《艺文》，第6页a。
③ 康熙《永寿县志》卷二《水利》，第3页b。
④ 康熙《永寿县志》卷四《职官》，第5页a。

艰也如此。此不惟民病之，畜病之，即行旅亦病之，而令斯土者，亦病之也。予每太息曰："天地至慈，何鱼鳖东南之民，而蝼蚁西北之民耶？"尤不禁泫然曰："民之苦在饥，永民之苦又兼苦渴耶！"[①]

这种艰难的"涧饮"方式，也是历史时期关中－天水地区其他位居山岗、高阜之城解决民生用水问题的方式之一。正是"涧饮"方式的艰辛，促使麻亭故城开展"渠饮"供水。所谓"渠饮"，即营建引水渠道将远距离的水资源引入城中。自北宋吕大防治永寿以后，麻亭故城便不断营建渠道引水入城。不过，因引水渠道不时遭到废弃，故麻亭故城的"涧饮"方式也一直存在。

三　引水工程的建设与修复

北宋嘉祐六年（1061 年）吕大防治永寿时，城池采用"涧饮"供水。吕大防"行近境"，在城北五里分水岭处"得泉二，欲导之入城"。[②]然泉源与城池之间"地势高下有差"，[③]"众疑无成理"。[④]后吕大防采用《考工记·匠人》篇中的水准测量方法，"相其地形，凿山为渠"，[⑤]"不旬日，果疏为渠"，[⑥]导引泉水入城以供居民使用。百姓将此泉源称为"吕公泉""吕公惠民泉"，将此水渠称为"吕公渠"，以纪念吕大防的"惠民"之绩。

至金时，"岁月寖久，兵革之余，泉渠圮坏，无复存者"。[⑦]金泰和元年（1201 年），进士邢珣任永寿主簿，"复通惠民泉"。[⑧]金泰和四年，郭邦基在《重修惠民泉记》中详细记载了邢珣修复吕公渠的过程：

（邢珣）下车后，历询耆耋，苟有利害，为之兴除。众以泉闻，

---

① 康熙《永寿县志》卷七《艺文》，第 32 页 a—b。
② 雍正《敕修陕西通志》卷一三《山川六》，第 26 页 b。
③ （清）顾祖禹：《读史方舆纪要》，第 2624 页。
④ （明）马理等纂《陕西通志》卷二《土地二·山川上》，第 79 页。
⑤ （金）郭邦基：《重修惠民泉记》，载康熙《永寿县志》卷七《艺文》，第 2 页 b。
⑥ （明）马理等纂《陕西通志》卷二《土地二·山川上》，第 79 页。
⑦ （金）郭邦基：《重修惠民泉记》，载康熙《永寿县志》卷七《艺文》，第 2 页 b。
⑧ 康熙《永寿县志》卷四《名宦》，第 8 页 a。

遂访其源，得故道，有瓦甓之迹在焉。不旬日间，厥公告成，其泉之通也欻焉。老幼忻忻，赓为之歌曰："我公来兮扬仁风，当时涧水能复通。济人利物谁与同？昔有吕公今邢公。"[①]

100余年后的元至大二年（1309年），[②] 永寿处士白用"行至北郭五里许，俯瞯流泉汩汩而南，乃以锸掘地，得导水瓦沟，金旧制也，续瓦引流直达城内，民利赖之"。[③] 白用发现的"导水瓦沟"应该就是金泰和年间邢珣修复的，故称"金旧制"。白用再次将其修复，"续瓦引流"将泉水引入城内，不过"后渐堙废"。[④]

有明一代，永寿麻亭故城引水工程至少得到两次修复。第一次是，明弘治年间，知县李纲修复吕公渠，但"不数年而弛"。[⑤] 第二次是，永寿人杨邦梁修复引水渠道。据《陕西资政录》记载：

杨邦梁，乾州永寿人，通判威之子，由贡生授检校官，内行纯备，见义敢为。尝读《宋史·刘几传》，谓："邠地卤，民病远汲，几浚渠引水，水果至，凿五池于通逵，民大便利。"慨然奋曰："瀹水利人，古贤且有创为之者，况吾邑有吕公、白氏旧渠，可因其利以利之乎。"于是鸠工疏凿，凡糇粮器用诸费，咸自办之，竟复旧贯。[⑥]

到明末，由于战争的发生，永寿麻亭故城"七经残破，城垣倒塌无存，百姓逃散，房宇尽废，县治无处站立"，[⑦] "向之宰是邑者，见无城可守，无社可凭，因结寨于虎头山，与一二百姓聊以图存"。[⑧] 此时，永

① 康熙《永寿县志》卷七《艺文》，第2页b。
② 除"元至大二年"外，还有"元至大三年""元延祐中（1314—1320年）""延祐六年"等说。
③ 雍正《敕修陕西通志》卷一三《山川六》，第26页b至第27页a。
④ 乾隆《永寿县新志》卷一《地舆类·水利》，第15页a。
⑤ （明）郭宗皐：《惠民泉记》，载康熙《永寿县志》卷七《艺文》，第6页b。
⑥ 转引自乾隆《永寿县新志》卷七《人物类·孝义》，第6页a。
⑦ （清）张焜：《兴复县治详》，载康熙《永寿县志》卷七《艺文》，第25页b。
⑧ （清）张焜：《新造城池记》，载康熙《永寿县志》卷七《艺文》，第27页a。

寿引水入城渠道再次遭到废弃，泉源迷失，永寿城因之“无井，涧饮，病渴”。[①] 直至清康熙六年（1667年），张焜出任永寿知县，随后“筑城结茅，民始宁宇”。[②] 康熙九年，张焜“披榛步寻，得泉山岭，疏导入城”，[③] 再次营建引水入城渠道，以缓解永寿麻亭故城民生用水之压力。张焜寻找泉源和营建渠道的具体过程，在其《捐疏水泉记》中有详细记载：

> 予闻宋时有吕公泉，今安在哉？诸君不为予言，得无颣怀宝藏璧者乎？赵君蹙额而前曰：“呜乎！泉难言也。宋室至今，沧桑递易。不知泉之窍于何山之阳，何山之阴也？呜乎！泉难言也。”予曰：“是不难，患无觅之者耳。予正图兴起水利之计。”未几，闻于大中丞白公呼予，曰：“闻汝于永施药，计药功与水利孰大？汝归宁勿施药，疏水泉可也。”予唯唯衔命归，即同广文任君，幕曹傅君，贡士赵君，生员王业盛、蒋继业、傅大任、钟文炳、凌云、白成彩等，徒步祷祝，寻泉之源。行至八里许，近分水岭麓。予思堪舆家有云：“凡龙之转处，即有伏泉在下。”此正龙之转身处也。随令抉之，渐有清液渗出，再深抉之，则汩汩然矣，皆喜曰：“泉在是哉。”逾数十武抉之，水溢，又逾数十武抉之，水又溢。任君等俱狂喜曰：“求一泉而不可得，今且得三泉矣。异哉！一泉之外，复涌二泉。灵泉耶！神泉耶！其即白公泉、张公泉耶？耿恭之拜，虞诩之祈，此其再见矣。”各以手掬饮，三泉甘美不相上下，而一种香味似下泉过之。因俱发叹曰：“下泉不让上泉，此天地之无尽藏也。”……予于翌日即捐俸募夫，汇三泉于一道，因势顺导，开麓成渠，高者削之使平，陷者填之使耸，石堑则锤凿而通之，断岸则刳木以渡之，委蛇曲折，导使入城。因砌两池，以时其蓄泄，上池便民之汲，下池便畜之饮。噫！可谓美矣，尽矣。未几，而土人告曰：“水道一带，土浮渗漏，得水不多，奈何？”未几，而土人又告曰：“冰坚将至，水冻汲绝，奈何？”未几，而土人又告曰：“无人勤修，不时淤

① 光绪《永寿县重修新志》卷六《名宦》，第13页b。

② 乾隆《永寿县新志》卷六《职官类·知县》，第4页a。

③ 乾隆《永寿县新志》卷六《职官类·知县》，第4页a。

滞，奈何？”予曰：“然哉！然哉！诚宜虑及此也。”清夜图维不得其法。因思水不就土则不渗，水不见风则不凝，乃恍然曰：“得之矣。”于是捐资三十两，命陶人制瓦桶数千，顺水鱼贯，覆以厚土。其危险难施处，则益以石枧，令其伏流而往。又捐俸募泉夫二名，不时利导焉。于是涓滴不漏，严寒不凝，四时无崩泻之患矣，可以世食水德于不朽矣。噫嘻！向之苦无勺水者，而今汪濊矣。民不窘汲，农事便矣。马饮以时，裨邮政矣。木有本，而水有源。后之官民，其毋忘是泉哉！其毋忘疏是泉之非偶哉！嗟乎！泉本无坏时，而治泉者有懈时，是在后之君子善为经理之，以勿坏，万世之水利可（也）。[①]

据上文可知，张焜所建之渠应该不是邢珣、白用等所修之吕公渠。其一，泉源非同一地方，吕大防、邢珣、白用等所引泉源距离永寿麻亭故城五里，而张焜“约行八里许”才发现泉源。其二，邢珣、白用等人的修复是基于原有渠道的“瓦甓”“瓦沟”等，修复的渠道主体应该还是吕大防曾经建设的渠道。而张焜是重新寻找泉源，而且最初并没有使用“瓦桶”导水，可见他并没有利用旧渠道，而是重新设计渠线，“因势顺导，开麓成渠”。换言之，张焜仅知永寿麻亭故城有吕公渠供水之旧绩，而他的建渠工程可谓自主进行。值得称赞的是，张焜指出永寿麻亭故城供水问题的出现并不在于泉源，而在于治泉者，并告诫“后之君子善为经理”，以使永寿麻亭故城享“万世之水利”。

然而不幸的是，至清康熙四十八年（1709 年），[②] “地震瓦沟压裂，泉遂淤塞”，[③] 引水渠道再次遭到破坏。雍正十年（1732 年），“知乾州王以观、知（永寿）县黄中铨又修治之”。[④] 乾隆四十一年（1776）年，郑居中任永寿知县，因城“地苦乏水，搜得宋吕大防惠民泉故迹，浚复如旧，题曰‘余泽渠’，泉旁加凿一井，深丈余，并有余贮而无拥挤争

① （清）张焜：《捐疏水泉记》，载康熙《永寿县志》卷七《艺文》，第 32 页 b 至第 34 页 a。
② 马振汉：《永寿名胜古迹和历史人物考略》，载《永寿文史资料》（第 2 辑），第 104 页。
③ 雍正《敕修陕西通志》卷四〇《水利二》，第 51 页 a。
④ 乾隆《永寿县新志》卷一《地舆类·水利》，第 15 页 a。

竞之患，名曰‘承流井’”。[①] 在此需要说明的是，虽然文献记载郑居中“搜得宋吕大防惠民泉故迹”，但实际上很可能是张焜所建之渠。因为，张焜所建之渠距郑居中不过百余年时间，即使已经废弃，其遗迹较吕大防之“吕公渠”遗迹更易被发现。至乾隆五十七年（1792 年），为纪念北宋以来历代解决永寿麻亭故城供水问题的先贤，永寿知县蒋基“倡捐大修”麻亭故城引水渠道（见图 8－1），并在县城内东北隅，“建泉神庙、吕公祠及张公祠，并纂《吕公渠志》一卷”。[②] 至光绪三十二年（1906 年）十一月，方希孟在其《西征续录》记道：“宋嘉祐中，吕汲公宰是邑，凿井便民，人赖其利，因号为吕公渠，至今绠汲无虚日。”[③] 宣统三年（1911 年）二月，袁大化在《抚新记程》中也提及，永寿“城内有惠民泉，吕大防导于前，郑居中修于后”。[④] 可见，在 20 世纪初，永寿麻亭故城的引水入城渠道还在发挥作用。

到新中国成立前后，永寿麻亭故城虽然已不是县治所在地，但仍然多次修复引水渠，将陶管改为铁管，并在城中建池蓄水饮用。[⑤] 直到 1970 年，在一次兴修水利中，“采用爆破以扩水量，引起泉水入石潜流，水量大减，遂废”，[⑥] 历经 900 余年引水上山城的历史，至此结束。

四　引水工程的技术与影响

北宋以来永寿麻亭故城引水工程的营建，虽然“仅止于供旧县城居民之汲饮而已”，但“博得邑人士之歌颂不辍”。[⑦] 现摘录几例如下。

清嘉庆永寿知县胡长庆有《惠民泉》诗曰：“引水上山巅，人夸旧令贤。我亦宰斯土，恩膏愧此泉。”[⑧]

清光绪永寿知县郑德枢有《惠民泉》诗曰：“古豳城筑坡，勺水无处取。吕公真神君，设法拯民苦。来脉挟有泉，北郭五里距。枧水灌入

① 光绪《永寿县重修新志》卷六《名宦》，第 14 页 a。
② 嘉庆《永寿县志余》卷一《地舆·水利》，第 2 页 b。
③ （清）方希孟：《西征续录》，王志鹏点校，甘肃人民出版社，2002，第 100 页。
④ （清）袁大化：《抚新记程》，王志鹏点校，甘肃人民出版社，2002，第 165 页。
⑤ 马振汉：《永寿名胜古迹和历史人物考略》，载《永寿文史资料》（第 2 辑），第 104 页。
⑥ 马振汉：《永寿名胜古迹和历史人物考略》，载《永寿文史资料》（第 2 辑），第 105 页。
⑦ 民国《永寿县志》卷三《地形山水志·附一、水利》，第 42 页。
⑧ 光绪《永寿县重修新志》卷九《艺文·诗》，第 39 页 b。

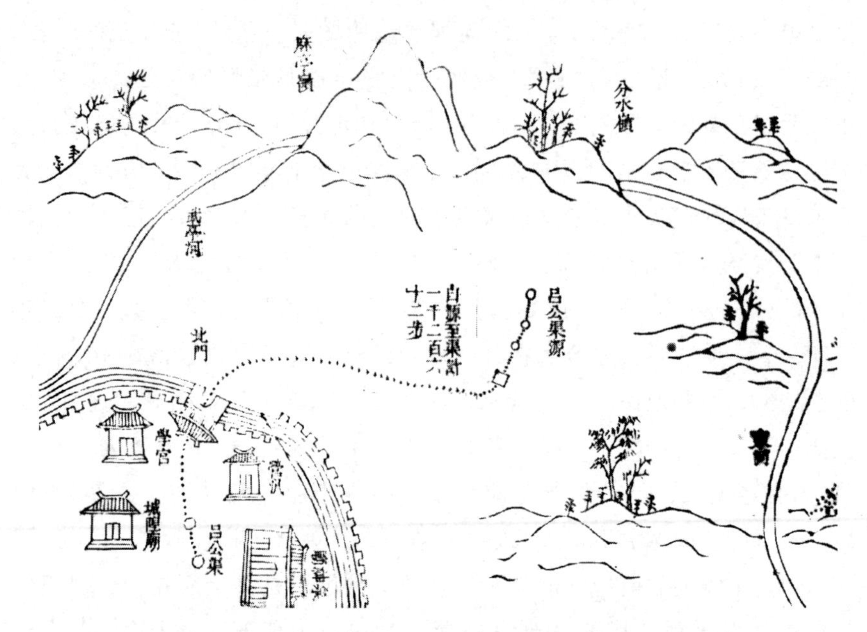

图 8－1　清乾隆末年永寿麻亭故城引水渠

资料来源：嘉庆《永寿县志余》之《图》，第 3 页 b 至第 4 页 a。中国国家图书馆藏品。

城，凿井积膏乳。源源不断流，户户皆安堵。红羊劫不移，惠民垂千古。”①

清永寿廪生骞凌云也有《惠民泉》诗曰：“月照山城泉韵清，听来犹是抚琴声。甘棠千古留遗爱，岁序频更渠不更。”又曰：“惠泉惠政两相侔，一枧能消万户愁。天助贤侯民有庆，不凝不涸水长流。”②

永寿麻亭故城引水工程不仅缓解了城区民生用水艰难，还营造了城市景观，即“永寿十四景”中的二景：“北泉流清”和“渠声夜响”。清康熙年间，永寿知县张焜有“十四景”诗，该二景诗为：

一汪数里导来城，滋味芳香色更清。岂特吾民沾润泽，坐观还引在川情。（《北泉流清》）

二峡分流漾两泓，幽凄滴沥骇鲵鲸。夜深疑有玉人至，环佩玎

① 光绪《永寿县重修新志》卷九《艺文·诗》，第 45 页 b。

② 光绪《永寿县重修新志》卷九《艺文·诗》，第 50 页 a。

珰过耳鸣。(《渠声夜响》)[①]

1928年12月，刘文海在《西行见闻记》中写道："永寿傍山筑城，城内食水，来自城外灌灌沟中，由发源处用瓷管吸引，经过永寿岭至城中。虽云旧式工程，(但)颇具科学思想。"[②] 我们对历史时期永寿麻亭故城引水工程所蕴含的技术成就以及产生的影响，初步分述如下。

(一)"水地"之法的运用

北宋吕大防在营建"吕公渠"时，因"地势高下，众疑无成理"。[③] 最终，吕大防以《考工记》记载的水准测量方法解决了这一难题。史料对吕大防采用的水准测量方法记载不一，主要有以下几类：(1)"水地""置槷(臬)"二法，[④] (2)"置臬"法，[⑤] (3)"水地置泉"法，[⑥] (4)"置水"法，[⑦] (5)"平准"法。[⑧] 实际上，吕大防是采用《考工记》中的"水地"之法，来进行地势水平测量的。

《考工记·匠人》云，"匠人建国，水地以县，置槷以县，视以景"，[⑨] 主张城市建设时需要进行"水地""置槷"测量。"水地"法是利用"水静则平"的原理，来测量各地点是否在同一海拔高度的方法，即以水平定地平。东汉郑玄对"水地以县"作注曰："于四角立植(柱)，而县(悬)以水，望其高下，高下既定，乃为位而平地。"[⑩] 这种

---

① 康熙《永寿县志》卷七《艺文》，第34页b。

② 刘文海：《西行见闻记》，李正宇点校，甘肃人民出版社，2003，第3页。

③ (元)脱脱等：《宋史》卷三四〇《列传第九十九·吕大防传》，第10839页。

④ 《雍大记》卷一一《考迹》，第19页b；(明)李贤等：《大明一统志》卷三二《陕西布政司》，第14页b；光绪《永寿县重修新志》卷六《名宦》，第13页a。

⑤ (明)马理等纂《陕西通志》卷二《土地二·山川上》，第79页；雍正《敕修陕西通志》卷一三《山川六》，第26页b；乾隆《永寿县新志》卷一《地舆类·水利》，第15页a；光绪《永寿县重修新志》卷一《舆地·水利》，第19页b；《永寿县呈赍遵令采编新志材料》(续)，《陕西省政府公报》第633号，1929年5月，第9—10页。

⑥ (元)脱脱等：《宋史》卷三四〇《列传第九十九·吕大防传》，第10839页。

⑦ (清)顾祖禹：《读史方舆纪要》，第2624页；冯焌光光绪三年(1877年)七月十六日日记，载(清)冯焌光《西行日记》，第117页；(清)穆彰阿等纂修《嘉庆重修大清一统志》卷二四七《乾州》，第10页b。

⑧ 《弘简录》卷一〇六《宋宰辅》："吕大防……迁永寿令，近境二泉，地势高，民苦汲，用考工平准法疏引为渠，民赖之，号'吕公泉'。"

⑨ 杨天宇：《周礼译注》，第664页。

⑩ 杨天宇：《周礼译注》，第664页。

测量方法类似于今天用水平仪的原理测量地平，至于当时用何种仪器、如何测量，已无法得知。至于“置槷”，乃是在平整的地面上设置标杆，通过测“景”来测定方位。《河洛精蕴》外篇卷八《罗经原始》载：“《考工记·匠人》营国，昼则置臬（槷）测日影，夜则兼考极星，所以辨方正位者，如此而已。”[①]“辨方正位”是我国古代城市建设时首先要考虑的。大约在公元前15世纪末，我国古人在城邑选址时已经开始通过“置臬”来“辨方正位”。《诗经·大雅·公刘》在记载公刘带领族人在豳地寻找栖息地时，写道“既景乃冈，相其阴阳”，意思是说在一个山岗上立物测影，以定方位。可见，“水地”与“置槷”是服务于我国古代城市建设但目的不同的两种测量方法。

至于史料对吕大防水准测量方法有不同记载的原因，我们认为：第一类记载没有弄清二法的区别，第二类记载错误理解了“置臬”之法的目的，第三类记载可能将“置臬”错记成“置泉”，至于“置水”法、“平准”法，《考工记》没有这两种方法的直接记载。

金元明三代，永寿麻亭故城引水渠道的修建采用了何种水准测量方法，史料缺载。清初张焜营建了新的引水入城渠道，但也没有对自己的水准测量方法进行记载，仅仅记载了城外引水渠道营建的大致方法，即“因势顺导，开麓成渠，高者削之使平，陷者填之使耸，石堑则锤凿而通之，断岸则刳木以渡之，委蛇曲折，导使入城”。[②]

（二）陶瓦引水渠道的建设

渠道供水与排水在世界城市发展史上具有悠久的历史。渠道材质多种多样，陶瓦材质渠道或管道经常出现。据考古发掘得知，我国早在4000年前已经出现初具规模的城市陶制水管道。豫东淮阳“太昊之墟”中就有多处陶制排水管道，每节管道均为直筒形，细端有榫口套接，且城内管道高于城外，以利向外排水。[③]不过，据目前研究发现来看，这些陶制渠道或管道大部分被发现在城市内部，而且多数是作为排水设施的。我国古代引水入城渠道城外部分多数是人工修筑的“地渠”和“堤

① （清）江永：《河洛精蕴》，徐瑞整理，巴蜀书社，2008，第178页。

② （清）张焜：《捐疏水泉记》，载康熙《永寿县志》卷七《艺文》，第33页b。

③ 《古代的贮水输水与排水设施》，《河南省卫生志参考资料》1988年第54期，第12—13页。

渠”，本书关注的明清民国时期关中－天水地区城市引水渠道大体如此。[1] 像永寿麻亭故城这种远距离大规模的陶瓦引水渠道的建设，可能并不多见。

据金人郭邦基《重修惠民泉记》记载，金泰和年间（1201—1208年）邢珣在修复永寿麻亭故城引水渠道时，曾“访其源，得故道，有瓦甓之迹在焉”。[2] 可见，北宋嘉祐六年（1061年）吕大防修建吕公渠时，可能已采用“瓦甓”之法，瓦桶套接，其上覆土，导水入城。至元代，白用“以锸掘地，得导水瓦沟，金旧制也”，[3] 说明金时邢珣修复渠道继续采用陶瓦渠道引水。到白用修渠时，“续瓦引流直达城内”，[4] 再次修复陶瓦引水渠道。不过，目前我们并不清楚，宋金元时期陶瓦引水渠道部分占整个渠道长度的比例。

前文已经指出，张焜所建之渠应该不是邢珣、白用等所修之旧渠。因此，张焜修建渠道时并没有像邢珣、白用一样，可以发现以前的“瓦甓之迹”或“瓦沟”。张焜所建新渠最初并没有采用陶瓦渠道引水，而是采用最为普遍的土渠引水，将远距城池“八里”之遥的泉水引入城中。当“土人”指出土渠引水的“土浮渗漏”“水冻汲绝”“不时淤滞”等种种弊端时，张焜立刻意识到自己的疏忽，并着手营建陶瓦引水渠道。至于土渠引水的弊端以及陶瓦渠道的营建过程，张焜在《捐疏水泉记》中有详细记载，详见前文。从记文来看，张焜对水性有着非常科学的认识，而这种认识对永寿麻亭故城用水问题的解决有重要指导作用。张焜不仅营建了远距离大规模的陶瓦引水渠道，还“募泉夫二名，不时利导”，基本克服了土渠引水的弊端。

（三）倒虹吸技术的应用

利用静水压力差输送液体的虹吸和倒虹吸技术的发明与应用，是我国古代水力学发展的重要成就。虹吸和倒虹吸技术早在先秦时期就被运用到我国城市水利建设之中。1979年，考古工作者在秦咸阳宫一号宫殿

---

① 关于明清民国时期关中－天水地区城市引水渠道的建设情况，参见本书第七章的相关论述。

② 康熙《永寿县志》卷七《艺文》，第2页b。

③ 雍正《敕修陕西通志》卷一三《山川六》，第27页a。

④ 雍正《敕修陕西通志》卷一三《山川六》，第27页a。

遗址中发现了4个排水系统，其中北面排水系统的一个水池漏斗下面，水管呈弯形，最高点与落水口平行，形成虹吸，加快了水的流速，可以防治沉淀和停滞。[①] 由于倒虹吸管在开始工作时不需要人为制造管中的真空，故在使用上比虹吸管更为普遍。当引水工程穿越谷地、河流、城墙、堤防等地形和建筑设施时，常常使用倒虹吸管。[②] 周魁一先生认为，至迟在战国时期，阳城的城市供水系统中已经出现倒虹吸。[③]

永寿麻亭故城的引水渠道并非一直沿着自高到低的地势进入城中的，而是经历了“高下有差”的地势。北宋吕大防是如何营建引水渠道的，现已不得而知。至于清康熙初年张焜所建新渠的具体营建方式，其《捐疏水泉记》有较为明确的记载：“因势顺导，开麓成渠，高者削之使平，陷者填之使耸，石壍则锤凿而通之，断岸则刳木以渡之，委蛇曲折，导使入城”；“命陶人制瓦桶数千，顺水鱼贯，覆以厚土。其危险难施处，则益以石枧，令其伏流而往”。[④] 利用“石枧”，“令其伏流而往”，应该就是采用倒虹吸技术。之所以改用“石枧”，而不继续采用“瓦桶”，可能在于“危险难施处”倒虹吸需要承受较大的水压。这种情况在古希腊城市引水渠道营建过程中也经常出现。古希腊工程师在建设城市引水渠道时，经常使用倒虹吸技术来实现水流跨越山谷，并考虑到巨大的水压，往往以金属管道（尤其是铅管）代替陶瓦管道。[⑤] 关于北宋吕大防营建引水渠道时，是否采用了倒虹吸技术，我们目前并不清楚。不过，基于同样的地势、同样的引水方式，吕大防很可能采用了倒虹吸技术。

（四）城中设两池蓄水

清康熙初年，张焜在永寿麻亭故城城内引水渠道尾处，修建了上、下两处蓄水池，将人、畜饮用水分开，以便充分利用所引水资源。张焜《捐疏水泉记》记道：“因砌两池，以时其蓄泄，上池便民之汲，下

---

① 《咸阳市志》（第1卷），第574页。

② 周魁一：《我国古代的虹吸和倒虹吸》，《农业考古》1985年第2期，第187—190页。

③ 周魁一：《我国古代的虹吸和倒虹吸》，《农业考古》1985年第2期，第187—190页。

④ 康熙《永寿县志》卷七《艺文》，第33页b。

⑤ L. W. Mays, D. Koutsoyiannis, A. N. Angelakis, “A Brief History of Urban Water Supply in Antiquity,” *Water Science & Technology: Water Supply* 1 (2007): 1－12.

池便畜之饮。”[①] 这种两池蓄水，区别使用，与云南丽江古城的三眼井，原理是一样的，体现了古人独具匠心的用水爱水传统。[②] 到民国时期，永寿麻亭故城仍然设置两池蓄水。民国年间的《永寿县呈赍遵令采编新志材料》明确记载，当时泉水被引入城中，“砌池二处以贮之，其一在县城内第一高小校后，其一在县城南门外南关之中，内外居民赖以活”。[③]

（五）四川懋功山城和永寿监军新城的仿效

清道光年间（1821—1850年），陕西韩城人、水利专家强望泰在四川懋功（今小金县）总理屯务，见“懋功地高难掘，百仞及泉，用水惟难，县民大困，县城内外千余家，非下山汲水，无以供饮食之用”，“私心忧之，亲勘各地，冀得水源，嗣以城南开一渠，引水入城，名曰‘利民’”。[④] 强望泰在主持营建懋功山城引水工程——利民渠的过程中，充分借鉴了永寿麻亭故城开渠引水入城的经验。强望泰《重修懋功屯利民渠记》详细记载了利民渠的营建过程：

> 曩读《永寿县志》，知城在山巅，居民悉以弗能凿井为苦。宋嘉祐中，吕公大防为令，于城北八里分水岭，凿山为渠，引水入城，百姓德之，名渠曰“吕公”、泉曰“惠民”。厥后，金太和元年（至元）[⑤] 至大间，主簿邢珣、邑人器之（白用）先后疏浚，其利至今不息。余心识之，惜未亲其道，以为憾。道光己丑（1829年）春三月，余由成都水利同知奉宪檄量移懋功。入其境，见重山复岭，无半里平坦可劚水田，心已忧吾民之食。比至署，见城距山腰，窃以

① 康熙《永寿县志》卷七《艺文》，第33页b。

② 杨福泉：《略论丽江古城的历史、社会和古城水系及用水民俗——一个跨区域的城市与环境问题研究的个案比较》，载郑晓云、杨正权主编《红河流域的民族文化与生态文明》（上），中国书籍出版社，2010，第531—546页。

③ 《永寿县呈赍遵令采编新志材料》（续），《陕西省政府公报》第633号，1929年5月，第9—10页。

④ 张相文：《南园丛稿》卷八《南园文存》，收入《民国丛书》（第5编）第98册，上海书店，1929，第77页b至第78页a。

⑤ “至元”二字原文缺漏，为笔者所补，即从金泰和元年到元至大年间（1201—1311年）。

为与永寿县无以异，即询民取水远近。民曰："地高难掘，虽百仞不及泉。城内外千余家率下山汲水，人荷马驮，惫也甚矣。"余闻之，又复忧吾民之饮，即欲师吕公故智，以甫抵任，公务蝟集，未遑也。逾岁，庚寅（1830年）春三月，以清厘之暇，讼简民和，乃聚农商谋之曰："父老苦远汲久矣。愚履勘城南三十余里，山之阴有泉一泓，水势滃然。前人引之以供汲，今虽渠坏沟淤，盍众疏之，以继前轨。"众曰："奈山势纡折，民力瘠苦何。"余曰："闻堪舆家言，凡龙转处必有泉。此纡折者，即龙转也。若令决渠，必渗清液，况明明源头活水是焉，可舍其易而难是图。"爰首捐银二十五两，懋功屯务郑捐银十两，益以农商所醵银四十两。付公正著闻之，约民董其事而教之曰："尔尚仍旧，贯顺其旁而流通之。"其或崖壁断绝，则架木槽而联属之，使之阳达城内。暨城外新街场俾各砌两池，以时蓄泄，上池便人汲，下池便畜饮。始于三月二十日，至五月竣事，则见数十年苦无涓滴者，今则浥注遍城郭矣。①

除四川懋功山城引水工程受到启发外，永寿监军新城的供水也曾受到麻亭故城引水渠道建设的影响。1962年，从永平五龙泉埋陶管15.5公里，引泉水进入监军新县城，建成自来水，开始简易供水，至1967年，因水质低劣而废弃。②

五 小结

像永寿麻亭故城这样的山城，在我国历史时期为数不少。比如，与永寿同在关中地区的就有麟游、宜君等城，但它们都不曾营建像永寿麻亭故城这样有效的引水工程。麟游旧城位于童山山岗，城中兴国寺东南原本有一眼新井，"其味甚甘"，③ 后来芜没。位于麟游旧城西北2里处小河沟内的五龙泉，成为城市民生用水的主要来源之一。宜君城地处龟山梁顶，地下水贫乏，降水也不易聚集，城市民生用水问题一直难以解

① （清）葛士浚辑《皇朝经世文续编》卷三六《户政十三·农政下》，光绪二十四年石印本，第1页a。

② 《永寿县志》，第327页。

③ 康熙《重修凤翔府志》卷一《地理第一·山川》，第26页b。

决。20 世纪 70 年代以前，虽然宜君城南的“南泉”为城中居民提供饮用水源，但经常发生水荒。与永寿麻亭故城相比，麟游、宜君二城民生用水主要靠人力、畜力远距离汲取，大大增加了城中居民生活的不便，对城市建设发展也产生了不利影响。

历史时期永寿麻亭故城引水工程的特色，主要体现在其所蕴含的水利技术以及产生的影响上。据上文分析得知，永寿麻亭故城引水工程在营建过程中成功运用了水准测量、陶瓦渠道引水、倒虹吸、分池蓄水等水利技术。通过梳理永寿麻亭故城引水渠道的建设历程，我们发现，技术的发展可能不是线性的，现在的某些技术可能很久之前就已经出现，甚至达到与现在相媲美的水平。我们在考察张焜营建永寿麻亭故城引水渠道时发现，张焜所建之渠并没有继承吕公渠的旧迹，而是自主营建的。换言之，北宋吕大防营建的吕公渠，完全可以和 600 多年后张焜营建的新渠相媲美。永寿麻亭故城引水工程的独特性和科学性，给清代水利专家强望泰留下了深刻印象，他将这一引水技术运用到四川懋功山城。

第三篇　城市水灾的特征与应对

第九章　明以降（1368—1967年）关中－天水地区城市水灾的特征

关于历史时期关中－天水地区的城市水灾，学界相关研究虽有所涉及，但尚未有专题研究。建筑史学者吴庆洲在《中国古城防洪研究》中，虽力图全面搜集各大流域的城市水灾史料，但对于关中－天水地区的史料搜集较少，[①] 这与该地区历史时期的城市水灾实情不符；张力仁分析探讨了清代陕西县治城市水灾的特征与发生机理，对清代关中地区县治城市的水灾有关注；[②] 李嘎以典型城市的个案探讨方式，关注了明代至1979年陕西黄土高原地区城市水患的表现形式、致灾因素和防治措施，所举案例中的关中四城和陕北同官城也是本书关注的对象。[③] 与上述研究相比，本章对明初至城市水利现代化建设之前600年（1368—1967年）关中－天水地区的城市水灾进行全面考察，[④] 从区域层面整体分析了该地区城市水灾的特征，以期为当下该地区城市防洪建设提供一些历史依据。

一　研究资料与方法

本章使用的城市水灾史料，主要来自地方志、实录、正史、碑刻、诗文集、笔记、行记、报刊、档案、文史资料等历史文献。另外，我们也查阅了今人整理的史料汇编，如《清代黄河流域洪涝档案史料》（中

---

① 吴庆洲：《中国古城防洪研究》，中国建筑工业出版社，2009。

② 张力仁：《清代陕西县治城市的水灾及其发生机理》，《史学月刊》2016年第3期，第106—118页。

③ 李嘎：《旱域水潦：水患语境下山陕黄土高原城市环境史研究（1368—1979年）》，第86—150页；李嘎：《冯夷为患：明代以来陕西黄土高原地带的城市水患与防治》，载山西大学中国社会史研究中心编《社会史研究》（第5辑），商务印书馆，2018，第154—202页。

④ 之所以选择1368—1967年这600年，主要是出于计量分析的便利。因到20世纪五六十年代关中－天水地区广大中小城市才逐步开启现代化城市水利建设，故这600年总体属于本书探讨的传统城市阶段。

华书局，1993），《中国三千年气象记录总集》（凤凰出版社、江苏教育出版社，2004），《西北灾荒史》（甘肃人民出版社，1994），《中国农业自然灾害史料集》（陕西科学技术出版社，1994），《中国气象灾害大典（陕西卷）》（气象出版社，2005），《陕西历史自然灾害简要纪实》（气象出版社，2002），《陕西省自然灾害史料》（陕西省气象局气象台，1976）等，补充引用了这些史料汇编辑录的相关史料，并尽可能查找到原始资料。在对明以降（1368—1967 年）关中－天水地区城市水灾史料进行系统搜集之后，我们对各种史料进行相互比对，本着“时近则迹真”的原则，择优录用，最后汇编成册，详见本书附录 2。经过 10 余年时间的持续搜集和整理比对，我们目前一共找到明以降关中－天水地区城市水灾 263 次，涉及 38 座城市，占当时该地区城市总数（46 座）的 83%。没有搜集到水灾史料的城市分别是郃阳（合阳）、澄城、白水、淳化、华阴、蓝田、临潼和郿县（眉县）八城。可见，位居西北内陆的关中－天水地区，在历史时期其实也存在较为普遍的城市水灾现象。

对史料进行计量分析，是研究历史时期灾害特征的常用方法。但这种研究方法得出的结论是否真实可靠，在很大程度上取决于所搜集的史料是否真实、完整。因此，在计量分析城市水灾史料时，我们认为必须要慎重考虑两个问题：第一，史料的真实性。史料中记载的灾情是否符合当时真实情况？我们的整理比对结果是否正确可靠？第二，史料的完整性。史料是否能完整记录每座城市在历史时期经历的全部水灾？我们在搜集城市水灾史料时，是否能将城市水灾史料搜集殆尽？2012 年以来，我们一直在上述两方面进行努力，以期获取该地区真实、完整的城市水灾信息。因为只有如此，探讨的城市水灾特征才有可能接近真实。然而这只是一种向往，实际上不论是因史料记载本身的局限，还是因我们研究工作的不足，最终获取的城市水灾史料在真实性、完整性等方面还是会存在许多不足。因此，我们认为仅仅根据这些搜集比对后的史料进行计量分析，得出的结论与实际情况会有一定的差距。鉴于此，我们认为在对史料进行计量分析时，还应采取其他方法来修正和完善计量分析得出的认识。本章采取的“史料均一性假设”、“个案与区域相结合”和“定量与定性相结合”的研究方法，或许是一种有益尝试。

1. 史料均一性假设。灾害发生的时间距离现在越近，其史料保存状况会越好，其灾情记载会越全面。因此，依据史料计量分析灾害的时间分布特征时，往往会得出，随着时间的推移灾害越来越频繁的总体特征。当然，这种结论虽不一定完全出自史料保存与搜集的局限性，但与史料的保存、搜集一定有重要关系。为此，我们在分析城市水灾的时间分布特征时，将研究时间分成若干时间段，并假设在每一时间段内，史料本身的保存与我们的搜集都具有均一性。这样针对每个时间段，我们得出的认识可能相对可靠。

2. 个案与区域相结合。在分析某座城市的水灾特征时，或许因史料本身的局限，或许因我们研究工作的不足，得出的结论与城市的真实情况可能不太一致。如果我们将个案研究上升到区域层面，综合比较同一地理单元内每座城市的水灾情况，或许能接近历史的真实情况。

3. 定量与定性相结合。城市水灾史料的计量分析，可以得出城市水灾的特征。此外，历史文献中还存在大量关于城市水灾其他方面的定性描述，比如城市障水防洪、城市雨洪排蓄等等。这些史料描述对正确认识一座城市水灾的真实情况有重要作用。因此，在进行计量分析的同时，结合其他相关定性描述，有助于我们接近历史的真实情况。

二　城市水灾的类型特征

分析探讨历史时期城市水灾的类型特征，有助于我们认识城市水灾的成灾环境和主要成因，对于今后城市水灾的治理有重要参考价值。学界在此方面已有相关论述。例如，陈玉琼、高建国在分析山东大水灌城时，将其分为“大水直接灌城”、“大水造成河溢灌城”与“海溢灌城”三种情况；[①] 吴朋飞等在分析明代河南大水灾城时，将其分为一级轻度“雨灾型”、二级中度“河溢型”和三级特大“河灌型”三类；[②] 李嘎在分析明清山西 10 座典型城市的水患时，将其分为“城外洪水之患”、“城内积水为灾”和“城外洪水之患与城内积水为灾兼有之情形”三类。[③] 上

---

① 陈玉琼、高建国：《山东省近五百年大水灌城的初步分析》，《人民黄河》1984 年第 2 期，第 38—42 页。

② 吴朋飞等：《明代河南大水灾城洪涝灾害时空特征分析》，《干旱区资源与环境》2012 年第 5 期，第 13—17 页。

③ 李嘎：《旱域水潦：明清黄土高原的城市水患与拒水之策——基于山西 10 座典型城市的考察》，《史林》2013 年第 5 期，第 1—13、189 页。

述分类都有各自的标准，陈玉琼、高建国注重的是城市水灾的成因，吴朋飞等注重的是受灾程度，而李嘎关注的是城市受灾的空间范围。我们认为，历史时期城市水灾的分类，仅根据史料提供的有限信息来判定，难免与真实情况有所出入。城市水灾类型的判别，目的应在于为当前制定正确的城市水灾应对策略提供历史依据。我们从城市水灾成因角度，对本书附录2整理的263次城市水灾进行逐个分析判别，其中无法判断成因的有4次（占城市水灾总数约1.5%），能够判断成因的有259次（占比约98.5%），成因大体可以分为“河水泛溢侵城”型（161次，占比约61.2%）、“雨水灾城”型（93次，占比约35.4%）和“山塬洪水入城”型（5次，占比约1.9%）三种类型（见表9－1）。可见，明以降600年关中－天水地区城市水灾的主要类型是“河水泛溢侵城”和“雨水灾城”，尤其是前者，有六成城市水灾是由河水泛溢所致。当然，这只是根据目前所掌握的史料，对明以降600年关中－天水地区城市水灾类型进行的初步探讨。有些史料信息非常模糊，很难明确划分类型，只能结合具体城址环境来做主观判断，或者定为“不明原因”。因此，分类结果与真实情况可能有一定的出入，但总体上还是可以反映区域层面城市水灾类型特征的。下文分别对这三种类型城市水灾做进一步说明。

表9－1 明以降600年关中－天水地区各城市水灾的次数和类型分布

单位：次

亚区	城市	河水泛溢侵城	雨水灾城	山塬洪水入城	不明原因	总次数
渭北台塬地区	韩城	2	4	0	0	6
	郃阳（合阳）	0	0	0	0	0
	澄城	0	0	0	0	0
	白水	0	0	0	0	0
	蒲城	0	5	0	0	5
	宜君	0	3	0	0	3
	同官（铜川）	9	0	1	0	10
	耀州（县）	25	2	0	0	27
	淳化	0	0	0	0	0
	三水（栒邑、旬邑）	2	3	0	0	5

续表

亚区	城市	河水泛溢侵城	雨水灾城	山塬洪水入城	不明原因	总次数
渭北台塬地区	邠州（邠县、彬县）	3	0	0	0	3
	长武	0	4	0	0	4
	永寿	0	3	0	0	3
	乾州（县）	0	3	0	0	3
	麟游	0	1	0	0	1
渭河平原地区	潼关	17	2	0	0	19
	朝邑	13	1	1	0	15
	华阴	0	0	0	0	0
	同州（大荔）	0	3	0	0	3
	华州（县）	0	3	0	0	3
	渭南	3	1	1	0	5
	蓝田	0	0	0	0	0
	富平	2	4	0	0	6
	临潼	0	0	0	0	0
	高陵	0	2	0	0	2
	西安	0	8	0	0	8
	三原	4	2	0	0	6
	泾阳	0	5	0	0	5
	咸阳	5	0	0	0	5
	鄠县（户县）	1	5	0	0	6
	兴平	0	1	2	1	4
	醴泉（礼泉）	4	3	0	0	7
	盩厔（周至）	3	4	0	1	8
	武功	6	0	0	0	6
	扶风	2	3	0	0	5
	郿县（眉县）	0	0	0	0	0
	岐山	1	3	0	0	4
关中西部及天水地区	凤翔	0	1	0	0	1
	汧阳（千阳）	6	2	0	0	8
	陇州（县）	14	4	0	0	18
	宝鸡	5	4	0	0	9

续表

亚区	城市	河水泛溢侵城	雨水灾城	山塬洪水入城	不明原因	总次数
关中西部及天水地区	清水	2	2	0	0	4
	秦安	3	0	0	1	4
	秦州（天水）	17	0	0	0	17
	伏羌（甘谷）	6	0	0	0	6
	宁远（武山）	6	2	0	1	9
	合计	161	93	5	4	263

（一）“河水泛溢侵城”型

“河水泛溢侵城”型，主要指河流泛溢侵入城池，造成城墙、衙署、民舍等破坏，造成相关财产损失和人员伤亡。据表9－1可见，该类城市水灾一共涉及25座城市，占明以降关中－天水地区城市总数（46座）的54.3%，即该地区半数多城市有河水泛溢侵城之患。其中，渭北台塬地区有5座城市，分别是韩城、同官（铜川）、耀州（县）、三水（栒邑、旬邑）和邠州（邠县、彬县），占该亚区城市总数（15座）的33.3%；渭河平原地区有12座城市，分别是潼关、朝邑、渭南、富平、三原、咸阳、鄠县（户县）、醴泉（礼泉）、盩厔（周至）、武功、扶风和岐山，占该亚区城市总数（22座）的54.5%；关中西部及天水地区有8座城市，分别是汧阳（千阳）、陇州（县）、宝鸡、清水、秦安、秦州（天水）、伏羌（甘谷）和宁远（武山），占该亚区城市总数（9座）的88.9%。可见，关中西部及天水地区城市受河水泛溢侵城之患最为严重；渭河平原地区城市次之，有半数多城市有河水泛溢侵城之患；渭北台塬地区最轻，有三成城市有河患之忧。下面对明以降关中－天水地区各城的“河水泛溢侵城”情况做一概述。[①]

河水泛溢侵城当然离不开河流，所以城址与河流之间的位置关系对

① 关于耀州（县）、陇州（县）、潼关、咸阳和同官五城的“河水泛溢侵城”，可参见李嘎的相关论述［李嘎：《旱域水潦：水患语境下山陕黄土高原城市环境史研究（1368—1979年）》，第99—132页］。关于陇州（县）、汧阳（千阳）、潼关、秦州（天水）四城的“河水泛溢侵城”，也可分别参见本书第三章、第四章和第十一章的相关论述。

此类城市水灾的发生有重要影响。[①] 经比较各类城市的城址环境，“河流交汇处”和“河流穿城”两类城市的“河水泛溢侵城”现象最为严重。处于河流交汇处的耀州（县）城，“东西二面逼近漆、沮二水，而二水又各为山势所逼，傍山之河流日徙，近城之地势日低，水之故道不可复还，而城之受害难期巩固”，[②] “岁涨屡啮城根”。[③] 潼河穿城而过的潼关城，从明代至 1960 年迁城前，潼河共泛溢侵城 14 次。三原城被清河穿城而过，因此经常受到清河的泛溢冲击，连接三原南北二城的龙桥也常被冲毁。据嘉靖《重修三原志》载，三原“县城北枕山溪，每暴雨，水辄大至，惊涛奔突，久而成巨沟，县民千余家，半居溪北，往来以桥（龙桥）”。[④] 明永乐及之前，龙桥“或以石甃，或以木架，废置不一”，到明“正统初，尚架大木桥，大车重载往来，通行无阻，其后河日深浚，河岸年年崩摧，坍倒两岸人家房屋店舍无数，即今河比昔深二丈有余，宽七八丈，不能架大桥”。[⑤] 万历十九年（1591 年），三原人温纯“建大石桥三洞，高八九丈，袤十余丈，两旁砌石栏，南北各建石坊，一题龙桥，一题崇仁桥”。[⑥]

秦州（天水）、秦安二城位于“盆地中、一面河”，“一面河”和汇入“一面河”的支流常常泛溢侵城。秦州（天水）城在新中国成立之前，城区百姓常将耤河（藉水）、罗玉河（罗峪河）、吕二河（吕二沟）的洪水侵城称为“三虎吃人”。[⑦] 清乾隆五年（1740 年）及之前，秦州城的水灾主要由汇入藉水的罗峪河泛溢所致。乾隆九年罗峪河河道整治之后，秦州城东关、北关之外因罗峪河主流经过，水灾威胁加剧，但更为严重的是，城南藉水北侵成为秦州城的主要威胁。秦安西濒陇水（即葫芦河），河堤常被冲决，水入西城壕，西城墙侵蚀严重。乾隆三十三年

① 关于明以降关中－天水地区城市和河流之间的位置关系，参见本书第二章相关论述。
② （清）王太岳：《查勘耀州堤工详议》，载乾隆《续耀州志》卷一《地理志・堤工》，第 7 页 b。
③ 乾隆《续耀州志》卷一《地理志・城池》，第 4 页 b。
④ 嘉靖《重修三原志》卷一三《词翰五》，第 18 页 a。
⑤ 嘉靖《重修三原志》卷一《地理》，第 10 页 b。
⑥ 康熙《三原县志》卷二《建置志・桥梁》，第 12 页 b。
⑦ 《天水城市建设志》，第 90 页。

后，“陇水决入西壕，直啮城根者十余年”。[①] 汇入葫芦河的城南南小河也会泛溢入侵秦安城。1915 年农历六月十二日，秦安城中虽“暴雨只有数分钟之小雨点”，但城南南小河上游发生暴雨，汇成洪流，冲入南郭城祥和门、金汤门，破坏巨大。[②]

位于“原阜与河流之间”的城市大体存在着“河水泛溢侵城”现象。咸阳城“建在渭河之北，城下距河岸止丈余，每夏秋雨潦，水涨辄冲城下，间有时而溢入南门内者，居民畏而患之”。[③] 同官“邑山区也，而众水所经为城患者，漆同（合流）为甚”。[④] 扶风城南门外有沣水，方志多记其“城数患，水势冲激”，[⑤] 或“水啮城根”。[⑥] 武功城东有漆水，“不时水涨为患”，[⑦] 冲崩城池，城外东北隅的火星（神）庙和北郭门外的厉坛皆因漆水泛溢而移址。醴泉城西、北二门外有泥河，“每水泛，势甚冲激”，[⑧] 河上望乾桥、仲桥常被冲崩，甚至冲击北城。

至于“一面山（原）、三面河”类城市，多数城市会遭受“河水泛溢侵城”。例如邠州（县）城，“洪龙河、水帘河俱在城西，大峪河、南河俱在城东，四河泛涨，皆为民害”。[⑨] 渭南城西湭水，夏秋河水常有泛溢，如光绪十年（1884 年）闰五月二十四日，“南山黄狗峪水暴涨，激荡大石行数里，声如雷，漂没民田舍，至县西关，水头犹高数丈，市廛多被冲坏”。[⑩]

“距河流一定距离”的城市，按理会较少遭受“河水泛溢侵城”，但

---

① 道光《秦安县志》卷二《建置》，第 6 页 b。

② 任西山等：《南小河暴发洪水简记》（1962 年 1 月 5 日），载秦安县城乡建设志编纂委员会编《秦安县城乡建设志》，兰州大学出版社，1999，第 263—264 页。

③ （明）张应诏：《咸阳县重修河岸记》，载（明）张应诏纂，《咸阳经典旧志稽注》编纂委员会编《咸阳经典旧志稽注（明万历·咸阳县新志）》，三秦出版社，2010，第 122 页。

④ 乾隆《同官县志》卷二《建置·关梁堤防附》，乾隆三十年抄本，第 32 页 b。

⑤ 顺治《扶风县志》卷一《舆地志·山川》，第 5 页 a；雍正《扶风县志》卷一《舆地志·山川》，雍正九年刻本，第 5 页 a；雍正《敕修陕西通志》卷一〇《山川三》，第 26 页 a；乾隆《凤翔府志》卷一《舆地·山川》，乾隆三十一年刻本，第 24 页 b。

⑥ 嘉庆《扶风县志》卷五《城廨》，嘉庆二十四年刻本，第 1 页 b；光绪《扶风县乡土志》卷一《疆域篇第一》，收入《中国方志丛书·华北地方》第 273 号，第 8 页；民国《续修陕西通志稿》卷八《建置三·城池》，第 25 页 b。

⑦ （明）马理等纂《陕西通志》卷二《土地二·山川上》，第 81 页。

⑧ 雍正《敕修陕西通志》卷一六《关梁一》，第 24 页 b。

⑨ （明）马理等纂《陕西通志》卷二《土地二·山川上》，第 82 页。

⑩ 光绪《新续渭南县志》卷一一《杂志·祲祥》，光绪十八年刻本，第 16 页 b。

也有例外。比如朝邑城，黄河西侵给朝邑县境、朝邑城带来严重水灾。据清乾隆《同州府志》记载："自明成化中，洛水崩于河，（黄）河之害十倍于前。"① 明隆庆以后，黄河河道西侵日益频繁，朝邑"县地改移河东"，② 大庆关址的变迁便是很好的证明。清雍正《敕修陕西通志》对大庆关与黄河之间的位置变迁总结道："（明）万历以后，河决城（大庆关城）毁，后河流西徙，故关反在东岸，为旧大庆关，今河西亦称新大庆关。"③ 由于黄河不断向西迁徙，黄河与朝邑城之间的距离逐渐缩减。明嘉靖之前，"黄河在（朝邑）县东三十里"；④ 至清雍正时，"黄河在县东七里"；⑤ 到清乾隆嘉庆年间，朝邑城距黄河"不过五里"。⑥ 因黄河河道逼近朝邑城池，黄河水患对朝邑城的威胁越来越大。清康熙年间，朝邑知县王兆鳌这样评论朝邑城："邑城向踞高阜，后迁原下，地埤土硷，每当秋霖水溢，坍圮为患。"⑦ 朝邑城四周的发展，深受黄河水溢侵城影响，"每当秋淫黄河暴涨，常漫至东、北、南三城门"，⑧"后东、南、北（关）皆废，惟北西门外，蘧庐鳞次，称小西关，南西门外，市廛百室，醪舍、食馆毕备，而谷市在焉，称大西关"。⑨ 黄河水溢不仅影响东、北、南三城关的发展，甚至冲入城中。清《咸丰初朝邑县志》载："黄河入县城，乾隆四十二年一次，五十八年一次，时半夜，水从城上过，伤人无算。"⑩

（二）"雨水灾城"型

"雨水灾城"型，主要指城区持续性降雨或短时间暴雨致使城墙、衙署、民舍等损坏，或者致使城中低洼处积水难以排泄、护城河漫溢，从而造成相关财产损失和人员伤亡。当然，持续性降雨或短时间暴雨也

① 乾隆《同州府志》卷二《山川》，乾隆六年刻本，第 3 页 a—b。
② 民国《续修陕西通志稿》卷五《疆域》，第 14 页 a。
③ 雍正《敕修陕西通志》卷一七《关梁二》，第 18 页 b。
④ （明）马理等纂《陕西通志》卷二《土地二·山川上》，第 70 页。
⑤ 雍正《敕修陕西通志》卷一二《山川五》，第 57 页 a。
⑥《清代黄河流域洪涝档案史料》，第 332、369 页。
⑦ 康熙《朝邑县后志》卷二《建置·城池》，康熙五十一年刻本，第 4 页 b。
⑧《大荔县志》，第 464 页。
⑨ 康熙《朝邑县后志》卷二《建置·城池》，第 4 页 a。
⑩《咸丰初朝邑县志》下卷《灾祥记》，第 17 页 a。

会造成河流泛溢从而侵城，我们将这类城市水灾归属于“河水泛溢侵城”型，这里的“雨水灾城”型主要指降雨对城区直接造成的灾害。据表9－1可见，该类城市水灾一共涉及31座城市，占明以降关中－天水地区城市总数（46座）的67.4%，即该地区近七成城市都曾发生“雨水灾城”现象。其中，渭北台塬地区有9座城市，分别是韩城、蒲城、宜君、耀州（县）、三水（栒邑、旬邑）、长武、永寿、乾州（县）和麟游，占该亚区城市总数（15座）的60%；渭河平原地区有16座城市，分别是潼关、朝邑、同州（大荔）、华州（县）、渭南、富平、高陵、西安、三原、泾阳、鄠县（户县）、兴平、醴泉（礼泉）、盩厔（周至）、扶风和岐山，占该亚区城市总数（22座）的72.7%；关中西部及天水地区有6座城市，分别是凤翔、汧阳（千阳）、陇州（县）、宝鸡、清水和宁远（武山），占该亚区城市总数（9座）的66.7%。可见，无论是明以降关中－天水地区整体，还是内部各亚区，发生“雨水灾城”的城市比例较为接近，大体在六七成。下面分三种类型，简要介绍明以降关中－天水地区的“雨水灾城”型城市水灾。

其一，持续性霪雨毁坏城墙、衙署、庙宇、民舍等建筑物，造成财产损失和人员伤亡。明崇祯五年（1632年）“秋久雨”，乾州城“颓十之四五，知州杨殿元补筑，坚固倍昔矣”。[①] 清顺治七年（1650年），蒲城“淫雨弥秋三月，崩阤日告，城无完肤”。[②] 康熙元年（1662年），西安“霪雨七十日，城垣署舍多圮，霸浐东漂湮堡砦数十处，城中斗炭值米半斛”。[③] 同年“六月二十四日至八月二十八日，（永寿）霪雨如注，连绵不绝，城垣、公署、佛寺、民窑俱倾，山崩地陷，水灾莫甚于此”。[④] 康熙十八年“八月十五日淫雨，至九月中旬，平地水涌，（朝邑）县城东十里乘筏，城遂圮”。[⑤] 同年“仲秋，淫霖匝月，（盩厔）城无余堞，室无完墙，厩库监仓荡然瓦砾，官衙民舍四望皆通”。[⑥] 乾隆十六年

① 崇祯《乾州志》卷上《建置志·城池》，第6页b；崇祯《乾州志》卷上《人物志·祥异》，第43页a。
② 康熙《蒲城志》卷一《建置·城池》，康熙五年刻，抄本，第27页a。
③ 康熙《咸宁县志》卷七《杂志·祥异》，康熙七年刻本，第5页a。
④ 康熙《永寿县志》卷六《灾祥》，第7页a—b。
⑤ 康熙《朝邑县后志》卷八《灾祥》，第68页a。
⑥ （清）章泰：《重修盩厔县署记》，载乾隆《重修盩厔县志》卷一一《艺文》，第25页b。

（1751年），陇州“夏雨连绵，节次淋冲，共坍塌四十四段、垛口二百六十个、女墙一百二十二丈八尺，城墙崩流三十八丈”。[①] 光绪三十一年（1905年），同州“因连岁霪淋，致城西南隅倾圮数十丈、数丈不等”。[②] 宣统二年（1910年）秋，泾阳“霪雨四十余日，（城）内外崩坏数丈、十余丈不等”。[③]

其二，短时间暴雨毁坏城墙、衙署、庙宇、民舍等建筑物，造成财产损失和人员伤亡。西安城于清顺治十年（1653年）五月二十二日，“有黑云自西北来，俄倾大风雨雹，拔十围以上木，叶皆落如十月，城市水深三尺，流成河，房舍十坏八九，鸦鹊皆死”。[④] 潼关城于清乾隆元年“六月十九日酉戌两时，天降骤雨，大水自城西流来，将潼关满城西面城墙冲倒四十四丈，幸而雨即停止”。[⑤] 扶风城“每当雨集泛滥，出城迅不可御，石块砂砾力不能支，往往冲决崩催，咫尺城垣危若累卵”。[⑥] 麟游城在“乾隆二十二年，因大雨淋冲，共崩塌三百七十一丈”。[⑦] 韩城县城自明末“薛相国（国观）疏筑后，历岁既久，适值阴雨滂沱，多崩损，公（福通阿）捐俸报筑几费至千金，丝毫不以累民”。[⑧] 1933年农历五月二十八日晚至次日，韩城受暴雨灾城，有《感伤诗》描述如下：“……平地居然成水国，……雨来原上正黄昏，水势急如万马奔，任尔爬山力如虎，也是无计闭城门。……眼见水从城底来，墙根穿孔陡然开，……”[⑨] 渭南城在1943年“八月二十五日晚，暴雨，城关被水冲刷”。[⑩]

其三，数月霪雨或短时间暴雨，致使城中低洼处积水难以排泄，或护城河漫溢，进而致灾。富平城于清顺治十八年（1661年）八月，“霪

---

① 乾隆《陇州续志》卷二《建置志·城池》，第8页a。
② 民国《续修大荔县旧志存稿》卷四《土地志·城池》，民国26年铅印本，第1页b。
③ 宣统《重修泾阳县志》卷一《地理上·城池》，第11页a。
④ 康熙《陕西通志》卷三〇《祥异》，康熙六年刻本，第23页a。
⑤ 《故宫奏折抄件》（水电部水科院），载《渭南地区水旱灾害史料》（内部发行），第87页。
⑥ 顺治《扶风县志》卷一《建置志·城池》，第16页a。
⑦ 乾隆《凤翔府志》卷二《建置·城池》，乾隆三十一年刻本，第4页a—b。
⑧ 乾隆《韩城县志》卷四《循吏》，第33页b。
⑨ 韩城市农业经济委员会水利志编纂领导小组编《韩城市水利志》，三秦出版社，1991，第219页。
⑩ 《渭南县志》，第142页。

雨如注，旬有六日”，“城没于隍若干丈”。[①] 同官城于清康熙二十四年（1685 年）六月十三日，“暴雨，城东南平地水深丈余，民有漂没者”。[②] 高陵城东南隅的莲池虽然对蓄纳城中雨洪有一定的作用，但当霪雨或暴雨时，反而有“浸崩城垣民舍”的危险。[③] 长武城“自道光初年，连遭阴雨，城壕水陡涨，冲陷城门及公济桥”。[④] 华州城北地势较低，容易积水，清光绪十年（1884 年），“蛟水盛发，由旧城东门灌入，直抵北城之下，潴而不流，深者六七尺，浅亦二三尺”。[⑤] 1949 年，因“秋雨连绵成灾”，泾阳“县城内泡塌房舍 570 余间”。[⑥]

（三）“山塬洪水入城”型

“山塬洪水入城”型，主要指城市周围山体、塬坡的洪水冲入城中而致灾。据我们目前的考察来看，无论是涉及的城市数目（目前仅发现 4 座城市），还是该类城市水灾发生的次数（目前仅发现 5 次），均无法与前两类城市水灾相比，但明以降关中－天水地区这一类城市水灾的实际情况应远不止于此。

关中渭河以南诸城多数是“南屏秦岭，北对渭河”。每到夏秋季节，城南暴雨，山塬洪水北流，可能波及一些城市。清乾隆以后，此种现象可能更为严重，因为“乾隆以前，南山多深林密嶂，溪水清澈，山下居民多资其利，自开垦日众，尽成田畴，水潦一至，泥沙杂流”。[⑦] 例如蓝田城，其“北门直冲骊山，故北地渐高，而门以外颇下，每暴雨，水冲入城”。[⑧] 临潼“治城傍骊山麓，温泉之水出焉，唐时华清宫故址也，地杂砂石，山水漱城，屡屡崩坏”。[⑨] 但到目前为止，我们尚未发现蓝田、临潼等城“山塬洪水入城”型水灾的具体案例。渭南城在 20 世纪 70

① 乾隆《富平县志》卷八《艺文》，乾隆四十三年刻本，第 80 页 a。

② 乾隆《同官县志》卷一《舆地·祥异》，乾隆三十年抄本，第 22 页 a。

③ 嘉靖《高陵县志》卷一《建置志第二》，第 10 页 a。

④ 宣统《长武县志》卷二《山川表》，第 5 页 b。

⑤ 民国《续修陕西通志稿》卷五八《水利二》，第 15 页 b。

⑥ 《泾阳县志》，第 92 页。

⑦ 嘉庆《咸宁县志》卷一〇《地理志》，第 5 页 a。

⑧ （明）秦邻晋：《增修瓮城记》，载顺治《蓝田县志》卷三《文集》，收入傅璇琮等编《国家图书馆藏地方志珍本丛刊》（第 130 册），第 259 页。

⑨ 光绪《临潼县续志》卷首《例言》，光绪二十一年刻本，第 1 页 b。

年代之前，不仅常遭城西湭水（沈河）泛溢之灾，南部塬坡上的洪水也常自流涌入城区。[①] 1956 年夏，渭南“两原暴雨，洪水冲淹县城西关大街”。[②]

渭北咸阳、兴平、朝邑等城依据塬坡，有塬坡之洪侵入之患。新中国成立初期，咸阳城区北部塬坡共有 14 条沟道流入城区，每当暴雨，沟道洪水直泻而下，集中于城北，沿城壕向渭河排泄，但城壕截面较小，洪期水流根本无法排泄，加上渭河的顶托作用，严重威胁城区的安全。[③] 例如，1954 年 8 月渭河泛溢，咸阳北部塬坡“洪水暴发，冲毁火车站部分建筑”。[④] 兴平城也是沿塬坡建筑，形如带状，城北“邙原高出县城 50—70 米”，每当暴雨来袭，急流南下，城池易遭塬坡洪水袭击。[⑤] 1943 年“古历七月七日，暴雨，（兴平城）北坡洪水从县西门沿公路冲向南门，淹没南门外民房”。[⑥] 朝邑城“初在西原上，后徙原下”，[⑦] 清康熙三十七年（1698 年），“霖雨，坡水大发，东、南、北三面冲崩几尽”。[⑧]

渭北郃阳城北倚梁山，“山南雨集之水，汇流而趋于城左右者”，[⑨] 也有侵城之患，但目前也未发现具体案例。同官城在明至清初，将城西“印台、济阳、虎头三山均包于城内”，[⑩] 城西无墙，以三山为墙，故“水皆从城中行”，[⑪] “城多溪水，夏秋善溢”。[⑫] 清康熙二十四年，同官知县雷之采截筑新城，当时南、北二城筑成，“西（城）未及筑，六月十三暴雨，西城三山水陡下，冲激而东，石门尽为沙泥淤塞”。[⑬] 后同官西城墙筑就，对抵御城西印台、济阳、虎头三山的山洪具有一定作用。

---

① 《渭南市志》（第 1 卷），第 304 页。
② 《渭南县志》，第 143 页。
③ 《咸阳市志》（第 1 卷），第 539 页。
④ 《咸阳市秦都区志》，第 40 页。
⑤ 《兴平县志》，第 440 页。
⑥ 《兴平县志》，第 128 页。
⑦ 天启《同州志》卷三《建置》，第 8 页 a。
⑧ 康熙《朝邑县后志》卷二《建置 · 城池》，第 4 页 a。
⑨ （清）龙皓乾：《有莘杂记》，第 13 页。
⑩ 民国《同官县志》卷二《建置沿革志 · 二、县城迁建》，第 2 页 a。
⑪ 乾隆《同官县志》卷二《建置 · 关梁堤防附》，乾隆三十年抄本，第 32 页 b。
⑫ 崇祯《同官县志》卷二《建置 · 城池》，第 20 页 a。
⑬ 乾隆《同官县志》卷一〇《杂记 · 拾遗》，乾隆三十年抄本，第 5 页 b。

三 城市水灾的时间分布

虽然十余年来我们持续搜集、整理明以降600年关中－天水地区的城市水灾史料，但要做到穷尽几乎是不可能的。即便是将现存城市水灾史料搜集殆尽，也不可能是明以降600年关中－天水地区城市水灾的全貌。因为历史时期的城市水灾不可能被全部记载下来，即便被全部记载下来，也不可能全部保存至今。由于史料保存和搜集的局限性，我们在对史料进行计量分析时基于史料均一性假设，即假设同一时间段史料的保存与我们的搜集都具有均一性特征。

根据目前我们搜集整理的城市水灾史料（见本书附录2），明以降600年关中－天水地区有明确时间记载的城市水灾共有246次（某城市一年内发生多次不同水灾，则分别计算）。我们以10年为单位时间，分别统计各单位时间内城市水灾发生的次数（见图9－1）。我们没有对每次城市水灾的灾害等级进行划分，因为每次城市水灾史料提供的灾情信息并不对等，很难划分出城市水灾的真正等级。因此，我们讨论的仅仅是城市水灾发生次数的时间变化特征，并不涉及城市水灾发生的等级、规模。基于史料保存与搜集的均一性考虑，我们将明以降600年分成明初至万历初年（1368—1579年）、晚明至近代初期（1580—1859年）和晚清至新中国成立初期（1860—1967年）三个时间段来分别分析。这样针对每个时间段得出的认识可能相对可靠一些。

（1）明初至万历初年（1368—1579年）。从图9－1所列数据来看，在这212年里，我们目前只搜集到14次城市水灾史料，而且基本分布在明宣德中期至景泰元年（1430—1450年）、明成化至弘治中期（1470—1499年）和明嘉靖中期到隆庆年间（1540—1569年）三个时间段。总体而言，这段时间关中－天水地区城市水灾发生的具体特征，目前并不清楚。

（2）晚明至近代初期（1580—1859年）。从图9－1所列数据来看，关中－天水地区城市水灾发生频次进入到平均约4.1次/10年阶段。总体而言，在这280年内，关中－天水地区城市水灾发生的频次可能比较平稳，基本上处于单位时间内10次以下，只有1660—1669年这个单位时间内发生了10次城市水灾。相对来看，在1650—1689年和1730—1809年两个时间段，关中－天水地区城市水灾发生可能较频繁，发生频

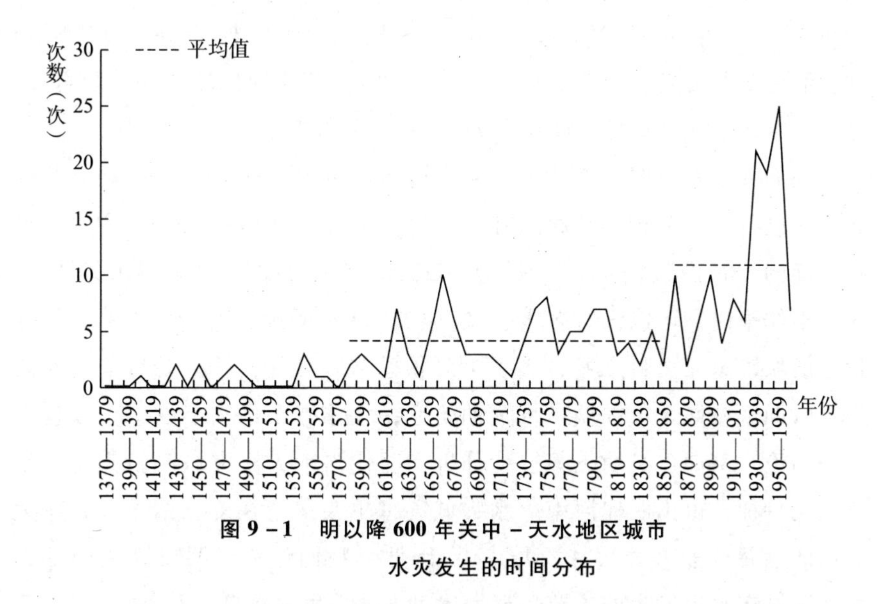

图9－1　明以降600年关中－天水地区城市水灾发生的时间分布

次分别为平均6次/10年和平均5.8次/10年。换言之，在晚明至近代初期，关中－天水地区城市水灾的发生可能较平稳，平均每10年约有4.1次城市水灾发生，清顺治中期至康熙中期（1650—1689年）和雍正中期至嘉庆中期（1730—1809年）两个时间段发生次数可能偏多一些。

（3）晚清至新中国成立初期（1860—1967年）。从图9－1所列数据来看，关中－天水地区城市水灾发生频次进入到平均约10.9次/10年阶段。基于平均水平而言，1870—1889年、1900—1909年和1920—1929年三个时间段，关中－天水地区城市水灾的发生相对较少，发生频次分别为平均4次/10年、4次/10年和6次/10年，和晚明至近代初期大体处于同一位次。不过，1930—1959年是1860—1967年这108年关中－天水地区城市水灾发生最为频繁的30年，平均约21.7次/10年。换言之，在晚清至新中国成立初期，关中－天水地区城市水灾发生频次有一定的波动，其中20世纪30年代至50年代城市水灾的发生最为频繁。

上述结论是我们根据目前搜集、整理的史料计量分析得出的。由于史料保存与搜集的局限，上述讨论的城市水灾时间分布特征仅仅是一种大概情况，与历史时期的真实状况应该存在一定的差距。据图9－1来看，时间越往后，城市水灾发生越频繁，这很可能是时间越往后史料保存越好和搜集较多的缘故。所以，基于史料保存与搜集的均一性考虑，我们分别分析了明初至万历初年（1368—1579年）、晚明至近代初期（1580—1859年）和晚清至新中国成立初期（1860—1967年）这三个时间段内的变化特征。在这三个时间段内，相应的结果应该具有一定的参考价值。

我们并没有对明以降关中－天水地区城市水灾的月份分布和季节分布特征进行计量分析。其原因有二：（1）有相当数量的城市水灾史料没有明确的“月份”“季节”等相关信息，计量分析部分数据得出的结论，对于整体来说，可能没有多大意义；（2）从有明确“月份”“季节”等信息的城市水灾史料来看，大多为夏秋季节。另外，学界既有关于我国历史时期区域性水灾或城市水灾的研究，大体得出水灾多发生于夏秋季节的结论。例如，吴朋飞等统计分析了明代河南大水灾城洪涝灾害的季节变化特征，得出明代河南大水灾城灾害主要集中在夏秋两季，具体为农历的六月、七月、八月、九月。[①] 因此，我们认为，明以降关中－天水地区城市水灾发生的季节特征大体也不外乎集中在夏秋两季。

四　城市水灾的空间分布

关中－天水地区面积广阔，地形地貌复杂多样，城市水灾的发生具有明显的区域差异性。按照关中－天水地区内部地理环境的差异性，我们将其分为三个亚区，即渭北台塬地区、渭河平原地区和关中西部及天水地区，并分别统计每个亚区内部每座城市的水灾发生次数（见表9－1）。据表9－1，我们可以得出以下认识。

1. 就单座城市而言，耀州（县）（27次）、潼关（19次）、陇州（县）（18次）、秦州（天水）（17次）、朝邑（15次）和同官（铜川）（10次）六城在明以降600年间水灾发生较为频繁、严重，共发生106次，占这600年关中－天水地区城市水灾总次数的40.3%，平均约17.7次/城。表9－1中所列次数是据现有史料计量得出的。换言之，表9－1中每座城市的水灾发生次数仅是我们目前搜集到的史料记载次数，实际每城的水灾发生次数应该大于或等于表中所列次数。因此需要补充说明两点：第一，表9－1中所列水灾次数较少的城市，不代表该城遭受的水

① 吴朋飞等：《明代河南大水灾城洪涝灾害时空特征分析》，《干旱区资源与环境》2012年第5期，第13—17页。

灾次数一定少。譬如咸阳城，表 9－1 中仅列 5 次，但实际远非如此，这从明清民国时期咸阳城南频繁的筑堤防洪便可以得到证明。[①] 郃阳城位于渭北台塬地区，我们在普查城市水灾史料时，没有发现该城水灾的相关记载，但这不代表郃阳城没有发生过水灾。2008 年《渭南市志》明确记载："合阳县城历来受北部九龙沟洪水侵袭，遇暴雨成灾。"[②] 至于渭河以南的蓝田城，我们同样没有发现该城水灾的相关记载，实际上蓝田城受到较为严峻的水灾威胁。蓝田城常受北部骊山山洪威胁，明人秦邻晋《增修瓮城记》记载："城北门直冲骊山，故北地渐高，而门以外颇下，每暴雨，水冲入城。"[③] 另外，蓝田城还有城池周围河流泛溢和城内涝灾的威胁。1994 年《蓝田县志》记载："城区防汛至关重要，每年一进入汛期，一遇暴雨天气，县城区都要遭洪水的袭击，一是受白马河、东场水库以及南灞河水的威胁，二是县门街至向阳路两平方公里的城建区属于低凹地带，一降暴雨，大部分地面雨水汇集，使城区的机关单位、居民群众受害不浅，危及人民群众的生命财产安全。"[④] 第二，表 9－1 中所列水灾次数较多的城市，在历史时期水灾一定较为严重。因为史料一般有漏载、遗失等局限性，所以一座城市实际发生的水灾次数一定大于或等于表中所列次数。比如耀州（县）、潼关、秦州（天水）、陇州（县）、朝邑等城，在史料保存与搜集的诸多局限下，我们仍然能搜集到如此多的城市水灾史料，可见这些城市在历史时期遭受水灾的严重性。

2. 就区域内部亚区而言，明以降 600 年关中西部及天水地区的城市水灾共发生 76 次，平均每座城市发生约 8.4 次；渭河平原地区的城市水灾共发生 117 次，平均每座城市发生约 5.3 次；渭北台塬地区的城市水灾共发生 70 次，平均每座城市发生约 4.7 次。可见，在明以降 600 年关中－天水地区，关中西部及天水地区的城市水灾相比最为严

---

① 参见本书第十章的相关论述和李嘎的相关研究［李嘎：《旱域水潦：水患语境下山陕黄土高原城市环境史研究（1368—1979 年）》，第 107—113 页；李嘎：《冯夷为患：明代以来陕西黄土高原地带的城市水患与防治》，载《社会史研究》（第 5 辑），第 154—202 页］。

② 《渭南市志》（第 1 卷），第 345 页。

③ （明）秦邻晋：《增修瓮城记》，载顺治《蓝田县志》卷三《文集》，收入傅璇琮等编《国家图书馆藏地方志珍本丛刊》（第 130 册），第 259 页。

④ 《蓝田县志》，第 112 页。

重，渭河平原地区和渭北台塬地区城市水灾的严重性次之，且二者较为接近。虽然表9－1中所列次数是据目前所掌握史料计量得出的，但从亚区整体来看，上述结论应该具有一定的合理性。因为就可靠性而言，区域整体考察的结果，要远胜于特殊案例或典型案例考察的结果。比如，上文指出关中西部及天水地区的城市水灾最为严重，城市平均受灾次数最多，这是基于区域整体的考察结果。如果仅以凤翔城为例，可能得出关中西部城市水灾较轻的结果。实际上，汧阳、陇州（县）和宝鸡三城的水灾均较为严重，凤翔城也许发生过一些水灾，不过目前尚未发现史料记载。

除采取个案与区域相结合的方法，我们还应采取定量与定性相结合的方法，多方关注每座城市水灾方面的相关史料。如果仅以表9－1中清水、秦安和伏羌（甘谷）三城的数据为依据，我们可能得出天水地区城市水灾不太严重的认识。实际上，就这三城的水灾应对史料来看，三城在历史时期均受到比较严重的水灾威胁。据我们统计，明以降600年关中－天水地区通过营建堤坝来障水防洪的城市共有17座，占该地区城市总数（46座）的1/3强，分别是韩城、耀州（县）、同官（铜川）、三水（栒邑、旬邑）、朝邑、渭南、潼关、咸阳、鄠县（户县）、兴平、扶风、陇州（县）、清水、宁远（武山）、秦州（天水）、秦安和伏羌（甘谷）。从上述城市的地理位置来看，属于关中西部及天水地区的城市共有6座，占该亚区城市总数（9座）的66.7%；属于渭河平原地区的城市共有7座，占该亚区城市总数（22座）的31.8%；属于渭北台塬地区的城市共有4座，占该亚区城市总数（15座）的26.7%。换言之，关中西部及天水地区营建防洪堤坝的城市比例最高，渭河平原地区和渭北台塬地区营建防洪堤坝的城市比例次之，且二者较为接近。从筑堤障水防洪层面来看，关中西部及天水地区的城市水灾相比最为严重，渭河平原地区和渭北台塬地区的城市水灾严重性次之，且二者相近，从而再次说明前文关于关中－天水地区城市水灾空间分布特征的结论具有一定的合理性。

五　小结

经本章分析，我们发现位居西北内陆的关中－天水地区在明以降

600 年存在着较为普遍的城市水灾现象，应该至少有 83% 的城市曾发生过水灾。其具体特征表现如下。

1. 从目前掌握的城市水灾史料来看，明以降关中 - 天水地区的城市水灾大体分为“河水泛溢侵城”、“雨水灾城”和“山塬洪水入城”三种类型，以前两种类型为主，其中有六成城市水灾属于“河水泛溢侵城”型。“雨水灾城”型城市水灾虽然涉及该地区六七成城市，但其发生总次数要少于“河水泛溢侵城”型。“河流交汇处”“河流穿城”“盆地中、一面河”三种类型城市存在比较严重的“河水泛溢侵城”现象；“原阜与河流之间”类型城市大体存在着“河水泛溢侵城”现象；“距河流一定距离”类型城市按理较少遭受“河水泛溢侵城”，但也有例外。

2. 通过对搜集整理的城市水灾史料进行计量分析，并基于史料均一性假设，我们发现明以降 600 年关中 - 天水地区城市水灾发生的时间分布特征大体表现为：（1）在明初至万历初年（1368—1579 年），目前搜集到的城市水灾史料有限，仅有 14 次，具体特征不清；（2）在晚明至近代初期（1580—1859 年），关中 - 天水地区城市水灾的发生较平稳，清顺治中期至康熙中期和雍正中期至嘉庆中期两个时间段的发生次数可能偏多一些；（3）在晚清至新中国成立初期（1860—1967 年），关中 - 天水地区城市水灾的发生有一定的波动，其中 20 世纪 30 年代至 50 年代城市水灾的发生最为频繁。

3. 通过对搜集整理的城市水灾史料进行计量分析，并采取个案与区域相结合、定量与定性相结合等方法，我们发现明以降 600 年关中 - 天水地区城市水灾的空间分布特征表现为：（1）就单座城市而言，耀州（县）、潼关、陇州（县）、秦州（天水）、朝邑、同官（铜川）六城水灾的发生较为频繁、严重，共发生 106 次，占这 600 年关中 - 天水地区城市水灾总次数的 40.3%，平均约 17.7 次/城；（2）就区域内部各亚区而言，无论是从目前发现的城市水灾发生次数来看，还是从历史时期城市防洪堤坝的营建状况来看，关中西部及天水地区的城市水灾相比最为严重，渭河平原地区和渭北台塬地区的城市水灾严重性次之，且二者较为接近。

上述结论启示我们，关中 - 天水地区虽然位于西北内陆地区，但该地区城市水灾的预防与应对同样需要受到高度重视。对于临河近河城市，务必做好城市防洪工作，防止“河水泛溢侵城”。“雨水灾城”型城市水灾在关中－天水地区涉及城市较多，务必做好相关城市的雨洪排蓄工作，并推进海绵城市建设。就关中－天水地区整体而言，关中西部及天水地区城市水灾的应对压力要大于其他地区。就单座城市而言，天水市、铜川市耀州区、陇县等城务必重视水灾的预防与应对工作。

第十章　明清民国时期关中 - 天水地区城市的障水防洪

防洪是城市建设发展过程中不可忽视的重要内容。研究历史时期的城市防洪，总结其经验与教训，不仅在建筑技术史、城市发展史等领域具有重要学术价值，还对当今城市的防洪减灾有重要参考价值。自20世纪80年代以来，我国历史时期的城市防洪得到学界的广泛关注，大体表现在三个方面。首先是关于历史时期城市防洪的宏观整体性研究，用力最勤、成就最大的当属华南理工大学建筑学院吴庆洲先生，他系统论述了中国古代城市的选址、防洪方略、防洪措施以及防洪体系的特点，并总结了中国古代城市防洪的经验、成就和现代启示；[①] 其次是关于历史时期单体城市的防洪研究，学界关注的重点在于古都和历史文化名城，如北京、开封、洛阳、成都、荆州等，对广大中小城市的关注力度也在逐步加强；最后是关于历史时期区域性城市群体的防洪研究，近20年来这方面研究取得较大进展，主要涉及湖北、京津冀、黄土高原等地区。[②]

关中 - 天水地区属于当前我国西北内陆的城市密集地区，具有悠久的城市发展史。尽管该地区地处西北内陆，水环境与东部、南部丰水地区相比有较大差异，但该地区相当一部分城市在其发展过程中存在着较为严重的水灾问题。那么，如何开展城市防洪，同样是历史时期该地区城市营建者必须考虑的重要内容。李嘎已对明代以来关中四城和同官城

---

① Q. Wu, "The Protection of China's Ancient Cities from Flood Damage," *Disasters* 3 (1989): 193 - 227；吴庆洲：《中国古代城市防洪研究》，中国建筑工业出版社，1995；吴庆洲：《中国古城防洪研究》。

② 王肇磊：《近代湖北城市水灾略论》，《江西师范大学学报》（哲学社会科学版）2013年第3期，第87—94页；李嘎：《明清时期今京津冀地区的城市水患面貌与防治之策》，载行龙主编《社会史研究》（第11辑），社会科学文献出版社，2021，第146—181页；李嘎：《旱域水潦：水患语境下山陕黄土高原城市环境史研究（1368—1979年）》。

的城市防洪措施进行了个案探讨，为本章开展区域性整体研究提供了重要参考。[①] 城市防洪涉及的内容比较多，包括城市选址、城市水系营建、城市雨洪排蓄、城市障水等方面。关于城市选址、城市水系营建、城市雨洪排蓄等方面内容，本书在其他章节进行专题研究。本章通过对明清民国时期关中－天水地区46座城市的全面考察，对该地区城市障水防洪措施进行了概况总结。我们发现，从类型上来看，该地区城市的障水防洪措施与历史时期我国其他地区城市的障水防洪措施差异不大，具有同一性。

一 堤坝的营建

（一）堤坝的营建情况

据目前统计，明清民国时期关中－天水地区通过营建堤坝以障拦洪水的城市共有17座，占当时该地区城市总数（46座）的1/3强，分别是韩城、耀州（县）、同官（铜川）、三水（栒邑）、朝邑、渭南、潼关、咸阳、鄠县、兴平、扶风、陇州（县）、清水、宁远（武山）、秦州（天水）、秦安和伏羌（甘谷）。现将明清民国时期关中－天水地区城市防洪堤坝的营建情况总结如下。

第一，从营建防洪堤坝城市的地理位置来看，关中西部及天水地区营建防洪堤坝的城市比例最高，渭河平原地区和渭北台塬地区营建防洪堤坝的城市比例相近。其中，关中西部及天水地区营建防洪堤坝的城市共有6座，占该亚区城市总数（9座）的66.7%；渭河平原地区营建防洪堤坝的城市共有7座，占该亚区城市总数（22座）的31.8%；渭北台塬地区营建防洪堤坝的城市共有4座，占该亚区城市总数（15座）的26.7%。因此，从筑堤障水防洪层面来看，关中西部及天水地区的城市水灾最为严重，渭河平原地区和渭北台塬地区的城市水灾严重性次之，且二者较为接近。

第二，从城址与河流之间的位置关系来看，“盆地中、一面河”、

---

① 李嘎：《旱域水潦：水患语境下山陕黄土高原城市环境史研究（1368—1979年）》，第86—150页；李嘎：《冯夷为患：明代以来陕西黄土高原地带的城市水患与防治》，载《社会史研究》（第5辑），第154—202页。

“河流交汇处”、“原阜与河流之间”和“河流穿城”四类城市往往需要营建堤坝来障水防洪。关于各类城市营建防洪堤坝的具体比例，属于“盆地中、一面河”类型的城市有4座，即秦州（天水）、秦安、清水和韩城，占该类城市总数（4座）的100%；属于“河流交汇处”类型的城市有2座，即耀州（县）和陇州（县），占该类城市总数（2座）的100%；属于“原阜与河流之间”类型的城市有3座，即咸阳、扶风和同官，占该类城市总数（5座）的60%；属于“河流穿城”类型的城市有1座，即潼关，占该类城市总数（2座）的50%；属于“一面山（原）、三面河”类型的城市有5座，即宁远（武山）、伏羌（甘谷）、渭南、三水（栒邑）和鄠县，占该类城市总数（16座）的31.3%；属于“距河流一定距离”类型的城市有2座，即兴平、朝邑，占该类城市总数（12座）的16.7%。

第三，从防御城市水灾的类型来看，营建堤坝障水防洪主要是应对“河水泛溢侵城”型城市水灾，仅少数是应对“山塬洪水入城”型城市水灾。例如，韩城在城南营建堤坝以防御濠水泛溢：清康熙四十一年（1702年），邑人刘荫枢等在城南毓秀桥上游两岸分别修护堤一段；[1] 光绪三十年（1904年），濠水“冲决南城外河堤，升抚院派水利军帮修河堤”。[2] 又如朝邑城，明成化年间“黄河水至濠，城几没”，知县李英“筑堤捍水，患乃息”；[3] 清光绪年间，朝邑城“东北及北面各筑坝数道，以防（黄河）冲激”。[4] 宁远城北有渭河南侵，南“有红峪沟翕张其舌，若吞噬之状”，“大雨时行，诸山之水胥汇，横被长注，势若建瓴，居人往往有其鱼之恐”。[5] 因此，宁远城北筑有渭河堤，城南筑有红峪河堤，尤其是后者，“盖一邑之命悬于堤久矣”。[6] 明成化至清康熙四十四年，

---

① 《韩城市水利志》，第94页。

② 民国《韩城县续志》卷四《文征录下附纪事》，民国14年韩城县德兴石印馆石印本，第41页a。

③ 咸丰《同州府志》卷二七《良吏传上》，第36页a。

④ 民国《续修陕西通志稿》卷五八《水利二》，第8页a。

⑤ （清）于缵周：《胡公重修红峪堤记》，载乾隆《宁远县志续略》卷八《艺文》，乾隆二十七年刻本，第21页a—b。

⑥ （清）于缵周：《胡公重修红峪堤记》，载乾隆《宁远县志续略》卷八《艺文》，第21页b。

宁远渭河河堤城关段虽曾7次修筑，然北城崩塌仍时有发生。① 宁远城南红峪河堤更是修筑频繁，仅清雍正、乾隆年间，就有“邑侯郭仕佺、介玉涛曾筑堤，公（胡奠域）继长而增高之”。② 同官城东有漆、同二水合流，“善溢，甚为邑患”，③ 故在城东筑有护城石堤，“起金山东，环城（东南），延接嶂山之麓”，④ 明弘治间知县王恭、万历二十一年（1593年）知县马铎、万历四十五年知县刘泽远、清雍正乾隆年间知县张尔戬、道光年间知县孔传勋和黄达璋、光绪年间知县黄肇宏、1933年等均曾筑堤障漆水。⑤ 秦州（天水）城也常受城南藉水北泛之苦，尤其是清乾隆初年罗峪河河道整治以后。清代，秦州城南防洪堤坝的营建对抵御藉水北泛起到重要作用，其中主要堤坝有顺治年间宋琬所筑“宋公堤”、乾隆年间费廷珍所筑“费公堤”和光绪年间陶模所筑“陶公堤”。⑥ 至于应对“山塬洪水入城”型城市水灾，渭河平原地区的咸阳、兴平二城曾筑堤防止北部塬坡上的洪水侵城。

（二）堤坝的营建特征

营建堤坝抵御洪水入侵，这是从古至今城市障水防洪的一种主要方法。现将明清民国时期关中－天水地区城市防洪堤坝的一些营建特征总结如下。

第一，从堤坝的材质来看，明清民国时期关中－天水地区城市防洪堤坝主要有土堤和石堤两种，目前发现至少有耀州、咸阳、同官、潼关四城曾修筑石堤。下文以伏羌（甘谷）、咸阳二城为例，比较探讨堤坝

---

① 《武山县志》，第319页。

② 民国《武山县志稿》卷七《官师·宦绩》，收入武山县旧志整理编辑委员会编《武山旧志丛编》（卷六），甘肃人民出版社，2005，第71页。

③ 雍正《敕修陕西通志》卷一三《山川六》，第19页b。

④ 崇祯《同官县志》卷二《建置·堤防》，第26页a。

⑤ 嘉靖《耀州志》卷六《官师志·同官知县》，嘉靖三十六年刻本，第9页a—b；崇祯《同官县志》卷二《建置·堤防》，第26页a；崇祯《同官县志》卷五《秩官·题名》，第25页b、第27页b、第28页a；乾隆《同官县志》卷六《官师·宦绩》，乾隆三十年抄本，第28页a—b；乾隆《西安府志》卷二六《职官志》，第15页a；民国《同官县志》卷二《建置沿革志·二、县城迁建》，第3页b；民国《同官县志》卷一五《吏治志·二、历代职官政绩谱》，第8页b至第9页a；陕西省地方志编纂委员会编《陕西省志》第13卷《水利志》，陕西人民出版社，1999，第139页。

⑥ 关于明清民国时期秦州（天水）城的防洪措施，参见本书第十一章的相关论述。

材质对城市障水防洪成效的影响。首先来看伏羌（甘谷）城。伏羌（甘谷）城经常遭受县城南面上、下沙沟的泛溢之灾，每“逢天雨暴涨，水势汹激，为邑患”。① 清伏羌人巩建丰的《邑令何公筑沙堤记》对伏羌城的严重水患这样记载：“距城西南三里许，两山夹涧，水自南流注谷口，一曰‘上沙沟’，一曰‘下沙沟’。每岁当冬春月，水性冲瀜，土人犹利灌溉，未苦厥害。独至炎火司令，暑雨大作，水势自高泻下，奔腾汹涌，淹田泥屋，其患不小。下沟逼近城郭，更为险岌，昔人筑堤以防，盖虑之详矣。”② 清伏羌人王权的《伏羌城西大堤记》也载：伏羌“县境南山诸水皆北流注渭，每夏秋暴涨，涧谷演溢，村舍田亩往往沦入泥潦，而城西二里之谷口水为害尤巨，土人所谓大沙沟也。其谷介大像、石鼓二山间，有水发源南岩下，北行二十里乃出峡，平时浅狭可跨，然山峻溪深，众壑奔凑，涑雨一发，巨浪掀天蹴地，骎骎逼城，旧沿谷筑堤以捍之。”③ 明清时期，伏羌城为抵御城南沙沟泛溢侵城，至少9次修筑城南防洪堤坝（见表10－1）。民国时期及新中国成立以后，伏羌（甘谷）城仍经常受到沙沟水患破坏，城南防洪堤坝依旧得到不断修筑。④ 伏羌（甘谷）城频繁地修筑防洪堤坝，一方面反映了伏羌（甘谷）城南沙沟水患之严重，另一方面则反映了伏羌（甘谷）城所筑“沙堤”抗冲刷能力较弱。

表10－1　明清时期伏羌城南防洪堤坝修筑情况

序号	时间	修筑情况	资料来源
1	永乐二年（1404年）	“沙沟暴水淹县城，坊表尽没焉”，知县李贵昌在城西南一里“始筑”沙堤	乾隆《伏羌县志》卷一二《祥异记》，乾隆十四年刻本，甘谷县县志编纂委员会办公室1999年校点，第135页；乾隆《伏羌县志》卷二《地理志·古迹》，乾隆十四年刻本，甘谷县县志编纂委员会办公室1999年校点，第18页
2	成化（1465—1487年）中	“知县周书复修（沙沟故堤），后增筑”	乾隆《伏羌县志》卷二《地理志》，乾隆三十五年刻本，第7页a

① 乾隆《伏羌县志》卷二《地理志》，乾隆三十五年刻本，第5页b。

② （清）巩建丰：《朱圉山人集》卷四，收入《清代诗文集汇编》编纂委员会编《清代诗文集汇编》（第231册），上海古籍出版社，2010，第408页。

③ （清）王权：《笠云山房诗文集》，吴绍烈等校点，兰州大学出版社，1990，第194页。

④ 甘肃省甘谷县县志编纂委员会编《甘谷县志》，中国社会出版社，1999，第334—335页。

续表

序号	时间	修筑情况	资料来源
3	嘉靖四十五年（1566年）后	知县楮柽孙“累筑沙堤”	乾隆《伏羌县志》卷四《官师志·县令》，乾隆三十五年刻本，第3页b
4	顺治十七年（1660年）	“沙堤决，暴水淹没民田，知县孔闻政修筑”	康熙《伏羌县志》之《灾祥》，收入傅璇琮等编《国家图书馆藏地方志珍本丛刊》（第150册），第527页
5	康熙二十五年（1686年）后	知县汪文煜“重筑沙堤”	乾隆《伏羌县志》卷六《秩官志·县令》，乾隆十四年刻本，甘谷县县志编纂委员会办公室1999年校点，第40页
6	雍正十年（1732年）	知县何本“莅任伊始，他务未遑，即下令父老，力捐清俸以筑堤为孔亟，于是持畚荷锸，千夫踊跃，伐山辟石，百工欢腾，不浃旬而告成”	（清）巩建丰：《朱圉山人集》卷四，收入《清代诗文集汇编》（第231册），第408页
7	乾隆十五年（1750年）	知县介玉涛“捐资筑沙堤”，号“介公堤”	乾隆《伏羌县志》卷四《官师志·县令》，乾隆三十五年刻本，第7页a—b；《甘谷县志》，第334页
8	咸丰（1851—1861年）中	“邑侯段公起夫重修，民为竖碑其上，题曰‘段公堤’”	（清）王权：《笠云山房诗文集》，第194页
9	同治七年（1868年）	“闰四月，山水大至，溃堤东出，距城垣才数弓，坏民田坟墓无算。”署县事左秉忠重筑沙堤，“阅八月而堤成”，“凡为堤长八百五十数丈，高三丈，基广二丈，上广一丈”	（清）王权：《笠云山房诗文集》，第194—195页

与伏羌城类似，咸阳城南有渭河横亘，常有泛溢侵城之患。在明清民国时期，咸阳城南防洪堤坝至少进行了十余次较大规模的修筑，尤其是明嘉靖九年至十年和清乾隆十年的两次修筑。不过与伏羌城不同的是，咸阳城防洪堤坝的材质有很大变化。据目前调研来看，咸阳城最早的障水防洪实践是，明景泰三年（1452年），“知县王瑾以渭水冲啮城根，筑土堤，以翼之”。[①] 然而这种土质堤坝障水防洪，难以抵御渭水冲崩，故

① 民国《重修咸阳县志》卷二《建置志·堤堰》，第9页b。

“岁岁崩塌，随帮补之，（而）木石之工未有也”。[①] 直到明正德十三年（1518年），咸阳知县底蕴修河岸，“循抽分之例，取十一于商贩之木，始制桩板，沿堤护翼，巨浸时若矣”，[②] 开始采用桩板护翼，对渭河土堤进行加固与保护，以抵御渭河冲刷。后因土堤大量流失而崩溃，明嘉靖九年（1530年）监察御史王献以“咸阳渭水屡涨为城郭之患”，[③] 禀请陕西巡抚刘天和，重修渭河堤坝，不但“桩板之用犹昔”，而且“用石则始创而更坚焉”，[④] 这应该是咸阳城最早的护城石堤。明人王九思在《咸阳县新修河岸之记》中详细记载了此次护城石堤营建的缘由、过程及规模：

> 渭水自西南来，带县而东，东南岸相距城址不二丈许，岁久崩塌浸隘，每当秋水灌河，滉漾可畏。嘉靖己丑（1529年），邑监察御史王君献，以忧家居。盖尝叹息，以为此岸修筑弗亟，且有一朝之患，奈何？是时，都御史寇公天叙巡抚关陕，御史君乃以书谋之，不果。明年庚寅，都御史麻城刘公天和代之巡抚，一日行部至咸阳，御史君又以为言。刘公慨然行视河岸，以为百万生灵生死系焉，不早图不可。……取桩木于本地之柏，取石于鄠南之山，取铁若石灰于公羡之需；取夫役若车于乡邑，而量其屋宇地亩为多寡焉。宰之者知县陈文举，县丞王绍祖则承命以从事。工始于庚寅冬十有一月，越明年辛卯夏四月告成。事凡用：柏木以株计，则五千二百九十有九；石以块计，大小则万有四千有二；石灰以石计，则千有四百；铁以斤计，则两千八百七十有五；夫役以人计，则〔日〕十百；车以辆计，则七千六百有一。修完河岸，阔以丈计，则四丈有五；长以丈计，则百有八十有二。而计其始终，则百有四十有五日云。[⑤]

---

① （明）张应诏：《咸阳县重修河岸记》，载《咸阳经典旧志稽注（明万历·咸阳县新志）》，第122页。

② （明）张应诏：《咸阳县重修河岸记》，载《咸阳经典旧志稽注（明万历·咸阳县新志）》，第122页。

③ 道光《陕西志辑要》卷一，第40页b。

④ （明）张应诏：《咸阳县重修河岸记》，载《咸阳经典旧志稽注（明万历·咸阳县新志）》，第122页。

⑤ 《咸阳经典旧志稽注（明万历·咸阳县新志）》，第102—103页。

此次护城石堤营建工程之浩大，石堤之坚固，为前所未有。但到明万历十五年（1587 年），“前岸逾六十载，虽节经修筑，顾多饰应而苟就，用是倾圮过半，渭流浸隘将及城基”。[①] 万历十七年，咸阳知县樊镕主持修理渭河堤坝，“易木于厂，易石于鄠，易石灰与铁于市廛”，“用夫役及车于邑里”，“经始于己丑冬十月，明岁庚寅春三月役竣”，新堤“视旧既阔一倍，而桩板石土鳞次叠障，秩然确然”。[②] 此后至清乾隆初年，之前所筑防洪堤坝已严重倾圮，石堤“腐败倾没”，石堤之外的土堤部分倾圮更为严重。乾隆五年（1740 年），陕西巡抚张楷上奏朝廷：“咸阳县城滨临渭河，自南门外以西，向无石堤，近因对岸沙涨溜逼，直射城根，甚属险要，请于南门外西至五神庙，筑石堤五十丈。”清廷查勘得知事情属实，“水溜直趋，城垣急宜保固”，准张楷所奏，“即行估计兴工”。[③] 随后，乾隆七年，咸阳知县姚世道又“请于南门外东筑护城石堤一道，长一百三十丈，高九尺五寸，宽三尺五寸，又（于）南门外西筑石堤一道，长五十丈，高九尺”。[④] 到乾隆十年，姚世道在石堤脚下埋设木桩，用石灰弥合缝隙，用铁锔锭勾嵌石堤首尾，层层联缀形成一个整体。故乾隆四十四年《西安府志》记载，石堤“汔今完固，每值河水涨溢，不为城患”。[⑤] 民国《重修咸阳县志》所载“帅念祖碑”，对乾隆十年姚世道修堤的缘由、过程、规模和技术方法均有详细记载：

> 乾隆上章涒滩之岁，姚令来宰斯邑，俯瞰旧筑之石堤而已腐败倾没，不可复御渭流之怒，城之去水者盖不及数武，惄然忧之，急请易新堤以资保障。适制宪尹公阅边还，余随至此，省阅其势。时已冬仲，水波犹涌，觉城邑有不能固存者，白于中丞张公（楷）。

① （明）张应诏：《咸阳县重修河岸记》，载《咸阳经典旧志稽注（明万历·咸阳县新志）》，第 122 页。

② （明）张应诏：《咸阳县重修河岸记》，载《咸阳经典旧志稽注（明万历·咸阳县新志）》，第 122—123 页。

③ 《清实录》第 10 册《高宗实录》（二）卷一三二，乾隆五年十二月辛亥，中华书局，1985 年影印本，第 927—928 页。

④ 乾隆《西安府志》卷九《建置志上》，第 8 页 a。

⑤ 乾隆《西安府志》卷九《建置志上》，第 8 页 a。

公具疏上请，得报可。余亟檄姚令，庀材鸠工，无缓厥事。姚令乃斋沐告神，伐石于南山之麓，埋桩于石堤之根，融铁为锭为锔，火其石之碎者而灰之，爰择良工，砌筑并举。……于是工作咸便，石次鳞比，灰弥其缝，锔锭勾嵌首尾，层层联缀若一。经始于岁正之初，乐成于首夏之望。为堤五百尺，其崇九十五寸，横竟六十寸至三十六寸，盖自下而上渐杀焉。桩一（以）个计，为数三千五百；灰以石计，为数九万四千二百；铁以斤计，为数八千四百三十有奇；工以日计，用夫一万七千二百九十有二；动司农钱五百五十二万一千九百六十有五。邑民咸恃以宁，商旅乐出其涂，而渭亦得安流，会丰与泾以入于河，而无泛滥溃决失其性之患。噫！亦善矣。夫利必待人而兴者也。姚令之于是役，可谓能举其职而无怠也。姚令名世道，浙之进士，于此堤也实董其事。①

清末民国时期，咸阳城南防洪堤坝继续得到多次修筑（见表10－2）。新中国成立之后，咸阳城南渭河大堤得到多次勘察与治理，至1958年全部用片石砌筑河堤，结束咸阳城土堤防洪的历史。② 虽然堤坝材质影响防洪堤坝的抗冲刷能力，但在强烈的洪水冲刷下，即便是石堤，仍然会遭到冲毁。前文所引“帅念祖碑”已经提及，乾隆初年，咸阳“旧筑之石堤而已腐败倾没，不可复御渭流之怒，城之去水者盖不及数武”。另据乾隆《续耀州志》记载，筑有石堤的耀州城因“漆、沮二水环抱合流，自正统己巳筑城至今三百余年，屡啮屡崩，筑堤修坝，终难免于冲激”。③

表10－2 清末民国时期咸阳城南防洪堤坝修筑情况

序号	时间	修筑情况	资料来源
1	光绪十五年（1889年）	知县严书麟“砌南城外石堤十余丈”	民国《重修咸阳县志》卷五《官师志·知县》，第13页a
2	光绪二十四年	“陕西巡抚魏光焘派士兵帮修咸阳河堤”	《咸阳市志》（第1卷），第44页

① 民国《重修咸阳县志》卷二《建置志·堤堰》，第10页b。

② 《咸阳市秦都区志》，第189—190页。

③ 乾隆《续耀州志》卷一《地理志·堤工》，第6页a。

续表

序号	时间	修筑情况	资料来源
3	光绪二十六年（1900 年）	知县石鉴藻“捐俸修渭河近城土堤数十丈”	民国《重修咸阳县志》卷五《官师志·知县》，第 14 页 a
4	宣统三年（1911 年）	“知县刘林立补修”	民国《重修咸阳县志》卷二《建置志·堤堰》，第 11 页 a
5	1924 年	知事白建勋“补筑渭河土堤”	民国《重修咸阳县志》卷五《官师志·知事》，第 16 页 a
6	1925 年后	七月，渭河再次决堤，“大水至，决如故，拟修之，使坚，永除水害”	《咸阳县呈赍遵令采编新志材料》（续），《陕西省政府公报》第 290 号，1928 年 5 月，第 11—12 页
7	1936 年	“陇海路工程局曾在东门外北岸筑有护岸工程，长五百三十公尺，用乱石铺砌木桩混凝土做基，乱石护脚，尽头处且筑有排水坝一座”；后咸阳县政府“拟自排水坝起，照陇海路护岸做法，继续延长至铁角嘴，共长约三千公尺”	张琦：《勘查咸阳县附城渭河北岸护岸工程报告》，《陕西水利季报》第 2 卷第 1 期，1937 年 3 月，第 1—2 页

第二，明清民国时期耀州（县）、朝邑、陇州（县）等城营建了“堤护城、坝护堤”的多重防洪体系。耀州城东的漆水堤始筑于北宋熙宁七年（1074 年），由知州阎充国“募民治漆水堤”。[①] 明正统至嘉靖年间，漆水多次泛溢，冲坏耀州城（见本书附录 2）。明嘉靖二十五年（1546 年），“知州周廷杰作东城（漆水）石堤，或以为就宋故堤治之也”，[②] 并“增筑沮河石堤一道”。[③] 至崇祯三年（1630 年），关内道翟时雍再次修筑耀州“城外石堤数十丈”，[④] “州人宋铠为题‘泽鸿保障’四字”。[⑤] 进入清代，耀州城营建了堤、坝结合的多重防洪体系，但因漆、沮二水泛溢破坏，堤、坝修建十分频繁。例如，在乾隆前半叶，耀州城几乎在持续营建“堤护城、坝护堤”的防洪体系。乾隆十四年（1749 年），耀州城被“漆水溃其东”，知州钟一元、田邦基相继“筑

① 雍正《敕修陕西通志》卷四〇《水利二》，第 48 页 b。
② 雍正《敕修陕西通志》卷四〇《水利二》，第 48 页 b。
③ 《耀县志》，第 146 页。
④ 乾隆《续耀州志》卷五《官师志》，第 2 页 a。
⑤ 乾隆《续耀州志》卷一《地理志·堤工》，第 5 页 a。

坝以护堤”。[①] 到乾隆十六年夏，“霪雨，河淤，坝决，石堤刷去数丈”，于是重修堤、坝。[②] 至乾隆二十五年，耀州城依旧“水冲坝断，刷去石堤，城根崩陷十余丈”；[③] 次年，“河水又溢，冲刷土坝并及石堤，直薄城下，知州汪灏捐钱六十余缗，筑堤如故，更甃土坝以石，绕东而南，水势渐杀，河流渐远”。[④] 乾隆二十八年三月，陕西巡抚鄂弼奏请，“拟于沮水分流处筑石堤一道，于城西北因旧石岸筑滚坝三道，西南筑石堤一道，东北筑石滚坝二坐，东南筑长堤一道、石滚坝二坐，（堤坝）均用溪中乱石（砌筑）”，[⑤] 可谓“逐处防护城根，堵御河流”。[⑥] 至乾隆三十一年、三十二年，“共加修筑堤、坝十四道，计长三百七十丈有余，宽二尺至三丈不等，高四尺至一丈二尺不等”。[⑦] 此后直至新中国成立后，耀州城仍不断修筑护城石堤和护堤石坝，以抵御漆、沮二水侵城。

至于朝邑城，清乾隆五十年秋，黄河漫溢，城池被水，上谕陕西巡抚何裕城“就被水处将淤积泥沙建筑河堤”。[⑧] 但不到 20 年，嘉庆九年（1804 年）六月底，“河水陡长，东北风大作，河身坐湾之处大溜刷塌草坝，直注堤根”，并于七月初二日“堤根被水搜空，以致堤面蛰陷二十余丈，风狂溜急，难以抢护”。[⑨] 可见，以“淤积泥沙”建筑的河堤难以抵御黄河水强有力的冲刷。光绪十六年（1890 年），陕西巡抚鹿传霖又“以河患奏请，发帑金二十余万，先后札委候补知府宫尔铎、潼商道文光、署朝邑县知县李光第筑坝护堤，以杀水势”，[⑩] 在朝邑“县城东北及北面各筑坝数道以防冲激（河堤）”，[⑪] 营建“堤护城、坝护堤”的防洪体系。由于所筑“工程未坚，（黄河）水力太猛”，[⑫]“不数年间，各坝沦

---

① 乾隆《续耀州志》卷一《地理志·堤工》，第 5 页 b。

② 乾隆《续耀州志》卷一《地理志·堤工》，第 5 页 b。

③ 乾隆《续耀州志》卷一《地理志·堤工》，第 6 页 b。

④ 乾隆《续耀州志》卷一《地理志·堤工》，第 5 页 b 至第 6 页 a。

⑤ 《清实录》第 17 册《高宗实录》（九）卷六八三，乾隆二十八年三月丁亥，第 649—650 页。

⑥ 乾隆《西安府志》卷九《建置志上》，第 22 页 a。

⑦ 乾隆《西安府志》卷九《建置志上》，第 22 页 a—b。

⑧ 赵尔巽等：《清史稿》卷三二五《何煟附子何裕城传》，中华书局，1977，第 10862 页。

⑨ 《清代黄河流域洪涝档案史料》，第 403 页。

⑩ 民国《续修陕西通志稿》卷五八《水利二》，第 9 页 b。

⑪ 民国《续修陕西通志稿》卷五八《水利二》，第 8 页 a。

⑫ 民国《续修陕西通志稿》卷五八《水利二》，第 9 页 b。

没，堤工尽废”。[1]

第三，明清民国时期关中-天水地区城市防洪堤坝上往往广种杨柳等树木，这不仅增强了障水防洪成效，还给城区带来景观效应。植树以固堤，早在先秦时期已被广泛实践。唐代，咸阳城东南已筑有柳堤，即为“防渭水泱刷堤，于此上植万柳，故名”。[2] 明代刘天和总结了“植柳六法”，不同堤段植柳方法不一，旨在巩固堤岸防止冲刷，这对后世筑堤治水影响很大。明嘉靖以后，关中-天水地区城市防洪堤坝一般植柳加以巩固，或许是受到刘天和“植柳六法”的影响。明万历二十一年(1593年)，同官知县马铎以“漆、同二水为城患”，筑堤障水，并“旁植杨柳数百”。[3] 扶风城屡被城东、城南的漆沣二水冲激，明万历二十二年知县黄铉“筑堤植柳以障水”，称“柳堤”；[4] 崇祯十一年（1638年），扶风知县宋之杰在“城南植堤柳如旧”；[5] 至清顺治三年（1646年）正月，“城复为贺寇所陷，小东西门、楼橹又皆焚毁，堤柳亦尽剪伐无余”；[6] 嘉庆十年（1805年），知县谢时懋再次“以沣水为壕，沿堤植柳”。[7] 宁远城南的红峪河堤也曾广种杨柳，清乾隆十四年（1749年）知县介玉涛“沿堤密植杨柳”，[8] 乾隆二十六年胡莫域再次沿堤植柳，“树林阴翳”，[9] 1941年修筑红峪河堤时依旧“广植杨柳，以资护堤”。[10] 耀州漆水石堤于清嘉庆三年（1798年），由知州陈仕林“督种芦、柳，以防冲刷”。[11] 清顺治十年（1653年），渭南知县尚九迁修筑城西湭水桥，认为“堤岸不饬，终有旁逸之患，又运石以砌两翼，东西各百丈，高丈有五尺，种柳千株，为堤岸之护”。[12] 明清秦州城南的防洪堤坝也曾

---

① 民国《续修陕西通志稿》卷五八《水利二》，第8页a。
② 乾隆《咸阳县志》卷五《古迹·遗胜》，第10页a。
③ 崇祯《同官县志》卷二《建置·堤防》，第26页a。
④ 雍正《敕修陕西通志》卷四〇《水利二》，第2页a。
⑤ 顺治《扶风县志》卷一《建置志·城池》，第14页b。
⑥ 顺治《扶风县志》卷一《建置志·城池》，第14页b。
⑦ 嘉庆《扶风县志》卷五《城廨》，第1页a。
⑧ 乾隆《宁远县志续略》卷二《地舆》，第4页b。
⑨ （清）于缵周：《胡公重修红峪堤记》，载乾隆《宁远县志续略》卷八《艺文》，第22页a。
⑩ 黄鹏昌：《武山县政概况》，《甘肃省政府公报》第504期，1941年5月，第73—82页。
⑪ 嘉庆《耀州志》卷二《建置志·堤工》，第12页b。
⑫ （清）朱可衎：《重修湭水桥记》，载雍正《渭南县志》卷一三《艺文志·记》，第33页a。

广种柳树，清乾隆二十四年（1759 年）费公堤修筑并“种树其上”，[①] 光绪初年筑成的陶公堤上也“内外各树柳数百本，杙亦柳，冀其根虬结，可以坚堤址也”。[②] 城市防洪堤坝上广种杨柳，其初始目的虽在于固堤以抵御水患，但实际成效却不止如此，给城区也带来了一定的景观效应，如“宁远八景”之一的“新堤晴柳”。[③]

二 城墙的营建

城墙的诞生有多种因素，防洪是因素之一，学界对此多有论述。贺维周认为河南淮阳平粮台古城梯形断面的城墙“显然不是用作防御外敌或野兽，而是用它防御洪水”；[④] 武廷海则进一步总结道，除通常认为的军事因素与宗教因素之外，防洪是城墙诞生不可或缺的关键因素之一；[⑤] 吴庆洲基于大量的个案研究，认为我国古代城墙是军事防御与防洪工程的统一体。[⑥] 众多研究表明，城墙对中国古代城市防洪具有重要作用。

我们在考察明清民国时期关中－天水地区城市水灾应对措施时，发现该地区一些城市为加强防洪特别注重城墙的营建与保护。例如，醴泉城有北面泥河泛溢侵城之患，城北的仲桥、望乾桥常被冲崩，明成化四年（1468 年），醴泉知县撒俊修筑城池，“增筑东、西、南三面城外，北则修旧城，阻小水河（泥河）之险”。[⑦] 秦安城也常受城西陇水（葫芦河）侵犯，明成化年间知县李鹏修筑城池时，将“西城独厚”，[⑧] 应该旨在增强城墙抵御河患的能力。新中国成立后，陇县政府下令禁止挖毁城

---

① （清）费廷珍：《筑城南新堤记》，载乾隆《直隶秦州新志》卷末《补遗》，第 47 页 b 至第 48 页 a。

② （清）陶模：《藉水新堤记》，载光绪《重纂秦州直隶州新志》卷二一《艺文三》，第 44 页 b。

③ 姚芝萃：《漫谈“宁远八景”》，载《武山县文史资料选辑》（第 4 辑），第 93—94 页。

④ 贺维周：《从考古发掘探索远古水利工程》，《中国水利》1984 年第 10 期，第 32—33 页。

⑤ 武廷海：《防洪对城起源的意义》，载张复合主编《建筑史论文集》（第 16 辑），清华大学出版社，2002，第 95—105 页。

⑥ 吴庆洲：《中国古城防洪研究》，第 4、563 页。

⑦ （明）伍福：《醴泉县增筑外城建立常市记》，载嘉靖《醴泉县志》卷四《文章·碑铭》，第 31 页 b。

⑧ 嘉靖《秦安志》卷一《建置志第一》，收入《中国方志丛书·华北地方》第 559 号，第 20 页。

墙，且对城墙进行保护和经常性维修，目的也在于抵御河水泛溢侵城，并于1961年10月25日发布了《陇县人民委员会关于保护县城城墙及其周围防洪工程的布告》（会办刘字002号）。[①] 同官城在明至清初，将城西"印台、济阳、虎头三山均包于城内"，[②] 城西无墙，以三山为墙，"水皆从城中行"，[③] "城多溪水，夏秋善溢"。[④] 明代同官城中明远街的钟楼桥，就是因"济（阳）山暴水所经"而修建的。[⑤] 至清康熙二十四年（1685年），"三山土窑因霪雨倾塌，压死四十余人，居民震怖，吁请修城，时知县雷之采以旧城辽廓，人不足守且工大，恐费不赀，乃截西城之半，隔印台等三山于外"，[⑥] 并增筑西城墙，济阳山水改"从南流，（钟楼）桥废"。[⑦] 可见，同官西城墙的修筑，对抵御城西印台、济阳、虎头三山山洪侵城具有重要作用。

城墙的营建有利于城市障水防洪，不过城墙上的城门、水口、防空洞等处往往是障水防洪薄弱之处。洪水经常攻破这些地方，在城内泛滥成灾。朝邑城因黄河西移，"每当秋淫，黄河暴涨，常漫至东、北、南三城门，有时涌入城内"。为防止黄河泛溢时河水冲入城内，朝邑城"东、北、南三个城门洞边沿留有用木板堵门洞的凹槽"，以增强城门防洪能力。[⑧] 1945年，洪水从兴平城墙上的防空洞入城，造成城内水灾，灾后"县署令征调城关新街巷、上坡巷、东南巷、操场巷等处城内居民填土堵洞，以绝水患"。[⑨] 在关于城墙防洪薄弱处的众多案例中，武山（宁远）城可能较典型。民国时期，因"武山南门城墙与红峪河相毗连，河床甚高，流力不畅，且河堤及城墙，均皆年久失修，每遇雨季，堪以为虞！"[⑩] 1939年7月，武山县红峪河发生水灾，破武山南城门而入，武山城遭到严重破坏。武山人令恭目睹了此次水灾，并在《1939年武山红峪河水患目睹记》中详

---

① 《陇县水利志》，第171页。
② 民国《同官县志》卷二《建置沿革志·二、县城迁建》，第2页a。
③ 乾隆《同官县志》卷二《建置·关梁堤防附》，乾隆三十年抄本，第32页b。
④ 崇祯《同官县志》卷二《建置·城池》，第20页a。
⑤ 崇祯《同官县志》卷一《地理·桥梁》，第12页b。
⑥ 乾隆《同官县志》卷二《建置·城池》，乾隆三十年抄本，第2页a。
⑦ 乾隆《同官县志》卷二《建置·关梁》，乾隆三十年抄本，第31页a。
⑧ 《大荔县志》，第464页。
⑨ 《兴平县志》，第429页。
⑩ 黄鹏昌：《武山县政概况》，《甘肃省政府公报》第504期，1941年5月，第73—82页。

细记载了当时武山城的受灾状况：

> 记得在7月中旬的一个下午，突然天气骤变，雷鸣电闪，随着暴雨倾盆，陶家山至老观殿一带，乌云密布，雷声震耳，时间延续近两小时，红峪河山洪咆哮奔流，从陡峻的山坡上，倾泻而下，文昌宫山脚下的河道，顿时被石头砂子堵住，洪水冲破了原来修筑的一道薄薄的河堤，直逼南城下。当时南城门已死住多年，城门用一根直径约七八寸的闩门柱闩着，洪水没有冲开城门，转沿西城壕，经过西城门外小桥，流入渭河。这次洪水，虽没有酿成大的灾患，而南关、西关居民，异常恐怖，值此暴雨季节，昼不安食，夜不安寝。……在这场暴雨过后第三天下午，忽又狂风大作，雷电交加，旋即又是倾盆大雨。下得最大的地方，仍然是老观殿一带。城区下雨不多。下雨时间不长，即云散天晴。我们估计会有山洪，就在楼上凭窗眺望。我们一下被惊呆了，洪水伴随巨响向南城墙扑来，其水量之大，来势之猛，远远超过了上一次。一抱大的石块，随波翻滚。南城门的闩门杠被冲折，洪水除一部分流入西城壕外，主流从南城门倾门而入，一时水声咆哮，浪高丈余，凭借南高北低的自然地势，横冲直撞，石砂俱下。洪水冲遍了南关，再经腰城门，下南门坡。当时后街、观巷、衙巷、前街等几条主要街道，一片汪洋。最后流入城隍庙（现公安局地址）和水巷，徐徐从后面的水道流入渭河。这次水患，武山城内，遍遭水淹，有的房子被壅在石砂之中。有名的饭馆“公盛楼”，平房被壅，楼下石砂与二楼地面齐正，一时上楼不用梯子。衙巷一家小杂货铺架阁上的碱灰（一种食用碱，块状，如石头），均随流而去。几天以后，有人在街上拾石头，还捡到碱灰、铁铸火盆等器物，可见人民浮财的损失有多大了。①

根据令恭目睹的情形，红峪河洪水第一次“没有冲开城门，转沿西城壕”，故没有酿成大的灾患，第二次则冲折南城门的闩门杠，“主流从

① 《武山县文史资料选辑》（第2辑）（内部发行），第120—125页。

南城门倾门而入”，“横冲直撞，石砂俱下”，武山城内遭到极大破坏，人民财产损失惨重。另外，令恭还明确指出：“武山城素来饮水困难，南关人民的饮水，还靠引红峪水入城，南关小学等处，都设有蓄水池。这条水路的入水口，也没有必要的防洪设施，以致小水引大水。”[①] 由此可见，城墙虽对城市障水防洪具有重要作用，但必须加强城门、水口、防洪洞等薄弱之处的防洪建设，否则会给城市防洪带来极大隐患。1941 年 3 月 24 日，武山县“召集各机关开会，议决以全县每甲出工三名”，于 4 月 15 日开始修筑城南红峪河堤并修补城墙，“并定于五月底完成，河堤两旁，规定广植杨柳，以资护堤”。[②]

为提升城墙的障水防洪能力，明清民国时期关中－天水地区一些城市建设者也曾对城墙上的防洪薄弱之处做出一定调整。就城门而言，或改移城门，或加筑瓮城，或堵塞城门，或不设城门。像上文提及的武山城那样，城门既然容易被洪水冲破，那么设置城门时就应避免洪水直冲。耀州城因城东漆水经常侵入城内，故明嘉靖三十七年（1558 年）修城时，将东城门移至东南，以避免漆水的直接冲击。[③] 明代同官城东北向迎恩门常被“水崩”，万历十八年（1590 年）夏水崩后，知县屠以钦“改置正北，曰‘镇远门’”。[④] 如果不改移城门，加筑瓮城可以使城门由一重变为二重，洪水则不易侵入城内。[⑤] 蓝田城北依山岭，常有山洪入城，故明万历年间蓝田知县王邦才“增筑北门瓮城”，[⑥] 以增强城门障水防洪的能力（见图 10－1）。明人秦邻晋在《增修瓮城记》中明确记载：（蓝田）“是县无瓮城旧矣，而有之盖自王公云。城北门直冲骊山，故北地渐高，而门以外颇下，每暴雨，水冲入城”。[⑦] 此北门瓮城应该是明清民国时期蓝田城的唯一瓮城，可见该瓮城的修建旨在防洪。从图 10－1 可见，瓮城出口向东，这可避免山洪直接顶推。宝鸡城南临渭河，“面波

① 《武山县文史资料选辑》（第 2 辑）（内部发行），第 120—125 页。
② 黄鹏昌：《武山县政概况》，《甘肃省政府公报》第 504 期，1941 年 5 月，第 73—82 页。
③ 《耀县志》，第 48 页。
④ 崇祯《同官县志》卷二《建置·城池》，第 19 页 a。
⑤ 吴庆洲：《中国古城防洪研究》，第 19 页。
⑥ 雍正《敕修陕西通志》卷一四《城池》，第 3 页 b。
⑦ （明）秦邻晋：《增修瓮城记》，载顺治《蓝田县志》卷三《文集》，收入傅璇琮等编《国家图书馆藏地方志珍本丛刊》（第 130 册），第 259 页。

千顷”，有渭河泛溢侵入城内的危险，明知县严梦鸾于崇祯十三年（1640 年）“新增瓮城”，“建南门外水城”。[①] 既然城门是城墙防洪的薄弱之处，容易被洪水冲破，那么为了城区安全，有些城市甚至采取堵塞城门或不设城门的办法。宁远城南有红峪河水患威胁，故城南筑南关城垣，并筑“南薰”等三门，这从明万历《宁远县志》卷一所附宁远城图可以看出。[②] 到 1939 年，为防红峪河泛溢侵城，又将“南薰”门堵塞。[③] 明清汧阳城很可能因为南有汧河泛溢之患，“惟开东、西二门，东曰‘迎恩’，西曰‘镇远’，南、北门塞”。[④] 清嘉庆二年（1797 年）七月十七日，黄河河水涨溢，陕西布政使倭什布令朝邑知县将朝邑城“东、北二门关闭堵塞，以防不虞，兹河水涨漫未致冲灌入城，人口牲畜俱无伤损”。[⑤]

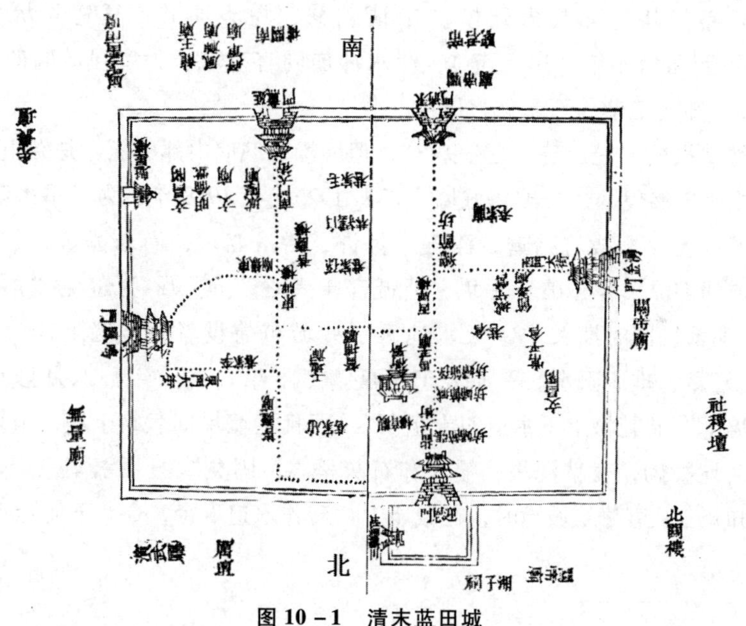

图 10－1　清末蓝田城

资料来源：光绪《蓝田县志》卷一《县城图》，第 15 页 b 至第 16 页 a。中国国家图书馆藏品。图中“南”“北”为笔者添加。

---

① 乾隆《宝鸡县志》卷二《建置·城池》，乾隆二十九年刻本，第 2 页 a。
② 万历《宁远县志》卷一《图像》，收入《武山旧志丛编》（卷一），第 7 页。
③ 《武山县志》，第 59 页。
④ 乾隆《凤翔府志》卷二《建置·城池》，乾隆三十一年刻本，第 4 页 b。
⑤ 《清代黄河流域洪涝档案史料》，第 369 页。

除城墙上薄弱之处需要重视之外，改善城墙的建筑材料，对加强城市障水防洪也有着重要作用。在明清民国时期的关中－天水地区，城墙往往通过“甃以砖”或“甃以石”来增强防洪能力。清光绪二十年(1894年)，陇州知州边祖恭认为“州城非箍砖不可，而北城为尤急，但有志未逮耳”。①城墙原本土筑，箍砖的目的在于增强其对水灾的抵御能力，因城北水灾最为严重，故北城尤为急。三原城有清河贯穿城中，连接南北两城的龙桥常有冲崩之险。明崇祯七年（1634年），三原知县张缙彦“以县城北面濒河岸圮，增砖垛四百五十四丈余”。②蓝田城有北面骊山洪水入城之患，明崇祯年间蓝田知县雷鸣时修城时，独“甃北城以砖”，③很可能就是出于增强北城防洪能力的考虑。直至清宣统二年（1910年），蓝田城依旧为土筑，“惟北门外砖甃”。④由于朝邑城常受黄河泛溢之苦，清乾隆年间朝邑知县朱廷模“申请劝修，易土而砖，复建长堤资保障”。⑤明弘治元年（1488年），漆水冲崩同官东城，为增强城墙的防洪能力，“知县王恭作石基修之”。⑥

城墙虽被“甃以砖”“甃以石”，但墙垛、城墙内部可能还是夯土筑成的，雨水下渗侵蚀，会破坏城墙。正如1925年、1928年，为了军事防御，鄠县城墙上“掘战坑殆遍，深五六尺许，后虽略填，尚未捶筑，若不修治，或遇霖潦，势必破坏不堪，斯诚守土者之责也”。⑦为避免“雨水灾城”，明清民国时期关中－天水地区一些城市建设者在城墙上建设“水道”，汇聚、排泄雨水。三原城于明嘉靖三十年（1551年）八月修葺时，在城墙上“砖甃城上下水道四十余所”，而且“墙垛旧版筑土坾，雨易粉，今以砖坯叠砌，麦秸泥墁，糯汁和石灰垩之，固矣”。⑧明嘉靖三十七年，耀州知州江从春修筑城池时，在城墙上“砖作水道百余，令旁下而走水”。⑨

---

① 光绪《陇州乡土志》卷二《政绩》，第6页。
② 雍正《敕修陕西通志》卷一四《城池》，第4页a。
③ 雍正《敕修陕西通志》卷一四《城池》，第3页b。
④ 宣统《蓝田县乡土志》卷一上册《城内》，宣统二年抄本，第35页。
⑤ 民国《续修陕西通志稿》卷六八《名宦五》，第22页a。
⑥ 嘉靖《耀州志》卷一《地理志》，嘉靖三十六年刻本，第9页a。
⑦ 民国《重修鄠县志》卷二《城关第八》，第1页b。
⑧ （明）马理：《重修河北新城记》，载乾隆《三原县志》卷二〇《艺文一》，乾隆三十一年刻，光绪三年抄本，第24页a。
⑨ （明）乔世宁：《丘隅集》卷一三《碑》，第4页b。

郿县城也于明“万历四年（1576年），砖甃女墙水道”。[①] 清乾隆十四年（1749年），咸阳知县臧应桐修筑咸阳城，在城上凿“水沟三十六”。[②] 乾隆十九年，陇州知州赵继撰详请添修四门月城“水道”，次年知州韩成基完工。[③] 乾隆二十八年，宝鸡知县许起凤请帑修复或增修水道共十八条，“东城四，南城五，西城四，北城五，每道随城身高低筑砌相宜”。[④] 到乾隆三十三年，清政府规定各州县“城垣顶海墁砖砌，使雨水不能下渗，城身里面添设墙宇，安砌水沟，使水顺流而下”。[⑤] 清道光二十一年至二十七年（1841—1847年），同州城得以修筑，“披水道六十有二”。[⑥]

三 聚焦洪水的障防措施

堤坝与城墙构成的多重障水防洪体系，能有效抵御洪水泛溢侵城。不过，洪水冲刷力过强，堤坝、城墙还是会难免于冲激，这也是堤坝、城墙不断修筑的重要原因。为减轻洪水对城市的冲刷，增强堤坝与城墙障水防洪的效果，聚焦洪水本身，无疑是另一种障水防洪思路。明代以降，关中－天水地区一些城市建设者在此方面也曾做出重要努力，通过疏浚河道以便洪水宣泄、改移河道使洪水远离城池、开凿河渠分散或汇聚洪水等措施，来减轻和避免城市水灾。

（一）疏浚河道以便洪水宣泄

比如同官城，其“众水所经，为城患者，漆、同为甚”，[⑦] 故经常筑堤防洪。明弘治元年（1488年），水患崩城，同官知县王恭“作石堤以障漆水”，[⑧]“然崩未能已”。[⑨] 万历二十一年（1593年），同官知县马铎

① 雍正《敕修陕西通志》卷一四《城池》，第9页b。
② 民国《重修咸阳县志》卷二《建置志·城池》，第1页b。
③ 民国《续修陕西通志稿》卷八《建置三·城池》，第26页b。
④ 乾隆《宝鸡县志》卷二《建置·城池》，乾隆二十九年刻本，第2页b。
⑤ 民国《续修陕西通志稿》卷八《建置三·城池》，第1页b。
⑥ 咸丰《同州府志》之《文征录》卷中，第29页b。
⑦ 乾隆《同官县志》卷二《建置·关梁堤防附》，乾隆三十年抄本，第32页b。
⑧ 崇祯《同官县志》卷二《建置·城池》，第18页b。
⑨ 嘉靖《耀州志》卷一《地理志》，嘉靖三十六年刻本，第9页a—b。

“以漆、沮（同）二水为城患，筑堤障之”。[①] 不过，在马铎筑堤防洪之前，“漆、同二水为城患甚，往多挑浚”，[②] 即挑浚河道，以增强洪水宣泄能力。又如宁远城，清乾隆二十六年（1761 年），宁远知县胡莫域疏浚红峪河道，加固红峪河堤，防止红峪河泛溢侵城。就在该年孟夏，清人于缵周在《胡公重修红峪堤记》中写道：红峪河道“比年以来，岸溃石圮，沟身淤几与堤平设。一旦漫漶非常，沟固不啻龙头，而城则当天灶矣。善后之策，得弗急急。今岁夏，我侯胡老父师谕尉廉潘公经纶董是役，咨城关乡保佐之。……溃者防之，圮者砌之，淤者浚疏之，不越月而告功成”。[③] 与宁远城相似，扶风城南沣水常冲啮城根，清嘉庆二十年（1815 年），宋世荦“浚流筑堤”以防沣水侵城。[④]

（二）改移河道使洪水远离城池

清乾隆九年，秦州城罗峪河主河道得以整治改道，这对减轻秦州城市水灾起到重要作用。[⑤] 耀州城于清康熙五十年（1711 年），“东北城角被漆冲溃，知州吴宾彦改易河道，水遂安流，城得不圮”。[⑥] 清嘉庆三年（1798 年），漆水涨至东南城根，耀州知州陈仕林“自捐俸银，并会同城内绅士人等，输资筑堤，开挖淤沙百有余丈，使水势南下”。[⑦] 至 1947 年，漆水再一次“冲毁（耀县）东南角城墙及附近咸榆公路路面，县建设科曾派民工改移河道，修筑石堤，逼水南下”。[⑧] 秦岭北麓涝河对其岸边的鄠县城有着严重的洪水威胁。1977 年，涝河得以整治，河床向西移动，使之距城一公里，以减少涝河洪水泛溢入侵户县城。[⑨] 三水（栒邑、旬邑）城因南临汃河，在新中国成立后 20 年间三次被淹。1976—1978 年，旬邑县组织群众改修汃河，使河床向南移动约 300 米，并沿河道筑

---

① 雍正《敕修陕西通志》卷四〇《水利二》，第 49 页 a。
② 崇祯《同官县志》卷二《建置·堤防》，第 26 页 a。
③ 乾隆《宁远县志续略》卷八《艺文》，第 21 页 b 至第 22 页 a。
④ 嘉庆《扶风县志》卷五《城廨》，第 1 页 b。
⑤ 关于明清民国时期秦州（天水）城市防洪，参见本书第十一章的相关论述。
⑥ 乾隆《续耀州志》卷一《地理志·城池》，第 4 页 b 至第 5 页 a。
⑦ 嘉庆《耀州志》卷二《建置志·堤工》，第 12 页 a—b。
⑧ 《耀县志》，第 146 页。
⑨ 《陕西省户县城乡建设志》（内部资料），第 37 页。

起3.5公里的拦河大堤。[①]

（三）开凿河渠分散或汇聚洪水

耀州城于清乾隆十四年（1749年）被漆水冲溃，知州钟一元、田邦基相继“开河以泄水”。[②] 至乾隆十六年夏，耀州城护城堤、坝均被河水冲决毁坏；灾后除修筑堤坝外，还“议于河水东流之西岸，别开引河，长八十五丈，口宽二十丈，中四之三，尾半之，深一丈，直趋南下，并将十四年议开之河，疏浚宽深，借动司库公用银九百四十七两于本州公费项下，十年扣还，挑损民地，拨官地偿之，十八年工竣”。[③] 兴平城北有高出城区50—70米的塬坡，故城区经常受到塬坡洪水的破坏。1958年始建渭高干渠时，将渭惠二支渠从县西堡子以西改建于兴平县城北侧坡角下，“由东环路北端转向穿越铁道南下”，以便截流北部坡塬上的洪水，杜绝洪流对县城及工业区的侵袭。[④] 郿县城为防止洪沟水暴涨危及城区，于1935年，“在东关开挖溢洪渠，并在瓮城东侧修筑桥涵一孔”，以免城区受灾。[⑤]

郃阳城开凿河渠汇水防洪比较特殊。清顺治年间，郃阳人雷学谦开凿“围带水”，又名“腰带水”，便是将洪水汇聚后排出，防止洪水入侵郃阳城。清乾隆《郃阳县全志》对此有详细记载：“城外行潦绕流于隍者曰‘腰带水’。先是大雨时，其水自梁山来，径向城左。国朝初，雷进士学谦捐资，引水分绕城右，南流至净罗庙，东径谢家桥，又东至千金塔南，数折而后入河，如围带云，今湮矣，当更有因其势而利导之者。”[⑥] 清乾隆年间，郃阳知县龙皓乾所著《有莘杂记》之“围带”条虽有细微差异：“围带水无源，盖城外深辙，引渠（应为“梁”之误写）山雨集之水，绕隍而流，抱城东南二面。国初，邑进士雷学谦又命工引流环城西北，会于南，旋折而出，形如围带，因名之，今俱湮矣”，[⑦] 但同样说明了围带水在郃阳城周边的汇水防洪作用。

---

① 《旬邑县志》，第398页。
② 乾隆《续耀州志》卷一《地理志·堤工》，第5页b。
③ 乾隆《续耀州志》卷一《地理志·堤工》，第5页b。
④ 《兴平县志》，第440页。
⑤ 《眉县志》，第131页。
⑥ 乾隆《郃阳县全志》卷一《建置第二》，乾隆三十四年刻本，第15页a—b。
⑦ （清）龙皓乾：《有莘杂记》，第12页。

四 相关水利制度与文化

（一）制度层面

上文已经指出，修筑堤坝城墙、浚移河道、开凿河渠等措施，均可以提高城市的障水防洪能力。那么，何时修筑、疏浚？用何种经费修筑、疏浚？如果有一定的制度规定，那么将对城市防洪成效的保障具有重要帮助。在明清民国时期的关中－天水地区，潼关城的防洪成效与潼河浚修制度的有效执行关系比较密切。因本书第四章对潼关城市水灾有专题详述，下文则简要叙述。

明洪武初年，为加强地方军事防御，卫所城市的城墙修筑得到重视，潼关城得以大规模扩建，形成“东南西三面踞山，北一面俯河”、[①] 潼河穿城而过的城址环境。明永乐以后，潼关的城市功能逐渐发生转变，由军事防御为主的“军城”逐渐转变为行政管理为主的“治城”。随着城市功能的转变，原先利于军事防御的城址环境，不但无法满足“治城”对水环境的要求，反而给“治城”带来较为严重的城市水问题，尤其是城市水灾问题。我们发现，在1376—1960年共585年间，潼关城至少发生过19次比较严重的水灾，平均约每31年发生一次，其中14次为潼河泛溢侵城，3次为黄河泛溢侵城，2次为雨水灾城。潼关城之所以频繁遭受水灾，根本上在于其地形地貌和水文环境，尤其是潼河穿城，“每因山水湍激，沙石涌下，往往淤塞水关，为居民害”。[②] 在这种环境下，潼关城若要免于水灾，必然要求能够快速宣泄潼河洪水。因此，疏浚河道以增强泄洪能力，成为潼关障水防洪的关键。明正德年间，潼河浚修制度“始备”，“河三年一疏，故数百年无水患”。但不知何时，潼河浚修制度废弛，“沙石壅，河心高于岸”，潼关城时有漂没之患。[③] 清康熙《潼关卫志》载：“当年修浚之防，今废不举，每遇涨发，城内居民、屋宇多遭崩漂之患，是为大害。”[④] 到乾隆十三年（1748年）秋，潼关厅抚民

① 咸丰《同州府志》卷一二《建置志》，第11页b。

② 民国《续修陕西通志稿》卷五八《水利二》，第5页b。

③ （清）杨端本：《浚河修北水关记》，载嘉庆《续修潼关厅志》卷下《艺文志第九·记》，第15页b至第17页b。

④ 康熙《潼关卫志》卷上《建置志第二·城池》，康熙二十四年刻本，第8页b。

同知纪虚中在“检阅关志”时，发现潼关城有“潼河之溢而为害也，凡廿余年一经”一说。通过实地考察，纪虚中认识到“潼河之廿余年而一溢也，盖人也，非天也”，“夫水之溢也，由于桥之塞，桥之塞也，由于河之淤，而河之淤也，实由于积日累月之所致”。[①] 为此，纪虚中恢复了潼河浚修制度，即“岁修”，这与明代“三年一疏”有所不同。此后，潼河“岁修”制度得以执行，每年农隙水涸时，责令官员沿河“逐一测探，遇有浅阻淤积之处，酌用民力疏浚”。[②] 正是由于潼河“岁修”制度的有效执行，在乾隆五十四年（1789 年）至 1925 年两次水灾之间，潼关城可能只发生了嘉庆二十年（1815 年）一次潼河泛溢。由此可见，只要潼河浚修制度得到有效执行，便可减少潼河泛溢侵城之患。明正德年间确定的潼河“三年一疏”以致“数百年无水患”（实际上是七八十年），清乾隆十四年以后的潼河“岁修”也促成百余年少水患。

河流浚修制度有效执行的一个重要基础就是经费保障，这就涉及相关经费制度的制定与执行。清乾隆十四年以后，潼河“岁修”制度的有效执行，便是得到一定经费保障的结果。当时，潼关众绅耆建议，“潼城向有官房基一百一十四间，官地七亩一分，为居民承租，每岁不过廿余金，居民享其利已久矣。目今人户殷繁，地价昂贵，如按其旧租之额，酌量而加增焉，可得八十二两零，以为岁修用，不劳民，不伤财”。[③] 纪虚中赞成此种做法，并将其“定为成规，竖石以记”。[④] 此后，潼关“历任同知以城内潼河两岸官地募修官房，又佃种官田，每年共收租银八十二两二钱，以为岁修潼河之用，故河疏水顺相安无事，若忘其傍水滨居也”。[⑤]

与潼关“岁修”经费制度相似，明清耀州、秦州等城也曾制定相关水利经费制度，以确保城市防洪工作的开展。明崇祯元年（1628 年），耀州人宋师襄作《裁员并里疏》，针对“（漆、沮）两河为患，城垣坍

① （清）纪虚中：《修潼津河碑记》，载刘兰芳、张江涛编著《陕西金石文献汇集·潼关碑石》，第 229—230 页。

② 《清实录》第 13 册《高宗实录》（五）卷三六六，乾隆十五年六月癸未，第 1046 页。

③ （清）纪虚中：《修潼津河碑记》，载刘兰芳、张江涛编著《陕西金石文献汇集·潼关碑石》，第 229—230 页。

④ 嘉庆《续潼关县志》卷中《职官志第五·抚民同知》，第 5 页 a。

⑤ 民国《续修陕西通志稿》卷五八《水利二》，第 5 页 b。

塌，派夫修葺，诸艰备集”，建议“裁去判官一员、教官一员，即以俸薪如许，作每年修城浚河之费”。[①] 秦州城南防洪堤坝的岁修同样需要稳定的财力支持。为此，“（秦）州旧有罗玉河壖地，居民占盖铺房者岁纳租约二百余缗，以备岁修，命州人士经理，工逾年费八千缗有奇，皆已出，民不与焉”。[②] 只有稳定的经费保障，才能确保城市防洪工作顺利开展，才能保障、提升城市防洪的成效。

（二）文化层面

在与洪水做斗争的过程中，我国古代城市除修建大量障水防洪工程外，还修建了许多祈求免于洪水入侵的祭祀庙宇，如龙王庙、水神庙、大禹庙等。位于沿海地区的城镇为免于潮灾侵犯，建造了子胥祠、海神庙、潮神庙、镇海楼、镇海塔等建筑。[③] 黄河晋陕沿岸的城市，在历史时期也建有祭祀河神、水神的庙宇，如河神庙、龙王庙、大禹庙等，希望通过祭祀达到保佑平安的目的。[④] 至于明清民国时期关中－天水地区城市，祭祀以求免于洪灾的现象同样存在，尤其是临河近河的咸阳、宝鸡、陇州（县）、韩城、三水（栒邑）、宁远（武山）、伏羌（甘谷）、潼关等城。

咸阳城南“不二丈许”即为渭河，城池内外建有龙王庙、禹王庙、桓王庙（即张飞庙）、五神庙等庙宇，“皆系为渭河而建”，[⑤] 以期通过祭祀水神来减免渭河泛溢侵城。其中，桓王庙位于城中，清乾隆《咸阳县志》记载：“桓王庙，在县南街。（明）万历年（间），邑人同知张邦贵募建，邑人检校张邦辅书碑。旧以神为敕封水神，城临渭岸，故建专祠。往者，渭河涨溢，官吏绅士吁祷辄验，小民时扛神鞭，供之河上，水立南徙，南高而北低，无不称奇。”[⑥] 民国时期，一份关于咸阳的社会调查仍有关于桓王庙与咸阳城防洪的相关记载：庙“供桌前，置铁鞭一具，

---

① 嘉庆《耀州志》卷九《艺文志·表疏》，第10页a—b。

② 光绪《重纂秦州直隶州新志》卷二《地域》，第22页a—b。

③ 郑力鹏：《沿海城镇防潮灾的历史经验与对策》，《城市规划》1990年第3期，第38—40页。

④ 王树声：《黄河晋陕沿岸历史城市人居环境营造研究》，博士学位论文，西安建筑科技大学，2006，第140—141页。

⑤ 乾隆《咸阳县志》卷二《建置·祠庙》，第8页a。

⑥ 乾隆《咸阳县志》卷二《建置·祠庙》，第7页a—b。

壮如小臂，长五尺许，据民间传言，谓系桓侯所遗，因咸阳城临河岸，每至秋水盛涨，城即可危，故侯遗此物于斯，若水势暴涨，城关危岌，则人民扛置城上，水势即落，此种不经不史之谈，固盛行于民间也”。[①]虽然两处记载的细节有所区别，但共同反映了一种为祈求城池免于洪水而寄托神灵的现象。

与咸阳城类似，宝鸡城南一里有渭河，常有泛溢侵城之患，故“（县）治南门外街尽处”建有龙王庙。[②]韩城城南一里有濻水，“七八月之间，雨集，惊涛横奔，如振如怒，巨石、大木随流而下，声撼岩谷间，不异广陵曲江也”，[③]对城南门外的濻水桥和城南均有泛溢破坏之患。清康熙年间，刘荫枢在韩城城西三里捐资修筑河神庙，“因水流自西东注，势激难渡，创立石桥，并建庙以祈保护焉”。[④]三水城因南临汃水、西临西溪河、东临东涧河，均有泛溢侵城的威胁，故也建有龙王庙。据清同治《三水县志》载，龙王庙原本在城外，因“被河水冲坏”，道光年间三水知县唐淑世将其移入城中文昌庙右。[⑤]陇州城南有汧水，城北有北河，故城南、北门外均建有龙王庙，“南龙王庙，州南门外，北龙王庙，州北门外”。[⑥]

除祭祀神灵外，铸造铁牛、竖立黄石以祛患镇水（河），是我国古代另一种文化层面上的水灾应对措施。王树声认为，镇河思想源于以土克水的五行生克观念，至迟在战国时期已经用于治水实践，明清时期则相当成熟。[⑦]明清时期，耀州、潼关、宝鸡等城均存在铁牛镇水的现象。清康熙二十五年（1686年），“沮水冲（耀州）西城，旧镇铁牛漂没无迹，民居多圮”。[⑧]潼关城在潼河出入城池的南水关、北水关各置铁铸卧

---

① 培礼：《新咸阳之素描》（上），《秦风周报》第2卷第11期，1936年4月，第16—17页。

② 康熙《宝鸡县志》卷二《地纪·庙社》，康熙二十一年刻本，第44页a。

③ 康熙《韩城县续志》卷八《艺文志》，民国抄本，第73页a。

④ 乾隆《韩城县志》卷二《祠祀》，第9页b。

⑤ 同治《三水县志》卷一《坛庙》，第18页a。

⑥ 宣统《陇州新续志》卷一三《祠祀志》。

⑦ 王树声：《黄河晋陕沿岸历史城市人居环境营造研究》，博士学位论文，西安建筑科技大学，2006，第142页。

⑧ 乾隆《续耀州志》卷一《地理志·城池》，第4页b。

牛一尊，以镇潼河泛溢之患。[①] 宝鸡虢镇与宝鸡城一样，临渭河建城，常受渭河洪水侵犯，故清代虢镇城民在城东门外铸造铁牛一尊，以期"镇水"。[②] 这些"镇水"现象，在科学技术日益昌明的今天来看，似乎难以达到障水防洪效果，但在当时寄托了普通百姓治理水患、祈求安全的愿望，并营造了一种治水防洪氛围。

五 小结

通过对明清民国时期关中－天水地区城市的全面考察，我们发现城市水利现代化建设之前该地区城市障水防洪措施主要分为两大类：一类是营建障碍物抵御洪水泛溢侵城，主要是营建堤坝和城墙；另一类是聚焦洪水自身的障防措施，如疏浚河道以便洪水宣泄、改移河道使洪水远离城池、开凿河渠分散或汇聚洪水等，从而使洪水不致侵入城区。在这些障水防洪措施的实施过程中，相关水利制度的有效执行和文化氛围的营造，对于加强城市防洪均有一定的作用。

关于我国历史时期城市防洪，华南理工大学吴庆洲教授对我国古代城市的防洪方略和防洪措施进行了系统总结。[③] 近十几年来，山西大学李嘎教授对明代以来山陕黄土高原地区的城市防洪进行了系列研究，认为吴庆洲教授所总结的在山陕黄土高原地区均有体现。[④] 我们将明清民国时期关中－天水地区城市障水防洪措施与其他地区城市障水防洪措施进行比较，发现类型较为一致，基本上涉及修筑堤坝、加固城墙、浚移河道、开渠分水等方面。可见，城市障水防洪与城市水系营建、城市雨洪管理等方面不一样，不同地区之间差异性较小、同一性明显。

---

① 吴景汉：《金斗潼关的传说》，载《潼关文史资料》（第7辑）（内部交流），第23页。

② 中国人民政治协商会议陕西省宝鸡县委员会文史资料研究委员会编《宝鸡县文史资料》（第6辑）（内部发行），岐山新星印刷厂，1988，第16页。

③ 吴庆洲：《中国古城防洪研究》，中国建筑工业出版社，2009。

④ 李嘎：《旱域水潦：水患语境下山陕黄土高原城市环境史研究（1368—1979年）》，第281页。

第十一章　利害相伴：明清民国时期秦州（天水）城市防洪及其环境效应

城市水利实践能有效解决城市水问题，但随着时间的演进，曾经的城市水利实践会给城市带来多方面环境效应。就城市防洪而言，学界关于我国历史时期城市防洪措施或实践的论述较多，但对城市防洪环境效应的关注有待进一步加强。[①] 本章以明清民国时期秦州（天水）城为例，通过长时段考察，展示城市防洪实践多方面的环境效应，可以说是“利害相伴”。

秦州城即今天水市，是甘肃省东南部的一座历史文化名城。秦州城历史悠久，曾是丝绸之路南线上的繁华重镇，是唐宋时期对外贸易的重要口岸。[②] 西晋太康七年（286 年），秦州州治由冀迁至上邽，即今天水市城区所在地。此后，今天水城区一直作为州、郡、县、市的治所，成为陇东南的政治、经济、文化中心和军事重镇。[③] 按照我国古代山水人文思想与风水理论来看，西晋以后的秦州城选址理想，山水环境优越。但实际上，秦州城仍然存在较为严重的水问题，尤其是城市水灾问题。经考察发现，明以降秦州（天水）城在防洪方面曾做出重要努力，城市防洪实践在取得显著成效的同时，也给秦州（天水）城带来了多方面环境效应。

---

① 相关研究成果主要有吴文涛《清代永定河筑堤对北京水环境的影响》，《北京社会科学》2008 年第 1 期，第 58—63 页；李嘎《关系千万重：明代以降吕梁山东麓三城的洪水灾害与城市水环境》，《史林》2012 年第 2 期，第 1—12、188 页；李嘎《滹沱的挑战与景观塑造：明清束鹿县城的洪水灾难与洪涝适应性景观》，《史林》2020 年第 5 期，第 30—41、55 页。

② 天水市地方志编纂委员会编《天水市志》，方志出版社，2004，第 3 页。

③ 唐宋之际，因地震和战乱，秦州城曾两次迁至成纪敬亲川，宋初迁回今址。

一 城址环境优势与城市水灾

历史时期的秦州（天水）城属于典型的山间河谷盆地型城市（见图11－1）。该城自西晋以来一直位于渭河支流藉河[①]北岸的河谷阶地上，并沿藉河呈带状东西向分布，而在藉河河谷两侧有南北两山对峙并东西延伸。清光绪《重纂秦州直隶州新志》对秦州城址环境描述为："州治所居平川，横约百二十里，纵不过三二里，南北之山列峙如屏。"[②] 这种城址环境符合中国古代城市选址的山水人文思想与风水理论，符合"风水宝地"的环境模式："背山面水""负阴抱阳""金带环抱"等。秦州（天水）城北一里有天靖山（又名中梁）、寿山，[③]"城南里许为籍水，自西而东，水外又里许则土山（文山）横亘"。[④] 以天靖山、寿山为城市背景，以藉河为城市前景，背山面水，前阔后窄，城市巧妙地嵌合于自然山水之中。这种城址环境对城市人居较为有利：北有靠山，有利于屏障冬季北来的寒风，城内少有风沙吹入；南有流水，既有夏日掠过水面的凉风，又能享受汲饮、灌溉、养殖之便；面南而居，便于获得良好日照；环山林木蓊郁，既可涵养水源、保持水土，又可调节小气候，并能获得日常燃料。

秦州城"两山夹峙，一水中流"的山水环境格局，促使城郭沿河川东西向伸展，一度形成"五城联属，形似贯珠"[⑤] 的城市空间格局。据北魏郦道元《水经注》卷一七《渭水》载，北魏时秦州城池已经"五城相接"。[⑥] 当时这种五城格局具体分布如何，持续多久，难以考证。明清民国时期，秦州城在唐宋城池的基础上，[⑦] 增筑、修葺不断，尤其是明

① 历史时期以来，藉河还有耤水、籍水、藉水、汐河、耤河等多种名称。为叙述方便，本书统称"藉河"或"藉水"。

② 光绪《重纂秦州直隶州新志》卷一《山水》，第8页b。

③ 康熙《巩昌府志》卷五《山川》，第5页a—b。

④（清）费廷珍：《筑城南新堤记》，载乾隆《直隶秦州新志》卷末《补遗》，第47页a。

⑤ 民国《天水小志》之"二、舆地"，收入南京图书馆编《南京图书馆藏稀见方志丛刊》（第16册），国家图书馆出版社，2012，第249页。

⑥（北魏）郦道元原注《水经注》，第280页。

⑦ 清顺治《秦州志》卷四《建置志》载："唐天宝初，节度王忠嗣城雄武城于今城之东。宋知州罗极城东西二城。"（第1页b）唐宋时期秦州城的修筑情况比较复杂，史料记载不一，无关本章主旨，不做考证。

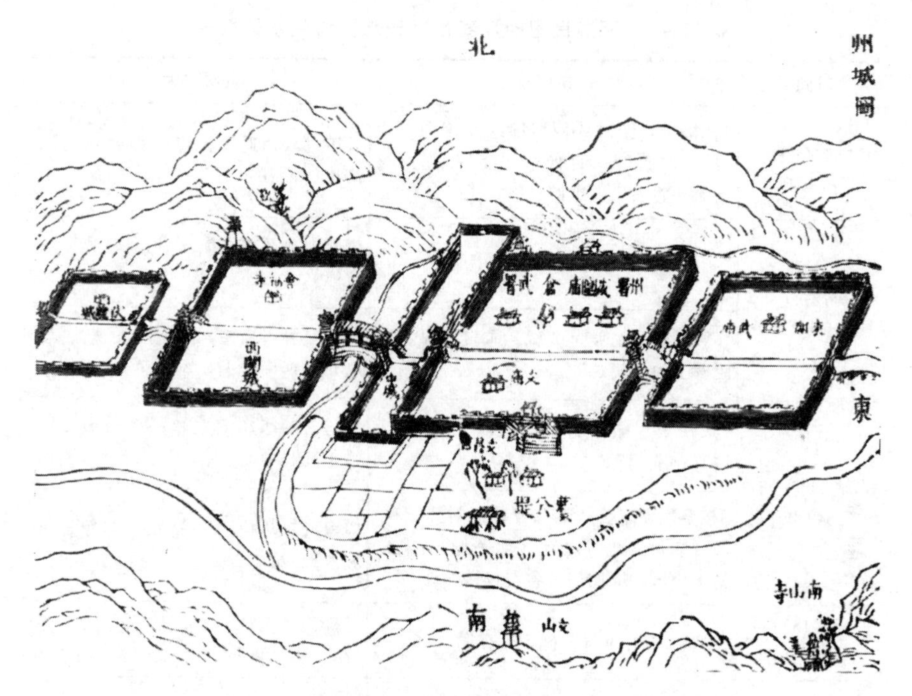

图 11－1　清乾隆《直隶秦州新志》卷首《州城图》

资料来源：乾隆《直隶秦州新志》卷首《诸图》，第 3 页 b 至第 4 页 a。中国国家图书馆藏品。

初至嘉靖年间的几次修筑（见表 11－1），逐渐形成新的五城格局：五城相连，由东向西依次为东关城、大城、中城、西关城和小西关城（又称伏羲城），一字排列在藉河北岸的阶地上，由一条东西向的主干街道作为城市轴线贯穿，形如串珠。清初分巡陇右道宋琬在《重修秦州城垣记》中写道："环郛而为城者，东西有四，睥睨相属如联珠。"[①] 这种城市空间格局自明中叶形成以后，一直持续到20 世纪中叶。1949 年以后，天水正式设市，城市规模突破原来的五城格局，从藉河、渭河台地向北道发展。[②] 后经 1951 年、1955 年、1958 年、1964 年和 1971 年五次拆除城墙，至 20 世纪 70 年代前期，明清民国时期的五城格局基本无存。[③]

---

① （清）宋琬：《安雅堂文集》卷二，康熙三十八年宋思勃刻本，第 3 页 a。

② 《天水市志》，第 11 页。

③ 《天水城市建设志》，第 34 页。

表 11－1 明清民国时期秦州（天水）城的修筑情况

时间	修筑情况	资料来源
洪武六年（1373 年）	“守御千户鲍成约西城旧址而筑之（大城），周四里一百四步，高三丈五尺，池深一丈二尺，东西二门”	万历《陕西通志》卷一〇《城池》，第 8 页 a—b
成化间（1465—1487 年）	“指挥吴钟奉檄重修西郭（中城）”	康熙《巩昌府志》卷九《建置上·城池》，第 2 页 b
	“重修大城之西为中城，东接大城，西距罗玉河，门二”	乾隆《甘肃通志》卷七《城池》，乾隆间《四库全书》本，第 20 页 b
嘉靖二十一年（1542 年）	“知州李鲸城西郭（西关城），辟（大城）南北门”	万历《陕西通志》卷一〇《城池》，第 8 页 b
	“按察副使朱公旒奉总督侍郎刘公天和，檄行知州李鲸城之者（西关城），高广稍次中城，辟四门，各覆以楼”	康熙《巩昌府志》卷九《建置上·城池》，第 2 页 b
万历（1573—1620 年）中	（中城）“有重修，碑记今存”	乾隆《直隶秦州新志》卷三《建置》，第 2 页 b
顺治十一年（1654 年）	“夏，遭地震灾，城崩楼倾，知州姜光胤督工修理”	康熙《秦州志》之《城池》，收入傅璇琮等编《国家图书馆藏地方志珍本丛刊》（第 149 册），第 461 页
嘉庆（1796—1820 年）中	“知州王赐均捐俸重修东关城、小西关城”	光绪《重纂秦州直隶州新志》卷二《地域》，第 15 页 a
道光十九年（1839 年）	“知州邵煜募资重修大城，则高壮于前，东西关城、小西关城则草草而已”	光绪《重纂秦州直隶州新志》卷二《地域》，第 15 页 a
咸丰十年（1860 年）	“军兴知州托克清阿募资补筑东、西关城”	光绪《重纂秦州直隶州新志》卷二《地域》，第 15 页 a
同治二年（1863 年）	“巡道林之望檄中城绅士募资，筑中城”	光绪《重纂秦州直隶州新志》卷二《地域》，第 15 页 a
同治三年	“（巡道林之望）同知州张澄檄小西关城绅士募资，增筑小西关城”	光绪《重纂秦州直隶州新志》卷二《地域》，第 15 页 a
光绪二年（1876 年）	“署巡道龙锡庆同游击田连考、知州陶模，增筑西关城炮台，陶又补筑其圮处”	光绪《重纂秦州直隶州新志》卷二《地域》，第 15 页 a
光绪九年	“巡道姚协赞同游击李良穆增筑东关城，余四城咸补葺焉”	光绪《重纂秦州直隶州新志》卷二《地域》，第 15 页 a—b

续表

时间	修筑情况	资料来源
光绪二十五年（1899 年）	“东关城大而卑薄，年久将圮。光绪二十五年，举人周务学督工重筑雄厚，遂为五城冠”	民国《秦州直隶州新志续编》卷一《地域建置第三·建置》，民国 23 年修，民国 28 年铅印本，第 2 页 a
	“甘督陶模以工赈事，令邑举人周务学重修东关城，高厚几与大城埒，增筑东门月城及南北东三面炮台各若干”	民国《天水县志》卷二《建置志·县市》，第 1 页 b
光绪三十四年	“州牧张珩重修大城城垣，挪借河工赢余五千缗，饬州增生赵钟琳司其事”	民国《天水县志》卷二《建置志·县市》，第 1 页 b 至第 2 页 a
1935 年	“春，中央第一师师长胡宗南驻防天水，令修大城，由西月城公地铺面内筹款二千三百余元，街长八人分司其事。历年天灾人祸坏缺之处一律补葺”	民国《天水县志》卷二《建置志·县市》，第 2 页 a

尽管秦州（天水）城的城址环境较为优越，但在其发展过程中，依然存在着较为严重的水问题，尤其是城市水灾问题。经查阅史料发现，明以降 600 年秦州（天水）城至少发生严重水灾 17 次，城市水灾详情见本书附录 2 秦州（天水）城部分。根据本书附录 2 所列史料，我们得出如下认识：（1）秦州（天水）城的水灾基本属于“河水泛溢侵城”型，主要由罗峪河[①]和藉河两条河流泛溢所致，尤其是罗峪河；（2）在清乾隆五年（1740 年）及之前，秦州城的水灾主要是由罗峪河泛溢所致，而非城南藉河；（3）罗峪河在乾隆五年泛溢侵城之后，可能直至光绪二十一年（1895 年），才再次发生泛溢侵城，这与明嘉靖十九年（1540 年）至清乾隆五年罗峪河泛溢侵城的频率（平均每隔 33.5 年发生一次）有明显差别。那么，为什么明以降秦州（天水）城的水灾会呈现上述特征？这与下文将要讨论的秦州（天水）城市防洪实践紧密相关。

二　罗峪河的治理与水灾转移

明清时期，罗峪河发源于秦州城西北 50 里的凤凰山罗峪沟。河道原本绕秦州城北而过，秦州城民为“取水之便”，改变河道，使其自北向

① 历史时期，罗峪河也称濛水、蒙水、鲁谷水、罗峪沟、罗玉沟、罗玉水、罗玉河等，为叙述方便，本书统称“罗峪河”。

南，从西关城和中城之间贯穿而过，并注入城南藉河。清乾隆初年，甘肃巡抚黄廷桂疏称："秦州罗峪河发源于州治西北之凤凰山，东流至周家磨，绕城而过，汇入汐河（即藉河），从无水患。嗣州民因利目前取水之便，将周家磨河流故道建坝堵塞，引归西流，由罗峪河桥下南入汐河，不能畅泄，以致屡受冲淹。"① 至于州民何时"建坝堵塞，引归西流"，目前尚未发现相关史料记载，但据本书附录2所列秦州城水灾史料可以推测，应该在明嘉靖十九年（1540年）之前。因为明嘉靖十九年，罗峪河泛溢，"涨入秦州城西门"，② 可见河道已经穿城而过。此时，罗峪河河道自北向南，流经秦州中城与西关城之间，并"经城西南入于籍（水）"（见图11－2）。③

罗峪河穿城而过，虽给城中民生用水带来便捷，但也给秦州城带来了严重的水灾。从明嘉靖十九年至清乾隆五年（1740年），秦州城的水灾几乎都由罗峪河泛溢所致。灾情严重地区主要集中在罗峪河流经的西关城和中城之间及附近地区，而州城"商业之兴隆，全在西关与中城"。④ 就在乾隆五年这一年，罗峪河泛溢侵城，"西郊阛阓列肆商贾百货之所，聚在其两岸，大被患焉"。⑤ 为解决罗峪河泛溢侵城问题，时任秦州知州程材传主张将中城、西关城之间南北向流入藉水的罗峪河改道，"从北而东"，经北关、东关城外注入藉水，实际上这是恢复罗峪河的原来流向。时任甘肃巡抚黄廷桂将这一治理对策上报朝廷，并于乾隆九年二月得到工部议覆："请将周家磨新开河筑坝堵塞，使河流仍归故道，并于坝上建龙王庙一间，复于坝之上流疏浚旧小渠，引水济用，建大小木桥，上盖卷棚，以济行旅。"⑥ 工部的意见实际上兼顾了城市防洪和民生用水两个方面，比完全复归故道更为合理。按照工部意见执行后，罗峪河河道被分为两支：一支为正流，"改徙东南"，"仍归故道"，绕秦州城

① 《清实录》第11册《高宗实录》（三）卷二一〇，乾隆九年二月乙卯，中华书局，1985年影印本，第699页。
② 顺治《秦州志》卷八《灾祥志》，第9页b。
③ 康熙《秦州志》之《城池》，收入傅璇琮等编《国家图书馆藏地方志珍本丛刊》（第149册），第471页。
④ 王文治：《秦州述略》，《地学杂志》第5年第5号，1914年，第34—39页。
⑤ （清）费廷珍：《筑城南新堤记》，载乾隆《直隶秦州新志》卷末《补遗》，第47页b。
⑥ 《清实录》第11册《高宗实录》（三）卷二一〇，乾隆九年二月乙卯，第699—700页。

北关、东关，然后向南注入藉水；一支为“小渠”，依旧经中城与西关城之间，向南注入藉水，但水流骤减，仅涓涓细流，目的在于“引水济用”。从清康熙《巩昌府志》卷二《秦州境图》（图 11－2）和乾隆《直隶秦州新志》卷首《州境全图》（图 11－3）的对比中，我们很容易发现罗峪河治理前后的河道变化。

图 11－2　清康熙《巩昌府志》卷二《秦州境图》

资料来源：康熙《巩昌府志》卷二《形图考》，第 9 页 a—b。中国国家图书馆藏品。图中“藉水”“罗峪河”“南”“北”为笔者添加。

罗峪河河道治理以后，贯穿城中的支流水量大大减少，这应该是清乾隆五年（1740 年）至光绪二十一年（1895 年）罗峪河较少发生泛溢侵城的主要原因。尽管水量大大减少，但这支穿城支流到民国时期应该一直存在。清光绪《重纂秦州直隶州新志》卷首《州境全图》清晰展示了中城和西关城之间有罗峪河支流（见图 11－4）。横跨罗峪河穿城支流的罗峪桥，从乾隆五年至民国时期也一直存在，说明桥下有水流。乾隆五年，罗峪桥被毁后，知州程材传重修，“凌架巨木，构成三隔，中为水道”，“桥上建亭，颇称壮观”；至咸丰十年（1860 年），桥亭被拆除，但桥仍在；到 1927 年，罗峪桥“忽崩圮，县知事杨展云令邑人蒲慰霖等

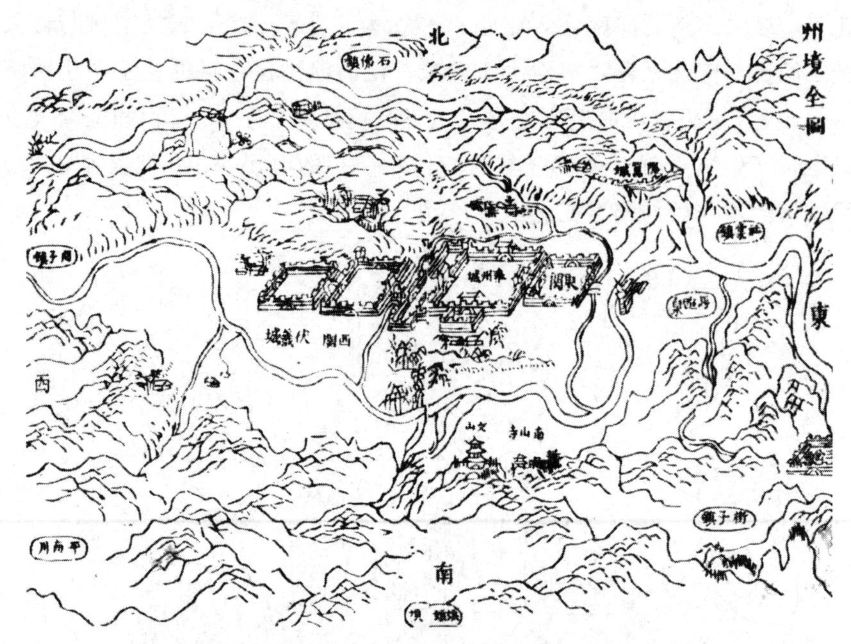

图 11－3 清乾隆《直隶秦州新志》卷首《州境全图》

资料来源：乾隆《直隶秦州新志》卷首《诸图》，第 2 页 b 至第 3 页 a。中国国家图书馆藏品。

改建，以砖石砌成圆洞，而安微澜焉”。① 到 20 世纪五六十年代，罗峪河穿城支流所经城区一带，“湖底淤积层随处可见，有的竟达数米之深”，而果集巷、山货市、杂巷子等街巷下面明暗河道以及陇海浴池后面 20 米以上的河道，河光石遍布，仍有溪水流过。②

虽然罗峪河对秦州城的威胁随着河道的治理而得以减轻，但秦州城的水灾并没有从此消失，而是在空间上发生了转移。秦州城东关、北关之外因罗峪河主流经过，水灾威胁加剧，东关之外的罗玉（峪）桥（又称利涉桥）“水常冲激”，“屡经重修，不悉记焉”。③ 更为严重的是，自清乾隆九年（1744 年）罗峪河改道“从北而东”，城南藉水北侵成为秦州城的主要威胁。据清乾隆《甘肃通志》记载：“藉水在州南一里，发

① 民国《天水县志》卷二《建置志·关梁》，第 10 页 a—b。

② 李振翼：《南郭寺“妙胜院”碑文与“天水湖”》，《天水行政学院学报》2004 年第 5 期，第 62—64 页。

③ 乾隆《直隶秦州新志》卷三《建置》，第 8 页 b。

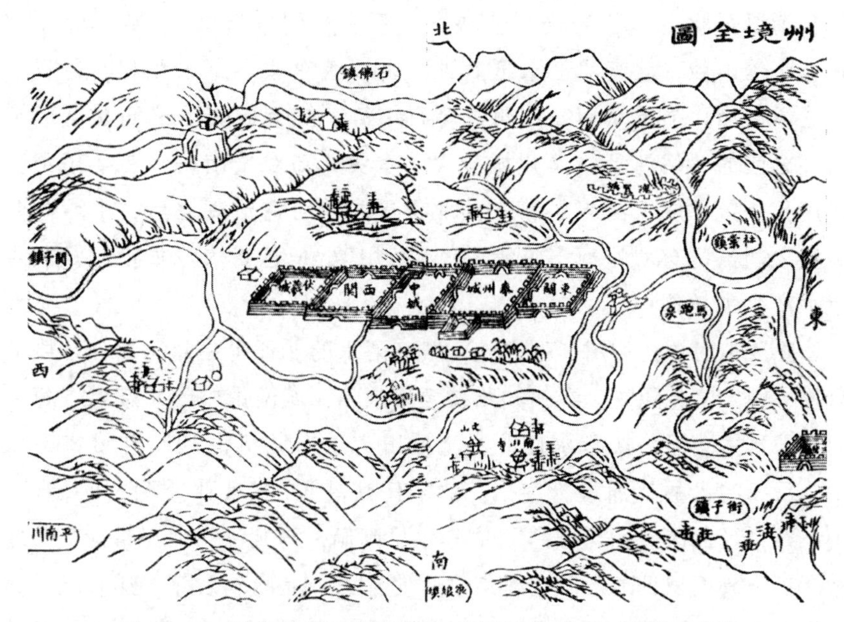

图 11-4　清光绪《重纂秦州直隶州新志》卷首《州境全图》

资料来源：光绪《重纂秦州直隶州新志》卷首《诸图》，第 2 页 b 至第 3 页 a。中国国家图书馆藏品。

源刑马山，经州城南至峡口入渭。”① 就在罗峪河治理后的第二年——乾隆十年（1745 年），秦州城在一年内发生两次藉水泛溢侵城事件，分别在五月和七月，这也是目前发现的藉水泛溢侵城的最早史料记载（见本书附录 2）。此后 20 年，秦州城每年都有城南藉水泛溢的威胁。乾隆《直隶秦州新志》记载：“二十年来，城南藉水岁以北侵，州城东南隅、东郭城西南半壁尽复于隍，片址无存。”②

那么，为什么罗峪河河道治理以后，曾经安澜的藉水开始北侵秦州城了？清乾隆二十三年，费廷珍任秦州知州，其在《筑城南新堤记》中解释道：“二十年以前，城西鲁谷之水自北而南以入于籍，籍水清涟，鲁谷水虽小而奔浑势力抵拒籍水，虽引群壑之涨而不能北侵。自岁庚申（即乾隆五年），鲁谷骤涨，西郊阛阓列肆商贾百货之所，聚在其两岸，大被患焉。于是改水道从北而东，籍水北侵无复拒之者，岁

① 乾隆《甘肃通志》卷六《山川二》，乾隆间《四库全书》本，第 50 页 a—b。

② 乾隆《直隶秦州新志》卷三《建置》，第 3 页 b。

浸日渐以至此也。”① 乾隆《直隶秦州新志》同样指出：“先是藉水古道，南傍山麓，北有罗玉水抵其冲。自罗玉东去，藉水北移，每夏秋间泛溢冲崩，损及城垣，前州牧屡行堵御，鲜有成效。”② 可见，河道治理之前的罗峪河虽给秦州城带来了水灾，却对城南藉水产生了顶托作用，一定程度上减轻了藉水的北侵威胁；河道治理之后，中城与西关城之间虽仍有罗峪河支流，“引水济用”，但水量大不如前，难以对藉水产生顶托作用。

除罗峪河顶托作用消失之外，城南诸水的北涌也是藉水北侵加剧的重要原因。清乾隆时，秦州知州费廷珍指出：城南山中“多溪谷，每大雨，即群壑澎涌，挟籍水而北，淹没田亩以迄城垣也”。③ 在城南诸水中，吕二沟水的北涌最为突出。清末任其昌④在《代州牧陶公河堤记》中记载：吕二沟“南当城门”，“其水旱则涸，雨则涨，拥泥带沙，为耤水所拒，故填积日高，旧有堤束之，使东去，堤溃十余年，遂直北，逼耤水，益近城”。⑤ 其子任承允在《创建陶公祠碑记》中也说：“州城南有耤水，又有吕二沟水，灌输交涨，啮蚀隍壖，为居人患。”⑥

在城南诸水的北涌作用下，清乾隆十年之后，藉水经常泛溢北侵，给秦州城带来严重的水患。光绪初年，秦州知州陶模在《藉水新堤记》中指出：“藉水一曰洋水，出州治西南谷中，汇众流而东，径城南至古绵诸县西南入渭。其两涯畦圃布列，沟浍相望，运舂磨，灌松韭，为利滋大。然每有甚雨，则演漾瀰湃，漱沙走石，厓垠崩摧，树木偃仆，湍悍迅激，盖几不可御焉。”⑦ 到民国时期，藉水泛溢北侵形势仍然十分严峻。1914 年，王文治在《秦州述略》中这样描述：“藉水由城南向东流二十里入渭，若遇淫雨，水势汹涌，城中惊惶。”⑧ 如果秦州城周边山区

① 乾隆《直隶秦州新志》卷末《补遗》，第 47 页 a—b。
② 乾隆《直隶秦州新志》卷三《建置》，第 8 页 a。
③ （清）费廷珍：《筑城南新堤记》，载乾隆《直隶秦州新志》卷末《补遗》，第 47 页 a。
④ 任其昌（1830—1900 年），字士言，甘肃秦州（今天水市）人，咸丰八年（1858 年）举人，同治四年（1865 年）进士，授户部山东司主事。十二年以母老乞归养，遂不出。主天水陇南书院讲席垂 30 年。光绪二十六年（1900 年）卒，年 71。
⑤ （清）任其昌：《敦素堂文集》卷三，收入《清代诗文集汇编》（第 719 册），第 22 页。
⑥ 民国《天水县志》卷一二《艺文志·艺文一》，第 15 页 a。
⑦ 光绪《重纂秦州直隶州新志》卷二一《艺文三》，第 44 页 a。
⑧ 王文治：《秦州述略》，《地学杂志》第 5 年第 4 号，1914 年，第 33—37 页。

植被遭到破坏，水土流失加重，藉水北泛侵城将加剧。民国《天水县志》记载：“县境山地，土黄性松，一遇暴雨，水卷泥土，滚坡而下，是以河道日高，河岸日低。傍岸良田，大水至则一变而为河底。即以耤水而论，河水将薄城隍矣。此盖讲水利者，不可不思患预防者也。”[①]

三　防洪堤坝的营建及其成效

从清初至民国，因秦州（天水）城南有“藉水经流，城隍每被冲啮”，[②] 藉水北岸防洪堤坝的营建修葺一直不断。清顺治十二年（1655年），分巡陇右道宋琬为“障藉水”，在城南主持修筑防洪堤坝，即“宋公堤”。这是目前我们所知藉水北岸的最早筑堤活动。可见，在清乾隆之前，藉水泛溢侵城的威胁已经存在。可能正是由于罗峪河的顶托作用，以及宋公堤的障水作用，藉水对秦州城没有造成破坏性影响。虽然目前我们尚未发现清乾隆十年（1745年）之前藉水灾城的相关记载，但这不代表藉水对秦州城没有威胁和破坏。

自清乾隆九年罗峪河治理以后，藉水北侵不再受到罗峪河的顶托作用，故对秦州城的威胁大大增加。为防止藉水北侵毁城，乾隆二十三年，秦州知州刘斯和建议修堤，但“甫事畚插，复遭漂没”。[③] 同年秋，费廷珍继任秦州知州，“周阅城垣，盖东南已有倾圮者”，后细询诸绅士得知，藉水“为患二十年矣”。[④] 次年，费廷珍在城南藉水北岸主持筑堤。费廷珍“审量河流，经画防范”，[⑤]“步故迹，相形势，鸠工庀财，出厚资以募人”，[⑥] 历时三年，于城南藉水古河道处筑成防洪堤坝，即“费公堤”。该堤“东西横亘三百六十丈，面宽一丈，底宽一丈二尺”，[⑦] 并于“堤外之田，咸可艺矣，更为种树其上”。[⑧]

---

① 民国《天水县志》卷四《民政志·水利》，第8页b。
② 光绪《甘肃新通志》卷一四《建置志·城池》，第23页a。
③ 乾隆《直隶秦州新志》卷三《建置》，第8页a。
④ （清）费廷珍：《筑城南新堤记》，载乾隆《直隶秦州新志》卷末《补遗》，第47页a。
⑤ 乾隆《直隶秦州新志》卷三《建置》，第8页a。
⑥ （清）费廷珍：《筑城南新堤记》，载乾隆《直隶秦州新志》卷末《补遗》，第47页b。
⑦ 乾隆《直隶秦州新志》卷三《建置》，第8页a。
⑧ （清）费廷珍：《筑城南新堤记》，载乾隆《直隶秦州新志》卷末《补遗》，第47页b至第48页a。

清光绪元年（1875年）冬十一月，陶模任秦州知州。此时，秦州城南旧堤已被藉水“啮蚀崩圮”。[①] 陶模“阅视城垣，谯门之外弥望皆坎窞水道，北冲啮城隍十几去二三，心悯焉，欲为堤以障之”。[②] 光绪三年春，陶模亲自督工，在城南修筑藉水新堤，即“陶公堤”。据任其昌《知州陶公德政记》记载：陶模“卜日僦工，躬相版干，雨淋日炙，未遑告劳，两阅岁，工始蒇，东西凡三百余丈，用缗钱八千有奇，皆取给廉俸，民不知役”。[③]“陶公堤”的独特之处在于采用“土”筑，而不采用“石”筑，并在“土”质堤坝上种植柳树加以巩固。陶模在《藉水新堤记》中详细记载了此次筑堤的过程与技术特色：“丁丑（光绪三年）春初，卜吉兴筑，自西至东长三百五十丈，高八尺，厚二丈。以土不以石，刚则激易隊，取其柔，不与水争也。内外各树柳数百本，杙亦柳，冀其根虬结可以坚堤址也。外作小堤十余，少横之以当急溜，备抢修也。”[④] 这种筑堤方法对我们今天的城市防洪堤坝建设仍然具有重要借鉴价值。

除城南藉水北岸营建堤坝抵御藉水北侵之外，藉水南岸也因吕二沟的北涌，筑堤束吕二沟水东流。吕二沟发源于藉水南岸山麓，向北注入藉水，“其出也有激冲之势，遇猛雨阻藉及城，故每年筑堤使其顺南而下”。[⑤] 清乾隆九年（1744年）之前，吕二沟已有筑堤束水实践，但始筑时间不详。乾隆九年，甘肃巡抚黄廷桂上报朝廷时称，“城南之吕二沟，向于南岸修筑长堤，开浚小河，引水东流，至城东关对面之南汇入汐河，嗣因废河为地，将旧堤掘开，直冲汐河”，以致州城受灾；工部议覆：“其吕二沟缺口，照旧筑坝堵塞，使沟水仍由小河东流。”[⑥] 至晚清时期，吕二沟堤仍不时得到修筑。清道光十九年（1839年），秦州知州邵煜重修吕二沟堤。[⑦] 光绪三年（1877年），关陇大旱，饥荒严重，秦州

① （清）任其昌：《敦素堂文集》卷三，收入《清代诗文集汇编》（第719册），第22页。
② （清）陶模：《藉水新堤记》，载光绪《重纂秦州直隶州新志》卷二一《艺文三》，第44页a—b。
③ （清）任其昌：《敦素堂文集》卷三，收入《清代诗文集汇编》（第719册），第22页。
④ 光绪《重纂秦州直隶州新志》卷二一《艺文三》，第44页b。
⑤ 王文治：《秦州述略》，《地学杂志》第5年第5号，1914年，第34—39页。
⑥ 《清实录》第11册《高宗实录》（三）卷二一〇，乾隆九年二月乙卯，第699—700页。
⑦ 光绪《重纂秦州直隶州新志》卷二《地域》，第22页b。

知州陶模以工代赈修筑吕二沟堤，“遂取散赈所余资千八百缗，复其堤，共长三百四丈，其内外亦树以柳，历八十许日，工亦竣”。[①]

秦州（天水）城南防洪堤坝的营建对抵御藉水北侵起到了显著成效。据我们目前搜集到的秦州城市水灾史料来看（见本书附录2），自清乾隆十年（1745年）藉水两次灾城之后，一直到1953年藉水泛滥，其间秦州（天水）城发生五次水灾，均没有提及藉水泛溢侵城。由此可见，虽然乾隆九年罗峪河治理以后，藉水北侵秦州（天水）城的可能性增大，但因城南防洪堤坝的不断营建、修葺，藉水灾城的频率并不高。方志史料也明确指出，城南防洪堤坝对藉水北侵有抵御作用。例如，任承允在《创建陶公祠碑记》中指出，自陶模筑陶公堤和吕二沟堤之后，“水灾之淡，迄今三十年”。[②]

堤坝防洪作用的发挥离不开堤坝的管理与维修。秦州（天水）城南防洪堤坝在藉水的冲击下，极易崩塌，故“岁须增筑，乃得无患”。[③] 到清光绪初年，曾“障藉水”的宋公堤和费公堤早已圮坏，“荔裳（宋琬）去今已二百年，费君不过百年，而其所为堤皆销蚀无遗迹”。[④] 时任秦州知州陶模对自己所筑之堤也发出感慨：“兹堤也，绿杨白沙，吾民日往来游嬉其上，似有所甚乐者。顾吾不知后更几年，亦将如宋堤、费堤之漠然，而不可指其处也。”[⑤] 陶模的担心不无道理，至20世纪初，每隔十余年，秦州城南堤坝就要进行一次大规模修筑。清光绪三十三年（1907年），“南城外耤河水涨，冲缺北岸旧堤”，[⑥] 故重修城南藉水堤坝；[⑦] 1922年，复修藉水堤坝；1934年，修筑藉水堤堰27条。[⑧] 除大规模修筑

---

① （清）陶模：《藉水新堤记》，载光绪《重纂秦州直隶州新志》卷二一《艺文三》，第45页a。

② 民国《天水县志》卷一二《艺文志·艺文一》，第15页a。

③ 乾隆《直隶秦州新志》卷三《建置》，第3页b。

④ （清）陶模：《藉水新堤记》，载光绪《重纂秦州直隶州新志》卷二一《艺文三》，第45页a—b。

⑤ （清）陶模：《藉水新堤记》，载光绪《重纂秦州直隶州新志》卷二一《艺文三》，第45页b。

⑥ 《又奏上年分秦州被灾分别蠲缓片》，《政治官报》第296号，1908年7月，第16页。

⑦ 光绪《甘肃新通志》卷一四《建置志·城池》，第23页a。

⑧ 《天水市志》，第380页。

外，清末秦州城南防洪堤坝还开展常规性的“岁修”，藉水北岸堤坝、吕二沟堤皆“每岁修筑以防水害”，如“宣统三年（1911年）之修防，费银至千余”。①

频繁的堤坝修筑必然需要一定的财力、物力做保证。清光绪《重纂秦州直隶州新志》记载：“州旧有罗玉河壖地，居民占盖铺房者岁纳租约二百余缗，以备岁修。命州人士经理，工逾年费八千缗有奇，皆已出，民不与焉。”② 这不仅保证了筑堤所需的财力支持，还减轻了百姓的经济负担，并命专人“经理”，确保筑堤工程能够顺利实施。《清史稿》卷四四七《陶模传》也载：“州南藉水啮城堙，模为筑堤沼三百五十丈，植芙蕖杨柳，蓄鳞介，取其利，以时缮完。”③ 可见，陶模也认识到频繁的堤坝修筑，需要一定的财力保证，故有此举。

四　城市防洪实践的环境效应

上文探讨了明清民国时期秦州（天水）城的防洪实践，主要表现在两个方面：罗峪河河道的治理和城南防洪堤坝的营建。这两方面对减轻秦州（天水）城市水灾有显著成效，同时也给秦州（天水）城带来多方面的环境效应。比如，秦州（天水）城南防洪堤坝的营建给城市带来了有益的景观效应。清光绪初年，秦州知州陶模在秦州城南筑堤植柳以障藉水，这为城区百姓提供了休闲游览之地，“往来游嬉其上，似有所甚乐者”。④ 民国时期，天水城南藉河堤坝“一带尽是树林芦苇，如在春秋两季，望去一片绿叶丛丛，衬着河那边的远山，也有一点江南的风味”。⑤ 除景观效应外，秦州（天水）城南南湖的萎缩与官泉的塑造，应该均属于城市防洪实践带来的环境效应。

（一）南湖的萎缩

秦州城区有湖泊，自古就有文献提及，天水之名可能也由此而来。

---

① 王文治：《秦州述略》，《地学杂志》第5年第5号，1914年，第34—39页。
② 光绪《重纂秦州直隶州新志》卷二《地域》，第22页a—b。
③ 赵尔巽等：《清史稿》，第12503页。
④ （清）陶模：《藉水新堤记》，载光绪《重纂秦州直隶州新志》卷二一《艺文三》，第45页b。
⑤ 蒋迪雷：《天水纪行》，《旅行天地》第1卷第3期，1949年4月，第29—31页。

南朝刘宋郭仲产《秦州记》载："天水郡治上邽城前有湖水，冬夏中停无增减，天水取名由此湖也。"[①] 北魏郦道元《水经注》卷一七《渭水》也载：当时城池"五城相接，北城中有湖水，有白龙出是湖，风雨随之，故汉武帝元鼎三年（前 114 年）改为天水郡。"[②] 到明清时期，秦州城南出现一个重要湖池，即南湖。此湖后来消失，不过新中国成立后，天水城区仍有数处地名含有"南湖"，如南湖寺、南湖车站、南湖饭店、南湖剧院等。关于南湖的地理位置，李振翼认为，"东至吕二沟入藉河的饮马巷南口，西至后寨，北抵南城外的官泉、水月寺、荫柳村及清泥河（清水河），（南）直抵藉河均为南湖区域"。[③] 那么，南湖究竟何时形成？如何演变？我们认为，这些问题与秦州（天水）城的水灾及防洪实践应该有着密切关系。

关于南湖形成于何时？民国冯国瑞在其辑佚的《秦州记》中认为，郦道元《水经注》所指北城中有湖水，"疑道元之误，今城西南隅有湖水，严冬不涸，唐宋以来称南湖，有南湖寺，湖水衍流，与耤水合而入渭，俗称'官泉'。记（《秦州记》）云上邽城前有湖水，当即指此"。[④] 冯国瑞认为"唐宋以来"即已出现南湖，并认为南湖俗称"官泉"。不知此说所依何据。另外，部分当代志书和相关研究认为，南湖于明初已经出现，具体观点为：明洪武六年（1373 年）千户鲍成筑大城时，南垣以南湖为界。[⑤] 经系统查阅史料，我们发现，清康熙《陕西通志》、康熙《巩昌府志》、乾隆《甘肃通志》和乾隆《直隶秦州新志》等方志均无明初筑大城时南垣以南湖为界的相关记载；较晚的光绪《重纂秦州直隶州新志》却记载了州城"东、西、北有壕，南南湖水界焉"，[⑥] 民国《天水县志》因袭了这一记载，[⑦] 不过二者均没有指出州城"南南湖水界"形

---

① （南朝刘宋）郭仲产：《秦州记》，冯国瑞编辑，民国 32 年石印本，第 5 页 a。

② （北魏）郦道元原注《水经注》，第 280 页。

③ 李振翼：《南郭寺"妙胜院"碑文与"天水湖"》，《天水行政学院学报》2004 年第 5 期，第 62—64 页。

④ （南朝刘宋）郭仲产：《秦州记》，第 5 页 b。

⑤ 《天水城市建设志》，第 429 页；赵冰：《黄河流域：天水城市空间营造》，《华中建筑》2013 年第 1 期，第 1—4 页；李振翼：《南郭寺"妙胜院"碑文与"天水湖"》，《天水行政学院学报》2004 年第 5 期，第 62—64 页。

⑥ 光绪《重纂秦州直隶州新志》卷二《地域》，第 1 页 b。

⑦ 民国《天水县志》卷二《建置志·县市》，第 2 页 a。

成的具体时间；而光绪三十四年（1908 年）所修《甘肃新通志》和1929—1936 年所修《甘肃通志稿》在因袭州城“南南湖水界”一说时，给出了具体时间：“明洪武六年（1373 年）”。[①] 由此可见，明初已有南湖一说有待商榷。

经广泛查阅，我们发现记载“南湖”的史料稀少，尤其是在清代以前。正如刘雁翔所说，“此湖清代之前不见记载”。[②] 根据有限史料，我们将明清时期秦州南湖的演变大致梳理如下。

明人胡缵宗有《天水湖颂》一诗：“泠泠天水，源远流长。玉壶其色，冰鉴其光。有莲百亩，馥郁水乡。花发如锦，叶叠如裳。绿云荡漾，碧雾回翔。莲乎其华，我侯洸洋。”[③] 我们认为，此诗有可能形容的是南湖。若属实，那么明嘉靖年间南湖面积较大，似乎与上文李振翼提出的南湖空间范围接近。

清顺治十一年（1654 年），宋琬任分巡陇右道，驻秦州城。其在《秦州志序》中明确提到南湖，当时“当亭王令心古新去其国，憩南湖度夏”。[④] 此外，宋琬所作《湖亭》诗为我们今天领略当时南湖风光提供了重要信息：

《湖亭》其一：“兰若城边寺，蒹葭水际亭。数椽留劫火，千树覆寒汀。明月羌村笛，秋风佛阁铃。频来真不厌，徙倚暮山青。”

《湖亭》其二：“移柳才盈把，栽荷不满篝。长条堪系马，新叶恰藏鸥。近拜兼官俸，能添一叶舟。凭轩聊假寐，且缓梦沧洲。”[⑤]

《雨后湖亭》：“放衙无一事，岸帻出孤城。柳重低烟色，荷枯碎雨声。凉云依岫断，秋水照衣明。欲采芙蓉去，高楼暮笛横。”[⑥]

《雨后南湖即事》：“南山初霁后，余叆聚重城。曲阪牛羊迹，丛

① 光绪《甘肃新通志》卷一四《建置志·城池》，第 22 页 a；民国《甘肃通志稿》之《建置一·县市》，第 13 页 b。

② 刘雁翔：《“天水”由来考证》，载张俊宗主编《陇右文化论丛》（第 1 辑），第 238—254 页。

③ （明）胡缵宗：《鸟鼠山人后集》卷一，嘉靖刻本，第 50 页 b。

④ 顺治《秦州志》序，第 10 页 b 至第 11 页 a。

⑤ （清）宋琬：《安雅堂全集》，马祖熙标校，上海古籍出版社，2007，第 42 页。

⑥ （清）宋琬：《安雅堂全集》，第 43 页。

枝乌鹊声。碧云草色合，素练波光明。客帽西风里，苍然秋气横。”①

清康熙《巩昌府志》卷二《秦州境图》（见图 11 - 2）清晰展示了当时秦州城南有一“南湖”。该《巩昌府志》原本为明末杨恩本，康熙年间纪元进行了续修，故其所附《秦州境图》反映的是明末清初的状况。清乾隆《甘肃通志》卷一《秦州城图》中也有类似“南湖”的图像（见图 11 - 5），图中显示湖池与藉水有着密切关系，而且该志还明确记载：康熙十六年（1677 年），“秦州南湖开并蒂莲数枝”。② 可见，在清乾隆之前，秦州城南的确存在一个南湖，湖中种有莲花，可谓秦州城区一大水体景观。

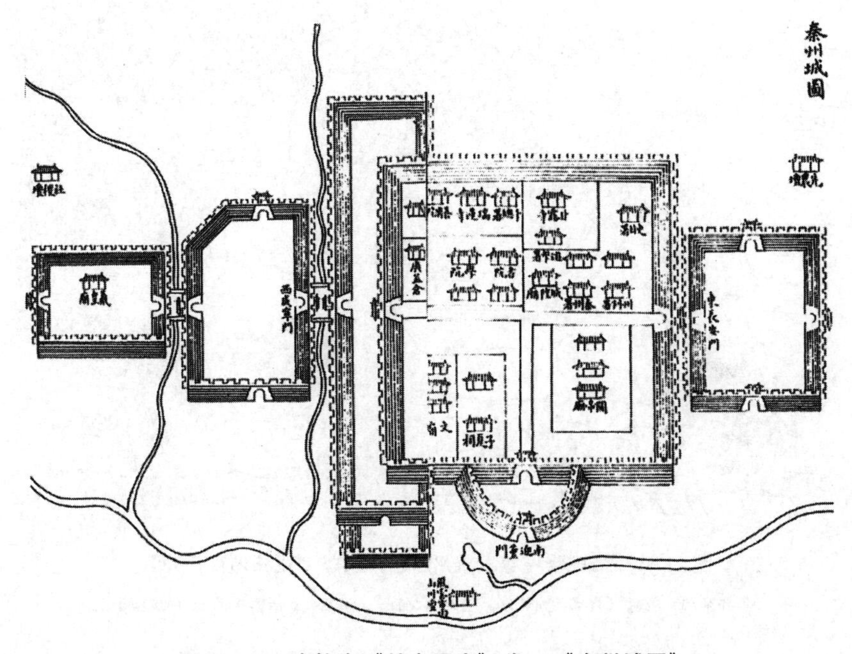

图 11 - 5　清乾隆《甘肃通志》卷一《秦州城图》

资料来源：乾隆《甘肃通志》卷一《图考》，乾隆间《四库全书》本，第 23 页 b 至第 24 页 a。

到清乾隆二十三年（1758 年）费廷珍知秦州时，南湖已经有所淤

① 乾隆《直隶秦州新志》卷一一下《艺文志·诗》，第 56 页 b。

② 乾隆《甘肃通志》卷二四《祥异》，乾隆间《四库全书》本，第 19 页 b。

塞。乾隆二十六年，费廷珍“既筑堤御藉河，因复南湖故迹，开池种藕，即于池北创建（文昌）新祠”。[①] 费廷珍在《南湖新建文昌宫记》中记载：“偶而南湖之隙，见其地，豁然开朗”。[②] 另外，有水月寺在秦州城“南门外，临南湖”。[③] 根据南湖、文昌祠（即文昌宫）和水月寺三者之间的位置关系，在清乾隆《直隶秦州新志》卷首“秦州城南门外”图上（见图 11－6），我们可以大体确定当时南湖的范围。此时的南湖可能已经演变成若干池塘，而非一整个湖泊。

图 11－6 清乾隆《直隶秦州新志》卷首“秦州城南门外”

资料来源：乾隆《直隶秦州新志》卷首《诸图》，第 8 页 b 至第 9 页 a。中国国家图书馆藏品。

清末，南湖发生了进一步淤塞，但依然是秦州城区一处重要水体景观。清光绪三年（1877 年），知州陶模在城南宋公祠（即在文昌宫南、

① 乾隆《直隶秦州新志》卷三《建置》，第 11 页 b。
② 乾隆《直隶秦州新志》卷末《补遗》，第 46 页 a。
③ 乾隆《直隶秦州新志》卷三《建置》，第 14 页 a。

水月寺东）外，“凿两池，种菡萏，当花时，与民田瓜瓠，红绿相影涵”。[1] 光绪七年（1881年）七月，“州城南池莲开并蒂花三”。[2] 光绪十一年，陇南书院讲席任其昌在《雨后郊外闲步》一诗中写道：“酣晴万柳午阴浓，雨后山光接翠重。行到沙堤幽绝处，一池清水看芙蓉。”[3] 到民国时期，水月寺前有中山公园，园中“有荷池，花木繁茂”，[4] 不过有时“水浅泥多”；[5] 水月寺东宋公祠“拜庭槛外原有方池，宜莲宜鱼”，[6] 但不知面积几何；八蜡庙前原有水池，而此时其故址“迤南、迄西则设滑板、秋千种种体育之需”，[7] 可能已经没有水体了。

前文已经指出，清光绪《重纂秦州直隶州新志》、民国《天水县志》等均提到秦州（天水）城东、城西、城北有城壕，“南南湖水界焉”。我们认为，秦州城即使存在“南南湖水界焉”，也应该是在清乾隆之前。那么，清乾隆以后，南湖面积不断萎缩，以致其后来完全消失的原因是什么？

刘雁翔认为，南湖“所在低洼，经耤河水侵，地下水位升高，自然涌漏而成”，[8] 主张耤水北侵是南湖形成的主要原因。我们认为，南湖的形成不仅在于城南耤水的北侵，可能主要还是在于罗峪河穿城后的泛溢。我们目前没有发现明嘉靖之前南湖的相关史料记载。关于明嘉靖至清乾隆之前，我们发现了一些关于南湖的史料与图像，如清顺治年间宋琬的“湖亭”诗、康熙《巩昌府志》中的“南湖”图等等。而明嘉靖至清乾隆之前，正好是罗峪河主流穿城且泛溢侵城最为严重的时期。因此，我们认为，罗峪河在泛溢侵城的同时，很可能也塑造了南湖。而南湖之所以在清乾隆以后不断萎缩乃至消失，这与秦州城的防洪实践有着密切关

---

① （清）陶模：《耤水新堤记》，载光绪《重纂秦州直隶州新志》卷二一《艺文三》，第44页b。

② 光绪《重纂秦州直隶州新志》卷二四《附考》，第17页b。

③ 路志霄、王干一编《陇右近代诗钞》，兰州大学出版社，1988，第82—83页。

④ 民国《天水小志》之“十四、胜迹”，收入《南京图书馆藏稀见方志丛刊》（第16册），第284页。

⑤ 斐文中：《由兰州到天水》，《西北通讯》第2卷第3期，1948年2月，第24—28页。

⑥ 民国《天水县志》卷二《建置志·廨署》，第7页a。

⑦ 民国《天水县志》卷二《建置志·廨署》，第7页a。

⑧ 刘雁翔：《“天水”由来考证》，载张俊宗主编《陇右文化论丛》（第1辑），第238—254页。

系。主要表现在两个方面：(1) 清乾隆九年（1744 年）罗峪河河道治理之后，主流从城东北注入藉水，仅留支流穿城以“济用”。支流水量较小，大大减少了水灾的发生，从而也就无力塑造城市水体。(2) 秦州城南防洪堤坝的营建，虽然抵制了藉水的北侵，但也同样减弱了洪水塑造城市水体的环境效应。

（二）官泉的塑造

为解决秦州城内民生用水问题，秦州城民曾在罗峪河上“建坝堵塞，引归西流”，引罗峪河从中城与西关城之间贯穿而过。改道之后的罗峪河，在给秦州城带来“取水之便”的同时，也带来了严重水灾。为解决罗峪河泛溢侵城问题，清乾隆九年，秦州知州程材传整治罗峪河河道，“使河流仍归故道”，但并没有废弃中城与西关城之间的支流，其目的仍在于“引水济用”。这条罗峪河支流一直持续到 20 世纪中期，仍然穿城而过，这对秦州（天水）城区的地下水补给有重要作用。新中国成立前夕，天水城内有 16 处大水坑，这些水坑大多数是明清时期为修筑城墙从城内取土而挖掘形成的。其中，西关城石家坑长 150 米，宽约 25 米，面积 3845.5 平方米，深 1.8 米，坑内地下水充足，常年不干。[①] 石家坑位于西关城，距罗峪河穿城支流不远，故坑内地下水充足与罗峪河支流的补给应该有密切关系。

最能体现罗峪河穿城而过给秦州（天水）城带来的环境效应，应该属秦州（天水）城民生水源地——官泉的塑造。官泉位于大城西南隅的南祥门外，属于罗峪河穿城水流冲积扇前缘地下水涌出成泉。官泉附近地区地下水位埋藏浅，小泉到处涌出，汇流成渠。泉水东流，绕水月寺后向东南流去，城南菜圃，赖此灌溉。官泉南为居民点，民家庭园井深皆不盈尺，有家家泉水之便。[②]

关于官泉和南湖、天水湖的关系，有学者认为，官泉是南湖的俗名，在汉代名为天水湖。[③] 至于官泉是否是秦州城南的南湖，我们认为官泉

---

① 《天水城市建设志》，第 76 页。

② 《甘肃省天水市地名资料汇编》（内部资料），第 174 页。

③ 参见金素珍《向筑路英雄们致敬——记天兰铁路胜利完成》，《旅行杂志》1952 年第 10 期，第 12—14 页；《甘肃省天水市地名资料汇编》（内部资料），第 2—3、174—175、186、192—193 页；罗培模《天水名泉诗话》，载政协天水市秦城区委文史资料办公室编《天水文史资料》（第 1 期）（内部资料），1985，第 1—4 页；甘肃省中心图书馆委员会编《甘肃陇南地区暨天水市物产资源资料汇编》，甘肃省静宁县印刷厂，1987，第 153 页。

和南湖的形成，与罗峪河河道的穿城而过均有密切关系，南湖地理空间可能涉及官泉，但二者并不能画上等号。清顺治《秦州志》记载，明崇祯十五年（1642 年）“四月初四日，鲁谷水（罗峪河）冲中城、后寨、官泉，漂溺人畜各数十”。[①] 此时，秦州南湖是有一定面积的，可见官泉和南湖不是一回事。至于官泉与天水湖的关系，二者应该不是同一处。清康熙《秦州志》同时记有“官泉”和“天水湖”，[②] 而康熙《陕西通志》更是明确记载“天水湖在州西南七里”。[③] 乾隆《直隶秦州新志》不仅记载了知州费廷珍“偶而南湖之隙，见其地，豁然开朗”，[④] “复南湖故迹”，[⑤] 还记载了“温泉，在城南，严冬不冻，故名，俗又称官泉”，“天水湖，南七里，其水冬夏平满，不溢不涸，宋建水神庙”，[⑥] 也没有认为官泉就是天水湖。

官泉水质甘美、清澈，涌量较大，1970 年测定每日涌出达 4000 吨。[⑦] 在天水城区使用自来水之前，官泉是城中民生用水的主要来源。关于官泉的供水功能，民国《天水县志》这样记载：

> 其水甘美，供全城居民及官厅饮料。旧时污秽不治，往往为浣濯者所混浊。前任姚令（姚展）构亭其上，颜其额曰“翼然”。去年，经县令王君敬和督饬公安局重新斯亭，亭之东甃以石，上覆木板，凿为泉眼者八，有盖启闭，尾开方池，两边竖立砖栏，有口可以出入，汲水甚便。前之污浊者，今则异常清洁矣。[⑧]

1935 年，张扬明在《到西北来》中也记载了官泉供水功能：

---

① 顺治《秦州志》卷八《灾祥志》，第 10 页 b。

② 傅璇琮等编《国家图书馆藏地方志珍本丛刊》（第 150 册），第 30、32 页；傅璇琮等编《国家图书馆藏地方志珍本丛刊》（第 149 册），第 494 页。

③ 康熙《陕西通志》卷三《山川》，康熙五十年刻本，第 99 页 b。

④ 乾隆《直隶秦州新志》卷末《补遗》，第 46 页 a。

⑤ 乾隆《直隶秦州新志》卷三《建置》，第 11 页 b。

⑥ 乾隆《直隶秦州新志》卷二《山川》，第 6 页 a。

⑦ 《天水市志》，第 185 页。

⑧ 民国《天水县志》卷二《建置志·廨署》，第 7 页 a—b。

> 南关外有一井很大的泉水，名“灵湫”，——即俗名“天水”，泉井上面盖以木板，板面上共有八个八方形的井口，水清可以见底，全城的饮水，都仰给于此井；虽过去历遭大旱，而水从未干涸。井旁有一个亭子，亭边置有冈位，故挑水的人虽然很多，而于秩序则殊不紊乱。[①]

新中国成立后，官泉继续作为天水城区饮用水的重要来源地，“全城的饮水，颇多仰给于这井”。[②] 1952年，天水市在官泉处修建供水房一座，约57.6平方米，成立供水站，并设专人管理。[③] 1957年3月，天水市人民政府和天水步兵学校共同投资，以官泉为主要水源之一，发展自来水事业，城区群众开始饮用自来水。[④] 此后，官泉因水量充足稳定，水质纯净，很长一段时间内是天水城区重要的调节水源。

总而言之，清乾隆初年，秦州知州程材传在治理罗峪河河道时，按照工部意见，保留罗峪河支流穿城而过，这对秦州（天水）城区的水环境产生了重要影响，尤其是对官泉的塑造。

五 小结

本章探讨了明以降秦州（天水）城市水灾的发生特征，考察了明清民国时期秦州（天水）城市防洪实践及其环境效应。经分析，秦州（天水）城的城址环境符合我国古代城市选址的山水人文思想与风水理论，城址选择的合理性已得到学界认同。虽然秦州（天水）城的城址环境较为优越，但不代表该城就没有任何环境问题。在明以降600年间，秦州（天水）城如此“风水宝地”至少遭受17次较为严重的水灾。在此期间，秦州（天水）城在防洪方面做出重要努力，如治理罗峪河河道、营建城南防洪堤坝等，并取得显著成效。经长时段的考察，我们发现秦州（天水）城的这些水利实践具有多方面环境效应，在缓解或解决城市水

---

① 张扬明：《到西北来》，商务印书馆，1937，第152页。

② 金素珍：《向筑路英雄们致敬——记天兰铁路胜利完成》，《旅行杂志》1952年第10期，第12—14页。

③ 《天水市志》，第383页。

④ 《天水市秦城区志》，第278页。

问题的同时，也引发了新的城市水问题。秦州城民将罗峪河引入城中，虽增加了城市用水资源，却带来了严重的城市水灾；罗峪河河道的整治虽减少了罗峪河泛溢侵城，但洪水塑造城市水体的环境效应不再发生，也无力顶托藉水的北侵，使城市水灾发生了空间上的转移；城南藉水北岸防洪堤坝的营建，虽抵制了藉水的北侵，带来了“绿杨白沙”“陶堤春晓”等景观效应，但也进一步致使南湖萎缩。因此，城市建设者在开展城市水利实践时，应当全面考虑城市水利可能带来的环境效应，尽可能趋利避害。

第十二章　明清民国时期关中 - 天水地区城市雨洪的排蓄

探讨历史时期城市的排水和雨洪管理，为当下及未来的城市规划建设贡献智慧，是城市水环境历史研究的主旨之一。[①] 自 20 世纪 80 年代以来，关于我国历史时期城市雨洪排蓄方面的研究，大体分为两类：一类是宏观整体研究，以古都、历史文化名城为例，探讨我国历史时期排水系统的观念及其发展，总结我国古城水系规划设计的历史经验和城市排水设施的杰出成就，以期对当代城市排涝减灾有所启示；另一类是微观个案研究，北京、西安、赣州等城历史时期的排水设施和排水系统得到一定的探讨（相关研究综述详见本书附录 1）。无论是宏观整体研究，还是微观个案研究，学界关注的研究对象一方面主要集中在我国东部、南部丰水地区，另一方面主要青睐于古都、历史文化名城或大城市。鉴于上述研究对象的选取趣向，现有研究可能无法展示我国历史时期城市雨洪排蓄的总体特征以及区域差异，尤其是历史时期西北内陆地区广大中小城市的雨洪排蓄得到学界关注的力度不够。

关中 - 天水地区除西安等少数城市在新中国成立前有现代意义上的

---

① G. D. Feo, et al., "The Historical Development of Sewers Worldwide," *Sustainability* 6 (2014): 3936 - 3974; P. Du, X. Zheng, "City Drainage in Ancient China," *Water Science & Technology: Water Supply* 5 (2010): 753 - 764; 杜鹏飞、钱易：《中国古代的城市排水》，《自然科学史研究》1999 年第 2 期，第 136—146 页；W. Che, M. Qiao, S. Wang, "Enlightenment from Ancient Chinese Urban and Rural Stormwater Management Practices," *Water Science & Technology* 7 (2013): 1474 - 1480；李贞子等：《我国古代城镇道路大排水系统分析及对现代的启示》，《中国给水排水》2015 年第 10 期，第 1—7 页；朱勍等：《我国中部地区城市历史水系结构性修复与内涝治理研究——以河南省典型城市为例》，《水利学报》2022 年第 7 期，第 798—810 页。

城市排水设施建设外，[①] 大多数城市是从20世纪五六十年代才开始营建现代化排水设施的，有些城市甚至迟至七八十年代才开始。虽然相比我国东部、南部丰水地区，该地区总体降水量要小得多，下雨甚至被认为是“稀有的事”，[②] 但不代表没有持续性降水和短时间暴雨。实际上，明清民国时期关中－天水地区既存在持续性降水，也存在短时间暴雨，有六七成城市发生过“雨水灾城”现象。[③] 那么，在现代化城市排水设施建设之前，关中－天水地区城市雨洪排蓄状况如何？与我国东部、南部丰水地区城市雨洪排蓄有何差异？本章通过对明清民国时期关中－天水地区46座城市的逐一考察，归纳出城市水利现代化建设之前该地区城市雨洪排蓄的特征及模式，并讨论了这种模式对当前城市规划建设的借鉴价值。

一　排

在城市水利现代化建设之前，关中－天水地区的城市排水系统因当时城市建设者认识、重视不够，缺乏系统的规划与建设，而是在自然力和人力的共同作用下形成的。总体来说，明清民国时期关中－天水地区的城市雨洪排蓄大体表现为垂直、水平两个层面。在垂直层面，主要是利用“渗井”“水坑”“渗坑”等设施将城区雨水污水排入地下，这也是当时该地区有一半城市地下水出现“咸苦”的重要原因。[④] 渭河以北的兴平城在解放前，“城内无排水管道，城内单位、居民、商号自掘渗井排除污水和雨水”，故井水多为苦水。[⑤] 清代三原城“南北二城井水多咸苦不可食”，[⑥] 这与城区中心部分低凹地带靠挖渗井排水不无关系。[⑦] 渭河

---

① 史红帅：《民国西安城市水利建设及其规划——以陪都西京时期为主》，《长安大学学报》（社会科学版）2012年第3期，第29—36页；郭世强、李令福：《民国西安下水道建构与城市排水转型研究》，《干旱区资源与环境》2018年第2期，第100—106页；郭世强：《西安城市排水生态系统的近代转型——以民国西安下水道为中心》，《中国历史地理论丛》2016年第4辑，第74—80页。

② 胡怀天：《西游记》，《旅行杂志》第11卷第2号，1937年2月，第25—41页。

③ 关于明清民国时期关中－天水地区的“雨水灾城”现象，参见本书第九章的相关论述。

④ 关于明清民国时期关中－天水地区城市地下水的特征，参见本书第五章的相关论述。

⑤ 《兴平文史资料》（第12辑）（内部资料），第69、73页。

⑥ 康熙《三原县志》卷一《地理志·河渠》，第8页a。

⑦ 《三原县志》，第543页。

以南的西安城同样如此，城中旧式宅院建筑泄水往往不出院，因为“家家置渗坑”，每个院中“至少有一个渗水坑，因面积的大小，酌定吸水的度量，覆以砖石，仅留小窦纳水，于是除了天工的（雨）水而外，如米汤、菜汤、洗涤水、盥漱水、痰盂水、溺盆水、马桶水（南人客居者），几如百川汇海，流入其中”，“在小院落中，井和渗坑望衡相宇，距离很近，泉下媾通，清浊化合，更多一层病媒，而井水之特别涩苦，大约这是总因”。[①] 这种垂直层面的雨水排泄渗透，水量有限，遇到持续性降水和短时间暴雨，还是要依赖于水平层面的地面排水。前面提及的兴平城，每遇“淫雨季节，一部分雨水顺自然坡度排入城内涝池和低洼坑地，一部分雨水顺街道出城门流入城壕”。[②]经逐一调查，我们发现在明清民国时期的关中－天水地区，各城在地形地势的自然作用和人力的共同塑造下，大体形成一种“街巷、道路—城门或水门—护城河—河流”的地面排水系统。这种排水系统的形成，虽有人为因素参与，但多数并非有意规划设计，其能在多大程度上排泄城区雨洪，主要取决于城区的地势地貌和街巷道路建设，因而各城之间的排泄成效差异很大。现将这种地面排水系统的构成特征概述如下。

（一）街巷和道路

城区街巷、道路当然旨在交通出行，并非为城市雨洪排泄而营建，但实际上起到排水干道的作用。在新中国成立之前，关中东部的大荔城内“从无完整的排水系统，污水排放主要依自然（地势）流向靠城周低洼地和城壕潦池蓄纳，街巷路道即排水渠道”。[③] 关中西部的汧阳城也是如此，“旧城区为簸箕形，从始至今，水汇水桥巷南入千河”。[④] 淳化城在新中国成立前，城内雨水、污水顺地势由北向南自流排入冶峪河。[⑤]依靠街巷、道路路面排水，主要依赖于城区地形地势的自然作用，城区出现坑塘积水或低洼处淹没是常态。为便于排泄城区雨洪，在营建街巷、道路时，城市建设者常将路面修成中间高、两边低的鱼脊形。1929 年，

① 敬周：《豆棚瓜架录》，《大路周刊》第 1 号，1936 年 5 月，第 27—28 页。

② 《兴平县志》，第 439 页。

③ 《大荔县志》，第 454 页。

④ 《千阳县志》，第 139 页。

⑤ 淳化县地方志编纂委员会编《淳化县志》，三秦出版社，2000，第 529 页。

同官县长白如林见同官城区街道狭窄且排水不畅，便拓宽街道，将路面修成鱼脊形，以便按自然坡度排水。[①]

除城区街巷、道路路面直接排泄雨洪之外，一些城市沿街巷、道路两侧建有排水沟渠，并按自然地势排泄。渭河以南的盩厔城，在明清民国时期，城中雨污水主要靠路旁小渠，沿地势自流排入环城河。[②] 临潼城在新中国成立之前，城区雨水排泄主要依靠道路两侧的小明沟，按自然地势由南向北排进临河、潼河。[③] 邠州城区的雨水也主要依靠道路两侧的砖砌或石砌明沟排泄，最终排入城外农田和河道。[④] 高陵城的雨洪排泄一直依靠道路两侧的小渠，依路面坡度自然排泄到城内东南角的莲池中，蓄积起来；到民国后期，高陵城在街巷、道路沿下用砖砌成宽 0.3 米、深 0.4 米的阳沟，雨水先经阳沟，后经城门排泄到城壕中。[⑤] 与明沟排水不同，关中西部的凤翔城在 20 世纪中叶前，各街道脊形路面两侧设有阴沟，排泄雨水，最后各自排入护城河。[⑥] 民国时期，城市道路两侧营建暗沟阴渠排水受到官方重视。1928 年第 433 号《陕西省政府公报》所载《市政纲要》倡导："全市马路须造暗沟，通至远处，最好通至江河之下流，各住户须令自造暗沟通连公共暗沟，须每日清理一次，以免淤塞。"[⑦] 同年，西安修筑中山大街马路时，"用砖砌修两边水沟，深宽各一尺五寸"。[⑧] 1935 年 11 月，刘祝君专门起草了《西京水沟之兴建》，规划西安城道路的修筑和水沟的兴建，指出西安城地势"除了局部的不平外，大概东南高而西北低，所以水流方向，也就随着地势而由东南流到西北"。[⑨]

以城区街巷、道路为排水干道，一旦遇到暴雨或持续性降雨，路面排水（即便道路两侧建有排水沟渠）往往出现种种问题，重则侵损路边店铺、民舍，轻则漫淹路面，恶化城区环境。因街巷、道路表面材质多

---

① 《铜川市志》，第 709 页。
② 《周至县志》，第 221 页。
③ 《临潼县志》，第 448 页。
④ 《彬县志》，第 305 页。
⑤ 《高陵县志》，第 317 页。
⑥ 陕西省凤翔县志编纂委员会编《凤翔县志》，陕西人民出版社，1991，第 602 页。
⑦ 《市政纲要》（续），《陕西省政府公报》第 433 号，1928 年 10 月，第 7—8 页。
⑧ 《建设厅十七年三月份行政报告》（续），《陕西省政府公报》第 272 号，1928 年 4 月，第 12—13 页。
⑨ 《筹建西京陪都档案史料选辑》，第 281 页。

为泥土，故一遇天雨，道路泥泞，行人不便，严重影响城区环境，故“西北十谣”有云：“晴天如香炉，雨天如酱缸。”民国时期，曾在西安住过半年的严济宽记道：“街道都是泥的，下起雨来，便有整尺深的泥水，人行要没脚，车行要没轮，如天不作美，落着雨，街上不单是行人稀少，便连人力车子也不多见了。如果天晴几日，道路干燥，灰尘极厚，若再刮起一阵狂风，便只见泥灰四起，飞舞空中，真令人有‘呼吸不得也哥哥’之叹。”① 白水城在1974年修筑街道排水洞之前，城区街巷均为土路，狭窄、弯曲、高低不平，处于“平时污水满街流，雨天水泥人难行，夏天臭熏蚊蝇生，冬天路面结成冰”的局面。② 郃阳城在明清民国时期也大体存在类似情况，“治城四街道路中为槽形旧式，故每于雨潦时，行旅多感泥泞之苦”。③

为改善城区环境，利于街巷、道路排水，整治营建街巷、道路非常必要。明清民国时期三原、郃阳、渭南、兴平、蓝田等城在这方面均有重要举措。三原南城正街商业繁盛，自南门直达北门，“两面市廛，水无去路，秋冬泥淖，北街尤甚，乾隆二十二、三年（1757年、1758年），知县蔡维劝倡修，通砌以石”。④ 到1915年，三原城“通衢皆砌以石，防霪雨之泥泞”。⑤ 1931年前，三原“城内中山大街之马路，修筑坚固，平滑如镜，可与津沪租界中之马路相比拟。盖此路系用三和土（即石质、米汁、沙土三者之和）所筑，名曰三和土路。遇雨无泥，遇风无尘，且路面用鱼脊式，两边留有水道，故无停水之虑，亦无冲毁之虞。其他各街或用青石铺道，或用砖土杂修”。⑥ 可见，经过营建整治的三原城街巷、道路，不仅利于排泄城中雨洪，还改善了城区环境。

民国时期，郃阳、渭南、兴平等城认识到土质路面的弊端，故积极

---

① 严济宽：《西安——地方印象记》，《浙江青年》第1卷第2期，1934年12月，第245—260页。

② 《白水县志》，第25页。

③ 民国《郃阳县新志材料》一卷，第52页b。

④ 乾隆《三原县志》卷二《建置·坊巷》，乾隆四十八年刻本，第15页b。

⑤ 《秦行调查三原商业报告书（民国四年三月）》，《中国银行业务会计通信录》第5期，1915年5月，第25—49页。

⑥ 王北屏：《三原之社会现状》，《新陕西月刊》第1卷第2期，1931年5月，第67—73页。

整治营建街巷、道路。郃阳城于“民国十三年（1924年），前劝业所附设之县道局极力改良，将四街土路均填为马路式，宽可方轨，又将南大街破石最多之处一律砌平，至十五年，又鸠工铺以新石，于是南街虽系斜坂而宽广平坦，永无水刷之虑矣”。[①] 1934年，渭南县长张警吾见当时渭南城内街巷、道路不平，每当雨季，污泥载道，积水横溢，便命令商户疏通水道，修整路面，用沙石覆盖，街容大变。[②] 1939年，兴平县政府整治城区道路，动员政府各机关团体“全体出动，或担任搬运黄沙，或收集碎石，打成石子”，“路面设计为三层，下层为自然路基，中层为石子，上层盖以黄沙，大家先将原有弓形路面削平，再挖掘阔七公尺，深七·五公尺之并行沟，以铺石子，铺好后，即用牲口或人力加以压平，然后铺盖一寸厚黄沙”，一个星期后，全城街道整治成功。[③]

为便于城中雨洪排泄，对城区街巷、道路持续营建整治，蓝田城所做努力应该较为突出。明清时期，蓝田“城内南北纵大街二，东西横街五，惟纵街为（往）来南北冲衢，中段市肆殷盛”。[④] 然城内地势湫隘，每遇雨水天气，排水不畅，各街水流冲激，土易崩坏，城区环境恶劣。清乾隆年间，蓝田知县蒋文祚在《修理街道疏》中称：“蓝田南道荆襄，西连省会，因往来辐辏之所必经也。城闉之中，街颇湫隘，兼以水道不修，一遇阴雨，便污秽泥泞，行旅维艰，过者病之，余亦甚为民病。”[⑤] 在蒋文祚的主持下，蓝田城在各街道“两旁凿沟，使水有所泄而不滞，中甃以石，使上有所屏而常坚”。[⑥] 此后，蓝田城街巷、道路得到持续营建：清乾隆四十九年（1784年），知县高昱“捐俸并劝居民量力铺砌石街，以利往来”；[⑦] 道光十五年（1835年）三月至六月间，知县胡元煐兴“南北街道工”；[⑧] 光绪五年（1879年）知县朱运

① 民国《郃阳县新志材料》一卷，第52页b。

② 《渭南县志》，第642页。

③ 颜春晖：《一星期修好全城街道》，《中国青年》第1卷第4号，1939年10月，第137—138页。

④ 宣统《蓝田县乡土志》卷二下册《道路》，第15页。

⑤ 嘉庆《蓝田县志》卷一一《艺文》，第9页b至第10页b。

⑥ 嘉庆《蓝田县志》卷一一《艺文》，第10页a。

⑦ 嘉庆《蓝田县志》卷三《建置》，第9页b。

⑧ （清）胡元煐：《重修蓝田县城碑记》，载光绪《蓝田县志》附《文征录》卷一《掌故》，第23页a。

还的修筑最为突出，其在南北向纵街“甃石条三道，间砌块石，中高四下，污潦不停，横街均有石砌路，故虽城□湫隘，而街面殊高爽整洁焉”。[①]

（二）城门或水门

城门是筑城时代城市内外交流的要津，也是城市防洪、城市排水的关键环节。城区雨洪出城，先经城门，而后注入城外护城河。明清时期，扶风城为排泄城中雨洪，曾开辟城门达七座。清顺治《扶风县志》卷一明确指出，扶风城“凡七门以便泄水”（见图 12－1）。[②] 城门的多少由城市的规模形制、行政等级以及商业交通等情况而定，县城一般只有四座城门，每面城垣一般只要求有一座城门。[③] 经统计，在明清民国时期的关中－天水地区，单城格局城市的城门个数一般为 2—6 个。扶风城门达七座，显然超出常规，其目的主要在于“泄水”。城区雨洪从哪些城门排出，主要受城内地形地势影响。新中国成立之前，陇县城街道虽无排水沟，但城区西高东低，且路面中间高两边低，在自然坡势的作用下，雨洪从东门、南门排出城外。[④] 为加强军事防御和防洪，有些城市的城门外还筑有瓮城（也叫月城），瓮城上常开辟耳门以排水。蒲城县城便是如此，清“光绪二十一年秋，河州回变，令张荣升饬修城浚濠，四门外又建月城，树栅门，通濠处各有耳门”。[⑤]

城中雨洪除了从城门排出外，关中－天水地区一些城市还专门增设水门以排水。比如同官城，在清康熙二十五年（1686 年）建筑新城之前，“南北半附虎头山（即虎踞山）、障山之麓，而印台、济阳、虎头三山均包于城内”，[⑥] 无城之西墙，以三山为西墙，城中雨洪主要由西向东排泄。因此除东门外，同官东城墙上增辟两座水门。再如蓝田城，其地势由东南向西北倾斜，[⑦] 明“嘉靖二十年（1541 年），因城内西隅低下

① 宣统《蓝田县乡土志》卷二下册《道路》，第 15 页。
② 顺治《扶风县志》卷一《建置志·城池》，第 14 页 a。
③ 章生道：《城治的形态与结构研究》，载〔美〕施坚雅主编《中华帝国晚期的城市》，第 105 页；陈正祥：《中国文化地理》，生活·读书·新知三联书店，1983，第 79 页。
④ 《陇县城乡建设志》，第 37 页。
⑤ 光绪《蒲城县新志》卷二《建置志·城池》，光绪三十一年刻本，第 2 页 a。
⑥ 民国《同官县志》卷二《建置沿革志·二、县城迁建》，第 2 页 a。
⑦ 《蓝田县志》，第 399 页。

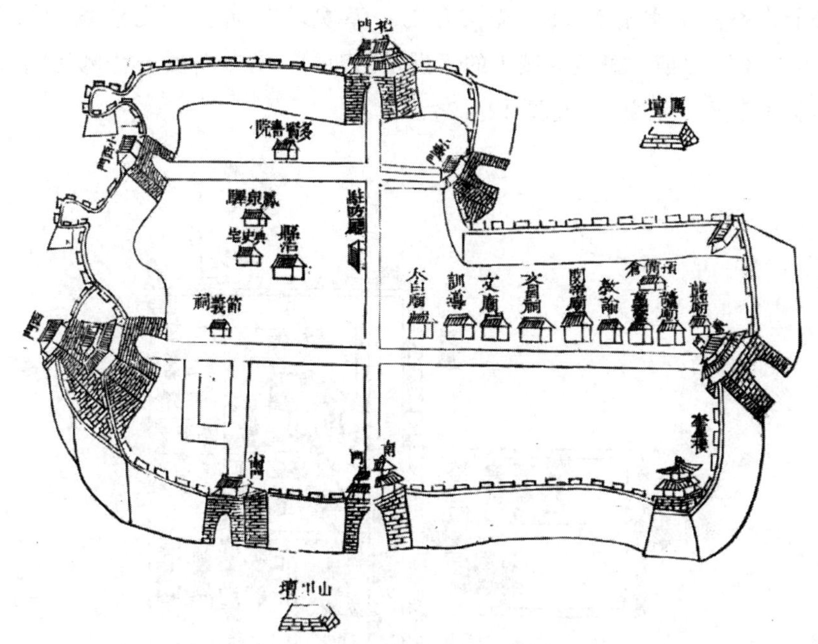

图 12-1　清嘉庆时扶风县城

资料来源：嘉庆《扶风县志》卷一《舆图》，第 2 页 b 至第 3 页 a。中国国家图书馆藏品。

苦水患，（知县）吕公好古与本邑荣察，于城西南隅辟一水门”。[①] 高陵城与蓝田城相反，地势自西北向东南倾斜，且坡度大，城东南角形成“莲池”，“下雨，水咸注”。[②] 然每当雨水过多，池内积水泛溢，“或浸崩城垣、民舍”。[③] 为使城垣和民舍免遭水患，明嘉靖年间，高陵知县邓兴仁在城东南角“开一水门，用铁窗砖石券甃之”。[④]

澄城县城水门的开辟有些特殊，主要考虑到改善城市“风气”。清顺治五年（1648 年），澄城知县姚钦明重修城池，在西门左始开水门。清顺治《澄城县志》卷一记载：“姚侯精风鑑，谓城中水不宜正出西门，相水势于西门左开水窦，崇阔相称，砌以砖石，闸以铁，随隍堑西南疏

① 顺治《蓝田县志》卷一《建革》，收入傅璇琮等编《国家图书馆藏地方志珍本丛刊》（第 130 册），第 80 页。

② 嘉靖《高陵县志》卷一《建置志第二》，第 10 页 a。

③ 嘉靖《高陵县志》卷一《建置志第二》，第 10 页 a。

④ 嘉靖《高陵县志》卷一《建置志第二》，第 10 页 b。

入金沙谷中，水有攸归，风气为之一萃矣。”① 可见，在清顺治五年（1648 年）之前，澄城县城中的雨洪正出西门，为改善城市“风气”，姚钦明才新开“水窦”（见图 12 - 2）。

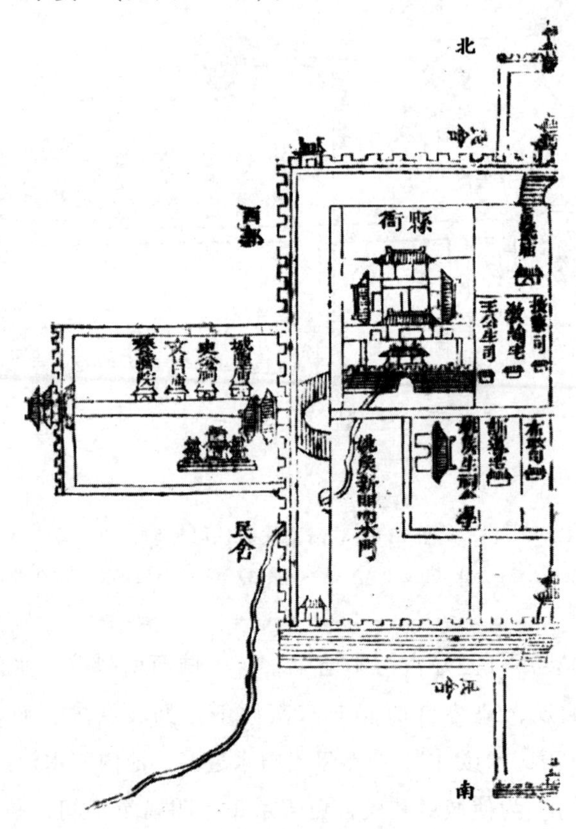

图 12 - 2　清乾隆时澄城县城（部分）

资料来源：乾隆《澄城县志》卷一《县属一》，第 7 页 a。中国国家图书馆藏品。图中“南”“北”为笔者添加。

（三）护城河、河流

城中雨洪从城门、水门排出之后，一般被城池四周的护城河蓄纳。蓄纳城中雨洪，是明清民国时期关中 - 天水地区护城河的一项重要功能。从明清到新中国成立初期，天水地区秦安城的排水均采用城壕，每次增筑城墙时，要对城壕淤泥进行清理，加大城壕蓄水量。② 同样，明末蒲

① 顺治《澄城县志》卷一《建置志》，咸丰元年刻本，第 11 页 b 至第 12 页 a。

② 《秦安县城乡建设志》，第 80 页。

城“东北水自东门外入濠，绕流而南，濠平矣，至崇祯丙子（1636年），尹田臣计浚濠深三丈，广倍之”，[①] 进一步加强城壕的排蓄能力。西安城在陪都西京建设时期（1932—1945年），规划“全市总出水的地方，大概可分为两处：一由北大街向北出北门；一由莲寿坊西出玉祥门，均泄入城壕”。[②] 新中国成立之后，西安护城河仍作为城区及护城河附近地区排水的归宿兼蓄洪调节池加以利用。[③]

若护城河与河流连接，护城河将作为排水干渠，最终将城中雨洪排入河流。三原南城在1972年之前，城中雨水先排入城东门、西门、南门外的护城河和北白渠支渠，然后护城河水再经东、西二关排水管道注入清河。[④] 醴泉城位于泥河南岸东西走向的高梁原上，老中山街地势最高，故形成了自中山街向南、北两侧的排水流向，均先排入护城河，然后再排入城北的泥河。[⑤] 西安城在明成化年间开凿通济渠之后，护城河“久而水溢无所泄”，“乃于城西北开渠泄水，使经汉故城达渭，公私益便，号‘余公渠’”。[⑥] 余公渠是否开通，学界有不同探讨。[⑦] 不过，正如本书第七章所述，西安护城河在明清时期尤其是清代，蓄水情况一般不会太丰，少水、缺水情况倒是经常发生。

（四）专门排水渠道

在自然和人力共同作用下形成的地面排水系统之外，明清民国时期关中－天水地区有少数城市在城区建有专门用于排水的渠道（非街巷、道路两侧），作为地面排水系统的补充。明万历十五年（1587年），宁远在县城东路疏旧渠八道，新开五道，在县城西路疏旧渠十二道，新开二道。[⑧] 到民国时，武山城依据城内东西南三面高、北面低的簸箕地势，在水巷石筑一条大型水道，并在巷口设置一个能承载行人的木制大型水

---

① 康熙《蒲城志》卷一《建置·城池》，第26页b。

② 《筹建西京陪都档案史料选辑》，第281页。

③ 《西安市水利志》，第84页。

④ 《三原县志》，第543页。

⑤ 《礼泉县志》，第262页。

⑥ （清）张廷玉等：《明史》卷一七八《余子俊传》，第4737—4738页。

⑦ 吴宏岐、史红帅：《关于明清西安龙首、通济二渠的几个问题》，《中国历史地理论丛》2000年第1辑，第117—137页。

⑧ 《武山县志》，第12页。

篦子，将全城雨水排出，“水巷”因此得名。[1] 民国时期，清水城在城北中部及偏西的城基下，设有孟家水眼和王家阳沟排水道两处，均为石砌方形通水道，城区雨水及泉水均由此流出城外，注入牛头河。[2] 西安城在民国时期为解决莲湖公园、建国公园等园林水体用水，修筑龙渠引河水入城。因“所有经过各街巷之雨水，别无孔道可资宣泄”，龙渠故“兼作下水道之用，为雨水宣泄计”，[3] 将城内雨水与城外河水一并引入园林水体之中。

与上述排水渠道有所不同，清末华州老城的排水渠道是为排泄老城北部低洼处已有积水而专门修建的。清光绪十年（1884 年），华州城发生严重水灾，“蛟水涨发，从旧城东门灌入，直抵北城之下，潴而不流，深者六七尺，浅者二三尺”，“漫淹大路”。[4] 此后十余年间，华州老城北部积水面积“有增无减”。[5] 为排出老城北部的积水，光绪二十二年，陕西巡抚魏光焘派游击萧世禧率绿营兵治理华州老城区的水患，“派勇丁开一线之路，引水北流，从陈家村起，过西罗村，至庙东入晋公渠，长三百余丈，宽二尺，深三尺”。[6] 渠道建成之后，“不数年水下降，渠多平毁”，到民国《华县县志稿》记载时，“遗迹已不复见矣”。[7]

二　蓄

蓄，即使水归于壑不致漫溢，是城市防洪方略之一。[8] 一般而言，城区河道渠道不仅具有排水排洪功能，还具有蓄水蓄洪功能。其中，护城河不但是城市排水系统中的骨干渠道，而且“凡城内奔腾而来之水，从容收之，止于其所”。[9] 与我国东部、南部丰水地区相比，明清民国时

---

① 《武山县志》，第 484 页。
② 《清水县志》，第 668 页。
③ 王季卢：《西安市龙渠工程报告》，《北洋理工季刊》第 4 卷第 3 期，1936 年 9 月，第 49—53 页。
④ （清）汪廷棟：《二华开河渠图说》，第 14 页。
⑤ （清）汪廷棟：《二华开河渠图说》，第 14 页。
⑥ （清）汪廷棟：《二华开河渠图说》，第 14 页。
⑦ 民国《华县县志稿》卷六《政治志下·水利》，第 14 页 a。
⑧ 吴庆洲：《中国古城防洪研究》，第 478 页。
⑨ （清）王士俊：《汴城开渠浚壕记》，载乾隆《续河南通志》卷八〇《艺文志·记》，乾隆三十二年刻本，第 19 页 a 至第 23 页 a。

期关中－天水地区虽然大多数城市不具备城内河道沟渠，但护城河大体上每座城市都具备，[①] 并在排水蓄洪方面发挥过重要作用。

除河流、沟渠等线状水体外，城区的点状水体如坑、塘、池、湖等均具有蓄水蓄洪功能，可以减轻城市水患。在我国东部、中部、南部地区，城市点状水体比较丰富，如武汉素有“百湖之市”的美誉。而位于我国西北的关中－天水地区，历史时期城池内外湖池水体不丰，经人工营建或自然形成，一些城市出现了可以蓄积雨洪的涝池、潦池。例如，明清时期，秦州城区因筑城取土形成一些大坑，雨水排入坑内，成为排水坑，大者共有16个；[②] 秦安城也“在城内空闲地段挖了许多土坑，如硝渠坑、杨家大坑、雨子坑等，雨水和生活污水直接排放到城壕或土坑内”；[③] 1930年8月，大荔县“将城内四边水道，完全疏通，计引归涝池五处，从此城市遇雨，不患水无归宿矣”。[④]

这些因蓄积雨洪而成的涝池、潦池的分布大体有一定的规律，即大体分布在城区主次街巷、道路或城墙附近地区。新中国成立之前，咸阳城区有三处面积较大的涝池，即老院涝池、凤凰台东北处涝池和七星庙东北处涝池，基本上分布在城区街巷、道路附近（见图12－3）。[⑤] 此外，在咸阳城内马王庙巷、北极宫、五队巷等街巷内均有大小不等的涝池，可以蓄纳城中雨洪。[⑥]

据我们实地考察发现，今天陇县城区有一条名叫“水坑巷”的街巷。虽然该巷今天并无水坑，但在历史时期是有的。据《陕西省陇县地名志》记载，陇县城南部有一水坑巷，是连接察院巷和儒林巷的通道，巷内原有较大积水坑，故名。[⑦] 其实，在新中国成立之前，陇县城区有三处大坑容纳城内排水不畅处的雨水，一在西关外清真寺南，一在西街

---

① 关于明清民国时期关中－天水地区城市护城河的相关问题，参见本书第十四章的相关论述。

② 《天水市志》，第365页。

③ 《秦安县城乡建设志》，第80页。

④ 《各县建设工作琐志十五：洋县、蒲城、澄城、大荔、同官》，《陕西建设周报》第2卷第21—22期，1930年10月，第8—9页。

⑤ 《咸阳市建设志》，第162—163页。

⑥ 《咸阳市志》（第1卷），第593页；《咸阳市渭城区志》，第142页。

⑦ 《陕西省陇县地名志》（内部资料），第21页。

中医院内，一在原牲口市。[①] 据《陕西省陇县地名志》所附《城关镇地名图》，我们发现西街中医院正好位于水坑巷北，那么水坑巷中的水坑应该就是西街（今东大街）中医院内的蓄水大坑。

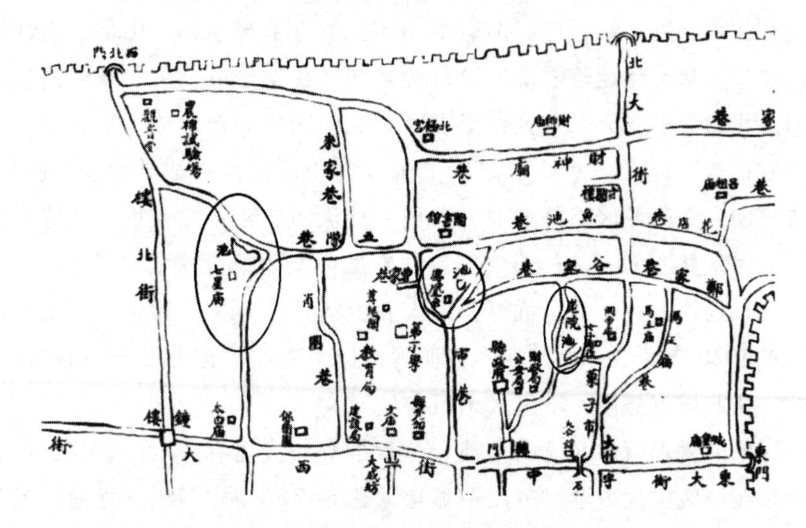

图 12 – 3　民国时期咸阳城中的涝池分布

资料来源：民国《重修咸阳县志》之《咸阳县治城图》。中国国家图书馆藏品。图中“圆圈”为笔者添加。

在新中国成立之前，乾州（县）城也因雨水的自然引排，积聚形成八大潦池，城内建筑格局素有“九楼八涝池，七十二个半巷子”之称。[②] 这八个潦池分别是刘家潦池、高庙巷南边潦池、中山公园潦池、郭家巷南边潦池、黉学门潦池、东堂里潦池、新开巷南边潦池和墩台庙前潦池，蓄纳了城区大部分雨洪。[③] 因乾州（县）城西北高、东南低的自然地势，这些潦池主要分布在城区的中部和东南部，城北只有一个，而且大多数分布在街巷、道路附近地区（见图 12 – 4）。比如，东堂里潦池就位于东城墙附近。清雍正《重修陕西乾州志》卷三记载：“东堂，在东街，地近高城，旁有大潦，与水相映，有倒影入池塘之致。”[④] 该潦池蓄水量较

① 《陇县城乡建设志》，第 37 页。

② 师荃荣：《古州奉天，历史璀璨》，载《乾县文史资料》（第 4 辑），第 56 页；《乾县建设志》，第 2 页。

③ 《乾县志》，第 373 页。

④ 雍正《重修陕西乾州志》卷三《庵观》，第 20 页 b 至第 21 页 a。

大，光绪《乾州志稿》转引《乾征遗稿》载："东塘（东堂里潦池）受水犹漏卮。形家言：'地位乎巽，风穴郁焉。'水为风耗故也。"①

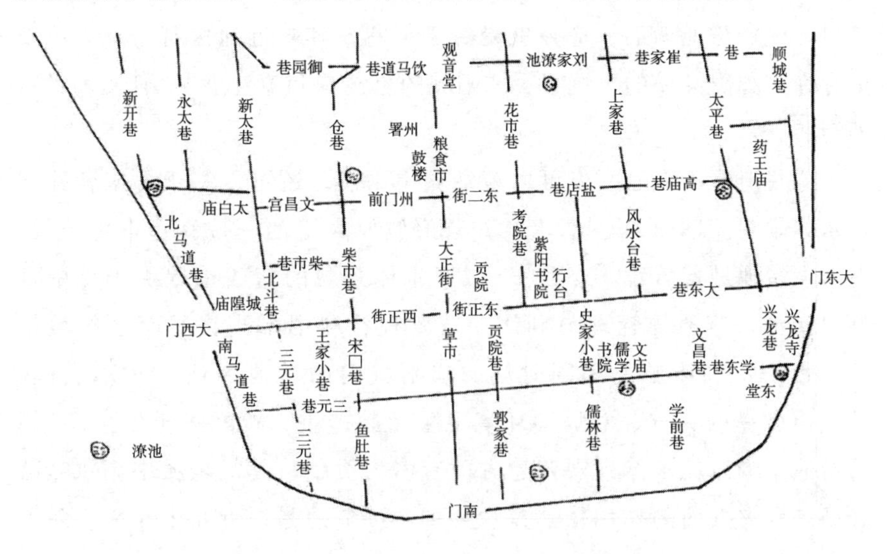

图 12-4　清代乾州城南部的七处潦池分布

资料来源：笔者根据《乾县志》图片页第 2 页"清代城池图"改绘。

与上述三城的涝池、潦池分布有所不同，同州（大荔）城的潦池基本上分布在城内四周靠近城墙处，即东北角砖石结构的双潦池、西北角的土质潦池、西南角砖砌的三角潦池、南门内西侧砖石结构的莲花池以及东南角的潦池。② 同样，岐山城在新中国成立之前，城内雨水随地势由北向南自流排放，除东、西二关外，城区雨水全部流入南城墙脚下的"不满池"。③

这些涝池、潦池之所以分布在城区街巷、道路或城墙附近地区，与上文提到的"街巷、道路—城门或水门—护城河—河流"的地面排水系统有着密切关系。因为城区街巷、道路即排水干道，而城墙附近地区往往也是街巷、道路，也是城区雨水流经之道，故涝池、潦池实际上分布在排水干道附近，并且被其连接起来。城区雨洪虽然沿着街巷、道路在自然地势作用下排泄，但城区微观地势总是高低不平的，

① 光绪《乾州志稿》卷一一《古迹志·园林》，第 6 页 b。
② 《大荔县志》，第 454 页。
③ 《岐山县志》，第 318 页。

因此在地势低洼处容易形成涝池、潦池，而街巷、道路附近的低洼处则更容易形成涝池、潦池。明清民国时期关中－天水地区一些城市街巷以涝池、潦池命名，应该就是缘于街巷及其附近地区有涝池、潦池的存在，如陇县城的水坑巷、咸阳城的鱼池巷和潦池巷[①]、西安城的东西涝巷[②]等。

这些涝池、潦池不仅可以蓄纳城中雨洪，还可以基于此来营建城区水体景观。1935 年，清水县在县府侧原大涝池一带修建中山公园，并对大涝池进行营建。[③] 当然，城区水体景观的营建也取决于城中百姓对涝池、潦池的管理与利用。若管理、利用不当，反而会给城市环境带来不利影响。民国时期，咸阳城内的涝池因池中污水发酵，散发出刺鼻的臭气，对周围环境卫生污染严重，蚊蝇大量滋生。[④] 不管涝池、潦池在水体景观营建方面有多大贡献，其汇聚城中雨洪、减轻城市水灾方面的作用依然是主要的。可惜的是，近几十年来，随着城市用地规模的不断扩大，关中－天水地区一些城市的涝池、潦池被填平。

除蓄积雨洪而成的涝池、潦池外，明清民国时期关中－天水地区城市其他类型湖池对蓄纳城中雨洪也起着重要作用。[⑤] 就渠水类湖池而言，西安城莲花池的形成，除主导的渠水尾水之外，还有城区雨洪的汇聚。明代陕西巡抚余子俊将西安城北院门、麦苋街、大莲花池街一带的雨水收入莲花池。[⑥] 到 20 世纪 30 年代，莲花池的主要水源已经由渠水转为雨水，平时池中“无水亦无莲花，只作雨后城北一带地方泄水之用，惟园中地基尚宽，空气亦好，故为近年西安人士惟一之休息所焉”。[⑦]

---

① 乾隆《咸阳县志》卷二《建置·街道》，第 6 页 a。

② 《陕西省西安市地名志》（内部资料），第 74—75 页。

③ 《一九三四年的清水县长·国民党人——黄炘》，载中国人民政治协商会议清水县委员会编《清水文史》（第 1 期），1986，第 40 页。

④ 《咸阳市渭城区志》，第 142 页；《咸阳市建设志》，第 163 页。

⑤ 关于明清民国时期关中－天水地区城市湖池的相关问题，参见本书第十三章的相关论述。

⑥ 《西安市志　第二卷·城市基础设施》，第 130 页。

⑦ 陈光垚：《西京之现况》，第 44 页。

三　结论与讨论

在城市发展史上，现代化城市排水系统的营建时间较晚。欧洲直到 19 世纪下半叶，城市依然没有足够的排水系统，甚至像伦敦、巴黎这样的大城市也是直接把废水排进河道，然后又从河中取水。[①] 与欧洲相比，我国现代化城市排水设施建设可能更晚。关中 - 天水地区在新中国成立以前，除西安等少数城市有现代意义上的排水设施建设外，[②] 大多数城市延续着传统的雨洪排蓄方式。经上述分析，明清民国时期关中 - 天水地区城市雨洪排蓄的特征可以归纳如下：（1）“排”，大体体现在垂直、水平两个层面。在垂直层面，该地区城市主要利用“渗井”“水坑”“渗坑”等设施将城市雨水排入地下；在水平层面，各城在地形地势的自然作用和人力的共同塑造下，大体形成一种“街巷、道路—城门或水门—护城河—河流”的地面排水系统，也有少数城市建有专门的排水渠道。(2）“蓄”，因蓄积雨洪而成的涝池或潦池，主要分布在城区街巷、道路或城墙附近地区，并与地面排水系统连接在一起。这里需要强调的是，地面排水系统并非指的是，城区雨洪一定会从街巷流向道路，再从道路流向城门或水门，再注入护城河和河流（见图 12 - 5)。这种理想状态能在多大程度上实现，取决于城区的地形地势以及街巷、道路条件。一般情况下，雨水落入城区之后，经过垂直和水平两个层面的排水系统之后，一部分雨洪在城区地势低洼处蓄积，形成涝池、潦池，一部分雨洪经过道路、城门或水门，再注入护城河和河流。

明清民国时期关中 - 天水地区城市的这种雨洪排蓄模式，与历史时期我国东部、南部丰水地区城市雨洪排蓄模式存在明显的不同。在城市水利现代化建设之前，我国东部、南部地区城市一般具备“城壕环绕、

---

① 〔美〕保罗 · M. 霍恩伯格、〔美〕林恩 · 霍伦 · 利斯：《欧洲城市的千年演进》，第 346 页。

② 民国时期，尤其是陪都西京筹备以后，西安城的雨水之“排”开始迈进现代化，下水道逐渐成为城市排水的主体，走出传统雨水排泄模式。参见郭世强、李令福《民国西安下水道建构与城市排水转型研究》，《干旱区资源与环境》2018 年第 2 期，第 100—106 页；郭世强《西安城市排水生态系统的近代转型——以民国西安下水道为中心》，《中国历史地理论丛》2016 年第 4 辑，第 74—80 页。

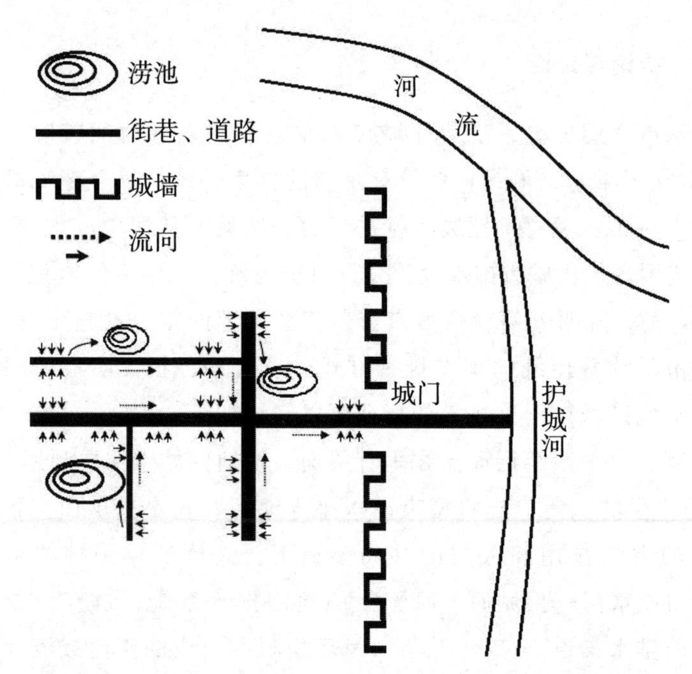

图 12－5　明清民国时期关中－天水地区城市雨洪排蓄示意图

资料来源：笔者自绘。

河渠穿城、湖池散布”的水系布局模式。[①] 城中河渠不仅具有供水、水运等作用，还可作为城市内部的排水干渠，并将城中湖池水体连接起来，这对避免城市内涝具有重要作用。而关中－天水地区大多数城市缺乏河流穿城，城内缺乏线状水体排水蓄水。虽然明清民国时期该地区有一部分城市建有用于供水、排水的人工渠道，不过这些渠道与东部、南部丰水地区城市相比，功能较为专一，或专门用于供水，或专门用于排水。其中，专门用于排水的渠道仅有少数城市存在，因此城区街巷、道路起到排水干道和连接涝池、潦池的作用。可见，基于地理环境不同，我国历史时期城市雨洪的排蓄呈现明显的区域差异。国际水历史学会前主席郑晓云先生认为，在 20 世纪 80 年代中国大规模城市化之前，中国大多数城市都具备集供水、用水和排水功能为一体的城市水系统，其组成部分包括供水沟渠或河流、城内沟渠或河流、排水沟渠、池塘、护城河和

① 吴庆洲等：《城水相依显特色，排蓄并举防雨潦——古城水系防洪排涝历史经验的借鉴与当代城市防涝的对策》，《城市规划》2014 年第 8 期，第 71—77 页。

排水河。[1] 我们认为，这种模式可能更多地适用于我国东部、南部丰水地区城市。就本章探讨的位居西北内陆的关中－天水地区而言，历史时期该地区城市的基本水体有湖池坑塘、护城河和庙学泮池，部分城市虽建有引水渠道和排水渠道，但城市供水系统和城市排水系统大体是独立分开的，因此并不符合上述模式。

近些年来，随着“海绵城市”理念的提出，学界十分重视历史时期城市雨洪管理对当前“海绵城市”建设的借鉴价值。[2] 明清民国时期关中－天水地区这种在自然和人力共同作用下形成的城市雨洪排蓄模式，虽然存在的问题十分明显，比如城区环境卫生、大雨暴雨排蓄、地下水源污染等方面，但在一定程度上符合今天海绵城市建设要求的“自然积存、自然渗透、自然净化”，能“利用自然力量排水”，能“把有限的雨水留下来”，[3] 这对我们今天的城市规划建设不无启示意义。如果能在降雨之时，将落入城区的雨水蓄积起来，使城市像海绵体一样，降雨时吸水、渗水和蓄水，需要时将蓄存的水释放并加以利用，那么无疑有利于缓解我国城市当前所面临的水环境困境。

城市地面蓄水、渗水和涵养水源能力的提升，关键在于城市雨洪排蓄系统的建设。历史时期的城市雨洪排蓄经验，仍能为当下提供重要借鉴。相关研究认为，我国古代城市道路系统中存在的排水设计思路和建设要点，对当前我国城镇道路大排水系统的构建能够提供有益的借鉴；[4]

---

① X. Y. Zheng, “The Ancient Urban Water System Construction of China: The Lessons We Learnt,” in I. K. Kalavrouziotis, A. N. Angelakis, *Regional Symposium on Water, Wastewater and Environment: Traditions and Culture*, pp. 35－45；郑晓云、邓云斐：《古代中国的排水：历史智慧与经验》，《云南社会科学》2014 年第 6 期，第 161—164、170 页。

② 俞孔坚等：《“海绵城市”理论与实践》，《城市规划》2015 年第 6 期，第 26—36 页；吴庆洲等：《赣州古城理水经验对“海绵城市”建设的启示》，《城市规划》2020 年第 3 期，第 84—92、101 页；陈义勇、俞孔坚：《古代“海绵城市”思想——水适应性景观经验启示》，《中国水利》2015 年第 17 期，第 19—22 页；刘畅等：《中国古代城市规划思想对海绵城市建设的启示——以江苏省宜兴市为例》，《中国勘察设计》2015 年第 7 期，第 46—51 页；张涛、王沛永：《古代北京城市水系规划对现代海绵城市建设的借鉴意义》，《园林》2015 年第 7 期，第 21—25 页。

③ 《习近平关于社会主义生态文明建设论述摘编》，第 49 页。

④ 李炎、梁晨：《南阳古城空间演变与城市水系的营建研究》，《华中建筑》2014 年第 4 期，第 142—147 页；李贞子等：《我国古代城镇道路大排水系统分析及对现代的启示》，《中国给水排水》2015 年第 10 期，第 1—7 页。

城区蓄水坑塘在历史时期城市生态系统循环中往往具有蓄水排涝、美化环境、改善气候、水产养殖等多方面功能。[①] 根据这些认识以及本章研究的结论，我们认为，在我国当前的城市建设中，依然要发挥街巷、道路、坑塘、湖池等方面在城市雨洪排蓄中的重要作用。一方面，在城市道路系统规划建设过程中，要做好城市街巷道路的路面设计，加大暴雨径流的行泄，从而减轻管道排水的压力；另一方面，在街巷、道路附近适当地方，营建适当数量的坑塘、湖池来蓄积雨洪，这不仅可以减轻城市内涝，还可借此营建城市水体景观，美化城市环境。

① 冯长春：《试论水塘在城市建设中的作用及利用途径——以赣州市为例》，《城市规划》1984 年第 1 期，第 38—42 页；李炎：《我国古城中的雨水基础设施——"坑塘" 水系》，载河南省文物建筑保护研究院编《文物建筑》（第 10 辑），科学出版社，2017，第 38—56 页。

第四篇　城市水体的营建与功能

第十三章　明清民国时期关中 – 天水地区城市湖池的形成与功能

湖池的营建与管理，是城市建设发展的重要内容之一。在历史时期，关中 – 天水地区曾有大量城市拥有湖池水体，有些城市甚至拥有相当数量的湖池或坑塘水体。对历史时期关中 – 天水地区城市湖池兴衰演变规律的探讨，或许能为当前该地区城市湖池的营建、保护与管理提供一些启示。然目前除西安、凤翔等少数城市的湖池外，历史时期该地区多数城市湖池的兴衰演变未得到学界足够的重视。经文献调研和实地考察，我们对明清民国时期关中 – 天水地区的城市湖池进行了整体考察，发现明清民国时期该地区至少有 24 座城市①拥有湖池或坑塘水体，占当时该地区城市总数（46 座）的 52%。这些城市湖池，按其形成的主要水源类型来分，大体可以分为四类，即渠水类、泉水类、雨水类和洪水类。本章以例证的方式，来阐述这四类湖池的形成过程及形成之后的功能。

一　渠水类湖池

所谓渠水类湖池，主要是通过汇聚入城水渠的尾水或支分入城水渠的水源营建而成的。该类城市湖池主要分布在郑白—龙洞渠灌溉区和渭河以南地区，其中值得强调的是高陵城莲池、岐山城不溢池和太平湖、泾阳城清白池、西安城莲花池等等。

① 分别是西安（莲花池、景龙池等）、临潼（莲池）、韩城（莲花池）、白水（永益池）、郃阳（官池）、渭南（涌泉池）、鄠县（莲池）、大荔（潦池）、乾州（潦池）、咸阳（涝池）、盩厔（白龙泉、没底泉）、岐山（不溢池、太平湖）、邠州（西湖）、澄城（西湖）、富平（南湖）、高陵（莲池）、耀州（曲池、莲池）、泾阳（清白池、泾干湖）、凤翔（东湖）、陇州（莲池、坑塘）、伏羌（柳湖）、秦州（南湖、坑塘）、清水（东贯泉、西贯泉、莲花池、绿杨池、云影池等）、秦安（柳林池、坑塘）等等。

元明时期，高陵“由治所西北十五里张市里承中南渠”①（郑白—龙洞渠的一支，见图6－2），营建昌连渠，引水东流，并引入城中，不仅“资民食用”，② 还解决了高陵护城河的水源问题，最后在高陵城内东南隅汇聚尾水形成莲池。从莲池名称来看，池中植有莲花，应该是高陵城中一处重要水体景观。明嘉靖《高陵县志》有相关记载：“莲池，在县东偏，元时王知县珪引昌连渠水绕城，纳水池也，今花水皆废而址存。”③ 可见，至明嘉靖时期，昌连渠水虽仍“有三分食用水之称”，④ 但可能已经没有尾水汇入莲池了。

同样是在元代，岐山城曾引城池西北15里的润德泉水入城，“疏之而为沟，汇之而为池，使城市之人濯缨洗耳，酿酒溉蔬，咸获其利”。⑤ 到明嘉靖时期，岐山城中县治南边有“不溢池”，即“引润德泉（水）注于池，久而不溢”。⑥ 1936年西安事变之后，陶峙岳将军率国民党第八师进驻岐山城，修筑城防工事，并在城内太平寺古塔南侧开挖深约两米、占地约五亩的人工湖——太平湖，拟将润德泉水由城壕引入湖内，以供人们观光游览。⑦

与汇聚入城水渠的尾水营建湖池不同的是，晚清泾阳城中的清白池则是通过支分入城水渠之水源营建而成的。清同治年间，泾阳城“创立味经书院，拟引白渠水于讲堂东”，后因“费绌中止”；到光绪年间，“武昌柯逊菴先生督学来陕”，“引白渠水蜿蜒注（味经书院）楼前”，“甃池形如平规，既备规制兼资汲引，名曰‘清白池’”。⑧ 清白池的水源——白渠，乃是泾阳城从铁眼成村斗所分且引入城中的郑白—龙洞渠支流（见图6－2）。其目的在于“长流入县，过堂游泮，以资溉用”。⑨ 今泾阳城区的泾干湖原为郭家耕地，称郭家壕，1993年泾惠渠建成之

---

① 民国《高陵县乡土志》之《地理·水》，民国抄本，第12页a。
② 雍正《敕修陕西通志》卷三九《水利一》，第54页a。
③ 嘉靖《高陵县志》卷一《地理志第一》，第5页a。
④ 嘉靖《高陵县志》卷一《地理志第一》，第9页b。
⑤ （元）王利用：《润德泉复出记》，载光绪《岐山县志》卷八《艺文》，第13页b。
⑥ （明）马理等纂《陕西通志》卷三《土地三·山川中》，第88页。
⑦ 王效文：《陶峙岳将军在岐山》，载《岐山文史资料》（第5辑），第15—17页。
⑧ 柏堃编辑《泾献文存》外编卷六，第5页b至第6页a。
⑨ 王智民编注《历代引泾碑文集》，第59页。

后，流域水位逐年上升而积水成湖，因位于泾干书院附近，故取名“泾干湖”。[①] 如同清白池“惬游观”，[②] 泾干湖现已被辟成公园，成为泾阳城区人民休闲游览的胜地。虽然泾干湖的水源不是直接支引泾惠渠，但泾惠渠的建成对泾干湖的形成有着决定性作用。

明清西安城中的秦王府护城河、景龙池和莲花池，均属于渠水类湖池。明代秦王就藩西安城，在城中营建秦王府城，并支引龙首、通济二渠之水，按照亲王宫殿制度，在王府城周营建“阔十五丈、深三丈”的护城河。[③] 护城河中植有莲花，四周营造亭台楼阁，其景色可与杭州西湖相媲美。[④] 西安东关城中的景龙池，呈椭圆状，位于龙首渠入城的必经之地，因此支引龙首渠之水建池。[⑤] 莲花池则位于西安城西北最乐园东北二里许，明初秦王朱樉在此营建王府花园时开凿，并引龙首渠尾水灌注而成，即“迄元明以来，（龙首渠）北流城中，周匝市巷，以会归于莲花池”。[⑥] 明成化元年（1465 年），通济渠开通，“自安定门入，周流市巷，以归于莲花池”，[⑦] 通济渠尾水也汇入莲花池。下面，我们重点探讨西安莲花池的盛衰演变及功能。

莲花池因盛植莲花而得名，其不但汇聚了龙首、通济二渠的尾水，更为重要的是为西安城营造了水体景观，“明时水满，池塘碧波，缘树涵映虚明”，[⑧] 可谓“秦府游览胜地”。[⑨] 然至明末，因通济、龙首二渠淤塞，莲花池遂“久涸，瓦砾委焉”。[⑩] 清康熙初年，陕西巡抚贾汉复

---

① 泾阳县地名志编辑办公室编《陕西省泾阳县地名志》（内部资料），八七二八五部队印刷厂，1985，第 164 页；《陕西省咸阳市地名志》（内部资料），第 245 页。

② 民国《续修陕西通志稿》卷二一〇《文征十·征述二》，第 28 页 b。

③ 《明实录》第 2 册《明太祖实录》卷六〇，洪武四年正月戊子，第 1169 页。

④ 吴宏岐：《西安历史地理研究》，第 166 页。

⑤ 史红帅：《明代西安人居环境的初步研究——以园林绿化为主》，《中国历史地理论丛》2002 年第 4 辑，第 5—19 页。

⑥ （清）贾汉复：《修龙首渠碑记》，载康熙《陕西通志》卷三二《艺文·碑》，康熙五十年刻本，第 58 页 b。

⑦ （清）贾汉复：《修通济渠碑记》，载康熙《陕西通志》卷三二《艺文·碑》，康熙五十年刻本，第 59 页 b。

⑧ 民国《续修陕西通志稿》卷一三一《古迹一》，第 3 页 b。

⑨ 雍正《敕修陕西通志》卷二八《祠祀一》，第 11 页 a。

⑩ 民国《续修陕西通志稿》卷一三一《古迹一》，第 4 页 a。

“重浚三渠，资民汲饮，因并凿斯池，易名‘放生’”,[①] 莲花池再度成为西安城中一处盛景。贾汉复对莲花池盛时之景描述道：“绿茨方塘，碧波数顷，□舟映带，鸥鹭随行，乃游观之胜区也。”[②] 可见，莲花池的盛衰与龙首、通济二渠的畅通与否有着密切关系。清康熙以后，龙首、通济二渠对西安城的供水功能逐渐削弱，虽经多次修浚，但屡修屡塞。莲花池当然也就随着渠水入城供水功能的减弱而萎缩。清末民初，随着通济渠贡院一脉的疏浚流通，莲花池有所恢复。清光绪二十四年（1898 年），陕西巡抚魏光焘疏浚通济渠，在西门吊桥南设火药局，置水碾引水入城，经贡院，复东北流，注入莲花池。[③] 光绪二十九年，陕西巡抚升允再次修浚通济渠，对莲花池的恢复也有一定的作用。1922 年，莲花池被辟建为莲湖公园，成为西安城内首座公园，当时“湖水涟漪，林木葱蒨，城市尘嚣至此尽涤”。[④] 但十余年后，莲湖公园中的水面已无辟建公园时的盛况。1934 年，张恨水在《西游小记》中这样描述莲花池：

> 这池就算是西安的公园了，地址在城西北角，里面很宽阔。本来是明朝的水渠，后来干了。民国十七年（应为“十一年”之误），改为公园，栽了许多树木。南北两个池子，周围约一里多路，在池边树木里建了两三个亭子，为西安市上单有的一个市民清游之所。但是当我去游的时候，池里水干见底，很少情趣。听说西京建设委员会，要大大的修理一下，大概将来是会比现在较好些的。[⑤]

在张恨水游览莲花池的第二年，即 1935 年，张扬明也来到莲花池，其见到的景象与张恨水所见一致，“一口约大二亩的池塘，但干枯枯地，水星儿也没一点”。[⑥] 1936 年，陇海铁路管理局总务处编译课编的《西京导游》提到：“今（莲花）池已涸，亦无莲花，只作城北一带雨后泄水

① 民国《续修陕西通志稿》卷一三一《古迹一》，第 4 页 a。
② 康熙《陕西通志》卷三二《艺文·碑》，康熙五十年刻本，第 60 页 b。
③ 民国《咸宁长安两县续志》卷五《地理考下》，民国 25 年铅印本，第 19 页 a。
④ 民国《咸宁长安两县续志》卷七《祠祀考·长安》，第 33 页 a。
⑤ 张恨水：《西游小记》，第 54—55 页。
⑥ 张扬明：《到西北来》，第 44 页。

之用，惟地基宽敞，空气亦佳，故夏日前往游憩者，颇不乏人。"[①] 1937年第9号《东方杂志》刊载王济远的《西安一日游》同样记载："那所谓莲湖，只剩底下的塘泥与败草，一些清水都没有，显出久旱的陕城，莲湖也涸了。"[②] 抗战后，莲湖公园"情景稍衰，园内建筑尝遭敌机扫射，墙壁上弹痕累累焉"。[③] 到1945年，扫荡报西安办事处发行的《西京要览》继续指出："今池已涸，亦无莲花，惟地基宽敞，空气亦佳，每届夏令，游人如织。"[④] 经上述梳理可见，到20世纪三四十年代，莲花池水源问题比较严峻，池中水量稀少，经常出现干涸现象。为此，当时西京筹备委员会致函陕西省建设厅商洽修浚龙渠事宜，引城外河水并宣泄城内雨水入莲湖，以"资市民游览而调剂其精神"。[⑤] 后来龙渠得到疏浚，莲花池因得到城外河水和城内雨水而得以继续维持。

除大型湖池之外，明清民国时期关中－天水地区一些城市的衙署住宅往往也开凿池塘引蓄渠水，营建湖池景观。西安城中的布政使署、都察院、琉璃局、各郡王府等曾支引龙首、通济二渠之水，营建湖池景观，比如永寿王府中的"涵碧池"。[⑥] 明秦王朱诚泳在《小鸣稿》中记有："予弟永寿王于所居西偏，引水为池，种莲养鱼其中，以供游观之乐。"[⑦] 距西安城不远的临潼城，在明清时期，也曾引城南温泉水入城中县署，并在马王庙前营建莲池。清乾隆《临潼县志》记载，临潼县署马王庙前"旧有渠通温泉水，饮马，前县吴棐龙引水作池，植藕叶石于其中而种莲焉，盖县署公余憩息处也"。[⑧] 除衙署住宅外，城中书院等文教机构也常引渠水注池，从而为学子们营造良好的读书环境。耀州城西门内文正书

---

① 陇海铁路管理局总务处编译课编《西京导游》，上海印刷所，1936，第26页。
② 杨博编《长安道上：民国陕西游记》，南京师范大学出版社，2016，第110页。
③ 喻血轮：《川陕豫鄂游志》（三），《旅行杂志》第18卷第8期，1944年8月，第29—38页。
④ 曹弃疾、王蕻编著《西京要览》，扫荡报西安办事处，1945，第18页。
⑤ 《筹建西京陪都档案史料选辑》，第155页。
⑥ 吴宏岐：《西安历史地理研究》，第167页。
⑦ （明）朱诚泳：《小鸣稿》卷九《涵碧池引》，载贾三强主编《陕西古代文献集成》（第17辑），第228页。
⑧ 乾隆《临潼县志》卷一《建置》，第32页b。

院有“曲池，宽不盈丈，长三四十步”，“池本无水，引通城渠水注之”，[①] 且“按旬日引而注之”。[②] 在潼关城，清代潼关邑人王之林曾“命其子长庚捐金，引周公渠水入凤山书院，作池注焉”。[③]

二 泉水类湖池

所谓泉水类湖池，主要是通过疏浚城区地下泉水营建而成的。相比关中－天水地区的其他地区，关中西部及天水地区城市地下水位埋藏较浅，[④] 故此类湖池分布相对广泛。

在关中西部，凤翔、陇州（县）二城均曾利用城区地下泉水营建城市水系和城市湖池。凤翔城外西北城根处的凤凰泉，是明清民国时期凤翔城市水系形成的主要水源之一。据清乾隆《凤翔府志略》记载，凤凰泉有三眼，成“品”字形，分东、南二流，沿城根构建护城河，“一自城北转东，汇为东湖，一自城西折而南，又城西众小泉迤逦交汇”，“二流”在凤翔城外东南角汇合，后“同入塔寺河”，[⑤] 并在三岔村注入雍水（见图 13－1）。在明清民国时期，凤翔东湖是凤翔城区最为重要的湖池水体。除凤凰泉汇入外，东湖湖址本身具有丰富的地下泉水资源。这从当时东湖附近地区分布着众多名泉便可以得知，如橐泉、谦泉、龙王泉、忠孝井等。其中，橐泉“注水不盈，旋盈旋涸，有似无底”；[⑥] 谦泉“时汲时盈，盈而不溢，有似人之不放纵”。[⑦]

距凤翔城不远的陇州（县）城，具有与凤翔东湖类似的泉水类湖池——莲池。清乾隆《凤翔府志》记载：“莲池，（陇）州城西北隅，纵横十余亩，明时开凿，中植莲苇，上构亭榭，为一州胜迹。”[⑧] 陇州莲池的形成，主要得益于城区丰富的泉水资源。清康熙《陇州志》载：

① 乾隆《续耀州志》卷二《建置志·学校》，第 6 页 b。
② 乾隆《续耀州志》卷一《地理志·河渠》，第 14 页 a。
③ 嘉庆《续修潼关厅志》卷中《人物志第六·义行》，第 23 页 a—b。
④ 关于明清民国时期关中－天水地区城市地下水的特征，参见本书第五章的相关论述。
⑤ 乾隆《凤翔府志略》卷一《舆地考》，第 4 页 a。
⑥ 康熙《陕西通志》卷三《山川》，康熙六年刻本，第 44 页 a。
⑦ 康熙《重修凤翔府志》卷一《地理第一·山川》，第 16 页 b。
⑧ 乾隆《凤翔府志》卷一《舆地·古迹》，乾隆三十一年刻本，第 46 页 b。

“（陇）州城东南北汧水、北河诸流环绕，有船浮水面之象。”① 而乾隆《陇州续志》则载，“其城介于南北两河，环山带水，形同泽国”，② 甚至有人认为陇州（县）城“像一座水中飘浮的美丽岛屿，屹然兀立”。③ 这种城址环境为莲池的形成提供了条件。

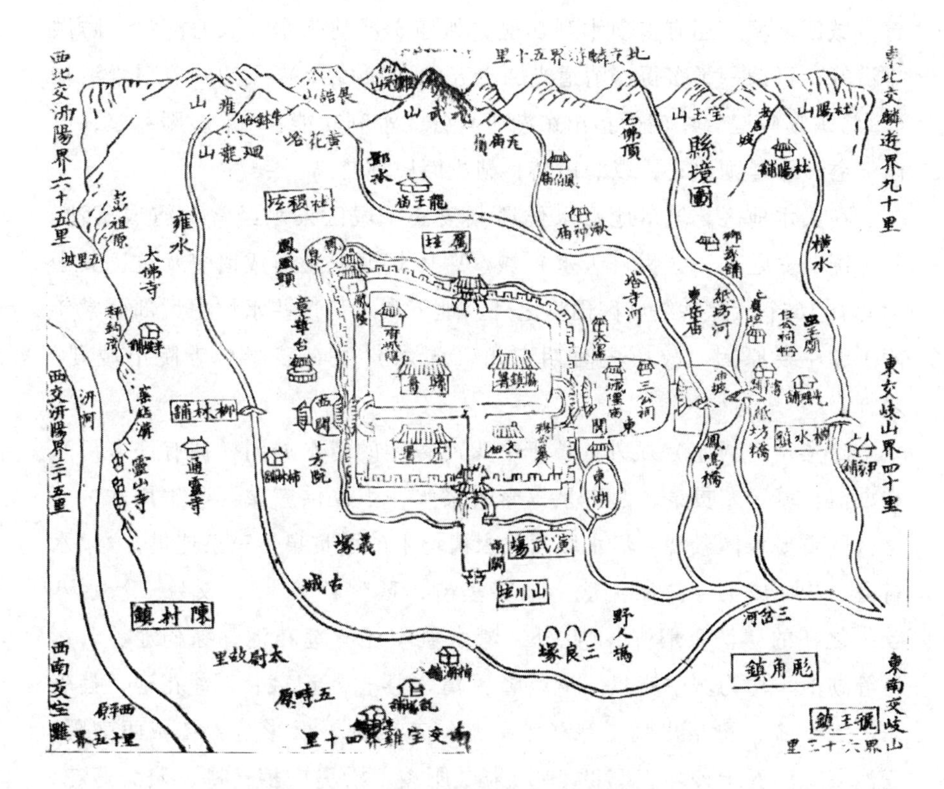

图 13－1 清代凤翔城市水系与凤翔东湖

资料来源：乾隆《凤翔县志》卷首《图考》，乾隆三十二年刻本，第 1 页 b 至第 2 页 a。中国国家图书馆藏品。

凤翔东湖、陇州（县）莲池的浚泉而成，不仅得益于各自所具备的地理环境条件——城区丰沛的地下泉水，还在于营建者对城市水体景观的追寻。凤翔东湖由北宋苏轼加以营建，其在《东湖》诗中道出了东湖营建的动机：“吾家蜀江上，江水绿如蓝。迩来走尘土，意思殊不堪。况

① 康熙《陇州志》卷二《建置志·寺观》，第 17 页 a。

② 乾隆《陇州续志》卷二《建置志·城池》，第 7 页 a。

③ 李乐天、徐军：《陇县八景》，载《陇县文史资料选辑》（第 2 辑），第 163 页。

当岐山下，风物尤可惭。有山秃如赭，有水浊如泔。”[①] 清乾隆《陇州续志》也载，陇州（县）莲池一度淤塞，让复建者感到“非惟胜景湮没而山川清淑之气闭抑弗通，百余年间人文萎□不振，实职其咎，关系匪轻”。[②] 浚泉而成的凤翔东湖、陇州（县）莲池，不仅成为城区胜景，改善了城区环境，还有多项水利功能，如庙学泮池供水、农业灌溉、防洪排涝等，可谓一举多得。清道光二十五年（1845 年）凤翔知府白维清在《重修东湖碑记》中明确指出东湖所具备的水利功能：“水多则蓄之，以防涨溢；干旱则泄之，以润田畴，湖成而民利普焉。”[③]

在天水地区，城市地下水位埋藏较浅，城区泉水经常外露成湖池。新中国成立之前，秦州（天水）城区曾因筑城取土形成诸多水坑，其中大者有 16 个。除蓄纳城区雨洪之外，地下泉水是这些水坑中大部分常年不干的主要原因，故历史时期秦州（天水）城有“半城寺院半城湖”之誉。

除秦州（天水）城外，位于牛头河谷地的清水城同样拥有许多泉水类湖池。城区东贯泉、西贯泉等露头泉水，不仅供应城区民生用水，还是城区重要水体景观。清水城西关永清坞下的西贯泉，三泉连贯，“泉水自溢，积而成池，清澈见底，池畔垂柳，鹅鸭群嬉”，[④] 成为“清水八景”之一的“清泉烟柳”。此外，清水城中还有莲花池、绿杨池、云影池等湖池，均为城中盛景。清乾隆《清水县志》记载：“莲花池，县署东南五十步，惠泉出焉。绿杨池，县城东南隅。云影池，县城西南隅。三池俱乾隆五十四年（1789 年）朱令所浚，沿堤广植杨柳，遍莳荷花，水鸟翻飞，潜麟游泳，渐有水乡风景。”[⑤]

秦安城同清水城一样，属天水地区，城区地下泉水资源较丰富。明代，秦安县署前曾建有一池，为地下泉水疏浚而成，“旁皆种柳，号‘柳林池’”，[⑥] 是秦安城中一大水体景观。民国王念劬在《柳下明漪》中

① 田亚岐、杨曙明编著《凤翔东湖》，作家出版社，2007，第 63 页。

② 乾隆《陇州续志》卷一《方舆志·古迹》，第 21 页 b。

③ 中国人民政治协商会议陕西省凤翔县委员会文史资料征集研究委员会编《凤翔文史资料选辑》（第 5 辑）（内部发行），凤翔县印刷厂，1987，第 15 页。

④ 《清水县志》，第 852 页。

⑤ 乾隆《清水县志》卷二《山川》，第 3 页 a。

⑥ 乾隆《直隶秦州新志》卷三《建置》，第 22 页 a—b。

详细描述了柳林池的美景："嫩绿拂轻烟，方塘漾碧涟。波光摇院宇，丝影弄荆鞭。倒景楼台乱，凌空柳絮颠。廉泉与壤树，今古有同然。"[①] 不过，在清乾隆年间，秦安知县牛运震、董秉纯等"引水入城中，会于县前柳林池，由城南水门复流入陇"，[②] 为柳林池增加了渠水来源。

除关中西部及天水地区外，关中－天水地区的其他地区也有一些城市存在"泉水"类湖池，如西安、渭南、鄠县、富平等城。明代西安城在营建关中书院时，利用井泉之水灌注池塘。关中书院讲堂"前方塘半亩"，"偏西南不数十武，掘井及泉，引水注塘"。[③] 渭南城北也有一涌泉，"灌莲百余亩，五、六月间临流远眺，彩光映日，芬芳之气袭人衣裾，亦渭邑一佳胜地也"。[④] 清康熙四年（1665年），鄠县知县梅遇在宅后建霖雨堂，并"浚六池，种莲花"，[⑤] 也是利用地下泉水来营建湖池景观。富平城南原有丰泉，"俗曰'稻地泉'，又曰'南下池'，（乾隆三年，1738年）知县乔履信于南崖建书院，易名'南湖'"，[⑥] 后其成为"富平八景"之一的"南湖烟雨"。由于"泉水时出时涸无常"，[⑦] 民国时期富平南湖"半辟蔬畦，沟塍交错，林木森映，红荷绿稻，鸥鹭时出其间，烟朝雨夕，尤多佳趣"，[⑧] 1928年之后干涸成旱地、马路。[⑨]

三　雨水类湖池

所谓雨水类湖池，主要是由雨水在城区积蓄而成的。这类城市湖池在明清民国时期关中－天水地区分布范围比较广，其中澄城西湖、白水永益池、咸阳涝池、乾州潦池、大荔潦池等史料记载相对丰富。

---

① 《秦安县城乡建设志》，第250页。

② 张德友主编《明清秦安志集注》（八卷），第860页。

③ 民国《续修陕西通志稿》卷三六《学校一》，第5页a。

④ 雍正《渭南县志》卷二《舆地志·山川》，第11页b。

⑤ 乾隆《鄠县志》卷四《政录第三之上》，乾隆四十三年刻本，第14页a。

⑥ 乾隆《富平县志》卷二《山川》，乾隆五年刻本，第8页a。

⑦ 乾隆《富平县志》卷一《地理·山川》，乾隆四十三年刻本，第18页a。

⑧ 《富平县呈赍遵令采编新志材料》（续），《陕西省政府公报》第501号，1928年12月，第10—12页。

⑨ 田坚初：《富平老城的变迁》，载中国人民政治协商会议陕西省富平县委员会文史资料研究委员会编《富平文史资料》（第10辑）（内部发行），富平县人民政府铅印室，1986，第103—112页。

明嘉靖二十七年（1548 年），澄城知县郑光溥在澄城西门外南侧挖筑湖池，俗称“西湖”“小西湖”，城内雨水由西门出城，并注入其中。[①]清顺治五年（1648 年），澄城知县姚钦明“于西门左”开水门，城中雨洪积水开始由水门泄入西湖。[②]顺治十七年，澄城知县吴定对西湖“扩而充之，且连东、南两郭”。[③]西湖“靠城墙处以石护基，西、北两面用石条砌就”，湖沿高出地面三尺多，南有开口，湖水可以由此泄入县西河，即澄水。澄城西湖沿岸广种桃、柳，并修建亭台，因而成为澄城城区一景。[④]清人歌咏澄城西湖美景的诗文众多，如清邑人路世龙《小西湖咏》云：

> 城西门外小西湖，西湖近傍城之隅。城头风光难为似，湖里气象万千殊。曲堤虹桥折折见，回廊桃柳拂人面。三春桃柳报芳菲，柳暗桃明花似霞。栏槛曲直绕湖开，阁道廊通黄金台。……[⑤]

澄城西湖原本旨在蓄纳城中雨洪，但形成之后还成为城区一大水体景观。不过，澄城西湖水利还不止于此，其为供应澄城县城民生用水也做出重要贡献。1950 年 5 月 10 日，澄城县人民政府第二次行政会议专题研讨县城居民生活用水问题，决定修复已经因泥沙沉积而淤塞的西湖，来增加城中的可用水源。[⑥]

与澄城在城门外蓄积雨水成湖有所不同，白水城曾直接在城内筑堤蓄雨成池。明时，白水县署南屏外有一池，名“永益池”，也称“莲花池”，“为街潦所注”。[⑦]该池在明代之前其实已经存在，为“古注潦之所”，[⑧]“宋甯参筑堤注水”，[⑨]也有可能可以追溯到唐代。永益池最初的

---

① 《渭南市志》（第 1 卷），第 345 页。

② 顺治《澄城县志》卷一《建置志》，第 12 页 a。

③ 咸丰《澄城县志》卷二五《艺文四》，第 13 页 a。

④ 《澄城县志》，第 281 页。

⑤ 咸丰《澄城县志》卷二九《艺文・诗》，第 15 页 a。

⑥ 《澄城县志》，第 158 页。

⑦ 乾隆《白水县志》卷二《建置志・古迹》，乾隆十九年刻本，第 49 页 b。

⑧ 顺治《白水县志》卷下《艺文》，第 26 页 a。

⑨ 顺治《白水县志》卷下《古迹》，16 页 b。

营建，在于向城中百姓供应饮用水源，“以便汲引”。[①] 不过，永益池形成之后，不仅供应城中百姓饮水，还成为城中一处重要湖池景观。清顺治《白水县志》卷上记载：明崇祯年间，白水知县张名世在县署南屏外东营建柳浪亭，“亭据高台，下临池（即永益池），环莳烟柳，每夏秋水注西南，城堞皆倒影碧映，公暇宴集，颇为胜地”。[②] 可以说，永益池与柳浪亭等亭阁的组合，为白水城中百姓休闲娱乐提供了好去处。

咸阳、乾州、大荔等城区也有雨水积蓄而成的池沼，称为涝池、潦池，一般分布在街巷、道路附近。民国时期，咸阳城区有三处面积较大的涝池，即老院涝池、凤凰台东北处涝池和七星庙东北处涝池，均分布在城区街巷和道路附近。除此三处外，咸阳城内马王庙巷、北极宫、五队巷等街巷内均有大小不等的涝池。[③] 明清乾州城也因雨水的自然引排，在城内积聚形成八大潦池，且大多数分布在街巷、道路附近地区。位于乾州东城墙附近的东堂里潦池，后来成为乾州城一处重要水体景观，附近的东堂与之相映，“有倒影入池塘之致”。[④] 大荔城在新中国成立之前，城池四周因雨水积聚形成许多潦池，如东北角的双潦池、西北角的土质潦池、西南角的三角潦池、南门内西侧的莲花池、东南角的潦池等等。[⑤] 大荔城的这些潦池不仅可以蓄纳城中雨洪，有些还因得到城区居民的妥善管理，成为城区水体景观。比如双潦池，“夏日雨后，明静如镜，中筑一堤，水光潋滟，俨若苏堤春晓，一奇观也”。[⑥] 此外，大荔城的这些潦池还为城区百姓饮水做出了一定贡献，如1958年双潦池和莲花池成为大荔城中的引洛蓄水库。[⑦]

综上所述，因雨水积聚而成的湖池，不仅可以蓄纳城中雨洪，减轻内涝，还可以被营建成城区水体景观和民生水源地。可以说，雨水类湖池的营建和形成，将城区雨洪转化为城市用水资源，是城市人居

① 万历《白水县志》卷四《古迹》，第24页a。
② 顺治《白水县志》卷上《治廨》，第9页a。
③ 《咸阳市志》（第1卷），第593页。
④ 雍正《重修陕西乾州志》卷三《庵观》，第20页b至第21页a。
⑤ 《大荔县志》，第454页。
⑥ 民国《大荔县新志存稿》卷六《学校志》，民国26年陕西省印刷局铅印本，第2页b。
⑦ 《大荔县志》，第26、236、459页。

水环境营建过程中避害兴利的重要举措。当然这类湖池要想发挥出上述功能，必须基于良好的管理与维护。如果失于管理，不加维护，任由城区百姓倾倒垃圾、排泄污物，反而会影响城区环境，最终可能被填塞。

四　洪水类湖池

所谓洪水类湖池，是指主要因洪水泛溢而成的湖池。明清民国时期关中－天水地区这一类湖池，目前发现不多，其中秦州南湖应该属于这一类湖池。秦州南湖后来干涸了，今天天水城区仅留有数处含有“南湖”的地名。关于秦州南湖，我们认为其形成、演变与秦州城的洪水灾害有着密切关系。①

先看明清时期秦州城市水灾的大致情况。秦州城的罗峪河发源于州城西北50里的凤凰山罗峪沟，河道原本绕秦州城北而过。在明嘉靖十九年（1540年）之前，秦州城民为“取水之便”，改变罗峪河河道，使其自北向南，从西关城和中城之间贯穿而过，并注入城南藉水（见图11－2）。清乾隆初年，甘肃巡抚黄廷桂疏称：“秦州罗峪河发源于州治西北之凤凰山，东流至周家磨，绕城而过，汇入汐河（即藉水），从无水患。嗣州民因利目前取水之便，将周家磨河流故道建坝堵塞，引归西流，由罗峪河桥下南入汐河，不能畅泄，以致屡受冲淹。”② 罗峪河穿秦州城而过，虽给城中百姓用水带来“取水之便”，但也带来了严重的水灾。据清顺治《秦州志》记载，明嘉靖十九年“夏五月一日，谷水（罗峪河）涨入秦州城西门，冲拆门阈”，③ 可见此时罗峪河已经穿城而过。自此至清乾隆九年（1744年）罗峪河河道整治，秦州城的水灾几乎全部由罗峪河泛溢所致，灾情严重地区主要集中在罗峪河流经的西关城和中城附近地区。比如乾隆五年，罗峪河泛溢侵城，“西郊阛阓列肆商贾百货之所，聚在其两岸，大被患焉”。④ 到乾隆九年，按照工部意见：“请将周家磨新开河筑坝堵塞，使河流仍归故道，并于坝上建龙王庙一间，复于坝之

① 关于明清时期秦州南湖的相关问题，详见本书第十一章，此处仅简要论述。
② 《清实录》第11册《高宗实录》（三）卷二一〇，乾隆九年二月乙卯，第699页。
③ 顺治《秦州志》卷八《灾祥志》，第9页b。
④ （清）费廷珍：《筑城南新堤记》，载乾隆《直隶秦州新志》卷末《补遗》，第47页b。

上流疏浚旧小渠，引水济用，建大小木桥，上盖卷棚，以济行旅”，[①] 罗峪河河道得以整治。自此至清光绪二十一年（1895 年），几乎没有发生罗峪河泛溢侵城事件。

下面再看秦州南湖的演变。经史料搜集与整理，我们发现清代以前秦州南湖的史料记载极其稀少。明人胡缵宗曾有《天水湖颂》一诗，诗云：“泠泠天水，源远流长。玉壶其色，冰鉴其光。有莲百亩，馥郁水乡。花发如锦，叶叠如裳。绿云荡漾，碧雾回翔。莲乎其华，我侯洸洋。”[②] 如果此诗形容的就是南湖，那么明嘉靖年间南湖面积较大。到清顺治十一年（1654 年），宋琬任分巡陇右道，驻秦州城，所作“湖亭”诗为我们今天领略当时南湖风光提供了重要信息，可见当时南湖面积仍然不小。清康熙《巩昌府志》卷二《秦州境图》中标有“南湖”（见图 11－2），其面积可能依旧相当广阔。该《巩昌府志》原本为明末杨恩本，康熙年间纪元进行了续修，因此所附“南湖”图应该反映的是明末清初的南湖状况。清乾隆以后，南湖开始萎缩乃至消失。乾隆二十六年（1761 年），秦州知州费廷珍“既筑堤御藉河，因复南湖故迹，开池种藕”。[③] 此后至晚清民国时期，秦州城南虽有“凿池”之事，但再也没有形成面积较广阔的湖体。

两相比较，我们发现：秦州南湖演变的时间与罗峪河泛溢侵城多寡的时间较为一致。明末清初，秦州城区罗峪河泛溢侵城较为频繁，此时秦州南湖较为兴盛，面积较大，是城区的重要水体景观；清乾隆以后，罗峪河河道得到整治，罗峪河泛溢侵城减少，秦州南湖也自此开始萎缩并最终消失。

五 小结

明清民国时期关中－天水地区的城市湖池，多数现在已经湮塞，仅凤翔东湖、西安莲花池等少数湖池，因得到持续的管理浚治而保存至今。通过归纳明清民国时期关中－天水地区城市湖池的形成与功能，我们可

---

① 《清实录》第 11 册《高宗实录》（三）卷二一〇，乾隆九年二月乙卯，第 699—700 页。

② （明）胡缵宗：《鸟鼠山人后集》卷一，第 50 页 b。

③ 乾隆《直隶秦州新志》卷三《建置》，第 11 页 b。

以得出以下两点基本认识。

1. 按城市湖池形成的主要水源类型来看，明清民国时期关中－天水地区的城市湖池大体可以分为四类，即渠水类、泉水类、雨水类和洪水类。当前，我国西北地区地表水资源较为匮乏，远距离引水入城主要用于满足城市的工农业生产和市民生活所需。城市地下水资源因长期超采，加上得不到有效补给，地下水位下降，也很难成为城市湖池营建的主要水源。比较来看，雨水可能是当前关中－天水地区城市湖池营建的可靠水源。因此我们认为，相比渠水、泉水和洪水三类湖池，雨水类湖池应该是当前该地区城市湖池营建的重点所在。

2. 经考察发现，明清民国时期关中－天水地区城市湖池除少数外，大多数是由人工营建或人工与自然共同塑造而成的，主要涉及汇聚渠水尾水、支引渠水水源、疏浚城区泉水、蓄纳城区雨洪等。尽管这些湖池形成的初始原因和过程各不相同，但在形成之后，均发挥出多种有利于城市建设发展的实际功能，包括形成水体景观、供水、蓄纳雨洪、防火、水产养殖等，大大超出了营建之初的预期。城市湖池营建演变的这种规律，启示我们在当前的城市建设过程中，务必重视城市湖池的规划建设与保护管理。

第十四章　明清民国时期关中 - 天水地区城市护城河的营建与功能

自城市诞生以后，安全问题一直是城市营建必须考虑的重要方面。护城河及其前身——“环壕聚落”周围的壕沟得以营建，主要出于安全防御方面的考虑。我国古代都城几乎都有护城河，这是都城进行军事防御的一道重要防线。[①] 先秦墨子在论述城防工程时，主张城厚高与池深广并重，“凡守围城之法，城厚以高，壕池深以广”。[②] 正因护城河具有军事防御功能，我国古代城市护城河的营建与城墙、城门等一起受到当政者的高度重视，甚至是帝王亲自过问。《管子》卷九《问第二十四》云：“若夫城郭之厚薄，沟壑之浅深，门闾之尊卑，宜修而不修者，上必几之。”[③]

在历史时期，护城河与城墙往往相伴营建，“城池”“金城汤池”“固若金汤”等概念体现了护城河与城墙之间的密切关系。不过，成一农指出，在中国历史上很长一段时间内，城墙并不是城市的必要组成部分。[④] 既然城墙如此，那么护城河是否如此？成一农将明清时期我国地方城市形态的构成要素划分为城墙、衙署、学校（包括书院）、坛庙、祠祀、街道、坊、市等，[⑤] 没有提及护城河。那么，明清时期我国地方城市是否都有护城河？尤其是水资源不丰的西北内陆地区，因为水源问题是护城河营建的关键问题之一。关于我国历史时期城市护城河的研究，

---

① 靳怀堾：《中国古代城市与水——以古都为例》，《河海大学学报》（哲学社会科学版）2005 年第 4 期，第 26—32、93 页。

② 《墨子》卷一四《备城门》，朱越利校点，辽宁教育出版社，1997，第 129 页。

③ 《管子》，第 176 页。

④ 成一农：《古代城市形态研究方法新探》，第 52、245 页。

⑤ 成一农：《古代城市形态研究方法新探》，第 11 页。

学界较少涉及西北地区城市，尤其是西北地区中小城市。[①] 本章主要考察明清民国时期关中－天水地区城市护城河的基本状况、尺度特征、蓄水状况、功能演变等问题，以期对历史时期我国西北地区城市护城河的营建有所认识。

一 护城河的基本状况

通过对明清民国时期关中－天水地区46座城市的全面考察，关于该地区城市护城河的基本状况，我们得出以下几点基本认识。

1. 据史料记载，明清民国时期关中－天水地区城市大体上都建有护城河，即便像永寿、麟游、宜君这些位于山岗、高阜之上的城池可能也不例外。永寿麻亭故城位居山岗。北宋嘉祐六年（1061年）吕大防治永寿时，引泉水入山城，不仅缓解了城内民生用水困难，可能还“潴水于隍”，[②] “隍”即无水的护城河。清康熙初年，永寿知县张焜在麻亭故城原址营建新城，并指出明代旧城“池一丈，俱废”，[③] 可见明代旧城是有城壕的。清道光《陕西志辑要》则明确记载永寿麻亭故城“池深一丈”。[④] 清宣统三年（1911年）二月十八日，袁大化途经永寿麻亭故城，在其《抚新记程》中写道：“永寿，古邠地，四塞皆山，路陡绝，穿城过，扼陇阪之东口，障秦渭之高原，筑城凿池，最关险要。”[⑤] 这里的“池”指的就是护城河，不过这也可能是袁大化的文学描述。

同样位居山岗的麟游城，“堑山为城，因涧为池”。[⑥] 明天顺年间，知县张绪增修麟游外城，“池阔一丈，深浅不等”，[⑦] 城壕绕城具体情况也不清。清乾隆三十六年（1771年），麟游知县区充复请帑大修城池，

---

① 据我们目前有限的了解，西安等少数城市的护城河得到学界关注，如王觅道概述了西安城汉唐至明清时期的护城河，并指出了护城河的功能；孙静等讨论了西安明城护城河的职能衍变及其与城市发展的关系。参见王觅道《古都西安的护城河》，《中国历史地理论丛》1997年第3辑，第186页；孙静、唐登红《西安明城护城河的职能衍变与城市发展关系初探》，《四川建筑》2009年第S1期，第46—48页。

② （清）张焜：《告泉神词》，载民国《永寿县志》之《旧志拾遗·文》，第351页。

③ 康熙《永寿县志》卷二《城池》，第1页a。

④ 道光《陕西志辑要》卷四，第45页b。

⑤ （清）袁大化：《抚新记程》，第165页。

⑥ 康熙《麟游县志》卷一《舆地第一》，第11页a。

⑦ 康熙《重修凤翔府志》卷二《建置第二·城池》，第21页a。

当时“东北及西北角隍阔丈余，深如之，正南及东、西南角下倚危崖，嵌空峭耸，有深至十余丈者，遂无隍”。[①] 同治元年（1862 年），因发生战乱，麟游知县李正心“御回筹防，复浚隍引水，补葺颓败，登高临深，益称完固”；至光绪四年（1878 年），麟游知县萧大勋“续赈浚南隍”。[②] 从上述记载来看，麟游城虽地处山岗，但仍掘“隍”，而且不断浚修，以期发挥其军事防御功能。

宜君县治虽在五代后梁开平年间已迁至龟山，但直到明景泰以后，龟山城址才开始筑城。明成化中，“县丞杨安因龟山之势，筑削为城，周五里三分，高二丈五尺，池深一丈”。[③] 同样，淳化城虽位于县境中部冶峪河西畔台地上，[④] 城池“南、北、西沟，东河（冶峪）”，[⑤] “南、北以沟为隍，东以河为隍”。[⑥] 明初潼关城经扩建，遂囊括东、南、西三面山地，即“东、南、西三面踞山”，[⑦] 并依山势曲折修筑城池。史料中虽有潼关“池深一丈五尺”的记载，[⑧] 但不知“池”的具体修筑情况和绕城情况。

2. 据史料记载，明清民国时期关中－天水地区大多数护城河是人工营建而成的，少数城市以周围沟涧、河流、湖泊作为护城河。比如扶风城，“西、北俱沟涧，漆、沣二川环其东、南，因以为池”，[⑨] 以沟涧和漆、沣二水为护城河。上文已经指出，淳化城位于台地之上，“南、北、西沟，东河”，[⑩] 以沟、河为护城河。渭河南面的临潼城，以周围的临、潼二水为护城河，潼水即汤泉水，径县西门外数百步北流，临水径县东门外，二水在城西北汇流后注入渭水。[⑪] 至民国时，临潼的潼水仍是一

---

① 光绪《麟游县新志草》卷二《建置志·城池》，第 2 页 a。
② 光绪《麟游县新志草》卷二《建置志·城池》，第 2 页 a—b。
③ 万历《陕西通志》卷一〇《城池》，第 10 页 b 至第 11 页 a。
④ 《咸阳市志》（第 1 卷），第 243 页。
⑤ 乾隆《淳化县志》卷二《土地记第一》，乾隆四十九年刻本，第 2 页 b。
⑥ 康熙《淳化县志》卷二《制邑志·城池》，第 2 页 a。
⑦ 咸丰《同州府志》卷一二《建置志》，第 11 页 b。
⑧ 康熙《陕西通志》卷五《城池》，康熙六年刻本，第 6 页 a。
⑨ 康熙《重修凤翔府志》卷二《建置第二·城池》，第 21 页 a。
⑩ 乾隆《淳化县志》卷二《土地记第一》，乾隆四十九年刻本，第 2 页 b。
⑪ 雍正《敕修陕西通志》卷九《山川二》，第 18 页 a；乾隆《临潼县志》卷一《地理》，第 16 页 b。

渠清水，源自城南温泉，但水量不大，与城墙一直呈平行线，沿河两岸是白桦与垂柳。[①] 除上述城市基本上以周围沟涧、河流作为护城河之外，还有少数城市的护城河是由人工挖掘的壕池和河流、沟涧、湖泊两部分组合而成。咸阳城就是如此，“南因渭水为池，东、北、西三面凿（池）焉”。[②] 澄城县城“西面无隍，有西湖内附城根”，作为西护城河，故1925年秋，澄城知事王怀斌等人只“浚隍南、东、北三面”。[③] 三原城在其北城创建之前，南城“东、西、南三面有池，池深一丈，阔五丈，北面临清河，深六丈余”，[④] 以清河为三原南城的北护城河。

3. 据史料记载，明清民国时期关中－天水地区大多数城市的护城河绕城一周，也有少数城市的护城河未能绕城一周。比如华阴城，其城东、北两面有护城河，秦岭北麓的黄神谷渠水灌入护城河，而城“西门外则长涧之水也，涧水带沙而行，逾夏秋则涧身淤浅，每岁春仲拨夫挑挖，（城）南门以外左右地形稍厚，未能凿斯（护城河）”。[⑤] 至清乾隆十五年（1750年）华阴知县姚远翻重修城池时，城“东门外与城北，池俱堙平，仅留水沟一道”。[⑥] 再如明清长武城，“城垣周匝三里，城濠深二丈许，东南旷原，西北大谷，故东南有濠，而西北无濠”。[⑦]

二　护城河营建的尺度特征

吴庆洲指出，影响中国古代城市规划的有三种思想体系，以《周礼·考工记》营国制度为代表的体现礼制的思想体系便是其中之一。[⑧] 在体现礼制思想体系的要求下，中国古代城市往往按照一定的城市制度来进行规划建设，从而表现出城市的等级关系。从都城、府城、州城到县城，城墙高度、城市规模、空间格局、城市色彩、城门个数、

---

① 何正璜：《美丽的临潼》，《旅行杂志》第17卷第9期，1943年9月，第15—22页。

② 顺治《咸阳志》卷一《土地·城郭》，收入傅璇琮等编《国家图书馆藏地方志珍本丛刊》（第121册），第470页。

③ 民国《澄城县附志》卷二《建置志·城池》，第1页。

④ 嘉靖《重修三原志》卷一《地理》，第5页a。

⑤ 乾隆《华阴县志》卷三《城池》，第1页b。

⑥ 乾隆《华阴县志》卷三《城池》，第1页b。

⑦ 康熙《长武县志》卷上《建置志·城池》，第1页b。

⑧ 吴庆洲：《中国古代哲学与古城规划》，《建筑学报》1995年第8期，第45—47页。

衙署形制、坛庙规制等方面，均会展现出森严的等级性。[①] 比如在城市空间格局方面，坛庙的位置安排就有相应的制度规定。清雍正《敕修陕西通志》在记载华州城坛庙时指出："社稷坛在州治西北，各县如制；风云雷雨山川坛在州治东南，各县如制；……先农坛在东郊，离城三里，各县如制；……"[②] 在记载耀州城坛庙时同样指出："社稷坛在州城西北，各县如制；风云雷雨山川坛在州城南，各县如制；……先农坛在东郊，各县如制；……"[③] 关于城墙营建，清《防守集成》卷一《城制》将城市分为大城、次城和小城三等级，并记载了各等级城市城墙的高度、底宽、面宽方面的营建制度："凡大城除垛身，城必高四丈，或五丈，或三丈五尺，面阔必二丈，或二丈五尺，或一丈七尺五寸，底阔必四丈，或五丈，或一丈五尺。次城除垛，城身必高三丈，或二丈五尺，面阔必一丈五尺，或一丈二尺五寸，底阔必三丈，或二丈五尺。小城除城垛，身必高二丈，面阔一丈，底阔二丈。此其大较也。"[④] 虽然在实际筑城过程中，不可能完全按照制度规定，但制度对我国古代城市营建还是有很大影响的。那么，护城河的营建是否有制度上的规定和影响？

考察护城河营建的制度影响，最直接的方法就是抓住护城河的长度、深度和宽度三方面特征。前文已经提及，明清民国时期关中 - 天水地区大多数城市护城河绕城一周，故其长度往往取决于城墙的周长，且略长于城墙周长。例如泾阳城，清乾隆二十八年（1763 年），知县罗崇德重修泾阳县城，城墙"周围共长九百七十三丈三尺九寸，计五里四分二步七分"，"城外池濠周围共长一千二十一丈四尺，计五里六分二十六步四尺"。[⑤] 再如西安城，"康熙元年（1662 年）以前详旧志城池门，城周四十里，高三丈，以今尺度之，周四千三百二丈，高三丈四尺，……池周四千五百丈"。[⑥] 因此，护城河长度的研究大体同于城墙长度的研究，可以归结到城墙研究方面。

---

① 吴良镛：《中国人居史》，第 324 页。

② 雍正《敕修陕西通志》卷二九《祠祀二》，第 47 页 b 至第 48 页 a。

③ 雍正《敕修陕西通志》卷二九《祠祀二》，第 60 页 b。

④ 《中国兵书集成》编委会编《中国兵书集成》（第 46 册），解放军出版社、辽沈书社，1992，第 32—33 页。

⑤ 乾隆《泾阳县志》卷二《建置志·城池》，第 2 页 a。

⑥ 民国《续修陕西通志稿》卷八《建置三·城池》，第 2 页 b 至第 3 页 a。

在此，我们主要从深度、宽度两个方面，来考察护城河营建的尺度特征。目前，关于护城河深度、宽度方面的数据，地方志记载较为全面、系统。不过，地方志在重修、续修过程中，经常沿袭前人记述，反映的不一定是当时护城河的情况。我们首先对关中－天水地区明清民国时期方志中关于护城河的尺度数据进行全面搜集，然后将每座城市护城河的相关数据按时间顺序从早到晚进行排列和比对整理。经比对分析，我们选择距城池修筑时间较近的且较为可靠的记载，尽可能使所搜集的尺度数据反映的是筑城时的数据（见本书附录3）。当然，即便我们对护城河深度、宽度数据进行了细致的比对，最后的数据也只能大体接近真实状况。因为地方志所记载的护城河的深度、宽度，本身就需要考证其真实性，但目前这方面工作很难开展。通过分析本书附录3所列明清民国时期关中－天水地区城市护城河的营建尺度数据，我们发现明清民国时期关中－天水地区城市护城河的营建总体上不具备等级制度上的规定和影响。具体表现如下。

1. 护城河的营建尺度与城市的行政等级应该没有直接关系。正如学界已经指出城市规模与城市行政等级之间没有密切的关系一样，[①] 护城河的营建尺度与城市的行政等级可能也没有密切关系。从整个明清民国时期来看，关中－天水地区护城河的深度值区间较大，从“四尺”到“三丈五尺”。深度值最大的是三原县城东关护城河，为三丈五尺；其次是秦州城的护城河，为三丈三尺。深度值最小的是蒲城县城护城河，为四尺。出现府城州城的护城河深度小于县城护城河深度的情况，如耀州城护城河深度为八尺，同州城护城河深度为九尺，而三原、朝邑、白水等县城护城河深度为三丈。与深度值区间相比，护城河的宽度值区间更大，从“五尺”到“八丈”。宽度值最大的是西安府城护城河，为八丈；其次是蒲城县城护城河，为六丈；然后是秦州城护城河，为五丈五尺。宽度值最小的是淳化县城护城河，为五尺。

考虑到上述深度、宽度数据分布于整个明清民国时期，而不同时期的制度规定可能有变化，我们有必要比较同一时期不同行政等级城市护城河的尺度数据。为此，我们选择明嘉靖年间（1522—1566年）作为一

---

① 成一农：《中国城市史研究》，商务印书馆，2020，第143—144页。

个横切面，比较这一时期不同行政等级城市护城河的营建尺度。我们以明人龚辉《全陕政要》和明嘉靖、万历时期的方志作为护城河尺度数据的主要来源，一共搜集到40座城市的数据，占城市总数的87%（见图14-1）。经比较，在护城河深度方面，府城、州城和县城之间没有体现出等级关系。凤翔府深二丈，深度值不是最大的；同州深一丈，乾州深一丈，华州深一丈五尺，邠州深二丈，耀州深二丈五尺，秦州深三丈三尺，深度值变化较大。县城护城河深度值变化不亚于州城，从“七尺”到“三丈”，朝邑深三丈，华阴、宝鸡、郿县、武功深八尺，泾阳深七尺。

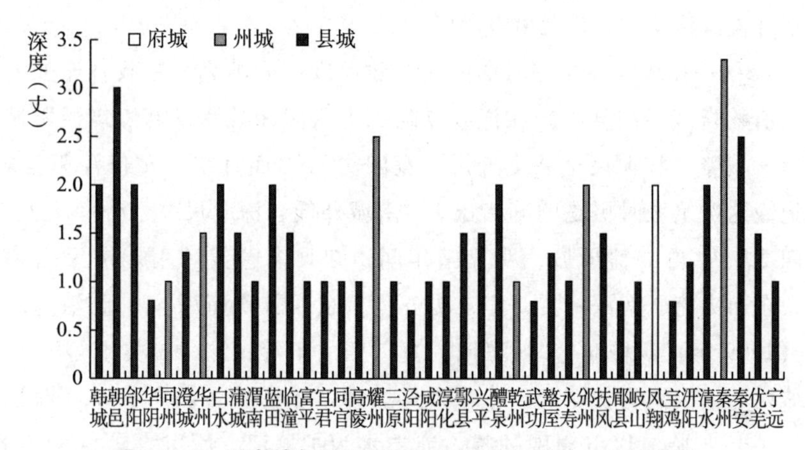

图14-1　明嘉靖年间（1522—1566年）关中-天水地区城市护城河深度数据分布

2. 同一护城河在不同时期的营建尺度可能不同且变化较大。例如郃阳城，方志史料记载其护城河在清康熙初期或之前基本上“深二丈”，[①] 而在康熙中后期及以后基本上“深一丈二尺，阔一丈五尺”，[②] 深度值在变小。再如华州城，元至正（1341—1368年）中修筑，“周七里一百五十步，高二丈五尺，池深一丈五尺”，[③] 可是到清“乾隆八年（1743

① 嘉靖《郃阳县志》卷上《城隍》，第15页b；康熙《陕西通志》卷五《城池》，康熙六年刻本，第4页a；雍正《敕修陕西通志》卷一四《城池》，第20页a。

② 《辛莘退食录》卷一《建置考·城池》，收入北京大学图书馆编《北京大学图书馆藏稀见方志丛刊》（第68册），国家图书馆出版社，2013，第184页；乾隆《郃阳县全志》卷一《建置第二》，乾隆三十四年刻本，第14页b。

③ 万历《陕西通志》卷一〇《城池》，第3页a。

年)，知州王二南重修，系土城砖垛，周围九里三分，城壕宽三丈，深六尺”,[①] 再到同治七年（1868 年）知州王赞襄于旧城东南隅高阜筑新城时，“池深一丈五六尺不等”。[②] 从元至正年间到清乾隆年间，华州城护城河深度值在变小，而从清乾隆年间到同治年间，华州城护城河深度值又在变大。白水城在明洪武初年筑土城，“壕深一丈，阔一丈五尺”,[③] 明嘉靖时“池深二丈”,[④] 到清“顺治三年（1646 年），知县王永命浚湟，深三丈，阔二丈”,[⑤] 深度值、宽度值都在变大。蒲城护城河的深度值、宽度值同样在变大，明景泰以前“濠深四尺”，到明景泰元年尹高隆增修城池时，“濠一丈五尺，阔三丈”，“至崇祯丙子（1636 年），尹田臣计浚濠深三丈，广倍之”。[⑥]

3. 同一护城河在同一时期四周营建尺度可能不完全一致。比如泾阳城，清乾隆《泾阳县志》在记载乾隆二十八年知县罗崇德修筑泾阳城时指出，城壕“深七尺至一丈五尺，宽四丈”,[⑦] 而宣统《重修泾阳县志》在记载这次筑城时更是明确指出，“南城外低洼深七尺，余皆一丈五尺，阔四丈”。[⑧] 再如盩厔城，明嘉靖年间，知县李春芳“引广济渠由隍西南，东西夹流，南深一丈，广三丈五尺，东西较狭而深”,[⑨] 到清宣统元年（1909 年）筑城时，“城壕四周宽三四丈不等，深一二丈不等”。[⑩] 扶风城西北以沟涧为护城河，东南以漆、沣二水为护城河，所以“深浅广狭不一”。[⑪] 临潼城以周围的临、潼二水为护城河，所以“池深阔不齐，由西而北汤泉之所绕也”。[⑫]

4. 护城河的宽度总体上大于深度，但也存在宽深相等和深度大于

① 乾隆《同州府志》卷六《建置上》，乾隆四十六年刻本，第 8 页 b。
② 光绪《三续华州志》卷二《建置志·城垣》，民国 4 年王淮浦修补重印清光绪本，第 1 页 b。
③ 乾隆《白水县志》卷二《建置志·城池》，乾隆十九年刻本，第 3 页 b。
④ （明）龚辉：《全陕政要》卷一，第 26 页 b。
⑤ 雍正《敕修陕西通志》卷一四《城池》，第 23 页 b。
⑥ 康熙《蒲城志》卷一《建置·城池》，第 26 页 a—b。
⑦ 乾隆《泾阳县志》卷二《建置志·城池》，第 2 页 a。
⑧ 宣统《重修泾阳县志》卷一《地理上·城池》，第 10 页 b。
⑨ 雍正《敕修陕西通志》卷一四《城池》，第 4 页 b。
⑩ 民国《续修陕西通志稿》卷八《建置三·城池》，第 8 页 a。
⑪ 乾隆《凤翔府志》卷二《建置·城池》，乾隆三十一年刻本，第 3 页 b。
⑫ 康熙《临潼县志》卷一《建置志》，第 8 页 b。

宽度的情况。在宽度方面，我们目前发现的最大值为八丈，最小值为五尺；在深度方面，我们目前发现的最大值为三丈五尺，最小值为四尺。我们目前发现，宽深差值最大的是泾阳城，“南城外低洼深七尺”，“阔四丈”，[①] 宽是深的近六倍；其次是华州城和三原城，分别“壕宽三丈，深六尺”，[②] “深一丈，阔五丈”，[③] 宽为深的五倍。我们也发现，明清民国时期关中－天水地区存在一些宽深相等的护城河，如朝邑“深广各一丈”，同州“深广各二丈”，澄城“深广皆丈余”，韩城“深广各丈五尺”，伏羌“深一丈，阔一丈”，等等。我们还发现，当时该地区一些护城河的深度大于宽度，如白水“深三丈，阔二丈”；蓝田“深二丈，阔一丈”和“深二丈余，横宽一丈五尺余”；淳化“池深一丈，阔五尺”；宝鸡“池深一丈，阔八尺”；陇州“池深二丈，阔一丈五尺”；等等。

三　护城河的蓄水状况与引水

历史时期，我国东部、南部丰水地区水网密度大，城市护城河大都与周围的河流连通。与之相比，关中－天水地区城市护城河较少与河流相连，加上该地区降水量不大，护城河中常常缺水、少水甚至无水。就西安城护城河而言（见图 14－2），清康熙以后，西安城龙首、通济二渠在春夏季节注重城南农业灌溉，仅部分季节向城壕注水，城壕少水或无水情况时常发生。清乾隆二年（1737 年），陕西巡抚崔纪“以省会城池有壕无水非固圉之道，向来龙首、通济二渠之水皆引注城壕，惟春夏二季民田资藉二渠，或不便遽引入壕，而每岁秋末冬初正可引水壕内”。[④] 至光绪二十二年（1896 年），“龙首渠湮塞，壕池涸，清军同知王诹、中军参将田玉广疏浚之，（壕）池水畅通焉”。[⑤] 1935 年，张扬明在《到西北来》中明确记载了西安护城河无水，“城濠却不见得怎么宽广深浚，濠中并且还长满着白蒿，又没有一点水滴”。[⑥]

① 宣统《重修泾阳县志》卷一《地理上·城池》，第 10 页 b。
② 乾隆《同州府志》卷六《建置上》，乾隆四十六年刻本，第 8 页 b。
③ 嘉靖《重修三原志》卷一《地理》，第 5 页 a。
④ 民国《续修陕西通志稿》卷八《建置三·城池》，第 3 页 a。
⑤ 民国《咸宁长安两县续志》卷五《地理考下·长安》，第 1 页 b。
⑥ 张扬明：《到西北来》，第 18 页。

图 14－2 今西安永宁门前护城河

资料来源：笔者摄于 2014 年 9 月 2 日。

西安城尚且如此，关中－天水地区其他城市护城河的蓄水状况可想而知。民国时期，兴平“城门口前是一个吊桥，下面是护城河，干枯无水”。[①] 在明清民国时期整个关中－天水地区，渭北台塬地区城市护城河缺水、少水情况应该最为严重。地方志在描述这一地区郃阳、澄城、韩城、白水、同官等城护城河时，常使用“隍”字。[②] 比如郃阳护城河，清乾隆《郃阳县全志》记载：“（明）正德六年（1511 年），知县张纶修门浚隍。音黄，城下池也，有水曰‘池’，无水曰‘隍’。”[③] 再如韩城护城河，明万历《韩城县志》记载：韩城“（门）前为桥，桥下为隍，隍环城，深几二仞”。[④] 清光绪《同州府续志》也载：“同治九年（1870 年），回匪窜韩，知县侯鸣珂筹款浚隍，深、广各丈五尺。”[⑤] 吴朋飞指

① 徐盈：《西安以西》，《国闻周报》第 13 卷第 30 期，1936 年 8 月，第 13—20 页。

② 地方志对护城河的描述一般分为两种，即“池”和“隍”。仅从字义上来看，有水为“池”，无水为“隍”。实际上，“隍”并非全指无水的护城河，有时可能泛指护城河。

③ 乾隆《郃阳县全志》卷一《建置第二》，乾隆三十四年刻本，第 14 页 b。

④ 万历《韩城县志》卷一《城郭》，第 8 页 a。

⑤ 光绪《同州府续志》卷八《建置志》，第 2 页 a。

出韩城护城河中的水是时有时无的，即使有水，也只是绕城一半。[①]

与渭北台塬地区城市护城河严重的缺水少水现象相比，关中西部及天水地区情况有所不同，即地下水在一定程度上可以补给护城河。该地区城市地下水资源丰富且埋藏较浅，一些城壕水源充足，如凤翔城“壕水起自城西北隅凤凰泉，分东、南二流，绕城四围，至（城东南流入）三岔河，合流入渭”。[②] 同样，渭河平原地区也有少数城市存在泉水补给城壕现象。富平南关城壕在民国时期为防患未然，“实行开浚”，“池长二百余丈，宽八尺，深七尺，疏出大泉二眼，小泉十余眼，水量甚旺，现时池水已积至尺余”。[③]

在历史时期，护城河的营建目的首在军事防御，护城河中是否有水对其军事防御功能的发挥有重要影响。明人项忠在《新开通济渠记》指出，“城贵池深而水环，……若城池无水，则防御未周”。[④] 为解决护城河的蓄水问题，加强城池的军事防御，明清民国时期关中－天水地区有相当一部分城市进行了开渠引水注壕的努力。这些开渠引水注壕城市大多数分布在渭河平原地区。

在渭河以北地区，开渠引水灌注护城河比较典型的城市有富平、韩城等城。明万历年间，富平知县刘兑分引县治北门外怀德渠水，开凿玉带渠，“历温河桥，而南入县隍中，以资保障”。[⑤] 与富平城相比，韩城护城河的引水渠道工程规模较大。韩城南门外的澽水自西向东流入黄河，沿途设置了多处堰坝，目的在于“种稻树果，利用甚饶”。[⑥] 明嘉靖三十五年（1556 年）前后，胡公在澽水出西山后的第二堰处，开渠引水注入韩城护城河，“渠自上门右龙潭左起，径上门薛曲，带城北之半，东至北

① 吴朋飞：《韩城城市历史地理研究》，硕士学位论文，陕西师范大学，2005，第19—20 页。

② 乾隆《凤翔府志》卷二《建置・城池》，乾隆三十一年刻本，第 1 页 b 至第 2 页 a；乾隆《凤翔县志》卷二《建置・城池》，第 1 页 b 至第 2 页 a。

③ 《各县建设工作琐志十一：平利、白水、潼关、富平、长安》，《陕西建设周报》第 2 卷第 15 期，1930 年 8 月，第 13—15 页。

④ （明）项忠：《新开通济渠记》，明成化元年（1465 年）仲秋立，碑存西安碑林博物馆第 5 展室。参见王其祎、周晓薇《明西安通济渠之开凿及其变迁》，《中国历史地理论丛》1999 年第 2 辑，第 73—98 页。

⑤ 万历《富平县志》卷二《地形志》，第 3 页 b。

⑥ 乾隆《同州府志》卷一二《水利》，乾隆六年刻本，第 32 页 b。

关西观音堂前，入城壕，绕西关而南，东出庙后村，共灌田九顷余”。[1]因韩城城区地势北高南低，引水渠道所供之水仅流经城西、南两部分护城河，并在庙后村处流出护城河，灌溉农田，最后流入澽水。清光绪二十二年（1896年），韩城知县侯鸣珂“又浚城池，改水道由西关文昌楼出，堪舆家谓为反弓，连年棉花不登，后恢复故道，绕西南城，由庙后村出，年谷始如常顺成”。[2]

渭河以南诸城大多数采取开凿渠道的方法，将城南山麓的泉水、河水引入护城河中，其中值得探讨的是西安、华阴、鄠县、盩厔、蓝田等城。早在隋唐时期，西安城就已经在城南开渠引水入城。比如龙首渠，隋开皇三年（583年），“引浐水北流入苑，五代后废，宋大中祥符七年（1014年）知永兴军陈尧咨修复”。[3] 至明清时期，西安城继续开凿龙首、通济二渠，将城南河水引入城中。与明初开凿龙首渠重在供应西安城中民生用水相比，成化元年（1465年）通济渠的开凿，不仅向城中供应民生用水，还向护城河供水。时任陕西巡抚项忠在《新开通济渠记》中指出：“若城池无水，则防御未周，水饮不甘，则人用失济，此通济渠所以不得不开，而开之其有以利泽乎将来也大矣。”[4] 清康熙以后，西安城龙首、通济二渠水源地的生态环境逐渐恶化，渠水水量减少，城内民生用水与城外护城河用水、城南农业灌溉用水之间的矛盾加剧。但出于城池的军事防御需要，龙首、通济二渠向护城河供水一直得到重视，“每岁四月以后截水灌田，八月以后放水入濠，以卫城垣”。[5] 李令福认为，清雍正以后龙首渠的疏浚皆与灌注护城河有关。[6]

华阴、鄠县二城开渠引水注入护城河的模式一致：在城南开凿渠道，引秦岭北麓谷峪之水，从城池东南角注入护城河，然后绕城东、北两面，最后从城池西北角注入城西河流中。明万历初，华阴知县李承科将华山

---

① 康熙《韩城县续志》卷三《食货志》，第8页b至第9页a。

② 民国《韩城县续志》卷四《文征录下附纪事》，第40页b。

③ 万历《陕西通志》卷一一《水利》，第1页a。

④ （明）项忠：《新开通济渠记》，明成化元年仲秋立，碑存西安碑林博物馆第5展室。参见王其祎、周晓薇《明西安通济渠之开凿及其变迁》，《中国历史地理论丛》1999年第2辑，第73—98页。

⑤ 民国《续修陕西通志稿》卷五七《水利一》，第4页a。

⑥ 李令福：《关中水利开发与环境》，第317页。

北麓黄神谷渠支分一渠北流，在华阴城池东南角注入护城河。清乾隆《华阴县志》记载："其（护城河）水源自黄神峪来，导引经城东桥下，北流至东北隅，折而西绕至西北陬，注于西涧。"[①] 鄠县城于金大定二十二年（1182 年）修城时，已经开渠"引南山皂、栗、涝谷三水注之（城壕）"。[②] 至明万历年间，鄠县知县吕仲信"因其旧迹而疏导之"，[③] "引潭（檀）谷、皂谷及阿福泉诸水，经县东关，北折而西入涝水，人谓之'吕公河'"。[④] 可见，吕公河水也是从鄠县城东南角注入护城河，然后北流折西，并从城西北角注入涝河。明万历四十一年，鄠县知县白应辉因吕公河"水小易涸"，"复加疏浚，（同时）又凿栗谷、直谷诸水为新河，引流入吕公河，人亦谓之'白公河'"。[⑤] 其后，鄠县知县冷大蒙"恐其淤塞，又相度地势之高下而修浚之，岁远易湮，物久则敝，必然之理也"。[⑥] 明崇祯年间，鄠县知县张宗孟继续"引涝河水自白云山起，由天和村、罗什寺、木家庄至南关外入新河及城壕"。[⑦] 不过此后，鄠县护城河引水渠道仍多次堙塞，清康熙年间知县康如琏、乾隆十四年（1749 年）知县李文汉、光绪年间知县吴复元、1931 年县长强云程等，相继进行过疏浚。[⑧]

与华阴、鄠县二城不同的是，盩厔、蓝田二城开渠引水注入护城河，要满足绕城四周整个护城河的蓄水需求。盩厔城在明代之前，已经将城南骆谷水引入城中，"南山西骆谷水者，汉、唐、宋之世常引入县治，循郭而东，直入于渭，逮于元末，水遂湮塞，耕者夷之，漫为陆壤"。[⑨] 明清时期，盩厔多位知县开渠引水注入护城河。明正统九年（1444 年），"岁旱，井泉俱涸，汲者行六、七里，始得水，民甚病之"，[⑩] 盩厔知县郑达"遂策马径即其处，相地势之高下，亲为区画，附近军民闻之，争

① 乾隆《华阴县志》卷三《城池》，第 1 页 b。
② 乾隆《鄠县新志》卷二《建置第二》，第 2 页 b。
③ 康熙《鄠县志》卷二《地理考》，第 8 页 b。
④ 雍正《敕修陕西通志》卷九《山川二》，第 24 页 b。
⑤ 雍正《敕修陕西通志》卷九《山川二》，第 24 页 b。
⑥ 康熙《鄠县志》卷二《地理考》，第 9 页 a。
⑦ （明）张宗孟编纂《明·崇祯十四年〈鄠县志〉注释本》，第 52 页。
⑧ 民国《重修鄠县志》卷一《河渠第五》，第 13 页 b。
⑨ 康熙《盩厔县志》卷一《地理·水利》，第 11 页 a。
⑩ 康熙《盩厔县志》卷一《地理·水利》，第 11 页 a。

操畚锸恐后，不浃旬，（广济）渠道大辟，水势奔注于壕”；[①] 明嘉靖年间（1522—1566年），知县李春芳等“又引广济渠水，由隍西、南，东西夹流”；[②] 清康熙元年（1662年），知县骆钟麟又引广济渠水注入环城河，城河深一丈，宽三丈五尺；[③] 等等。至于蓝田城，相关史料记载较少。我们目前发现，清同治九年（1870年），蓝田知县吕懋勋“凿挖城濠深二丈，宽一丈五尺，引白马河水注入，以河为防，东、西、南、北四门加设吊桥”。[④]

总体而言，明清民国时期关中－天水地区城市护城河存在缺水少水问题，尤其是渭北台塬地区。关中西部及天水地区因城市地下水埋藏较浅，一些护城河会有地下水补给。渭河平原地区尤其是渭河以南诸城，为解决护城河蓄水问题，曾大力开渠引水注入护城河。

四 护城河的多重功能

明清民国时期关中－天水地区城市护城河具有多重功能，包括军事防御、蓄洪排涝、生态景观、水产养殖等方面。现将其各项功能简述如下。

（一）军事防御

军事防御是历史时期护城河的主要功能之一，也是护城河营建的最初目的，“城隍深峻可以御守”。[⑤] 为加强军事防御，明清民国时期关中－天水地区城市营建者常对护城河进行疏浚或挖掘。例如，蒲城护城河因得到多次疏浚，其军事防御功能表现较为显著。明崇祯九年（1636年），蒲城知县田臣“浚濠深三丈，广倍之”，到顺治三年（1646年），“山贼刘文炳率众围城，止攻西门即至，火及北重门，别不能缘而附者，濠为之阻也”。[⑥] 清光绪二十一年（1895年），河州回民起义，蒲城知县

① 康熙《盩厔县志》卷一《地理·水利》，第11页a。

② 康熙《陕西通志》卷五《城池》，康熙六年刻本，第2页b。

③ 周至县政协文史资料委员会、周至县志编纂委员会办公室编，赵育民编著《周至大事记（公元前24世纪至1949年）》，第47—48页。

④ 中国人民政治协商会议陕西省蓝田县委员会编《蓝田文史资料》（第3辑）（供内部参阅），1985，第4页。

⑤ 嘉靖《乾州志》卷上《疆域志》，嘉靖间刻本，第2页a。

⑥ 康熙《蒲城志》卷一《建置·城池》，第26页b至第27页a。

张荣升“修城浚濠，四门外又建月城，树栅门，通濠处各有耳门”，[①] 以加强军事防御。又如，清同治元年，华阴城遭“捻匪焚毁南城门楼”，同治七年，“浚城壕，增西城炮楼二、南门楼”。[②] 到解放战争时期，关中地区依旧在挖掘城壕，加强军事防御。1947 年，胡宗南为防御人民解放军坦克猛攻西安城，征调西安附近各县民工深挖西安城壕，规定深度由 10 米挖到 20 米，宽度由 10 米多加到 20 米，但该工程至 1949 年 5 月西安解放还未竣工。[③] 1948 年 10 月，“三原县政府和国民党驻军强令各乡百姓挖掘三原县城壕，以防御解放军”。[④]

护城河的蓄水状况与其军事防御功能的有效发挥有密切关系，“若城池无水，则防御未周”。[⑤] 鄠县城在明清时期通过开凿吕公河、白公河等，将城南檀谷水、皂谷水、阿福泉水诸水引入城壕，但渠道屡修屡堙。明崇祯年间，鄠县知县张宗孟“因寇警”，疏浚城南白公河，引水注入城壕，并“秋冬灌田，任民自便，又不夺斑竹园、伦公等村稻田之水，民以为乐，城亦为固云”，[⑥] 可见护城河蓄水对军事防御的重要意义。不过，即便是无水之“隍”，也具备一定的军事防御作用。清同治初年，麟游知县李正心“御回筹防，复浚隍引水，补葺颓败，登高临深，益称完固”。[⑦] 同治九年，因回民起义，（韩城）“知县侯鸣珂筹款浚隍，深、广各丈五尺，外筑郭墙”。[⑧] 这种“浚隍”措施在一定程度上增强了护城河保卫城池的能力。

（二）蓄洪排涝

每当雨季，护城河可以蓄纳经城门、水门排出的城中雨洪。“凡城内

---

① 光绪《蒲城县新志》卷二《建置志·城池》，第 2 页 a。

② 民国《续修陕西通志稿》卷八《建置三·城池》，第 19 页 b。

③ 王日宣：《周至民工挖掘西安城壕记实》，载政协周至县委员会文史资料委员会编《周至文史资料》（第 4 辑）（内部发行），周至县印刷厂，1989，第 112—113 页；何永安：《民心尽失，坚城难凭》，载政协西安市委员会文史资料委员会、西安市档案馆编《西安解放：西安文史资料第十五辑》，陕西人民出版社，1989，第 44—46 页。

④ 《三原文史资料》（第 7 辑），第 35 页。

⑤ （明）项忠：《新开通济渠记》，明成化元年（1465 年）仲秋立，碑存西安碑林博物馆第 5 展室。参见王其祎、周晓薇《明西安通济渠之开凿及其变迁》，《中国历史地理论丛》1999 年第 2 辑，第 73—98 页。

⑥ （明）张宗孟编纂《明·崇祯十四年〈鄠县志〉注释本》，第 52—53 页。

⑦ 光绪《麟游县新志草》卷二《建置志·城池》，第 2 页 a。

⑧ 光绪《同州府续志》卷八《建置志》，第 2 页 a。

奔腾而来之水，从容收之，止于其所”，[①] 这是各地城市护城河大体都具备的一项基本功能。若护城河与其他河流连接，护城河将作为排水干渠，将城中雨洪排入这些河流。例如，从明清到新中国成立初期，秦安城通过修筑城壕来蓄纳城中雨洪，并不断清理城壕淤泥，加大城壕蓄水量。清同治年间，秦安南北郭城周围也修筑了城壕，均为土壕，蓄纳南北郭城雨洪。20 世纪 50 年代后期，秦安挖掘了连接城壕和周围河流的渠道，城壕内雨水超过容量，可以通过这些渠道，向葫芦河和南小河浸溢。[②] 三原南城在 1972 年之前，城中雨洪先排入城东门、西门、南门外的护城河和北白渠支渠，然后再经东、西二关排水管道注入清河。[③] 醴泉城位于泥河南岸东西走向的高梁原上，城内老中山街地势最高，故形成了自中山街向南、北两侧的排水流向，均先排入护城河，然后再由护城河排入城北的泥河。[④]

（三）生态景观

在明清民国时期，关中－天水地区城市护城河建成之后，往往会成为城区的一条景观廊道。这大体归功于两个方面：一是护城河两岸植树以环抱城池。早在金大定二十二年（1182 年）鄠县县令刘君重修鄠县城时，“濠池既渊，环植嘉木异卉”。[⑤] 明正德七年（1512 年），蒲城知县张镀修筑蒲城城垣，“濠堑环植以树”。[⑥] 1930 年春，郃阳在“县城城壕四周，植杨柳刺槐等树八千五百株”。[⑦] 二是护城河内种植水生植物。清康熙年间，清水知县刘俊声修筑清水城，使城池“焕然一新，而城濠莲花充属，从来未有”。[⑧] 乾隆三十八年（1773 年），华阴知县陆维垣疏浚城壕，使“城东桥北渠更加宽深，（并）广种菡萏，冀欲红萼绿枝两相

---

① （清）王士俊：《汴城开渠浚壕记》，载乾隆《续河南通志》卷八〇《艺文志·记》，第 19 页 a 至第 23 页 a。

② 《秦安县城乡建设志》，第 80 页。

③ 《三原县志》，第 543 页。

④ 《礼泉县志》，第 262 页。

⑤ 乾隆《鄠县新志》卷二《建置第二》，第 2 页 b。

⑥ 康熙《蒲城志》卷一《建置·城池》，第 26 页 b。

⑦ 《各县建设工作琐志五：鄜县、渭南、镇安、郃阳》，《陕西建设周报》第 2 卷第 8 期，1930 年 7 月，第 15—17 页。

⑧ 康熙《清水县志》卷一二《艺文纪》，第 18 页 b。

掩映”。[1]

明清时期，西安、盩厔等城护城河在上述两方面均有重要实践，从而具备一定的生态景观功能。史红帅指出，明代西安护城河不仅河中栽植有菱、藕等水生植物，城河两岸无疑也植有一定数量的柳树，达到了从内到外整体绿化的效果，形成一条环城绿带。[2] 今天西安城利用护城河营建环城公园，其实早在明清时期，西安、盩厔等城护城河很可能已经实现了类似功能。清康熙十八年（1679 年），盩厔知县章泰修筑城池，浚修广济渠，引水注入护城河，并在“壕边环植杨柳，壕内遍种芙蕖，其有茭、蒲、芘、芡可为民利者，悉仍其旧，遥想数年之后，碧树葱茏，莺声睍睆，红英翠盖，弄影清流，致足乐也”；[3] 至乾隆十四年（1749 年）盩厔知县邹儒修筑城池时，再度“疏浚隍流，栽莲种柳”。[4]

（四）水产养殖

上文提及盩厔护城河中种植有茭、蒲、芘、茨等水生植物，这不仅美化了城市生态环境，还可获得一定的经济收益，充分利用了护城河水面，可谓“民利”。与盩厔护城河相比，明清西安护城河的经济收益更大。据明成化元年（1465 年）陕西巡抚项忠所撰《新开通济渠记》碑阴记载，西安城护城河“自西门吊桥南起转至东门吊桥南止，仰都司令西安左、前、后三卫栽种菱、藕、鸡头、茭笋、蒲笋并一应得利之物，听都司与各卫采取公用。自东门吊桥北起转至西门吊桥北止，仰布政司令西安府督令咸长二县依前栽种，听西安府并布按二司采取公用。若是利多，都司并西安府变卖杂粮，在官各听公道支销”。[5] 可见，西安护城河以东、西二门吊桥为节点，将护城河水域分成南、北两部分，南部水域由都司和各卫获利，北部水域由西安府和布、按二司获利。同样，关中

---

① 乾隆《华阴县志》卷三《城池》，第 1 页 b 至第 2 页 a。

② 史红帅：《明代西安人居环境的初步研究——以园林绿化为主》，《中国历史地理论丛》2002 年第 4 辑，第 5—19 页。

③ （清）章泰：《盩厔县修城记》，载乾隆《盩厔县志》卷一二《文艺》，第 20 页 b 至第 21 页 a。

④ 乾隆《盩厔县志》卷二《建置・城池》，第 3 页 a。

⑤ （明）项忠：《新开通济渠记》，明成化元年仲秋立，碑存西安碑林博物馆第 5 展室。参见王其祎、周晓薇《明西安通济渠之开凿及其变迁》，《中国历史地理论丛》1999 年第 2 辑，第 73—98 页。

西部陇州城的四面城壕“共计三十亩，四城门军，分种收租”。[①] 除种植水生植物外，明清民国时期关中－天水地区少数城市护城河还蓄养一些鱼类，这对西北内陆地区城市而言，十分难得。新中国成立前，鄠县护城河清澈透底，鱼虾群生，常有人在壕边垂钓，别有一番雅趣。[②] 水生植物的种植和鱼类的蓄养，不仅在于经济效益，更重要的是丰富了城市居民的物质生活。

五 小结

据史料记载，明清民国时期关中－天水地区城市大体上都建有护城河，即使像永寿、麟游、宜君这样的山岗高阜之城也不例外，而且大多数城市护城河是人工挖掘而成的，只有少数城市以周围沟涧、河流、湖泊作为护城河。通过分析明清民国时期关中－天水地区城市护城河的营建尺度数据，我们发现该地区城市护城河的营建尺度与城市的行政等级没有直接关系，护城河的深度和宽度不具备等级制度上的规定和影响。从护城河蓄水状况来看，明清民国时期关中－天水地区城市护城河存在缺水少水问题。一些城市通过开渠引水注壕的方式来解决护城河的蓄水问题，尤其是关中渭河以南诸城。从护城河蓄水功能角度来看，明清民国时期该地区城市护城河大体具有军事防御、蓄洪排涝、生态景观以及水产养殖等多方面功能，但并非每座城市护城河都具备上述各项功能。

护城河的营建最初主要是为了军事防御，其他功能都是护城河营建之后逐渐产生的，这体现了城市水利功能效应的多面性。随着时间的推移，护城河的军事功能受到削弱甚至消失，但护城河的其他功能依旧存在，其中生态景观功能逐渐成为护城河的主导功能，这体现了城市水利功能效应的历时性。其典型案例就是，明清以来的西安护城河成为今天西安环城公园的重要组成部分。自 1983 年 4 月起，西安环城建设委员会利用古城墙、护城河、环城林等营建环城公园，西安护城河得以疏浚整治，并继续发挥作用。可见，就今天的城市现代化建设而言，我国历史时期城市的护城河是一份宝贵遗产。不过近代以来，一些人认为护城河

① 乾隆《陇州续志》卷二《建置志·城池》，第 8 页 b。

② 中国人民政治协商会议陕西省户县委员会学习文史委员会编《户县文史资料》（第 9 辑），户县印刷厂，1993，第 124 页。

已经成为蚊蝇孳生、污染环境的臭水沟，应该拆除、填平，腾出地面修路，拆下砖瓦盖房，不少城市也正是这样做的。[①] 如果明清民国时期关中－天水地区城市护城河多数能够保存至今，那么这些护城河将成为当前生态文明城市建设的重要底蕴和物质支撑。

① 余章瑞、王兆麟：《古都“花环”——西安利用明城墙建立体环城公园纪实》，《人民日报》1986年10月10日，第3版。

第十五章　明清时期关中 - 天水地区城市庙学泮池的营建与功能

泮池，又称泮水，是中国古代城市中的一处独特水体，是中国古代地方庙学[①]建筑形制的基本元素。地方庙学营建泮池是受先秦时期鲁国泮宫边的泮水影响，[②] 旨在尊崇礼制，“修泮池者，壮学宫也，壮学宫者，尊孔子也，尊孔子者，崇其道也”。[③] 泮池的起源、位置、形状、理水意义以及文化寓意，虽已得到学界一定关注，但这些研究关注的对象多数位于我国东部、南部丰水地区，对我国西北地区城市庙学泮池的关注有待进一步加强。[④] 地区性是我国城市建设与建筑文化的一条内在规律。[⑤] 关于城市庙学泮池的营建与功能，我国西北地区应该有不同于东部、南部丰水地区的地方，故值得探索一番。

关中 - 天水地区是历史时期我国西北地区庙学泮池分布的密集地区。该地区庙学泮池的考察，或许可以反映西北地区庙学泮池的营建特征。明清以来，关中 - 天水地区存在过的庙学泮池，目前多数已湮塞消失。[⑥] 我们通过普查数百部明清方志等史料，初步总结了明清时期该地区庙学

---

① “庙学”，也称“学庙”“学宫”，即文庙和儒学的合称，一般位于县城、州城、府城之中。在中国古代，各地学习儒家经典的学校和祭祀孔子的礼制性庙宇往往在一起，具有祭祀和教学两种功能，由地方政府教育行政部门直接管辖。

② 张亚祥：《泮池考论》，《孔子研究》1998 年第 1 期，第 121—123 页。

③ （明）沈良才：《修儒学泮池记》，载崇祯《泰州志》卷八《艺文志》，第 17 页 b。

④ 张亚祥：《泮池考论》，《孔子研究》1998 年第 1 期，第 121—123 页；张亚祥、刘磊：《泮池考论》，《古建园林技术》2001 年第 1 期，第 36—39 页；张亚祥、刘磊：《孔庙和学宫的建筑制度》，《古建园林技术》2001 年第 4 期，第 24—26、51 页；沈旸：《泮池再论》，载河南省古代建筑保护研究所编《文物建筑》（第 4 辑），科学出版社，2010，第 53—66 页；沈旸：《泮池：庙学理水的意义及表现形式》，《中国园林》2010 年第 9 期，第 59—63 页；李鸿渊：《孔庙泮池之文化寓意探析》，《中国名城》2010 年第 1 期，第 20—26 页。

⑤ 吴良镛：《建筑文化与地区建筑学》，《华中建筑》1997 年第 2 期，第 13—17 页。

⑥ 就关中地区而言，现存庙学建筑虽有十余处，但仅西安文庙、韩城文庙等少数保留有明清泮池遗迹。参见刘二燕《陕西明、清文庙建筑研究》，硕士学位论文，西安建筑科技大学，2009，第 11—12 页。

泮池的营建时间和表现形式，重点探讨了泮池的蓄水方式与蓄水功能，以期对历史时期我国西北地区庙学泮池的营建有所认识。

一　庙学泮池的创建时间

地方庙学营建泮池，可以追溯到北宋时期，到南宋后期，庙学营建泮池比较早的地区主要集中在江浙一带。[①] 到明清时期，位居西北内陆的关中－天水地区城市庙学基本建有泮池，甚至连位居山岗、高阜之上的永寿、富平等城也不例外，但各城庙学泮池的创建时间不同。经普查，关中－天水地区至少有26座城市的庙学泮池在明代已经创建（见表15－1），并大体呈现如下特征：（1）在明隆庆及之前，关中－天水地区建有庙学泮池的城市至少包括蓝田、西安、临潼、伏羌、同州、潼关、耀州、华州八城。（2）明万历年间可能是关中－天水地区庙学泮池营建的高峰期。目前来看，在明万历及之前，关中一天水地区已建有泮池的城市不少于24座，占当时该地区城市总数（46座）的一半多。（3）明万历以后，关中－天水地区仍有一些庙学创建泮池，如富平庙学泮池。富平城因位居高阜，可能因供水不易，直到明崇祯十二年（1639年），才由训导姜辉、邑中丞朱国栋“卜地桥门内而创砌之者为泮池”。[②]

表15－1　明代关中－天水地区城市庙学泮池的营建状况

序号	营建时间	城市	营建状况	资料来源
1	正统八年（1443年）	蓝田	“知县王禧又经修理，御史临清程公见庙学俱隘，并发赎金委官改建庙庑，开凿泮池，规模宏敞”	隆庆《蓝田县志》卷上《祠墓》，第8页b至第9页a
2	成化九年（1473年）或之前	西安	明成化十一年《重修西安府学文庙记》：“扩其旧址，首建大成殿七间，……次作戟门，又次棂星门，又次文昌祠、七贤祠、神厨、斋宿房、泮池……”	白海峰、王如冰：《西安府文庙现存古建筑研究》，载西安碑林博物馆编《碑林集刊》（17），三秦出版社，2011，第334—357页；路远：《明代西安碑林、文庙及府县三学整修述要》，《文博》1996年第1期，第37—46页

① 张亚祥、刘磊：《泮池考论》，《古建园林技术》2001年第1期，第36—39页。
② 乾隆《富平县志》卷八《艺文》，乾隆五年刻本，第66页b。

续表

序号	营建时间	城市	营建状况	资料来源
3	成化年间（1465—1487年）	临潼	知县高恒在棂星门与戟门“中凿泮池，周五丈，桥亘其上，引温泉水贮之”	顺治《重修临潼县志》之《经制志·秩祀》，第14页b
4	弘治四年（1491年）	伏羌	伏羌知县王浩“斩木伐石，搏甓陶瓦”，修筑庙学，“庙之左为射圃，学之右为神器库，其后则列为官廨，前则潴为泮池，架为三桥，崇垣外缭，旁门内达”	（明）李东阳：《修建庙学记》，载乾隆《伏羌县志》卷一一《艺文志·记》，乾隆十四年刻本，甘谷县县志编纂委员会办公室1999年校点，第90页
5	嘉靖二十一年（1542年）之前	同州	“因修泮池，相地掘井，遂得甘泉”	（明）马理等纂《陕西通志》卷二《土地二·山川上》，第69页
6	嘉靖二十一年	潼关	周相任潼关兵备道，修建庙学，创修庙学泮池	参见本书第四章的相关论述
7	嘉靖年间（1522—1566年）	耀州	知州江从春“创作泮池”	嘉靖《耀州志》卷三《建置志·学校》，嘉靖三十六年刻本，第3页a
8	隆庆年间（1567—1572年）或之前	华州	华州庙学泮池的营建时间虽不详，但隆庆《华州志》已经记载了其水源的来源	隆庆《华州志》卷二《地理志·山川考》，光绪八年合刻华州志本，第4页b至第5页a
9	万历二年（1574年）	华阴	知县李承科“凿泮池三，上各为桥”	（明）盛讷《重修儒学记》，载万历《华阴县志》卷八《艺文》，第46页a
10	万历四年	泾阳	知县傅好礼在文庙南傍城处凿池，“引泮水环而注之”，此即外泮，而内泮在此之前已经凿成	康熙《泾阳县志》卷二《建置志·祠庙》，第4页b至第5页a
11	万历五年	咸阳	“棂星门内泮池，万历五年，县丞陶廷芝修”	《咸阳经典旧志稽注（明万历·咸阳县新志）》，第22—23页
12	万历九年	武功	“明万历辛巳，知县曹崇朴于棂星门内，凿为泮池，今亡矣。尝闻长老相传，邑庙学皆不宜泮池，曹以前未有，曹之后旋废”，雍正时已“久堙”	雍正《武功县后志》卷一《祠祀志·学宫》，第1页b
13	万历十一年	朝邑	知县郭实在棂星门外始凿泮池，“邑学旧无泮，于是始作，又修黉宫”	《朝邑县乡土志》之《政绩录》，民国燕京大学图书馆铅印本，第7页b

续表

序号	营建时间	城市	营建状况	资料来源
14	万历十五年	兴平	万历十六年，雒遵撰《兴平学宫泮池记》，称兴平“学宫旧无泮池，泮池创自邑令冯侯近奎先生”。冯近奎即冯大梁，万历十五年始任兴平知县，“捐俸鸠工，创作泮池”	李惠、曹发展注考《陕西金石文献汇集·咸阳碑刻》（下），三秦出版社，2003，第556—557页
15	万历十八年	同官	“知县屠以钦凿置（泮池）”	崇祯《同官县志》卷四《学校·文庙》，第17页a
16	万历十九年	韩城	“新增泮池”	《韩城市文物志》，第118页
17	万历十九年、四十四年	乾州	“万历十九年，知州贾一敬于（泮）池之南，添砌照墙。”“门前泮池，万历四十四年训导李珍创建”	民国《乾县新志》卷六《教育志·学校》，第2页b；崇祯《乾州志》卷上《建置志·学校》，第9页b
18	万历二十年	三水	康熙十四年（1675年）张僎等续修三水城庙学泮池时，“浚厥旧址甫及泉，而石碣出焉”，上面记载着明万历二十年三水庙学“创修泮璧之始末”	（清）张僎：《续修泮池记》，载康熙《三水县志》卷四《艺文》，第23页b
19	万历二十四年至二十五年	鄠县	鄠县知县王九皋“积俸银若干先捐之，凿泮池，建文昌，余俟次第举也，不意泮池凿而获石板百余片，柱石三片”	（明）王九皋：《重修庙学碑记》，载刘兆鹤、吴敏霞编著《陕西金石文献汇集·户县碑刻》，三秦出版社，2005，第379页
20	万历四十一年	扶风	“知县马政和始建泮池”	雍正《扶风县志》卷一《建置志·城池》，第23页b
21	万历四十三年	渭南	知县杨所修“创泮池于棂星门内，以增所未备，池下甃以砖，上为石梁者三”	万历《渭南县志》卷四《祠祀志》，第5页b
22	万历四十六年	蒲城	知县徐吉因“敝坏之极”，重修文庙，“砖甃庙垣甚固，凿泮池戟门前”	康熙《蒲城志》卷一《建置·学宫》，第29页b
23	万历年间	郃阳	儒学“前逼隘且缺泮池，明万历间，邑参政范燧捐宅基易地，增设焉”	顺治《重修郃阳县志》卷二《建置志·城池》，第9页a—b
			“万历三十七年，刘应卜以大坊相压，移而远之，左右二坊之在胁，移而近之。邑绅范燧以泮池、尊经阁之未备，捐宅基易地，以增之”	《宰莘退食录》卷二《建置考·庙祠》，收入《北京大学图书馆藏稀见方志丛刊》（第68册），第191—192页

续表

序号	营建时间	城市	营建状况	资料来源
24	万历年间（1573—1620年）	澄城	县学"旧在邑城西门外，地处荒僻，发祥无人"；万历十七年，"诸生以形家言，学宫不利科第"，迁于城中"按察署中，规模粗定，制置未完"，"泮池未凿"；"万历间，诸生路世美等创修泮池于戟门前"	天启《同州志》卷三《建置》，第10页a；乾隆《澄城县志》卷五《学校六》，第7页a；咸丰《澄城县志》卷六《学校·书院义学附》，第2页a；张进忠编著《陕西金石文献汇集·澄城碑石》，第230页
25	天启五年（1625年）	醴泉	知县萧如尹"移置大门外，易买民居，得地若干，凿大池，甃以砖石，面作明堂，极其开爽，泮宫顿为改观"	崇祯《醴泉县志》卷二《祠祀志》，第1页b至第2页a
26	崇祯十二年（1639年）	富平	"训导姜辉、邑中丞朱国栋重构正殿，创泮池"	光绪《富平县志稿》卷二《建置志·坛庙》，第19页a

张亚祥、沈旸等认为，明代是庙学泮池普及和形制规范化的时期，明人王圻、王思义《三才图会·宫室》录有泮宫图式，这对泮池平面的规范化起到了一定的作用。[①] 不过，据我们对关中－天水地区城市庙学泮池创建时间的考察来看，该地区庙学泮池的营建是否受到《三才图会》的影响，还需进一步讨论。因为《三才图会》于明万历三十五年编纂而成，万历三十七年刻印，已是万历末年，而关中－天水地区城市庙学泮池的创建时间很可能集中在明万历及之前。

二　庙学泮池的表现形式

关于地方庙学泮池的表现形式（位置、形状、规模、泮桥、建筑材料等），张亚祥、沈旸等已进行了相关归纳与总结，[②] 认为明代以前地方

① 张亚祥、刘磊：《泮池考论》，《古建园林技术》2001年第1期，第36—39页；沈旸：《泮池再论》，载《文物建筑》（第4辑），第53—66页；沈旸：《泮池：庙学理水的意义及表现形式》，《中国园林》2010年第9期，第59—63页。

② 张亚祥：《泮池考论》，《孔子研究》1998年第1期，第121—123页；张亚祥、刘磊：《泮池考论》，《古建园林技术》2001年第1期，第36—39页；张亚祥、刘磊：《孔庙和学宫的建筑制度》，《古建园林技术》2001年第4期，第24—26、51页；沈旸：《泮池再论》，载《文物建筑》（第4辑），第53—66页；沈旸：《泮池：庙学理水的意义及表现形式》，《中国园林》2010年第9期，第59—63页。

庙学泮池的营建尚无一定的规制，明代是泮池普及与规范化的时期。但张亚祥、沈旸等关注的庙学泮池，多数位于我国东部、南部丰水地区，较少涉及西北地区。我们全面考察了明清时期关中－天水地区庙学泮池的营建状况，对其表现形式进行了归纳总结，并与张亚祥、沈旸等人的研究结论进行了比较，得出如下认识。

1. **位置**。就泮池在庙学建筑中的位置而言，张亚祥、沈旸等认为，明代以前位置不固定，明代中后期形成规制后，主要位于棂星门内外，具体表现为：位于棂星门与大成门之间，最为常见；位于万仞宫墙照壁与棂星门之间，次之；位于府县儒学门外，仅见曲阜四氏学和苏州府文庙的泮池。明清时期关中－天水地区庙学泮池的位置基本符合上述认识，但也有些特殊情况，具体表现如下。

（1）位于文庙棂星门与戟门之间的最多，目前共发现23座城市的庙学泮池如此，分别是韩城、潼关、渭南、澄城、白水、华阴、临潼、咸阳、郃阳、蓝田、永寿、武功、蒲城、兴平、三水、三原、陇州、宝鸡、秦安、清水、宁远、伏羌和秦州，占明清时期关中－天水地区城市总数（46座）的一半。比如，蓝田学宫“（戟）门前为泮池，跨以石桥，前为棂星门”;①临潼文庙戟门“前泮池，引汤泉注之，桥亘其上，又前棂星门”;②秦州文庙戟门“门前为泮池，东名宦祠，西乡贤祠，前为棂星门”;③清水文庙“戟门前为泮池，池左右为碑亭，前为棂星门”;④郃阳城较为特殊，即“学统于庙，因其制耳”，“盖庙在前，学在后，修则俱修也，其制与他邑别，庙之棂星门内，即为学之泮池，泮（池）之北为戟门”;⑤等等。

（2）位于文庙棂星门与影壁（万仞宫墙）之间的，目前共发现10座城市的庙学泮池如此，分别是西安、同州、同官、乾州、富平、麟游、盩厔、凤翔、郿县和扶风，占明清时期关中－天水地区城市总数（46座）的21.7%。譬如，凤翔文庙泮池在棂星门外，泮池前有一座泮宫牌

---

① 道光《蓝田县志》卷一《图·学宫图》，道光十九年修，二十二年刻本，第54页b。

② 民国《临潼县志》卷三《祠祀》，第1页b至第2页a。

③ 光绪《重纂秦州直隶州新志》卷二《地域》，第16页a。

④ 乾隆《清水县志》卷三《建置》，第5页a。

⑤ 乾隆《郃阳县全志》卷一《建置第二》，乾隆三十四年刻本，第29页a。

坊，泮池东为“德配天地”坊，泮池西为“道贯古今”坊。[①] 麟游文庙布局为：“先师庙当中，旁为两庑，前为戟门，为棂星门，为泮池”，[②] 可见泮池在棂星门与影壁之间。乾州文庙布局为：“戟门三楹，万历乙卯（1615 年），知州杨时行重新之；南为棂星门，又南为泮池，天启元年（1621 年），知州周应泰创修也；万历十九年（1591 年），知州贾一敬于池之南，添砌照墙”，[③] 可见泮池也在棂星门与照墙之间。

（3）除位于文庙范围内的，我们还发现有泮池位于文庙影壁之外，如华州（见图 7－2）；有两个泮池位于儒学之内，即耀州、岐山。耀州学署“中为明伦堂，左右为教官宅，前为仪门，……又前为泮池，池南石坊”（见图 15－1）。[④] 岐山城儒学内有“泮池一所，在大门内，上有板桥，旧有亭，四面坊”。[⑤]

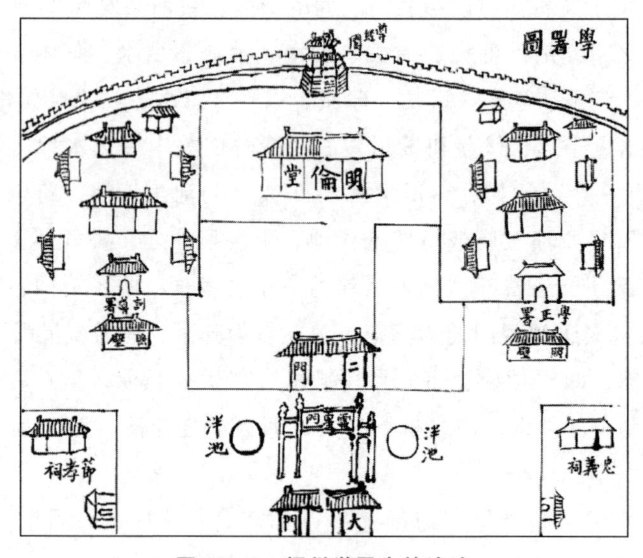

图 15－1 耀州学署中的泮池

资料来源：嘉庆《耀州志》卷首《舆图》，第 5 页 b 至第 6 页 a。

① 乾隆《凤翔县志》卷二《建置·学校》，第 4 页 b；乾隆《凤翔府志》卷六《学校》，道光元年补刻本，第 1 页 b 至第 2 页 a。

② 康熙《麟游县志》卷二《祠祀第三》，第 9 页 a。

③ 民国《乾县新志》卷六《教育志·学校》，第 2 页 b。

④ 乾隆《续耀州志》卷二《建置志·学校》，第 3 页 a—b。

⑤ 万历《重修岐山县志》卷二《建置志第三·学校四》，万历十九年刻本，第 7 页 b。

（4）除上述庙学泮池位置较为稳定之外，明清时期关中－天水地区部分城市的庙学泮池在棂星门内外有过迁徙变动。朝邑庙学泮池原在棂星门外，因“迫城址，众流所归，纳污非宜”，清顺治十年（1653年）知县王承庚“采形家言，而徙凿棂星门内，则地道顺矣”；[①] 至康熙二十一年（1682年），知县陈昌言“以狭隘，仍改门外，制颇阔大，南缘城”。[②] 醴泉庙学泮池原在棂星门内，明天启五年（1625年）知县萧如尹“移置大门外，易买民居，得地若干，凿大池，甃以砖石，面作明堂，极其开爽，泮宫顿为改观”。[③] 鄠县庙学泮池“旧在（棂星）门内，知县王九皋修”，明“崇祯十一年（1638年），知县张宗孟移之（棂星）门外，制如旧”。[④] 汧阳知县罗日璧也于清道光十四年（1834年）改凿泮池于文庙棂星门之外。[⑤]

（5）地方庙学一般设置一个泮池，而明清时期关中－天水地区少数城市庙学存在两三个泮池，目前发现有郃阳、泾阳、鄜县、陇州、耀州、华阴等城。比如郃阳，其庙学内有内泮池，“文庙南近城”处有一官池，“乃雨集耳”，为庙学外泮池。[⑥] 泾阳文庙在棂星门和戟门之间、棂星门和影壁之间均建有泮池，即内泮池与外泮池（见图15－2）。鄜县文庙在县治西、城隍庙东，庙“内有二泮池”。[⑦] 陇州文庙棂星门与戟门之间也有“泮池二，周围内外均系砖包，两池中有石桥，桥两侧镶石花栏杆”。[⑧] 耀州学署也有两个泮池，均位于棂星门与学署二门之间（见图15－1）。明万历二年（1574年），华阴知县李承科在文庙棂星门与戟门之间“凿泮池三，上各为桥”。[⑨]

2. **形状**。就庙学泮池的形状而言，张亚祥、沈旸等认为，明以前庙学泮池多为矩形，明代中后期形成规制后，主要为半圆形或近似半圆形，

---

① 康熙《朝邑县后志》卷八《艺文·记》，第47页a。
② 康熙《朝邑县后志》卷二《建置·学校》，第6页a。
③ 崇祯《醴泉县志》卷二《祠祀志》，第1页b至第2页a。
④ （明）张宗孟编纂《明·崇祯十四年〈鄠县志〉注释本》，第33页。
⑤ 道光《重修汧阳县志》卷三《典祀志·坛庙》，第2页a。
⑥ 乾隆《郃阳县全志》卷一《地理第一》，乾隆三十四年刻本，第10页a。
⑦ 宣统《鄜县志》卷四《政录第三之上》，第18页a。
⑧ 《民国陇县野史》上编卷二《寺庙·文庙》，第171页。
⑨ 万历《华阴县志》卷八《艺文》，第46页a。

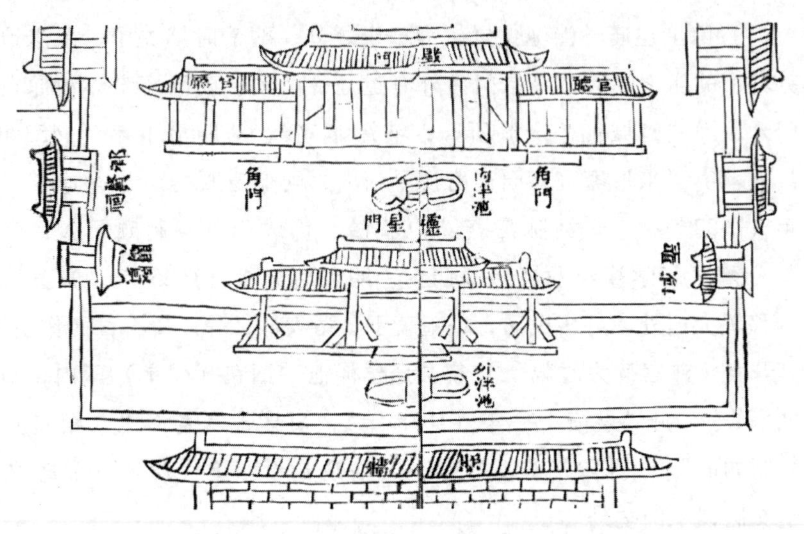

图15－2　泾阳文庙中的内泮池、外泮池

资料来源：道光《泾阳县志》卷四《学宫图》，第4页b至第5页a。中国国家图书馆藏品。

早期矩形泮池也纷纷修改。我们普查了明清时期关中－天水地区的方志及其所附学宫图，发现27座城市庙学泮池形状大体可知，主要分三种：（1）半圆形，此种数目最多，目前发现有西安、宝鸡、朝邑、白水、澄城、凤翔、伏羌、富平、岐山、郿县、韩城、蓝田、临潼、汧阳、秦州、同州、乾州、蒲城和醴泉，共19座城市庙学泮池如此；（2）圆形或近似圆形，目前发现有华州、泾阳、陇州、宁远和耀州五城；（3）矩形，目前仅发现有三水（见图15－3）、三原和渭南三城。可见，半圆形应该是明清时期关中－天水地区庙学泮池形状的主流，不过也存在一些圆形、近似圆形和矩形泮池。

3. **规模**。关于明清时期关中－天水地区庙学泮池的规模，史料记载不多，我们难以对其做全面探讨，仅知少数城市庙学泮池的大概规模。例如，同州府城庙学泮池“周百五十步”；[①] 鄠县庙学泮池虽在明崇祯十一年（1638年）由棂星门内移到门外，但“制如旧”，“长三丈，阔半之，深一丈”；[②] 陇州庙学泮池“一丈五尺深，周围十五丈宽”；[③] 明隆庆

① 道光《大荔县志》附《足征录》卷二《文征》，第18页a。

② （明）张宗孟编纂《明·崇祯十四年〈鄠县志〉注释本》，第33页。

③ 宣统《陇州新续志》卷一二《学校志》。

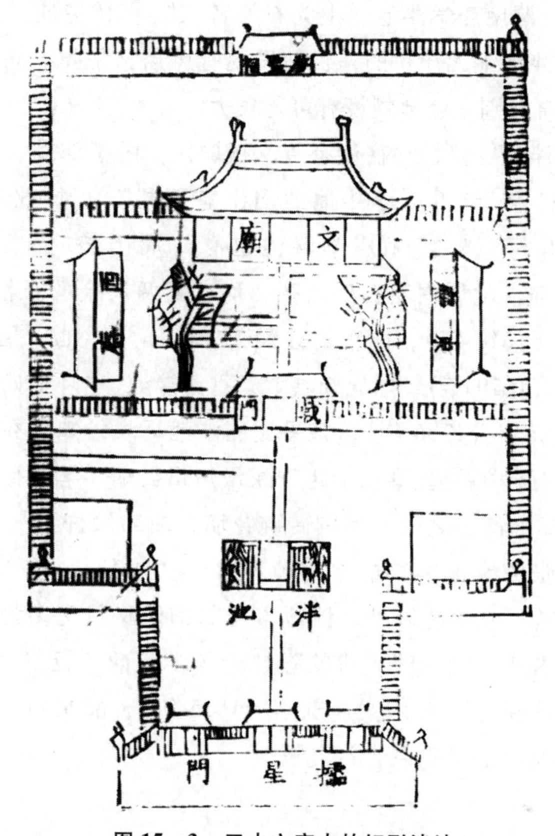

图 15－3　三水文庙中的矩形泮池

资料来源：顺治《邠州志》卷一，第 17 页 a。中国国家图书馆藏品。

《华州志》将华州庙学泮池描述为“池水如渊”“洋洋泮水”,[①] 并据该志所附《华州城图》中“泮池”图（和图 7－2 大体一样），其面积应该不小。

4. **泮桥**。泮池上常筑石桥，称泮桥，又名青云桥（见图 15－4），有单座、三座和无泮桥之别。通过普查方志及其所附庙学图，我们发现明清时期关中－天水地区大多数庙学泮池上是单座石桥，如韩城、宝鸡、朝邑、澄城、富平、泾阳、蓝田、临潼、宁远、蒲城、西安、汧阳、乾州、岐山、鄠县、秦州、三水、三原、同官、郃阳（外泮）等；庙学泮池上有三座泮桥的，目前仅发现华阴、渭南、伏羌三城，华阴庙学泮池

① 隆庆《华州志》卷四《建置志》，民国 4 年王淮浦修补重印清光绪本，第 7 页 b、第 9 页 a。

“桥其上三”,[①] 渭南庙学泮池“上为石梁者三”,[②] 伏羌庙学泮池“架为三桥”;[③] 庙学泮池上无泮桥的，目前发现有凤翔、华州、同州、耀州等城，均为州、府级别，泮池规模有可能较大。

5. **护栏**。泮池、泮桥往往设有砖、石护栏，围于四周。伏羌庙学泮池“崇垣外缭”,[④] 蓝田庙学泮池“周围有石栏”,[⑤] 同州府庙学泮池“缭以墙，以辟污”,[⑥] 泾阳庙学泮池也有“周围长一十四丈石栏砌护”。[⑦] 韩城文庙泮池周围和石桥两旁，均有高两尺余的石栏围护。[⑧] 明万历三十九年（1611 年），同官知县梁善士将庙学泮池“围以棂墙”。[⑨] 清康熙十八年（1679 年），盩厔知县章泰重凿泮池，“环池四面作朱栏以绕之”。[⑩] 乾隆元年（1736 年），富平文庙泮池坍塌，知县乔履信捐资修复，并“护以石栏”。[⑪] 乾隆三十年，陇州知州吴炳、学正孙梓等重修庙学泮池，“深广加前三之一，周围砖砌花墙，高二尺许”。[⑫] 乾隆三十二年，三原知县张象魏修葺文庙，“泮池环以石栏”。[⑬]

除护栏是砖、石建造以外，泮池本身的砌筑材料也多为砖石。华州城庙学泮池起先为“土壕”，清乾隆二十年学正薛宁廷“劝绅士捐助，砌以砖石，焕然新焉”。[⑭] 明天启五年（1625 年），醴泉知县萧如尹在棂星门外改凿泮池，也“甃以砖石”。[⑮]

---

① 万历《华阴县志》卷三《建置》，第 28 页 b。

② 顺治《渭南县志》卷四《祠祀志·祠庙》，收入傅璇琮等编《国家图书馆藏地方志珍本丛刊》（第 126 册），第 306 页。

③ （明）李东阳：《修建庙学记》，载乾隆《伏羌县志》卷一一《艺文志·记》，乾隆十四年刻本，甘谷县县志编纂委员会办公室 1999 年校点，第 90 页。

④ （明）李东阳：《修建庙学记》，载乾隆《伏羌县志》卷一一《艺文志·记》，乾隆十四年刻本，甘谷县县志编纂委员会办公室 1999 年校点，第 90 页。

⑤ 顺治《蓝田县志》卷一《建革》，收入傅璇琮等编《国家图书馆藏地方志珍本丛刊》（第 130 册），第 94 页。

⑥ 道光《大荔县志》附《足征录》卷二《文征》，第 18 页 a。

⑦ 道光《泾阳县志》卷四《学宫图》，第 5 页 b。

⑧ 李鸿渊：《孔庙泮池之文化寓意探析》，《中国名城》2010 年第 1 期，第 20—26 页。

⑨ 乾隆《同官县志》卷五《学校·学宫》，民国 21 年西安克兴印书馆铅印本，第 7 页 a。

⑩ 康熙《盩厔县志》卷二《建置·庙祀》，第 7 页 b。

⑪ 乾隆《富平县志》卷二《建置·祠庙》，乾隆四十三年刻本，第 8 页 a。

⑫ 乾隆《陇州续志》卷二《建置志·学宫》，第 10 页 a—b。

⑬ 光绪《三原县新志》卷四《祠祀志》，第 1 页 b。

⑭ 乾隆《再续华州志》卷一《地理志·建置》，乾隆五十四年刻本，第 5 页 b。

⑮ 崇祯《醴泉县志》卷二《祠祀志》，第 1 页 b。

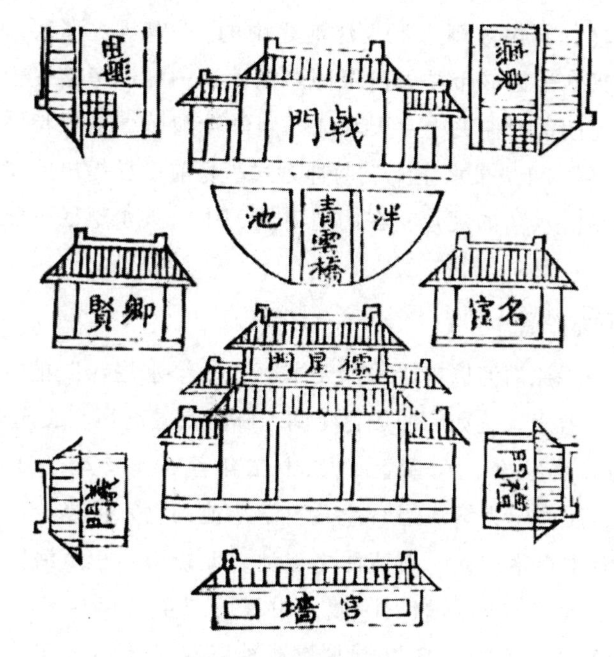

图 15－4　宝鸡学宫泮池

资料来源：乾隆《宝鸡县志》卷首《学宫图》，乾隆二十九年刻本，第 7 页 a。中国国家图书馆藏品。

三　庙学泮池的蓄水方式

庙学泮池蓄水具有重要文化寓意。学界认为，庙学泮池中的水绝大多数是活水，有进出水口，保证旱时不枯，涝时不溢。[①] 关于庙学泮池的具体蓄水方式，沈旸通过查阅《全宋文》，将宋代地方庙学泮池的形象进行汇总，发现泮池的营建或就原有水系，或引水为之，或凿池；[②] 彭蓉指出，“借城中河湖之活水”是我国古代地方文庙选址的一大特征，其目的在于将流动的活水引入泮池，或直接借河为泮；[③] 此外，还有像

① 张亚祥：《泮池考论》，《孔子研究》1998 年第 1 期，第 121—123 页；沈旸：《泮池再论》，载《文物建筑》（第 4 辑），第 53—66 页；沈旸：《泮池：庙学理水的意义及表现形式》，《中国园林》2010 年第 9 期，第 59—63 页；李鸿渊：《孔庙泮池之文化寓意探析》，《中国名城》2010 年第 1 期，第 20—26 页。

② 沈旸：《泮池：庙学理水的意义及表现形式》，《中国园林》2010 年第 9 期，第 59—63 页。

③ 彭蓉：《中国孔庙研究初探》，博士学位论文，北京林业大学，2008，第 43—46 页。

四川乐山文庙，将山坡雨水汇入泮池之中的;[①] 等等。那么，水资源不丰的关中－天水地区城市是如何保证泮池蓄水的？经考察发现，蓄水问题的解决，是明清时期关中－天水地区庙学泮池营建的独特之处，主要有“渠水注泮”和“泉水注泮”两种方式。之前学界提出的“泮池中的水绝大多数是活水”的观点，在明清时期关中－天水地区可能并不完全适用。

（一）渠水注泮

位于关中平原渭河以南诸城，大体通过“渠水注泮”的方式，来保证庙学泮池的蓄水。例如，明成化年间，临潼知县高恒在文庙中凿泮池，引城南“汤泉水贮之”。[②] 明嘉靖二十二年至二十三年（1543—1544年)，周相、汪尚宁为解决当时潼关卫学泮池的蓄水问题，特意营建周公渠，“引潼水自南门入，折流注之泮池，北折而达于黄河”。[③]

至于距离潼关城不远的华阴城，明万历二年（1574年）华阴知县李承科在城南昭光寺前，将华山北麓黄神谷渠“支分一渠入城壕，从东北隅入城，流入县学”,[④] 注入泮池。至明万历四十年，华阴知县王九畴重修庙学，因泮池干涸，再次“引水自华山麓达于学”。[⑤] 清乾隆《华阴县志》对引华阴城南山麓之水注入庙学泮池这样评价：“谷水从巽方来，蜿蜒入城，贯注黉苑泮池，所以裕璧水而资泽宫，攸关甚钜也。”[⑥]

再如盩厔城，清乾隆三十八年（1773年），盩厔知县徐作梅疏通城南广济渠，“灌商家磨等田三顷，余水仍注城壕，通学宫，为文明渠”。[⑦] 所谓文明渠，即因广济渠注入泮池，故“在泮西者，改名‘文明渠’”。[⑧] 泮池后来也称为“文明泉”，“（泮）池北有碑题曰‘文明泉’”。[⑨] 到乾

---

① 胡方平:《乐山文庙建筑特征试探》,《四川文物》1995年第3期，第70—74页。
② 康熙《临潼县志》卷三《祠祀志》，第1页b。
③ 雍正《敕修陕西通志》卷二七《学校》，第28页b。
④ 雍正《敕修陕西通志》卷四〇《水利二》，第46页b。
⑤ 万历《华阴县志》卷八《艺文》，第47页b至第48页a。
⑥ 乾隆《华阴县志》卷一《封域·水利》，第44页a。
⑦ 乾隆《重修盩厔县志》卷一《地理》，第21页a。
⑧ 乾隆《重修盩厔县志》卷五《祠祀》，第1页b。
⑨ 民国《盩厔县志》卷二《建置》，第26页b。

隆四十六年，盩厔知县徐大文“又开文明渠、文明池，绕流泮宫”，[①] 此时泮池“左右凿石为二龙首，引渠水从左龙口吐出，泻池中，满则右龙口吸，而归诸渠，循环往复，不舍昼夜，琮琤发响，若戛球簧”。[②] 到乾隆末年，因文明渠“渠水壅闭，有时池竭，知县杨仪重为疏浚，并责水老经理，俾永无涸患”。[③] 尽管设置水老经营管理，但渠道仍然会不时“淤塞不通，不能常注泮池”。[④]

与盩厔相邻的郿县城，于清康熙六年（1667年），郿县知县梅遇在斜谷峪口鸡冠石西筑堰，引水营建“梅公渠”，至石龙庙村分中、西、东三渠，其中“中渠由石龙庙绕东北，流经村域10处，入县西门出东门，下北崖注入渭水”。[⑤] 渠水进入郿县城后，经过文庙泮池，即“开泮池，架圜桥，引南山之渠水，盈注其内”。[⑥]

除渭河以南诸城庙学泮池以外，渭北地区的耀州、三水等城也采用“渠水注泮”的方式来解决庙学泮池的蓄水问题。明嘉靖耀州知州江从春“创作泮池，引通城渠水注之”，[⑦] 将沮水引入泮池；清康熙四十九年（1710年），“三水令黄天祐兼牧耀州，再修泮池”，引沮水而南注泮池，“命司水者仍以每月上、中、下旬日注水于池”。[⑧] 三水城为解决庙学泮池蓄水问题，在城“南引流灌溉，以潴泮水”。[⑨] 此“引流灌溉”者，为三水城引西溪河或东涧河的渠道。清康熙年间，三水邑人文龙轩称“先是水不至泮，林（逢泰）今筑堤，改绕其前，以裨风气”，指当时三水知县林逢泰筑堤将渠水引入泮池之中。[⑩]

在这些“渠水注泮”城市中，存在一些渠水入泮后不出的情况，这与之前学界提出的“泮池中的水绝大多数是活水”的观点有所不同。例

---

① （清）徐大文：《重修盩厔县学宫记》，载乾隆《重修盩厔县志》卷一一《艺文》，第48页a。

② 乾隆《重修盩厔县志》卷五《祠祀》，第1页b。

③ 乾隆《重修盩厔县志》卷五《祠祀》，第1页b至第2页a。

④ 民国《广两曲志》之《内编·地理志第一》，第6页。

⑤ 《宝鸡市志》，第2208—2209页。

⑥ 雍正《郿县志》卷二《政略志·祠祀》，第39页b。

⑦ 嘉靖《耀州志》卷三《建置志·学校》，嘉靖三十六年刻本，第3页a。

⑧ 乾隆《续耀州志》卷二《建置志·学校》，第3页b至第4页a。

⑨ 康熙《三水县志》卷四《艺文》，第17页b。

⑩ 康熙《三水县志》卷四《艺文》，第60页b至第61页a。

如，明代华州文庙在城池东南隅的高阜上，引城南太平河支流南溪入城，并注入泮池。南溪之水经过城池内外的农业灌溉、园林衙署用水之后，水量大大减少，“即有余入于泮池”，[①] “而不出城”。[②] 明华州知州陈应麟对利用南溪尾水营建泮池解释道：“此水细，入州中，而不泄于城外，乃翕聚之灵气也。”[③] 至清顺治、乾隆年间，华州学正师国桢、薛宁廷等继续营建渠道，“引城南泉水注其（泮池）中”。[④] 可惜的是，到民国时期，入城南溪已经湮塞，不仅渠岸园林随同废弃，[⑤] 曾经尾水汇入的泮池也“水涸池存”。[⑥] 再如，三原城有北白渠穿城（见图2－7），城中文庙泮池的水源便来自北白渠，渠水入泮后不出。泮池与北白渠之间通过阴渠连接，称为“马道阴渠”。因阴渠易淤，渠水注泮时必须抬高城中北白渠水位，故“截东门闸口，经夜泮池始满，然后水归正渠东行”。[⑦] 清乾隆三原知县张象魏修理三原城内阴渠，对马道阴渠“更拓旧制，增宽二尺，深四尺，置以闸板旁泄而泮池旋盈，闸口无截东关，多一夜水程矣”。[⑧]

（二）泉水注泮

明清时期关中－天水地区的“泉水注泮”大体分为两类：一类是疏浚城区的泉水注入泮池，另一类是深凿泮池及泉。如果说前一类还可以佐证之前学界提出的“泮池中的水绝大多数是活水”的观点，那么后一类明显与这种观点不一致。

在明清时期的关中－天水地区，疏浚城区泉水注入泮池的，主要有凤翔、宝鸡、同官、陇州等城。明清凤翔城以城西北隅的凤凰泉作为城市水系的源头。除凤翔城外部的“凤凰泉—护城河—东湖—塔寺河”水

---

① 隆庆《华州志》卷二《地理志·山川考》，光绪八年合刻华州志本，第4页b。
② 咸丰《同州府志》卷一八《山川志下》，第33页b。
③ 隆庆《华州志》卷二《地理志·山川考》，光绪八年合刻华州志本，第4页b至第5页a。
④ 乾隆《再续华州志》卷六《官师志下》，乾隆五十四年刻本，第7页b。
⑤ 民国《华县县志稿》卷三《建置志·城池》，第3页b。
⑥ 《华县呈赍遵令采编新志材料》（续），《陕西省政府公报》第487号，1928年12月，第13—14页。
⑦ 乾隆《三原县志》卷七《水利》，乾隆三十一年刻，光绪三年抄本，第13页a—b。
⑧ 乾隆《三原县志》卷七《水利》，乾隆三十一年刻，光绪三年抄本，第13页b。

系外，凤凰泉还自城外穿过城墙至城内西北角，以暗渠的形式，东南向潜流至城隍庙侧出地面，然后水分三支，其中一支双陶管潜入地下流向东南，至凤凰嗉子蓄水池，继而流向东南至府衙，再东南流至文庙泮池，再南排入护城河。[①] 张友辅认为，凤翔城市建设者如此营建城市水系，用意颇深，使城内水系有“象征凤凰肠胃之意”。[②]

清乾隆十二年（1747 年），宝鸡知县董霦、教谕张其泰重修文庙，将县署后党崇雅猗园内的猗园泉水“引入泮池”。[③] 清乾隆三十年，同官知县袁文观同样“引（同官）城西方泉水入（泮）池”。[④] 同年，陇州城庙学泮池“坍塌，水亦枯涸”，知州吴炳、学正孙梓等重修泮池，并“于池东南隅凿渠引莲池水入其中，复于泮池西北隅凿渠，由大成门右引出，开城南涵洞，流归汧河”。[⑤] 陇州城的莲池泉水成为泮池的主要水源，形成“莲池—泮池”水系（见图 15－5）。

在明清时期关中－天水地区，深凿泮池及泉的，主要有盩厔、朝邑、邠州、清水等城。前文提及盩厔广济渠供水文庙泮池，那是清乾隆年间及之后的泮池蓄水方式。在此之前，盩厔庙学泮池之水主要来自地下泉水。清康熙十八年（1679 年），盩厔知县章泰见庙学泮池“仅存土窟，绝无芹藻涟漪之致，乃从而堙塞之，别凿向离之地为池，正对庙门，其深及泉”。[⑥] 清道光十九年（1839 年），朝邑知县常瀚以工代赈，修筑文庙，“工既竣，复疏泮池，池中有一灵泉沸涌，清冽而甘，邑中父老云：‘泉故有两穴，湮且废，前修高程祠出一泉，兹两泉并出。’”，“遂名曰‘文澜泉’”。[⑦] 明清时期关中－天水地区有些庙学泮池的蓄水方式，至今尚未发现文献记载。但根据这些庙学泮池与井、泉的位置关系，我们可以推测，这些泮池主要通过深凿及泉获得水源。清水“学宫棂星门前”

---

① 《凤翔县志》，第 351—352 页。

② 张友辅：《凤翔古建筑》，载中国人民政治协商会议陕西省凤翔县委员会文史资料工作委员会编《凤翔文史资料选辑》（第 9 辑），凤翔县印刷厂，1990，第 165—166 页。

③ 乾隆《宝鸡县志》卷五《古迹·渠泉》，乾隆二十九年刻，抄本，第 24 页 b。

④ 乾隆《同官县志》卷五《学校·学宫》，乾隆三十年抄本，第 7 页 a。

⑤ 乾隆《陇州续志》卷二《建置志·学宫》，第 10 页 a—b。

⑥ 康熙《盩厔县志》卷二《建置·庙祀》，第 7 页 b。

⑦ 民国《朝邑新志》卷二《建置·学校》，收入《中国科学院文献情报中心藏稀见方志丛刊》（第 18 册），第 483 页。

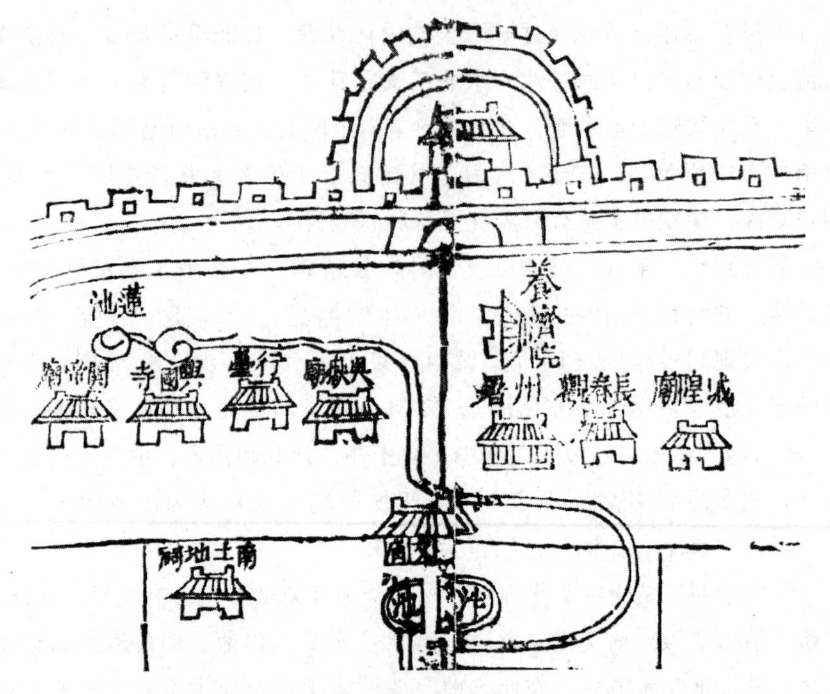

图 15－5　清乾隆时陇州莲池泉水注入文庙泮池

资料来源：乾隆《陇州续志》卷首《图考》，第 2 页 b 至第 3 页 a。中国国家图书馆藏品。

有自然涌动的涌泉，[①] 可见其泮池之水应为地下泉水。

虽然明清时期关中－天水地区一些城市通过“渠水注泮”或“泉水注泮”，解决了庙学泮池的蓄水问题，但也存在一些庙学泮池，因蓄水问题始终无法解决而不得不废弃。譬如武功庙学泮池，明万历九年（1581 年），知县曹崇朴在文庙棂星门内始凿泮池，后其因蓄水问题无法解决而遭废弃。清雍正《武功县后志》记载：“尝闻长老相传，邑庙学皆不宜泮池，曹以前未有，曹之后旋废。”[②]

四　庙学泮池的蓄水功能

泮池蓄水隐含着希望学子从圣人“乐水”、以水比德中得到启示，进而砥砺品行的寓意。[③] 李灵斋在《昔日周公渠》中指出，每逢春秋两

① 康熙《清水县志》卷二《地理纪》，第 5 页 b。

② 雍正《武功县后志》卷一《祠祀志·学宫》，第 1 页 b。

③ 李鸿渊：《孔庙泮池之文化寓意探析》，《中国名城》2010 年第 1 期，第 20—26 页。

季祭祀孔子大典时，潼关文庙泮池均需放满水，以表示敬意。[①] 除文化寓意的基本功能之外，地方城市庙学泮池蓄水还具有一定的水利功能。在全面考察明清时期关中－天水地区庙学泮池的表现形式和蓄水方式的同时，我们也总结了该地区庙学泮池蓄水的水利功能，这些功能应该具有一定的普遍性。

1. **美化环境**。泮池蓄水之后，往往栽培养殖具有“比德”意义的水生植物，如莲花。这不仅增添了庙学的灵气，还优化了庙学环境，尤其是面积较大的泮池，如华州庙学泮池。清顺治十四年（1657 年），师国桢任华州儒学学正，将城南山麓泉水引入泮池，并在泮池中种莲，有“学宫锦市”之誉。[②] 明万历九年（1581 年），武功知县曹崇朴在庙学棂星门内开凿泮池，同时也“艺蘋藻”。[③] 除莲、蘋、藻等水生植物外，泮池还可蓄养鱼类。韩城文庙泮池“中植菡萏，养以文鳞”。[④] 清康熙十八年（1679 年），盩厔知县章泰重凿泮池，“甃石加甓，壁立数仞，清波湛然，金鳞潜跃，环池四面作朱栏以绕之，池前隙地悉为展拓宽平，列种绿槐，缭以高垣，南尽城隈，轩豁宏敞”，[⑤] 泮池成为盩厔城中一处重要水体景观。

2. **灌溉花木**。因关中－天水地区城市地表水资源不丰，城中百姓常利用泮池所蓄之水来灌溉花木。清乾隆年间，潼关城协署曾引用泮池之水“灌花”，从而导致“泮池久涸”，为此，潼商道广厚“立示禁约，立碑文庙”，禁止引泮池之水他用。[⑥] 华阴庙学泮池也因居民“盗窃灌溉，渐成自然，池中仅涓涓细流而已”。[⑦] 明嘉靖耀州知州江从春“创作泮池，引通城渠水注之”，[⑧] 将沮水引入儒学泮池，“后池既残缺，假是水于州治中之西园，以灌其蔬”。[⑨] 利用泮池之水灌溉花木，虽会消耗原本

---

① 《潼关文史资料》（第 6 辑）（内部交流），第 294—295 页。

② 康熙《续华州志》卷三《官师列传》，第 27 页 a—b。

③ （明）张炼：《重修武功县庙学记》，载康熙《武功县重校续志》卷三《艺文志》，康熙元年刻，雍正十二年补刻本，第 15 页 a。

④ 乾隆《韩城县志》卷一三《碑记》，第 18 页 a。

⑤ 康熙《盩厔县志》卷二《建置・庙祀》，第 7 页 b。

⑥ 嘉庆《续修潼关厅志》卷中《职官志第五・潼商道》，第 4 页 b。

⑦ 乾隆《华阴县志》卷一《封域・水利》，第 44 页 a。

⑧ 嘉靖《耀州志》卷三《建置志・学校》，嘉靖三十六年刻本，第 3 页 a。

⑨ 乾隆《续耀州志》卷二《建置志・学校》，第 4 页 a。

有限的泮池水源，但对城中园林建设应该有一定的促进作用。

五 小结

明清时期关中－天水地区庙学泮池的营建，既具备泮池规范化的一般特征，同时也展现了西北内陆地区庙学泮池营建的独特性，具体表现如下。

1. 关中－天水地区庙学泮池的创建时间呈现如下特征：明万历及之前可能是该地区庙学泮池创建的主要时期；明万历以后，该地区仍有一些庙学创建泮池，占比可能不大。从庙学泮池的创建时间来看，关中－天水地区庙学泮池的创建是否受到《三才图会·宫室》的影响，有待进一步讨论。

2. 明清时期关中－天水地区庙学泮池的表现形式具有如下特征。(1) 空间位置：位于文庙棂星门与戟门之间的最多，位于文庙棂星门与影壁之间的居次，存在泮池在棂星门内外迁徙变动的现象；少数泮池位于文庙之外或儒学之内；少数庙学存在两三个泮池。(2) 形状：多数为半圆形，但也存在一些圆形和矩形泮池。(3) 泮桥设置：泮桥有单座、三座和无泮桥之别，多数为单座石桥，泮池上有三座泮桥的目前仅发现华阴、渭南、伏羌三城，泮池上无泮桥的目前发现有凤翔、华州、同州、耀州等城，且均为州、府级别。(4) 护栏设置：泮池、泮桥往往设有砖石护栏，围于四周，目的在于装饰和保护泮水环境。上述这些特征与明清时期我国其他地区庙学泮池的表现特征大体类似，符合泮池营建的基本规制。

3. 明清时期关中－天水地区地表水资源不丰，庙学泮池的蓄水方式与我国东部、南部丰水地区有着明显不同，主要有"渠水注泮""泉水注泮"两种方式。位于关中平原渭河以南诸城大体通过"渠水注泮"的方式，来解决泮池蓄水问题；"泉水注泮"大体分为两类，一类是疏浚城区的泉水注入泮池，另一类是深凿泮池及泉。无论是"渠水注泮"，还是"泉水注泮"，均存在有入无出的情况。这与之前学界提出的"泮池中的水绝大多数是活水"的观点有所不同，应该是西北地区城市庙学泮池营建的特殊性。

4. 除文化寓意的基本功能之外，明清时期关中－天水地区庙学泮池蓄水还具有美化环境、灌溉花木等水利功能，这与历史时期我国其他地区庙学泮池的蓄水功能基本是一致的。在当前城市现代化建设进程中，保存下来的庙学泮池依然在发挥着“余热”。如果明清时期关中－天水地区城市庙学泮池能够保存至今，且其蓄水问题的解决方式能够延续下来，那么今天该地区城市生态文明建设将获得一笔重要遗产。

第十六章　同与不同：历史时期凤翔东湖与陇州(县)莲池的营建与演变

近几十年来，随着我国城市化进程的加快，一些城市的水体景观出现不同程度的破坏，有些甚至遭到废弃和填占，不仅丧失了原有的功能，还使周围的人居环境质量大大下降。从历史时期这个长时间尺度来考察城市水体景观的营建与演变，对当前城市水体景观的管理与保护具有重要启示意义。前人在此方面已有相关论述，虽有关注区域层面城市水体景观的成因，① 但更多的是关注古都或历史文化名城水体景观的营建历史与演变过程。② 相比而言，历史时期我国中小城市水体景观的营建与演变得到的关注不多，尤其是我国西北内陆地区。

与我国东部、南部丰水地区相比，西北内陆地区城市水体景观的管理与保护形势较为严峻，许多城市历史时期形成的水体景观，现今已经湮塞废弃。就关中－天水地区而言，明清民国时期该地区至少有24座城市拥有湖池水体，现今这些湖池水体多数已经湮塞，仅西安、凤翔等少数城市仍保留有历史时期形成的水体景观，其中凤翔东湖被誉为“北方明珠”。与凤翔城同属关中西部的陇县城，在历史时期也拥有一处重要水

---

① 比如吴宏岐、张志迎《黄泛平原古城镇水域景观历史地理成因初探》，《地域研究与开发》2012年第1期，第145—149页。

② 相关研究成果有杨金辉《长安昆明池的兴废变迁与功能演变》，《贵州师范大学学报》（社会科学版）2007年第5期，第20—24页；许正文《论曲江池的兴衰》，《唐都学刊》2002年第3期，第36—38页；吴庆洲《杭州西湖文化景观的兴废及其启示》，《南方建筑》2013年第5期，第60—68页；陈桥驿《历史时期西湖的发展和变迁——关于西湖是人工湖及其何以众废独存的讨论》，《中原地理研究》1985年第2期，第1—8页；丁圣彦、曹新向《清末以来开封市水域景观格局变化》，《地理学报》2004年第6期，第956—963页；周祝伟《宋代杭州南湖及其变迁考》，《浙江学刊》2007年第2期，第119—123页；吴朋飞《清代开封城市湖泊的形成与演变》，载中国地理学会历史地理专业委员会《历史地理》编辑委员会编《历史地理》（第30辑），上海人民出版社，2014，第30—38页。

体景观，即莲池。虽然陇州（县）莲池与凤翔东湖的营建方式一致，均为浚泉而成，但二者有着不同的演变命运，陇州（县）莲池现已湮塞无闻。那么，为什么地理环境相似、营建方式相同的城市水体景观却有着迥然不同的命运？本章通过实地考察和梳理各类历史文献，比较了凤翔东湖与陇州（县）莲池的营建方式，梳理了二者在历史时期的演变过程，并结合我国其他城市水体的历史演变探讨了二者命运不同的原因。

一　相同的营建方式

（一）凤翔东湖的成因与苏轼营建

关于凤翔东湖的成因，明曹学佺《大明一统名胜志》之《陕西名胜志》载："东湖，在城治东，雍、渭二水所溢"；[①] 清顾祖禹《读史方舆纪要》卷五五《陕西四》也载："东湖，在府城东，雍、渭二水所溢，称城东之胜。"[②] 但清乾隆年间毕沅《关中胜迹图志》卷一七《凤翔府·大川》则认为"雍水在湖下流，若渭水则相距甚远，无由溢入"；[③] 民国《续修陕西通志稿》也认为"雍水在湖下，渭水更远，观苏诗，泉从高处来，当是城西北凤凰泉所潴，非雍溢也"。[④] 经核查可知，雍水发源凤翔城西北，"平地东流，至沣川同漆水入于渭"，[⑤] 与东湖之间隔有塔寺河；雍水"平地东流"，即使有河道变迁，应该也不会越过塔寺河；而渭水与凤翔城的距离，正如毕沅所说，"相距甚远，无由溢入"。此外，我们系统查阅明清以来凤翔城史料，至今未发现雍、渭二水泛溢入侵凤翔城的相关记载，甚至没有发现雍水泛溢的相关记载。可见，河水泛溢形成东湖应该是不成立的。

至于民国《续修陕西通志稿》主张东湖"当是城西北凤凰泉所潴"，是有史料根据的（见图 13－1）。但我们认为，此说并不全面，东湖的形成应该主要得益于凤翔城区丰富的地下水资源。先秦以降，凤翔城区的水资源环境一直比较优越。田亚岐认为，初期秦雍城周围有雍水河、纸

① （明）曹学佺：《大明一统名胜志》之《陕西名胜志》卷六，第 4 页 a。
② （清）顾祖禹：《读史方舆纪要》，第 2638 页。
③ （清）毕沅：《关中胜迹图志》，第 500 页。
④ 民国《续修陕西通志稿》卷一三二《古迹二》，第 22 页 b。
⑤ 康熙《陕西通志》卷三《山川》，康熙六年刻本，第 44 页 a。

坊河、塔寺河以及凤凰泉河环绕，河水丰沛，河谷纵深，这些自然河流还成为秦雍城军事防御的主要设施。[①] 唐时，凤翔城西有“西池”，可能就是东湖原址。[②] 唐朱庆馀《凤翔西池与贾岛纳凉》诗有云，“四面无炎气，清池阔复深。蝶飞逢草住，鱼戏见人沉”，[③] 可见西池风光之一斑。至明清时期，凤翔城区地下水资源依旧较为丰富，城区名泉众多，尤其是城池东部地区，如橐泉、谦泉、龙王泉、忠孝井等。其中，橐泉“注水不盈，旋盈旋涸，有似无底”；[④] 谦泉“时汲时盈，盈而不溢，有似人之不放纵”。[⑤] 因此，凤翔东湖形成于城池东南角，不仅得益于凤凰泉等城区泉水的汇聚，还得益于东湖湖址本身所具备的丰富地下泉水。李嘎认为凤翔东湖是“由凤凰泉和城内雨洪蓄积而成，发挥着调洪缓涝的重要功能，可视为凤翔城区的洪涝适应性景观”。[⑥] 我们不否认凤翔东湖的形成有一定的城区雨洪汇聚作用，但主要成因还是在于凤翔城区丰富的地下水资源，应该属于“浚泉为池”型水体景观（见图16－1）。

除水环境条件具备以外，凤翔东湖的营建还离不开北宋文人巨擘苏轼的个人作用。明清以来的方志均高度肯定了苏轼营建东湖之功，“东湖，东门（之）外，苏文忠公引凤凰泉水潴成”。[⑦] 凤翔城的建城史可以追溯到秦德公创建的雍城。从秦德公元年（前677年）建城至北宋嘉祐七年（1062年）苏轼营建东湖，长达1700多年，凤翔城区如果没有出现类似苏轼营建东湖这样的大型水体营建活动，并非地理环境不具备，很可能“已存在一片面积可观的水体”，[⑧] 而是没有出现像苏轼这样的营

---

① 田亚岐：《秦都雍城布局研究》，《考古与文物》2013年第5期，第63—71页。

② 北魏太武帝拓跋焘在秦雍城之北修筑雍城镇，为岐州治所，位于今凤翔东湖以东，延续至唐末。

③ 凤翔县档案局编《诗咏凤翔》，三秦出版社，2016，第71页。

④ 康熙《陕西通志》卷三《山川》，康熙六年刻本，第44页a。

⑤ 康熙《重修凤翔府志》卷一《地理第一·山川》，第16页b。

⑥ 李嘎：《旱域水潦：水患语境下山陕黄土高原城市环境史研究（1368—1979年）》，第276页。

⑦ 乾隆《凤翔府志略》卷一《舆地考》，第6页a；乾隆《凤翔府志》卷一《舆地·古迹》，乾隆三十一年刻本，第39页a；乾隆《凤翔府志》卷一《舆地·凤翔古迹》，道光元年补刻本，第39页a；乾隆《凤翔县志》卷一《舆地·古迹》，第8页a；道光《陕西志辑要》卷四，第5页a；《凤翔县志》，第352、840页。

⑧ 李嘎：《旱域水潦：水患语境下山陕黄土高原城市环境史研究（1368—1979年）》，第242页。

图 16－1　清乾隆《凤翔县志》卷首《东湖览胜图》

资料来源：乾隆《凤翔县志》卷首《图考》，第 5 页 b 至第 6 页 a。中国国家图书馆藏品。

建者。

纵观苏轼一生，城市水利实践活动是其在地方为官的重要政绩。除营建凤翔东湖之外，苏轼在杭州、颍州、惠州三地均曾营建“西湖”，尤其是杭州西湖，影响最为显著。南宋杨万里有诗云：“三处西湖一色秋，钱塘颍水更罗浮。东坡元是西湖长，不到罗浮便得休。”① 清王士禛也在《秦蜀驿程后记》中强调：“坡在杭在颍在惠，皆有西湖，故当时或献诗曰：‘我公所至有西湖’，惟岐称东湖。”② 正如民间俗语，“东湖暂让西湖美，西湖却知东湖先”，凤翔东湖在先，而杭州、颍州、惠州西湖在后。

那么，苏轼为什么热衷于城市水体景观的营建呢？我们认为这可能与苏轼的故土情怀有关。苏轼为北宋眉州眉山（今属四川省眉山市）人，于北宋景祐三年（1036 年）底出生在眉山城内。眉山城位于四川盆地、成都

① （宋）杨万里著，薛瑞生校笺《诚斋诗集笺证》，三秦出版社，2011，第 1261 页。

② 《王士禛全集（五）·杂著》，齐鲁书社，2007，第 3566 页。

平原的西南边缘，长江上游支流岷江纵贯眉山城。[①] 可以说，苏轼的家乡水资源丰富，环境优美，这对苏轼后来在各地营建城市水体景观有一定的影响。苏轼在凤翔所作《东湖》诗云："吾家蜀江上，江水绿如蓝。迩来走尘土，意思殊不堪。况当岐山下，风物尤可惭。有山秃如赭，有水浊如泔。"[②] 可见，苏轼营建东湖应该主要出于对家乡优美环境的热爱，和对西北自然环境的不太适应。在任凤翔府签判的第二年（1062年），苏轼便在凤翔城外东南角相度地形，疏浚东湖，种荷植柳，建亭设阁，并在《东湖》诗中细致生动地描述了当时东湖的美景。

（二）陇州（县）莲池的开凿与地理环境

位于明清民国时期陇州（县）城西北隅的莲池，与凤翔东湖在营建方式与地理环境方面极为相似。明清以来，陇州（县）官员、士绅经常将莲池与凤翔东湖相比，甚至将莲池的开凿与凤翔东湖联系起来。例如，1913年，陇州贡生丁全斌的《重修莲池记》如是记载："我陇之莲池，如凤之东湖，均为关西名胜。"[③] 那么，陇州（县）莲池开凿于何时？关于此，目前大体有两种说法：一种为明代说，主张这种说法的较多。清乾隆《凤翔府志》卷一载："莲池，州城西北隅，纵横十余亩，明时开凿，中植莲苇，上构亭榭，为一州胜迹。"[④] 丁全斌《重修莲池记》则有具体缘起记载："明之中叶，郡人阎光甫宫传本东坡之志，兴修焉，植莲养鱼，起亭布榭，几与东湖埒。"[⑤]1987年《陇县城乡建设志》更是明确指出，明孝宗弘治年间，"城内西北隅开始挖凿莲池"。[⑥] 另一种为宋代说。幼年生活在莲池岸边的李乐天在《回忆陇县莲池》中称，据旧州志载，莲池"创建于宋而兴于明"，"有本县人叫周光甫，字宫溥的人，仿照苏东坡修辟凤翔东湖形式，'起台补榭，治莲养鱼'，规模大备"。[⑦] 李乐天的说法与丁全斌《重修莲池记》记载大体一致，均强调陇州（县）莲

---

① 王水照、朱刚：《中国思想家评传丛书·苏轼评传》（上），南京大学出版社，2011，第45—47页。

② 田亚岐、杨曙明编著《凤翔东湖》，第63页。

③ 《民国陇县野史》上编卷七《公园》，第815页。

④ 乾隆《凤翔府志》卷一《舆地·古迹》，乾隆三十一年刻本，第46页b。

⑤ 《民国陇县野史》上编卷七《公园》，第815页。

⑥ 《陇县城乡建设志》，第5页。

⑦ 《陇县文史资料选辑》（第2辑），第171—174页。

池的开凿与凤翔东湖有渊源。总之，陇州（县）莲池开凿的确切时间有待考证，但在明代得以兴盛，是可以肯定的。

与凤翔城一样，陇州城区能够营建莲池水体景观，主要得益于城区丰富的地下水资源。陇州（县）城位于千河、北河和水峪河三水交汇的三角滩地上，“形如舟在水中”，有“水围船城”之说。[①] 清康熙《陇州志》称陇州城“东南北汧水、北河诸流环绕，有船浮水面之象”，[②] 而乾隆《陇州续志》则称其“介于南北两河，环山带水，形同泽国”，[③] 甚至有人认为其“像一座水中飘浮的美丽岛屿，屹然兀立”。[④] 清乾隆三十年（1765 年），陇州知州吴炳疏浚营建莲池时称：“北城外地去此仅十余步，掘土必数丈始及泉，兹地较城外高甚，锄二尺许辄有灵泉，混混不舍昼夜，亦奇观也”。[⑤] 1913 年，陇州贡生丁全斌《重修莲池记》关于莲池的形成也记载道：“若夫是池之成于天然，水就地出，可以引入泮宫，裨补风水，胜于东湖之水来自凤泉者，倍较清洁。”[⑥]其实，凤翔东湖水源除来自凤凰泉外，也是“水就地出”，来自湖址本身所具备的丰富地下泉水。1924 年，陇县采访局《陕西通志陇县采访事实稿》再次明确记载了当时莲池的水源：“池内就地出水，不是由外引来”。[⑦] 可见，陇州（县）莲池与凤翔东湖的营建方式大体相同，均为疏浚城区泉水营建而成。

二 不同的演变命运

（一）凤翔东湖的营建与演变[⑧]

自北宋苏轼营建东湖至明万历年间，凤翔东湖虽然“兴废湮筑不知

---

① 《民国陇县野史》上编卷七《风景》，第 817 页。

② 康熙《陇州志》卷二《建置志·寺观》，第 17 页 a。

③ 乾隆《陇州续志》卷二《建置志·城池》，第 7 页 a。

④ 李乐天、徐军：《陇县八景》，载《陇县文史资料选辑》（第 2 辑），第 163 页。

⑤ 乾隆《陇州续志》卷八《艺文志·记》，第又 53 页 a。

⑥ 《民国陇县野史》上编卷七《公园》，第 815 页。

⑦ 民国《陕西通志陇县采访事实稿》之《古迹志》，民国 13 年抄本。

⑧ 李嘎对明清民国时期凤翔东湖湖景的营造已有比较详细的论述，本章在此仅是大致勾勒，目的在于说明凤翔东湖在历史时期得到不断地疏浚整治。参见李嘎《旱域水潦：水患语境下山陕黄土高原城市环境史研究（1368—1979 年）》，第 245—252、265—276 页。

其几矣”,[①] 但可以肯定在此期间东湖曾得到多次浚治，因而诗词“题咏颇富”，人文景观也逐渐营建增多，如苏公祠、喜雨亭等。其中，喜雨亭原本位于“府治东北，苏轼判凤翔时建，自为记，后人移置东湖”（见图 16－2）。[②]

图 16－2 今凤翔东湖喜雨亭

资料来源：笔者摄于 2014 年 9 月 3 日。

明万历四十四年（1616 年），张应福任凤翔佥事。此时，东湖虽“桥道馆舍略具”,[③] 但张应福“病其陋，建君子亭于湖南，远迩交映，形胜不减坡翁时”,[④] 对东湖进行了一次较大规模的疏浚整治。关于君子亭的营建过程,[⑤] 以及为何将其命名为“君子亭”，张应福在《君子亭记》中有详细记载：

---

① 雍正《凤翔县志》卷九《艺文志中》，第 16 页 a。

② 雍正《凤翔县志》卷一《舆地志·古迹》，第 17 页 a。

③ 康熙《重修凤翔府志》卷一《地理第一·山川》，第 13 页 b。

④ 康熙《重修凤翔府志》卷一《地理第一·山川》，第 13 页 b。

⑤ 我们实地考察君子亭时，发现亭中匾额误称“君子亭为苏轼创建”。除张应福《君子亭记》外，清康熙三十五年（1696 年）三月王士禛游历东湖，其在《秦蜀驿程后记》卷上记有：“万历中，佥事张应福于湖南作君子亭，亭下有莲三亩，竹万竿。”

> 凤翔郡城外巽方有湖，宋苏子《八观》诗载之。迄今三数百年，兴废湮筑不知其几矣。顷，予来巡察关西，因慕苏子文学政事，得考究其往迹。沧海桑田，惟是湖尚在，规模湫隘，无复尔时风物之胜。湖南闲田十数亩，中有基丈余，殆前人所欲为而未竟者。予因建亭其上。北面是湖，湖有莲，盈二三亩，余三方植竹万竿，翠盖红芳，摇金戛玉，岸渚交映，良足怡怀。亭既成，客有携酒而落之者，遂请其名。予曰："君子哉。"客曰："何为其君子也?"予曰："夫莲花之君子，周濂溪尝言之。刘岩夫《植竹记》亦以刚柔忠义数德比君子。斯亭上下四方，罔非君子，独不可以君子名乎?"①

有清一代，凤翔东湖经历了十余次较大规模的营建与修葺，目前来看，主要集中在乾隆以后（见表16－1）。清光绪二十四年（1898年），凤翔府知府傅世炜在东湖南面买田数十亩，筑堤蓄水，扩建外湖（也称南湖），增强东湖的水利功能，同时拟置亭、台。② 至此，东湖形成南、北二湖的格局。

清末，战乱频仍，东湖亭、台、轩、榭倾圮过半。民国年间，凤翔东湖主要营建修葺两次。一次是1920年，陕西靖国军第一路司令郭坚所修；一次是1934年十七路军孙辅臣所修。1935年6月初，李文一从西安到汉中途经凤翔，游览东湖，当时面积有"二三十亩大"，他认为"如在江浙等省，并不怎样秀丽，但在凤翔来说，不愧称为胜景了"。③ 1954年，凤翔县政府拨款重修东湖，将湖中亭、台重加整修彩绘，东湖旧貌换新颜，但"文革"期间，东湖遭到严重破坏。④ 改革开放以后，凤翔县政府多次拨款修葺东湖，并成立了东湖管理机构。1983年7月13日，《关于加强东湖管理保护的通知》向凤翔全县颁布；1984年，东湖被公布为凤翔县级重点文物保护单位。⑤

---

① 雍正《凤翔县志》卷九《艺文志中》，第16页a—b。

② 《凤翔县志》，第840页。

③ 李文一：《从西安到汉中》，《旅行杂志》第10卷第9号，1936年9月，第61—77页。

④ 李万德：《略述建国后东湖的修葺》，载《凤翔文史资料选辑》第五辑（东湖专辑）（内部发行），第97—99页。

⑤ 《凤翔县志》，第841页。

表 16－1 清代凤翔东湖的主要营建活动

序号	时间	营建者	营建详情	资料来源
1	乾隆十九年（1754 年）	凤翔知府朱伟业	“甲戌之夏，予来守是郡，偶至湖上，但见荒烟蔓草，祠宇倾颓。寻问二亭（君子、宛在），佥曰：‘皆废矣。’而湖之北岸，尚存临水小轩。或又曰：‘此即宛在亭。’是年七月，因捐资鸠工，芟柞荒芜，修补破败，并镌是额于此，以识旧观，以达前人之意云尔”	（清）朱伟业：《宛在亭说》，载乾隆《凤翔县志》卷七《艺文・说》，第 83 页 a—b
2	乾隆四十年	陕西巡抚毕沅	见东湖“岁久就堙，旧有亭台及轼祠宇亦多倾圮”，故“重加葺治，剪伐灌莽，疏展湖身”，“四围补植花竹，映带清流，庶几昔贤遗迹复还旧观”	（清）毕沅：《关中胜迹图志》，第 501 页
3	乾隆五十九年	凤翔知府邓裕昌	“谒东湖苏文忠公祠，因是年秋水暴发，殿宇将圮，急为鸠工修葺，并湖中亭榭而一新焉”	（清）邓裕昌：《东湖纪事并序》，载《凤翔文史资料选辑》（第 5 辑）（内部发行），第 61 页
4	嘉庆十六年（1811 年）	凤翔知府王骏猷	“修葺公祠，重加疏浚，木桥水榭，胜境增新”	（清）白维清：《重修东湖碑记》，载《凤翔文史资料选辑》（第 5 辑）（内部发行），第 15 页
5	道光元年（1821 年）	凤翔知府高翔麟	“访东湖故址，已成芜陌，捐廉集工，一月浚成”	（清）高翔麟：《东湖》，载《凤翔文史资料选辑》（第 5 辑）（内部发行），第 74 页
6	道光八年	凤翔知府陈懋采	“疏浚湖水，新制庙貌”	（清）熙年：《重修东湖苏公祠、凌虚台、喜雨亭记》，载《凤翔文史资料选辑》（第 5 辑）（内部发行），第 17 页
7	道光二十五年	凤翔知府白维清	“余于道光十六年丙申岁，权篆凤翔，欲修葺之而不果，阅八载，廿五年乙巳，自兴元移旆重来，谒公祠而亟为荒废焉。商之八属，同人皆有同志，刻日鸠工先浚湖根，旋引泉脉，淤者深之，实者疏之，遂成巨浸矣。乃以疏浚余资，于湖之北岸，建敞轩三楹，傍矗层楼，用资远眺，栽花剃草，种树架桥，嘱宝鸡二尹章子廷英，绘为全图，参对陆子均董其事，经数月而工告成”	（清）白维清：《重修东湖碑记》，载《凤翔文史资料选辑》（第 5 辑）（内部发行），第 16 页

续表

序号	时间	营建者	营建详情	资料来源
8	同治（1862—1874年）初	凤翔知县严德芬	“再浚东湖，岸栽杨柳，一切亭台未暇及也。迨升任后，函致常参戎瑛，修建鸳鸯亭”	（清）熙年：《重修东湖苏公祠、凌虚台、喜雨亭记》，载《凤翔文史资料选辑》（第5辑）（内部发行），第17页
9	同治十二年	凤翔知府蔡兆槐	“于湖内修春风亭、不浪舟”	（清）熙年：《重修东湖苏公祠、凌虚台、喜雨亭记》，载《凤翔文史资料选辑》（第5辑）（内部发行），第17页
10	光绪十一年（1885年）	“督戎”孙耀桂	“督率勇夫，浚湖淤”	（清）熙年：《重修东湖苏公祠、凌虚台、喜雨亭记》，载《凤翔文史资料选辑》（第5辑）（内部发行），第18页
11	光绪十三年至十四年	凤翔知府熙年	“十三年与寅僚捐廉鸠工，添修牌坊、湖门，建丽于轩三间，庖厨一所，造埧篪画舫，植花竹、种荷芰、固桥栏、竖绣石、谨瓦墁、饰窗楹、列几筵、具器用，一时乘传之使，流连觞咏其间，以重见君子、宛在为喜。惟祠阙焉，莫隆报飨。十四年夏，又谋诸附郭同宝、岐绅商出资，刻日饬匠，寻旧故址，亟为之经营。修正殿三间，同笑山房三间，鸣琴精舍三间，悉见整齐。祠之左侧，地势宽阔，筑凌虚台一座。台上修亭一间，以适然名。喜雨亭并葺其下焉。四面缭垣，应用一切，均为具备，委赵二尹联芳、余少尉朝乐董司其事。自五月兴工，至十月竣事”	（清）熙年：《重修东湖苏公祠、凌虚台、喜雨亭记》，载《凤翔文史资料选辑》（第5辑）（内部发行），第18页

凤翔东湖水体景观虽然至今仍然存在，但曾经形成东湖的地理环境已有很大改变，难以再浚泉成湖。1968 年，关中工具厂迁至凤翔城西北隅，在凤凰泉附近钻凿机井，超采地下水，曾经“凤涧分流”的凤凰泉逐渐停涌。[①] 为解决凤翔东湖的水源问题，经 20 世纪 90 年代和 21 世纪初的多次努力，2007 年凤翔县政府建成白荻沟水库引水工程，从北部山区的白荻沟水库引水入东湖。[②]

（二）陇州（县）莲池的营建与演变

据目前调研来看，陇州（县）莲池的最早记载可能出自明嘉靖《陕西通志》卷三，即“双莲池，在州北门外，有二池，种红白莲，围栽庶果，中构亭馆，每遇佳节，士人多游赏之”。[③] 此处记载的“双莲池”在陇州城北门外，并非莲池所在的州城西北隅。但从明嘉靖《陕西通志》卷八所附陇州城图中，我们发现陇州城西北隅有一处面积不小的湖体，而州城北门外没有湖池水体（见图 16－3）。另外，明嘉靖《陕西通志》卷三对“双莲池”的描述，与清乾隆《陇州续志》对明时州城西北隅“莲池”的追述基本一致：“构亭榭，植葭苇、芰荷、菖蒲、慈菇之属，其□多鱼鳖，其鸟多凫鸥，佳晨丽景，游人士女多临眺。”[④] 所以，明嘉靖《陕西通志》卷三所记载的“双莲池”应该就是“莲池”，只是在地理位置记载上有误。

明末清初，陇州莲池“叠经寇变，亭榭残毁，池亦渐为瓦砾填满”，[⑤] 胜景淹没。清康熙五十年（1711 年），陇州知州罗彰彝挑浚莲池，“虽未全复旧观，然而浅水微波，故迹犹存”。[⑥] 至乾隆三十年（1765 年），陇州莲池再次“淤成平地，一望榛芜，无复涓滴之遗矣”，[⑦] 此时距罗彰彝浚修莲池仅 50 余年。清乾隆《陇州续志》详细记载了罗彰

① 刘亮：《凤凰泉·凤凰渠·凤涧分流》，载《凤翔文史资料第二十三辑：凤翔城建史料》（内部发行），第 39 页。

② 关于 20 世纪八九十年代之后凤翔东湖水源问题的解决，参见李嘎《旱域水潦：水患语境下山陕黄土高原城市环境史研究（1368—1979 年）》，第 269—273 页。

③ （明）马理等纂《陕西通志》卷三《土地三·山川中》，第 94 页。

④ 乾隆《陇州续志》卷一《方舆志·古迹》，第 21 页 a。

⑤ 乾隆《陇州续志》卷一《方舆志·古迹》，第 21 页 a。

⑥ 乾隆《陇州续志》卷一《方舆志·古迹》，第 21 页 a。

⑦ 乾隆《陇州续志》卷一《方舆志·古迹》，第 21 页 a。

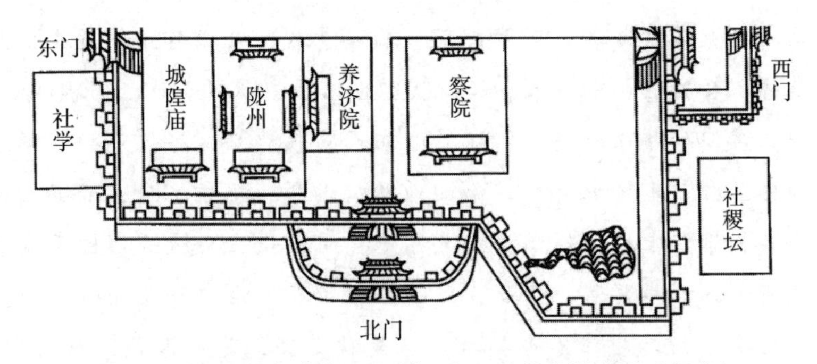

图 16－3　明嘉靖《陕西通志》卷八所附陇州城图（部分）

资料来源：（明）马理等纂《陕西通志》卷八《土地八·建置沿革中》，第 317 页，笔者有改绘。

彝浚修后莲池再次湮塞的原因和影响："闻有欲据为己业，潜下巨石，堵塞泉眼者，非惟胜景湮没而山川清淑之气闭抑弗通，百余年间人文萎□不振，实职其咎，关系匪轻。"① 乾隆三十年（1765 年），陇州知州吴炳对莲池以及莲池注泮重新加以疏浚和营造：

> 先于池西南浚古泉试验，未及尺余，泉眼星列，甘醴瀵出不可计。旋诹日鸠工于池四面，除中央亭址外，依故迹挑挖，深约五尺，横约十余丈，纵约十丈，源泉混混，洋溢满池，悉复旧观。中构亭一，周围砖砌花墙，墙之南为浮桥。水面刨出旧存石墩四，上栽木桩，架木板以通往来，前后左右缭以垣。仍开浚古渠，坍者补之，塞者涤之，由东而南而西，引水入泮池，复于池西南引出，开城南涵洞，俾流归汧河。或虑秋水时至，涨溢为害，别由北城旧涵洞导之出城，使入于北河。②

吴炳在其《莲池记》中也详细记述了此次疏浚的过程以及疏浚后的莲池美景：

> 治西北隅有地负城，十亩而羸，窦者、凹者、淤者、草翳如者，传为古莲池云。予乙酉春祀文昌阁，于北城上凭高周视，慨然与僚

① 乾隆《陇州续志》卷一《方舆志·古迹》，第 21 页 a—b。

② 乾隆《陇州续志》卷一《方舆志·古迹》，第 21 页 b 至第 22 页 a。

属、师生谋修复之。删莽剃薉，畚锸竞施，未阅月，神瀵出，滵汩汪洋，潴为池。中央土矗起，坚实可二寻，即旧亭址，仍构亭其中，深广度旧址稍杀。扁曰：镜心。四面窗棂轩豁，可凭可眺。亭前隙地植丛桂、垂杨五六株。南面地尽处为桥，桥铺木板，长五丈，两旁栏楯涂以朱墨，如长虹蜿蜒波中。周围短垣杂植松柳桃李榆杏之属百本，沿岸菖蒲、慈菇、茭葑纵横郁茂。池内荇藻澄彻，鱼鳖鳅鳝之类游衍其中，不可指数。当夏秋之交，芰荷偃仰，菡萏馥郁，日暮烟霭霞明，蛙声阁阁，水鸟□飞掠波上，宛若江以南□乡小景。……迤西为小池，泉清而甘，烹茶异他处。其旁孔涌出不可遏，环池圃者、田者皆藉以灌溉。[①]

从上文可见，经过吴炳的疏浚营造，莲池“悉复旧观”，形成东大池、西小池的双池结构，成为城中一处水体景观（见图16－4）。吴炳的《莲池四首》[②] 和时任陇州同知任云书的《莲池赋》、《莲池三首》[③] 等诗文都充分展现了当时的莲池盛景。为加强对大小莲池的管理，吴炳等发现莲池“门外地以亩计者九，壤沃宜稼穑”，于是“给文昌阁庙夫，令耕种，食其利，责以管钥之任”，并规定“有觊觎者，官以法治之”。[④] 尽管如此，“不数十年，环堵萧条，不蔽风雨”，[⑤] 至光绪二十九年至三十一年（1903—1905年），知州储樨昭、臧瑜“先后筹款动工，欲兴复旧观，寻以款项奇绌中止”。[⑥] 光绪三十一年秋，知州臧瑜筹款浚修莲池，欲在“水中央粗构木亭一座，池南边粗构船房三间、灶房三间，因款不足停止，而池腹之草莱如故，泉眼之壅蔽如故，渠流之荒芜又如故。所谓接天莲叶、映日荷花，足以游目骋怀，极观览之娱者，未克有

① 乾隆《陇州续志》卷八《艺文志·记》，第53页a至第又53页a。

② 乾隆《陇州续志》卷八《艺文志·诗》，第111页a至第112页a。

③ 任云书，副贡生，江苏溧阳县人，乾隆三十年（1765年）任陇州同知，后升为知州。诗文引自《陇县志》，第783页。

④ 乾隆《陇州续志》卷八《艺文志·记》，第又53页a。

⑤ （清）朱家训：《重修莲池记》，载民国《陇县新志》卷四《艺文志第八上·文记》，民国35年抄本。

⑥ 民国《陕西通志陇县采访事实稿》之《古迹志》。

也”。[①] 次年（1906 年），《陇州乡土志》如实记载：“莲池甘泉，水引泮宫，上有亭台之胜，今水淤未浚。”[②]

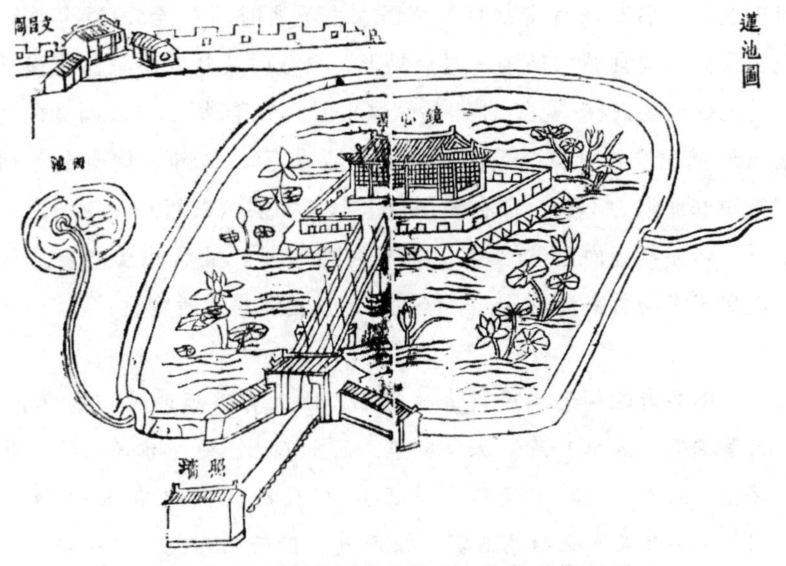

图 16－4　清乾隆《陇州续志》卷首《莲池图》

资料来源：乾隆《陇州续志》卷首《图考》，第 7 页 b 至第 8 页 a。中国国家图书馆藏品。

直到民国初年，陇州（县）莲池才有几次实在的修浚活动。1912 年 6 月至次年 6 月，陇州仕绅秦润泉等修浚莲池，“扩大池台面积，池广四亩，亭式如旧”，营造亭台、屋宇、画舫等，“亭及各房雕梁画栋，彩色灿烂，池周围绿树浓阴，奇花异草”，真是“在在宜人”。[③] 1917 年，莲池得到再次修浚，池内“遍植莲花，次年开花，红白错杂，池内鹅鸭逐波，锦鳞游泳，又有画舫一只，可容十余人，登舟者自行拨桨，随波荡漾”，“池周围绿树浓阴，亭阁房廊绘画花丽，光彩夺目，虽不及凤翔东湖范围之大，然完整周备不在其下”。[④] 然而好景不长，自 1919 年起，陇南镇守使孔繁锦部队前后驻扎陇县七八年，莲池“竟成营垒，种种破坏，房舍坍塌，亭臺倾圮，砖瓦脊兽狼籍遍地，花木多被摧残，画舫随

① 宣统《陇州新续志》卷二八《古迹志》。

② 光绪《陇州乡土志》卷一〇《地理》，第 3 页。

③ 《民国陇县野史》下编卷九《编年》，第 1065 页。

④ 《民国陇县野史》上编卷七《公园》，第 804 页。

之失踪，莲花先后遭劫，结果因挖藕断绝根株，锦绣公园形成悲惨状态”。[①] 对此，当时陇县僧人张上人以诗慨之：“薄暮徘徊任所之，荒凉不过古莲池。名花尚有遭劫日，莫怪人生不遇时。”[②] 至1925年底，凤翔党玉琨部驻陇县城，被围一月后城开，“城内公共处所及民房多被拆毁，莲池建筑物被拆一空，木料抬至城上，当做柴薪”，“公园竟成瓦砾之场”，[③] 莲池遭到更加严重的破坏。此后直至1934年，陇县县长何家骏“欲重修而财力不逮，仅在池中台上草创一层六楞粗亭一座，两端造有木桥，聊存其迹而已”，[④] 莲池景观有所恢复。虽然此次修复力度不大，但次年张扬明来到陇县，对修复后的莲池还是有所赞赏：

> 陇县街道颇好，城内有莲花池，池上有桥可通过，桥中有亭，为莲花亭。池水甚清，珠泉串串，涌出不已；池中水草甚多，惟无莲花；池的一面为深林，一面为孤儿院，院中有湘妃竹一小园；——此为我来西北后第一次所见，因西北各地，竹子绝少。出园即一边通莲花池，一边通街道之左右分歧的小径。[⑤]

1938年，陇县卫生院搬迁至莲池处，县长张丰胄增修房屋数座，景观逐渐恢复起来，被辟为“莲湖公园”。[⑥] 民国马骏程有《莲池公园》诗一首：“邀友泛觞日日游，绿杨深处放轻舟。醉心还是莲池水，汧汭之间第一流。”[⑦] 可见，莲池公园是当时陇县城区百姓休闲娱乐的好去处。

总体而言，明末至民国，陇州（县）莲池历经多次湮塞，因得到不断疏浚整治而恢复。新中国成立之后，陇县莲池也曾一度得到整治，如1959年陇县人民政府拨款5000元维修。但不幸的是，1960年后，莲池

---

① 《民国陇县野史》上编卷七《公园》，第805页。
② 《民国陇县野史》上编卷六《名人佳作》，第740页。
③ 《民国陇县野史》上编卷七《公园》，第806页。
④ 《民国陇县野史》上编卷七《公园》，第806页。
⑤ 张扬明：《到西北来》，第130页。
⑥ 《民国陇县野史》上编卷七《公园》，第806页；李乐天：《回忆陇县莲池》，载《陇县文史资料选辑》（第2辑），第171—174页。
⑦ 《陇县志》，第785页。

被陇县木器厂、水产站基建占用，随后废弃、消失。[①] 如今，曾经的“古名胜地”已经消失在历史的长河之中，陇县城中虽留有“莲池巷”地名予以纪念，但今人恐怕无法想到那里曾有一处面积可观的水体景观。

三　不同命运的原因

虽然凤翔东湖与陇州（县）莲池的地理环境相似、营建方式相同，但二者有着不同的命运，即凤翔东湖至今名满三秦，而陇州（县）莲池已湮塞无闻。那么，二者命运不同的原因是什么？我们认为，主要在于二者文化内涵的被赋予、被认识程度不同。城市是一个有机体，城市生命在于其文化内涵或文化属性。城市问题研究专家科特金认为，一座城市的发展与繁荣离不开其文化属性，“一个伟大城市所依靠的是城市居民对他们的城市所产生的那份特殊的深深眷恋，一份让这个地方有别于其他地方的独特感情”。[②] 城市水体能否持续营建发展，同样在于其是否具备让城市居民“深深眷恋”的文化内涵。杭州西湖、凤翔东湖等湖池无疑是具备的。凤翔东湖之所以繁盛至今，与其得到持续的疏浚整治有密切关系，而其之所以得到持续的疏浚整治在于凤翔人对其“深深眷恋”。陇州（县）莲池因让步于经济发展而湮塞废弃，与其薄弱文化内涵有着重要关系。现结合历史时期我国其他城市湖池水体的演变过程，就凤翔东湖与陇州（县）莲池不同命运的原因论述如下。

（一）持续的疏浚整治是城市湖池水体得以保存和发展的关键

历史时期以来，城市湖池水体的淤塞废弃具有一定的普遍性，即便是位于我国东部、南部丰水地区也不例外。清人刘声木《苌楚斋随笔》卷八记载：“以地名西湖者，天下三十有六，除杭州最著名外，当以福建福州府、广东惠州府为次。”[③] 在这些西湖中，有些早已湮灭；有些虽然今天依旧繁盛，但也曾面临多次淤塞废弃的命运，如杭州西湖、惠州西湖。这些至今没有被废弃的西湖，归功于历代的疏浚整治和风景营造。习近平总书记曾强调，“正是因为有了白居易、钱镠、苏东坡等对西湖的

① 《陇县志》，第825页。

② 〔美〕科特金（Kotkin，J.）：《全球城市史》，第292页。

③ （清）刘声木：《清代史料笔记丛刊·苌楚斋随笔续笔三笔四笔五笔》，刘笃龄点校，中华书局，1998，第178页。

持续保护和风景营造，才有了现在的‘人间天堂’”。[①] 自唐宋以来，杭州西湖经历了30余次疏浚治理，[②] 可以说重复着“淤积—疏浚—再淤积—再疏浚”的过程。竺可桢曾明确指出，杭州“西湖若没有人工的浚掘，一定要受天然的淘汰”；[③] 吴庆洲则进一步总结道，“有管理浚治，则湖兴，否则，湖就废，成为民田”。[④] 与杭州西湖并称的惠州西湖，在历史时期同样面临着侵湖为田和淤积严重的问题，后经多次浚修，并制定相应的禁令和管理制度，才未被堙废成田。[⑤]

在历史时期的关中-天水地区，城市湖池的命运与是否得到持续的管理浚治关系更为紧密。西安城莲花池属于渠水类湖池，其湮塞兴衰与渠水补给有着密切关系。明末，因通济、龙首二渠淤塞，莲花池遂“久涸，瓦砾委焉”；清康熙初年，贾汉复“重浚三渠，资民汲饮，因并凿斯池，易名‘放生’”，莲花池再度成为西安城中一处盛景。[⑥] 可见，莲花池的盛衰与龙首、通济二渠的畅通与否有着密切关系。1922年，莲花池被辟建为莲湖公园，成为西安城内首座公园，供市民游览休憩。虽然莲湖公园也曾“湖水涟漪，林木葱蒨，城市尘嚣至此尽涤”，[⑦] 但水源补给一直是其营建发展的关键。20世纪三四十年代，莲花池水源问题比较严峻，池中水量稀少，经常出现干涸现象。经龙渠多次疏浚，莲花池因获得城外河水和城内雨水而得以继续维持。可见，自明代以来，西安城莲花池多次因水源不足面临着湮塞，终因得到持续的管理浚治而免于消亡。

由上文可知，不论是在我国东部、南部丰水地区，还是在西北内陆地区，只有持续的疏浚整治才能使城市湖池水体得以保存和发展。凤翔东湖和陇州（县）莲池在历史时期的演变再次说明了这一点。自北宋苏

---

① 《十八大以来重要文献选编》（下），第90页。

② 林正秋：《杭州西湖历代疏治史》（上），《现代城市》2007年第3期，第53—56页；林正秋：《杭州西湖历代疏治史》（下），《现代城市》2007年第4期，第45—52页。

③ 《杭州西湖生成的原因》，载《竺可桢全集》（第1卷），上海科技教育出版社，2004，第92—95页。

④ 吴庆洲：《杭州西湖文化景观的兴废及其启示》，《南方建筑》2013年第5期，第60—68页。

⑤ 吴庆洲：《惠州西湖与城市水利》，《人民珠江》1989年第4期，第7—9页。

⑥ 民国《续修陕西通志稿》卷一三一《古迹一》，第4页a。

⑦ 民国《咸宁长安两县续志》卷七《祠祀考·长安》，第33页a。

轼营建至今，凤翔东湖已有近千年的营建史，历经数十次修浚，仅有清一代较大规模的修浚就有十余次之多。正因历代的不断疏浚整治，凤翔东湖才得以保存至今，人文景观才得以不断增多与汇聚。[①] 陇州（县）莲池在历史时期也不时出现淤塞之态，后均因得到浚修而得以再度繁盛，如清康熙五十年（1711 年）知州罗彰彝的挑浚和乾隆三十年（1765 年）知州吴炳的疏浚。新中国成立后，陇县莲池淤塞废弃正是在于没有得到持续的疏浚整治。

（二）文化内涵的赋予与认识是城市湖池获得持续疏浚整治的保证

"江山也要文人捧"，物质环境因人文因素的赋予而升华，从而具备贯穿时空的独特魅力。[②] 唐代柳宗元认为，"夫美不自美，因人而彰，兰亭也，不遭右军，则清湍修竹，芜没于空山矣"。[③] 柳宗元自己对永州山水的扬名同样具有重要贡献。据此，著名建筑学家吴良镛先生指出："人迹与山水交织在一起，风景因人文而隽永留长——这正是人居环境风景营造的精髓！"[④] 历史文化内涵的赋予，对城市水体景观的营建与保护有着重要影响。唐以前寂静无闻的杭州西湖，因得到李泌、白居易、苏轼等文化名人的营建而闻名全世，此后被逐渐赋予丰厚的历史文化内涵。2003 年 9 月 27 日，时任中共浙江省委书记的习近平同志在考察杭州西湖综合保护工程时指出："在西湖四周，留下了吴越文化、南宋文化、明清文化的深刻印记，留下了无数文人墨客的佳话诗篇，留下了无数科学巨匠的创造发明，留下了无数民族英雄的悲歌壮举，留下了无数体现杭州先民勤劳智慧的园、亭、寺、塔。"[⑤] 历史时期杭州西湖之所以得到不断

---

① 北宋以后，凤翔城附近的人文景观不断向东湖汇聚。例如，喜雨亭于北宋嘉祐七年（1062 年）由苏轼创建，原在凤翔府衙内东北隅，明时迁移于东湖苏公祠左侧；凌虚台原由北宋凤翔太守陈希亮创建于府衙内北城墙下，后于清光绪十四年（1888 年）由凤翔知府熙年迁移于苏公祠东侧；会景堂原名会景亭，原在城外南溪，清光绪二十四年（1898 年）凤翔知府傅世炜将其迁入东湖；莲池亭，原在旧府判厅舍，为苏轼创建，清代移入东湖。

② 吴良镛：《中国人居史》，第 493 页。

③ 《唐宋八大家文集》编委会编《唐宋八大家文集·柳宗元文集》，中央民族大学出版社，2002，第 72 页。

④ 吴良镛：《中国人居史》，第 237 页。

⑤ 习近平：《干在实处　走在前列——推进浙江新发展的思考与实践》，中共中央党校出版社，2006，第 480 页。

疏浚整治，与其被“留下”丰厚的历史文化内涵有着密切关系。

另外，城市湖池水体的历史文化内涵也需得到后人的正确认识，这对城市湖池水体的保护与发展至关重要，如对北京莲花池的保护。20世纪90年代初建设北京西客站时，有关部门在勘察中，见莲花池日渐萎缩，建议占用莲花池，建设西客站。著名历史地理学家侯仁之先生对此坚决反对，并写报告向社会各界呼吁，大力阐释莲花池在北京城市发展史上的重要意义。北京城原始聚落——蓟城的兴起，虽然与华北平原古代交通大道的发展有密切关系，但由于古永定河夏季洪水泛滥，蓟城没有兴起在交通大道南北往来的交通枢纽处——古永定河渡口，而是落点在距古渡口一定距离的蓟丘。原因在于此处既无水患，又离渡口较近，更为重要的是有西湖（今莲花池）作为水源。[①] 从蓟城到金中都，虽然城市范围有所扩大，但城址始终未变，一直位于今莲花池以东地区，并依靠莲花池水系得以发展。[②] 元朝建立后，为满足日益增加的用水需求，统治者才放弃莲花池水系，在金中都东北郊外营建新城，改依高梁河水系。可以说，莲花池对北京城的起源有着重要意义，故有“先有莲花池，后有北京城”一说。经侯仁之先生的大力呼吁，后来的规划设计方案将北京西客站主楼向东北挪动了约100米，不仅将莲花池保存下来，还对其进行了修葺。[③] 现今，莲花池已被开辟成“莲花池公园”。

凤翔东湖之所以能够繁盛至今，很大程度上归功于苏轼的影响力。自苏轼营建凤翔东湖以后，历代文人士大夫因仰慕苏轼的才华，不断疏浚整治凤翔东湖，可谓“慕苏子文学政事，得考究其往迹”。[④] 清初诗人王士禛对东湖得到不断浚治赞美道，“湖似郎官好，名因学士传”。[⑤] 在苏轼的影响下，凤翔东湖成为文人士大夫的宴饮、游览胜地，并留下了丰富的文学作品，“凡守令兹土以及停骖问俗者，靡不与为往还，

---

① 侯仁之：《北平历史地理》，邓辉等译，外语教学与研究出版社，2013，第22—35、211—212页。

② 侯仁之主编《北京城市历史地理》，北京燕山出版社，2000，第89页。

③ 朱祖希：《从莲花池到后门桥——访历史地理学家、中科院院士、北京大学教授侯仁之先生》，《北京规划建设》2001年第1期，第60—64页。

④ （明）张应福：《君子亭记》，载雍正《凤翔县志》卷九《艺文志中》，第16页a。

⑤ （清）王士正（禛）：《雨中武真庵督学招集东湖》，载乾隆《凤翔县志》卷七《艺文·诗》，第122页b。

题咏颇富”,[1] 尤其是明清两代，至少留下了百余首东湖诗文。[2] 例如，晚清秦安人冯锡龄有《东湖》诗云：“炳波西岸泛轻舟，绿柳红莲逐水流，宛似西湖六月景，东坡游后复谁游。”[3] 再次强调了苏轼与凤翔东湖的紧密联系。这些文学作品的出现，进一步赋予了凤翔东湖文化内涵。

与凤翔东湖相比，陇州（县）莲池被赋予的历史文化内涵较为薄弱，没有得到重量级文人“捧”的命运垂青，这与它的最终废弃有着很大关系。历史时期以来，陇州（县）莲池得到疏浚的次数与重视程度不如凤翔东湖。就清代而言，凤翔东湖较大规模的疏浚不下十余次，而陇州（县）莲池仅有数次疏浚。凤翔东湖的疏浚整治多数为主动式疏浚整治，因为“慕苏子文学政事”；陇州（县）莲池的疏浚整治则缺乏“因人而彰”的主观诉求。新中国成立以后，陇县莲池被湮塞填埋，让步于经济发展，应该主要在于没有足够分量的“人迹”（历史文化内涵），难以引起当时建设者的足够重视。

四　小结

“浚泉为池”是历史时期关中－天水地区城市湖池水体营建的主要方式之一，位于关中西部的凤翔东湖与陇州（县）莲池就是其中较为典型的案例。虽然二者的营建方式相同，均以城区泉水为源来营建水体景观，但有着不同的演变命运：凤翔东湖如今名满三秦，而陇州（县）莲池已湮塞无闻。

在历史时期，城市湖池水体的淤塞废弃具有普遍性，持续的疏浚整治是城市湖池水体得以保存和发展的关键。凤翔东湖和陇州（县）莲池在历史时期均遭多次淤塞，后经多次疏浚治理而恢复盛景。而能否获得持续的疏浚整治，与城市湖池本身是否具有丰厚的历史文化内涵有着密切关系。凤翔东湖在历史时期之所以能得到持续的疏浚整治，主要归功于其所具备的丰厚历史文化内涵。与凤翔东湖有着同样营建方式的陇州

① 雍正《凤翔县志》卷九《艺文志下》，第 41 页 b。

② 李嘎：《旱域水潦：水患语境下山陕黄土高原城市环境史研究（1368—1979 年）》，第 252—265 页。

③ 政协秦安县委员会文史资料委员会编《秦安文史资料·莲溪诗集》（第 1 卷），1994，第 14 页。

（县）莲池，虽在明清民国时期也曾得到多次疏浚整治，但终因历史文化内涵的薄弱，让步于经济发展，于20世纪60年代后彻底湮废。凤翔东湖与陇州（县）莲池的不同结局，说明文化内涵的赋予与正确认识是城市湖池水体得以持续发展的重要保障。

通过比较历史时期凤翔东湖与陇州（县）莲池的营建与演变，我们认为当前城市水体景观的营建与保护，不仅要做好定期的疏浚整治，更重要的是加强其人文内涵的保护、传承和建设。习近平总书记强调，历史文化是城市的灵魂，“要本着对历史负责、对人民负责的精神，传承城市历史文脉”，“处理好历史文化和现实生活、保护和利用的关系”，“让城市留下记忆，让人们记住乡愁”。[①] 2017年1月，中共中央办公厅、国务院办公厅印发的《关于实施中华优秀传统文化传承发展工程的意见》指出，要挖掘整理传统建筑文化，“推进城市修补、生态修复工作，延续城市文脉”。[②] 2022年10月16日，习近平总书记在中国共产党第二十次全国代表大会上的报告中，再次强调要“加强城乡建设中历史文化保护传承”。[③] 这些重要指示和精神无疑为今后城市水体的营建与保护指明了方向。

① 中共中央党史和文献研究院编《习近平关于城市工作论述摘编》，中央文献出版社，2023，第100、112—114页。

② 详参中华人民共和国中央人民政府网站，http://www.gov.cn/zhengce/2017—01/25/content_5163472.htm? from=timeline，最后访问日期：2023年4月9日。

③ 习近平：《高举中国特色社会主义伟大旗帜 为全面建设社会主义现代化国家而团结奋斗——在中国共产党第二十次全国代表大会上的报告》，人民出版社，2022，第45页。

结　论

基于对20世纪80年代以来我国历史城市水利研究的评述，本书提出“区域”“整体”的研究新思路，对明清民国时期关中－天水地区的城市进行了整体考察，探讨了这些城市与水环境的互动实践。本书分别从“城址的选定与水环境”“城市用水的环境与供应”“城市水灾的特征与应对”“城市水体的营建与功能”四个方面，展开区域层面上的整体探讨，并对若干典型案例、特殊案例予以专题讨论。综合上述四个方面的研究，我们最后提炼出如下基本认识，并总结历史城市水利研究对当前城市现代化建设的启示。

一　城市水利功能效应的多面性和历时性

水利史学者郑连第先生曾指出，虽然古代城市水利一般是从供水、航运等方面的一个单项开始营建，但城市水利的最佳利用方式是综合利用。[①] 建筑史学者吴庆洲先生也指出，我国古代城市水系是多功能的统一体，对城市的建设发展一般具有十大功用。[②] 本书通过考察明清民国时期关中－天水地区的城市水利实践，进一步证实上述结论，并在此基础上提出：城市水利功能效应具有多面性和历时性特征。所谓“多面性”，是从功能效应的横向维度来考虑的，而“历时性”则是从功能效应的纵向维度来考虑的。该认识的具体内涵如下。

（一）城市水利功能效应的多面性

第一，为解决某种城市水问题而开启的城市水利实践，实际却产生多种有利于城市建设发展的功能和效应，超出了最初的预期。

明清民国时期关中－天水地区城市水体的营建、城市引水渠道的营

---

① 郑连第：《古代城市水利》，水利电力出版社，1985，第128—129页。

② Q. Wu, “Urban Canal Systems in Ancient China,” *Journal of South China University of Technology* (*Natural Science Edition*) 10 (2007): 61－69；吴庆洲：《中国古代的城市水系》，《华中建筑》1991年第2期，第55—61、42页。

建、城市水灾的应对等方面都说明了这一点，尤其是城市水体的营建，表现最为明显。首先就护城河而言，明清民国时期关中－天水地区城市护城河建成之后，除最初的军事防御功能外，还具有蓄洪排涝、生态景观、水产养殖等多方面的水利功能，而这些功能在护城河营建之初是不曾预期的。与军事防御功能相比，这些水利功能是护城河平时发挥的实际功能，对改善城市民生具有重要作用。其次来看庙学泮池，城市内部庙学泮池蓄水的最初目的，在于激励学子从圣人“乐水”、以水比德中得到启示，是一种文化建设上的需求。明清时期关中－天水地区城市庙学泮池建成之后，除文化寓意的基本功能之外，泮池蓄水还具有美化环境、灌溉花木等水利功能，这些功能也是泮池营建之初所不曾预期的。最后来看城市湖池，明清民国时期关中－天水地区的城市湖池，按其形成的主要水源类型来分，大体可以分为四类，即渠水类、泉水类、雨水类和洪水类。这些湖池大多数是人工营建或人工与自然共同塑造而成的。虽然这些城市湖池形成的初始动机和过程各不相同，有的是为了汇聚渠水的尾水，有的是为了蓄纳城中雨洪，有的是为了聚集雨水以供民生饮用，有的是为了营建城市水体景观等，但在形成之后均发挥出多种有利于城市建设发展的实际功能，包括形成水体景观、供水、蓄纳雨洪、防火、水产养殖等，可谓一举多得。此外，城市湖池周边地区往往还是文教兴盛之区，湖池景观为学子们提供了良好的读书环境和“静息之所”，[①] 如富平南湖边的南湖书院，澄城西湖边的水东书院，耀州文正书院旁有曲池，等等。如此多方面的功能效应，超出了湖池营建之初的预期。

在明清民国时期，关中－天水地区引水入城渠道的营建旨在解决城市用水需求问题。引水入城渠道营建的初始动机，或出于供应民生用水，或出于供应护城河防御用水，或出于供应庙学泮池用水，或出于供应城区农业生产用水，或出于多个方面的共同需求。无论出于何种原因，引水入城渠道建成之后产生的功能效应，远远超出预期的目标。西安城龙首、通济二渠营建的最初目的，是满足城区民生饮用水需求和护城河防御用水需求，两者之中前者最主要，但二渠建成之后，不仅满足了上述

① （清）吴定：《水东书院述》，载民国《澄城县附志》卷六《职官志·政绩录》，第26页。

用水需求，还成为西安城中园林水体的营建水源和城外农业生产的灌溉水源。除供水功能之外，引水入城渠道建成之后还会成为营建城市景观廊道的主要载体，渠道两岸往往栽种柳树、杨树、椿树等树种，这对改善城市生态环境具有重要作用。富平城玉带渠除供水入“隍”外，还因“绕城如带耳”,[①] 成为富平八景之一的“玉带环流”。与富平玉带渠一样，华州城引南溪水入城，也成为华州十景之一的“五泉细流”。[②] 南溪将华州城的诸多园林连接起来，包括芙蓉园、李氏万春园、刘公凤池留饮、李氏新柿园、东氏同乐园等，形成一条景观廊道。这些景观廊道的形成，可以说是引水入城渠道营建之初所不曾预期的。永寿麻亭故城引水渠道的营建比较特殊，采用了水准测量、陶瓦渠道引水、倒虹吸、分池蓄水等水利技术，虽未形成景观廊道，但也间接营造了“北泉流清”“渠声夜响”等城市景观，位列“永寿十四景”,[③] 这也是吕大防、张焜等人营建、修复渠道时所不曾预期的。

历史时期城市水灾应对实践的最初目的，是减轻水灾发生时对城市的破坏，但实际发挥出的功能效应超出最初的预期。就城市防洪堤坝的营建来看，堤坝上往往植柳以固堤，这不仅是提升防洪能力的重要途径，还为城市带来景观效应。一些学者将城市水灾或者城市水灾应对实践带来的景观效应，称为“洪涝适应性景观”。[④] 在明清民国时期的关中－天水地区，这样的“洪涝适应性景观”不在少数。例如，宁远（武山）城红峪河堤不仅抵御了红峪河水的泛溢侵城，还成为城区的一大景观，即宁远新续八景之一的“新堤晴柳”，达到“水患既捍，景色亦佳”[⑤] 的双重目的。关于宁远（武山）城红峪河堤的“景色”，有诗云：“青青堤畔柳，袅袅丽晴烟。树色兼浓淡，波光断复连。鹂鸣阴暮暮，花糁思绵绵。

---

① 万历《富平县志》卷一〇《沟渠志》，第3页b。

② 隆庆《华州志》卷二《地理志·山川考》，光绪八年合刻华州志本，第20页a。

③ 康熙《永寿县志》卷七《艺文》，第34页a至第35页a。

④ 相关研究成果有俞孔坚、张蕾《黄泛平原古城镇洪涝经验及其适应性景观》，《城市规划学刊》2007年第5期，第85—91页；俞孔坚、张蕾《黄泛平原区适应性“水城”景观及其保护和建设途径》，《水利学报》2008年第6期，第688—696页；李嘎《滹沱的挑战与景观塑造：明清束鹿县城的洪水灾难与洪涝适应性景观》，《史林》2020年第5期，第30—41、55页。

⑤ 乾隆《宁远县志续略》卷二《地舆》，第4页b。

我意封湖上，如公兴欲仙。”① 清代民国时期，秦州（天水）城南藉水北岸的筑堤植柳，不仅抵御了藉水北侵，还为城区百姓提供了休闲游览之地，“往来游嬉其上，似有所甚乐者”，②“会使你忘记身在边陲”。③

第二，城市水利实践可以解决城市水问题，可以产生有利于城市建设发展的功能效应，但也可能会带来新的问题和意想不到的环境效应。

城市水利是城市与水环境互动的实践表现，涉及人与自然相处的问题。在对待自然问题上，恩格斯早已深刻指出：人类对自然界的每一次胜利，“起初确实取得了我们预期的结果，但是往后和再往后却发生完全不同的、出乎预料的影响，常常把最初的结果又消除了”。④ 同理，城市水利实践最初的确很好地解决了城市水问题，产生了有利于城市建设发展的多方面功能效应，但是随着时间的推移，也可能会带来新的水环境问题和意想不到的环境效应。本书考察的明清民国时期关中－天水地区城市水利实践，在这方面同样具有显著表现。

在城市水灾应对方面，有些应对措施当初的确能够有效减轻城市水灾，但随着时间的推移，这些措施可能带来新的问题和不利环境效应。譬如，明清时期的秦州城将罗峪河引入城中，虽增加了城市用水资源，却带来了城市水灾；为减轻秦州城市水灾而整治罗峪河河道，却导致了城市水灾在空间上转移，城南藉水不断北泛侵城；罗峪河河道的整治和藉水北岸防洪堤坝的营建，虽减轻了秦州城市水灾，但洪水塑造城市水体的环境效应也不再发生。

在城市雨洪排蓄方面，明清民国时期关中－天水地区城市在自然和人力的共同作用下，形成了特定的雨洪排蓄模式，虽在一定程度上解决了雨洪排蓄问题，但随着时间的推移，也带来了新的问题，比如城市地下水质污染问题。在城中人口、建筑物分布密集地区，挖掘渗水井排泄雨洪，容易造成地下水“咸苦”。而在人口分布相对较少的城池周边地区，雨洪下渗对地下水质“咸苦”的影响要相对弱一些。故因城区人口

① 《武山县志》，第724页。

② （清）陶模：《藉水新堤记》，载光绪《重纂秦州直隶州新志》卷二一《艺文三》，第45页b。

③ 蒋迪雷：《天水纪行》，《旅行天地》第1卷第3期，1949年4月，第29—31页。

④ 《马克思恩格斯全集》（第26卷），人民出版社，2014，第769页。

分布密度的不同、活动程度的不同，雨洪排泄致使城区地下水质大体呈现出从城中至城外有所好转的特征。

（二）城市水利功能效应的历时性

第一，历史时期城市水利的功能效应具有演变性。所谓演变性，是指城市水利实践随着时间的推移，其功能效应会发生演变，主次功能的地位会发生演变，“水利”与“水害”之间也会发生演变。就城市水体的营建而论，这些水体往往是多功能的统一体，但随着时间的推移，原先的主导功能可能降居次要地位甚至丧失，而一些次要功能可能上升成主导功能。城市护城河在明清时期的主导功能是军事防御，此外还具有蓄洪排涝、生态景观和水产养殖等次要功能。随着时间的推移，尤其是进入现代，护城河的军事防御功能已丧失，曾经表现最弱的生态景观功能已成为主导功能。今天的西安城就是利用原先的护城河营建了卓越的城市水体景观，这对改善城市生态环境、市民生活具有重要意义。与护城河类似，现今庙学泮池蓄水的主导功能在于景观功能，已成为城市中一处历史文化景观，其原先的文化寓意功能已经削弱，而曾经拥有的灌溉、消防等功能更是完全丧失。令人惋惜的是，明清民国时期关中－天水地区城市曾经存在过的护城河、泮池和湖池，除少数今天仍然存在之外，多数已消失。如果这些水体保存至今，这对当前的生态文明城市建设具有重要价值。

第二，历史时期城市水利的功能效应具有长时性。所谓长时性，一方面是指历史时期城市水利实践在长时间内持续地发挥作用。例如，江西赣州城在北宋时期营建的福寿沟，至今仍为旧城区的排水干道。[①] 安徽寿县古城墙至近现代依旧起到防洪作用，1954 年和 1991 年水灾泛滥时，寿县城在古城墙的保护下安然无恙。[②] 本书的相关研究也说明城市水利实践的功能效应具有长时性。在城市用水问题的解决方面，地下水应该是明清民国时期关中－天水地区城市用水的主要来源，凿井浚泉以获取地下水一直是关中－天水地区比较稳定的供水方式，一些井泉持续使

① 吴庆洲：《龟城赣州营建的历史与文化研究》，《建筑师》2012 年第 1 期，第 64—73 页；Q. Wu，“Study on Urban Construction History and Culture of the Tortoise City of Ganzhou，” *China City Planning Review* 4（2011）：64－71。

② 吴庆洲：《寿州古城防洪减灾的措施》，《中国名城》2010 年第 1 期，第 37—41 页。

用几百年，如永寿吕公泉、宜君南泉、澄城徐公井等水利设施均发挥了持续供水作用。在城市防洪方面，本书关注的陇州（县）城墙等障水防洪设施在明清民国时期也一直发挥着防洪作用。直至1961年，陇县仍重视维修城墙，以加强城市防洪。长时性的另一面是指有些功能效应需经历长时间的累积或酝酿，才得以表现出来。上文提及历史城市水利实践可能会带来不利的环境效应，这些环境效应均需经过长时间的累积与酝酿才会表现出来。例如，城市地下水的“咸苦”与城中百姓长期生产生活具有密切关系，西安城表现尤为突出。秦州（天水）城南湖的萎缩和官泉供水的塑造，是罗峪河河道治理、城南防洪堤坝营建等城市防洪实践开展之后相当一段时间，才表现出来的环境效应。

二 城市水利实践的同一性和地域性

基于对20世纪80年代以来我国历史城市水利研究的回顾，尤其是对宏观整体性研究和中观区域研究的把握，我们将本书研究得出的结论与其他相关区域性研究结论进行比较，提出：历史时期城市水利实践具有同一性和地域性特征。

（一）城市水利实践的同一性

通过考察明清民国时期关中－天水地区城市水利实践，并与既有的相关区域研究进行比较，我们发现历史时期一些城市水利实践受地域环境影响较小。换言之，在不同地区，这些城市水利实践表现出相似性、相同性或一致性，我们姑且称之为“同一性”。据本书考察来看，如下几个方面可能体现出同一性。

第一，汲取地下水在历史时期我国各地城市供水诸多方式中占重要地位。何一民先生认为，在传统农业时代，凿井修渠技术并不发达，且水井和渠道的供水量十分有限，城市离开了江河几乎是不可想象的。[①] 然而根据我们对明清民国时期关中－天水地区城市的整体考察得知，情况可能并非如此，地下水资源应该是该地区城市用水的主要来源。在明清民国时期的关中－天水地区，尽管地区内部城市地下水资源区域差异

① 何一民：《近水筑城：中国农业时代城市分布规律探析》，《江汉论坛》2020年第7期，第87—91页。

明显，但凿井浚泉汲取地下水应该是该地区城市供水的最主要方式，具有区域普遍性特征。虽然渭河平原地区至少有73%的城市曾开渠引水入城，其中渭河以南诸城基本上有此努力，但这并不影响地下水资源是渭河平原地区城市供水主要来源的地位。尤其当城市面临军事威胁时，城中地下水资源对城市民生至关重要。清咸丰《澄城县志》记载：澄城"旧城中无井，守城之民与贼对垒者多时而渴，不得水，且有禁之饮者，民卒解去，而城遂下"。[①] 除在城区凿井浚泉和开渠引水入城两种区域性城市供水方式之外，明清民国时期关中－天水地区城市还存在一些其他类型水源的供应方式，如汲取河水、凿池聚雨等。不过，从我们目前的调查来看，这些方式是明清民国时期关中－天水地区一些城市供水的重要补充，在整个关中－天水地区可能不具备区域普遍性特征。

汲取地下水是历史时期我国城市供水的重要方式，不仅适用于本书关注的关中－天水地区，也适用于我国东部、南部丰水地区。位于长江与京杭大运河交汇处的扬州城，在明清时期的城市给水多用井水。[②] 位于太湖流域下游的苏州城，虽然城内拥有"三横四直"的河道系统，但在明清时期因太湖水系改变，城内河道淤塞，至19世纪中叶后，苏州城区居民用水转向使用井水。[③] 广州城在清代并不依靠贯穿城中的六脉渠供水，而是靠打井和接收雨水来获取饮用水。[④] 在长江中游北岸的楚都纪南城内，考古发现400多口形制各样的水井，而纪南城遗址南5公里处的荆州古城也有甜水井480余口。尽管荆州城在20世纪70年代中期普遍使用自来水以前，城内河湖众多，但仅以河湖水作为日常洗涤之用，市民饮用水仍然取自井水。[⑤] 清末民国成都城的饮用水源主要为井水与河水，其中井水是成都普通居民最为重要的饮用水源。[⑥] 与东部、南部丰水

① 咸丰《澄城县志》卷二四《艺文三》，第13页b。

② 同济大学城市规划教研室编《中国城市建设史》，中国建筑工业出版社，1982，第106页。

③ 陈文妍：《苏州自来水事业的尝试和困境（1926—1937）》，《近代史研究》2020年第5期，第98—115页。

④ 关菲凡：《广州城六脉渠研究》，硕士学位论文，华南理工大学，2010，第57页。

⑤ 万谦：《江陵城池与荆州城市御灾防卫体系研究》，中国建筑工业出版社，2010，第148—149页。

⑥ 张亮：《清末民国成都的饮用水源、水质与改良》，载朱庆葆主编《民国研究》（2019年秋季号 总第36辑），第74—94页。

地区一样，历史时期我国华北地区的城市居民饮用水可能主要也是来自地下水。元大都虽拥有“高梁河—海子—通惠河”构成的漕运系统和“金水河—太液池”构成的宫苑内用水系统，但城中居民用水主要依靠井水。[①] 北京城在解放前，虽已有自来水，但“只有三分之一的居民有自来水用，其余的人只好从井或抽水井里打水”。[②]

第二，历史时期我国各地城市障水防洪措施具有一定的相似性。建筑史学者吴庆洲通过对我国古代城市防洪进行大量案例研究，将我国古代城市防洪措施和防洪方略进行了系统总结。[③] 李嘎对明代以来山陕黄土高原地区的城市防洪进行了系列研究，认为吴庆洲所总结的在山陕黄土高原地区均有体现。[④] 本书对明清民国时期关中－天水地区城市的障水防洪措施进行了总结，主要分为两大类：一类是营建障碍物抵御洪水泛溢侵城，主要是营建堤坝和城墙；一类是聚焦洪水自身的障水防洪措施，如疏浚河道以便洪水宣泄、改移河道使洪水远离城池、开凿河渠分散或汇聚洪水等等。经比较发现，尽管我国各地的地理环境与历史文化存在差异，但历史时期我国城市的防洪措施具有一定的相似性，基本上被囊括在吴庆洲的总结之中。就文化、制度层面的城市防洪而言，祭河、镇河以及水利制度的执行，不仅在明清民国时期关中－天水地区存在，在我国其他地区也广泛存在。如位于沿海的城市为免于潮灾侵犯，曾建造了子胥祠、海神庙、潮神庙、镇海楼、镇海塔等建筑。[⑤] 历史时期黄河晋陕沿岸城市因紧邻黄河，也都建有祭祀河神、水神的庙宇，如河神庙、龙王庙、大禹庙等，希望通过祭祀达到保佑平安的目的。[⑥]

第三，历史时期我国各地城市水体演变与历史文化内涵的密切关系具有同一性。本书考察的凤翔东湖，在历史时期之所以得到持续的疏浚

---

① 庄林德、张京祥编著《中国城市发展与建设史》，第114页。

② 《新中国保健事业和卫生运动之备忘录》，《光明日报》1952年9月19日，第3版。

③ 吴庆洲：《中国古代城市防洪研究》；吴庆洲：《中国古城防洪研究》。

④ 李嘎：《旱域水潦：水患语境下山陕黄土高原城市环境史研究（1368—1979年）》，第281页。

⑤ 郑力鹏：《沿海城镇防潮灾的历史经验与对策》，《城市规划》1990年第3期，第38—40页。

⑥ 王树声：《黄河晋陕沿岸历史城市人居环境营造研究》，博士学位论文，西安建筑科技大学，2006，第140—141页。

整治，主要归功于其所具备的丰厚历史文化内涵。与凤翔东湖有着相似地理环境、相同营建方式的陇州（县）莲池，终因历史文化内涵薄弱，让步于经济发展，于20世纪60年代后彻底湮废。类似于凤翔东湖这样的城市水体，其得以保存和发展在于历史文化内涵的被赋予和被认识，在我国城市发展史上比较常见。例如，曾有"金陵第一名胜"美誉的南京莫愁湖，因莫愁文化的赋予和塑造，自明清以来得到持续的营建与保护。再如，"张辽威震逍遥津"是合肥城市发展史上的重要史实，造就了今天合肥城区依旧存在逍遥津公园这一重要名胜古迹。据我们初步考证，尽管今天的逍遥津公园可能并非地理上的古逍遥津，但"张辽威震逍遥津"这份历史记忆对晚清以来逍遥津水体的营建与保护起到重要作用。习近平总书记强调，今天的"城市建设要以自然为美，把好山好水好风光融入城市"，"让城市再现绿水青山"。[①] 那么，如何才能让今天的城市水体得以持续营建？我们认为，应当借鉴历史时期这种城市水体文化的赋予与塑造，这对今天城市水体的营建发展和城市记忆的保存都具有重要意义。

（二）城市水利实践的地域性

每个地区的地理环境和历史文化会对当地人居环境的营建产生重要影响。因此，在不同地区，城市与水环境的互动也会呈现出不同的特点，一些城市水利实践因而具有明显的地域性特征。就明清民国时期的关中-天水地区而言，城市水利实践的地域性特征大体表现在四个方面。

第一，城市用水环境的地域性。与我国东部、南部丰水地区相比，黄土高原地区的民生用水环境常被形容为"土厚水深"。据我们对明清民国时期关中-天水地区城市地下水位的全面考察得知，虽然该地区城市并非全部"土厚水深"，但相对于丰水地区而言，城市地下水位总体上的确埋藏较深。在明清民国时期关中-天水地区内部，城市地下水位也呈现出明显的区域差异，大体分为三个亚区：渭北台塬地区城市地下水位埋藏最深，达几十丈乃至更深；渭河平原地区城市地下水位埋藏相对较浅，大体为几米乃至几十米；关中西部及天水地区城市地下水位埋藏最浅，大体在十米以内。此外，明清民国时期关中-天水地区至少有

① 《十八大以来重要文献选编》（下），第90页。

23座城市存在地下水“咸苦”问题，其中有19座城市分布在关中渭河以北地区，而且除凤翔城外，基本上集中分布在关中渭河以北的东部、中部地区。至于城市地下水“咸苦”的原因，关中渭河以北东部、中部地区城市可能更多的在于地质环境，但不能忽视城市居民长期活动的影响；而西安城可能更多的是由城市居民长期活动所致，但也不能忽视地质环境因素的作用。

第二，城市水利设施功能的地域性。我国东部、南部丰水地区城市的河道水渠往往既具有供水功能，又具有排水功能，甚至具有交通运输功能。据我们考察，在明清民国时期的关中－天水地区，至少有24座城市曾开渠引水入城，也有少数城市曾开渠排水出城，不过这些渠道一般无法同时具备供水与排水功能，渠道功能较为专一。城市河道渠道经过城墙时，需要营建专门的水门。我国东部、南部丰水地区城市的水门既是供水口，又是排水口；而关中－天水地区城市的水门或专门用于供水，如泾阳、三原等城的水门，或专门用于排水，如同官、澄城、华州等城的水门。

第三，城市雨洪排蓄的地域性。建筑史学者吴庆洲基于大量的古城案例研究，认为“我国古城的排水系统包括环城壕池、城内河渠、明渠暗沟和排水管道所构成的排水管网和涵洞等”。[①] 国际水历史学会前主席郑晓云认为，在20世纪80年代大规模城市化之前，中国大多数城市都具备集供水、用水和排水功能为一体的城市水系统，其组成部分包括供水沟渠或河流、城内沟渠或河流、排水沟渠、池塘、护城河和排水河。[②] 上述研究结论可能更多地适用于我国东部、南部丰水地区，城中河流沟渠将城市内部分成若干排水区，并将城中湖池水体连接起来，成为城市内部排水的干道。与之不同的是，位于西北的关中－天水地区城市大多数缺乏城中河流，城区街巷、道路起到排水干道和连接涝池、潦池的作用，并在自然和人力的共同塑造下，大体形成“街巷、道路—城门或水门—

① 吴庆洲：《中国古城防洪研究》，第501页。

② X. Y. Zheng, “The Ancient Urban Water System Construction of China: The Lessons We Learnt,” in I. K. Kalavrouziotis, A. N. Angelakis, *Regional Symposium on Water, Wastewater and Environment: Traditions and Culture*, pp. 35－45；郑晓云、邓云斐：《古代中国的排水：历史智慧与经验》，《云南社会科学》2014年第6期，第161—164、170页。

护城河—河流”的地面排水系统。

第四，城市水体营建的地域性。虽然明清民国时期关中－天水地区城市水体不丰，但护城河和庙学泮池是该地区城市的两种基本水体。与我国东部、南部丰水地区的城市水体相比，该地区城市水体的蓄水方式有着显著的地域性特征。就护城河的蓄水来看，我国东部、南部丰水地区城市的护城河往往与周围的河流连通，水源充沛；而关中－天水地区城市的护城河存在缺水、少水问题，甚至无水，一些城市通过开渠引水解决护城河的蓄水问题，这在关中平原渭河以南诸城表现尤为明显。至于城市庙学泮池的蓄水，我国东部、南部丰水地区的庙学泮池往往借城中河湖之活水，有进出水口，旱时不枯，涝时不溢；而关中－天水地区的庙学泮池主要通过“渠水注泮”和“泉水注泮”两种方式来解决蓄水问题，而且均存在有入无出的情况。除护城河、庙学泮池两种基本水体外，明清民国时期关中－天水地区至少有24座城市拥有湖池或坑塘水体，按其形成的主要水源类型来分，大体分为渠水、泉水、雨水和洪水四大类。其中值得称道的是，凤翔、陇州（县）二城利用城区泉水营建出富有特色的城市水系和城市水体景观。这种营建方式与历史时期我国东部、南部丰水地区城市水体的营建应该有显著区别。

三　历史城市水利研究对当前的启示

（一）加强历史城市水利研究的必要性

在我国社会主义现代化强国的建设进程中，营建安全、清洁、健康、宜居、美丽的人居环境，要务必重视城市规划，要务必重视历史时期城市建设经验的总结。习近平总书记强调，“考察一个城市首先看规划，规划科学是最大效益，规划失误是最大浪费，规划折腾是最大忌讳”，[①]“城市规划在城市发展中起着重要引领作用”。[②] 城市水利工作是城市规划和建设的重要组成部分，承担“规划水、利用水”的基本职责。2006年11月水利部印发的《水利部关于加强城市水利工作的若干意见》明确

---

① 《十八大以来重要文献选编》（下），第81页。

② 《习近平关于社会主义生态文明建设论述摘编》，第74页。

指出，要充分认识加强城市水利工作的必要性和紧迫性，要根据城市水问题的特点，结合具体城市的实际，切实加强城市水利工作，因地制宜地解决好城市水问题。当前城市是在历史城市的基础上发展起来的，这就要求我们在开展城市水利规划工作时，要对历史时期的城市水利有一定的研究和认识。了解历史时期城市与水环境的互动关系，了解历史时期城市水利实践的得失成败，有利于做好当前的城市水利工作。当前，我国正在建设水生态文明城市，我们认为有必要弄清城市在历史时期的水利实践和水利文化。就本研究来说，其开展的意义可能体现在两个方面。

一方面，基于城市历史时期的水利实践和水利文化，当前的水生态文明城市建设能更好地呈现出地域特色。2013 年 12 月 12 日，习近平总书记在中央城镇化工作会议上指出，城市建设要“依托现有山水脉络等独特风光，让居民望得见山、看得见水、记得住乡愁”。① 城市历史时期的水利实践和水利文化正是乡愁的重要内容。因此，我们认为凤翔城市生态文明建设可能离不开东湖、凤凰泉等曾经存在的水体，天水城市生态文明建设可能离不开藉水、罗峪河、城南防洪堤坝和曾经存在的南湖，关中渭河以南诸城生态文明建设可能离不开与秦岭北麓诸河流的密切关系，等等。

另一方面，水生态文明城市建设必然涉及诸多城市水利实践，而这些实践工作的开展，可能既需要考虑城市水利功能效应的多面性和历时性，也需要考虑城市水利实践的同一性和地域性。

根据本书研究，城市水利功能效应具有多面性和历时性特征。城市水利实践最初因解决某一种城市水问题而开启，实际运行中却产生多种有利于城市建设发展的功能和效应，超出最初预期；随着时间的演进，这些功能彼此之间的地位可能会发生变化，而且经过长时间的酝酿与积累，可能产生一些对城市发展不利的效应。习近平总书记曾强调，“城市规划建设的每个细节都要考虑对自然的影响”，② “治水也要统筹自然生态的各要素”，“要用系统论的思想方法看问题”。③ 在水生态文明城市的

① 《习近平关于社会主义生态文明建设论述摘编》，第 49 页。
② 《习近平关于社会主义生态文明建设论述摘编》，第 49 页。
③ 《习近平关于社会主义生态文明建设论述摘编》，第 56 页。

建设中，我们要对城市水利有全方位的认识。我们既要认识到城市水利工作可以达到预期目的，具备多方面有利于城市建设发展的功能和效应，也要认识到城市水利工作可能带来的其他问题。同时，要重视那些经过长时间酝酿和积累才能表现出来的不利效应，防患于未然。

根据本书研究，城市水利实践具有同一性和地域性特征。在城市现代化建设前的传统时期，即便各地地理环境差别较大，城市水利的某些方面还是具有一定的同一性，如不同地区城市障水防洪措施具有一定的相似性，不同地区城市水体的营建演变与历史文化内涵具有密切的关系，等等。但在城市雨洪的排蓄、城市水体的营建等方面，本书关注的关中－天水地区与东部、南部丰水地区相比，则有明显的地域区别。因此，在水生态文明城市的建设中，既要加强对本地区城市水利的认识，也要加强对其他地区城市水利的关注。总之，一切从实际出发，针对不同的城市水问题，我们要顺应自然，尊重规律，参考历史，制定出合适的治理策略。

（二）本研究可能值得当前借鉴的几点认识

城市是现代化的重要载体。建设人与自然和谐共生的现代化，应该处理好城市生产生活和生态环境保护的关系，应该借鉴历史时期以来相关实践的经验教训。通过研究明清民国时期关中－天水地区的城市水利，下列认识对当前可能有一定的借鉴意义。

第一，城市选址方面。虽然历史时期城址的最终选定，是多种因素综合作用下人地关系复杂互动的结果，但水环境因素对城市建设发展的影响不可忽视，尤其是在现代化、城市化的今天，水环境与城市生命力强弱紧密相关。20 世纪 80 年代，万里同志曾就城市选址与水环境的关系，明确指出："不论是古代也好，现代也好，人类选择居住点，开发农业，发展工业，建设城市，首要的一个条件就是要有水，没有水一切都无从谈起。"[①] 习近平总书记高度重视城市发展与水资源环境的关系，强调"以水定城"。[②] 这就要考虑城市发展过程中的水资源状况，要考虑城市发展规模与水资源环境承载力相适应等问题。英国著名历史学家阿诺

① 《万里环境保护文集》，中国环境科学出版社，1998，第 77 页。

② 《习近平关于城市工作论述摘编》，第 125、138 页。

德·汤因比在《变动的城市》中指出："处于变动中的机械化城市的众多新颖特征之一，是与先前各种类型的城市对水资源的需求相比，每人每天所需求的淡水量发生了巨大的增长。"①

第二，城市供水方面。明清民国时期关中－天水地区城市用水存在明显的区域差异，渭北台塬地区城市用水问题最为严峻，渭河平原地区次之，关中西部及天水地区形势较好，这些认识值得当前参考。相比于历史时期的凿井浚泉汲取地下水，远距离引水入城则是现今关中－天水地区解决城市用水问题的可靠途径。关中渭河以南诸城均有开渠引城外泉水、河水入城的历史，启示我们当前要做好秦岭北麓的植被保护工作，同时要借鉴历史时期引水入城的营建经验与教训。另外，"凿池聚雨"这种传统城市供水方式对今天来说，依然具有重要参考价值。

第三，城市障水防洪方面。在历史时期，城市障水防洪措施主要包括修筑堤坝、营建城墙、开河泄水、浚移河道等方面。这些障水防洪措施在当时为减轻城市水灾做出了重要贡献，尤其是一些城市防洪堤坝的营建，依然值得今天借鉴。根据本研究，当前开展城市障水防洪工作时，可能还需注意两个方面。一方面，要注重探讨城市障水防洪措施的有效性。一些城市水灾的治理，可能根本上还是在于流域环境的治理。就关中西部的千河流域来说，如果不加强流域环境治理，再坚固的防洪工程，可能也无法减少该流域城市水灾的发生。另一方面，要深思城市障水防洪措施功能效应的多面性，不仅要关注其有利的一面，还要关注其是否存在不利的一面。明清民国时期秦州（天水）城市防洪带来的利、害两方面的环境效应，就为我们提供了生动案例。

第四，城市雨洪排蓄方面。今天我国一些城市面临着缺水问题，如果能在降雨之时，将落入城市区域的雨水蓄积起来，不仅可以免于内涝，还可缓解城市缺水危机。海绵城市概念的提出，就是出于这种雨洪管理思路，使城市像海绵体一样，"下雨时吸水、蓄水、渗水、净水，需要时将蓄存的水释放并加以利用，具有良好的城市生态系统功能和防洪排涝减灾能力"。② 明清民国时期关中－天水地区在自然和人力共同作用下形

① 〔英〕阿诺德·汤因比：《变动的城市》，第155页。

② 《新理念 新思想 新战略80词》编写组编《新理念 新思想 新战略80词》，人民出版社，2016，第208页。

成的城市雨洪排蓄模式，虽然存在十分明显的问题，但其在“自然积存、自然渗透、自然净化”方面的表现，对今天的海绵城市建设不无启示意义。

第五，城市水体营建保护方面。汇聚雨水以营建城市水体景观，这种传统方式对当前城市水体的营建依然具有一定的借鉴意义。不过，除城市水体营建外，当前城市水体的保护与管理可能更为重要。习近平总书记指出：“山水林田湖是城市生命体的有机组成部分，不能随意侵占和破坏。”[①] 明清民国时期关中－天水地区曾经拥有的城市湖池现今多数已经消失，这对今天的城市建设来说，是非常大的遗憾。如果这些湖池水体能够保存至今，今天的城市建设者对其加以利用与改造，那么将会产生新的功能效应。另外，通过比较凤翔东湖与陇州（县）莲池的不同命运可知，重视城市水体文化内涵的赋予和认识，对当前城市水体的营建与保护具有重要作用。

第六，城市水利制度方面。就河流浚修制度而言，明正德年间（1506—1521 年）确定的潼河“三年一疏”以致七八十年潼关城无水灾，清乾隆十四年（1749 年）以后的潼河“岁修”也促成潼关城百余年少水患，有力证明了河流浚修制度的执行对于减少城市水灾具有重要作用。再看水利经费制度，明代西安通济渠开通以后，依附渠道建设水磨、窑厂、木厂等生产机构，“取息以为将来修理之用”，[②] 这是明代西安城市水利应用中的一个亮点；[③] 咸阳城则将钟楼旁边空地建设房屋出租，以租金作为城市水道疏浚与钟楼修葺的资金，即“（钟）楼之西北有隙地，复作屋四间，举诚谨者董之，岁生息为浚水道暨将来修葺资”；[④] 秦州（天水）、陇州（县）、潼关等城也通过出租城中土地获取租金，作为城市防洪堤坝修筑和城区河流湖池浚修的经费。上述城市水利制度，对于今天城市水利工作的开展或许也有一定的启示意义。

---

① 《十八大以来重要文献选编》（下），第 89 页。

② （明）项忠：《新开通济渠记》，明成化元年（1465 年）仲秋立，碑存西安碑林博物馆第 5 展室。参见王其祎、周晓薇《明西安通济渠之开凿及其变迁》，《中国历史地理论丛》1999 年第 2 辑，第 73—98 页。

③ 吴宏岐：《西安历史地理研究》，第 174 页。

④ （清）姚世道：《重修钟楼碑记》，载乾隆《咸阳县志》卷一七《艺文·记》，第 18 页 b。

附录1　20世纪80年代以来我国历史城市水利研究回顾

城市水利学是一门形成较早但提出较晚的学问。[①] 在我国古代，关于城市建设与水环境的关系早有论说，先秦时期的《管子》一书对城市选址与水环境的关系已有精辟论述。[②] 不过，"城市水利"这一名词被正式提出较晚。1982年，我国著名水利史学者姚汉源先生根据我国古代城市规划与大量城市水利工程实践，总结了我国古代城市水利的经验和理论，提出："城市水利"是综合解决城市规划建设与水有关各种问题的一门学科。[③]

此后20年，我国学者为推动城市水利研究，对城市水利学科的认识不断加深。1984年，郭涛先生定义"城市水利"，认为"城市水利就是为了城市的生存与发展，满足工农业生产和居民生活需要而开发利用城市所在地区水资源的工程"，并根据当时我国城市水利状况和城市水利在城市规划建设中的重要地位，倡议开展"城市水利学"研究。[④] 1995年，郭涛再次定义"城市水利"，将原先的"水资源的工程"改进为"与城市发展有关的水问题的总称"，并根据城市水利的功能和特征，提出建立城市水利学这一新学科的设想，同时初步探讨了城市水利学的概念、任

---

① 中国水利学会城市水利专业委员会：《城市水利学科综述》，载中国水利学会编《中国水利学会专业学术综述》（第5集），2004，第191—195页。

② 《管子》卷一《乘马第五》："凡立国都，非于太山之下，必于广川之上，高毋近旱而水用足，下毋近水而沟防省。"《管子》卷一八《度地第五十七》："故圣人之处国者，必于不倾之地，而择地形之肥饶者，乡山左右，经水若泽，内为落渠之写，因大川而注焉。……地高则沟之，下则堤之。"参见《管子》，（唐）房玄龄注，（明）刘绩补注，刘晓艺校点，上海古籍出版社，2015，第22、370—371页。

③ 中国水利学会城市水利专业委员会：《城市水利学科综述》，载《中国水利学会专业学术综述》（第5集），第191—195页。

④ 郭涛：《开展城市水利学的研究》，《未来与发展》1984年第4期，第50—51页。

务、内容及特点。[①] 到2000年12月，为适应新形势下城市水利发展的需要，鼓励社会各界探讨城市发展过程中的相关水问题，推动城市水利学科的发展，中国水利学会正式成立城市水利专业委员会，标志着我国城市水利研究进入了一个新阶段。[②] 近20年来，学界通过对城市水利研究进行评述，重新提炼了“城市水利”的定义，即城市建设与发展过程中一切与水有关的问题的统称，包括城市水供给、城市水安全、城市水环境、城市水生态、城市水文化和城市水管理等有关城市与水之间和谐相处的各类活动。[③]

由于我国城市水利学诞生于对我国古代城市水利实践经验与理论的总结，故我国城市水利专业委员会将城市水利学科分为“古代城市水利”和“现代城市水利”两大部分，并认为“总结古代城市水利的历史经验，重新认识现代城市水利问题的新特点，是研究、解决好现代城市水利问题的重要方面”。[④] 我们认为，将“古代城市水利”更名为“历史城市水利”，可能更加贴切。这样，“历史城市水利”所属时间范围是静态的传统城市发展阶段，“现代城市水利”所属时间范围是城市开始现代化建设至今。虽然学界也有用“城市水利史”一名的，[⑤] 但我们认为“历史城市水利”一名或许更能突出研究对象和研究内容，因为我们关注的对象是“城市水利”，是城市现代化建设之前的“历史时期”的“城市水利”。

其实，早在20世纪40年代，关于我国历史时期的城市水利研究便已经起步。1942年，我国著名历史地理学家侯仁之先生在构思《北京都市地理》时，便拟设“北京的水道与给水问题”专论。[⑥] 1949年，

---

① 郭涛：《城市水利与城市水利学》，《四川水利》1995年第5期，第3—7页。

② 张文锦、唐德善：《近年来我国城市水利研究综述》，《水利发展研究》2011年第2期，第53—57页。

③ 张文锦、唐德善：《近年来我国城市水利研究综述》，《水利发展研究》2011年第2期，第53—57页；白如镜、李嘎：《当代中国城市水利史研究述评》，载行龙主编《社会史研究》（第8辑），社会科学文献出版社，2020，第258—284页。

④ 中国水利学会城市水利专业委员会：《城市水利学科综述》，载《中国水利学会专业学术综述》（第5集），第191—195页。

⑤ 白如镜、李嘎：《当代中国城市水利史研究述评》，载行龙主编《社会史研究》（第8辑），第258—284页。

⑥ 参见侯仁之手书的《北京都市地理》（狱中腹稿），载侯仁之《北平历史地理》，邓辉等译，外语教学与研究出版社，2013。

侯仁之在英国利物浦大学地理系完成博士学位论文《北平历史地理》，详细论述了金元明清时期北京城的河湖水系。[①] 虽然起步较早，但新中国成立后直至20世纪80年代初，关于我国历史城市水利研究的成果不多。其中影响较大的有，历史地理学界的侯仁之、黄盛璋二先生分别探讨了北京、西安二城发展过程中水源问题的解决；[②] 城市规划学界的董鉴泓先生探讨了我国历史时期城市与河流之间的关系；[③] 等等。

到20世纪80年代初，随着“城市水利”一词的提出，关于我国历史城市水利研究逐渐开展起来。1991年，郭涛专门就20世纪80年代我国的历史城市水利研究进行了总结。他认为在此十年中，我国历史城市水利研究主要涉及四个学科，即历史地理、水运交通史、城市建设史和水利史。其中，历史地理学界主要集中在城市水系的演变方面，尤其是大都市的水源问题、供水工程以及水运方面；水运交通史界主要关注港口城市特别是水运交通本身的发展历程；城市建设史界重点探讨的是城市供水和城市水环境；水利史界研究的内容较为广泛，包括城市防洪、城市供水、水运交通和城市水环境。[④] 虽然郭涛的总结已经比较全面，但还是有所遗漏，比如建筑史学界吴庆洲对中国古代城市防洪的系统研究也应属于我国历史城市水利研究范畴。[⑤]

从20世纪90年代至今30多年间，我国历史城市水利研究进入蓬勃发展时期，产生大量研究成果，涉及的学科领域越来越多，主要涉及历史地理学、建筑史、城市史、水利史、环境史、环境工程、考古学等等。需要说明的是，来自这些学科领域的相关研究，本身并没有

---

① 侯仁之：《北平历史地理》。

② 侯仁之：《北京都市发展过程中的水源问题》，《北京大学学报》（人文科学）1955年第1期，第139—165页；黄盛璋：《西安城市发展中的给水问题以及今后水源的利用与开发》，《地理学报》1958年第4期，第406—426页。

③ 董鉴泓：《我国城市与河流的关系》，《地理知识》1977年第12期，第14—15页。

④ 郭涛：《中国城市水利史的研究现状及趋势》，载刘延恺主编《论城市水利》，中国水利水电出版社，2007，第41—48页；郭涛：《中国城市水利史的研究现状及趋势》，载中国水利学会水利史研究会编《水利史研究论文集（第1辑）——姚汉源先生八十华诞纪念》，河海大学出版社，1994，第17—23页。

⑤ Q. Wu, “The Protection of China’s Ancient Cities from Flood Damage,” *Disasters* 3 (1989): 193 -227.

将自己归属于历史城市水利研究范畴，而是我们根据其研究内容将其归属于我国历史城市水利研究范畴。为把握当下我国历史城市水利研究的现状，我们将20世纪80年代以来的相关研究成果分为宏观整体研究、中观区域研究和微观个案研究三类，按城市供水、城市排水、城市防洪、城市水体演变、城市水系营建等方面分别进行梳理与评述。其中评述部分内容即本书绪论中“前人研究的评述”，在此不再赘述。当然，由于我们目力有限，评述过程中不免挂一漏万，不当之处，敬请方家批评指正。

一　关于我国历史城市水利的宏观整体研究

自“城市水利”概念提出以后，水利史学界便率先开展我国历史时期城市水利的宏观整体研究。其中，郑连第先生的研究成果较为丰富、系统。他论述了我国古代城市水利的基本理论，认为水利是建城的先决条件，归纳了我国古代城市水利的主要内容，包括供水、防火、防洪、防卫、航运、灌溉以及改善和美化城市环境等方面，并对我国古代都城和一些大城市的水利状况进行了个案考察，指出我国古代丰富的城市水利建设经验有益于现代城市的规划建设。[①] 除郑连第的专门研究之外，水利史学者在编著我国水利发展史著作时，均把历史城市水利作为主要内容之一。姚汉源先生在《中国水利发展史》中简述了唐宋都城的漕运渠道、供水渠道、公私园池、排水措施以及城市附近的水能利用；[②] 熊达成、郭涛的《中国水利科学技术史概论》和郭涛的《中国古代水利科学技术史》论述了我国古代城市水利的内容、实践和启示，并以都城和大城市为例加以说明，同时也涉及部分中小城市；[③] 周魁一、谭徐明在

---

① 郑连第：《城市水利的历史借鉴》，《中国水利》1982年第1期，第24—27页；郑连第：《六世纪前我国的城市水利——读〈水经注〉札记之一》，载《中国科学院水利电力部水利水电科学研究院科学研究论文集》（第12集），水利电力出版社，1982，第113—125页；郑连第：《古代城市水利》，水利电力出版社，1985；郑连第：《城市水利的发展》，载刘延恺主编《论城市水利》，第20—40页；郑连第主编《中国水利百科全书·水利史分册》，中国水利水电出版社，2004，第207—221页。

② 姚汉源：《中国水利发展史》，上海人民出版社，2005，第283—287页。

③ 熊达成、郭涛编著《中国水利科学技术史概论》，成都科技大学出版社，1989，第387—421页；郭涛：《中国古代水利科学技术史》，中国建筑工业出版社，2013，第254—277页。

《中华文化通志·水利与交通志》中也以我国古代都城等城市为例，梳理了我国城市水利发展的脉络。[①] 水利史学界的相关研究，旨在阐述我国历史时期城市水利的市政功能、环境功能，强调城市水利在现代城市规划建设中的重要地位。[②]

历史城市水利涉及多方面的城市水问题。除水利史学界的整体观照外，每一方面城市水问题的宏观整体性论述，均得到相关学科领域的关注，具体表现如下。

（一）关于历史时期城市与水关系的宏观整体研究

20 世纪 80 年代末，郑连第探讨了中国古代城市与水的关系，对西湖和昆明湖在杭州和北京建设发展中的影响进行了案例分析，并通过“环城湖”和“城湖”现象探讨了北方多沙河流对城市的影响。[③] 90 年代以后，关于城市与水关系的研究逐渐增多，涉及不同学科领域。例如，建筑史学者张驭寰论述了中国古代城池建设与水的关系，分别就古代城池的引水方式、水网城池、城池内外的湖池、城镇水井的设置等方面进行了例证分析，不过其关注的对象主要集中在我国中东部地区；[④] 城市规划学者张一恒试图通过分析中国古代城市建设中“水”这一元素，从而获取对现代城市建设的启示；[⑤] 水文化学者靳怀堾以古都为例，分别从城市选址、城市供排水系统、水运、农田灌溉、城市防洪、军事防御以及城市环境等方面，分析了中国古代城市与水的关系。[⑥] 城址与河流之间的地理位置关系，是城市与水环境互动关系的重要表征之一。学界对此进行了充分探讨，提出“临河分布”“近水筑城”是中国古代城市选址的一条基本规律，原因在于河流不仅可以解决城市供水和水路交通

---

① 周魁一、谭徐明：《中华文化通志·水利与交通志》，上海人民出版社，1998，第 100—126 页。

② 谭徐明、周魁一：《中国古代城市水利的市政功能与环境功能——兼论城市规划中水利的位置》，《成都水利》1996 年第 4 期，第 30—38 页。

③ 郑连第：《历史上的城市与水》，《中国城镇》1988 年第 3 期，第 45—48 页。

④ 张驭寰：《中国城池史》，百花文艺出版社，2003，第 391—411 页。

⑤ 张一恒：《对中国古代城市建设中“水”的分析及启示》，《江苏城市规划》2009 年第 3 期，第 12—15 页。

⑥ 靳怀堾：《中国古代城市与水——以古都为例》，《河海大学学报》（哲学社会科学版）2005 年第 4 期，第 26—32、93 页。

等问题，而且为城市的延续发展提供了优越条件。[①]

（二）关于历史时期城市供水的宏观整体研究

马正林较早考察了我国历史时期都城和地方名城的供水问题。[②]杜鹏飞等在分析东周登封阳城、汉唐长安城和元明清北京城供水状况的基础上，梳理了中国古代城市供水的主要措施和成就。[③]黄立人以成都都江堰、宁波它山堰、莆田木兰陂为例，探讨了中国古代城市供水工程的多功能性。[④]与关注整个历史时期相比，冯兵分析了隋唐五代时期城市供水方式。[⑤]总体而言，关于我国历史时期城市供水的宏观整体性探讨不多，既有研究主要以都城和历史文化名城为例来进行概况总结。

（三）关于历史时期城市排水的宏观整体研究

据我们目前调查来看，李恩军较早回顾了我国古代城市排水、排污设施的发展。[⑥]此后，杜鹏飞等回顾了中国古代城市排水的发展历程，着重关注河南平粮台古城、偃师商西亳城、春秋齐国故都临淄、西汉长安、唐长安、宋东京、赣州古城、元大都及明清北京城等古代城市在排水方面取得的成就，总结了中国古代城市排水设施的特点与管理经验。[⑦]

---

① 马正林编著《中国城市历史地理》，山东教育出版社，1998，第302—312页；马正林：《中国城市的选址与河流》，《陕西师范大学学报》（哲学社会科学版）1999年第4期，第83—87、172页；陈乃华：《古代城市发展与河流的关系初探》，《南方建筑》2005年第4期，第4—6页；何一民：《近水筑城：中国农业时代城市分布规律探析》，《江汉论坛》2020年第7期，第87—91页。

② 马正林编著《中国城市历史地理》，第316—363页。

③ 杜鹏飞、钱易：《中国古代的城市给水》，《中国科技史料》1998年第1期，第3—10页；P. Du，H. Chen，"Water Supply of the Cities in Ancient China，" *Water Science & Technology*：*Water Supply* 1（2007）：173－181。

④ A. Koenig，D. Wei，"Multi-functional Hydraulic Works for Urban Water Supply in Ancient China，"（The 3rd International Symposium on Water and Wastewater in Ancient Civilizations，Istanbul，Turkey，22－24 March 2012），pp. 269－278.

⑤ 冯兵：《隋唐五代时期城市供水系统初探》，《贵州社会科学》2016年第5期，第67—72页。

⑥ 李恩军：《我国古代城市的排水排污设施的发展》，《环境教育》1998年第1期，第45—46页。

⑦ 杜鹏飞、钱易：《中国古代的城市排水》，《自然科学史研究》1999年第2期，第136—146页；P. Du，X. Zheng，"City Drainage in Ancient China，" *Water Science & Technology*：*Water Supply* 5（2010）：753－764。

2012 年 7 月 21 日北京水灾发生后，中国古代城市排水再次受到学界的关注。考古学者许宏按时间顺序介绍了中国古代城市的排水系统；[①] 灾害学者金磊总结了中国古代城市成功的排水经验，认为我国城市安全防洪不是难在“建”，关键在“管” 和 “用”。[②] 此后，学界针对当前严峻的城市内涝和排水问题，以古都和历史文化名城为例，探讨了我国历史时期排水系统的建设观念及其发展，总结了我国古城水系规划设计的历史经验和城市排水设施建设和管理的杰出成就，以期对当前城市排涝减灾有所启示。[③] 近年来，白云翔依据相关考古发现和研究，揭示了从史前到秦汉城市排水系统的发展演变轨迹。[④]

（四）关于历史时期城市防洪的宏观整体研究

建筑史学者吴庆洲对我国历史时期的城市防洪研究用力最勤、成就最大。他通过对典型古城进行案例研究，系统论述了中国古代城市的选址、防洪方略、防洪措施以及防洪体系的特点，并总结了我国古代城市防洪的经验与意义。其专著《中国古城防洪研究》是一部历时 26 年的力作。[⑤] 在此期间及之后，他还发表了一系列学术论文，探讨了中国古城的选址与防御洪灾，[⑥] 中国古城防洪的技术措施，[⑦] 中国古城防洪的历史

① 许宏：《中国古代城市排水系统》，《中国文物报》2012 年 8 月 3 日，第 5 版。

② 金磊：《城市面临水灾的脆弱性分析——北京“7.21” 暴雨致灾的综合认知》，《北京城市学院学报》2012 年第 5 期，第 1—5 页；金磊：《反思灾害教训是城市进步的开始——由北京“7·21” 暴雨之灾想到的》，《城市与减灾》2012 年第 5 期，第 9—12 页。

③ 吴庆洲等：《中国古城排涝减灾经验及启示》，《中国市政工程》2013 年增刊，第 7—13 页；郑晓云、邓云斐：《古代中国的排水：历史智慧与经验》，《云南社会科学》2014 年第 6 期，第 161—164、170 页；陶克菲等：《我国古代排水、排污设施的变化及发展》，《中国环境管理》2014 年第 2 期，第 32—35 页；李贞子等：《我国古代城镇道路大排水系统分析及对现代的启示》，《中国给水排水》2015 年第 10 期，第 1—7 页；蓝勇、张亮：《中国古代的城市内涝与治理》，《光明日报》2020 年 8 月 3 日，第 14 版。

④ 白云翔：《从史前到秦汉：城市排水系统的形成与演进》，《中国社会科学报》2021 年 10 月 13 日，第 9 版。

⑤ 吴庆洲：《中国古代城市防洪研究》，中国建筑工业出版社，1995；吴庆洲：《中国古城防洪研究》，中国建筑工业出版社，2009。

⑥ 吴庆洲：《中国古城的选址与防御洪灾》，《自然科学史研究》1991 年第 2 期，第 195—200 页。

⑦ 吴庆洲：《中国古城防洪的技术措施》，《古建园林技术》1993 年第 2 期，第 8—14 页。

经验、成就以及现代启示。[①] 除吴庆洲外，郑连第也曾概述我国古代城市的防洪措施；[②] 武廷海则探讨了城墙起源与防洪的关系，提出筑城以防洪是促使环壕聚落演进为城的关键因素之一。[③]

（五）关于历史时期城市水系水体的宏观整体研究

吴庆洲持续系统关注我国古代的城市水系，探讨了我国古代城市水系的类型、功用、价值和管理等，总结出我国古代城市水系"城壕环绕、河渠穿城、湖池散布"的布局方式，强调我国古代城市水系是"排蓄一体化"的重要基础设施。[④] 国际水历史学会前主席郑晓云提出我国古代城市水系建设有一个基本模式，即由供水沟渠或河流、城内沟渠或河流、排水沟渠、池塘、护城河和排水河组成的水系统模式，并认为古代城市水系的循环性、多功能性、可持续性等智慧值得当下学习。[⑤] 除关注整个历史时期的城市水系之外，学界对断代时期的城市水系水体问题也有相关整体探讨，如徐良高分析了先秦城市聚落中水系的构成及功用，[⑥] 余新忠探讨了清代城市河渠的水质状况。[⑦]

---

① 吴庆洲：《试论我国古城抗洪防涝的经验和成就》，《城市规划》1984年第3期，第28—34、16页；吴庆洲：《中国古城防洪的历史经验与借鉴》，《城市规划》2002年第4期，第84—92页；吴庆洲：《中国古城防洪的历史经验与借鉴》（续），《城市规划》2002年第5期，第76—84页；吴庆洲：《古代经验对城市防涝的启示》，《灾害学》2012年第3期，第111—115、121页；吴庆洲：《借鉴古代经验，防暴雨城市涝灾》，《中国三峡》2012年第7期，第22—27页；吴庆洲：《论北京暴雨洪灾与城市防涝》，《中国名城》2012年第10期，第4—13页。

② 郑连第：《古代城市防洪》，《中国水利》1989年第5期，第40—41页。

③ 武廷海：《防洪对城起源的意义》，载张复合主编《建筑史论文集》（第16辑），清华大学出版社，2002，第95—105页。

④ 吴庆洲：《中国古代的城市水系》，《华中建筑》1991年第2期，第55—61、42页；吴庆洲等：《城水相依显特色，排蓄并举防雨潦——古城水系防洪排涝历史经验的借鉴与当代城市防涝的对策》，《城市规划》2014年第8期，第71—77页。

⑤ X. Y. Zheng, "The Ancient Urban Water System Construction of China: The Lessons We Learnt," in I. K. Kalavrouziotis, A. N. Angelakis, *Regional Symposium on Water, Wastewater and Environment: Traditions and Culture* (Patras: Hellenic Open Univ., 2014), pp. 35 - 45.

⑥ 徐良高：《先秦城市聚落中的水与水系》，载中国社会科学院考古研究所夏商周考古研究室编《三代考古》（3），科学出版社，2009，第153—162页。

⑦ 余新忠：《清代城市水环境问题探析：兼论相关史料的解读与运用》，《历史研究》2013年第6期，第71—85、191页。

二 关于我国历史城市水利的中观区域研究

关于我国历史时期城市水利的中观区域研究，城市水灾及其应对方面研究较为丰富，城市用水与供水方面研究多关注明清时期北方地区，城市河湖水体演变方面研究主要涉及黄泛平原地区，区域性城市水利多方面研究目前较少。

（一）关于历史时期城市水灾及其应对的中观区域研究

此方面研究在选择研究区域时，主要有两种选择取向，即当前的省级行政区和传统意义上的地理单元。以当前省级行政区为研究区域的，学界目前主要涉及四川、山东、河南、山西、陕西、湖北、广东、广西等省份。早在20世纪80年代，吴庆洲在调研两广建筑避水灾的办法与措施时，就专门探讨了梧州、潮州等古城的防洪措施。[①] 与吴庆洲关注古城防洪不同的是，郭涛、陈玉琼等率先展开区域性城市水灾规律的探讨。郭涛系统搜集、整理了历史时期四川省各沿江、沿河城市的水灾史料，并据此分析了四川城市水灾的特征。[②] 陈玉琼等则对山东省近500年和淮河流域近2000年的洪水灌城事件进行了研究。[③] 2000年以后，关于历史时期区域性城市水灾的研究内容逐渐丰富，主要涉及城市水灾的发生规律、影响、原因和应对措施等多个方面。吴朋飞等分析了明代河南大水灾城洪水灾害的等级分类和时空分布特征，并对崇祯五年（1632年）的特大洪水灾害和开封府城进行了个案分析。[④] 李嘎论述了明清山西城市洪灾的特征与防治措施，并分析了明清山西城市洪灾普遍且严重的原因。[⑤] 王肇磊分析了近代湖北城市水灾的基本特征、发生原因以及防治举措。[⑥] 孙昭

---

① 吴庆洲：《两广建筑避水灾之调查研究》，《华南工学院学报》1983年第2期，第127—141页。

② 郭涛：《四川城市水灾史》，巴蜀出版社，1989。

③ 陈玉琼、高建国：《山东省近五百年大水灌城的初步分析》，《人民黄河》1984年第2期，第38—42页；陈玉琼、高建国：《淮河流域近二千年洪水灌城灾害的地域分布和时间特征》，载水电部治淮委员会编《淮河水利史论文集》，蚌埠市交通印刷厂，1987，第54—70页。

④ 吴朋飞等：《明代河南大水灾城洪涝灾害时空特征分析》，《干旱区资源与环境》2012年第5期，第13—17页。

⑤ 李嘎：《明清时期山西的城市洪灾及其防治》，《中国地方志》2012年第6期，第55—62页。

⑥ 王肇磊：《近代湖北城市水灾略论》，《江西师范大学学报》（哲学社会科学版）2013年第3期，第87—94页。

民整理了公元前至2007年山东城市水灾史料，分析了山东城市水灾的时空分布特征、原因和致灾特点，预估了城市水灾的发生趋势，并提出了防御对策。[①] 张力仁则探讨了清代陕西县治城市的水灾及其发生机理。[②]

以地理单元为研究区域的，学界目前主要涉及黄土高原、江汉平原、长江三角洲、黄泛平原等地区。例如，蔡云辉探讨了洪灾对近代陕南城市的影响，并对陕南城市的防洪问题进行了相关思考。[③] 李嘎探讨了明清时期山陕黄土高原、今京津冀等地区城市水患的表现形式、致灾因素、防治措施和环境效应。[④] 王蕾探讨了明清江汉平原水患频繁对城镇建置、功能的影响。[⑤] 陈家其将历史时期长江三角洲社会经济发展与水害的关系划分为四个发展阶段，分析了城市建设发展对城市水害的影响，提出了防治城市水害的对策。[⑥] 陈曦考证了自南宋初年至今河南商丘地区古城洪涝适应性景观的历史演变过程及其影响因素，概括总结了古城洪涝适应性景观的基本模式及其对当前城市建设的借鉴价值。[⑦] 俞孔坚、张蕾则进一步探讨了黄河泛滥区古城应对洪涝灾害的经验及启示，指出该区域古城防洪治涝的三大适应性景观遗产：择高地而居、城墙和护城堤，以及蓄水坑塘。[⑧]

（二）关于历史时期城市用水与供水的中观区域研究

目前此方面研究多关注明清时期我国北方地区。例如，胡英泽分析

---

① 孙昭民主编《山东省城市自然灾害综合研究》，地震出版社，2007，第104—124页。

② 张力仁：《清代陕西县治城市的水灾及其发生机理》，《史学月刊》2016年第3期，第106—118页。

③ 蔡云辉：《洪灾与近代陕南城镇》，《西安电子科技大学学报》（社会科学版）2003年第3期，第77—82页。

④ 李嘎：《旱域水潦：水患语境下山陕黄土高原城市环境史研究（1368—1979年）》，商务印书馆，2019；李嘎：《旱域水潦：明清黄土高原的城市水患与拒水之策——基于山西10座典型城市的考察》，《史林》2013年第5期，第1—13、189页；李嘎：《冯夷为患：明代以来陕西黄土高原地带的城市水患与防治》，载山西大学中国社会史研究中心编《社会史研究》（第5辑），商务印书馆，2018，第154—202页；李嘎：《明清时期今京津冀地区的城市水患面貌与防治之策》，载行龙主编《社会史研究》（第11辑），社会科学文献出版社，2021，第146—181页。

⑤ 王蕾：《明清时期江汉平原水患与城镇发展》，《中南民族学院学报》（人文社会科学版）2000年第2期，第71—74页。

⑥ 陈家其：《长江三角洲城市建设发展与城市水害》，《长江流域资源与环境》1995年第3期，第202—208页。

⑦ 陈曦：《河南商丘地区古城洪涝适应性景观研究》，硕士学位论文，北京大学，2008。

⑧ 俞孔坚、张蕾：《黄泛平原古城镇洪涝经验及其适应性景观》，《城市规划学刊》2007年第5期，第85—91页。

了明清时期我国北方城市民生用水的环境特征、水质状况以及解决措施等；[①] 周春燕论述了明清时期华北平原城市的民生用水，分别讨论了城市水资源环境，城市用水的政治，以及城市水源与市民身体健康、清洁卫生和物质享受的关系；[②] 严浩伟则考察了明清河西地区城镇水资源状况和用水结构，分析了该地区水对城镇的影响，讨论了水环境恶化与人们的应对。[③] 北方地区之外的其他地区，目前也有少数关注，如李玉尚分析了清末以来江南城市水源污染与霍乱的关系，认为饮用和使用不洁水源是市民感染霍乱率高的重要原因；[④] 张亮指出近代四川城市的水源结构存在明显的空间差异，认为地理环境与取用便捷性是影响水源结构的主要因素。[⑤]

（三）关于历史时期城市水体演变的中观区域研究

目前此方面研究多关注黄泛平原地区。吴宏岐、张志迎归纳分析了黄泛平原古城的护城河—环城湖、城内坑塘和旧城湖等水域景观的特点，探讨了这些水域景观的成因、演变过程与分布规律，并提出积极保护、合理开发利用的相关建议。[⑥] 许继清等研究了黄泛平原古城“环城湖”的空间分布、构成要素、历史成因、演变过程、防洪减灾作用等，认为“环城湖”是在特定自然条件下黄河泛滥引起生态环境改变与古代城市营建模式共同作用的结果，在古城营建过程中承担着泄洪、排涝等防洪减灾功能。[⑦] 此外，张亮结合感观描述与科学认知的记载，综合考量近

① 胡英泽：《凿池而饮：明清时期北方地区的民生用水》，《中国历史地理论丛》2007 年第 2 辑，第 63—77 页；胡英泽：《古代北方的水质与民生》，《中国历史地理论丛》2009 年第 2 辑，第 53—70 页。

② 周春燕：《明清华北平原城市的民生用水》，载王利华主编《中国历史上的环境与社会》，生活·读书·新知三联书店，2007，第 234—258 页。

③ 严浩伟：《明清河西地区水与城镇关系研究》，硕士学位论文，陕西师范大学，2008。

④ 李玉尚：《清末以来江南城市的生活用水与霍乱》，《社会科学》2010 年第 1 期，第 150—160、192 页；李玉尚：《上海城区霍乱病史研究——以“地方病”和“外来病”的认识为中心》，载曹树基主编《田祖有神——明清以来的自然灾害及其社会应对机制》，上海交通大学出版社，2007，第 361—392 页。

⑤ 张亮：《近代四川城市水源结构的空间差异性研究》，《云南大学学报》（社会科学版）2018 年第 2 期，第 93—101 页。

⑥ 吴宏岐、张志迎：《黄泛平原古城镇水域景观历史地理成因初探》，《地域研究与开发》2012 年第 1 期，第 145—149 页。

⑦ 许继清等：《黄泛平原古城“环城湖”与城市防洪减灾》，《人民黄河》2011 年第 9 期，第 3—4、6 页。

代四川城市的河流水质，认为在河流含沙量、粪秽、垃圾、生活污水与工业废水等因素的影响下，临城河段的水质污染较为普遍。[①]

（四）关于历史时期城市水利多方面的中观区域研究

一些学者从城市水利涉及的多方面问题出发，来开展我国历史时期城市水利的中观区域研究，目前主要涉及长江流域、海河流域、晋陕黄河沿岸等地区。例如，毛振培回顾了明清民国时期长江流域城市供水、排水、水运、水灾以及防洪等方面的历史，简述了新中国成立以来该地区的城市水利建设成就，同时指出制约长江经济带发展的城市水利问题。[②] 王国春认为水资源匮乏和洪涝灾害严重是海河流域城市发展的瓶颈，总结了新中国成立以来该地区的城市水利成就，也指出了存在的问题及解决措施。[③] 王树声则考察了1949年前晋陕黄河沿岸13座城镇的供、排水方式和防洪措施。[④]

三　关于我国历史城市水利的微观个案研究

相比宏观整体研究和中观区域研究，微观个案研究的成果最为丰富。其中，古都和历史文化名城备受研究者青睐，尤其是古都。

（一）关于历史时期城市供水与水源问题的个案研究

在我国历史城市水利的个案研究中，供水与水源问题的研究比较丰富，尤其是古都的水源问题。20世纪四五十年代，侯仁之和黄盛璋便开始关注北京、西安二城发展过程中的给水问题，以及引水渠的水源与渠道流经的路线，这对后来北京、西安二城的水利建设具有重要指导意义。[⑤] 20世纪80年代以后，关于历史文化名城供水与水源问题的研究日益增多，最丰

---

① 张亮：《感观与科学：近代四川城市河流水质的判读》，载张利民主编《城市史研究》（第41辑），社会科学文献出版社，2020，第257—274页。

② 毛振培：《明清以来长江流域城市水利的历史和现状》，载刘延恺主编《论城市水利》，第93—97页。

③ 王国春：《海河流域城市水利的成就与问题》，载刘延恺主编《论城市水利》，第104—107页。

④ 王树声：《黄河晋陕沿岸历史城市人居环境营造研究》，博士学位论文，西安建筑科技大学，2006，第136—143页。

⑤ 侯仁之：《北京都市发展过程中的水源问题》，《北京大学学报》（人文科学）1955年第1期，第139—165页；黄盛璋：《西安城市发展中的给水问题以及今后水源的利用与开发》，《地理学报》1958年第4期，第406—426页。

富的依然是西安、北京二城。

关于历史时期西安城供水与水源问题的研究，大体集中在两个方面：一方面是关于历史时期西安城的水利设施和布局。20 世纪八九十年代至 2000 年前后，学界重点关注的是汉唐都城时代；[①] 2000 年前后及之后，学界对后都城时代西安城水利设施兴废的过程、原因、影响等问题有比较详细的探讨。[②] 另一方面是关于历史时期西安城的水源问题和水资源环境。学界分析了历史时期西安城的地下水污染、水资源短缺等用水困境的成因和影响，并指出今后西安城水源问题的解决途径。[③]

在侯仁之之后，历史时期北京城的水源问题继续得到学界重点关注。从水利工程技术角度，蔡蕃系统论述了北京古代漕运工程和城市供排水工程的发展历程与特点，重点关注了通惠河工程的修建、演变以及管

① 郭声波：《隋唐长安的水利》，载史念海主编《唐史论丛》（第 4 辑），三秦出版社，1988，第 268—286 页；郭声波：《隋唐长安龙首渠流路新探》，《人文杂志》1985 年第 3 期，第 83—85、21 页；郭声波：《隋唐长安水利设施的地理复原研究》，载纪宗安、汤开建主编《暨南史学》（第 3 辑），暨南大学出版社，2004，第 11—31 页；李健超：《隋唐长安城清明渠》，《中国历史地理论丛》2004 年第 2 辑，第 59—65 页；曹尔琴：《长安黄渠考》，《中国历史地理论丛》1990 年第 1 辑，第 53—66 页；贾俊霞、阚耀平：《隋唐长安城的水利布局》，《唐都学刊》1994 年第 4 期，第 6—11 页；李令福：《论西汉长安城都市水利》，载何一民等主编《文明起源与城市发展研究》，四川大学出版社，2004，第 193—210 页。

② 吴宏岐、史红帅：《关于明清西安龙首、通济二渠的几个问题》，《中国历史地理论丛》2000 年第 1 辑，第 117—137 页；史红帅：《明清时期西安城市地理研究》，中国社会科学出版社，2008，第 132—171 页；史红帅：《明清西安城市水利的初步研究》，载侯甬坚主编《长安史学》（第 3 辑），中国社会科学出版社，2007，第 56—80 页；史红帅：《民国西安城市水利建设及其规划——以陪都西京时期为主》，《长安大学学报》（社会科学版）2012 年第 3 期，第 29—36 页；王其祎、周晓薇：《明西安通济渠之开凿及其变迁》，《中国历史地理论丛》1999 年第 2 辑，第 73—98 页；王元林：《明清西安城引水及河流上源环境保护史略》，《人文杂志》2001 年第 1 期，第 121—127 页。

③ 冯晓多：《唐长安城的水资源及其利用》，《唐都学刊》2020 年第 4 期，第 27—33 页；李健超：《汉唐长安城与明清西安城地下水的污染》，《西北历史资料》1980 年第 1 期，第 78—86 页；仇立慧等：《古代西安地下水污染及其对城市发展的影响》，《西北大学学报》（自然科学版）2007 年第 2 期，第 326—329 页；高源：《唐代长安城水环境与水污染研究》，硕士学位论文，华中师范大学，2019；程森：《民国西安的日常用水困境及其改良》，载中国古都学会编《中国古都研究》（第 28 辑），三秦出版社，2015，第 92—107 页；高升荣：《民国时期西安居民的饮水问题及其治理》，《中国历史地理论丛》2021 年第 2 辑，第 73—80 页；马正林：《由历史上西安城的供水探讨今后解决水源的根本途径》，《陕西师范大学学报》（哲学社会科学版）1981 年第 4 期，第 70—77 页；包茂宏：《建国后西安水问题的形成及其初步解决》，载王利华主编《中国历史上的环境与社会》，第 259—276 页；侯甬坚：《西安城市生命力的初步解析》，《江汉论坛》2012 年第 1 期，第 13—19 页。

理;[①] 郑连第从古代北京城址的选择、元大都的漕运水利成就、清代昆明湖的水利枢纽以及古代北京城的防洪成就等方面，探讨了古代北京城与水的关系。[②] 从供水格局和水资源开发演变角度，鲁春霞等探讨了历史时期以来北京城市发育过程中供水系统的空间演变特征,[③] 刘树芳讨论了水资源的开发、利用与北京城市建设发展之间的关系,[④] 韩光辉等认为新时期开拓北京城市水源应优先考虑开发滦河、潮河。[⑤] 从水利社会史角度，邱仲麟探讨了明清北京城内供水业者与民生用水的关联,[⑥] 杜丽红讨论了知识和权力对近代北京饮水卫生的影响。[⑦]

除西安、北京二城外，阳城、洛阳、成都、昆明、太原、兰州、广州、天津、杭州、咸阳、丽江、楼兰等历史文化名城在历史时期的供水设施、水资源环境、水资源管理等问题也得到学界大力关注。[⑧] 其中，楼兰古城的衰落与水资源的关系一度是学界关注的热点。[①]关于各地区中小城市在历史时期的供水设施与水源问题，学界已有一定的关注，

---

① 蔡蕃：《北京古运河与城市供水研究》，北京出版社，1987。

② 郑连第：《水与古代北京城》，《百科知识》1988年第3期，第18—20页。

③ 鲁春霞等：《北京城市扩张过程中的供水格局演变》，《资源科学》2015年第6期，第1115—1123页。

④ 刘树芳：《北京城的沿革与水（一）——商周至金代时期》，《北京水利》2003年第1期，第41—42页；刘树芳：《北京城的沿革与水——元朝》，《北京水利》2004年第1期，第59页；刘树芳：《北京城的沿革与水（明代）》，《北京水利》2004年第4期，第59页；刘树芳：《北京城的沿革与水——清朝与民国》，《北京水利》2005年第5期，第58—59页。

⑤ 韩光辉：《开拓北京水源的思考》，《自然资源》1994年第4期，第15—19页；韩光辉、王林弟：《新时期北京水资源问题研究》，《北京大学学报》（哲学社会科学版）2000年第6期，第118—126页。

⑥ 邱仲麟：《水窝子——北京的供水业者与民生用水（1368—1937）》，载李孝悌编《中国的城市生活》，新星出版社，2006，第203—252页。

⑦ 杜丽红：《知识、权力与日常生活——近代北京饮水卫生制度与观念嬗变》，《华中师范大学学报》（人文社会科学版）2010年第4期，第58—67页。

⑧ 李京华等：《登封战国阳城贮水输水设施的发掘》，《中原文物》1982年第2期，第1—8页；杨俊博：《从水源问题看汉魏洛阳城址的迁移》，《河南师范大学学报》（哲学社会科学版）2013年第5期，第96—99页；贾璞：《汉魏洛阳城阳渠遗址与古代都城的生态水利建设》，《中州学刊》2017年第7期，第110—114页；张亮：《清末民国成都的饮用水源、水质与改良》，载朱庆葆主编《民国研究》（2019年秋季号　总第36辑），社会科学文献出版社，2020，第74—94页；X. Y. Zheng, "Water Management in a City of Southwest China before the 17th Century," *Water Science & Technology*: *Water Supply* 3 (2013): 574 - 581；张俊峰、郝平：《唐北都晋阳城的水环境及其水源问题》，载范世康、（转下页注）

比如历史时期陕西永寿城的供水困境与解决途径，[②]河南陕州广济渠的兴修和城市供水功能的发挥，[③]宋代它山堰对明州（今宁波）城市发展的影响，[④]湖北归州城的山泉引水工程，[⑤]等等。但相比古都和历史文化名城，中小城市的相关供水问题，得到学界关注的广度与深度有待加强。

（二）关于历史时期城市水灾及其应对的个案研究

目前，学界对北京、开封、洛阳、南京、荆州等城在历史时期的水灾及其应对关注较为深入。尤其是北京城，学界关注的时间范围较长，关注的问题较多，涉及水灾的类型特征、发生原因、社会影响、应对措

（接上页注⑧）王尚义主编《建设特色文化名城——理论探讨与实证研究》，北岳文艺出版社，2008，第76—85页；梁姗姗、王元林：《明清时期兰州城取水与水利变迁研究》，《兰州学刊》2012年第8期，第61—64页；胡瑞英：《明清时期广州城市水资源利用的初步研究》，硕士学位论文，暨南大学，2008；蒋露露：《民国时期广州城市生活给水与排水考察》，硕士学位论文，暨南大学，2008；刘海岩：《清末民初天津水供给系统的形成及其影响》，《历史档案》2006年第3期，第102—108页；虞家钧：《杭州沿革和城市发展》，《地理研究》1985年第3期，第59—67页；胡勇军：《民国时期杭州饮用水源及其空间差异性研究》，《史林》2017年第1期，第31—41、218页；李虎、崔亚军：《水资源的利用与民国时期咸阳城市经济的发展》，《中国历史地理论丛》2002年第3辑，第101—104页；A. Koenig, S. C. C. Fung, "Ancient Water Supply System of the Old Town of Lijiang, Yunnan Province, China," *Water Science & Technology: Water Supply* 3（2010）: 383-393；杨福泉：《略论丽江古城的历史、社会和古城水系及用水民俗——一个跨区域的城市与环境问题研究的个案比较》，载郑晓云、杨正权主编《红河流域的民族文化与生态文明》（上），中国书籍出版社，2010，第531—546页。

① 尹家衡：《城市环境地质研究破译千古之谜——楼兰古城神秘消亡新解》，《火山地质与矿产》2001年第2号，第115—120页；何宇华、孙永军：《应用卫星遥感探索楼兰古城消亡之谜》，《国土资源遥感》2002年第2期，第64—67页；高玉山等：《楼兰的兴衰与环境变迁和环境灾害》，《成都大学学报》（自然科学版）2004年第3期，第50—52页。

② 程森：《历史时期关中地区中小城市供水问题研究——以永寿县为中心》，《三门峡职业技术学院学报》2013年第4期，第72—76页。

③ 程森：《清代豫西水资源环境与城市水利功能研究——以陕州广济渠为中心》，《中国历史地理论丛》2010年第3辑，第148—156页。

④ 许孟光：《它山堰对宋明州城发展的影响》，载中国水利学会水利史研究会、浙江省鄞县人民政府编《它山堰暨浙东水利史学术讨论会论文集》，中国科学技术出版社，1997，第45—48页。

⑤ 尹玲玲：《历史时期三峡地区的城镇水资源问题与水利工程建设》，《华北水利水电学院学报》（社科版）2012年第5期，第16—19页。

施等方面。[①] 其中，尹钧科、于德源、北京市水利局对北京城市水灾进行了系统研究，汇编了北京城市水灾史料，全面考察了北京地区水灾的发生原因与防御措施。[②] 值得强调的是，城市水灾应对措施可以减轻城市水灾，同时也会产生环境效应。吴文涛则探讨了清代永定河沿岸筑堤防洪对北京城水环境的影响。[③]

关于历史时期开封城的水灾及其应对，目前学界重点关注两个时期：一个是北宋时期，学界探讨了东京城水灾的基本特征、发生原因、影响和应对措施；[④] 另一个是明清时期，学界探讨了水灾对开封城的影响和开封城的防洪建设，并进行了典型案例探讨。[⑤] 至于历史时期洛阳城的水灾特征与防洪措施，学界重点关注的是汉唐时期，尤其是唐代。[⑥] 至

---

① 段天顺：《谈谈北京历史上的水患》，《中国水利》1982年第3期，第16—17页；贾振文：《北京水灾及其社会影响》，《灾害学》1991年第1期，第65—67页；郑连第：《历史上永定河的洪水和北京城的防洪》，载《中国科学院水利电力部水利水电科学研究院科学研究论文集》（第22集），水利电力出版社，1985，第186—194页；李裕宏：《北京城的雨涝灾害及防灾对策》，《海河水利》1993年第4期，第31—34页；李裕宏：《1959年北京城大水回顾》，《北京水利》1999年第4期，第21—23页；邱仲麟：《燕地雨无正——明代北京城的雨灾与官方的善后措施》，载朱诚如、徐凯主编《明清论丛》（第13辑），故宫出版社，2014，第1—21页；吴文涛：《对近代以来北京城市水灾演变及应对措施的思考》，载王岗主编《北京史学论丛》（2013），北京燕山出版社，2013，第223—233页。

② 尹钧科等：《北京历史自然灾害研究》，中国环境科学出版社，1997；于德源：《北京灾害史》，同心出版社，2008，第2—175页；北京市水利局编著《北京水旱灾害》，中国水利水电出版社，1999，第77—85页。

③ 吴文涛：《清代永定河筑堤对北京水环境的影响》，《北京社会科学》2008年第1期，第58—63页。

④ 李亚：《历史时期濒水城市水灾问题初探——以北宋开封为例》，《华中科技大学学报》（社会科学版）2003年第5期，第120—124页；田银生：《北宋东京城市建设的安全与防御措施》，《城市规划汇刊》1996年第4期，第61—64、66页。

⑤ 吴小伦：《明清时期沿黄河城市的防洪与排洪建设——以开封城为例》，《郑州大学学报》（哲学社会科学版）2014年第4期，第142—147页；吴朋飞等：《1841年黄河决溢围困开封城的空间再现及原因分析》，《河南大学学报》（自然科学版）2014年第3期，第299—304页；吴朋飞：《崇祯河决开封城的灾害环境复原》，《苏州大学学报》（哲学社会科学版）2021年第2期，第185—192页。

⑥ 吴庆洲：《汉魏洛阳城市防洪的历史经验及措施》，《中国名城》2012年第1期，第67—72页；王化昆：《唐代洛阳的水害》，《河南科技大学学报》（社会科学版）2003年第3期，第26—31页；朱宇强：《开元八年洛阳水灾试析》，载杜文玉主编《唐史论丛》（第11辑），三秦出版社，2009，第298—307页。

于南京城，学界目前主要关注的是明清民国时期。[①] 相比开封、洛阳、南京三城，学界回顾了荆州古城历代的城池建设以及水灾情况，探讨了其防洪体系和防洪抗冲措施，并对1788年荆州城市水灾进行了专题研究。[②] 除上述城市关注较多之外，学界对西安、成都、襄阳、苏州、天津、太原、邯郸、徐州、赣州等历史文化名城的水灾成因、防洪措施等方面也有一定的关注。[③]

关于历史时期中小城市的水灾及其应对，30多年来学界的研究渐趋丰富，主要有三种视角：一是中小城市受水灾影响程度如何以及做出怎样的应对。[④] 李嘎在复原城市水灾过程的基础上，分析了城址迁徙与城市水灾的关系，探讨了城市防洪措施的环境效应；[⑤] 孟祥晓、陈隆文等分析了水灾对中小城市所造成的影响，以及当地官民为避免水灾而采取的措

① 徐智：《清代南京水患治理研究》，《理论界》2012年第10期，第99—102页；胡吉伟：《民国时期城市水患的应对与治理——以战前南京防水建设为例》，《民国档案》2014年第3期，第100—107页；张领先：《民国南京城市防洪建设研究（1932—1937）》，硕士学位论文，南京师范大学，2019。

② 吴庆洲：《荆州古城防洪体系和措施研究》，《中国名城》2009年第3期，第34—40页；万谦：《江陵城池与荆州城市御灾防卫体系研究》，中国建筑工业出版社，2010，第179—189页；万谦、王瑾：《1788年洪水对荆州城市建设的影响》，《华中建筑》2006年第3期，第131—132页；徐凯希：《乾隆五十三年的荆州大水及善后》，《历史档案》2006年第3期，第39—45页。

③ 吴庆洲：《唐长安在城市防洪上的失误》，《自然科学史研究》1990年第3期，第290—296页；吴庆洲：《中国古城防洪的成功范例——成都》，《南方建筑》2008年第6期，第9—13页；吴庆洲：《襄阳古城历代防洪体系的建设及减灾措施》，《中国名城》2013年第4期，第47—52页；马祖铭、马玉宇：《苏州古城是人类智慧的光芒——苏州古代的防洪措施》，载金磊、段喜臣主编《中国建筑文化遗产年度报告（2002—2012）》，天津大学出版社，2013，第170—173页；蒋超、姚汉源：《明清时期天津的城市防洪堤防》，载《中国科学院水利电力部水利水电科学研究院科学研究论文集》（第25集），水利电力出版社，1986，第208—217页；周亚：《宋代以来太原城的水患及其防治》，载范世康、王尚义主编《建设特色文化名城——理论探讨与实证研究》，第95—103页。

④ 吴庆洲：《乐山古城历代水患与防洪措施研究》，《城市与区域规划研究》2013年第1期，第23—39页；李娟：《1128—1855年黄河南泛对杞县城市形态的影响》，《三门峡职业技术学院学报》2011年第3期，第82—87页。

⑤ 李嘎：《关系千万重：明代以降吕梁山东麓三城的洪水灾害与城市水环境》，《史林》2012年第2期，第1—12、188页；李嘎：《水患与山西荣河、河津二城的迁移——一项长时段视野下的过程研究》，载中国地理学会历史地理专业委员会《历史地理》编辑委员会编《历史地理》（第32辑），上海人民出版社，2015，第29—47页；李嘎：《滹沱的挑战与景观塑造：明清束鹿县城的洪水灾难与洪涝适应性景观》，《史林》2020年第5期，第30—41、55页。

施，探讨了水灾所反映的人地关系。[①] 二是中小城市的防洪措施和防洪技术。例如，学界关注了寿县古城的防洪减灾措施、[②] 台州城的洪潮之灾与防洪措施、[③] 梧州古城的水灾及其防洪减灾措施、[④] 明清柳州城的防洪体系、[⑤] 湖南常德城在晚清至近现代的防洪措施[⑥]等等。三是中小城市水灾发生的原因。例如，吴瑾冰、陈业新等分析了历史时期泗州城水患的特征及成因，并总结了其对今后防灾的启示；[⑦] 牛淑贞分析了归绥城市水患与周边区域环境变迁的密切关系，指出水灾与环境的相互反馈使水灾频度提高。[⑧]

（三）关于历史时期城市排水问题的个案研究

目前，学界对历史时期北京城的排水问题关注较多。历史时期北京城的河壕、沟渠承担着城市排水功能，一旦壅塞，便在城区造成水患，故疏浚管理沟渠成为当时北京市政的重要内容。高寿仙指出了明政府对北京城沟渠疏浚管理的重视；[⑨] 邱仲麟则进一步指出明政府比较重视北京城沟渠的疏浚管理，但权贵占沟盖屋问题一直无法解决，因此沟渠无法进行彻底清理；[⑩] 盛华则论述了民国时期北京城的排水问题。[⑪] 除北京

---

① 孟祥晓：《水患与漳卫河流域城镇的变迁——以清代魏县城为例》，《农业考古》2011年第1期，第309—314页；陈隆文：《水患与黄河流域古代城市的变迁研究——以河南汜水县城为研究对象》，《河南大学学报》（社会科学版）2009年第5期，第102—109页。

② 吴庆洲：《寿州古城防洪减灾的措施》，《中国名城》2010年第1期，第37—41页。

③ 吴庆洲：《古台州城规划建设初探》，《城市规划》1986年第2期，第54—59页。

④ 吴庆洲：《“水都”的变迁——梧州城史及其适洪方式》，《建筑遗产》2017年第3期，第44—55页。

⑤ 何丽：《柳州城市发展及其形态演进（唐—民国）》，博士学位论文，华南理工大学，2011，第146—154页。

⑥ 周玮：《晚清至近现代常德城市发展及防洪研究》，硕士学位论文，华南理工大学，2007，第53—61页。

⑦ 吴瑾冰：《从泗州城的湮灭看防灾》，《灾害学》1997年第4期，第85—88页；陈业新：《历史地理视野下的泗州城市水患及其原因探析》，《学术界》2020年第5期，第167—175页。

⑧ 牛淑贞：《周边环境与归绥城市水患》，《干旱区资源与环境》2014年第8期，第111—119页。

⑨ 高寿仙：《明代北京街道沟渠的管理》，《北京社会科学》2004年第2期，第102—107页。

⑩ 邱仲麟：《明代北京的沟渠疏浚及其相关问题》，《台湾政治大学历史学报》第41期，2014年，第43—104页。

⑪ 盛华：《民国时期北京城市排水问题研究（1912—1948）》，硕士学位论文，北京师范大学，2012。

城外，商代城邑的给排水设施、[1] 临淄齐国故都的排水设施与排水系统、[2] 汉长安城排水管道、[3] 赣州城“福寿沟”的防洪排蓄作用、[4] 岳阳城在清代的排水状况、[5] 南昌城历史时期排水系统的变迁、[6] 杭州城历史时期的沟渠建设[7]等，也得到学界一定的关注。

（四）关于历史时期城市水系水体的个案研究

目前，学界对历史时期西安、北京、开封、杭州、南京、苏州、广州、济南等城水系水体的演变，及其与城市发展之间的关系，研究较为丰富。相比而言，关于西安城市水系水体的研究应该还是最为丰富的，既有从整体视角探讨历史时期西安城市水系变迁的总体研究，[8] 也有关注西安城河、渠、湖、池等水体变迁的专题研究。[9] 关于历代西安城的

---

① 庞小霞、胡洪琼：《商代城邑给排水设施初探》，《殷都学刊》2004 年第 1 期，第 43—46、81 页。

② 张龙海、朱玉德：《临淄齐国故城的排水系统》，《考古》1988 年第 9 期，第 784—787、866 页。

③ 张建锋：《汉长安城排水管道的考古学论述》，《中原文物》2014 年第 5 期，第 51—59 页。

④ 吴庆洲等：《赣州古城理水经验对“海绵城市”建设的启示》，《城市规划》2020 年第 3 期，第 84—92、101 页；吴运江等：《古老的市政设施——赣州“福寿沟”的防洪预涝作用》，《中国防汛抗旱》2017 年第 3 期，第 37—39、56 页；吴庆洲：《龟城赣州营建的历史与文化研究》，《建筑师》2012 年第 1 期，第 64—73 页；Q. Wu，“Study on Urban Construction History and Culture of the Tortoise City of Ganzhou，” *China City Planning Review* 4（2011）：64－71；W. Che，M. Qiao，S. Wang，“Enlightenment from Ancient Chinese Urban and Rural Stormwater Management Practices，” *Water Science & Technology* 7（2013）：1474－1480。

⑤ 傅娟：《清乾嘉年间岳州府城的城市建设》，《华中建筑》2006 年第 11 期，第 149—153 页。

⑥ 晏雪平：《历史时期南昌城排水系统及其变迁——兼及南昌城内及周边河湖的演变》，《江西师范大学学报》（哲学社会科学版）2014 年第 2 期，第 95—101 页。

⑦ 胡勇军、李霄：《唐宋及民国时期杭州城市沟渠建设研究》，《华北水利水电大学学报》（社会科学版）2016 年第 4 期，第 15—18 页。

⑧ 李昭淑等：《西安水环境的历史变迁及治理对策》，《中国历史地理论丛》2000 年第 3 辑，第 39—53 页；雷冬霞、马光：《都邑发展与水环境——从西安城市水环境的历史变迁看可持续发展城市生态基础》，《华中建筑》2003 年第 1 期，第 61—62 页；吴宏岐：《西安历史地理研究》，西安地图出版社，2006，第 156—194 页；吴左宾：《明清西安城市水系与人居环境营建研究》，博士学位论文，华南理工大学，2013。

⑨ 史念海：《环绕长安的河流及有关的渠道》，《中国历史地理论丛》1996 年第 1 辑，第 1—21 页；史念海：《论西安周围诸河流量的变化》，《陕西师范大学学报》（哲学社会科学版）1992 年第 3 期，第 55—67 页；吕卓民：《西安城南交潏二水的历史变迁》，《中国历史地理论丛》1990 年第 2 辑，第 163—174 页；耿占军：《唐都长安池潭考述》，《中国历史地理论丛》1994 年第 2 辑，第 87—99 页。

具体水体，学界关注较多的是，昆明池的得名、兴建原因、范围演变、功能演变以及对汉唐长安城的影响，① 和曲江池的兴衰沿革、环池建设、环境演变以及在唐长安城的文化地位。②

关于北京，侯仁之、姚汉源、谭徐明等仔细分析了北京历代建设过程中河湖水系的演变与功能变迁，指出北京城市发展过程中的水问题，强调河湖治理、水环境保护等对北京建设发展的重要影响。③ 关于开封，学界大体关注两个方面：一是历史时期黄河、运河对开封城市发展的影响，④ 二是历史时期开封城内水系与河湖水体的演变及其原因。⑤ 关于杭州，

---

① 胡谦盈：《汉昆明池及其有关遗存踏察记》，《考古与文物》1980年创刊号，第23—28页；曹尔琴：《从汉唐昆明池的变化谈国都与水的关系》，载中国古都学会编《中国古都研究》（第12辑），山西人民出版社，1998，第13—18页；杨金辉：《长安昆明池的兴废变迁与功能演变》，《贵州师范大学学报》（社会科学版）2007年第5期，第20—24页；杨金辉：《浅论长安昆明池的开挖缘由》，《西安文理学院学报》（社会科学版）2007年第3期，第57—60页；李令福：《论汉代昆明池的功能与影响》，《唐都学刊》2008年第1期，第8—14页；李令福：《汉昆明池的兴修及其对长安城郊环境的影响》，《陕西师范大学学报》（哲学社会科学版）2008年第4期，第91—97页；王作良：《汉唐长安昆明池的功用及其文化与文学影响》，《长安大学学报》（社会科学版）2010年第3期，第18—23页；张宁、张旭：《汉昆明池的兴废与功能考辨》，《文博》2013年第3期，第47—51页。

② 王双怀：《曲江风景区的环境变迁》，《西北大学学报》（自然科学版）2000年第6期，第533—536页；许正文：《论曲江池的兴衰》，《唐都学刊》2002年第3期，第36—38页；李令福：《龙脉、水脉和文脉——唐代曲江在都城长安的文化地位》，《唐都学刊》2006年第4期，第14—19页。

③ 《侯仁之文集》，北京大学出版社，1998，第93—115页；姚汉源：《北京旧皇城区最早出现的宫殿园池——城市与水利》，载刘延恺主编《论城市水利》，第1—11页；谭徐明：《水环境对北京城市的造就——兼论北京城市建设中水环境的保护和利用》，《城市发展研究》1996年第1期，第44—47、5页；宋卓勋、陈淑敏：《北京市城市河湖功能的演变与发展》，《北京规划建设》1999年第1期，第39—41页；李裕宏：《水和北京——城市水系变迁》，方志出版社，2004；李裕宏：《当代北京城市水系史话》，当代中国出版社，2013；邓辉：《元大都内部河湖水系的空间分布特点》，《中国历史地理论丛》2012年第3辑，第32—41页；王劲韬、薛飞：《元大都水系规划与城市景观研究》，《中国园林》2014年第1期，第13—17页。

④ 李润田：《黄河对开封城市历史发展的影响》，载中国地理学会历史地理专业委员会《历史地理》编辑委员会编《历史地理》（第6辑），上海人民出版社，1988，第45—56页；陈代光：《运河的兴废与开封的盛衰》，《中州学刊》1983年第6期，第127—130页；吴朋飞、刘德新：《审视与展望：黄河变迁对城市的影响研究述论》，《云南大学学报》（社会科学版）2020年第1期，第69—77页。

⑤ 丁圣彦、曹新向：《清末以来开封市水域景观格局变化》，《地理学报》2004年第6期，第956—963页；X. Cao, S. Díng, "Landscape Pattern Dynamics of Water Body in Kaifeng City in the 20th Century," *Journal of Geographical Sciences* 1 (2005): 106-114。

学界在关注西湖、京杭运河、钱塘江等重要水体自身演变的同时，重点关注这些水体与杭州城市发展之间的关系。[①] 关于南京，学界持续关注历史时期以来城市水系的形成、演变及其与城市发展的关系，近期主要关注明清民国时期南京内河水环境问题的治理。[②] 关于苏州，学界比较关注历史时期苏州城的河道分布及其演变特征，探讨了城内河道营建对现代城市建设的有益启示。[③] 关于广州，吴庆洲、曾新等分析了历史时期广州城市水系、水体和湿地的演变，及其与城市发展的互动关系。[④] 关于济南，陆敏、赵建等探讨了历史时期济南城市水文环境或城市水系的演变规律，以及城市水文环境对城市建设发展的影响。[⑤]

---

① 郑连第：《西湖水利与杭州城的发展》，载《中国科学院水利电力部水利水电科学研究院科学研究论文集》（第12集），第157—170页；陈桥驿：《历史时期西湖的发展和变迁——关于西湖是人工湖及其何以众废独存的讨论》，《中原地理研究》1985年第2期，第1—8页；范今朝、汪波：《运河（杭州段）功能的历史变迁及其对杭州城市发展的作用》，《浙江大学学报》（理学版）2001年第5期，第583—590页；邹卓君、杨建军：《城市形态演变与城市水系动态关系探讨》，《规划师》2003年第2期，第87—90页；周祝伟：《宋代杭州南湖及其变迁考》，《浙江学刊》2007年第2期，第119—123页。

② 石尚群等：《古代南京河道的变迁》，载中国地理学会历史地理专业委员会《历史地理》编辑委员会编《历史地理》（第8辑），上海人民出版社，1990，第59—69页；陈刚：《六朝建康历史地理及信息化研究》，南京大学出版社，2012，第132—165页；姚亦锋：《南京城市水系变迁以及现代景观研究》，《城市规划》2009年第11期，第39—43页；罗晓翔：《明清南京内河水环境及其治理》，《历史研究》2014年第4期，第50—67、190页；刘亮：《清代至民国南京内河水环境治理模式演变研究》，《中国地方志》2018年第6期，第66—74、126页；李凤成、刘亮：《多重博弈下的民国时期南京城市水环境治理困境探析（1927—1937）》，《苏州大学学报》（哲学社会科学版）2021年第5期，第184—192页。

③ 张光玮：《古地图中的苏州古城河道变迁》，载贾珺主编《建筑史》（第30辑），清华大学出版社，2012，第129—143页；何峰：《历史时期苏州城市水道研究》，《中国水利》2014年第3期，第56—59页；杨志刚、王兴元：《苏州古代城市水利工程对现代城市建设的借鉴》，载刘延恺主编《论城市水利》，第69—73页。

④ 吴庆洲：《广州古代的城市水利》，《人民珠江》1990年第6期，第36—37、35页；吴庆洲：《古广州城与水》，《中外建筑》1997年第4期，第13—14页；曾新、梁国昭：《广州古城的湿地及其功能》，《热带地理》2006年第1期，第91—96页；刘卫：《广州古城水系与城市发展关系研究》，博士学位论文，华南理工大学，2015。

⑤ 陆敏等：《济南泉水治理的回顾与反思》，《济南大学学报》1991年第4期，第61—67页；陆敏：《济南水文环境的变迁与城市供水》，《中国历史地理论丛》1997年第3辑，第105—116页；陆敏：《济南地区水文环境的演化及其规律研究》，《人文地理》1999年第3期，第65—70页；陆敏、李墨卿：《济南泉水若干问题的历史地理探讨》，《中国历史地理论丛》1999年第2辑，第63—72页；秦若轼、李向富：《城市与水——水对济南的影响》，载刘延恺主编《论城市水利》，第131—134页；赵建、张咏梅：《济南市城市水系及其变化研究》，《山东师范大学学报》（自然科学版）2007年第1期，第86—90页。

除上述受到重点关注的城市之外，洛阳城在北魏、隋唐时期的水系水体的分布特征，[①] 历史时期成都城市水系变迁及其在城市发展过程中的作用，[②] 隋唐五代宁波城市水系建设，[③] 唐代扬州城市水系对社会生活的影响，[④] 明清淮安城内水系营建与风水观念的相互关系，[⑤] 等等，均得到相关探讨。关于历史时期中小城市的河湖水系，学界已经探讨了商丘古城的坑塘水系格局、[⑥] 南阳古城水系功能、[⑦] 寿县古城水系布局、[⑧] 历史时期清源东湖与汾阳文湖的存废命运、[⑨] 历史时期惠州西湖的形成及其水利[⑩]等等。

（五）关于历史时期城市水利多方面的个案研究

城市水利涉及选址、供水、防洪、排水、水体营建等多方面内容。一个单体城市的这些方面可能同时被学界关注，比如成都。20世纪八九十年代，熊达成、周烈勋等已经关注成都古城的创建、发展与历史时期水利建设的关系。[⑪] 目前，关于历史时期成都城市水利多方面研究已有

① 孔祥勇、骆子昕：《北魏洛阳的城市水利》，《中原文物》1988年第4期，第81—84页；田莹：《论隋唐洛阳城的池沼》，《唐都学刊》2008年第1期，第32—36页。

② 郭涛：《成都环境水利的变迁》，《大自然探索》1983年第4期，第93—98页；柴宗新：《成都城市水系变迁及其在都市发展中的作用》，《西南师范大学学报》（自然科学版）1990年第4期，第573—578页；谭徐明：《水利工程对成都水环境的影响及其启示》，《水利发展研究》2003年第9期，第27—31页。

③ 傅璇琮主编，张如安等著《宁波通史·史前至唐五代卷》，宁波出版社，2009，第198—199页。

④ 万京京、万乾山：《扬州唐代"城市水利"初探》，《江苏水利》2012年第5期，第46—48页。

⑤ 肖启荣：《明清时期淮安城水道管理体制的变迁》，载《历史地理》（第32辑），第17—28页；王聪明、李德楠：《巽亥合秀：明清淮安风水、水患与城市水利的文化功能》，《史林》2018年第5期，第51—59、219页。

⑥ 许继清、张庆：《商丘古城坑塘水系探微》，《山西建筑》2010年第24期，第4—5页。

⑦ 李炎、梁晨：《南阳古城空间演变与城市水系的营建研究》，《华中建筑》2014年第4期，第142—147页。

⑧ 黄云峰、方拥：《寿县古城道路与水系布局初探》，《华中建筑》2008年第4期，第157—160页。

⑨ 张俊峰、张瑜：《湖殇：明末以来清源东湖的存废与时运——兼与汾阳文湖之比较》，《山西大学学报》（哲学社会科学版）2013年第3期，第80—86页。

⑩ 吴庆洲：《惠州西湖与城市水利》，《人民珠江》1989年第4期，第7—9页。

⑪ 熊达成：《从成都的历史看水利建设在城市发展中的意义和作用》，载成都市城市科学研究会编《成都城市研究》，四川大学出版社，1989，第46—57页；周烈勋、陈渭忠：《成都城市水利的昨天、今天和明天》，《四川水利》1995年第5期，第8—10、7页；熊达成、徐才洪：《成都市水利建设与社会、经济发展的关系》，载刘延恺主编《论城市水利》，第78—80页。

相关专著。其中，《成都城市与水利研究》系统论述了历史时期成都城“趋水利、避水害”的实践活动、经济文化现象以及经验教训；[①]《水与成都——成都城市水文化》以“水”为成都城市文化解题的锁钥，阐释了成都水文化，对成都历史时期的城市水利实践进行了详细探讨。[②]

除成都外，从水环境与城市建设发展相互作用视角，学界探讨了历史时期杭州、南京、安阳、济南、太原等城与水环境或水利事业的互动关系。[③] 从城市水利主要内容视角，学界探讨了河南淮阳平粮台古城、战国阳城古城、东周王城、东周时楚都纪南城、北魏前期都城平城（大同）、唐宋扬州城、陪都西京时期西安城等城的防洪、排水、供水、水运等多方面相关问题。[④] 从历史城市水利研究的当代价值视角，学界通过回顾宁波、天津、绍兴等城在历史时期的水利成就与特色，对这些城市当前的建设发展提出若干意见。[⑤]

---

① 四川省文史研究馆编《成都城市与水利研究》，四川人民出版社，1997。

② 许蓉生：《水与成都——成都城市水文化》，巴蜀书社，2006。

③ 张慧茹：《南宋杭州水环境与城市发展互动关系研究》，硕士学位论文，陕西师范大学，2007；权伟：《明初南京山水形势与城市建设互动关系研究》，硕士学位论文，陕西师范大学，2007；徐小亮：《都城时代安阳水环境与城市发展互动关系研究》，硕士学位论文，陕西师范大学，2008；王保林：《历史时期河湖泉水与济南城市发展关系研究》，硕士学位论文，陕西师范大学，2009；秦福海、李乾太：《浅论历史时期太原城市兴衰与水利事业的关系》，《山西水利》（水利史志专辑）1985年第2期，第33—38页。

④ 贺维周：《从考古发掘探索远古水利工程》，《中国水利》1984年第10期，第32—33页；徐昭峰：《试论东周王城的城市用水系统》，《中原文物》2014年第1期，第38—41、47页；向德富、孙继：《楚纪南城水利设施初探》，《沈阳工程学院学报》（社会科学版）2011年第3期，第391—394页；李乾太：《北魏故都平城城市水利试探》，《晋阳学刊》1990年第4期，第90—95页；〔日〕西冈弘晃：《宋代扬州的城市水利》，吕娟译，《城市发展研究》1996年第1期，第48—50页；史红帅：《民国西安城市水利建设及其规划——以陪都西京时期为主》，《长安大学学报》（社会科学版）2012年第3期，第29—36页。

⑤ 缪复元：《宁波城市水利论》，载刘延恺主编《论城市水利》，第98—103页；戴峙东：《天津城市水利建设》，载刘延恺主编《论城市水利》，第119—122页；山阴子：《古代绍兴城市水利及其启示——纪念绍兴建城2500年》，《浙江水利水电专科学校学报》2012年第1期，第5—8页。

附录2　明以降（1368—1967年）关中-天水地区城市水灾情况

序号	城市	时间	灾情	资料来源
1	韩城	万历二十九年（1601年）	“夏，（县）堂倾西北，盖霖之浸也。余虽未倾，亦岌岌岩墙也”	（明）张士佩：《韩城县重修县堂记》，载万历《韩城县志》卷七《艺文》，万历三十五年刻本，第30页a
2	韩城	崇祯三年（1630年）	“甃上下各三尺，遇雨辄崩”	雍正《敕修陕西通志》卷一四《城池》，雍正十三年刻本，第20页b
3	韩城	乾隆十八年至三十一年（1753—1766年）	“邑城自薛相国疏筑后，历岁既久，适值阴雨滂沱，多崩损。公（福通阿）捐俸报筑几费至千金，丝毫不以累民”	乾隆《韩城县志》卷四《循吏》，乾隆四十九年刻本，第33页b
4	韩城	光绪三十年（1904年）	“大水冲决南城外河堤，升抚院派水利军帮修河堤”	民国《韩城县续志》卷四《文征录下附纪事》，民国14年韩城县德兴石印馆石印本，第41页a
5	韩城	1933年	（农历）五月二十八日晚至次日，韩城东原一带及苏、陈村东西十几里，南北20余里的地区，连降倾盆大雨，酿成重灾，韩城受灾。文经庵作《感伤诗》一首，以纪其事。诗文节选如下：“……平地居然成水国，……雨来原上正黄昏，水势急如万马奔，任尔爬山力如虎，也是无计闭城门。……眼见水从城底来，墙根穿孔陡然开，……”	韩城市农业经济委员会水利志编纂领导小组编《韩城市水利志》，三秦出版社，1991，第219—220页
			“七月二十、二十三日夜，县城东西10余里，南北20余里，暴雨成灾，损失惨重，平地水深2尺多”	韩城市志编纂委员会编《韩城市志》，三秦出版社，1991，第104页

续表

序号	城市	时间	灾情	资料来源
6	韩城	1958 年	“8 月 2 日，澽水上游山区大雨，河水大涨。……洪峰冲决县城南桥西南堤，沿河两岸受灾面积达 1.8 万多亩”	《韩城市志》，第 106 页
7	潼关	成化十年（1474 年）	“（潼关卫学）圮于水”	雍正《敕修陕西通志》卷二七《学校》，第 28 页 b
			“（潼关卫）学故在卫东，成化十年以避水患徙今所”	（明）王维桢：《槐野先生存笥稿》卷八《记·潼关卫修学记》，载贾三强主编《陕西古代文献集成》（第 18 辑），陕西人民出版社，2018，第 140 页
8	潼关	万历十七年（1589 年）	“潼水淹卫治”	康熙《潼关卫志》卷上《禋祀志第三·灾祥》，康熙二十四年刻本，第 21 页 b
9	潼关	天启四年（1624 年）	“（潼）河水冲毁北水关”	康熙《潼关卫志》卷上《建置志第二·城池》，康熙二十四年刻本，第 9 页 b
10	潼关	天启七年	“大水，水关崩冲”	（清）杨端本：《浚河修北水关记》，载嘉庆《续修潼关厅志》卷下《艺文志第九·记》，嘉庆二十二年刻本，第 16 页 a
11	潼关	明末	“仲夏山雨涉，翻涛壑势汹。潼津诸流会，暴涨溢舆梁。驱奔轻巨石，沦荡漱崇冈。深底成堆阜，通衢化浩洋。镇楼失雄壮，冲漾入池隍。青蔬艺数亩，餐食资圃场。弥漫皆沙砾，何以充藜肠。登高一骋望，两岸旷豁长。洪河无蔽隔，误视作池塘。切怀江海兴，临眺觉神扬。无用忧昏垫，携友且徜徉”	（明）盛以弘：《南山水涨，冲崩潼河石梁及北水门，河道东徙，时予家居，赋此记事》，载康熙《潼关卫志》卷下《艺文志第九·诗》，康熙二十四年刻本，第 26 页 b 至第 27 页 a

续表

序号	城市	时间	灾情	资料来源
12	潼关	康熙十九年（1680 年）	“五月二十九日午时，潼关南城外，忽有黑云一片，滃然而作，俄大雨如注。水凭城而入，漂没公私廨舍，男女死者三千三百八十五人”	《陇蜀余闻》，载《王士禛全集（五）·杂著》，齐鲁书社，2007，第 3612 页
			“五月二十九日，潼河大水，漂溺城内居民，死者二千三百八十五人，庐舍漂没数百余间，北城水关尽为崩冲，河徙东岸”	康熙《潼关卫志》卷上《禋祀志第三·灾祥》，康熙二十四年刻本，第 22 页 a—b
			“五月二十三日，潼河大水，复冲北水关入河”	康熙《潼关卫志》卷上《建置志第二·城池》，康熙二十四年刻本，第 9 页 b 至第 10 页 a
			“吁嗟乎，悲哉！庚申之夏民逢灾，黑云压城轰霆雷。天吴移海洪波颓，天河倒泻潼谷摧。鼋鼍喷浪雨翻盆，蛟龙跳跃金鳞开。巨石腾排击城陴，汹涌势欲凌崔嵬。倾刻冲崩北城圮，怒涛迅卷黄河水。千家屋宇尽漂溺，二千百人同日死。死者横尸委泥沙，生者号呼居无址。两岸哭声彻晓昏，青磷夜夜照河沚。吁嗟乎，悲哉！河伯不仁民如此，伊谁绘图垂涕献”	（清）杨端本：《庚申五月晦日，关大水，漂没居民二千三百余人，诗以哀之》，载康熙《潼关卫志》卷下《艺文志第九·诗》，康熙二十四年刻本，第又 33 页 b
			“夏，暴雨，水滔天，两岸居民庐舍尽漂没，死者二千余人，北城水关崩数十丈”	（清）杨端本：《浚河修北水关记》，载嘉庆《续修潼关厅志》卷下《艺文志第九·记》，第 16 页 a
13	潼关	康熙四十八年	“大水，度漂没将如（康熙）庚申之惨”	（清）秦振：《关帝庙碑记》，载刘兰芳、张江涛编著《陕西金石文献汇集·潼关碑石》，三秦出版社，1999，第 228—229 页
14	潼关	乾隆元年（1736 年）	“六月十九日酉戌两时，天降骤雨，大水自城西流来，将潼关满城西面城墙冲倒四十四丈，幸而雨即停止”	《故宫奏折抄件》（水电部水科院），载渭南地区水利志编纂办公室编《渭南地区水旱灾害史料》（内部发行），渭南报社印刷厂，1989，第 87 页

续表

序号	城市	时间	灾情	资料来源
15	潼关	乾隆十四年（1749年）	“己巳秋七月朔之二日，大雨如注者仅数刻，潼水暴发，决南水关之桥，桥果为木石壅塞，东至桥之东，洪决而溢，由上北门而出。时䟾祷于岸，浪吼如雷，水壁立数丈，幸而水决北门一扉，其势顿落。当是时，如北门不决，吾民其鱼矣”	（清）纪虚中：《修潼津河碑记》，载刘兰芳、张江涛编著《陕西金石文献汇集·潼关碑石》，第229—230页
			“七月初二日，潼河暴发，冲崩南北水关，泡塌民居”	嘉庆《续修潼关厅志》卷上《禋祀志第三·灾祥》，第18页a
			“［八月二十二日陕西巡抚陈弘谋奏］……再查同州府属之潼关厅，有潼河一道，发源于商洛等县群山之中，穿城而过，流入黄河。七月初二日，忽遇暴雨，诸山之水汇聚潼河，势甚涌涨，南北水门、城洞、桥座俱被冲塌，城河沙石填塞，两岸居民铺房，间有被水冲损者。……”	水利电力部水管司科技司、水利水电科学研究院编《清代黄河流域洪涝档案史料》，中华书局，1993，第183—184页
16	潼关	乾隆五十四年	“阴雨连旬，潼河大涨”	嘉庆《续修潼关厅志》卷上《禋祀志第三·灾祥》，第18页a
			“七月，阴雨连旬，潼河大涨，居民倾圮”	《渭南地区水旱灾害史料》（内部发行），第90页
17	潼关	嘉庆二十年（1815年）	“秋七月，潼河大涨，闸拥北水关，泛滥城中，坍塌民居”	嘉庆《续修潼关厅志》卷上《禋祀志第三·灾祥》，第18页a—b
18	潼关	1925年	“夏，大雨，潼河暴涨，田园淹没，洪水顺城内水坡巷而下，南街一带商民受灾”	潼关县志编纂委员会编《潼关县志》，陕西人民出版社，1992，第90页
19	潼关	1933年	“西安四日电，潼关黄河连日续涨，已将河边滩地完全淹没，并续向西岸增涨，潼城北水关河水有倒注入城趋势”	《黄河水没平民城，潼关有被淹之虞》，《时报》1933年8月6日，第7版

续表

序号	城市	时间	灾情	资料来源
20	潼关	1935年	“七月八日，黄河暴涨，水势冲东关沿岸商民房舍，被水冲倒河中者甚多”	《渭南地区水旱灾害史料》（内部发行），第109页
21	潼关	1945年	“潼关十一日电，七月九日下午三时，潼关大雨，山洪暴发，大水由南门涌进，全城水深丈余，冲倒民房，淹毙人畜无算，灾重空前，难民赤体露宿，号哭盈野”	《潼关大水，全城被淹》，《正报》（西安）1945年7月14日，第3版
22	潼关	1946年	“7月某日，南山大雨，潼河暴涨。南郊菜地大部被淹。洪水冲入南城门，南大街、鱼渡口商民、住户受灾”	《潼关县志》，第90页
23	潼关	1946年	“水位更高，计上升二公尺六，闻在平民、潼关一带，水势过猛，潼关黄水由北门流入城中”	《黄河大涨，水冲入潼关》，《正报》（西安）1946年8月30日，第3版
			“本市讯，潼关黄河水位南移，侵及县城”	《潼关黄河水位南移》，《正报》（西安）1946年12月13日，第3版
			“潼关县城沿黄一带被冲塌，宽30余丈，西侵华县，直接威胁县城群众生命财产安全。同年12月，黄委会委员长赵守钰到潼关视察，会同县长、议长实地查勘后，经省政府主席祝绍周及行政院、全国水利委员会核准，拨款39亿元，修筑砌石顺坝1200米，柳枝护岸1400米。因工程标准很低，不久又被冲毁”	陕西省地方志编纂委员会编《陕西省志》第13卷《水利志》，陕西人民出版社，1999，第125页
24	潼关	1952年	“7月31日下午暴雨。县城损失严重。受灾农户325户，小商256户”	《潼关县志》，第91页
25	潼关	1953年	“8月2日，山区暴雨，潼河泛滥，洪峰高约6米。蒿岔峪、水峪、县城南街、鱼渡口一带受灾群众1146户，有13人在洪灾中丧生。……损失粮食2000多公斤，淹没牲口30头，家具和商品等物资损失严重”	《潼关县志》，第91页

续表

序号	城市	时间	灾情	资料来源
26	朝邑	成化十七年(1481年)前后*	“黄河水至濠，城几没，公筑堤捍水，患乃息”	咸丰《同州府志》卷二七《良吏传上》，咸丰二年刻本，第36页a
27	朝邑	隆庆三年(1569年)	“浸县东门”	万历《续朝邑县志》卷一《地形志》，康熙五十一年王兆鳌刻本，第4页b
28	朝邑	天启元年(1621年)	“黄河溢，水及城下”	康熙《朝邑县后志》卷八《灾祥》，康熙五十一年刻本，第67页b
29	朝邑	天启三年	“夏，河溢，水及朝邑城下”	天启《同州志》卷一六《祥祲》，天启五年刻本，第7页b
30	朝邑	康熙十八年(1679年)	“八月十五日淫雨，至九月中旬，平地水涌，县城东十里乘筏，城遂圮”	康熙《朝邑县后志》卷八《灾祥》，第68页a
31	朝邑	康熙三十七年	“霖雨，坡水大发，（县城）东、南、北三面冲崩几尽”	康熙《朝邑县后志》卷二《建置·城池》，第4页a
32	朝邑	乾隆三十八年(1773年)	“［五月二十四日毕沅奏］臣于本月二十一日据……同州府知府……等禀报，五月十九、二十等日，东南风大作，黄河水势暴涨，至二十一日辰刻风力愈狂。朝邑县城东面河流泛涨，水被风阻壅塞漫溢，河水陡长二丈三尺，沿河堤岸村庄尽行淹浸。现在波浪汹涌，河水直灌至城根，所有近城之北八里庄、新关镇、成家庄、于家庄、永防村、广济村、齐家堡、南北严伯村、南北高家庄、白家社、赵度镇、望仙观、寺后社、柳村、新市镇、东林村等处均被水围。……臣查朝邑县城在黄河西岸，连日风狂浪涌，河身异涨，以致近城一带村庄尽皆淹浸。……”	《清代黄河流域洪涝档案史料》，第301页

* 本条朝邑城水灾史料源自咸丰《同州府志》卷二七《良吏传上》的李英传。据清乾隆《同州府志》卷二《城池》记载，李英曾任朝邑知县，并于明成化十七年修筑朝邑城，故其修筑防洪堤坝大体在此前后，具体时间有待进一步考证。

续表

序号	城市	时间	灾情	资料来源
33	朝邑	乾隆四十二年（1777 年）	“黄河入县城，乾隆四十二年一次，五十八年一次，时半夜，水从城上过，伤人无算”	《咸丰初朝邑县志》下卷《灾祥记》，咸丰元年刻本，第 17 页 a
34	朝邑	乾隆五十年	“［八月初九日陕西布政使图萨布奏］本年七月二十五日，据同州府属朝邑县禀报，七月十八日黄河异涨，猝不及防，以致汕刷月堤，直注县城并濒河村庄多被冲淹，现在分头查勘另报等情。查该县禀报，比四十六年被水情形较重。……于二十八日行抵朝邑查勘，县城在黄河西岸，相距不过五里，地势平衍，正当其冲。此番黄水过后，但经积有泥沙，约高数尺。城中地形更觉洼下，其时河水虽已退去，而东南北三面积水尚未消涸。查得城内被水共四百九十七户，冲塌房屋三千二百五十三间，幸是日水冲入城尚在白昼，并未伤毙人口。……当查城乡被灾乏食贫民共大小男妇三万六千五百三十余名。……城内驻防武弁衙门及大庆关分驻主簿衙门，均被冲没，并该县城垣东南北三面，经河水浸淹，里外皮多有坍卸鼓裂之处”	《清代黄河流域洪涝档案史料》，第 332 页
			“［八月十一日何裕成奏］同州府属朝邑县，于七月十八日黄河骤长，冲入县城，濒河村庄多被淹没。……查得城内人口无伤，而房屋多有坍塌，乡村则田庐人畜多有损伤。统计城乡五十九处，冲塌房屋一万九千四百二十八间，淹毙男妇大小二百五十二口，现在乏食贫民六千九百七户，大小三万六千五百三十余口，牲畜亦有损伤，田禾尽被淹没。……”	《清代黄河流域洪涝档案史料》，第 333 页
35	朝邑	乾隆五十八年	“黄河入县城，乾隆四十二年一次，五十八年一次，时半夜，水从城上过，伤人无算”	《咸丰初朝邑县志》下卷《灾祥记》，第 17 页 a

续表

序号	城市	时间	灾情	资料来源
36	朝邑	嘉庆二年（1797 年）	“［七月二十五日署理陕西布政使倭什布奏］七月二十四日据同州府属朝邑县知县……禀报，七月二十一日午刻河水盛涨，兼之东北风大作，水势汹涌，冲开堤口，幸城门未被冲开。城外沿河一带田庐俱被漫淹，人畜均无损伤。现在设法疏消积水。……查朝邑县城在黄河西岸，相距不过五里。前据该县禀报，七月十七日亥刻，河水涨溢，漫至堤根，猝难消退等情。奴才当即批饬该县，谕令沿河各村民预为防备，并多雇人夫培筑堤根，并将县城东北二门关闭堵塞，以防不虞，兹河水涨漫未致冲灌入城，人口牲畜俱无伤损”	《清代黄河流域洪涝档案史料》，第 369 页
37	朝邑	嘉庆五年	“［嘉庆六年十一月初十日陕西巡抚陆为仁奏］朝邑县治于上年七月内因黄河泛涨冲入城内，致将各官衙署、仓廒、监狱、养济院，并知县署内马号等处房屋，被水淹浸冲塌。……兹据布政使……查明，被水冲塌之知县衙署、常平仓廒、监狱、马号、养济院并典史衙署共房二百九十二间，又县署前照壁一座及监狱围墙等工，均须拆卸重修。……确估共应需工料银五千八百一十六两九钱五分七厘零”	《清代黄河流域洪涝档案史料》，第 378 页
			“［八月二十日陕甘总督觉罗长麟奏］据署陕西藩司……及朝邑县知县……禀报，七月初七日该县境内猝被黄河水漫，冲入城内，衙署、仓廒、监狱以及城乡居民房屋、田禾，多被淹浸等情。……”	《清代黄河流域洪涝档案史料》，第 378 页
			“七月初七日晚，水从南门直入城内，邑令朱仪式及胥吏皆移居泰安堡月余，以此三次，县遂无东街东乡。可知西河之为害无修法，遇灾惟有避法”	《咸丰初朝邑县志》下卷《灾祥记》，第 17 页 a—b

续表

序号	城市	时间	灾情	资料来源
37	朝邑	嘉庆五年（1800 年）	“七月内，黄河泛涨，冲入城内，各官署、仓廒、监狱、养济院等房屋被水淹没冲塌。经巡抚台布奏明，筹办抚恤勘估，兴修共房二百九十二间、县署前照壁一座、监狱围墙等工。经委员会同地方官估，应需工料银五千八百一十六两余，由六年司库收贮地丁耗羡银内，分别动支报销”	民国《续修陕西通志稿》卷六《建置一·公署上》，民国 23 年铅印本，第 39 页 a—b
38	朝邑	嘉庆七年	“黄河水涨，漫淹衙署，案卷荡然无存”	民国《续修陕西通志稿》卷五《疆域》，第 15 页 b
39	朝邑	嘉庆九年	“［七月初八日陕西巡抚方维甸奏］……据（署知县）禀报，六月底河水陡长，东北风大作，河身坐湾之处大溜刷塌草坝，直注堤根。本月初二日，堤根被水搜空，以致堤面蛰陷二十余丈，风狂溜急，难以抢护”	《清代黄河流域洪涝档案史料》，第 403 页
40	朝邑	嘉庆二十五年	“七月初七日晚，黄河涌入朝邑县城，毁掉东街”	大荔县志编纂委员会编《大荔县志》，陕西人民出版社，1994，第 107 页
41	同州	咸丰四年（1854）	“七月，暴雨半日，行潦尽溢，永安（东北）门外水深丈余”	光绪《大荔县续志》附《足征录》卷一《事征续编》，光绪五年修，光绪十一年冯翊书院刻本，第 1 页 b
42	同州	光绪三十一年（1905 年）	“因连岁霪淋，致城西南隅倾圮数十丈、数丈不等”	民国《续修大荔县旧志存稿》卷四《土地志·城池》，民国 26 年铅印本，第 1 页 b
43	大荔	1965 年	“7 月 20 日—21 日，历时 12 小时降特大暴雨，总降雨量 151.4 毫米，全县倒房 9854 间，死 9 人，伤 23 人，死牲口 15 头，城内大街水深 1 米多，全县 31 个村庄，被水包围”	《大荔县志》，第 29 页

续表

序号	城市	时间	灾情	资料来源
44	华州	康熙七年（1668 年）	“五月二十六日申时，大风从西北来，大雨历酉至戌，水暴起，淹没多所，其甚者惟近漏泽园一堡，墙屋房舍尽为倾圮”	康熙《续华州志》卷二《省鉴志》，康熙间刻本，第49 页 a
			“西城……南有灵官阁，康熙戊申（康熙七年）为水所蚀”	康熙《续华州志》卷一《郡制考补遗》，第 33 页 b
45	华州	乾隆四十九年（1784 年）	“（城内）忠孝祠于乾隆四十九年经雨倾圮”	乾隆《再续华州志》卷一《地理志·建置》，民国 4年王淮浦修补重印清光绪本，第 3 页 b
46	华州	光绪十年（1884 年）	“蛟水盛发，由旧城东门灌入，直抵北城之下，潴而不流，深者六七尺，浅亦二三尺，十余年来有增无减”	民国《续修陕西通志稿》卷五八《水利二》，第 15 页b 至第 16 页 a
47	蒲城	顺治七年（1650 年）	“淫雨弥秋三月，崩陁日告，城无完肤”	康熙《蒲城志》卷一《建置·城池》，康熙五年刻，抄本，第 27 页 a
			“霪雨城圮，知县张舜举修之”	康熙《陕西通志》卷五《城池》，康熙六年刻本，第5 页 a
48	蒲城	道光二十一年（1841 年）	“秋雨坏城，令朱大源劝捐补葺”	光绪《蒲城县新志》卷二《建置志·城池》，光绪三十一年刻本，第 1 页 b
49	蒲城	道光二十九年	“秋雨坏城，旋补葺”	民国《续修陕西通志稿》卷八《建置三·城池》，第20 页 a
50	蒲城	光绪二十四年	“秋，大水，城垣、房屋倾塌无数”	光绪《蒲城县新志》卷一三《杂志·祥异》，第 7页 b
			“霪雨月余，城坏者数十处，令杨孝宽筹款补筑”	光绪《蒲城县新志》卷二《建置志·城池》，第 2页 a
			“七月，……霪雨连旬，平地水深三尺，城郭崩颓”	光绪《蒲城县新志》卷五《祠祀志》，第 5 页 a

续表

序号	城市	时间	灾情	资料来源
51	蒲城	1943年	“秋，霪雨数十天，城垣多次被冲”	蒲城县志编纂委员会编《蒲城县志》，中国人事出版社，1993，第337页
52	渭南	光绪十年（1884年）	“闰五月二十四日，南山黄狗峪水暴涨，激荡大石行数里，声如雷，漂没民田舍，至县西关，水头犹高数丈，市廛多被冲坏”	光绪《新续渭南县志》卷一一《杂志·祲祥》，光绪十八年刻本，第16页b
53	渭南	1919年	“秋，湭河暴涨，水浪高过县城石桥，南、北塘被淹”	渭南县志编纂委员会编《渭南县志》，三秦出版社，1987，第142页
54	渭南	1933年	“七月，湭河暴涨，小桥西岸堤防冲毁，城西商户民宅受到严重损失”	渭南市临渭区水利志编纂办公室编《渭南市临渭区水利志》，三秦出版社，1997，第362页
55	渭南	1943年	“八月二十五日晚，暴雨，城关被水冲刷，损失房屋390间，财物162.7万元，受灾7536人”	《渭南县志》，第142页
56	渭南	1956年	“夏，两原暴雨，洪水冲淹县城西关大街”	《渭南县志》，第143页
57	富平	嘉靖十九年（1540年）	“夏秋之交，霖雨数日不止，屋宇塌损，民众昼夜皇皇然，计为木撑席，县城墙坍数处”	光绪《富平县志》，转引自富平县地方志编纂委员会编《富平县志》，三秦出版社，1994，第125页
58	富平	天启二年（1622年）	“富平城郭高垒环水，形胜甲于三辅，东郭附近有小河焉。……天启元年辛酉，桥成，渠水业已攸往桥东，悉为沃壤。然桥上石栏、两岸长堤，尚未竣也。二年壬戌六月，暴雨，小河泛涨，水高桥表，崩其两道，只存中道，巉然孤立，涉既未便，利亦弗获”	（清）赵兆麟：《东济桥记》，载乾隆《富平县志》卷八《艺文》，乾隆五年刻本，第68页a至第69页a

续表

序号	城市	时间	灾情	资料来源
59	富平	康熙元年（1662 年）	“霪雨，（城）倾圮，知县郑崑璧复筑之”	康熙《陕西通志》卷五《城池》，康熙六年刻本，第3页a
			“八月，霪雨如注，旬有六日，会省郡邑及村堡民舍尽圮，而是城没于隍若干丈”	（清）曹玉珂：《重修富平县城记》，载乾隆《富平县志》卷八《艺文》，乾隆四十三年刻本，第80页a
60	富平	乾隆二十四年（1759 年）	“霖雨坍损数处，知县兴泰详明补葺”	乾隆《富平县志》卷二《建置・城池》，乾隆四十三年刻本，第2页a
61	富平	同治元年（1862 年）	“闰八月初八日夜，烈风、雷雨、冰雹骤作，历两时之久，致西北隅坡水猝发，县南五里之石川河、县北附郭之玉带渠同时陡涨，势若倒峡排山，浩瀚奔腾俨与豫东黄河盛涨无异，渠水直漫至城根。稽之志乘，询之耆老，洵为数百年罕有之事”	光绪《富平县志稿》卷一〇《故事志・兵事》，光绪十七年刻本，第13页b
62	富平	1950 年	“10 月 14 日降霖雨，时大时小，连续半月余，……。县城周围低洼地带，秋田被淹浸，地貌遭破坏。……到处是墙倒屋塌，火车站、山东客户庄、城关及乡村贫民，受害尤甚”	《富平县志》，第126—127页
63	宜君	乾隆四十三年	“［乾隆四十四年十一月十九日陕西巡抚毕沅奏］从前奏明石泉县停修城垣一座，又上年洋县、洛南、镇安、宜君四处城垣有被雨淋坍卸处所，已于今春补修完竣”	《清代黄河流域洪涝档案史料》，第313页
64	宜君	乾隆四十五年	“［十一月十八日护理陕西巡抚印务布政使尚安奏］今岁靖边、定边、凤县、宜君并靖边属之镇靖、府谷属之镇羌堡等六处，亦因今岁雨水稍多，（城堡）各有淋坍丈尺，业已饬令勘估……”	《清代黄河流域洪涝档案史料》，第317页

续表

序号	城市	时间	灾情	资料来源
65	宜君	1933年	“7月3日起大雨连绵十日之久，水势横流，房屋城垣倒塌，田苗冲没”	《中国第二历史档案馆·陕西灾情档案》，转引自《陕西历史自然灾害简要纪实》编委会编《陕西历史自然灾害简要纪实》，气象出版社，2002，第61页
66	同官	景泰元年（1450年）	“檄县筑城凿池，知县樊荣始为筑浚，会漆水啮崩，荣亦迁去，知县傅鼐继修”	乾隆《同官县志》卷二《建置·城池》，乾隆三十年抄本，第1页b
67	同官	成化十九年（1483）	“县城数圮于水，知县颜顺续筑成之”	民国《同官县志》卷三《大事年表》，民国33年铅印本，第2页a
68	同官	弘治元年（1488年）	“夏，城崩，（知县王恭）重修，作石堤以障漆水”	崇祯《同官县志》卷二《建置·城池》，万历四十六年刻，崇祯十三年增补本，第18页b
69	同官	嘉靖三十四年（1555年）	“十二月十二日夜，地震有声，同、漆二河水涨，坏公私庐舍以百计”	崇祯《同官县志》卷一〇《杂述·灾异》，第25页a
70	同官	万历十八年（1590年）	“夏，水崩迎恩门。秋，改置正北，曰‘镇远门’。旧门东北向，每惟水患，至是崩，知县武陵屠以钦改置”	崇祯《同官县志》卷二《建置·城池》，第19页a
71	同官	康熙二十四年（1685年）	“六月十三日，暴雨，城东南平地水深丈余，民有漂没者”	乾隆《同官县志》卷一《舆地·祥异》，乾隆三十年抄本，第22页a
			“截筑南北城而西未及筑，六月十三暴雨，西城三山水陡下，冲激而东，石门尽为沙泥淤塞”	乾隆《同官县志》卷一〇《杂记·拾遗》，乾隆三十年抄本，第5页b
72	同官	嘉庆三年（1798年）	“铜水涨，崩城东北隅”	民国《同官县志》卷一四《合作救济志·二、社会救济》，第3页a
73	同官	道光十二年（1832年）	“铜水泛，坏公私庐舍以百计”	民国《同官县志》卷一四《合作救济志·二、社会救济》，第3页a

续表

序号	城市	时间	灾情	资料来源
74	同官	道光二十九年（1849 年）后	“黄达璋，道光二十九年任，时漆水暴涨，北城崩塌，率民筑堤护城，朝夕巡视，以积劳卒于任”	民国《同官县志》卷一五《吏治志·二、历代职官政绩谱》，第 9 页 a
75	同官	同治六年（1867 年）	“［同治十二年五月三十日陕西巡抚邵亨豫奏］陕西……同官县县城……同治六年八月大雨连绵，河水暴涨，四面墙身坍塌愈多”	《清代黄河流域洪涝档案史料》，第 681 页
76	高陵	1956 年	“秋季，高陵县内突降一场前所未有的大暴雨，县城水深三尺，一片汪洋”	高陵县水利志编写组编《高陵县水利志》，空军西安印刷厂，1995，第 88 页
77	高陵	1957 年	“7 月，阴雨连绵，当月降水 282.3 毫米，地下水位上升，平地明水尺余。县城被从西北方向汇集的积水包围，交通被阻，一片汪洋”	高陵县地方志编纂委员会编《高陵县志》，西安出版社，2000，第 93 页
			“……丁酉三伏雨连绵，场里小麦遍生芽。水围县城惊大堂，千村万户房倒塌。根治水患谢齐工，楚才晋用不自夸。淫雨浇头掘泥沟，十天渠成传佳话。……”	白玉洁：《颂高陵人民冒雨排水患》（1957 年 7 月），载《高陵县志》，第 820 页
78	耀州	正统年间（1436—1449 年）	“陕西耀州奏：本州城垣往岁被水冲决二百七十余丈。欲乘时修筑，而工役不敷，乞命附近州县协助，从之”	《明实录》第 17 册《明英宗实录》卷一七九，正统十四年六月乙卯，“中央研究院”历史语言研究所校印，1962 年影印本，第 3456 页
79	耀州	成化年间（1465—1487 年）	“漆水啮东城，崩其半”	嘉靖《耀州志》卷一《地理志》，嘉靖三十六年刻本，第 8 页 b
80	耀州	弘治五年（1492 年）	“布政分司，在州治西，旧在东门，建自正统五年知州刘彧。弘治五年，知州任奎以漆水坏城，乃西徙”	嘉靖《耀州志》卷三《建置志·学校》，嘉靖三十六年刻本，第 3 页 b
			“布政分司，旧在州治东。正统五年，知州刘彧建。弘治五年，知州任奎因漆水决，改建州治西，今草场左”	嘉靖《耀州志》卷上《建置志第二》，嘉靖六年修，二十年重刻本，第 12 页 b

续表

序号	城市	时间	灾情	资料来源
81	耀州	嘉靖二十四年（1545年）前	“漆水坏东城，久不修”	嘉靖《耀州志》卷六《官师志·明知州》，嘉靖三十六年刻本，第5页a
82	耀州	康熙二十五年（1686年）	“沮水冲西城，旧镇铁牛漂没无迹，民居多圮。知州补筑新城，退入十数丈”	乾隆《续耀州志》卷一《地理志·城池》，乾隆二十七年刻本，第4页b
			“沮水溃其西，至今残缺不完，已往修建碑碣尽失”	乾隆《续耀州志》卷一《地理志·堤工》，第5页a—b
			“西城于康熙二十五年被水冲坍，随于旧城墙内，那入一十余丈，改筑城墙一百六十余丈”	乾隆《续耀州志》卷一《地理志·堤工》，第8页a
83	耀州	康熙三十四年	“其西南城角于康熙三十四年，又被水冲，那进二丈，筑城七十余丈，故址可稽”	（清）汪灏：《请暂缓城工先筑河堤议》，载乾隆《续耀州志》卷一《地理志·堤工》，第6页b
			“（沮水）又冲，复补土门甚痹”	乾隆《续耀州志》卷一《地理志·城池》，第4页b
			“西南城角于康熙三十四年被冲，那入城基六丈，改筑七十余丈”	（清）王太岳：《查勘耀州堤工详议》，载乾隆《续耀州志》卷一《地理志·堤工》，第8页a
84	耀州	康熙五十年	“东北城角，被漆冲溃”	乾隆《续耀州志》卷一《地理志·城池》，第4页b至第5页a
85	耀州	乾隆十四年（1749年）	“其东城于乾隆十四年，漆水奔溃”	（清）汪灏：《请暂缓城工先筑河堤议》，载乾隆《续耀州志》卷一《地理志·堤工》，第6页b
			“［八月二十二日陕西巡抚陈弘谋奏］……西安府属之耀州，延安府属之安塞、保安二县，榆林府属之榆林县，绥德州属之清涧县，并兴安州，有冲塌城墙、水洞、炮楼及道路堤岸之处。已飞饬委员确勘，设法修理”	《清代黄河流域洪涝档案史料》，第183—184页
			“考之州志并前后卷宗，东城于乾隆十四年受冲”	（清）王太岳：《查勘耀州堤工详议》，载乾隆《续耀州志》卷一《地理志·堤工》，第7页b

续表

序号	城市	时间	灾情	资料来源
86	耀州	乾隆十五年（1750年）	“乾隆十四年，漆水溃其东。署知州钟一元议开河以泄水，筑坝以护堤。十五年，知州田邦基继其事，用捐助银二百六十二两，旋被异涨，工尽弃，又补修，银一百五十两”	乾隆《续耀州志》卷一《地理志·堤工》，第5页b
			“十五年，知州田邦基继修，工未毕，旋被异涨，先后动捐项四百十两”	乾隆《西安府志》卷九《建置志上》，乾隆四十四年刻本，第21页b
87	耀州	乾隆十六年	“夏，霪雨，河淤，坝决，石堤刷去数丈”	乾隆《续耀州志》卷一《地理志·堤工》，第5页b
			“十五、十六年，河溢，坝决于西岸，别开引河，十八年工竣”	民国《续修陕西通志稿》卷八《建置三·城池》，第11页a
88	耀州	乾隆十八年	“霪雨损坏（文庙）”	乾隆《续耀州志》卷三《祠祀志·文庙》，第1页a
89	耀州	乾隆二十一年	“乾隆二十一、二十五等年，（西南城角）又冲陷三十余丈，地面刷进宽七丈，节次报明在案”	（清）汪灏：《请暂缓城工先筑河堤议》，载乾隆《续耀州志》卷一《地理志·堤工》，第6页b
90	耀州	乾隆二十五年	“［乾隆三十一年正月十二日护理西安巡抚汤聘奏］耀州为沿边赴省之通衢，亟应修葺，……缘漆沮二水环抱州城，乾隆二十五年川流陡涨，冲刷城根，西南倾圮一处”	《清代黄河流域洪涝档案史料》，第226页
			“水冲，坝断，刷去石堤，城根崩陷十余丈”	（清）汪灏：《请暂缓城工先筑河堤议》，载乾隆《续耀州志》卷一《地理志·堤工》，第6页b
			“水冲，坝溃，刷去石堤，城根被浸，城身坍损十余丈，此漆水之为害也”	（清）王太岳：《查勘耀州堤工详议》，载乾隆《续耀州志》卷一《地理志·堤工》，第7页b至第8页a

续表

序号	城市	时间	灾情	资料来源
91	耀州	乾隆二十六年（1761 年）	“河水又溢，冲刷土坝并及石堤，直薄城下”	乾隆《续耀州志》卷一《地理志 · 堤工》，第 5 页 b 至第 6 页 a
92	耀州	乾隆六十年	“余于乾隆六十年四月抵任，时沮水冲刷西南城根，仅存尺许，亲往查验，长十余丈，工甚急，不及详情”	嘉庆《耀州志》卷二《建置志 · 堤工》，嘉庆七年修，抄本，第 10 页 b
93	耀州	嘉庆三年（1798 年）	“春，漆水涨冲东南边，城根尤急”	嘉庆《耀州志》卷二《建置志 · 堤工》，第 10 页 b 至第 11 页 a
94	耀州	嘉庆三年	“又因是秋，霪雨过多，城垣坍塌数十丈”	（清）陈仕林：《募修文庙小引》，载嘉庆《耀州志》卷九《艺文志 · 碑记》，第 26 页 b
95	耀州	嘉庆六年	“夏，漆沮暴涨，漆水冲决东堤，沮水啮西城根二处”	嘉庆《耀州志》卷二《建置志 · 堤工》，第 11 页 a
96	耀州	道光二十一年（1841 年）	“［八月十六日（朱批）富呢扬阿片］再定远、耀州、定边等厅州县，前于五六月内，间被山河水涨，冲塌兵房、城垣及民居草房数处。查得水势不大，消退甚速。业经该地方官，捐廉安抚妥帖，毋庸查办”	《清代黄河流域洪涝档案史料》，第 624 页
97	耀州	咸丰三年（1853 年）	“（沮水）溃西北石堤，知州郝彭龄动员城内商号捐资修复”	耀县志编纂委员会编《耀县志》，中国社会出版社，1997，第 216—217 页
98	耀县	1933 年	“闰五月二十八日（1933 年 7 月 20 日）晚，耀县暴雨彻夜，漆、沮河水大涨，……漆水上了原县城东门口（即老东门）的石人，涨到今棉花公司铁牛跟前（当时铁牛在东城坎下今棉花公司处），水到岔口从石佛头上流过”	张天祥：《耀县洪、涝灾害与防汛抢险》，载中国人民政治协商会议陕西省耀县委员会文史资料研究委员会编《耀县文史资料》（第 7 辑）（内部发行），耀县印刷厂，1993，第 18 页
			“7 月 20 日晚，暴雨彻夜，河水大涨，……沮水上了西石城，冲了龙王庙”	张天祥：《耀县洪、涝灾害与防汛抢险》，载《耀县文史资料》（第 7 辑）（内部发行），第 19 页

续表

序号	城市	时间	灾情	资料来源
99	耀县	1936 年	“漆水涨，洪水东至今火车站西小街，西到今咸榆公路”	张天祥：《耀县洪、涝灾害与防汛抢险》，载《耀县文史资料》（第 7 辑）（内部发行），第 19 页
100	耀县	1943 年	“夏，耀县迭降暴雨，河水猛涨，冲毁县城新东门，附近盐店多被淹没”	《耀县志》，第 78 页
101	耀县	1947 年	“夏、秋之际，暴雨成灾，漆、沮两河暴涨，漆河洪水较大，从咸榆公路直泄而下，公路两旁居民被淹，房屋倒塌几十间，耀县城内街道水有齐腰深，东门（新东门）城楼倒塌，压死群众数十人，（当时群众在城门洞下避雨）……”	张天祥：《耀县洪、涝灾害与防汛抢险》，载《耀县文史资料》（第 7 辑）（内部发行），第 20 页
			“［本报安西二十九日航讯］耀县东关车站于二十四日夜，因耀县城外之河流山洪突发，河滩附近一时水头约二丈余。正值半夜二时，一时人声鼎沸，当时群往城门躲避，因守城者拒不开门，民众即集中城边躲雨，不幸因城垛坍下，当时压毙男女十六人，伤者五六人。所有河边商户，连同房屋，亦遭水浸没。东关市民乃群奔车站高地。闻死亡人数约在五百人以上”	《耀县浩劫：水灾更值坍城，死亡五百余众》，《新闻报》1947 年 9 月 2 日，第 10 版
			“漆河冲毁东南角城墙及附近咸榆公路路面”	《耀县志》，第 146 页
102	耀县	1950 年	“8 月 14 日，漆河洪水暴涨，冲毁原漆水东门外滚水桥东端砌石”	张天祥：《耀县洪、涝灾害与防汛抢险》，载《耀县文史资料》（第 7 辑）（内部发行），第 20—21 页
103	耀县	1961 年	“夏，漆河洪水冲毁原漆水东门外滚水桥上、下游护垣、护坡”	张天祥：《耀县洪、涝灾害与防汛抢险》，载《耀县文史资料》（第 7 辑）（内部发行），第 21 页

续表

序号	城市	时间	灾情	资料来源
104	耀县	1962年	“6月23日下午，铜川地区突降暴雨，漆水河耀县站洪峰流量565立方米/秒，耀县东门外水深达3.5米，淹地199.1公顷”	《中国气象灾害大典》编委会编《中国气象灾害大典（陕西卷）》，气象出版社，2005，第68页
105	三原	万历四十四年（1616年）	“夏，大雨如注五六日，嵯峨山口水中人见有二羊相斗，忽化为龙，横截峪水，须臾而下，激冲大石，如万雷声，直抵三原，越龙桥上过，淹没百里，平地数月水方尽”	康熙《三原县志》卷一《地理志·祥异》，康熙四十四年刻本，第29页a
			“（夏六月）二十二日，大雨如注五六日。泾阳县口子镇人见有羊相斗，忽化为龙，横截峪口水，须臾而下，推激大石，如万雷声，两傍山为之动，直抵云阳。至三原，越龙桥而过，淹没百里，漂七十余村，白渠以北鲜有存者。数月，平地水方尽”	雍正《敕修陕西通志》卷四七《祥异二》，第43页a—b
106	三原	康熙元年（1662年）	“六月，大雨六十天，河水猛增，河滩居民淹死无数。洪水越桥而过，桥面房屋被冲，而龙桥巍然不动”	苟彦斌：《三大古建》，载中国人民政治协商会议陕西省三原县委员会文史资料研究委员会编《三原文史》（第1辑），1985，第14—25页
107	三原	康熙三十年	“大雨，河水涨，龙桥几倾”	三原县志编纂委员会编《三原县志》，陕西人民出版社，2000，第138页
108	三原	1933年	“（七月）二十二晚，大雨复倾注，各河渠因雨水太猛，田间积水均随地势稍低之处宣泄。……（三原）县治联接南北二城之龙桥，共有三洞，俗呼为三眼桥，高数十丈，中通河流，为明温尚书纯所建。桥上两旁筑有店屋，比背成肆，过之北浑忘其为桥上行。今番河水涨过桥上，为数百年所未有，固创有之水灾”	润庵：《陕西三原通信》，《朔望半月刊》第8号，1933年8月，第18—19页
109	三原	1940年	“五月十日，冰雹、暴雨成灾，三原县城周围酿成泽国”	中国人民政治协商会议陕西省三原县委员会文史资料委员会编《三原文史资料》（第7辑），三原县印刷厂，1990，第29页

续表

序号	城市	时间	灾情	资料来源
110	三原	1949 年	“9—10 月，阴雨连绵 40 多天，三原城区涝灾严重，火车站、南关最甚，新西巷居民几乎家家房倒窑塌”	三原县城关镇南关村志编写领导小组主编，潘志新撰稿《三原南关村志》，西北大学出版社，1995，第 30 页
111	西安	万历二十一年（1593 年）	“淫潦弥时，公私垣舍大坏，庙学滋甚”	雍正《敕修陕西通志》卷二七《学校》，第 3 页 b
112	西安	顺治十年（1653 年）	“（五月）二十二日，西安有黑云自西北来，俄倾大风雨雹，拔十围以上木，叶皆落如十月，城市水深三尺，流成河，房舍十坏八九，鸦鹊皆死，醴泉亦有之”	康熙《陕西通志》卷三〇《祥异》，康熙六年刻本，第 23 页 a
			“五月二十一日，飚风驱黑云，从西北涌上，大雨如注，须臾冰雹，形如鸡卵，屋无全瓦，树无完枝，宽二三十里，入南山”	康熙《咸宁县志》卷七《杂志·祥异》，康熙七年刻本，第 4 页 b
113	西安	康熙元年（1662 年）	“霪雨七十日，城垣署舍多圮，霸浐东漂湮堡砦数十处，城中斗炭值米半斛。”	康熙《咸宁县志》卷七《杂志·祥异》，第 5 页 a
			“霪雨数月，雉堞陁陊，砖砌倾塌。总督白公如梅、都御史贾公汉复檄知县黄家鼎重加修补”	康熙《咸宁县志》卷二《建置·城池》，第 4 页 a—b
			“雨圮，总督白如梅、巡抚贾汉复重修长安、咸宁二县附郭”	乾隆《西安府志》卷九《建置志上》，第 1 页 b
114	西安	乾隆四十三年（1778 年）	“［乾隆四十四年十一月十九日陕西巡抚毕沅奏］……又咸宁、长安省会城垣一座，多有鼓裂剥损之处，上年因夏秋以后雨水连绵，难以动工”	《清代黄河流域洪涝档案史料》，第 313 页

续表

序号	城市	时间	灾情	资料来源
115	西安	道光二年（1822年）	“［九月十五日署理陕西巡抚广西巡抚卢坤奏］臣于甘省途次，承准军机大臣字寄道光二年八月二十一日奉上谕：本日据那彦成奏，查西安省城自七月二十八日以后，阴雨连绵十余日，未见开霁，南山各州县所种包谷，一经久雨，子粒青空，收成歉薄。……”	《清代黄河流域洪涝档案史料》，第530页
116	西安	道光六年	“［道光七年五月二十一日陕西布政使徐炘奏］西安省会原建城垣一座，外砖内土，周围四千九百余丈。自乾隆五十一年（1786年）请项大修后，迄今四十余载，早经保固限满。阅时既久，积年雨水浸渗刷涤，海墁多有坍卸，地脚渐次矬陷。于嘉庆二十四年（1819年）至道光六年，节据咸长两县报坍里皮段落共凑长二千余丈，宽二三尺至二丈余不等，所有马道、卡房、角楼、垛口、女墙，均经坍裂外皮，城身砖块亦间段剥落。又北门头重大楼接连城台券洞，于上年秋间被雨坍塌十二丈……”	《清代黄河流域洪涝档案史料》，第556页
117	西安	光绪十三年（1887年）	“［九月初一日（朱批）叶伯英片］再陕省入秋后，阴雨弥月。据藩臬两司禀称，委员查明省城内坍塌民房，统计六百八十二间，其庙宇、城墙、官署公所尚不在内。压毙男女大小三口，伤亦如之等语。臣接据禀报，当饬咸长二县妥为抚恤，先将庙宇、城墙各处赶为查明，次第修葺	《清代黄河流域洪涝档案史料》，748页
118	西安	光绪二十四年	“夏秋阴雨连绵，西安驻防官兵衙署房间墙垣倒塌”	《故宫档案》，转引自袁林《西北灾荒史》，甘肃人民出版社，1994，第832页
119	泾阳	道光年间（1821—1850年）	“大雨城圮”	宣统《重修泾阳县志》卷一《地理上·城池》，宣统三年天津华新印刷局铅印本，第10页b

续表

序号	城市	时间	灾情	资料来源
120	泾阳	道光、咸丰年间（1821—1861 年）	“大雨城圮，再修”	民国《续修陕西通志稿》卷八《建置三·城池》，第7页a
121	泾阳	光绪二十五年（1899 年）	“大雨，东南西北雨角倾圮。知县张凤岐醵资城内各商重修”	宣统《重修泾阳县志》卷一《地理上·城池》，第10页b至第11页a
122	泾阳	宣统二年（1910 年）	“秋，霪雨四十余日，内外崩坏数丈、十余丈不等，迄今急宜培补”	宣统《重修泾阳县志》卷一《地理上·城池》，第11页a
123	泾阳	1949 年	“秋雨连绵成灾，……县城内泡塌房舍 570 余间”	泾阳县县志编纂委员会编《泾阳县志》，陕西人民出版社，2001，第92页
124	咸阳	万历十五年（1587 年）	“堤圮，水浸及城”	雍正《敕修陕西通志》卷一四《城池》，第2页a
125	咸阳	光绪二十四年	“七月，关中、陕南西部的秦岭两侧发生特大暴雨，渭河、太平、涝河、黑河皆暴涨，咸阳老城水深1米—2米，渭河南北皆成泽国”	《陕西省志》第13卷《水利志》，第118页
126	咸阳	1925 年	“渭堤，十四年七月决，修之。大水至，决如故，拟修之，使坚，永除水害”	《咸阳县呈赍遵令采编新志材料》（续），《陕西省政府公报》第290号，1928年5月，第11—12页
127	咸阳	1954 年	8月“18日，渭河本境段出现洪峰，秒流量为7200立方米。沣西河南街被水围，北原洪水暴发，冲毁火车站部分建筑”	咸阳市秦都区地方志编纂委员会编《咸阳市秦都区志》，陕西人民出版社，1995，第40页
128	咸阳	1957 年	“7月13日，渭河出现了百年不遇的大水，老城外东西南侧全部被淹”	《咸阳市秦都区志》，第189页
129	鄠县	康熙元年（1662 年）	“大雨自三月至九月，官署、民舍、县城、乡堡皆倾圮，禾尽伤”	康熙《鄠县志》卷八《灾异志》，康熙二十一年抄本，第3页a

续表

序号	城市	时间	灾情	资料来源
130	鄠县	康熙十六年（1677 年）	“（康熙）十六、七、八年秋，大雨，城堡倾圮，漂没民田甚多”	康熙《鄠县志》卷八《灾异志》，第 3 页 a
131	鄠县	康熙十七年	“（康熙）十六、七、八年秋，大雨，城堡倾圮，漂没民田甚多。”	康熙《鄠县志》卷八《灾异志》，第 3 页 a
132	鄠县	康熙十八年	“（康熙）十六、七、八年秋，大雨，城堡倾圮，漂没民田甚多。”	康熙《鄠县志》卷八《灾异志》，第 3 页 a
133	鄠县	光绪二十四年（1898 年）	“大潦，城四周多圮。知县李汝鹤集四乡民各筑一面，补修之”	民国《重修鄠县志》卷二《城关第八》，民国 22 年西安西山书局铅印本，第 1 页 b
134	鄠县	1957 年	“7 月 16 日，涝河发洪 904 立方米/秒，毁坝破堤，漫流天桥公社，淹没县城西关地区。从西门到西坡，汪洋一片”	户县志编纂委员会编《户县志》，西安地图出版社，1987，第 91 页
135	兴平	1943 年	“7、8 月各地迭降暴雨，催残秋禾，淹没田庐并溺毙人畜者甚多。古历七月七日暴雨，北坡洪水从县西门沿公路冲向南门，淹没南门外民房；洪水又从东南城墙一洞穴冲进城内新街巷，淹没民房”	兴平县地方志编纂委员会编《兴平县志》，陕西人民出版社，1994，第 128 页
136	兴平	1945 年	“8 月，洪水淹没南门外，城门提土塞堵，城外以筏代车，城内低洼街巷有百户人家遭灾”	《兴平县志》，第 440 页
			“洪水自城墙防空洞而入，造成洪灾，县署令征调城关新街巷、上坡巷、东南巷、操场巷等处城内居民填土堵洞，以绝水患”	《兴平县志》，第 429 页
137	兴平	1947 年	“10 月 7 日下午，城区周围突降暴雨，县城南门外至火车站水深 4 尺，城内外出入艰难，积水经防空洞流入城内，一些街巷水深达 2 尺多，泡塌房屋 300 余间，县城内东南角民房多被泡塌，政府救济甚微”	《兴平县志》，第 538 页
138	兴平	1949 年	“7 月 3 日暴雨，马嵬以东原坡洪水沿公路冲向县城，淹没南门外民房”	《兴平县志》，第 128 页

续表

序号	城市	时间	灾情	资料来源
139	醴泉	嘉靖元年至十三年间（1522—1534年）	“古仲桥，在县北门外，嘉靖元年创建，大水冲颓，十三年重修”	（明）马理等纂《陕西通志》卷二《土地二·山川上》，董健桥等校注，三秦出版社，2006，第80页
			“古仲桥，在县北城外。嘉靖元年，邑人佥宪王锦请于巡抚王公珝，命知县焦端达创，值大水泛涨，冲颓。十三年，知县刘佐命居民鸠工成之”	嘉靖《醴泉县志》卷一《土地·桥渡》，嘉靖十四年刘佐刻本，第17页a
140	醴泉	万历三十二年（1604年）	“望乾桥，县西北城外。……（万历）甲辰秋，暴雨骤涨，崩湍震撼，势如怒马，惊涛激不可御，于是前工尽毁”	康熙《醴泉县志》卷一《建置志》，民国抄本，第21页a
141	醴泉	顺治十年（1653年）	“（五月）二十二日，西安有黑云自西北来，俄倾大风雨雹，拔十围以上木，叶皆落如十月，城市水深三尺，流成河，房舍十坏八九，鸦鹊皆死，醴泉亦有之”	康熙《陕西通志》卷三〇《祥异》，康熙六年刻本，第23页a
			“有黑云自西北来，俄顷大风雨雹，拔十围以上木，城市水深三尺，房舍十坏八九，鸦雀皆死”	康熙《醴泉县志》卷四《杂志》，第25页b至第26页a
142	醴泉	康熙元年（1662年）	“三至九月，虽有间歇，但5天以上的连阴雨过程，连续发生。乡堡、官署、民舍倒塌甚多，禾稼尽伤”	礼泉县志编纂委员会编《礼泉县志》，三秦出版社，1999，第152页
143	醴泉	光绪二十四年（1898年）	“六月，山水暴发，两桥（仲桥、望乾桥）一夕崩圮”	民国《续修陕西通志稿》卷五五《交通三》，第7页a
144	醴泉	光绪二十七年	“宋伯鲁代邑宰唐椿森《重修仲桥碑记》：‘泥泉出县西，东流径城北，入于甘。谷深而流细，或伏或见。二桥跨之，北门曰仲桥，西北门曰望乾。自前明至今，虽圮筑不常，卒未尝涉洪波命大役。辛丑岁六月，霪雨久不霁，一夕猛雨骤至，河暴涨，西北上游之水，汇合而奔注之声撼全城。二桥一时俱崩，汹涛泙湃，数月不能罢。盖数百年所未有也。……’”	民国《续修陕西通志稿》卷五五《交通三》，第7页a

续表

序号	城市	时间	灾情	资料来源
144	醴泉	光绪二十七年（1901 年）	“六月二十七日，大雨山洪暴涨，仲桥崩圮” “望乾桥，在县西北门外。……光绪二十七年六月间，被水冲崩”	民国《续修醴泉县志稿》卷二《地理志二·桥梁》，民国 24 年铅印本，第 33 页 b、第 34 页 a
			“六月二十七日夜，大雨如注者竟夕，县西泥河水骤高数丈，波涛汹涌，致附城之望乾桥、仲桥一时俱崩，相传为从来所未有”	民国《续修醴泉县志稿》卷一四《杂记志·祥异》，第 7 页 b 至第 8 页 a
145	醴泉	1921 年	“《民国十年重修城隍庙碑》，邑同州府教授曹良模撰，邑御史宋伯鲁书。文曰：……（民国）十年夏，霪雨倾陁，无完堵矣。……”	民国《续修醴泉县志稿》卷四《建置志·祠庙》，第 20 页 b 至第 21 页 a
146	三水	道光二十二年（1842 年）后十余年	“水雨冲激，崩坏不一”	同治《三水县志》卷一《城池》，同治十一年刻本，第 5 页 a
147	三水	同治七年（1868 年）	“九月，秋雨浃旬，东西号房先后倾坏”	陕西省气象局气象台编《陕西省自然灾害史料》，陕西省气象局气象台，1976，第 106 页
148	栒邑	1953 年	“建国前，汃河紧依城南经流，多以积土抗洪，收效甚差，城内常遭洪患。建国后的 1953 年、1965 年、1969 年夏季，县城 3 次遭洪水淹漫，虽无人员伤亡，但造成很大经济损失”	旬邑县地方志编纂委员会编《旬邑县志》，三秦出版社，2000，第 398 页
149	栒邑	1954 年	“8 月 19 日至 22 日连续大暴雨，全县有 8 个区、24 个乡、64 个村、3292 户共 2.11 万人受灾，冲毁农田 1.61 万亩；9 月 2 日 12 时始又有 8 个区、30 个乡、84 个村遭大暴雨袭击，8 小时降雨量 925 毫米，致使山洪暴发，洪水泛滥，县府、张洪区公所和张洪、土桥购销站、商店、税务所被淹，冲毁渠道 20 公里，倒塌房屋 46 间”	《旬邑县志》，第 117 页

续表

序号	城市	时间	灾情	资料来源
150	旬邑	1965 年	“建国前，汃河紧依城南经流，多以积土抗洪，收效甚差，城内常遭洪患。建国后的 1953 年、1965 年、1969 年夏季，县城 3 次遭洪水淹漫，虽无人员伤亡，但造成很大经济损失”	《旬邑县志》，第 398 页
151	乾州	崇祯五年（1632 年）	“秋雨，城颓十之四五。知州杨殿元补筑，坚固倍昔矣”	崇祯《乾州志》卷上《建置志·城池》，崇祯六年刻本，第 6 页 b
			“（州治）久雨倾圮，知州杨殿元重修”	崇祯《乾州志》卷上《建置志·官署》，第 7 页 a
			“秋，久雨，城池公署多损”	崇祯《乾州志》卷上《人物志·祥异》，第 43 页 a
152	乾州	康熙元年（1662 年）	“六月二十四日至八月二十八日，连续 64 天，淫雨如注，州城垣、公署、寺庙、民房（窑），多损”	乾县县志编纂委员会编《乾县志》，陕西人民出版社，2003，第 94 页
153	乾州	同治六年（1867 年）	“预备仓，在州东街，明洪武时建。本朝乾隆十六年计尚四十廒，屡经折变。同治六年秋，因雨倾圮余十二廒”	光绪《乾州志稿》卷五《土地志·建置》，光绪十年乾阳书院刻本，第 4 页 b 至第 5 页 a
154	武功	康熙元年	“大霖涝，东北城濒漆，半没于水，民居附东城西面者尽徙去”	雍正《武功县后志》卷一《建置志·城池》，雍正十二年刻本，第 2 页 a
155	武功	康熙四十八年	“火星庙在县东北艮地，濒漆水，邑传关县风水。康熙四十八年秋涨，庙几没。前令孙琮卜郭城小北门内，易故民居地，改建南向，其故地仅余柏十余本”	雍正《武功县后志》卷一《祠祀志·祠庙》，第 6 页 b 至第 7 页 a
156	武功	康熙五十八年	“三月二十九日，漆水自北大涨来，自东城门两岸夏禾园蔬尽没”	雍正《武功县后志》卷三《纪事志·祥异》，第 18 页 a

续表

序号	城市	时间	灾情	资料来源
157	武功	雍正三年（1725 年）	“厉坛，按前志，在小北郭门外，没于漆已久。雍正三年秋，（漆水）涨水，东徙，故址具在，可按籍而考也”	雍正《武功县后志》卷一《祠祀志 · 坛壝》，第 3 页 b
			“七月初七日，漆水自北大涨，高十余丈，两岸庐舍、树木、蔬果皆没，人多溺死”	雍正《武功县后志》卷三《纪事志 · 祥异》，第 18 页 a
158	武功	1920 年	“东门外漆水河因雨暴涨，沿河一带居民被水淹毙及秋苗冲没造成灾害”	《陕西省自然灾害史料》，第 124 页
			“漆水暴涨，县城（今武功镇）东门外田庐被淹”	武功县地方志编纂委员会编《武功县志》，陕西人民出版社，2001，第 113 页
159	武功	1933 年	“武功县境有漆沣浴三水。漆水较大，即武功东门外之河流。浴河水口入漆河，在武功城东北隅，距城趾尺，平时不过线流，夏秋山水暴发，洪波巨流，久为武患，不料此次较前更甚，直冲县东门口，一望变为泽国。沣水出武功南门外，相距二里，由武之浒西庄，南入于漆。兹三水环绕，武城因雨泛滥，武民受害最深。……五月廿八日晚，连遭暴雨，水势泛滥，最后漆浴二水于六月廿八日重起波澜”	《陕西武功等县水灾惨报》，《新闻报》1933 年 8 月 29 日，第 13 版
160	盩厔	康熙元年（1662 年）	“秋，淫雨浃旬，雉堞倾圮，知县骆钟麟重修之，有碑记。至康熙十七年戊午，知县章泰莅任，已复颓败。继以己未水灾，坍泻殆尽”	康熙《盩厔县志》卷二《建置 · 城池》，康熙二十年刻本，第 1 页 b
			“顺治己亥，临安骆公（骆钟麟）来莅兹土，……疏广济渠，以灌民田，引水注壕，月余工竣，较宿昔高深，倍为可恃。至康熙元年秋，霪雨为虐，城堞门阐倾圮过半。公鳃然忧之，为无以宁我民固我圉也”	（清）齐国俍：《盩厔县修城记》，载乾隆《盩厔县志》卷一二《文艺》，乾隆十四年刻本，第 16 页 b 至第 17 页 a

续表

序号	城市	时间	灾情	资料来源
160	盩厔	康熙元年（1662年）	“自三月至九月，雨连绵不止，官署、民舍、县城、乡堡皆圮，河水泛滥，沃壤化为巨浸，漂没军民堡二，人畜溺死者甚众。”“自夏徂秋，淫雨不休，河水泛溢，势将及城。骆公（骆钟麟）入狱自罪，复率僚属长跪雨中，为民请命。后雨止，水亦渐平，久之，又徙而北流者数里，邑人皆以为精诚所感云”	乾隆《盩厔县志》卷一四《灾祥》，第3页a—b
			“（顺治）十六年，迁陕西盩厔知县。……康熙元年夏，大雨，渭南溢，且及城，斋沐临祷，自跪水中，幸雨止，水顿减，徙而北流者数里”	赵尔巽等：《清史稿》卷四七六《骆钟麟传》，中华书局，1977，第12980—12981页
161	盩厔	康熙十七年	“康熙十七、八两年，霪雨连旬，土城坍泻殆尽”	乾隆《盩厔县志》卷二《建置·城池》，第3页a
162	盩厔	康熙十八年	“如我盩邑修城之役，始以己未仲秋，召集民夫八百余名，缮完补葺，乃十日之内仅逾百丈，会淫雨连绵，不但新筑者崩泻无存，并旧峙者亦淋漓殆尽”	（清）章泰：《盩厔县修城记》，载乾隆《盩厔县志》卷一二《文艺》，第19页a
			“己未仲秋，淫霖匝月，城无余堞，室无完墙，厩库监仓荡然瓦砾，官衙民舍四望皆通”	（清）章泰：《重修盩厔县署记》，载乾隆《盩厔县志》卷一二《文艺》，第21页b
			“康熙十七、八两年，霪雨连旬，土城坍泻殆尽”	乾隆《盩厔县志》卷二《建置·城池》，第3页a
			“八月十五日至九月初十日，阴雨连绵，山水大发，崩泻田地百十余顷，城垣乡堡坍塌殆尽，官民房舍十损六、七”	乾隆《盩厔县志》卷一四《灾祥》，第4页a
163	盩厔	康熙四十八年	“渭水淹至县城北门”	周至县志编纂委员会编《周至县志》，三秦出版社，1993，第57页

续表

序号	城市	时间	灾情	资料来源
164	盩厔	乾隆五十二年（1787年）	“（城内东大街庆祝宫）因霖雨倾圮”	乾隆《重修盩厔县志》卷二《建置》，乾隆五十八年补刻本，第3页a
165	盩厔	同治十年（1871年）	“七月中旬，大雨弗止，渭水南徙县北城下。八月中旬至九月初间，阴雨连绵，河水暴涨，伤害禾稼，房壁倾倒无数”	民国《盩厔县志》卷八《杂记·祥异》，民国14年西安艺林印书社铅印本，第25页a
166	盩厔	光绪元年（1875年）	“渭水南浸邑城”	民国《广西曲志》之《外编·风俗志第六》，民国10年修，民国19年铅印本，第67页
			“六月二十四日，渭水南徙，阳化河亦涨溢泛滥，合至县北城下，横流东西二十里，禾稼尽被漂没”	民国《盩厔县志》卷八《杂记·祥异》，第25页a—b
167	盩厔	光绪十三年	“陕西巡抚叶伯英奏：陕省长安等属被水，盩厔等属城垣坍塌，现经督饬查勘赈抚修理。得旨：被灾各属，着即饬查，妥筹抚恤，毋任失所”	《清实录》第55册《德宗实录》（四）卷二四八，光绪十三年十月庚戌，中华书局，1987年影印本，第345页
168	永寿	康熙元年（1662年）	“六月二十四日至八月二十八日，霪雨如注，连绵不绝，城垣、公署、佛寺、民窑俱倾，山崩地陷，水灾莫甚于此”	康熙《永寿县志》卷六《灾祥》，康熙七年刻本，第7页a—b
169	永寿	嘉庆十八年（1813年）	“［嘉庆二十二年十月十三日陕西巡抚朱勋奏］永寿县……嘉庆十八年……八、九两月大雨连绵，以致周围（城垣）坍塌十三段，凑长一百四十三丈”	《清代黄河流域洪涝档案史料》，第453页
170	永寿	光绪十二年	“夏秋，雨盛，（公署仪门）梁椽倒塌，知县郑德枢重修”	光绪《永寿县重修新志》卷三《建置·公署》，光绪十四年刻本，第3页a

续表

序号	城市	时间	灾情	资料来源
171	邠州	道光二十五年（1845年）	“皇涧水溢，淹没县城东关商户房屋，为害甚巨”	民国《邠州新志稿》卷二〇《杂记》，民国18年抄本，第2页a
172	邠县	1950年	“7月，泾水大涨，淹没城关秋田1546亩，损粮800余石（每石约300斤）”	彬县志编纂委员会编《彬县志》，陕西人民出版社，2000，第115页
173	邠县	1954年	“8月16日晚，泾河以南降暴雨10余时，山洪暴发，大小河道洪溢，太峪河、南沟河、水帘河洪水超过近10多年记录。水口8人淹亡，太峪、城关淹畜塌窑，受害群众1600余人，损失夏粮47石，受害秋田2300亩”	《彬县志》，第115页
174	扶风	嘉庆十年（1805年）	“沣河水几次漫城根”	扶风县地方志编纂委员会编《扶风县志》，陕西人民出版社，1993，第375页
175	扶风	道光十年	“［七月初五日（朱批）陕西巡抚鄂山片］再查……扶风县五月初九日大雨，浸塌县署大堂及署内房屋，并冲塌民窑四百四孔、厦房一百八十余间，淹毙男女大小二十九口”	《清代黄河流域洪涝档案史料》，第575页
176	扶风	1937年	“六月六日，特大暴雨，倾刻遍地皆水，杏林、良峪、城关、小留、扶陀大水浸村，地突裂”	《扶风县志》，第1040页
177	扶风	1943年	“六月二十七日上午三时，城关公社的西官、贤官及段家公社的东魏、小寨、孙家等村倾泻暴雨约三小时，遍地水起，深没人胫，低凹处水深丈余，伤人死畜，墙倒屋塌，仅西官西沟村十三户有十一户窑洞被淹，死一人、骡子一头，据老人言：‘百年未见也’”	《陕西省自然灾害史料》，第143页

续表

序号	城市	时间	灾情	资料来源
178	扶风	1950 年	“8 月 10 日暴雨，县北中部沣水猛涨，县城东门外石桥南端路基冲毁”	宝鸡市水利志编辑室编《宝鸡市水旱灾害史料（公元前 780 年—1985 年 6 月）》（内部发行），凤翔县印刷厂，1985，第 42 页
179	长武	道光初年	“东门，自道光初年，连遭阴雨，城壕水陡涨，冲陷城门及公济桥”	宣统《长武县志》卷二《山川表》，宣统二年铅印本，第 5 页 b
180	长武	宣统二年（1910 年）	“入秋后，阴雨连绵，兼旬累月。仓廒倾塌，粟米有霉坏之虞。桥道崩摧，行旅多阻滞之患。余亦即筹款修理，并会防营以助之。惟前修城垣，雨后倒塌尤甚，工程更大。公款不足，势不得不再行筹款以终其事”	（清）沈锡荣：《长武县署壁记》（宣统二年），载宣统《长武县志》卷一二《附后》，第 6 页 b
			“春夏间，经知县沈锡荣修理，工竣。入秋，阴雨两月之久，周围墙垣倾颓不少，又复筹款重修，始得完固”	宣统《长武县志》卷三《故城今城表》，第 3 页 b
			“春夏间，知县沈锡荣修理。入秋，霖雨又圮，再修之，有碑记”	民国《续修陕西通志稿》卷八《建置三·城池》，第 27 页 b
			“六月初九起，霖雨成灾，泾水涨溢。长武被水，冲塌房、地，淹没人畜，县城崩毁再修之”	长武县志编纂委员会编《长武县志》，陕西人民出版社，2000，第 115 页
181	长武	1933 年	“8 月 8 日，暴雨成灾，水淹城区街道”	《长武县志》，第 22 页
			“八月八日，暴雨迅猛，淹及县城西关”	《长武县志》，第 116 页
182	长武	1959 年	“7 月，连降霖雨，西关三里碑土坝被冲毁，洪水涌入街道，西门十字商店门市部被淹”	《长武县志》，第 35 页
			“8 月，大雨，西关三里碑处土坝被冲毁，街道洪水涌入商店门市部”	《长武县志》，第 116 页

续表

序号	城市	时间	灾情	资料来源
183	麟游	乾隆二十二年（1757 年）	“因大雨淋冲，共崩塌三百七十一丈”	乾隆《凤翔府志》卷二《建置·城池》，乾隆三十一年刻本，第 4 页 a—b
184	岐山	乾隆十年	“东门桥在东城门外，西门桥在西城门外，南门桥在南城门外。乾隆十年，被水冲圮，耆老江巽捐资重建”	乾隆《岐山县志》卷二《建置·桥梁》，乾隆四十四年刻本，第 8 页 a
185	岐山	同治六年（1867 年）	“秋，淋雨冲圮，即时督修”	光绪《岐山县志》卷二《建置·城池》，光绪十年刻本，第 2 页 b
186	岐山	同治七年	“霖雨，城圮数丈，知县郭昌时补修，今称完善焉”	光绪《岐山县志》卷二《建置·城池》，第 2 页 b
187	岐山	光绪二十四年（1898 年）	“夏，久雨，城北面塌七十余丈”	民国《续修陕西通志稿》卷八《建置三·城池》，第 23 页 b
			“秋，霖雨两月，城圮过半，南城门亦圮，知县记佩重修，今称完善焉”	民国《岐山县志》卷二《建置·城池》，民国 24 年西安西山书局铅印本，第 2 页 a
			“光绪戊戌岁，司榷岐山夏秋之交，霪雨阅七旬，城垣坍塌过半。父老相聚而言曰：‘吾祖居于斯，吾父居于斯，今吾又居于斯，恃此数仞之墙以为安集也久矣。今而倾颓若是，常则无以状观瞻，变则无以资保障。可若何？有请于官者’”	（清）曾士刚：《重修岐山县城碑文》，载民国《岐山县志》卷九《艺文》，第 24 页 a
			“夏六月，大雨时行，簷流不断者月余，城垣四围其倾圮殆将过半”	（清）薛成兑：《重修岐山县南城门碑记》，载民国《岐山县志》卷九《艺文》，第 24 页 b

续表

序号	城市	时间	灾情	资料来源
188	凤翔	乾隆五十九年（1794 年）	“谒东湖苏文忠公祠，因是年秋水暴发，殿宇将圮，急为鸠工修葺，并湖中亭榭而一新焉”	（清）邓裕昌：《东湖纪事并序》，载中国人民政治协商会议陕西省凤翔县委员会文史资料征集研究委员会编《凤翔文史资料选辑》（第 5 辑）（内部发行），凤翔县印刷厂，1987，第 61 页
189	宝鸡	顺治八年（1651 年）	“知县张六部因久雨坏城，倡加修筑”	乾隆《宝鸡县志》卷三《建置》，民国间陕西印刷局铅印本，第 1 页 a
190	宝鸡	同治六年（1867 年）	“秋，淫雨连月，渭水溢至城角，城垣多顷（倾）”	民国《宝鸡县志》卷六《官师·宦绩》，民国 11 年陕西印刷局铅印本，第 28 页 a
191	宝鸡	光绪二十五年（1899 年）	“久雨，城倾”	民国《宝鸡县志》卷三《建置·城池》，第 1 页 b
192	宝鸡	1932 年	“渭水暴涨，冲进县城南（即今宝鸡市区）”	刘殿奎：《渭河水患》，载中国人民政治协商会议陕西省宝鸡县委员会文史资料研究委员会编《宝鸡县文史资料》（第 6 辑）（内部发行），岐山新星印刷厂，1988，第 8 页
193	宝鸡	1933 年	“六月十七日，渭水冲进原宝鸡县城南门，淹死冲走南河滩居民数千人，倒塌房屋几百间”	刘殿奎：《渭河水患》，载《宝鸡县文史资料》（第 6 辑）（内部发行），第 8 页
194	宝鸡	1937 年	“6 月 6 日晚暴雨倾盆，山洪暴发，不出一时，水深没胫，淹没民房院墙，其南街尤甚”	《宝鸡市水旱灾害史料（公元前 780 年—1985 年 6 月）》（内部发行），第 39 页
195	宝鸡	1943 年	“7 月，宝鸡市区大雨如注，墙垣多处崩塌，经二路、建国路一带遭洪水冲淹”	宝鸡市金台区地方志编纂委员会编《宝鸡市金台区志》，陕西人民出版社，1993，第 719 页

续表

序号	城市	时间	灾情	资料来源
196	宝鸡	1954 年	“8 月 16—17 日，渭河上游暴雨致渭河河水上涨，林家村站洪峰流量 5030 立方米/秒，渭河沿岸崩秋田、芦苇上万亩，仅扶风一地死 15 人，伤 11 人。洪水在渭河宝鸡铁路桥北岸涌入市区，冲毁引桥路基 50 米，市区水深 4.5 米，淹没了泾二路、汉中路等七条主要街道，市区 1.8 万人受灾，死亡 7 人，淹房 6800 间，1300 间被冲倒”	《中国气象灾害大典（陕西卷）》，第 65 页
197	宝鸡	1954 年	“9 月 2 日至 3 日，连降大雨十八小时，3 日拂晓，金陵河上游山洪暴发，河水深在市区段达二点七米左右，超过涨水前水位近四倍，淹没了沿河两岸和市区的人民街东段、店子街和十里铺地区”	《宝鸡市水旱灾害史料（公元前 780 年—1985 年 6 月）》（内部发行），第 131 页
198	汧阳	嘉靖二十六年（1547 年）	“嘉靖二十六年丁未，入夏淫雨不止，伤及禾稼。新尹洪洞张公涵冒雨至汧，钦上命也。方其始至，屏壁倾倒，众以为不祥。时复有人见一白叟传云：‘六月二十五日大水冲城，人遭陷溺。’不信者以为妖言。及是夜半，雷声震惊，雨势滂沱，电光灼耀中，见有红黄气绕聚晖河，象若相敌。少焉，北城一隅为水所倾，自西而南俱倾溺矣。维时县尹张公中伤竟毙。儒学教谕张公相一家八口俱没。其乡士夫若致仕李公□、生员蒲子嘉宾等，悉与其害，漂没无存。惟东南一角水势缓弱，尚存孑遗。人有凭依大树全活者，有漂去桴木复来者，有居室未坏而幸存者。时皆寄居毗卢寺，身无完衣，痛哭载道。士民何辜，罹此苦耶！分守周公、郡守刘公、判府张公、推府何公相继来视，多方抚恤”	（明）兰秉祥：《汧邑河水变异记》，载顺治《石门遗事》之《舆地第一》，顺治十年刻本，第 10 页 b 至第 11 页 b
			“六月二十五日，大水涨溢，自子度午，城郭官民物产一时漂没略尽”	顺治《石门遗事》之《建置第二》，第 13 页 a

续表

序号	城市	时间	灾情	资料来源
199	汧阳	乾隆三十六年（1771 年）	“［六月初五日护理陕西巡抚布政使勒尔谨奏］……汧阳县城东有天池沟一道，西有小河沟一道，俱系宣泄北山之水南入汧河。五月二十四日，山水汹涌，二沟宣泄不及，以致漫溢两岸，东西两关厢居民被淹共一百八十一户，淹毙男女大小一百三十四口，倒房二百二十七间”	《清代黄河流域洪涝档案史料》，第 283 页
200	汧阳	嘉庆二十四年（1819 年）	“八月，大雨，城外西河水暴涨盛大，跨东岸流，冲毁民宅，人有漂没者”	道光《重修汧阳县志》卷一二《祥异志》，道光二十一年刻本，第 2 页 b 至第 3 页 a
201	汧阳	道光二十年（1840 年）	“八月，暴雨特甚，水涨澎湃，西城外小河安乐桥率被冲毁。九月，连日大雨，城乡墙宅多被坍塌”	道光《重修汧阳县志》卷一二《祥异志》，第 3 页 b
202	汧阳	同治六年（1867 年）	“秋雨弥月，塌损墙屋无算”	光绪《增续汧阳县志》卷一四《灾祥》，光绪十三年刻本，第 46 页 b
203	汧阳	宣统二年（1910 年）	“秋，淫雨，县署房倒墙塌”	千阳县县志编纂委员会编《千阳县志》，陕西人民教育出版社，1991，第 371 页
204	汧阳	1916 年	“6 月 4 日起，淋雨 14 日，山崩路陷，西关安乐桥被毁”	《千阳县志》，第 53 页
205	汧阳	1954 年	“7、8 月，大雨 40 余天。8 月 16 日晚，千桥水毁”	《千阳县志》，第 53 页
			“8 月 16 日，暴雨，山洪夜毁汧阳大桥”	《千阳县志》，第 393 页
206	陇州	宣德六年（1431 年）	“四月，大水，庐舍学宫漂没”	康熙《陇州志》卷八《祥异志·祥异》，康熙五十二年刻本，第 2 页 a
			“学基，州治西南二里，旧在东故城内。宣德六年，水冲基圮，知州郭宗仪徙建于州”	康熙《陇州志》卷二《建置志·学校》，第 4 页 b
			“陇州学，中学，旧在东故城内。明宣德六年，圮于水，知州郭宗仪徙今州治西南二里”	雍正《敕修陕西通志》卷二七《学校》，第 16 页 b

续表

序号	城市	时间	灾情	资料来源
207	陇州	景泰元年（1450年）	“旧城周九里三分，土筑，西南门二。明景泰元年，知县（州）钱日新以（北河）水患改筑，周五里三分”	雍正《敕修陕西通志》卷一四《城池》，第10页a—b
208	陇州	康熙初年	“今岁夏间，霪雨连绵，匝月不收，河水横溢，岸堤溃绝，几至逼冲城垣”	（清）李月桂：《重修开元寺记》，载康熙《陇州志》卷七《艺文志·文记》，第23页b
209	陇州	乾隆八年（1743年）	“（州城）东北城脚被北河水冲七十八丈，倒塌城墙半面一十八丈”	乾隆《陇州续志》卷二《建置志·城池》，乾隆三十一年刻本，第7页a
210	陇州	乾隆十六年	“夏雨连绵，节次淋冲，（州城）共坍塌四十四段，垛口二百六十个，女墙一百二十二丈八尺，城墙崩流三十八丈。署州刘度昭通报请修。十七年，知州朱永年复勘明，共坍塌一百八十余丈，急需动帑兴工”	乾隆《陇州续志》卷二《建置志·城池》，第8页a
211	陇州	乾隆三十年	“七月，秋雨骤涨，（州城）东北角城根土台复被冲崩”	乾隆《陇州续志》卷二《建置志·城池》，第9页a
212	陇州	同治六年（1867年）	“大水，西区固关岔口山崩，聚水数日，始冲下东流，淹没曹家湾街房数百间，又冲去东岳庙水磨数盘，沙岗子街截为两段，白马寺移至南城外高处，诚巨灾也”	民国《陇县新志》卷六《祥异志第八·霪涝》，民国35年抄本
213	陇州	同治八年前后	“秋霖弥月不止，南北两城有崩至百雉者”	民国《续修陕西通志稿》卷七〇《名宦七》，第19页a
214	陇州	光绪二十四年（1898年）	“自六月六日大雨，至九月二十八日始晴，城墙崩坏，民舍坍塌，南关外石砌坡路，河水湮没其半”	民国《陇县新志》卷六《祥异志第八·霪涝》
			“四月十八日至八月十三日，连下大雨，城墙崩坏，民舍坍塌”	陇县地方志编纂委员会编《陇县志》，陕西人民出版社，1993，第131页

续表

序号	城市	时间	灾情	资料来源
215	陇县	1916 年	“六月，暴雨，北河大涨，河堤吹毁无遗”	《民国陇县野史》下编卷九《编年》，民国 34 年至 1964 年抄本，第 1076 页
216	陇县	1917 年	秋“暴雨，北河大涨，河堤全被吹毁，河水逼近城东北角”	《民国陇县野史》下编卷九《编年》，第 1080 页
217	陇县	1924 年	“六月十五日晚，天降猛雨，雷电交作，秋禾受损。是年夏至后，阴雨连绵，汧河暴涨，冲刷北城墙十余丈”	民国《陇县新志》卷六《祥异志第八・霪涝》
			“六月十五日午后，雷鸣电闪，大风大雨夹着冰雹，秋禾受损，千河、北河暴涨，冲走北城墙十余丈，吹折大树很多”	徐军等：《民国大事记》，载中国人民政治协商会议陕西省陇县委员会文史资料研究委员会编《陇县文史资料选辑》（第 3 辑），1984，第 124 页
218	陇县	1935 年	“七月初七黄昏，雷雨交作，南北两河水涨数丈，淹没民田无数。中区沙岗子半街被水冲散，朱柿堡村中官路水深丈余，而北河之水已达至北门外龙王庙前，城东北角被冲甚多”	民国《陇县新志》卷六《祥异志第八・霪涝》
219	陇县	1936 年	“七月初一日，水吹沙岗子街。沙岗子街自北而南而东，系半月形，长约里许，商贾辐辏，水磨林立，连日大雨，汧河暴涨，是日清晨被吹，仅余龙王庙及前后左右数家”	《民国陇县野史》下编卷一二《编年》，第 1315 页
			“八月十四日，密云四布，大雨滂沱，连日不止，直至十七日晚，雨如倾盆，彻夜不休，以致山洪暴发，千河突涨，沿岸秋禾地亩，房屋冲崩无数，城墙坍塌不下十余处。县城南关外沙岗子（南河桥南边）街房数十间被水一扫而光，民众幸逃生，啼泣嚎寒，栖处俱无”	陇县水利水保局水利志编写办公室编《陇县水利志》，陇县印刷厂，1985，第 58 页
220	陇县	1937 年	“七月初二日下午及昏夜，大雷雨，黎明稍缓，平地水深二尺余，墙倒房塌，山溜者极多，北河吹毁城东北角”	《民国陇县野史》下编卷一二《编年》，第 1317 页

续表

序号	城市	时间	灾情	资料来源
221	陇县	1954 年	“8 月 16 日下午 6 至 12 时，县境内降暴雨 6 个多小时，山洪暴发，河水泛滥，水毁秋田 2700 多亩。洪水冲进县城街道，冲走粮食 2600 多公斤，冲走县供销联社、粮食公司及群众大量财物，冲毁大桥 4 座，毁房 183 间，房塌死 2 人，伤 6 人”	《陇县志》，第 132 页
222	陇县	1956 年	“6 月 23 日遭受洪水袭击后，县委、县人委组织县级机关干部职工及城关区的干部群众，用竹筐装卵石、麻袋装石砂修筑护岸堤，控制了洪水的蔓延”	《陇县志》，第 329 页
223	陇县	1959 年	“8 月 14、15 日，城区暴雨半小时，千河水涨，冲毁禾苗 7 万余亩”	《陇县志》，第 132 页
224	清水	同治六年（1867 年）	“七月，阴雨连绵，（城垣）倒塌特甚”	民国《清水县志》卷二《建置志》，民国 37 年石印本，第 1 页 b
225	清水	光绪七年（1881 年）	“（七月），大雨，清水县北障水堤冲刷三十余丈”	光绪《甘肃新通志》卷二《天文志附祥异》，光绪三十四年修，宣统元年刻本，第 54 页 a
226	清水	1941 年	“七月，暴雨，东干河陡发，淹没东关，冲毙人畜甚多，灾情最重”	民国《清水县志》卷四《民政志·赈恤》，第 28 页 b
			“秋，大雨，西城北段塌陷十余丈，金河桥亦被冲毁，牛头河直冲至西北城根”	民国《清水县志》卷二《建置志》，第 2 页 a
			“金河桥，在县城西门外，旧桥损坏。……于三十年被大水冲毁无余”	民国《清水县志》卷二《建置志》，第 9 页 b 至第 10 页 a
			“闰六月二十七日（8 月 19 日）晚，大暴雨，东干河洪水决堤，冲毁东关房舍、铺面、街道、院落，死亡 10 多人。西关金河桥毁，淹没城外田禾”	清水县地方志编纂委员会编《清水县志》，陕西人民出版社，2001，第 129 页

续表

序号	城市	时间	灾情	资料来源
227	清水	1947年	“八月十一至十四日，猛雨成灾，县城城垣倒塌，河堤被冲，学校及民房倒塌”	《国民党甘肃省政府档案》，转引自袁林《西北灾荒史》，第946页
228	秦州	正统元年（1436年）	“巡按陕西监察御史房威奏：‘陕西秦州卫是年六月癸未，风雷雨雹大作，山水泛涨，冲入城内，浸塌官员军民庐舍仓库，其粟米、二麦、黑豆共一万八千余石，棉布三千三百余匹，尽行漂流’”	《明实录》第13册《明英宗实录》卷一九，正统元年闰六月丙戌，“中央研究院”历史语言研究所校印，1962年影印本，第381页
229	秦州	嘉靖十九年（1540年）	“夏五月一日，谷水（罗峪河）涨入秦州城西门，冲拆门阈”	顺治《秦州志》卷八《灾祥志》，顺治十一年刻本，第9页b
230	秦州	万历二十一年（1593年）	“大城之西，旧有中城，接踵西关，间以罗玉河深沟，险不可渡，有桥以通之。至万历癸巳岁，暴雨骤至，河水涌猛，桥斯圮焉”	民国《秦州直隶州新志续编》卷六《艺文第九・艺文一》，民国23年修，民国28年铅印本，第54页b
231	秦州	崇祯十五年（1642年）	“四月初四日，鲁谷水（罗峪河）冲中城、后寨、官泉，漂溺人畜各数十”	顺治《秦州志》卷八《灾祥志》，第10页b
232	秦州	顺治九年（1652年）	“六月初五，鲁谷水暴涨，冲秦州东关，漂溺人畜。时人谣言本月十三日、十五日复冲。至十三日，果有暴水入东关。十五日，有暴水冲中城、后寨、官泉，漂没民居，溺死人畜甚多”	顺治《秦州志》卷八《灾祥志》，第11页a
233	秦州	乾隆四年（1739年）	“五月四日，蒙水（罗峪河）涨，漂没秦州房屋多处，淹死百余人”	天水市城乡建设环境保护委员会编《天水城市建设志》，甘肃人民出版社，1994，第388页
234	秦州	乾隆五年	“夏五月二十五日夜，秦州鲁谷水涨淹，漂两岸房肆，人死者百余。是岁也，自闰六月雨至于九月，秋禾不实”	乾隆《直隶秦州新志》卷六《灾祥》，乾隆二十九年刻本，第25页b
			“户部议准甘肃巡抚元展成疏报：秦州属之罗峪河及北关菜园，并河滩上下地方，于本月二十七日，山水陡发，冲毙男妇四十九名口，倒塌房屋六十九间、桥梁五道，淹泡未倒房屋一百二十五间，并有损伤田禾处”	《清实录》第10册《高宗实录》（二）卷一一九，乾隆五年六月癸巳，中华书局，1985年影印本，第742—743页

续表

序号	城市	时间	灾情	资料来源
235	秦州	乾隆十年（1745年）	“（五月）秦州藉水溢，白沙北堤决，水入城，民居漂没甚多”	赵尔巽等：《清史稿》卷四〇《灾异一》，中华书局，1976，第1546页
236	秦州	乾隆十年	“秋七月，陇右大水，秦州汐河（藉水）水涨，淹没田园”	乾隆《直隶秦州新志》卷六《灾祥》，第25页b
237	秦州	乾隆二十三年	“（州城）复遭漂没”	乾隆《直隶秦州新志》卷三《建置》，第8页a
238	秦州	道光七年（1827年）	“[十一月初八日鄂山奏]……秦州、平罗……等处，被水冲淹城垣、房屋及人口、牲畜，为数无多，亦经各该州县捐廉抚恤。……”	《清代黄河流域洪涝档案史料》，第560页
239	秦州	光绪二十一年（1895年）	“罗玉沟大水，溺三人，漂水磨三座”	民国《秦州直隶州新志续编》卷八《附考第十·附考一机祥》，第1页a
240	天水	1927年	“（东关东稍门外的罗玉河上的利涉）桥被山洪冲走”	天水市地方志编纂委员会编《天水市志》，方志出版社，2004，第378页
241	天水	1933年	“（8月）17日，渭河、散渡河、葫芦河、藉河诸水陡涨，天水县琥珀、新阳、三阳以及城北罗玉河、花牛寨等地至东岔一带，均遭洪水灾害，损坏房屋8040余间，水磨40座，冲毁农田4.6万多亩，淹死50多人”	《天水市志》，第220页
242	天水	1953年	“7月17日，藉河暴涨，冲毁天水电厂王家磨蓄水库木桩坝及天水郡藉河桥”	《天水市志》，第84页

续表

序号	城市	时间	灾情	资料来源
243	天水	1959年	“10月10日，藉河暴涨，冲毁天水市西大桥和东大桥引水道以及大面积农田、房舍，损失70余万元”	《天水市志》，第90页
			“10月10日，耤河暴涨，冲毁东、西两座大桥的引水道，淹没菜地660多亩，损失达70万元”	天水市秦城区地方志编纂委员会编《天水市秦城区志》，甘肃文化出版社，2001，第49页
244	天水	1965年	“7月7日上午10时，天水市突降近1个小时的特大暴雨，罗玉河暴涨，冲入市区大城、北关、东关等地，冲毁房屋2万余间，商店、医院等20多个单位、设备、财产损失惨重。经济损失522.54万元，3000多人无家可归，溺死174人”	《天水市志》，第94页
			“（7月7日）天水市罗玉河决堤，河水分别从城北周家园子、天水一中、华双公路桥南、汽修厂西口、东关保育学校对面冲进市区北关、东关和大城，受灾人口8763人，死亡158人，下落不明20人，损坏倒塌房屋8469间，财产损失513万多元”	《天水市志》，第222页
			“7月7日上午10时许，特大暴雨持续一个多小时，罗玉河水暴涨，因北关桥孔堵塞，洪水冲入市区人民路、工农路、民主路、后寨、东关等处。受灾2055户，倒塌民房8469间，死亡158人，经济损失218.91万元”	《天水市秦城区志》，第51页
245	秦安	乾隆末年	“乾隆末，（陇水）尽毁西濠堤岸，直啮城根，城岌岌有沦胥之恐”	道光《秦安县志》卷一《舆地》，道光十八年刻本，第7页b
			“（乾隆三十三年）后，陇水决入西壕，直啮城根者十余年”	道光《秦安县志》卷二《建置》，第6页b
246	秦安	嘉庆八年（1803年）	“（嘉庆九年十月十六日奏）上年续报陇西、秦安、阶州、盐茶、礼县、静宁六处均因秋雨过多，城垣被水冲损”	（清）那彦成：《那文毅公奏议》卷九，道光十四年刻本，第44页a

续表

序号	城市	时间	灾情	资料来源
247	秦安	1915年	“农历六月十二日午十二时，南小河上游，安野峡、成家寺等处，发生暴雨，仅两小时之久，汇成洪流。午后三时许，洪水凶涌直下，河头高三丈余。县城先农村群众见此景象，即抢先关闭祥和门，正在上门闩时被浪涛一激而开，水沿街道狂流。金汤城门，因城外人逃，河进城，未及关闭，水直涌岳家烧房门口，洪水湮金汤城过半，城上观洪水之人，觉城体摇动，全城闻泥浆气味。洪水头上，被冲的人、畜、禾苗、果树、箱木家俱、门窗、衣物，在一小时内，连续不断，逐流而下。……先农村一带的居民，均上泰山庙避洪，而一些小足妇女因逃跑不动，有的爬上房顶，房串房而上泰山庙去避。南下关新城门一带的居民，由于听到上游群众的惊喊之声，早作了闭关防守准备，水未进城。坛树村（丰乐村）被水全部湮没，仅余南坛片地。是日，城中暴雨只有数分钟之小雨点，地未起泥。但倾刻到激洪东下者，皆系上游60里外的暴雨所致。县官闻报大河之汛，遂亲自带上红缨顶帽，长袍大褂，牵羊担酒，持茶立上城头致祭。先农村群众抬着泰山爷（即黄飞虎偶像），北城群众又抬着所谓“镇江王”神到城头镇压洪水，但河伯始终置若罔闻，骇浪亦续倾水”	任西山等：《南小河暴发洪水简记》（1962年1月5日），载秦安县城乡建设志编纂委员会编《秦安县城乡建设志》，兰州大学出版社，1999，第263—264页
248	秦安	1965年	“7月，葫芦河流域普降暴雨，山洪暴发，河水流量由平时的6立方米/秒猛增至1740立方米/秒。沿河两岸，一片汪洋。……下游的南小河水猛涨，公路大桥被冲垮，水进城内，丰乐、凤山两个大队的250多户社员和县发电厂、自来水站、针织厂等单位，院内的洪水1米多深，冲走粮食约3万公斤，冲毁房屋999间，……”	秦安县志编纂委员会编纂《秦安县志》，甘肃人民出版社，2001，第773页
249	伏羌	永乐二年（1404年）	“沙沟暴水淹县城，坊表尽没焉”	乾隆《伏羌县志》卷一二《祥异记》，乾隆十四年刻本，甘谷县县志编纂委员会办公室1999年校点，第135页

续表

序号	城市	时间	灾情	资料来源
250	伏羌	雍正八年（1730年）	“六月初十日戌时，沙沟暴水骤至，冲决堤，溃淹西、北、东三关，溺死居民大小六十余口”	乾隆《伏羌县志》卷一二《祥异记》，乾隆十四年刻本，甘谷县县志编纂委员会办公室1999年校点，第135—136页
			“以故长堤一溃，横水肆出，淹伤民命，遂至百有余人，附郭之田园庐舍垫溺大半。哀我蒸民，何不幸而罹此！时在雍正八年夏六月也”	（清）巩建丰：《朱圉山人集》卷四《邑令何公筑沙堤记》，收入《清代诗文集汇编》编纂委员会编《清代诗文集汇编》（第231册），上海古籍出版社，2010，第408页
251	甘谷	1933年	“（六月）十九日夜，大小沙堤破裂，城郊水淹，西南关、北关、东川水深4米许”	甘肃省甘谷县县志编纂委员会编《甘谷县志》，中国社会出版社，1999，第14页
			“（六月）十九日夜，大小沙堤冲破，县城几被淹没，四郊均成泽国，淹没西、南、北关”	《甘谷县志》，第95页
			“（6月）18日，甘谷县大水，房屋被冲数千间，人畜死亡甚多。19日夜，大小河堤破坏，县城西、南、北三关被淹没，东关水深4尺”	《天水市志》，第220页
252	甘谷	1934年	“甘肃八月淫雨成灾，至月底先后报灾者已四十余县。成县、武都、甘谷等县成灾最重，或以山洪暴发，冲溃堤防，或以河水入城，淹毙人畜，及淹地亩各数千亩”	《甘肃省政府行政报告》，转引自袁林《西北灾荒史》，第905—906页
253	甘谷	1947年	“9月12日午后，甘谷县西南山地区雷雨交加，山洪暴发，水量甚猛，沙堤冲决，瞬息之间，淹没西关、山货市、北关、东巷，并经南关、东关、任家庄包围城之东南角又至刘家庄，直冲蒋家庄，东流入渭。洪流经过处，商店、民房均被淹没，城郊周围一片汪洋，人畜死亡，惨不忍睹”	《甘谷县志》，第17页
254	甘谷	1963年	“6月4日下午8时—5日上午12时，暴雨倾盆，山洪暴发，河水上涨，冲破沙堤”	《甘谷县志》，第22页

续表

序号	城市	时间	灾情	资料来源
255	宁远	天启七年（1627 年）	“（九月）己丑，陕西巡按御史袁鲸疏报：宁远县四月初三雨水冲塌城垣四十余丈、房屋六百余间，淹死男妇三百余名口，头畜三百余头，石压沙垫田地八千余亩”	《崇祯长编》卷二，“中央研究院”历史语言研究所校印本明实录附录之四，1967 年影印本，第 15 页 a
256	宁远	天启七年	“大水没东南关，居民绝烟火者五十余家”	康熙《宁远县志》卷三《政事·灾祥》，康熙四十八年刻本，第 12 页 b
257	宁远	崇祯初年	“北城又为渭所啮”	康熙《宁远县志》卷二《建置·城郭》，第 1 页 b
258	宁远	崇祯十一年（1638 年）	“北城为渭水毁塌”	武山县地方志编纂委员会编《武山县志》，陕西人民出版社，2002，第 12 页
259	宁远	顺治末康熙初	“数载，秋多霪雨，崩圮□□”	康熙《宁远县志》卷二《建置·城郭》，第 2 页 a
260	宁远	雍正十年（1732 年）	“红峪水发，暴冲南关”	民国《武山县志稿》卷三《建置·城郭》，收入武山县旧志整理编辑委员会编《武山旧志丛编》（卷五），甘肃人民出版社，2005，第 97 页
261	宁远	嘉庆十三年（1808 年）	［嘉庆十五年八月初十日陕甘总督那彦成奏］本年五月，准工部咨奉旨事理粘单内开：嘉庆十三年甘肃咨报文内声明，固原州、泾州、陇西县、宁远县、洮州厅、宁夏满城、西固州同、崇信县、安化县、贵德厅十处城垣被雨坍损，急应修理。……”	《清代黄河流域洪涝档案史料》，第 427 页
262	宁远	光绪三十年（1904 年）	“六月，渭水复冲（北城）四十余丈，尚未修”	光绪《甘肃新通志》卷一四《建置志·城池》，第 19 页 b
			“（六月）渭河亦水溢，洮州民舍皆漏，宁远城门屋庐湮没，各河道被灾”	光绪《甘肃新通志》卷二《天文志附祥异》，第 59 页 b
263	武山	1939 年	“7 月，红峪河山洪连续暴涨，其中一次，为近百年所罕见。洪水从南城门涌入，全城遍遭水灾”	麻士杰等整理《武山县民国大事记》，载政协武山县文史委员会编《武山县文史资料选辑》（第 2 辑）（内部发行），武山县印刷厂，1989，第 184 页

续表

序号	城市	时间	灾情	资料来源
263	武山	1939 年	“记得在 7 月中旬的一个下午，突然天气骤变，雷鸣电闪，随着暴雨倾盆，陶家凸至老观殿一带，乌云密布，雷声震耳，时间延续近两小时，红峪河山洪咆哮奔流，从陡峻的山坡上，倾泻而下，文昌宫山脚下的河道，顿时被石头砂子堵住，洪水冲破了原来修筑的一道薄薄的河堤，直逼南城下。当时南城门已死住多年，城门用一根直径约七、八寸的闩门柱闩着，洪水没有冲开城门，转沿西城壕，经过西城门外小桥，流入渭河。这次洪水，虽没有酿成大的灾患，而南关、西关居民，异常恐怖，值此暴雨季节，昼不安食，夜不安寝。……在这场暴雨过后第三天下午，忽又狂风大作，雷电交加，旋即又是倾盆大雨。下得最大的地方，仍然是老观殿一带。城区下雨不多。下雨时间不长，即云散天晴。我们估计会有山洪，就在楼上凭窗眺望。我们一下被惊呆了，洪水伴随巨响向南城墙扑来，其水量之大，来势之猛，远远超过了上一次。一抱大的石块，随波翻滚。南城门的闩门杠被冲折，洪水除一部分流入西城壕外，主流从南城门倾门而入，一时水声咆哮，浪高丈余，凭借南高北低的自然地势，横冲直撞，石砂俱下。洪水冲遍了南关，再经腰城门，下南门坡。当时后街、观巷、衙巷、前街等几条主要街道，一片汪洋。最后流入城隍庙（现公安局地址）和水巷，徐徐从后面的水道流入渭河。这次水患，武山城内，遍遭水淹，有的房子被壅在石砂之中。有名的饭馆‘公盛搂’，平房被壅，楼下石砂与二楼地面齐正，一时上楼不用梯子。衙巷一家小杂货铺架阁上的碱灰（一种食用碱，块状，如石头），均随流而去。几天以后，有人在街上拾石头，还捡碱灰、铁铸火盆等器物，可见人民浮财的损失有多大了”	令恭：《1939 年武山红峪河水患目睹记》，载《武山县文史资料选辑》（第 2 辑）（内部发行），第 120—125 页

注：关于地方志中的城市水灾史料，经常出现时间较晚方志承袭时间较早方志记载的情况，故本表主要采用时间较早方志的记载。需要说明的是，李嘎《旱域水潦：水患语境下山陕黄土高原城市环境史研究（1368—1979 年）》一书中有附录“山陕黄土高原城市水患大事年表（1368—1979 年）”，其中含有 1368—1967 年关中地区城市水灾史料 115 条；而本表自 2012 年开始搜集，其中有 14 条采自李表，并已核对出处，在此向李嘎教授致谢。

附录3　明清民国时期关中－天水地区城市护城河的营建尺度史料

序号	城市	护城河的营建尺度	资料来源
1	韩城	“金大定四年（1164 年），改置桢州，修筑之。周四里一百五十九步，高二丈五尺，池深二丈”	万历《陕西通志》卷一〇《城池》，万历三十九年刻本，第 3 页 a
		“城周四里余，高二丈，池深二丈”	（明）龚辉：《全陕政要》卷一，嘉靖刻本，第 23 页 b
		“城延一里二百四十三步，袤一里三百二步，环六里六十五步，高三丈，……（门）前为桥，桥下为隍，隍环城，深几二仞”	万历《韩城县志》卷一《城郭》，万历三十五年刻本，第 7 页 b 至第 8 页 a
		“城周四里八分，高二丈五尺，……池深二丈”	道光《陕西志辑要》卷三，道光七年朝坂谢氏赐书堂刻本，第 28 页 b
		“同治九年（1870 年），回匪窜韩，知县侯鸣珂筹款浚隍，深、广各丈五尺，外筑郭墙”	光绪《同州府续志》卷八《建置志》，光绪七年刻本，第 2 页 a
2	潼关	“（明洪武）九年（1376 年），指挥佥事马骙增修城陴，依山势曲折，周一十一里七十二步，高一丈八尺，池深一丈五尺”	康熙《陕西通志》卷五《城池》，康熙六年刻本，第 6 页 a
3	朝邑	“城周四里余，高一丈五尺，池深三丈”	（明）龚辉：《全陕政要》卷一，第 21 页 a
		“（嘉靖）乙卯（1555 年）地震后重筑，周四里，高一丈五尺，池深一丈”	万历《陕西通志》卷一〇《城池》，第 2 页 b
		“县城，周四里，高一丈五尺，池深、广各一丈”	康熙《朝邑县后志》卷二《建置·城池》，康熙五十一年刻本，第 3 页 b

续表

序号	城市	护城河的营建尺度	资料来源
4	郃阳	“正统十四年（1449年），知县董鉴仍置，东西二里二百八十步，南北二里一百九十步，周围八里二百二十步，东西南北四门，城三丈高，厚丈五六许，隍二丈深，广丈八九许”	嘉靖《郃阳县志》卷上《城隍》，嘉靖二十年刻本，第15页a—b
		“顺治中，知县庄曾明浚湟，共深二丈”	雍正《敕修陕西通志》卷一四《城池》，雍正十三年刻本，第20页a
		“康熙三年（1664年），知县侯万里重修，周八里二百二十步，高三丈，池深二丈”	康熙《陕西通志》卷五《城池》，康熙五十年刻本，第4页a
		“正德六年（1511年），知县张纶修门浚隍。（音黄，城下池也，有水曰‘池’，无水曰‘隍’）门四，其上俱有谯楼。……隍深一丈二尺，阔一丈五尺”	乾隆《郃阳县全志》卷一《建置第二》，乾隆三十四年刻本，第14页b
		“城高二丈五尺，壕深一丈二尺，阔一丈五尺”	《宰莘退食录》卷一《建置考·城池》，收入北京大学图书馆编《北京大学图书馆藏稀见方志丛刊》（第68册），国家图书馆出版社，2013，第184页
5	华阴	“元至元十八年（1281年），达鲁花赤脱力白修筑，周二里九分，高二丈五尺，池深八尺”	万历《陕西通志》卷一〇《城池》，第3页a
		“城周二里九分，高二丈，池深八尺”	（明）龚辉：《全陕政要》卷一，第29页a
		“万历五年（1577年），李令承科奉文增厚八尺。旧志高二丈二尺，今二丈七尺，则又增而崇也，池云八尺，今深浅不等”	万历《华阴县志》卷一《舆地》，万历四十二年修，抄本，第17页a
		“乾隆十五年（1750年），知县姚远翻劝谕绅士募捐重修。……（城）东门外与城北，池俱堙平，仅留水沟一道”	乾隆《华阴县志》卷三《城池》，民国17年西安艺林印书社铅印本，第1页b
		“城周二里九分，高二丈二尺，东西南三门，池深八尺”	道光《陕西志辑要》卷三，第43页b

续表

序号	城市	护城河的营建尺度	资料来源
6	同州（大荔）	“同州城，始建未详，其制度类龟形。相传至唐易为方城，周九里三分，高三丈，池深九尺”	万历《陕西通志》卷一〇《城池》，第2页b
		“嘉靖乙卯，地大震，城复于隍，筑者苦费，欲急就，乃去其坎方之嬴出者半，周九里有奇，高三丈，基阔同，隍深丈有畦，阔倍之”	天启《同州志》卷三《建置》，天启五年刻本，第2页a
		“（同治）五年（1866年），知府延恺劝捐，浚壕深、广各二丈”	光绪《同州府续志》卷八《建置志》，第1页a
		“城为方形，用土筑成，约高三丈，周围九里，有城壕约深丈余，阔二丈”	刘安国：《陕西交通挈要》，中华书局，1928，第60页
7	澄城	“城周三里，高二丈五尺，池深一丈三尺”	（明）龚辉：《全陕政要》卷一，第25页a
		“（嘉靖二十八年，1549年）周三里，高二丈五尺，池深一丈三尺”	万历《陕西通志》卷一〇《城池》，第3页a
		“（民国）十四年（1925年）春，战事又起，南城门复圮，幸城未破。是年秋，驻军姜景堃、知事王怀斌委员重修南城，加筑四隅炮台，并浚隍南、东、北三面，深约二丈余，阔二丈五尺余，较昔颇称坚固。十五年六月，驻军段懋功，筑城关外围墙及炮台十三座，并浚隍，深、广皆丈余”	民国《澄城县附志》卷二《建置志·城池》，民国15年铅印本，第1页
8	华州（华县）	“城周七里余，高二丈五尺，池深一丈五尺”	（明）马理等纂《陕西通志》卷七《土地七·建置沿革上》，董健桥等校注，三秦出版社，2006，第292页
		“乾隆八年（1743年），知州王二南重修，系土城砖垛，周围九里三分，城壕宽三丈，深六尺”	乾隆《同州府志》卷六《建置上》，乾隆四十六年刻本，第8页b
		“同治七年七月，知州王公赞襄于旧城东南隅高阜筑小城，……周围四里一分，长七百三十八丈，高二丈至四丈不等，……池深一丈五六尺不等”	光绪《三续华州志》卷二《建置志·城垣》，光绪八年合刻华州志本，第1页a—b

续表

序号	城市	护城河的营建尺度	资料来源
9	白水	“洪武三年（1370年），知县张三同俱重修，周四里，高二丈，池深一丈”	万历《陕西通志》卷一〇《城池》，第3页a
		“（洪武四年）筑土城，周四百一十丈，计二里三分有奇，高二丈五尺，趾阔二丈，顶阔一丈三尺，壕深一丈，阔一丈五尺”	乾隆《白水县志》卷二《建置志·城池》，乾隆十九年刻本，第3页a—b
		“城周三里，高三丈，池深二丈”	（明）龚辉：《全陕政要》卷一，第26页b
		“嘉靖二（三）十二年（1553年），兵宪张瀚谕知县温伯仁筑城，起自故城西北隅，终于东南隅，周五里余。……本朝顺治三年（1646年），知县王永命浚湟，深三丈，阔二丈”	雍正《敕修陕西通志》卷一四《城池》，第23页a—b
10	蒲城	[明景泰元年（1450年）以前]“城池，周围八里，旧崇九尺，濠深四尺”	康熙《蒲城志》卷一《建置·城池》，康熙五年刻，抄本，第26页a
		“明景泰元年，尹高隆修城二丈九尺，濠一丈五尺，阔三丈，各有差”	康熙《蒲城志》卷一《建置·城池》，第26页a
		“城周九里，高二丈，池深一丈五尺”	（明）龚辉：《全陕政要》卷一，第32页a
		“嘉靖初，知县杨仲琼内周倍筑，易女墙以砖，周八里一百八十步，高二丈九尺，池深一丈五尺。”	万历《陕西通志》卷一〇《城池》，第3页a
		“至崇祯丙子（1636年），尹田臣计浚濠深三丈，广倍之”	康熙《蒲城志》卷一《建置·城池》，第26页b
11	渭南	“城周七里，高三丈，池深一丈”	（明）龚辉：《全陕政要》卷一，第30页b
		“（嘉靖三十五年）知县李希洛重筑于东、南、北三隅，又加拓焉。周七里三百二十四步，高三丈，池深一丈五尺”	万历《陕西通志》卷一〇《城池》，第2页a
		“渭南县城，土筑，周遭共长一千三百十四丈，计七里三分，城身高一丈九尺至三丈一尺不等，……池深一丈五尺”	乾隆《西安府志》卷九《建置志上》，乾隆四十四年刻本，第17页b

续表

序号	城市	护城河的营建尺度	资料来源
12	蓝田	“城周四里四分，高二丈五尺，池深、阔一丈余”	（明）马理等纂《陕西通志》卷七《土地七·建置沿革上》，第277页
		“城周四里四分，高二丈五尺，池深二丈”	（明）龚辉：《全陕政要》卷一，第13页a
		“嘉靖甲申（1524年）夏，余奉命出按南服，假道家山省丘陇，入其城，则城非旧制，加大三之二，增东、西二门。……按状知城高三丈有奇，池深二丈，阔一丈有奇，周围记（计）五里有奇”	（明）李东：《王侯修理记》，载隆庆《蓝田县志》卷下《文章》，嘉靖八年修，隆庆五年续修刻本，第21页b至第22页b
		“蓝田县城，土筑，周遭共长八百六十五丈一尺，计四里八分有奇，城身均高二丈五尺。……乾隆十七年（1752年），知县郑琦详修，动项八千五百九十八两有奇，池深二丈，阔一丈”	乾隆《西安府志》卷九《建置志上》，第12页a—b
		“同治九年（1870年），知县吕懋勋莅任，周视城濠，……挑挖外濠，深二丈余，横宽一丈五尺余”	光绪《蓝田县志》卷一《图·县城图》，光绪元年刻本，第17页b
		“今城土筑，……高二丈五尺，上阔一丈二尺，下阔二丈，周八百五十六丈一尺，合炮台伸出数，计共九百丈，合四里又四里之三，地（池）深二丈，阔一丈”	宣统《蓝田县乡土志》卷一上册《城内》，宣统二年抄本，第35页
13	临潼	“城周四里，高一丈七尺，濠深一丈五尺”	（明）龚辉：《全陕政要》卷一，第8页b
		“洪武初增筑，周四里，高一丈七尺，池深一丈五尺”	万历《陕西通志》卷一〇《城池》，第1页b
		“城围四里许，高二丈七尺，阔一丈七尺，趾二丈五尺，雉堞千二百有奇，池深阔不齐，由西而北汤泉之所绕也”	康熙《临潼县志》卷一《建置志》，康熙四十年刻本，第8页b
		“临潼县城，土筑，周围共长七百八十丈，计四里三分有奇，城身均高二丈七尺。……乾隆八年，知县刘士夫详修，动项三千五百二十一两有奇，池深一丈五尺”	乾隆《西安府志》卷九《建置志上》，第9页b

续表

序号	城市	护城河的营建尺度	资料来源
14	富平	“明正统初，知县高应举始筑土为城，周三里，高三丈有奇，池深一丈”	雍正《敕修陕西通志》卷一四《城池》，第5页a
		“城高二丈，池深一丈，周三里一十二步”	（明）马理等纂《陕西通志》卷七《土地七·建置沿革上》，第298页
		“富平县城，土筑，周遭共长五百五十二丈六尺，计三里一分，城身高三四尺至二丈不等。……乾隆十八年（1753年），知县李世垣详修，动项三千九百四十二两有奇。绕城濠为明万历间知县刘兑引玉带渠水南入隍中，深一丈”	乾隆《西安府志》卷九《建置志上》，第18页b
15	宜君	“成化中，县丞杨安因龟山之势，筑削为城，周五里三分，高二丈五尺，池深一丈”	万历《陕西通志》卷一〇《城池》，第10页b至第11页a
		“城周五里三分，高二丈五尺，池深一丈”	（明）龚辉:《全陕政要》卷二，第18页b
		“光绪二十三年（1897年），官绅合议大修一次，城周五里三分，高二丈五尺，……池深一丈”	民国《续修陕西通志稿》卷八《建置三·城池》，民国23年铅印本，第15页a
16	同官	“城周四里，高二丈余，隍深一丈余”	嘉靖《耀州志》卷一《地理志》，嘉靖三十六年刻本，第9页a
		“康熙二十五年（1686年），知县雷之采裁旧城之半建筑新城。按同官县城，土筑，周遭长四百六十四丈三尺，计二里五分八厘，城身均高一丈八尺，顶厚八尺，底厚一丈五尺。乾隆十八年，知县曹世鉴详修，动项一千五百两有奇，池深一丈”	乾隆《西安府志》卷九《建置志上》，第20页b
17	高陵	（明景泰元年，1450年）“城周四里二百二十步，高三丈，池深二丈五尺”	（明）马理等纂《陕西通志》卷七《土地七·建置沿革上》，第275页
		“城周四里二百二十步，高三丈，池深一丈”	（明）龚辉:《全陕政要》卷一，第14页b
		“高陵县城，土筑，周遭共长八百三十丈，计四里六分有奇，城身均高三丈。……乾隆十八年，知县萧大中详修，动项二千七百七十三两有奇，池深二丈五尺”	乾隆《西安府志》卷九《建置志上》，第10页b

续表

序号	城市	护城河的营建尺度	资料来源
18	耀州（耀县）	“城周九里，高二丈一尺，壕深二丈五尺”	（明）龚辉：《全陕政要》卷一，第39页a
		“城高三丈一尺，池深八尺，周六里七十步”	（明）马理等纂《陕西通志》卷七《土地七·建置沿革上》，第296页
		“耀州城，土筑，周遭共长一千九十丈，计六里五分有奇，城身均高三丈二尺。……乾隆三十三年（1768年），知州杨东临请修，动项二万五千五百七十两有奇，池深八尺”	乾隆《西安府志》卷九《建置志上》，第21页a—b
19	三原	“城高一丈三尺，周围九里一百八十步，东、西、南三面有池，池深一丈，阔五丈，北面临清河，深六丈余”	嘉靖《重修三原志》卷一《地理》，嘉靖十四年刻本，第5页a
		“县城高三丈三尺，周围九里一百八十步，东、西、南三面有池，池深三丈，阔五丈，北面临清河，崖深十丈余”	康熙《三原县志》卷二《建置志·城池》，康熙四十四年刻本，第2页a
		“（元至元二十四年，1287年）周九里一百八十步，高二丈三尺，白渠流绕城中。……东、西、南三面有池，深三丈，阔五丈，北临清河，深十丈余。明初，筑西郭城，周一里六分，为邑右翼，……城池高深与县城同。嘉靖三十六年（1557年），巡抚谢兰筑北郭城，周四里四分，高三丈，池深如之。……（崇祯）八年（1635年），贡生赵希献首倡筑东郭城，周三里三分奇，高三丈五尺”	雍正《敕修陕西通志》卷一四《城池》，第3页b至第4页a
		“县城，本旧龙桥镇，至元二十四年徙县治于此，城高三丈三尺，周九里一百八十步，东、西、南三面有池，池深三丈，阔五丈，北临清河，深十丈余。”“西关城，周一里六分，城高池深与县城等。”“北关城，周四里四分三厘，城高三丈，女墙五尺，池深三丈。”“东关城，周三里三分四厘，城高三丈，隍凿三丈五尺”	乾隆《三原县志》卷二《城池》，乾隆三十一年刻，光绪三年抄本，第15页b至第16页b

续表

序号	城市	护城河的营建尺度	资料来源
20	西安	“洪武初，都督濮英增修，城周四十里，高三丈，池深二丈，阔八丈”	万历《陕西通志》卷一〇《城池》，第1页a
		“周四十里，高三丈，以今尺度之，周遭计长四千三百二丈，实二十三里九分，外砖内土，□高三丈四尺。……乾隆二十八年（1763年），中丞鄂公奏修，计动帑费一万八千九十四两有奇，至今完固至周。城河共长四千五百丈，旧深二丈，广八尺，今中丞毕公以此濠与龙首、永济二渠实相资辅，于三十九年议加开浚，加深四尺，面宽六丈，底宽三丈”	乾隆《西安府志》卷九《建置志上》，第1页b至第2页a
		“（乾隆四十六年）又以城河与龙首、通济二渠相资，加深四尺，广六丈，底广三丈”	民国《续修陕西通志稿》卷八《建置三・城池》，第3页a
21	泾阳	“城周三里二十步，高三丈五尺，池深七尺”	（明）马理等纂《陕西通志》卷七《土地七・建置沿革上》，第278页
		“城周三里余，高三丈五尺，池深一丈”	（明）龚辉：《全陕政要》卷一，第15页b
		“（乾隆）二十八年，前抚鄂奏明重修，前县罗崇德承办，于是年正月兴工，次年七月工竣，身高二丈八尺，周围共长九百七十三丈三尺九寸，计五里四分二步七分，……城外池濠周围共长一千二十一丈四尺，计五里六分二十六步四尺，深七尺至一丈五尺，宽四丈”	乾隆《泾阳县志》卷二《建置志・城池》，乾隆四十三年刻本，第2页a
		“（乾隆）二十八年，巡抚鄂恺奏请重修，以知县罗崇德督工年余告竣。城高二丈八尺，周九百七十三丈三尺九寸，计五里四分有奇，……外隍周一千二十一丈四尺，计五里六分二十六步四尺，南城外低洼深七尺，余皆一丈五尺，阔四丈”	宣统《重修泾阳县志》卷一《地理上・城池》，宣统三年天津华新印刷局铅印本，第10页b
		“（同治）七年（1868年），知县沈淦劝邑绅姚惪出资、恰立方督工，增高女墙，改用双孔，添窝铺，浚外隍，深广倍之”	宣统《重修泾阳县志》卷一《地理上・城池》，第10页b

续表

序号	城市	护城河的营建尺度	资料来源
22	咸阳	（洪武四年至景泰三年，1371—1452 年）“城周四里一百五十三步，高一丈五尺，池深一丈五尺”	（明）马理等纂《陕西通志》卷七《土地七·建置沿革上》，第 272 页
		“城周四里余，高一丈五尺，池深一丈”	（明）龚辉：《全陕政要》卷一，第 7 页 b
		“景泰三年，知县王瑾创建之。城周四里一百五十二步，是为旧城。嘉靖二十六年（1547 年），巡抚谢兰以邑城南临渭水，其险足恃，令拓东、西、北三隅四里有奇，并旧南城俱高二丈五尺，池深一丈五尺”	康熙《陕西通志》卷五《城池》，康熙五十年刻本，第 1 页 b
		“咸阳县城，土筑，周遭共长一千四百二十二丈三尺，计七里九分，城身均高二丈四尺。……乾隆十四年（1749 年），知县臧应桐修葺，动项一万九千三百二十八两有奇，池深一丈五尺”	乾隆《西安府志》卷九《建置志上》，第 8 页 a
		“咸阳县城，周九里有奇，门九，南滨渭河，东、西、北有池，广三丈”	（清）穆彰阿等纂修《嘉庆重修大清一统志》卷二二七《西安府一》，民国 23 年上海商务印书馆《四部丛刊续编》本，第 9 页 b
23	淳化	“城周四里，高二丈五尺，池深一丈”	（明）龚辉：《全陕政要》卷一，第 45 页 a
		“周四里一百七十步，高二丈五尺，池深一丈，阔五尺”	康熙《淳化县志》卷二《制邑志·城池》，康熙四十年吏隐堂刻本，第 2 页 a
24	鄠县	“金大定二十三年（1183 年），知县刘君重修城，高计二丈五尺，横计东西一百九十有三步，南北五百有四十步，周围计二千二百三十四步，隍深减城之高一丈”	康熙《鄠县志》卷一《建置志》，康熙二十一年抄本，第 2 页 b 至第 3 页 a
		“城周二里，高二丈，壕深一丈五尺”	（明）龚辉：《全陕政要》卷一，第 11 页 b
		“鄠县城，土筑，周遭计长七百七十四丈，计四里三分，城身均高三丈。……乾隆十一年，知县李文汉率邑人捐修，计用银四百三十七两有奇，池深一丈五尺”	乾隆《西安府志》卷九《建置志上》，第 11 页 a—b

续表

序号	城市	护城河的营建尺度	资料来源
25	兴平	“城周七里三分，高三丈八尺，壕深一丈五尺”	（明）龚辉：《全陕政要》卷一，第10页b
		“隋大业九年（613年）始建，周七里三分，高三丈，池深二丈”	万历《陕西通志》卷一〇《城池》，第1页a
		“县城，周围计七里三分，高三丈，隍减城高二丈”	顺治《兴平县志》卷二《建置·城堡》，收入傅璇琮等编《国家图书馆藏地方志珍本丛刊》（第122册），天津古籍出版社，2016，第302页
		“兴平县城池，隋大业九年建，周七里三分，高三丈，池深一丈”	康熙《陕西通志》卷五《城池》，康熙六年刻本，第1页b
		“兴平县城，土筑，共长一千六十五丈七尺，计五里九分有奇，城身均高三丈三尺。……乾隆十七年（1752年），知县刘琪详修，动项一万五千四百七十五两有奇，池深一丈”	乾隆《西安府志》卷九《建置志上》，第9页a
26	醴泉	“醴泉旧城，二里余一百步。元末枢密院副也先速迭儿增筑土城，高二丈五尺，东北（西）二百二十五步，南北二百五步，周一里许，……池深一丈三尺。成化四年（1468年），知县撒俊以居民日广，增筑东、南、西三面外城，六里有奇，崇二丈八尺，……池深二丈，阔倍之”	嘉靖《醴泉县志》卷一《土地·城池》，嘉靖十四年刘佐刻本，第3页a
		“醴泉县城，土筑，周遭计长一千六百七十四丈，计九里三分有奇，城身均高二丈五尺。……乾隆十四年，知县宫耀亮详修，动项一万三千一百九十五两有奇，池深二丈，阔倍之”	乾隆《西安府志》卷九《建置志上》，第19页b
27	三水（栒邑）	“成化十四年复置，知县杨预（豫）创筑，迨二十二年，知县马宗仁讫工，周五里五分，高三丈，池深一丈”	万历《陕西通志》卷一〇《城池》，第4页a
		“三水县城围五里三分，成化十四年知县杨豫、成化二十一年知县马宗仁、正德七年（1512年）知县赵玺、嘉靖二十六年（1547年）知县蒋廷佩俱增修，阔一丈三尺，高三丈五尺，池阔二丈五尺，深一丈”	乾隆《三水县志》卷三《城署关桥坊古阯六》，乾隆五十年抄本，第1页a

续表

序号	城市	护城河的营建尺度	资料来源
28	乾州（乾县）	“旧子城周五里，罗城周十里有奇，崇二丈二尺，上阔七尺，下阔一丈二尺，内□□深二丈，阔三丈。后子城崩塌，今城即罗城也”	嘉靖《乾州志》卷上《疆域志》，嘉靖间刻本，第2页a
		“城周九里三分，高二丈，池深一丈”	（明）龚辉：《全陕政要》卷一，第33页b
		“崇祯壬申（1632年），雨圮，知州杨殿元补筑，周九里三分，高二丈，池深一丈”	康熙《陕西通志》卷五《城池》，康熙六年刻本，第5页a—b
		“乾州城，周十里，池深二丈，广三丈”	（清）穆彰阿等纂修《嘉庆重修大清一统志》卷二四七《乾州》，第3页a
		“城周十里，高二丈二尺，……，池深二丈”	道光《陕西志辑要》卷四，第35页b
29	武功	“城周四里余，高二丈，池深八尺”	（明）龚辉：《全陕政要》卷一，第38页a
		“洪武九年（1376年），都督耿忠奉诏戍此，复增筑之。周三里二百二十步，高二丈，池深八尺”	万历《陕西通志》卷一〇《城池》，第3页b
30	盩厔	“城周五里余，高二丈二尺，池深一丈三尺”	（明）龚辉：《全陕政要》卷一，第17页a
		“盩厔县城，汉始建，周五里一百二十五步，高二丈二尺，池深一丈二尺”	万历《陕西通志》卷一〇《城池》，第1页b至第2页a
		“周五里三分，高三丈二尺，……隍南广三丈五尺，深一丈，东西虽狭而尤深”	康熙《盩厔县志》卷二《建置·城池》，康熙二十年刻本，第1页a—b
		“嘉靖中，知县李春芳于内外东门及西内南外各建楼，北内楼则知县黎元续成之，又引广济渠由隍西南，东西夹流，南深一丈，广三丈五尺，东西较狭而深”	雍正《敕修陕西通志》卷一四《城池》，第4页b
		“宣统元年（1909年），增高城堞一尺，计城身高二丈六尺，上宽七尺五寸，城壕四周宽三四丈不等，深一二丈不等”	民国《续修陕西通志稿》卷八《建置三·城池》，第8页a

续表

序号	城市	护城河的营建尺度	资料来源
31	永寿	“天顺二年（1458 年）知县郭质、嘉靖四十五年（1566 年）知县崔柄俱重修，周五里，高二丈五尺，池深一丈”	万历《陕西通志》卷一〇《城池》，第 3 页 b 至第 4 页 a
		“（旧）城周五里，高二丈五尺，池一丈，俱废。新城西南倚旧堡，东北建筑共二百一十二丈三尺”	康熙《永寿县志》卷二《城池》，康熙七年刻本，第 1 页 a
		“城周三里，高二丈八尺，……池深一丈”	道光《陕西志辑要》卷四，第 45 页 b
32	邠州（邠县）	“嘉靖二十三年知州孙礼作东、西、北三门，二十五年知州姚本作南门，周五里，高三丈，池深二丈”	万历《陕西通志》卷一〇《城池》，第 4 页 a
		“元末，李思齐令部将何近仁重修，城高三丈，周围五里，池深二丈。”（清顺治时）“城围九里三分，池深二丈，子墙二重；城高，东、南面各三丈，西、北面各三丈七尺有奇”	顺治《邠州志》卷一《土地·城池》，顺治六年刻本，第 30 页 b 至第 31 页 a
33	扶风	“明景泰元年（1450 年），知县周本创建土城，周四里，高二丈，西北依冈麓，东南因漆沛为池，深二丈，阔四丈”	雍正《敕修陕西通志》卷一四《城池》，第 9 页 a
		“城周四里，高二丈，池深一丈五尺”	（明）龚辉：《全陕政要》卷二，第 63 页 b
		“（崇祯）戊寅年（1638 年），知县宋之杰恢复重建，城阔增一丈三尺，高增筑六尺，……壕深二丈，阔四丈”	顺治《扶风县志》卷一《建置志·城池》，顺治十八年刻本，第 14 页 a—b
		“土城，周四里三分，……城外壕因沟涧及漆沛二水，深浅广狭不一”	乾隆《凤翔府志》卷二《建置·城池》，乾隆三十一年刻本，第 3 页 a—b
34	长武	“万历十一年（1583 年）复建，周五里，高三丈，池阻沟”	万历《陕西通志》卷一〇《城池》，第 4 页 a
		“城垣周匝三里，城濠深二丈许，东南旷原，西北大谷，故东南有濠，而西北无濠”	康熙《长武县志》卷上《建置志·城池》，康熙十六年刻本，第 1 页 b

续表

序号	城市	护城河的营建尺度	资料来源
35	麟游	“景泰元年（1450 年）知县张翀重修，天顺中知县张绪增修外城，周九里，高三丈三尺，池深一丈”	万历《陕西通志》卷一〇《城池》，第 4 页 b 至第 5 页 a
		“景泰元年知县张翀重修，天顺间知县张绪增修外城，周围九里，高三丈三尺，底阔三丈五尺，……池阔一丈，深浅不等”	康熙《重修凤翔府志》卷二《建置第二・城池》，康熙四十九年刻本，第 21 页 a
		（乾隆三十六年，1771 年）“知县区充请帑大修，……东北及西北角隍阔丈余，深如之，正南及东、西南角下倚危崖，嵌空峭耸，有深至十余丈者，遂无隍”	光绪《麟游县新志草》卷二《建置志・城池》，光绪九年刻本，第 1 页 b 至第 2 页 a
		“（乾隆）三十六年，知县区充复请帑大修，费九千六百七十金，周仍三里一分，高三丈，下厚二丈，上厚一丈二尺，门三，门上为谯楼。东北、西北隍深丈余，阔如之。正南及东、西南角下倚危崖峭壁，深十余丈。……同治元年（1862 年），以回乱，浚隍引水，葺补颓败，益称完固。……光绪三年四年五年（1877—1879 年），以赈款浚隍，修女墙、东西南三郭，无关北，以旧外城为郭垣，周九里有奇”	民国《续修陕西通志稿》卷八《建置三・城池》，第 25 页 b 至第 26 页 a
36	郿县	“城周三里，高二丈五尺，壕深八尺”	（明）龚辉：《全陕政要》卷二，第 65 页 a
		“乾隆二十七年（1762 年），署县陈朝栋奉文重修，高二丈五尺，……城外壕深一丈二尺，阔三丈二尺”	乾隆《凤翔府志》卷二《建置・城池》，乾隆三十一年刻本，第 4 页 a
37	岐山	“元至元二十五年（1288 年）重修，周围五里零一百二十步，高二丈五尺，……池深二丈，阔三丈”	万历《重修岐山县志》卷二《建置志第三・城池一》，万历十九年刻本，第 1 页 b
		“城周三里余，高二丈五尺，池深一丈”	（明）龚辉：《全陕政要》卷二，第 62 页 a
		“乾隆十八年，县令刘度昭奉文重修，高三丈，……城外壕深二丈，阔三丈”	乾隆《凤翔府志》卷二《建置・城池》，乾隆三十一年刻本，第 2 页 a—b

续表

序号	城市	护城河的营建尺度	资料来源
38	凤翔	“城周一十二里，高三丈，阔四丈，池深二丈，阔三丈”	（明）龚辉：《全陕政要》卷二，第58页b
		“景泰元年（1450年）知府扈进重修，正德十年（1515年）知府王江、万历二年（1574年）知府邹廷望俱增修，周一十二里三分，高三丈，厚称之，池深二丈五尺，阔三丈”	万历《陕西通志》卷一〇《城池》，第4页b
		“凤翔府，土城，周一十二里三分，唐李茂贞筑。明景泰、正德、万历间，凡三修，高三丈，厚称之，女墙砖砌。国朝乾隆十七年（1752年），县令史曾奉檄重修，高厚仍旧，……城外壕深二丈五尺，阔三丈”	乾隆《凤翔府志》卷二《建置·城池》，乾隆三十一年刻本，第1页b
39	宝鸡	“景泰元年，知县刘通重修，周二里七分，高二丈，池深七尺”	万历《陕西通志》卷一〇《城池》，第4页b
		“城周二里七分，高二丈，池深八尺”	（明）龚辉：《全陕政要》卷二，第66页b
		“周回二里七分，高二丈，壕阔一丈七尺”	顺治《宝鸡县志》卷二《地纪·城池》，顺治十四年刻本，第1页b
		“周七里三分，旧高二丈五尺，新增四尺，……池深一丈，阔八尺”	康熙《重修凤翔府志》卷二《建置第二·城池》，第20页b
		“土城，周五里二分，唐至德二载建，高二丈。……（乾隆）二十八年，知县许起凤请帑重修，高如旧，……城外壕阔一丈七尺，深浅不等”	乾隆《凤翔府志》卷二《建置·城池》，乾隆三十一年刻本，第2页b至第3页a
		“城周五里二分，高二丈，……池深一丈七尺”	道光《陕西志辑要》卷四，第12页b
40	汧阳	“城周三里，高二丈，池深一丈二尺”	（明）龚辉：《全陕政要》卷二，第70页b
		“周三里四分，高二丈六尺，池深一丈”	万历《陕西通志》卷一〇《城池》，第5页a
		“周三里四分，高二丈六尺，门四座，壕深一丈，阔一丈五尺”	顺治《石门遗事》之《建置第二》，顺治十年刻本，第12页a
		“嘉靖二十六年（1547年），被水患，移建于此，周三里四分，高二丈六尺，门四座，壕深□丈，阔一丈五尺”	康熙《重修凤翔府志》卷二《建置第二·城池》，第21页b

续表

序号	城市	护城河的营建尺度	资料来源
40	汧阳	“旧城，明嘉靖二十六年（1547年），水冲没，移建今城，土城砖垛。周三里四分，高二丈六尺，……城外壕深一丈，阔一丈八尺”	道光《重修汧阳县志》卷二《建置志·城池》，道光二十一年刻本，第1页b至第2页a
41	陇州（陇县）	“周九里三分。……景泰元年（1450年），知州钱日新以水患改筑五里三分，……高三丈，池深二丈”	万历《陕西通志》卷一〇《城池》，第5页a
		“土城，周五里三分。明景泰元年，知州钱日新增筑，后陆续增修，高三丈。……城外壕深二丈，阔一丈五尺”	乾隆《凤翔府志》卷二《建置·城池》，乾隆三十一年刻本，第4页b至第5页a
		“土城，周围五里三分，高三丈，……池深二丈，阔一丈五尺”	康熙《重修凤翔府志》卷二《建置第二·城池》，第21页b
		“光绪二十一年（1895年），知州边祖恭又筑城浚濠，……计城周九百五十六丈，……濠周一千零一十七丈七尺，面宽一丈四五尺不等，底宽九尺，深一丈二三尺不等”	民国《续修陕西通志稿》卷八《建置三·城池》，第27页a
42	清水	“明洪武四年（1371年），知县刘德奉檄重修，周四里，高四丈二尺，池深二丈”	康熙《巩昌府志》卷九《建置上·城池》，康熙二十七年刻本，第6页a—b
		“城周五里，高二丈，池深二丈”	（明）龚辉：《全陕政要》卷三，第40页b
		“洪武四年知县刘德重修，嘉靖二十一年知县江潮、万历六年（1578年）知县文中质俱以例增修，周四里二百八步，高三丈，池深一丈”	万历《陕西通志》卷一〇《城池》，第8页b
		“万历六年，增修，高厚各三丈，池深一丈”	乾隆《甘肃通志》卷七《城池》，乾隆间《四库全书》本，第21页a
43	秦州（天水）	“洪武六年，守御千户鲍成约西城旧址而筑之，周四里一百四步，高三丈五尺，池深一丈二尺”	万历《陕西通志》卷一〇《城池》，第8页a—b
		“明洪武初，守御千户鲍成约西城旧址而城之，周四里百有二，高三丈有五尺，外环以池，深丈有二尺，阔五丈有五尺”	顺治《秦州志》卷四《建置志》，顺治十一年刻本，第1页b

续表

序号	城市	护城河的营建尺度	资料来源
43	秦州（天水）	“明洪武初，卫千户鲍成循西城旧址而城之，周四里，高三丈五尺，池深二丈，阔称之”	康熙《巩昌府志》卷九《建置上·城池》，第 2 页 a
		“明洪武六年（1373 年），千户鲍成约西城旧址筑大城，周四里一百二步，高三丈五尺，东西北池深二丈，南湖水界焉”	光绪《甘肃新通志》卷一四《建置志·城池》，光绪三十四年修，宣统元年刻本，第 22 页 a
		嘉靖二十一年（1542 年）修筑城池，“城高三丈有五尺，厚二丈有三尺，池深三丈有三尺”	（明）胡缵宗：《重修秦州城记》，载乾隆《直隶秦州新志》卷一一中《艺文志·记》，乾隆二十九年刻本，第 19 页 a
		“县城周四里，北傍天靖山麓，南临耤水，高三丈有五尺，厚二丈有三尺，……东、西、北环以壕，深丈有三尺，阔五丈有五尺，其南南湖水界焉”	民国《天水县志》卷二《建置志·县市》，民国 28 年铅印本，第 2 页 a
44	秦安	“嘉靖二十一年以例增修，周三里九十步，高三丈五尺，池深二丈五尺”	万历《陕西通志》卷一〇《城池》，第 8 页 b
		“嘉靖二十一年增修，……城周三里九十步，高三丈五尺，池广三丈，深二丈五尺”	乾隆《甘肃通志》卷七《城池》，乾隆间《四库全书》本，第 21 页 b
45	伏羌（甘谷）	“嘉靖二十一年，知县李灌以例增修，周三里，高二丈，池深一丈五尺”	万历《陕西通志》卷一〇《城池》，第 8 页 a
		“至明嘉靖壬寅（1542 年），知县李灌增筑，周围三里七百一十六丈，顶阔八尺，高二丈五尺，外环以池，深一丈，阔一丈”	康熙《伏羌县志》之《城池》，收入傅璇琮等编《国家图书馆藏地方志珍本丛刊》（第 150 册），第 508 页
46	宁远（武山）	“明洪武初创建，县城南逼南山，北迫渭水，地局势促，故城形如偃月。周三里，城高三丈八尺，壕深一丈，濒渭善崩”	康熙《巩昌府志》卷九《建置上·城池》，第 5 页 a—b
		“城高二丈，池深一丈，周围三里余”	（明）马理等纂《陕西通志》卷八《土地八·建置沿革中》，第 372 页
		“嘉靖十三年，知县仪世麟以例增修，周五百九十五步，高一丈九尺，池深一丈”	万历《陕西通志》卷一〇《城池》，第 8 页 a

注：关于地方志中的护城河营建尺度史料，经常出现时间较晚方志承袭时间较早方志记载的情况，本表采用时间较早方志的记载。

参考文献

一 古本史料[①]

（明）李贤等：《大明一统志》，天顺五年御制序刊本，日本东京大学东洋文化研究所藏。

（明）曹学佺：《大明一统名胜志》，崇祯三年刻本。

（清）穆彰阿等纂修《嘉庆重修大清一统志》，民国23年上海商务印书馆《四部丛刊续编》本。

（明）龚辉：《全陕政要》四卷，嘉靖刻本。

嘉靖《雍大记》三十六卷，嘉靖元年刻本。

万历《陕西通志》三十五卷首一卷，万历三十九年刻本。

康熙《陕西通志》三十二卷首三卷，康熙六年刻本。

康熙《陕西通志》三十二卷首一卷图一卷，康熙五十年刻本。

雍正《敕修陕西通志》一百卷首一卷，雍正十三年刻本。

道光《陕西志辑要》六卷首一卷，道光七年朝坂谢氏赐书堂刻本。

（清）卢坤：《秦疆治略》，道光年间刻本，收入《中国方志丛书·华北地方》第288号，成文出版社有限公司，1970。

民国《续修陕西通志稿》二百二十四卷首一卷，民国23年铅印本。

乾隆《甘肃通志》五十卷首一卷，乾隆元年刻本。

乾隆《甘肃通志》五十卷首一卷，乾隆间《四库全书》本。

光绪《甘肃新通志》一百卷首五卷，光绪三十四年修，宣统元年刻本。

民国《甘肃通志稿》一百三十卷首一卷，民国18年至25年修，稿本，

---

① 本书引用的明清民国时期的刻本、抄本等类型史料（含影印出版）较多，故集中在一起，姑且称之为“古本史料”。“古本史料”按方志、诗文集、实录、图说等分类。其中方志类，先列一统志、省志，再列各府州县志，同一城市相关方志按时代排序。方志类排序参照中国科学院北京天文台主编《中国地方志联合目录》（中华书局，1985）中陕西、甘肃两省。

收入中国西北文献丛书编辑委员会编《中国西北文献丛书（第1辑）·西北稀见方志文献》（第27—29卷），兰州古籍书店，1990。
朱允明编《甘肃省乡土志稿》不分卷，民国37年编，抄本，收入中国西北文献丛书编辑委员会编《中国西北文献丛书（第1辑）·西北稀见方志文献》（第30—32卷），兰州古籍书店，1990。
乾隆《西安府志》八十卷首一卷，乾隆四十四年刻本，收入《中国方志丛书·华北地方》第313号，成文出版社有限公司，1970。
嘉庆《长安县志》三十六卷，嘉庆二十年修，刻本。
康熙《咸宁县志》八卷，康熙七年刻本。
嘉庆《咸宁县志》二十六卷首一卷，嘉庆二十四年修，民国25年铅印本。
民国《咸宁长安两县续志》二十二卷，民国25年铅印本。
顺治《咸阳志》四卷，顺治刻康熙递修本，收入傅璇琮等编《国家图书馆藏地方志珍本丛刊》（第121—122册），天津古籍出版社，2016。
乾隆《咸阳县志》二十二卷首一卷，乾隆十六年刻本。
民国《重修咸阳县志》八卷，民国21年铅印本。
光绪《咸阳乡土志》一卷，光绪咸阳县誊清稿本。
顺治《兴平县志》八卷，顺治十六年刻本，收入傅璇琮等编《国家图书馆藏地方志珍本丛刊》（第122—123册），天津古籍出版社，2016。
民国《重纂兴平县志》八卷，民国12年铅印本。
嘉靖《高陵县志》七卷，嘉靖二十年刻本。
雍正《高陵县志》十卷序图一卷，雍正十年刻本。
民国《高陵县乡土志》，民国抄本。
康熙《鄠县志》十二卷图一卷，康熙二十一年抄本。
乾隆《鄠县新志》六卷，乾隆四十二年刻本。
民国《重修鄠县志》十卷首一卷，民国22年西安西山书局铅印本。
嘉靖《泾阳县志》十二卷，嘉靖二十六年刻本。
康熙《泾阳县志》八卷，康熙九年刻本。
乾隆《泾阳县后志》四卷，乾隆十二年刻本。
乾隆《泾阳县志》十卷，乾隆四十三年刻本。
道光《泾阳县志》三十卷，道光二十二年刻本。

宣统《重修泾阳县志》十六卷首一卷末一卷，宣统三年天津华新印刷局铅印本。
嘉靖《重修三原志》十六卷，嘉靖十四年刻本。
康熙《三原县志》七卷，康熙四十四年刻本。
乾隆《三原县志》二十二卷首一卷，乾隆三十一年刻，光绪三年抄本。
乾隆《三原县志》十八卷首一卷，乾隆四十八年刻本。
光绪《三原县新志》八卷，光绪六年刻本。
康熙《盩厔县志》十卷，康熙二十年刻本。
乾隆《盩厔县志》十五卷，乾隆十四年刻本。
乾隆《重修盩厔县志》十四卷，乾隆五十八年补刻本。
民国《广西曲志》二编，民国10年修，民国19年铅印本。
民国《盩厔县志》八卷，民国14年西安艺林印书社铅印本。
嘉靖《醴泉县志》四卷，嘉靖十四年刘佐刻本。
崇祯《醴泉县志》六卷首一卷，崇祯十一年刻本。
康熙《醴泉县志》六卷首一卷，民国抄本。
乾隆《醴泉县续志》三卷首一卷，乾隆十六年刻本，收入中国西北文献丛书编辑委员会编《中国西北文献丛书（第1辑）·西北稀见方志文献》(第12卷)，兰州古籍书店，1990。
民国《续修醴泉县志稿》十四卷，民国24年铅印本。
顺治《邠州志》四卷，顺治六年刻本。
乾隆《直隶邠州志》二十五卷，乾隆四十九年刻本。
民国《邠州新志稿》二十卷，民国18年抄本，收入《中国方志丛书·华北地方》第256号，成文出版社有限公司，1969。
康熙《三水县志》四卷，康熙十六年刻本。
乾隆《三水县志》十一卷，乾隆五十年抄本。
同治《三水县志》十二卷首一卷，同治十一年刻本。
康熙《淳化县志》八卷，康熙四十年吏隐堂刻本，收入陕西省图书馆编《陕西省图书馆藏稀见方志丛刊》（第7册），北京图书馆出版社，2006。
乾隆《淳化县志》三十卷，乾隆四十九年刻本。
乾隆《淳化县志》三十卷，民国20年西安克兴印书馆铅印本。

康熙《长武县志》二卷，康熙十六年刻本。
乾隆《长武县志》十二卷，嘉庆二十四年增刻本。
宣统《长武县志》十二卷，宣统二年铅印本。
嘉靖《乾州志》二卷，嘉靖间刻本。
崇祯《乾州志》二卷，崇祯六年刻本。
雍正《重修陕西乾州志》六卷，雍正五年刻本。
光绪《乾州志稿》十四卷首一卷，光绪十年乾阳书院刻本。
民国《乾县新志》十四卷首一卷，民国30年铅印本。
康熙《永寿县志》七卷首一卷，康熙七年刻本。
乾隆《永寿县新志》十卷首一卷，乾隆五十六年刻本。
嘉庆《永寿县志余》二卷，嘉庆元年刻本。
光绪《永寿县重修新志》十卷首一卷，光绪十四年刻本。
嘉靖《渭南县志》十八卷，嘉靖二十年刻本。
万历《渭南县志》十六卷，万历十八年刻，天启元年增刻本。
顺治《渭南县志》十六卷，顺治十三年刻本，收入傅璇琮等编《国家图书馆藏地方志珍本丛刊》（第126—127册），天津古籍出版社，2016。
雍正《渭南县志》十五卷，雍正十年刻本。
光绪《新续渭南县志》十二卷，光绪十八年刻本。
光绪《新续渭南县志》十二卷，民国21年铅印本。
万历《富平县志》十卷，乾隆四十三年吴六鳌刻本。
乾隆《富平县志》八卷，乾隆五年刻本。
乾隆《富平县志》八卷，乾隆四十三年刻本。
光绪《富平县志稿》十卷首一卷，光绪十七年刻本。
顺治《重修临潼县志》不分卷，顺治十八年刻本，收入傅璇琮等编《国家图书馆藏地方志珍本丛刊》（第129册），天津古籍出版社，2016。
康熙《临潼县志》八卷，康熙四十年刻本。
乾隆《临潼县志》九卷图一卷，乾隆四十一年刻本。
光绪《临潼县续志》二卷，光绪十六年刻本。
光绪《临潼县续志》四卷，光绪二十一年刻本。

民国《临潼县志》九卷，民国11年西安合章书局铅印本。
隆庆《蓝田县志》二卷，嘉靖八年修，隆庆五年续修刻本。
顺治《蓝田县志》四卷首一卷，顺治十七年刻本，收入傅璇琮等编《国家图书馆藏地方志珍本丛刊》（第130册），天津古籍出版社，2016。
雍正《蓝田县志》四卷首一卷，雍正八年增刻顺治本。
嘉庆《蓝田县志》十六卷，嘉庆元年刻本。
道光《蓝田县志》十六卷，道光十九年修，二十二年刻本。
光绪《蓝田县志》十六卷，光绪元年刻本，附《文征录》四卷。
民国《续修蓝田县志》二十二卷，民国24年修，民国30年餐雪斋铅印本。
宣统《蓝田县乡土志》二卷，宣统二年抄本。
天启《同州志》十八卷，天启五年刻本。
乾隆《同州府志》二十卷首一卷，乾隆六年刻本。
乾隆《同州府志》六十卷首一卷，乾隆四十六年刻本。
咸丰《同州府志》三十四卷首二卷，咸丰二年刻本，附《文征录》三卷。
光绪《同州府续志》十六卷首一卷，光绪七年刻本。
乾隆《大荔县志》十六卷首一卷，乾隆七年刻本。
乾隆《大荔县志》二十六卷首一卷，乾隆五十一年刻本。
道光《大荔县志》十六卷首一卷，道光三十年刻本，附《足征录》四卷。
光绪《大荔县续志》十二卷首一卷，光绪五年修，十一年冯翊书院刻本，附《足征录》四卷。
民国《续修大荔县旧志存稿》十二卷首一卷，民国26年铅印本，附《足征录》四卷。
民国《大荔县新志存稿》十一卷首一卷，民国26年陕西省印刷局铅印本，附《足征录》四卷。
正德《朝邑县志》二卷，正德十四年刻本。
万历《续朝邑县志》八卷，康熙五十一年王兆鳌刻本。
康熙《朝邑县后志》八卷，康熙五十一年刻本。

乾隆《朝邑县志》十一卷首一卷，乾隆四十五年刻本。
《咸丰初朝邑县志》三卷（包括《朝邑志例》一卷、《志例后录》一卷），咸丰元年刻本。
《朝邑县乡土志》，民国燕京大学图书馆铅印本，收入《中国方志丛书·华北地方》第242号，成文出版社有限公司，1969。
民国《朝邑新志》十卷，稿本，收入中国科学院文献情报中心编《中国科学院文献情报中心藏稀见方志丛刊》（第18册），国家图书馆出版社，2014。
嘉靖《郃阳县志》二卷，嘉靖二十年刻本。
顺治《重修郃阳县志》七卷，顺治十年刻本。
（清）钱万选修，王源纂《宰莘退食录》八卷，康熙四十三年修，抄本，收入北京大学图书馆编《北京大学图书馆藏稀见方志丛刊》（第68册），国家图书馆出版社，2013。
乾隆《郃阳县全志》四卷，乾隆三十四年刻本。
乾隆《郃阳县全志》四卷，民国31年刻本。
乾隆《郃阳记略》六卷，乾隆四十三年修，光绪十四年修竹斋抄本，合阳县地方志编纂委员会办公室2019年5月复印本。
（清）龙皓乾：《有莘杂记》，乾隆三十五年抄本，合阳县地方志编纂委员会办公室2019年5月复印本。
民国《郃阳县新志材料》一卷，民国间铅印本。
光绪《郃阳县乡土志》一卷，光绪三十二年编，民国4年铅印本。
嘉靖《澄城县志》二卷，嘉靖二十八年修，咸丰元年重刻明嘉靖三十年本。
顺治《澄城县志》二卷首一卷，咸丰元年刻本。
乾隆《澄城县志》二十卷，乾隆四十九年刻本。
咸丰《澄城县志》三十卷，咸丰元年刻本。
民国《澄城县附志》十二卷首一卷，民国15年铅印本。
万历《韩城县志》八卷，万历三十五年刻本。
康熙《韩城县续志》八卷，民国抄本。
乾隆《韩城县志》十六卷首一卷，乾隆四十九年刻本。
嘉庆《韩城县续志》五卷，嘉庆二十三年刻本。

民国《韩城县续志》四卷，民国 14 年韩城县德兴石印馆石印本。
樊厚甫：《韩城县乡土教材》，民国 33 年石印本，韩城市志编纂委员会 1985 年点校本。
隆庆《华州志》二十四卷，光绪八年合刻华州志本。
隆庆《华州志》二十四卷，民国 4 年王淮浦修补重印清光绪本。
康熙《续华州志》四卷，康熙间刻本。
乾隆《再续华州志》十二卷，乾隆五十四年刻本。
乾隆《再续华州志》十二卷，民国 4 年王淮浦修补重印清光绪本。
光绪《三续华州志》十二卷，光绪八年合刻华州志本。
光绪《三续华州志》十二卷，民国 4 年王淮浦修补重印清光绪本。
民国《华州乡土志》一卷，民国 26 年《乡土志丛编第一集》本。
民国《华县县志稿》十七卷，民国 38 年铅印本。
万历《华阴县志》九卷，万历四十二年修，抄本。
乾隆《华阴县志》二十二卷首一卷，民国 17 年西安艺林印书社铅印本。
民国《华阴县续志》八卷，民国 21 年铅印本。
康熙《蒲城志》四卷，康熙五年刻，抄本。
光绪《蒲城县新志》十三卷首一卷，光绪三十一年刻本。
嘉靖《耀州志》二卷，嘉靖六年修，二十年重刻本。
嘉靖《耀州志》十一卷，嘉靖三十六年刻本，收入《中国方志丛书·华北地方》第 527 号，成文出版社有限公司，1976。
乾隆《续耀州志》十一卷，乾隆二十七年刻本，收入《中国方志丛书·华北地方》第 528 号，成文出版社有限公司，1976。
嘉庆《耀州志》十卷，嘉庆七年修，抄本。
崇祯《同官县志》十卷，万历四十六年刻，崇祯十三年增补本，收入陕西省图书馆编《陕西省图书馆藏稀见方志丛刊》（第 9 册），北京图书馆出版社，2006。
乾隆《同官县志》十卷，乾隆三十年抄本，收入《中国方志丛书·华北地方》第 240 号，成文出版社有限公司，1969。
乾隆《同官县志》十卷，民国 21 年西安克兴印书馆铅印本。
民国《同官县志》三十卷首一卷末一卷，民国 33 年铅印本。
万历《白水县志》六卷，万历三十七年刻本。

顺治《白水县志》二卷，顺治四年刻本。
乾隆《白水县志》四卷首一卷，乾隆十九年刻本。
乾隆《白水县志》四卷首一卷，民国14年铅印本。
康熙《潼关卫志》三卷，康熙二十四年刻本。
康熙《潼关卫志》三卷，嘉庆二十二年刻本。
嘉庆《续修潼关厅志》三卷，嘉庆二十二年刻本。
嘉庆《续潼关县志》三卷，民国20年铅印本。
民国《潼关县新志》二卷，民国20年铅印本。
康熙《重修凤翔府志》五卷，康熙四十九年刻本。
乾隆《凤翔府志略》三卷，乾隆二十六年刻本。
乾隆《凤翔府志》十二卷首一卷，乾隆三十一年刻本。
乾隆《凤翔府志》十二卷首一卷，道光元年补刻本。
雍正《凤翔县志》十卷，雍正十一年刻本。
乾隆《凤翔县志》八卷首一卷，乾隆三十二年刻本。
顺治《宝鸡县志》三卷，顺治十四年刻本，收入傅璇琮等编《国家图书馆藏地方志珍本丛刊》(第138册)，天津古籍出版社，2016。
康熙《宝鸡县志》三卷，康熙二十一年刻本。
乾隆《宝鸡县志》十卷首一卷，乾隆二十九年刻本，收入中国科学院图书馆选编《稀见中国地方志汇刊》(第8册)，中国书店，2007。
乾隆《宝鸡县志》十卷首一卷，乾隆二十九年刻，抄本。
乾隆《宝鸡县志》十六卷，民国间陕西印刷局铅印本。
民国《宝鸡县志》十六卷，民国11年陕西印刷局铅印本。
民国《最近宝鸡乡土志》一卷，民国35年关西四知堂石印本。
万历《重修岐山县志》六卷，万历十九年刻本。
顺治《重修岐山县志》四卷，顺治十四年刻本。
乾隆《岐山县志》八卷，乾隆四十四年刻本。
光绪《岐山县志》八卷，光绪十年刻本。
民国《岐山县志》十卷，民国24年西安酉山书局铅印本，收入《中国方志丛书·华北地方》第531号，成文出版社有限公司，1976。
顺治《扶风县志》四卷，顺治十八年刻本。
雍正《扶风县志》四卷，雍正九年刻本。

乾隆《扶风县志》十八卷，乾隆四十六年刻本。

嘉庆《扶风县志》十八卷首一卷，嘉庆二十四年刻本。

光绪《扶风县乡土志》四卷，光绪三十二年编，抄本，收入《中国方志丛书·华北地方》第273号，成文出版社有限公司，1969。

万历《郿志》八卷，明万历刻，清顺治康熙递修本，收入傅璇琮等编《国家图书馆藏地方志珍本丛刊》（第139册），天津古籍出版社，2016。

雍正《郿县志》十卷首一卷，雍正十一年刻本。

乾隆《郿县志》十八卷首一卷，乾隆四十三年刻本。

宣统《郿县志》十八卷首一卷，宣统元年增补，宣统二年陕西图书馆铅印本。

康熙《麟游县志》五卷，顺治十四年刻，康熙四十七年增刻本。

光绪《麟游县新志草》十卷首一卷，光绪九年刻本。

顺治《石门遗事》，顺治十年刻本。

道光《重修汧阳县志》十二卷首一卷，道光二十一年刻本。

光绪《增续汧阳县志》二卷，光绪十三年刻本，书名页题《汧阳县志续稿》，此志续道光志十二卷之后为十三、十四两卷。

光绪《汧阳述古篇》二卷，光绪十五年李氏代耕堂刻本。

民国《新汧阳县志草稿》十八卷首一卷，民国36年抄本。

康熙《陇州志》八卷首一卷，康熙五十二年刻本，收入《中国方志丛书·华北地方》第255号，成文出版社有限公司，1970。

乾隆《陇州续志》八卷首一卷末一卷，乾隆三十一年刻本，收入《中国方志丛书·华北地方》第546号，成文出版社有限公司，1976。

光绪《陇州乡土志》十五卷，光绪三十二年抄本。

宣统《陇州新续志》三十二卷，宣统二年抄本。

民国《陕西通志陇县采访事实稿》，民国13年抄本。

民国《陇县新志》六卷，民国35年抄本。

《民国陇县野史》十二卷，民国34年至1964年抄本。

正德《武功县志》三卷，正德十四年冯玮刻本。

正德《武功县志》四卷，万历四十五年许国秀刻本，收入中国科学院图书馆选编《稀见中国地方志汇刊》（第8册），中国书店，2007。

康熙《武功县重校续志》三卷，康熙元年刻，雍正十二年补刻本。
雍正《武功县后志》四卷，雍正十二年刻本。
顺治《宜君县志》一卷，顺治间抄本，收入傅璇琮等编《国家图书馆藏地方志珍本丛刊》（第144册），天津古籍出版社，2016。
雍正《宜君县志》不分卷，雍正十年刻本。
康熙《巩昌府志》二十八卷，康熙二十七年刻本。
（南朝刘宋）郭仲产：《秦州记》，冯国瑞编辑，民国32年石印本。
顺治《秦州志》十三卷，顺治十一年刻本，日本内阁文库藏。
康熙《秦州志》，康熙二十六年抄本，收入傅璇琮等编《国家图书馆藏地方志珍本丛刊》（第149—150册），天津古籍出版社，2016。
乾隆《直隶秦州新志》十二卷首一卷末一卷，乾隆二十九年刻本。
光绪《重纂秦州直隶州新志》二十四卷首一卷，光绪十五年陇南书院刻本。
民国《秦州直隶州新志续编》八卷，民国23年修，民国28年铅印本。
民国《天水县志》十四卷首一卷，民国28年铅印本。
民国《天水小志》一卷，民国27年油印本，收入南京图书馆编《南京图书馆藏稀见方志丛刊》（第16册），国家图书馆出版社，2012。
嘉靖《秦安志》九卷，嘉靖十四年亢世英刻本，收入《中国方志丛书·华北地方》第559号，成文出版社有限公司，1976。
道光《秦安县志》十四卷，道光十八年刻本。
康熙《清水县志》十二卷，康熙二十六年刻本。
乾隆《清水县志》十六卷，乾隆六十年抄本，收入《中国方志丛书·华北地方》第328号，成文出版社有限公司，1970。
民国《清水县志》十二卷首一卷，民国37年石印本。
康熙《宁远县志》六卷，康熙四十八年刻本。
乾隆《宁远县志续略》八卷，乾隆二十七年刻本。
康熙《伏羌县志》一卷，康熙二十六年抄本，收入傅璇琮等编《国家图书馆藏地方志珍本丛刊》（第150册），天津古籍出版社，2016。
乾隆《伏羌县志》十二卷，乾隆十四年刻本，甘谷县县志编纂委员会办公室1999年校点。
乾隆《伏羌县志》十四卷，乾隆三十五年刻本。

崇祯《泰州志》十卷图一卷，崇祯六年刻本。
乾隆《续河南通志》八十卷首四卷，乾隆三十二年刻本。
康熙《江宁府志》三十四卷，康熙七年刻本，收入《金陵全书·甲编·方志类·府志》（第11—14册），南京出版社，2011。
（明）胡缵宗：《鸟鼠山人后集》，嘉靖刻本。
（明）乔世宁：《丘隅集》十九卷，嘉靖四十二年刻本。
（明）余子俊：《余肃敏公文集》，收入中国西北文献丛书编辑委员会编《中国西北文献丛书（第3辑）·西北史地文献》（第3卷），兰州古籍书店，1990。
（清）贺长龄、魏源等编《清经世文编》（全3册），中华书局，1992。
（清）葛士浚辑《皇朝经世文续编》一百二十卷，光绪二十四年石印本。
（清）巩建丰：《朱圉山人集》，收入《清代诗文集汇编》编纂委员会编《清代诗文集汇编》（第231册），上海古籍出版社，2010。
（清）李元春汇选《关中两朝文钞》，道光壬辰守朴堂刊刻本。
（清）那彦成：《那文毅公奏议》，道光十四年刻本。
（清）任其昌：《敦素堂文集》八卷，收入《清代诗文集汇编》编纂委员会编《清代诗文集汇编》（第719册），上海古籍出版社，2010。
（清）宋琬：《安雅堂文集》，复旦大学图书馆藏康熙三十八年宋思勃刻本影印。
柏堃编辑《泾献文存》，民国14年铅印本。
张相文：《南园丛稿》，收入《民国丛书》（第5编）第98—99册，上海书店，1929。
《明实录》，“中央研究院”历史语言研究所校印，1962年影印本。
（清）汪楫：《崇祯长编》，“中央研究院”历史语言研究所校印，1967年影印本。
《清实录》，中华书局，1985—1987年影印本。
（明）邵经邦：《弘简录》二百五十四卷，康熙二十七年邵远平刻本。
（明）陈沂：《金陵古今图考》，天启金陵朱氏刊本。
（明）王圻、王思义撰辑《三才图会》，万历三十七年原刊本。
（清）汪廷楝：《二华开河渠图说》，（清）童光瀛绘图，光绪二十三年石印本。

二 出版史料①

（唐）房玄龄等：《晋书》，中华书局，1974。

（唐）令狐德棻等：《周书》，中华书局，1971。

（唐）魏徵、令狐德棻：《隋书》，中华书局，1973。

（后晋）刘昫等：《旧唐书》，中华书局，1975。

（宋）欧阳修、宋祁：《新唐书》，中华书局，1975。

（宋）薛居正等：《旧五代史》，中华书局，1976。

（元）脱脱等：《宋史》，中华书局，1977。

（明）宋濂等：《元史》，中华书局，1976。

（清）张廷玉等：《明史》，中华书局，1974。

赵尔巽等：《清史稿》，中华书局，1976—1977。

（宋）司马光编著，（元）胡三省音注《资治通鉴》，"标点资治通鉴小组"校点，中华书局，1956。

（北魏）郦道元原注《水经注》，陈桥驿注释，浙江古籍出版社，2001。

（唐）李吉甫：《元和郡县图志》，贺次君点校，中华书局，1983。

（宋）乐史：《太平寰宇记》，王文楚等点校，中华书局，2007。

（宋）陈克、吴若撰，吕祉纂《东南防守利便》，中华书局，1985。

（宋）王应麟撰，张保见校注《通鉴地理通释校注》，四川大学出版社，2009。

（清）顾祖禹：《读史方舆纪要》，贺次君、施和金点校，中华书局，2005。

（清）毕沅：《关中胜迹图志》，张沛校点，三秦出版社，2004。

（清）江永：《河洛精蕴》，徐瑞整理，巴蜀书社，2008。

《管子》，（唐）房玄龄注，（明）刘绩补注，刘晓艺校点，上海古籍出版社，2015。

---

① 这里的出版史料是指除前面"古本史料"所列史料以外的各类史料。"出版史料"按正史、地理总志、诗文集、笔记、行记游记、方志（含专志）、文史资料、报刊、碑刻、调查资料、史料汇编等分类，每类按时代顺序排序，同一时代再按首字音序排序。其中，文史资料和报刊两类在上述排序基础上有所调整，即同种文史资料或报刊按出版时间先后顺序排列在一起。

《墨子》，朱越利校点，辽宁教育出版社，1997。
（晋）郭璞注《尔雅》，浙江古籍出版社，2011。
（宋）杨万里著，薛瑞生校笺《诚斋诗集笺证》，三秦出版社，2011。
（清）宋琬：《安雅堂全集》，马祖熙标校，上海古籍出版社，2007。
（清）王权：《笠云山房诗文集》，吴绍烈等校点，兰州大学出版社，1990。
《王士禛全集（五）·杂著》，齐鲁书社，2007。
贾三强主编《陕西古代文献集成》（第17辑），陕西人民出版社，2018。
贾三强主编《陕西古代文献集成》（第18辑），陕西人民出版社，2018。
路志霄、王干一编《陇右近代诗钞》，兰州大学出版社，1988。
潘志新编选《古今诗词咏三原》，香港天马图书有限公司，1999。
上海古籍出版社编《明代笔记小说大观》，上海古籍出版社，2005。
（明）张瀚：《元明史料笔记丛刊·松窗梦语》，盛冬铃点校，中华书局，1985。
（清）刘声木：《清代史料笔记丛刊·苌楚斋随笔续笔三笔四笔五笔》，刘笃龄点校，中华书局，1998。
（清）方希孟：《西征续录》，王志鹏点校，甘肃人民出版社，2002。
（清）冯焌光：《西行日记》，王晶波点校，甘肃人民出版社，2002。
（清）陶保廉：《辛卯侍行记》，刘满点校，甘肃人民出版社，2002。
（清）袁大化：《抚新记程》，王志鹏点校，甘肃人民出版社，2002。
曹弃疾、王蕻编著《西京要览》，扫荡报西安办事处，1945。
陈赓雅：《西北视察记》，甄暾点校，甘肃人民出版社，2002。
陈光垚：《西京之现况》，西京筹备委员会，1933。
顾执中、陆诒：《到青海去》，董炳月整理，中国青年出版社，2012。
顾执中：《西行记》，范三畏点校，甘肃人民出版社，2003。
胡时渊编《西北导游》，中国旅行社，1935。
刘安国：《陕西交通挈要》，中华书局，1928。
刘文海：《西行见闻记》，李正宇点校，甘肃人民出版社，2003。
陇海铁路管理局总务处编译课编《西京导游》，上海印刷所，1936。
鲁涵之、张韶仙编《西京快览》，西京快览社，1936。
倪锡英：《西京》，中华书局，1936。

汪扬:《西行散记》,中国殖边社,1935。
王望编《新西安》,中华书局,1940。
王荫樵编《西京游览指南》,天津大公报西安分馆,1936。
严重敏:《西北地理》,大东书局,1946。
阎文儒:《西京胜迹考》,新中国文化出版社,1943。
张恨水:《西游小记》,邓明点校,甘肃人民出版社,2003。
张扬明:《到西北来》,商务印书馆,1937。
朱德等:《第八路军》(第4版),抗战出版社,1938。
杨博编《长安道上:民国陕西游记》,南京师范大学出版社,2016。
(宋)宋敏求撰,(元)李好文编绘《西安经典旧志稽注·长安志·长安志图》,阎琦等校点,三秦出版社,2013。
(明)马理等纂《陕西通志》,董健桥等校注,三秦出版社,2006。
(明)张应诏纂,《咸阳经典旧志稽注》编纂委员会编《咸阳经典旧志稽注(明万历·咸阳县新志)》,三秦出版社,2010。
(明)张宗孟编纂《明·崇祯十四年〈鄠县志〉注释本》,郑义林等注译,户县档案局整理,三秦出版社,2014。
(明)邹浩纂修万历《宁远县志》五卷,万历十五年刻本,收入武山县旧志整理编辑委员会编《武山旧志丛编》(卷一),甘肃人民出版社,2005。
(清)许秉简编撰《洽阳记略》,谭留根、党鸣校注,陕西人民出版社,2004。
李克明纂修民国《武山县志稿》九卷,抄本,收入武山县旧志整理编辑委员会编《武山旧志丛编》(卷五至卷七),甘肃人民出版社,2005。
民国永寿县志整理委员会编《民国〈永寿县志〉》,咸阳日报社印刷厂,2005。
张德友主编《明清秦安志集注》(一卷),甘肃人民出版社,2012。
张德友主编《明清秦安志集注》(八卷),甘肃人民出版社,2012。
《华阴县志》编纂委员会编《华阴县志》,作家出版社,1995。
白水县县志编纂委员会编《白水县志》,西安地图出版社,1989。
宝鸡市地方志编纂委员会编《宝鸡市志》,三秦出版社,1998。

宝鸡市金台区地方志编纂委员会编《宝鸡市金台区志》，陕西人民出版社，1993。
彬县志编纂委员会编《彬县志》，陕西人民出版社，2000。
澄城县志编纂委员会编《澄城县志》，陕西人民出版社，1991。
淳化县地方志编纂委员会编《淳化县志》，三秦出版社，2000。
大荔县志编纂委员会编《大荔县志》，陕西人民出版社，1994。
扶风县地方志编纂委员会编《扶风县志》，陕西人民出版社，1993。
富平县地方志编纂委员会编《富平县志》，三秦出版社，1994。
甘肃省甘谷县县志编纂委员会编《甘谷县志》，中国社会出版社，1999。
高陵县地方志编纂委员会编《高陵县志》，西安出版社，2000。
韩城市志编纂委员会编《韩城市志》，三秦出版社，1991。
合阳县志编纂委员会编《合阳县志》，陕西人民出版社，1996。
户县志编纂委员会编《户县志》，西安地图出版社，1987。
华县地方志编纂委员会编《华县志》，陕西人民出版社，1992。
泾阳县县志编纂委员会编《泾阳县志》，陕西人民出版社，2001。
蓝田县地方志编纂委员会编《蓝田县志》，陕西人民出版社，1994。
礼泉县志编纂委员会编《礼泉县志》，三秦出版社，1999。
麟游县地方志编纂委员会编《麟游县志》，陕西人民出版社，1993。
陇县地方志编纂委员会编《陇县志》，陕西人民出版社，1993。
眉县地方志编纂委员会编《眉县志》，陕西人民出版社，2000。
蒲城县志编纂委员会编《蒲城县志》，中国人事出版社，1993。
岐山县志编纂委员会编《岐山县志》，陕西人民出版社，1992。
千阳县县志编纂委员会编《千阳县志》，陕西人民教育出版社，1991。
乾县县志编纂委员会编《乾县志》，陕西人民出版社，2003。
秦安县志编纂委员会编纂《秦安县志》，甘肃人民出版社，2001。
清水县地方志编纂委员会编《清水县志》，陕西人民出版社，2001。
三原县城关镇南关村志编写领导小组主编，潘志新撰稿《三原南关村志》，西北大学出版社，1995。
三原县志编纂委员会编《三原县志》，陕西人民出版社，2000。
陕西省凤翔县志编纂委员会编《凤翔县志》，陕西人民出版社，1991。
陕西省临潼县志编纂委员会编《临潼县志》，上海人民出版社，1991。

天水市地方志编纂委员会编《天水市志》，方志出版社，2004。
天水市秦城区地方志编纂委员会编《天水市秦城区志》，甘肃文化出版社，2001。
铜川市地方志编纂委员会编《铜川市志》，陕西师范大学出版社，1997。
潼关县志编纂委员会编《潼关县志》，陕西人民出版社，1992。
渭南市地方志办公室编《渭南市志》（第1卷），三秦出版社，2008。
渭南县志编纂委员会编《渭南县志》，三秦出版社，1987。
武功县地方志编纂委员会编《武功县志》，陕西人民出版社，2001。
武山县地方志编纂委员会编《武山县志》，陕西人民出版社，2002。
西安市地方志编纂委员会编《西安市志　第二卷·城市基础设施》，西安出版社，2000。
咸阳市地方志编纂委员会编《咸阳市志》（第1卷），陕西人民出版社，1996。
咸阳市秦都区地方志编纂委员会编《咸阳市秦都区志》，陕西人民出版社，1995。
咸阳市渭城区地方志编纂委员会编《咸阳市渭城区志》，陕西人民出版社，1996。
兴平县地方志编纂委员会编《兴平县志》，陕西人民出版社，1994。
旬邑县地方志编纂委员会编《旬邑县志》，三秦出版社，2000。
耀县志编纂委员会编《耀县志》，中国社会出版社，1997。
宜君县志编纂委员会编《宜君县志》，三秦出版社，1992。
永寿县地方志编纂委员会编《永寿县志》，三秦出版社，1991。
长武县志编纂委员会编《长武县志》，陕西人民出版社，2000。
周至县志编纂委员会编《周至县志》，三秦出版社，1993。
《泾惠渠志》编写组编《泾惠渠志》，三秦出版社，1991。
陕西师大地理系《宝鸡市地理志》编写组编《陕西省宝鸡市地理志》，陕西人民出版社，1987。
陕西师大地理系《渭南地区地理志》编写组编《陕西省渭南地区地理志》，陕西人民出版社，1990。
扶风县水利水保局编《扶风县水利志》，扶风县水利水保局，1986。
高陵县水利志编写组编《高陵县水利志》，空军西安印刷厂，1995。

韩城市农业经济委员会水利志编纂领导小组编《韩城市水利志》，三秦出版社，1991。
蓝田县水利志编写组编《蓝田县水利志》，煤炭科学研究总院西安分院印刷厂，1992。
陇县水利水保局水利志编写办公室编《陇县水利志》，陇县印刷厂，1985。
陕西省地方志编纂委员会编《陕西省志》第13卷《水利志》，陕西人民出版社，1999。
渭南市临渭区水利志编纂办公室编《渭南市临渭区水利志》，三秦出版社，1997。
渭南市水利志编纂委员会编《渭南市水利志》，三秦出版社，2002。
西安市水利志编纂委员会编《西安市水利志》，陕西人民出版社，1999。
《陇县城乡建设志》纂辑组编《陇县城乡建设志》，1987。
户县城乡建设志编纂委员会编《陕西省户县城乡建设志》（内部资料），西安市第二印刷厂，1991。
乾县建设志编纂委员会编《乾县建设志》，三秦出版社，2003。
秦安县城乡建设志编纂委员会编《秦安县城乡建设志》，兰州大学出版社，1999。
天水市城乡建设环境保护委员会编《天水城市建设志》，甘肃人民出版社，1994。
咸阳市建设志编纂委员会编《咸阳市建设志》，三秦出版社，2000。
韩城市文物旅游局编《韩城市文物志》，三秦出版社，2002。
咸阳市文物事业管理局编《咸阳市文物志》，三秦出版社，2008。
淳化县地名工作办公室编《陕西省淳化县地名志》（内部资料），八七二八五部队印刷厂，1986。
扶风县地名办公室编《陕西省扶风县地名志》（内部资料），1985。
高陵县地名工作办公室编《陕西省高陵县地名志》（内部资料），八七二八五部队印刷厂，1984。
韩城市民政局编《陕西省韩城市地名志》（内部资料），西安地图出版社印刷分厂，1990。
合阳县地名工作办公室编《陕西省合阳县地名志》（内部资料），1983。
户县地名志编纂办公室编《陕西省户县地名志》（内部资料），陕西省岐山彩色印刷厂，1987。
泾阳县地名志编辑办公室编《陕西省泾阳县地名志》（内部资料），八七二八五部队印刷厂，1985。
陇县地名志编辑委员会编《陕西省陇县地名志》（内部资料），陕西省岐山彩色印刷厂，1989。
蒲城县地名工作办公室编《陕西省蒲城县地名志》（内部资料）。
岐山县地名办公室编《陕西省岐山县地名志》（内部发行），陕西省岐山彩色印刷厂，1989。
秦安县地名委员会办公室编《甘肃省秦安县地名资料汇编》（内部资料），1985。
陕西省咸阳市地名办公室编《陕西省咸阳市地名志》（内部资料），八七二八五部队印刷厂，1987。
天水市人民政府编《甘肃省天水市地名资料汇编》（内部资料），甘肃省天水新华印刷厂，1985。
潼关县地名志编纂委员会编《陕西省潼关县地名志》（内部资料），陕西省第四测绘大队印刷厂，1987。
武山县地名委员会办公室编《甘肃省武山县地名资料汇编》（内部资料），七二二七工厂，1984。
西安市地名委员会、西安市民政局编《陕西省西安市地名志》（内部资料），五四四厂，1986。
旬邑县地名志编辑委员会编《陕西省旬邑县地名志》（内部资料），八七二八五部队印刷厂，1988。
永寿县地名志编辑委员会编《陕西省永寿县地名志》（内部资料），八七二八五部队印刷厂，1983。
华阴县政协文史研究委员会编《华阴县文史资料选辑》（第1期）（内部发行），洛南县印刷厂，1985。
清水县政协文史资料委员会、国立第十中学校友清水联谊会编《清水文史》（第2辑），1993。
政协秦安县委员会文史资料委员会编《秦安文史资料》（第8期），1993。
政协秦安县委员会文史资料委员会编《秦安文史资料·莲溪诗集》（第1卷），1994。

政协天水市秦城区委文史资料办公室编《天水文史资料》（第1期）（内部资料），1985。
中国人民政治协商会议天水市委员会文史资料委员会编《天水文史资料》（第4辑），天水新华印刷厂，1990。
政协武山县文史委员会编《武山县文史资料选辑》（第2辑）（内部发行），武山县印刷厂，1989。
政协武山县文史委员会编《武山县文史资料选辑》（第4辑），1993。
政协西安市委员会文史资料委员会、西安市档案馆编《西安解放：西安文史资料第十五辑》，陕西人民出版社，1989。
政协周至县委员会文史资料委员会编《周至文史资料》（第4辑）（内部发行），周至县印刷厂，1989。
政协陕西省潼关县委员会文史资料委员会编《潼关文史资料》（第6辑）（内部交流），富平县政府印刷厂，1992。
政协陕西省潼关县委员会文史资料委员会编《潼关文史资料》（第7辑）（内部交流），富平县政府印刷厂，1994。
李明扬主编《潼关文史资料》（第8辑），太白文艺出版社，1998。
中国人民政治协商会议清水县委员会编《清水文史》（第1期），1986。
中国人民政治协商会议陕西省凤翔县委员会文史资料征集研究委员会编《凤翔文史资料选辑》（第5辑）（东湖专辑）（内部发行），凤翔县印刷厂，1987。
中国人民政治协商会议陕西省凤翔县委员会文史资料工作委员会编《凤翔文史资料选辑》（第9辑），凤翔县印刷厂，1990。
政协凤翔县委员会学习文史委员会编《凤翔文史资料第二十三辑：凤翔城建史料》（内部发行），华伟彩印厂，2008。
中国人民政治协商会议甘谷县委员会文史资料委员会编《甘谷文史资料》（第3辑），甘谷县印刷厂，1989。
中国人民政治协商会议合阳县委员会文史资料研究委员会编《合阳文史资料》（第1辑）（内部发行），合阳县印刷厂，1987。
中国人民政治协商会议乾县委员会文史资料委员会编《乾县文史资料》（第4辑），1998。
中国人民政治协商会议陕西省宝鸡县委员会文史资料研究委员会编《宝

鸡县文史资料》（第6辑）（内部发行），岐山新星印刷厂，1988。
中国人民政治协商会议陕西省富平县委员会文史资料研究委员会编《富平文史资料》（第10辑）（内部发行），富平县人民政府铅印室，1986。
韩城市政协文史资料研究委员会编《韩城文史资料汇编》（第11辑），韩城市印刷厂，1990。
中国人民政治协商会议陕西省户县委员会学习文史委员会编《户县文史资料》（第9辑），户县印刷厂，1993。
中国人民政治协商会议陕西省蓝田县委员会编《蓝田文史资料》（第3辑）（供内部参阅），1985。
中国人民政治协商会议陕西省蓝田县委员会文史资料研究委员会编《蓝田文史资料》（第4辑），蓝田县印刷厂，1985。
中国人民政治协商会议陕西省陇县委员会文史资料研究委员会编《陇县文史资料选辑》（第2辑），1982。
中国人民政治协商会议陕西省陇县委员会文史资料研究委员会编《陇县文史资料选辑》（第3辑），1984。
中国人民政治协商会议陕西省陇县委员会文史资料研究委员会编《陇县文史资料选辑》（第4辑），1986。
中国人民政治协商会议陕西省陇县委员会文史资料研究委员会编《陇县文史资料选辑》（第5辑），1987。
中国人民政治协商会议陕西省陇县委员会文史资料研究委员会编《陇县文史资料选辑》（第8辑），1991。
中国人民政治协商会议陕西省陇县委员会文史资料办公室编《陇县文史资料选辑》（第11辑），1994。
中国人民政治协商会议陕西省岐山县委员会文史资料委员会编《岐山文史资料》（第5辑），岐山县新星印刷厂，1990。
中国人民政治协商会议陕西省千阳县委员会文史资料研究委员会编《千阳文史资料选辑》（第2辑）（内部发行），千阳县印刷厂，1986。
中国人民政治协商会议陕西省千阳县委员会文史资料研究委员会编《千阳文史资料选辑》（第7辑）（内部发行），千阳县印刷厂，1992。
中国人民政治协商会议陕西省三原县委员会文史资料研究委员会编《三原文史》（第1辑），1985。

中国人民政治协商会议陕西省三原县委员会文史资料委员会编《三原文史资料》（第7辑），三原县印刷厂，1990。

中国人民政治协商会议陕西省兴平县委员会文史资料委员会编《兴平文史资料》（第12辑）（内部资料），兴平市印刷厂，1993。

中国人民政治协商会议陕西省耀县委员会文史资料研究委员会编《耀县文史资料》（第7辑）（内部发行），耀县印刷厂，1993。

中国人民政治协商会议陕西省宜君委员会文史资料委员会编《宜君文史》（第1集），铜川市印刷厂，1984。

中国人民政治协商会议陕西省永寿县委员会文史资料研究委员会编《永寿文史资料》（第2辑），1986。

中国人民政治协商会议永寿县委员会文史资料委员会编《永寿文史资料》（第4辑），咸阳报社印刷厂，1993。

中国人民政治协商会议旬邑县委员会文史资料研究委员会编《旬邑文史资料》（第1辑），1987。

周至县政协文史资料委员会、周至县志编纂委员会办公室编，赵育民编著《周至大事记（公元前24世纪至1949年）》，周至县印刷厂，1987。

《又奏上年分秦州被灾分别蠲缓片》，《政治官报》第296号，1908年7月。

《建设厅十七年三月份行政报告》（续），《陕西省政府公报》第272号，1928年4月。

《咸阳县呈赍遵令采编新志材料》（续），《陕西省政府公报》第290号，1928年5月。

《建设厅十七年七月份行政状况报告书》（续），《陕西省政府公报》第403号，1928年9月。

《市政纲要》（续），《陕西省政府公报》第433号，1928年10月。

《华县呈赍遵令采编新志材料》（续），《陕西省政府公报》第487号，1928年12月。

《富平县呈赍遵令采编新志材料》（续），《陕西省政府公报》第501号，1928年12月。

《盩厔县呈赍遵令采编新志材料》（续），《陕西省政府公报》第512号，

1928年12月。
《永寿县呈赍遵令采编新志材料》,《陕西省政府公报》第630号,1929年4月。
《永寿县呈赍遵令采编新志材料》(续),《陕西省政府公报》第633号,1929年5月。
《各县建设工作琐志二:洋县、靖边、同官、蒲城、蓝田、耀县、咸阳》,《陕西建设周报》第2卷第3—4期,1930年6月。
《各县建设工作琐志四:城固、白河、长安、石泉、白水、耀县》,《陕西建设周报》第2卷第6—7期,1930年7月。
《各县建设工作琐志五:鄠县、渭南、镇安、郃阳》,《陕西建设周报》第2卷第8期,1930年7月。
《各县建设工作琐志十一:平利、白水、潼关、富平、长安》,《陕西建设周报》第2卷第15期,1930年8月。
《各县建设工作琐志十五:洋县、蒲城、澄城、大荔、同官》,《陕西建设周报》第2卷第21—22期,1930年10月。
《纪事·各县建设局消息》(第一),《陕西建设周报》第2卷第25期,1930年11月。
《秦行调查三原商业报告书(民国四年三月)》,《中国银行业务会计通信录》第5期,1915年5月。
陈必贶:《长安道上记实》,《新陕西月刊》创刊号,1931年4月。
王北屏:《三原之社会现状》,《新陕西月刊》第1卷第2期,1931年5月。
郑燕青:《陕西社会状况的鳞爪》,《新陕西月刊》第1卷第5期,1931年8月。
安华:《由北平到西安的道上(西安见闻记之一)》,《西北论衡》第5卷第6期,1937年6月。
遯羊:《恭谒桥陵记》(下),《建国月刊》第16卷第6期,1937年6月。
傅健:《鄠县各峪口河流渠堰水利概况》,《陕西水利月刊》第2卷第10期,1934年11月。
傅健:《西安市之地下水》,《陕西水利月刊》第3卷第5期,1935年6月。

李隼：《渭北高原上之饮水用水问题》，《陕西水利月刊》第3卷第12期，1936年1月。
傅健：《陕西鄠县渠堰之调查》，《水利月刊》第7卷第4期，1934年10月。
舒永康：《西行日记》（二），《旅行杂志》第7卷第10号，1933年10月。
夏坚白：《陇海路视察记》（续三），《旅行杂志》第8卷第5号，1934年5月。
钱菊林：《西兰旅行随纪》，《旅行杂志》第10卷第4号，1936年4月。
李文一：《从西安到汉中》，《旅行杂志》第10卷第9号，1936年9月。
胡怀天：《西游记》，《旅行杂志》第11卷第2号，1937年2月。
何正璜：《美丽的临潼》，《旅行杂志》第17卷第9期，1943年9月。
喻血轮：《川陕豫鄂游志》（三），《旅行杂志》第18卷第8期，1944年8月。
金素珍：《向筑路英雄们致敬——记天兰铁路胜利完成》，《旅行杂志》1952年第10期。
沈毅：《水和西安："望不见八水绕长安，使人心痛酸……"》，《西北通讯》第6期，1947年8月。
斐文中：《由兰州到天水》，《西北通讯》第2卷第3期，1948年2月。
黄鹏昌：《武山县政概况》，《甘肃省政府公报》第504期，1941年5月。
黄园槟：《西安一瞥》，《中国学生》第1卷第9期，1935年11月。
蒋迪雷：《天水纪行》，《旅行天地》第1卷第3期，1949年4月。
敬周：《豆棚瓜架录》，《大路周刊》第1号，1936年5月。
李镜东：《潼关印象记》，《申报周刊》第1卷第14期，1936年4月。
培礼：《新咸阳之素描》（上），《秦风周报》第2卷第11期，1936年4月。
秦安办事处：《秦安经济概况》，《甘行月刊》第6期，1941年12月。
润庵：《陕西三原通信》，《朔望半月刊》第8号，1933年8月。
王季卢：《西安市龙渠工程报告》，《北洋理工季刊》第4卷第3期，1936年9月。
王文治：《秦州述略》，《地学杂志》第5年第4号，1914年。

王文治：《秦州述略》，《地学杂志》第5年第5号，1914年。
行一：《甘谷县志略》，《陇铎月刊》第2卷第10—11期，1941年12月。
徐盈：《西安以西》，《国闻周报》第13卷第30期，1936年8月。
严济宽：《西安——地方印象记》，《浙江青年》第1卷第2期，1934年12月。
颜春晖：《一星期修好全城街道》，《中国青年》第1卷第4号，1939年10月。
张琦：《勘查咸阳县附城渭河北岸护岸工程报告》，《陕西水利季报》第2卷第1期，1937年3月。
赵国宾：《富平蒲城之盐业》，《中国矿业纪要》（地质专报丙种第四号）第4期，1932年12月。
仲靖哉：《各科常识：地理：陕西地理　第二十六课　宜君县（附地图）》，《抗建》第36期，1939年10月。
《潼关益民渠，商民请求修补》，《大公报》（天津）1933年5月3日，第6版。
《黄河水没平民城，潼关有被淹之虞》，《时报》1933年8月6日，第7版。
《陕西武功等县水灾惨报》，《新闻报》1933年8月29日，第13版。
《耀县浩劫：水灾更值坍城，死亡五百余众》，《新闻报》1947年9月2日，第10版。
《潼关大水，全城被淹》，《正报》（西安）1945年7月14日，第3版。
《黄河大涨，水冲入潼关》，《正报》（西安）1946年8月30日，第3版。
《潼关黄河水位南移》，《正报》（西安）1946年12月13日，第3版。
《新中国保健事业和卫生运动之备忘录》，《光明日报》1952年9月19日，第3版。
（宋）赵明诚：《金石录》，刘晓东、崔燕南点校，齐鲁书社，2009。
李惠、曹发展注考《陕西金石文献汇集·咸阳碑刻》（下），三秦出版社，2003。
刘兰芳、刘秉阳编著《陕西金石文献汇集·富平碑刻》，三秦出版社，2013。
刘兰芳、张江涛编著《陕西金石文献汇集·潼关碑石》，三秦出版社，1999。
刘兆鹤、吴敏霞编著《陕西金石文献汇集·户县碑刻》，三秦出版社，2005。
王智民编注《历代引泾碑文集》，陕西旅游出版社，1992。
张发民、刘璇编《引泾记之碑文篇》，黄河水利出版社，2016。
张进忠编著《陕西金石文献汇集·澄城碑石》，三秦出版社，2001。
白尔恒等编著《沟洫佚闻杂录》，中华书局，2003。
《陕西历史自然灾害简要纪实》编委会编《陕西历史自然灾害简要纪实》，气象出版社，2002。
宝鸡市水利志编辑室编《宝鸡市水旱灾害史料（公元前780年—1985年6月）》（内部发行），凤翔县印刷厂，1985。
陕西省气象局气象台编《陕西省自然灾害史料》，陕西省气象局气象台，1976。
水利电力部水管司科技司、水利水电科学研究院编《清代黄河流域洪涝档案史料》，中华书局，1993。
渭南地区水利志编纂办公室编《渭南地区水旱灾害史料》（内部发行），渭南报社印刷厂，1989。
西安市档案局、西安市档案馆编《筹建西京陪都档案史料选辑》，西北大学出版社，1995。
张波等编《中国农业自然灾害史料集》，陕西科学技术出版社，1994。
张德二主编《中国三千年气象记录总集》，凤凰出版社、江苏教育出版社，2004。
张芳编著《二十五史水利资料综汇》，中国三峡出版社，2007。
《中国气象灾害大典》编委会编《中国气象灾害大典（陕西卷）》，气象出版社，2005。
赵力光主编《古都沧桑——陕西文物古迹旧影》，三秦出版社，2002。

三 著作论文

（一）经典著作与领导人著作

《马克思恩格斯全集》（第26卷），人民出版社，2014。
习近平：《干在实处 走在前列——推进浙江新发展的思考与实践》，中共中央党校出版社，2006。

习近平：《高举中国特色社会主义伟大旗帜 为全面建设社会主义现代化国家而团结奋斗——在中国共产党第二十次全国代表大会上的报告》，人民出版社，2022。

中共中央党史和文献研究院编《十八大以来重要文献选编》（下），中央文献出版社，2018。

中共中央党史和文献研究院编《习近平关于城市工作论述摘编》，中央文献出版社，2023。

中共中央文献研究室编《习近平关于社会主义生态文明建设论述摘编》，中央文献出版社，2017。

《万里环境保护文集》，中国环境科学出版社，1998。

（二）中文著作（含译著、论文集）

〔美〕保罗·M. 霍恩伯格、〔美〕林恩·霍伦·利斯：《欧洲城市的千年演进》，阮岳湘译，光启书局，2022。

〔美〕科特金（Kotkin, J.）：《全球城市史》，王旭等译，社会科学文献出版社，2014。

〔美〕刘易斯·芒福德：《城市发展史——起源、演变和前景》，宋俊岭、倪文彦译，中国建筑工业出版社，2004。

〔美〕刘易斯·芒福德：《城市文化》，宋俊岭等译，郑时龄校，中国建筑工业出版社，2009。

〔美〕施坚雅主编《中华帝国晚期的城市》，叶光庭等译，中华书局，2000。

〔日〕斯波义信：《宋代江南经济史研究》，方健、何忠礼译，虞云国校，江苏人民出版社，2001。

〔日〕斯波义信：《中国都市史》，布和译，北京大学出版社，2013。

〔英〕阿诺德·汤因比：《变动的城市》，倪凯译，上海人民出版社，2021。

〔英〕肖恩·埃文：《什么是城市史》，熊芳芳译，北京大学出版社，2020。

《侯仁之文集》，北京大学出版社，1998。

《唐宋八大家文集》编委会编《唐宋八大家文集·柳宗元文集》，中央民族大学出版社，2002。
《吴良镛城市研究论文集——迎接新世纪的来临（1986—1995）》，中国建筑工业出版社，1996。
《新理念 新思想 新战略 80 词》编写组编《新理念 新思想 新战略 80 词》，人民出版社，2016。
《中国兵书集成》编委会编《中国兵书集成》（第 46 册），解放军出版社、辽沈书社，1992。
《中国科学院水利电力部水利水电科学研究院科学研究论文集》（第 12 集），水利电力出版社，1982。
《中国科学院水利电力部水利水电科学研究院科学研究论文集》（第 22 集），水利电力出版社，1985。
《中国科学院水利电力部水利水电科学研究院科学研究论文集》（第 25 集），水利电力出版社，1986。
《竺可桢全集》（第 1 卷），上海科技教育出版社，2004。
北京市水利局编著《北京水旱灾害》，中国水利水电出版社，1999。
蔡蕃：《北京古运河与城市供水研究》，北京出版社，1987。
曹树基主编《田祖有神——明清以来的自然灾害及其社会应对机制》，上海交通大学出版社，2007。
陈刚：《六朝建康历史地理及信息化研究》，南京大学出版社，2012。
陈正祥：《中国文化地理》，生活·读书·新知三联书店，1983。
成都市城市科学研究会编《成都城市研究》，四川大学出版社，1989。
成一农：《古代城市形态研究方法新探》，社会科学文献出版社，2009。
成一农：《中国城市史研究》，商务印书馆，2020。
杜文玉主编《唐史论丛》（第 11 辑），三秦出版社，2009。
段汉明：《城市学——理论·方法·实证》，科学出版社，2012。
范世康、王尚义主编《建设特色文化名城——理论探讨与实证研究》，北岳文艺出版社，2008。
凤翔县档案局编《诗咏凤翔》，三秦出版社，2016。
傅璇琮主编，张如安等著《宁波通史·史前至唐五代卷》，宁波出版社，2009。
甘肃省中心图书馆委员会编《甘肃陇南地区暨天水市物产资源资料汇

编》，甘肃省静宁县印刷厂，1987。
顾朝林：《中国城镇体系——历史·现状·展望》，商务印书馆，1992。
广东、广西、湖南、河南辞源修订组，商务印书馆编辑部编《辞源》（修订本）（第3册），商务印书馆，1981。
郭涛：《四川城市水灾史》，巴蜀出版社，1989。
郭涛：《中国古代水利科学技术史》，中国建筑工业出版社，2013。
何一民等主编《文明起源与城市发展研究》，四川大学出版社，2004。
河南省古代建筑保护研究所编《文物建筑》（第4辑），科学出版社，2010。
河南省文物建筑保护研究院编《文物建筑》（第10辑），科学出版社，2017。
侯仁之：《北平历史地理》，邓辉等译，外语教学与研究出版社，2013。
侯仁之主编《北京城市历史地理》，北京燕山出版社，2000。
侯仁之、邓辉：《北京城的起源与变迁》，中国书店，2001。
侯甬坚主编《长安史学》（第3辑），中国社会科学出版社，2007。
华林甫主编《新时代、新技术、新思维——2018年中国历史地理学术研讨会论文集》，齐鲁书社，2020。
纪宗安、汤开建主编《暨南史学》（第3辑），暨南大学出版社，2004。
贾珺主编《建筑史》（第30辑），清华大学出版社，2012。
金磊、段喜臣主编《中国建筑文化遗产年度报告（2002—2012）》，天津大学出版社，2013。
赖明、王蒙徽主编《数字城市的理论与实践：中国国际数字城市建设技术研讨会暨21世纪数字城市论坛》，世界图书出版公司，2001。
李嘎：《旱域水潦：水患语境下山陕黄土高原城市环境史研究（1368—1979年）》，商务印书馆，2019。
李令福：《关中水利开发与环境》，人民出版社，2004。
李孝悌编《中国的城市生活》，新星出版社，2006。
李裕宏：《当代北京城市水系史话》，当代中国出版社，2013。
李裕宏：《水和北京——城市水系变迁》，方志出版社，2004。
李忠民、姚宇主编《中国关中-天水经济区发展报告（2018—2019）》，中国人民大学出版社，2022。

梁建邦选析《咏潼关诗词选析》，西北大学出版社，1995。

刘士林：《城市中国之道——新中国成立70年来中国共产党的城市化理论与模式研究》，上海交通大学出版社，2020。

刘贤娟、杜玉柱主编《城市水资源利用与管理》，黄河水利出版社，2008。

刘延恺主编《论城市水利》，中国水利水电出版社，2007。

马正林编著《中国城市历史地理》，山东教育出版社，1998。

山西大学中国社会史研究中心编《社会史研究》（第5辑），商务印书馆，2018。

陕西师范大学中国历史地理研究所、西北历史环境与经济社会发展研究中心编《历史地理学研究的新探索与新动向——庆贺朱士光教授七十华秩暨荣休论文集》，三秦出版社，2008。

史红帅、吴宏岐：《古都西安·西北重镇西安》，西安出版社，2007。

史红帅：《明清时期西安城市地理研究》，中国社会科学出版社，2008。

史念海：《河山集》，生活·读书·新知三联书店，1963。

史念海主编《唐史论丛》（第4辑），三秦出版社，1988。

水电部治淮委员会编《淮河水利史论文集》，蚌埠市交通印刷厂，1987。

四川省文史研究馆编《成都城市与水利研究》，四川人民出版社，1997。

孙昭民主编《山东省城市自然灾害综合研究》，地震出版社，2007。

田亚岐、杨曙明编著《凤翔东湖》，作家出版社，2007。

同济大学城市规划教研室编《中国城市建设史》，中国建筑工业出版社，1982。

万谦：《江陵城池与荆州城市御灾防卫体系研究》，中国建筑工业出版社，2010。

王笛：《茶馆：成都的公共生活和微观世界，1900—1950》，北京大学出版社，2021。

王岗主编《北京史学论丛》（2013），北京燕山出版社，2013。

王利华主编《中国历史上的环境与社会》，生活·读书·新知三联书店，2007。

王水照、朱刚：《中国思想家评传丛书·苏轼评传》（上），南京大学出版社，2011。

王永生编《贾平凹文集》(第11卷), 陕西人民出版社, 1998。
吴宏岐:《西安历史地理研究》, 西安地图出版社, 2006。
吴良镛:《人居环境科学导论》, 中国建筑工业出版社, 2001。
吴良镛:《中国建筑与城市文化》, 昆仑出版社, 2009。
吴良镛:《中国人居史》, 中国建筑工业出版社, 2014。
吴庆洲:《中国古代城市防洪研究》, 中国建筑工业出版社, 1995。
吴庆洲:《中国古城防洪研究》, 中国建筑工业出版社, 2009。
吴镇烽:《陕西地理沿革》, 陕西人民出版社, 1981。
西安碑林博物馆编《碑林集刊》(17), 三秦出版社, 2011。
西安市城乡建设委员会、西安历史文化名城研究会编《论西安城市特色》, 陕西人民出版社, 2006。
行龙主编《社会史研究》(第8辑), 社会科学文献出版社, 2020。
行龙主编《社会史研究》(第11辑), 社会科学文献出版社, 2021。
熊达成、郭涛编著《中国水利科学技术史概论》, 成都科技大学出版社, 1989。
许蓉生:《水与成都——成都城市水文化》, 巴蜀书社, 2006。
杨天宇:《周礼译注》, 上海古籍出版社, 2004。
姚汉源:《中国水利发展史》, 上海人民出版社, 2005。
尹钧科等:《北京历史自然灾害研究》, 中国环境科学出版社, 1997。
于德源:《北京灾害史》, 同心出版社, 2008。
袁林:《西北灾荒史》, 甘肃人民出版社, 1994。
张复合主编《建筑史论文集》(第16辑), 清华大学出版社, 2002。
张俊宗主编《陇右文化论丛》(第1辑), 甘肃人民出版社, 2004。
张利民主编《城市史研究》(第41辑), 社会科学文献出版社, 2020。
张驭寰:《中国城池史》, 百花文艺出版社, 2003。
郑连第:《古代城市水利》, 水利电力出版社, 1985。
郑连第主编《中国水利百科全书·水利史分册》, 中国水利水电出版社, 2004。
郑晓云、杨正权主编《红河流域的民族文化与生态文明》(上), 中国书籍出版社, 2010。
中共潼关县委党史研究室编《中国共产党潼关县历史大事记(1919.5—

2000.12)》，陕西人民出版社，2001。
中国地理学会历史地理专业委员会《历史地理》编辑委员会编《历史地理》(第6辑)，上海人民出版社，1988。
中国地理学会历史地理专业委员会《历史地理》编辑委员会编《历史地理》(第8辑)，上海人民出版社，1990。
中国地理学会历史地理专业委员会《历史地理》编辑委员会编《历史地理》(第18辑)，上海人民出版社，2002。
中国地理学会历史地理专业委员会《历史地理》编辑委员会编《历史地理》(第21辑)，上海人民出版社，2006。
中国地理学会历史地理专业委员会《历史地理》编辑委员会编《历史地理》(第30辑)，上海人民出版社，2014。
中国地理学会历史地理专业委员会《历史地理》编辑委员会编《历史地理》(第32辑)，上海人民出版社，2015。
中国古都学会编《中国古都研究》(第12辑)，山西人民出版社，1998。
中国古都学会编《中国古都研究》(第28辑)，三秦出版社，2015。
中国人民政治协商会议清水县委员会编《清水史话》，甘肃省委印刷厂，1999。
中国社会科学院考古研究所夏商周考古研究室编《三代考古》(3)，科学出版社，2009。
中国水利学会编《中国水利学会专业学术综述》(第5集)，2004。
中国水利学会水利史研究会、浙江省鄞县人民政府编《它山堰暨浙东水利史学术讨论会论文集》，中国科学技术出版社，1997。
中国水利学会水利史研究会编《2013年中国水利学会水利史研究会学术年会暨中国大运河水利遗产保护与利用战略论坛论文集》，2013。
中国水利学会水利史研究会编《水利史研究论文集(第1辑)——姚汉源先生八十华诞纪念》，河海大学出版社，1994。
周干峙、储传亨主编《万里论城市建设》，中国城市出版社，1994。
周魁一、谭徐明:《中华文化通志·水利与交通志》，上海人民出版社，1998。
朱诚如、徐凯主编《明清论丛》(第13辑)，故宫出版社，2014。
朱庆葆主编《民国研究》(2019年秋季号 总第36辑)，社会科学文献出版社，2020。

庄林德、张京祥编著《中国城市发展与建设史》，东南大学出版社，2002。

（三）中文论文（含译文）

Juha I. Uitto 等：《城市用水：21 世纪的挑战》，江东、王建华译，《世界科学》1999 年第 5 期。

〔日〕西冈弘晃：《宋代扬州的城市水利》，吕娟译，《城市发展研究》1996 年第 1 期。

《古代的贮水输水与排水设施》，《河南省卫生志参考资料》1988 年第 54 期。

蔡云辉：《洪灾与近代陕南城镇》，《西安电子科技大学学报》（社会科学版）2003 年第 3 期。

曹尔琴：《长安黄渠考》，《中国历史地理论丛》1990 年第 1 辑。

柴宗新：《成都城市水系变迁及其在都市发展中的作用》，《西南师范大学学报》（自然科学版）1990 年第 4 期。

陈代光：《运河的兴废与开封的盛衰》，《中州学刊》1983 年第 6 期。

陈家其：《长江三角洲城市建设发展与城市水害》，《长江流域资源与环境》1995 年第 3 期。

陈隆文：《水患与黄河流域古代城市的变迁研究——以河南汜水县城为研究对象》，《河南大学学报》（社会科学版）2009 年第 5 期。

陈乃华：《古代城市发展与河流的关系初探》，《南方建筑》2005 年第 4 期。

陈桥驿：《历史时期西湖的发展和变迁——关于西湖是人工湖及其何以众废独存的讨论》，《中原地理研究》1985 年第 2 期。

陈荣清：《论先秦石鼓诗歌与汧渭流域生态环境的保护》，《宝鸡文理学院学报》（社会科学版）2011 年第 3 期。

陈文妍：《苏州自来水事业的尝试和困境（1926—1937）》，《近代史研究》2020 年第 5 期。

陈曦：《河南商丘地区古城洪涝适应性景观研究》，硕士学位论文，北京大学，2008。

陈业新：《历史地理视野下的泗州城市水患及其原因探析》，《学术界》

2020 年第 5 期。
陈义勇、俞孔坚：《古代“海绵城市”思想——水适应性景观经验启示》，《中国水利》2015 年第 17 期。
陈玉琼、高建国：《山东省近五百年大水灌城的初步分析》，《人民黄河》1984 年第 2 期。
成一农：《中国古代城市选址研究方法的反思》，《中国历史地理论丛》2012 年第 1 辑。
程森：《清代豫西水资源环境与城市水利功能研究——以陕州广济渠为中心》，《中国历史地理论丛》2010 年第 3 辑。
程森：《历史时期关中地区中小城市供水问题研究——以永寿县为中心》，《三门峡职业技术学院学报》2013 年第 4 期。
仇立慧等：《古代西安地下水污染及其对城市发展的影响》，《西北大学学报》（自然科学版）2007 年第 2 期。
仇立慧：《隋唐时期都城选址迁移的资源环境因素分析》，《干旱区资源与环境》2011 年第 3 期。
党永辉、郑晓星：《明代中后期关中方志出版探微》，《中国出版》2014 年第 6 期。
邓辉：《元大都内部河湖水系的空间分布特点》，《中国历史地理论丛》2012 年第 3 辑。
邓林等：《关中盆地地下水氟含量空间变异特征分析》，《中国农村水利水电》2009 年第 4 期。
丁圣彦、曹新向：《清末以来开封市水域景观格局变化》，《地理学报》2004 年第 6 期。
董存杰：《为了结束饮用高氟水的历史——记蒲城县武装部长王大信》，《中国民兵》1986 年第 4 期。
董鉴泓：《我国城市与河流的关系》，《地理知识》1977 年第 12 期。
杜丽红：《知识、权力与日常生活——近代北京饮水卫生制度与观念嬗变》，《华中师范大学学报》（人文社会科学版）2010 年第 4 期。
杜鹏飞、钱易：《中国古代的城市给水》，《中国科技史料》1998 年第 1 期。
杜鹏飞、钱易：《中国古代的城市排水》，《自然科学史研究》1999 年第

2 期。

段天顺：《谈谈北京历史上的水患》，《中国水利》1982 年第 3 期。

段伟、李幸：《明清时期水患对苏北政区治所迁移的影响》，《国学学刊》2017 年第 3 期。

段伟：《黄河水患对明清鲁西地区州县治所迁移的影响》，《中国社会科学院研究生院学报》2021 年第 2 期。

范今朝、汪波：《运河（杭州段）功能的历史变迁及其对杭州城市发展的作用》，《浙江大学学报》（理学版）2001 年第 5 期。

费杰、何洪鸣：《明代左佩玹〈迁城论〉与耀州城的洪水灾害》，《防灾科技学院学报》2011 年第 4 期。

冯兵：《隋唐五代时期城市供水系统初探》，《贵州社会科学》2016 年第 5 期。

冯江：《建步立亩与精耕细作——吴庆洲教授的建筑教育之道》，《城市建筑》2011 年第 3 期。

冯晓多：《唐长安城的水资源及其利用》，《唐都学刊》2020 年第 4 期。

冯长春：《试论水塘在城市建设中的作用及利用途径——以赣州市为例》，《城市规划》1984 年第 1 期。

傅娟：《清乾嘉年间岳州府城的城市建设》，《华中建筑》2006 年第 11 期。

高升荣：《民国时期西安居民的饮水问题及其治理》，《中国历史地理论丛》2021 年第 2 辑。

高寿仙：《明代北京街道沟渠的管理》，《北京社会科学》2004 年第 2 期。

高玉山等：《楼兰的兴衰与环境变迁和环境灾害》，《成都大学学报》（自然科学版）2004 年第 3 期。

高源：《唐代长安城水环境与水污染研究》，硕士学位论文，华中师范大学，2019。

耿占军：《唐都长安池潭考述》，《中国历史地理论丛》1994 年第 2 辑。

古帅：《水患、治水与城址变迁——以明代以来的鱼台县城为中心》，《地方文化研究》2017 年第 3 期。

关菲凡：《广州城六脉渠研究》，硕士学位论文，华南理工大学，2010。

关治中：《潼关天险考证——关中要塞研究之三》，《渭南师专学报》（社会科学版）1999 年第 3 期。
郭声波：《隋唐长安龙首渠流路新探》，《人文杂志》1985 年第 3 期。
郭世强：《西安城市排水生态系统的近代转型——以民国西安下水道为中心》，《中国历史地理论丛》2016 年第 4 辑。
郭世强、李令福：《民国西安下水道建构与城市排水转型研究》，《干旱区资源与环境》2018 年第 2 期。
郭涛：《成都环境水利的变迁》，《大自然探索》1983 年第 4 期。
郭涛：《开展城市水利学的研究》，《未来与发展》1984 年第 4 期。
郭涛：《城市水利与城市水利学》，《四川水利》1995 年第 5 期。
韩光辉：《开拓北京水源的思考》，《自然资源》1994 年第 4 期。
韩光辉、王林弟：《新时期北京水资源问题研究》，《北京大学学报》（哲学社会科学版）2000 年第 6 期。
何峰：《历史时期苏州城市水道研究》，《中国水利》2014 年第 3 期。
何锦等：《中国北方高氟地下水分布特征和成因分析》，《中国地质》2010 年第 3 期。
何丽：《柳州城市发展及其形态演进（唐—民国）》，博士学位论文，华南理工大学，2011。
何一民、付娟：《从军城到商城：清代边境军事城市功能的转变——以腾冲、张家口为例》，《史学集刊》2014 年第 6 期。
何一民：《近水筑城：中国农业时代城市分布规律探析》，《江汉论坛》2020 年第 7 期。
何宇华、孙永军：《应用卫星遥感探索楼兰古城消亡之谜》，《国土资源遥感》2002 年第 2 期。
贺维周：《从考古发掘探索远古水利工程》，《中国水利》1984 年第 10 期。
侯仁之：《北京都市发展过程中的水源问题》，《北京大学学报》（人文科学）1955 年第 1 期。
侯甬坚：《西安城市生命力的初步解析》，《江汉论坛》2012 年第 1 期。
胡方平：《乐山文庙建筑特征试探》，《四川文物》1995 年第 3 期。
胡吉伟：《民国时期城市水患的应对与治理——以战前南京防水建设为例》，《民国档案》2014 年第 3 期。

胡谦盈:《汉昆明池及其有关遗存踏察记》,《考古与文物》1980年创刊号。

胡瑞英:《明清时期广州城市水资源利用的初步研究》,硕士学位论文,暨南大学,2008。

胡英泽:《凿池而饮:明清时期北方地区的民生用水》,《中国历史地理论丛》2007年第2辑。

胡英泽:《古代北方的水质与民生》,《中国历史地理论丛》2009年第2辑。

胡勇军、李霄:《唐宋及民国时期杭州城市沟渠建设研究》,《华北水利水电大学学报》(社会科学版)2016年第4期。

胡勇军:《民国时期杭州饮用水源及其空间差异性研究》,《史林》2017年第1期。

黄盛璋:《历史上的渭河水运》,《西北大学学报》(哲学社会科学版)1958年第2期。

黄盛璋:《西安城市发展中的给水问题以及今后水源的利用与开发》,《地理学报》1958年第4期。

黄云峰、方拥:《寿县古城道路与水系布局初探》,《华中建筑》2008年第4期。

贾俊霞、阚耀平:《隋唐长安城的水利布局》,《唐都学刊》1994年第4期。

贾璞:《汉魏洛阳城阳渠遗址与古代都城的生态水利建设》,《中州学刊》2017年第7期。

贾振文:《北京水灾及其社会影响》,《灾害学》1991年第1期。

蒋露露:《民国时期广州城市生活给水与排水考察》,硕士学位论文,暨南大学,2008。

蒋赞初:《南京城的历史变迁》,《江海学刊》1962年第12期。

金磊:《城市面临水灾的脆弱性分析——北京"7. 21"暴雨致灾的综合认知》,《北京城市学院学报》2012年第5期。

金磊:《反思灾害教训是城市进步的开始——由北京"7·21"暴雨之灾想到的》,《城市与减灾》2012年第5期。

靳怀堾:《中国古代城市与水——以古都为例》,《河海大学学报》(哲学社会科学版）2005 年第 4 期。
孔祥勇、骆子昕：《北魏洛阳的城市水利》，《中原文物》1988 年第 4 期。
雷冬霞、马光：《都邑发展与水环境——从西安城市水环境的历史变迁看可持续发展城市生态基础》，《华中建筑》2003 年第 1 期。
李恩军：《我国古代城市的排水排污设施的发展》，《环境教育》1998 年第 1 期。
李凤成、刘亮：《多重博弈下的民国时期南京城市水环境治理困境探析（1927—1937）》，《苏州大学学报》（哲学社会科学版）2021 年第 5 期。
李嘎：《关系千万重：明代以降吕梁山东麓三城的洪水灾害与城市水环境》，《史林》2012 年第 2 期。
李嘎：《明清时期山西的城市洪灾及其防治》，《中国地方志》2012 年第 6 期。
李嘎：《旱域水潦：明清黄土高原的城市水患与拒水之策——基于山西 10 座典型城市的考察》，《史林》2013 年第 5 期。
李嘎：《滹沱的挑战与景观塑造：明清束鹿县城的洪水灾难与洪涝适应性景观》，《史林》2020 年第 5 期。
李鸿渊：《孔庙泮池之文化寓意探析》，《中国名城》2010 年第 1 期。
李虎、崔亚军：《水资源的利用与民国时期咸阳城市经济的发展》，《中国历史地理论丛》2002 年第 3 辑。
李建国：《关中与天水历史渊源考——关中－天水经济区的历史阐释》，《陕西教育学院学报》2012 年第 2 期。
李健超：《汉唐长安城与明清西安城地下水的污染》，《西北历史资料》1980 年第 1 期。
李健超：《隋唐长安城清明渠》，《中国历史地理论丛》2004 年第 2 辑。
李京华等：《登封战国阳城贮水输水设施的发掘》，《中原文物》1982 年第 2 期。
李娟：《1128—1855 年黄河南泛对杞县城市形态的影响》，《三门峡职业技术学院学报》2011 年第 3 期。
李令福：《龙脉、水脉和文脉——唐代曲江在都城长安的文化地位》，《唐都学刊》2006 年第 4 期。

李令福：《论汉代昆明池的功能与影响》，《唐都学刊》2008年第1期。
李令福：《汉昆明池的兴修及其对长安城郊环境的影响》，《陕西师范大学学报》（哲学社会科学版）2008年第4期。
李梦扬：《民国时期西安自来水事业建设》，硕士学位论文，陕西师范大学，2018。
李乾太：《北魏故都平城城市水利试探》，《晋阳学刊》1990年第4期。
李先逵：《风水观念更新与山水城市创造》，《建筑学报》1994年第2期。
李亚：《历史时期濒水城市水灾问题初探——以北宋开封为例》，《华中科技大学学报》（社会科学版）2003年第5期。
李炎、梁晨：《南阳古城空间演变与城市水系的营建研究》，《华中建筑》2014年第4期。
李玉尚：《清末以来江南城市的生活用水与霍乱》，《社会科学》2010年第1期。
李裕宏：《北京城的雨涝灾害及防灾对策》，《海河水利》1993年第4期。
李裕宏：《1959年北京城大水回顾》，《北京水利》1999年第4期。
李昭淑等：《西安水环境的历史变迁及治理对策》，《中国历史地理论丛》2000年第3辑。
李贞子等：《我国古代城镇道路大排水系统分析及对现代的启示》，《中国给水排水》2015年第10期。
李振翼：《南郭寺“妙胜院”碑文与“天水湖”》，《天水行政学院学报》2004年第5期。
梁姗姗、王元林：《明清时期兰州城取水与水利变迁研究》，《兰州学刊》2012年第8期。
林从华：《闽台文庙建筑形制研究》，《西安建筑科技大学学报》（自然科学版）2003年第1期。
林正秋：《杭州西湖历代疏治史》（上），《现代城市》2007年第3期。
林正秋：《杭州西湖历代疏治史》（下），《现代城市》2007年第4期。
刘畅等：《中国古代城市规划思想对海绵城市建设的启示——以江苏省宜兴市为例》，《中国勘察设计》2015年第7期。
刘二燕：《陕西明、清文庙建筑研究》，硕士学位论文，西安建筑科技大学，2009。

刘海岩：《清末民初天津水供给系统的形成及其影响》，《历史档案》2006 年第 3 期。

刘亮：《清代至民国南京内河水环境治理模式演变研究》，《中国地方志》2018 年第 6 期。

刘树芳：《北京城的沿革与水（一）——商周至金代时期》，《北京水利》2003 年第 1 期。

刘树芳：《北京城的沿革与水——元朝》，《北京水利》2004 年第 1 期。

刘树芳：《北京城的沿革与水（明代）》，《北京水利》2004 年第 4 期。

刘树芳：《北京城的沿革与水——清朝与民国》，《北京水利》2005 年第 5 期。

刘卫：《广州古城水系与城市发展关系研究》，博士学位论文，华南理工大学，2015。

鲁春霞等：《北京城市扩张过程中的供水格局演变》，《资源科学》2015 年第 6 期。

陆敏等：《济南泉水治理的回顾与反思》，《济南大学学报》1991 年第 4 期。

陆敏：《济南水文环境的变迁与城市供水》，《中国历史地理论丛》1997 年第 3 辑。

陆敏、李墨卿：《济南泉水若干问题的历史地理探讨》，《中国历史地理论丛》1999 年第 2 辑。

陆敏：《济南地区水文环境的演化及其规律研究》，《人文地理》1999 年第 3 期。

路远：《明代西安碑林、文庙及府县三学整修述要》，《文博》1996 年第 1 期。

罗晓翔：《明清南京内河水环境及其治理》，《历史研究》2014 年第 4 期。

吕卓民：《西安城南交潏二水的历史变迁》，《中国历史地理论丛》1990 年第 2 辑。

马剑、张宇博：《洪水与战事中的清代绵州迁治研究》，《历史地理研究》2021 年第 2 期。

马正林：《由历史上西安城的供水探讨今后解决水源的根本途径》，《陕西师范大学学报》（哲学社会科学版）1981 年第 4 期。

马正林：《渭河水运和关中漕渠》，《陕西师范大学学报》（哲学社会科学版）1983年第4期。

马正林：《中国城市的选址与河流》，《陕西师范大学学报》（哲学社会科学版）1999年第4期。

孟祥晓：《水患与漳卫河流域城镇的变迁——以清代魏县城为例》，《农业考古》2011年第1期。

牛淑贞：《周边环境与归绥城市水患》，《干旱区资源与环境》2014年第8期。

庞小霞、胡洪琼：《商代城邑给排水设施初探》，《殷都学刊》2004年第1期。

彭蓉：《中国孔庙研究初探》，博士学位论文，北京林业大学，2008。

彭随劳：《千河流域水文特性分析》，《西北水资源与水工程》2002年第2期。

秦福海、李乾太：《浅论历史时期太原城市兴衰与水利事业的关系》，《山西水利》（水利史志专辑）1985年第2期。

邱仲麟：《明代北京的沟渠疏浚及其相关问题》，《台湾政治大学历史学报》第41期，2014年。

权伟：《明初南京山水形势与城市建设互动关系研究》，硕士学位论文，陕西师范大学，2007。

山阴子：《古代绍兴城市水利及其启示——纪念绍兴建城2500年》，《浙江水利水电专科学校学报》2012年第1期。

申雨康：《千河上游的“弦蒲薮”》，《中国历史地理论丛》2023年第1辑。

沈旸：《泮池：庙学理水的意义及表现形式》，《中国园林》2010年第9期。

盛华：《民国时期北京城市排水问题研究（1912—1948）》，硕士学位论文，北京师范大学，2012。

史红帅：《明代西安人居环境的初步研究——以园林绿化为主》，《中国历史地理论丛》2002年第4辑。

史红帅：《民国西安城市水利建设及其规划——以陪都西京时期为主》，《长安大学学报》（社会科学版）2012年第3期。

史念海：《论西安周围诸河流量的变化》，《陕西师范大学学报》（哲学社会科学版）1992 年第 3 期。

史念海：《环绕长安的河流及有关的渠道》，《中国历史地理论丛》1996 年第 1 辑。

宋亮：《陕西永寿县治迁移考》，《中国历史地理论丛》2019 年第 4 辑。

宋卓勋、陈淑敏：《北京市城市河湖功能的演变与发展》，《北京规划建设》1999 年第 1 期。

苏宓夫：《唐代对陇山森林的破坏》，《中国历史地理论丛》1994 年第 3 辑。

孙静、唐登红：《西安明城护城河的职能衍变与城市发展关系初探》，《四川建筑》2009 年第 S1 期。

谭徐明：《水环境对北京城市的造就——兼论北京城市建设中水环境的保护和利用》，《城市发展研究》1996 年第 1 期。

谭徐明：《水利工程对成都水环境的影响及其启示》，《水利发展研究》2003 年第 9 期。

谭徐明、周魁一：《中国古代城市水利的市政功能与环境功能——兼论城市规划中水利的位置》，《成都水利》1996 年第 4 期。

陶克菲等：《我国古代排水、排污设施的变化及发展》，《中国环境管理》2014 年第 2 期。

田亚岐：《秦都雍城布局研究》，《考古与文物》2013 年第 5 期。

田银生：《北宋东京城市建设的安全与防御措施》，《城市规划汇刊》1996 年第 4 期。

田银生：《自然环境——中国古代城市选址的首重因素》，《城市规划汇刊》1999 年第 4 期。

田莹：《论隋唐洛阳城的池沼》，《唐都学刊》2008 年第 1 期。

万红莲：《千河流域近 50 年降水变化特征及对径流量的影响》，《江西农业学报》2011 年第 3 期。

万京京、万乾山：《扬州唐代“城市水利”初探》，《江苏水利》2012 年第 5 期。

万谦、王瑾：《1788 年洪水对荆州城市建设的影响》，《华中建筑》2006 年第 3 期。

王保林：《历史时期河湖泉水与济南城市发展关系研究》，硕士学位论文，陕西师范大学，2009。

王聪明、李德楠：《巽亥合秀：明清淮安风水、水患与城市水利的文化功能》，《史林》2018 年第 5 期。

王浩等：《我国城市水问题治理现状与展望》，《中国水利》2021 年第 14 期。

王化昆：《唐代洛阳的水害》，《河南科技大学学报》（社会科学版）2003 年第 3 期。

王劲韬、薛飞：《元大都水系规划与城市景观研究》，《中国园林》2014 年第 1 期。

王蕾：《明清时期江汉平原水患与城镇发展》，《中南民族学院学报》（人文社会科学版）2000 年第 2 期。

王觅道：《古都西安的护城河》，《中国历史地理论丛》1997 年第 3 辑。

王明：《千河流域水资源开发利用现状及存在问题》，《地下水》2007 年第 4 期。

王其祎、周晓薇：《明西安通济渠之开凿及其变迁》，《中国历史地理论丛》1999 年第 2 辑。

王树声：《明初西安城市格局的演进及其规划手法探析》，《城市规划汇刊》2004 年第 5 期。

王树声：《黄河晋陕沿岸历史城市人居环境营造研究》，博士学位论文，西安建筑科技大学，2006。

王双怀：《曲江风景区的环境变迁》，《西北大学学报》（自然科学版）2000 年第 6 期。

王兴会：《21 世纪发展中国家城市水问题浅析》，《水利发展研究》2003 年第 4 期。

王元林：《明清西安城引水及河流上源环境保护史略》，《人文杂志》2001 年第 1 期。

王肇磊：《近代湖北城市水灾略论》，《江西师范大学学报》（哲学社会科学版）2013 年第 3 期。

王作良：《汉唐长安昆明池的功用及其文化与文学影响》，《长安大学学报》（社会科学版）2010 年第 3 期。

吴宏岐：《论唐末五代长安城的形制和布局特点》，《中国历史地理论丛》1999年第2辑。
吴宏岐、史红帅：《关于明清西安龙首、通济二渠的几个问题》，《中国历史地理论丛》2000年第1辑。
吴宏岐、张志迎：《黄泛平原古城镇水域景观历史地理成因初探》，《地域研究与开发》2012年第1期。
吴瑾冰：《从泗州城的湮灭看防灾》，《灾害学》1997年第4期。
吴良镛：《关于城市科学研究》，《城市规划》1986年第1期。
吴良镛：《建筑文化与地区建筑学》，《华中建筑》1997年第2期。
吴良镛：《中国城市史研究的几个问题》，《城市发展研究》2006年第2期。
吴朋飞：《韩城城市历史地理研究》，硕士学位论文，陕西师范大学，2005。
吴朋飞等：《明代河南大水灾城洪涝灾害时空特征分析》，《干旱区资源与环境》2012年第5期。
吴朋飞等：《1841年黄河决溢围困开封城的空间再现及原因分析》，《河南大学学报》（自然科学版）2014年第3期。
吴朋飞、刘德新：《审视与展望：黄河变迁对城市的影响研究述论》，《云南大学学报》（社会科学版）2020年第1期。
吴朋飞：《崇祯河决开封城的灾害环境复原》，《苏州大学学报》（哲学社会科学版）2021年第2期。
吴庆洲：《两广建筑避水灾之调查研究》，《华南工学院学报》1983年第2期。
吴庆洲：《试论我国古城抗洪防涝的经验和成就》，《城市规划》1984年第3期。
吴庆洲：《古台州城规划建设初探》，《城市规划》1986年第2期。
吴庆洲：《惠州西湖与城市水利》，《人民珠江》1989年第4期。
吴庆洲：《唐长安在城市防洪上的失误》，《自然科学史研究》1990年第3期。
吴庆洲：《广州古代的城市水利》，《人民珠江》1990年第6期。
吴庆洲：《中国古城的选址与防御洪灾》，《自然科学史研究》1991年第

2期。
吴庆洲:《中国古代的城市水系》,《华中建筑》1991年第2期。
吴庆洲:《中国古城防洪的技术措施》,《古建园林技术》1993年第2期。
吴庆洲:《中国古代哲学与古城规划》,《建筑学报》1995年第8期。
吴庆洲:《古广州城与水》,《中外建筑》1997年第4期。
吴庆洲:《中国古城防洪的历史经验与借鉴》,《城市规划》2002年第4期。
吴庆洲:《中国古城防洪的历史经验与借鉴》(续),《城市规划》2002年第5期。
吴庆洲:《中国古城防洪的成功范例——成都》,《南方建筑》2008年第6期。
吴庆洲:《荆州古城防洪体系和措施研究》,《中国名城》2009年第3期。
吴庆洲:《寿州古城防洪减灾的措施》,《中国名城》2010年第1期。
吴庆洲:《龟城赣州营建的历史与文化研究》,《建筑师》2012年第1期。
吴庆洲:《汉魏洛阳城市防洪的历史经验及措施》,《中国名城》2012年第1期。
吴庆洲:《古代经验对城市防涝的启示》,《灾害学》2012年第3期。
吴庆洲:《借鉴古代经验,防暴雨城市涝灾》,《中国三峡》2012年第7期。
吴庆洲:《论北京暴雨洪灾与城市防涝》,《中国名城》2012年第10期。
吴庆洲:《乐山古城历代水患与防洪措施研究》,《城市与区域规划研究》2013年第1期。
吴庆洲:《襄阳古城历代防洪体系的建设及减灾措施》,《中国名城》2013年第4期。
吴庆洲:《杭州西湖文化景观的兴废及其启示》,《南方建筑》2013年第5期。
吴庆洲:《“水都”的变迁——梧州城史及其适洪方式》,《建筑遗产》2017年第3期。
吴庆洲等:《中国古城排涝减灾经验及启示》,《中国市政工程》2013年增刊。
吴庆洲等:《城水相依显特色,排蓄并举防雨潦——古城水系防洪排涝历史经验的借鉴与当代城市防涝的对策》，《城市规划》2014年第8期。
吴庆洲等：《赣州古城理水经验对“海绵城市”建设的启示》，《城市规划》2020年第3期。
吴文涛：《清代永定河筑堤对北京水环境的影响》，《北京社会科学》2008年第1期。
吴小伦：《明清时期沿黄河城市的防洪与排洪建设——以开封城为例》，《郑州大学学报》（哲学社会科学版）2014年第4期。
吴运江等：《古老的市政设施——赣州“福寿沟”的防洪预涝作用》，《中国防汛抗旱》2017年第3期。
吴左宾：《明清西安城市水系与人居环境营建研究》，博士学位论文，华南理工大学，2013。
向德富、孙继：《楚纪南城水利设施初探》，《沈阳工程学院学报》（社会科学版）2011年第3期。
肖爱玲、朱士光：《关中早期城市群及其与环境关系探讨》，《西北大学学报》（自然科学版）2004年第5期。
谢立阳：《潼关历史地理研究》，硕士学位论文，陕西师范大学，2012。
辛德勇：《隋唐时期陕西航运之地理研究》，《陕西师范大学学报》（哲学社会科学版）2008年第6期。
徐凯希：《乾隆五十三年的荆州大水及善后》，《历史档案》2006年第3期。
徐小亮：《都城时代安阳水环境与城市发展互动关系研究》，硕士学位论文，陕西师范大学，2008。
徐昭峰：《试论东周王城的城市用水系统》，《中原文物》2014年第1期。
徐智：《清代南京水患治理研究》，《理论界》2012年第10期。
许继清、张庆：《商丘古城坑塘水系探微》，《山西建筑》2010年第24期。
许继清等：《黄泛平原古城“环城湖”与城市防洪减灾》，《人民黄河》2011年第9期。
许鹏：《清代政区治所迁徙的初步研究》，《中国历史地理论丛》2006年第2辑。

许正文:《潼关沿革考》,《人文杂志》1989 年第 5 期。

许正文:《论曲江池的兴衰》,《唐都学刊》2002 年第 3 期。

严浩伟:《明清河西地区水与城镇关系研究》,硕士学位论文,陕西师范大学,2008。

晏雪平:《历史时期南昌城排水系统及其变迁——兼及南昌城内及周边河湖的演变》,《江西师范大学学报》(哲学社会科学版)2014 年第 2 期。

杨金辉:《浅论长安昆明池的开挖缘由》,《西安文理学院学报》(社会科学版)2007 年第 3 期。

杨金辉:《长安昆明池的兴废变迁与功能演变》,《贵州师范大学学报》(社会科学版)2007 年第 5 期。

杨俊博:《从水源问题看汉魏洛阳城址的迁移》,《河南师范大学学报》(哲学社会科学版)2013 年第 5 期。

姚亦锋:《南京城市水系变迁以及现代景观研究》,《城市规划》2009 年第 11 期。

殷淑燕、黄春长:《论关中盆地古代城市选址与渭河水文和河道变迁的关系》,《陕西师范大学学报》(哲学社会科学版)2006 年第 1 期。

尹家衡:《城市环境地质研究破译千古之谜——楼兰古城神秘消亡新解》,《火山地质与矿产》2001 年第 2 号。

尹玲玲:《历史时期三峡地区的城镇水资源问题与水利工程建设》,《华北水利水电学院学报》(社科版)2012 年第 5 期。

雍际春、李根才:《段谷与上邽地望考》,《天水师范学院学报》2002 年第 4 期。

于志嘉:《犬牙相制——以明清时代的潼关卫为例》,《"中央研究院"历史语言研究所集刊》第 80 本第 1 分,2009 年。

余新忠:《清代城市水环境问题探析:兼论相关史料的解读与运用》,《历史研究》2013 年第 6 期。

俞孔坚等:《"海绵城市"理论与实践》,《城市规划》2015 年第 6 期。

俞孔坚、张蕾:《黄泛平原古城镇洪涝经验及其适应性景观》,《城市规划学刊》2007 年第 5 期。

俞孔坚、张蕾:《黄泛平原区适应性"水城"景观及其保护和建设途径》,《水利学报》2008 年第 6 期。
虞家钧:《杭州沿革和城市发展》,《地理研究》1985 年第 3 期。
曾新、梁国昭:《广州古城的湿地及其功能》,《热带地理》2006 年第 1 期。
张国硕、程全:《试论我国早期城市的选址问题》,《河南师范大学学报》(哲学社会科学版) 1996 年第 2 期。
张慧茹:《南宋杭州水环境与城市发展互动关系研究》,硕士学位论文,陕西师范大学,2007。
张建锋:《汉长安城排水管道的考古学论述》,《中原文物》2014 年第 5 期。
张俊峰、张瑜:《湖殇:明末以来清源东湖的存废与时运——兼与汾阳文湖之比较》,《山西大学学报》(哲学社会科学版) 2013 年第 3 期。
张力仁:《清代陕西县治城市的水灾及其发生机理》,《史学月刊》2016 年第 3 期。
张亮:《近代四川城市水源结构的空间差异性研究》,《云南大学学报》(社会科学版) 2018 年第 2 期。
张领先:《民国南京城市防洪建设研究 (1932—1937)》,硕士学位论文,南京师范大学,2019。
张龙海、朱玉德:《临淄齐国故城的排水系统》,《考古》1988 年第 9 期。
张宁、张旭:《汉昆明池的兴废与功能考辨》,《文博》2013 年第 3 期。
张涛、王沛永:《古代北京城市水系规划对现代海绵城市建设的借鉴意义》,《园林》2015 年第 7 期。
张文锦、唐德善:《近年来我国城市水利研究综述》,《水利发展研究》2011 年第 2 期。
张亚祥:《泮池考论》,《孔子研究》1998 年第 1 期。
张亚祥、刘磊:《泮池考论》,《古建园林技术》2001 年第 1 期。
张亚祥、刘磊:《孔庙和学宫的建筑制度》,《古建园林技术》2001 年第 4 期。
张尧娉:《古罗马水道研究的历史考察》,《史学月刊》2020 年第 7 期。
张一恒:《对中国古代城市建设中“水”的分析及启示》,《江苏城市规划》2009 年第 3 期。

赵冰:《黄河流域:天水城市空间营造》,《华中建筑》2013 年第 1 期。

赵建、张咏梅:《济南市城市水系及其变化研究》,《山东师范大学学报》(自然科学版)2007 年第 1 期。

赵强:《略述隋唐长安城发现的井》,《考古与文物》1994 年第 6 期。

郑力鹏:《沿海城镇防潮灾的历史经验与对策》,《城市规划》1990 年第 3 期。

郑连第:《城市水利的历史借鉴》,《中国水利》1982 年第 1 期。

郑连第:《历史上的城市与水》,《中国城镇》1988 年第 3 期。

郑连第:《水与古代北京城》,《百科知识》1988 年第 3 期。

郑连第:《古代城市防洪》,《中国水利》1989 年第 5 期。

郑晓云、邓云斐:《古代中国的排水:历史智慧与经验》,《云南社会科学》2014 年第 6 期。

郑晓云:《国际水历史科学的进展及其在中国的发展探讨》,《清华大学学报》(哲学社会科学版)2017 年第 6 期。

周魁一:《我国古代的虹吸和倒虹吸》,《农业考古》1985 年第 2 期。

周烈勋、陈渭忠:《成都城市水利的昨天、今天和明天》,《四川水利》1995 年第 5 期。

周玮:《晚清至近现代常德城市发展及防洪研究》,硕士学位论文,华南理工大学,2007。

周祝伟:《宋代杭州南湖及其变迁考》,《浙江学刊》2007 年第 2 期。

朱勍等:《我国中部地区城市历史水系结构性修复与内涝治理研究——以河南省典型城市为例》,《水利学报》2022 年第 7 期。

朱祖希:《从莲花池到后门桥——访历史地理学家、中科院院士、北京大学教授侯仁之先生》,《北京规划建设》2001 年第 1 期。

邹卓君、杨建军:《城市形态演变与城市水系动态关系探讨》,《规划师》2003 年第 2 期。

(四)外文著作和论文

A. N. Angelakis, et al., *Evolution of Water Supply Through the Millennia* (London: IWA Publishing, 2012).

B. A. Stewart, et al., *Encyclopedia of Water Science* (New York: Marcel Dekker Inc., 2003).

I. K. Kalavrouziotis, A. N. Angelakis, *Regional Symposium on Water, Wastewater and Environment: Traditions and Culture* (Patras: Hellenic Open Univ., 2014).

A. Koenig, D. Wei, "Multi-functional Hydraulic Works for Urban Water Supply in Ancient China," (The 3rd International Symposium on Water and Wastewater in Ancient Civilizations, Istanbul, Turkey, 22 – 24 March 2012), pp. 269 – 278.

A. Koenig, S. C. C. Fung, "Ancient Water Supply System of the Old Town of Lijiang, Yunnan Province, China," *Water Science & Technology: Water Supply* 3 (2010): 383 – 393.

A. N. Angelakis, et al., "Urban Water Supply, Wastewater, and Stormwater Considerations in Ancient Hellas: Lessons Learned," *Environment and Natural Resources Research* 3 (2014): 95 – 102.

D. Koutsoyiannis, et al., "Urban Water Management in Ancient Greece: Legacies and Lessons," *Journal of Water Resources Planning and Management* 1 (2008): 45 – 54.

G. Antoniou, et al., "Historical Development of Technologies for Water Resources Management and Rainwater Harvesting in the Hellenic Civilizations," *International Journal of Water Resources Development* 4 (2014): 680 – 693.

G. D. Feo, et al., "Historical and Technical Notes on Aqueducts from Prehistoric to Medieval Times," *Water* 4 (2013): 1996 – 2025.

G. D. Feo, et al., "The Historical Development of Sewers Worldwide," *Sustainability* 6 (2014): 3936 – 3974.

L. W. Mays, D. Koutsoyiannis, A. N. Angelakis, "A Brief History of Urban Water Supply in Antiquity," *Water Science & Technology: Water Supply* 1 (2007): 1 – 12.

P. Bono, C. Boni, "Water Supply of Rome in Antiquity and Today," *Environmental Geology* 2 (1996): 126 – 134.

P. Du, H. Chen, "Water Supply of the Cities in Ancient China," *Water Science & Technology: Water Supply* 1 (2007): 173 – 181.

P. Du, X. Zheng, "City Drainage in Ancient China," *Water Science & Technology: Water Supply* 5 (2010): 753 – 764.

Q. Wu, "The Protection of China's Ancient Cities from Flood Damage," *Disasters* 3 (1989): 193 – 227.

Q. Wu, "Urban Canal Systems in Ancient China," *Journal of South China University of Technology* (*Natural Science Edition*) 10 (2007): 61 – 69.

Q. Wu, "Study on Urban Construction History and Culture of the Tortoise City of Ganzhou," *China City Planning Review* 4 (2011): 64 – 71.

W. Che, M. Qiao, S. Wang, "Enlightenment from Ancient Chinese Urban and Rural Stormwater Management Practices," *Water Science & Technology* 7 (2013): 1474 – 1480.

X. Cao, S. Ding, "Landscape Pattern Dynamics of Water Body in Kaifeng City in the 20th Century," *Journal of Geographical Sciences* 1 (2005): 106 – 114.

X. Y. Zheng, "Water Management in a City of Southwest China before the 17th Century," *Water Science & Technology: Water Supply* 3 (2013): 574 – 581.

后　记

本书是在本人博士学位论文的基础上，经过大幅度调整和修改完成的。2010 年，本人就开始本书的相关研究，持续至今已有十余年时间。虽然到目前为止，我仍对本书有许多不满意的地方，但时间到了，还是和大家见面吧！至于书中问题研究的好坏，还请各位专家批评指正。在此，我并不想说自己研究、写作历程的曲折与艰辛，也许科研道路大多如此吧！书稿出版之际，有些话必须附于书后，那就是感谢与惭愧。

就感谢而言，这些年来，需要感谢的人太多了。首先，我要感谢我的家人。在本书的研究与写作过程中，他们为我付出太多，凡是能不让我操心的家事几乎从不让我操心，让我全心全意去工作。其次，我要感谢我的老师们，尤其是中国科学技术大学人文与社会科学学院的石云里教授、吕凌峰副教授和复旦大学历史地理研究中心的费杰教授。无论是读书期间，还是后来工作期间，无论是在科研方面，还是在生活方面，各位先生都给我提供了极大的帮助，对我进行了多方指导。滴水之恩，涌泉相报；涌泉之恩，无以为报。再次，我要感谢学界的前辈。本书探讨的相关议题，学界相关领域已有丰厚的研究。我在前贤研究的基础上，提出“区域”“整体”的研究思路，旨在全面系统考察历史时期城市与水环境的互动关系。在本书研究与写作的过程中，我曾先后咨询了相关学界前辈，并得到他们的指导和建议。也许现在，他们中有些人已经想不起我了。不过在此，我还是要郑重地对他们说声：谢谢！他们是：华南理工大学建筑学院吴庆洲教授和郑力鹏教授、国际水历史协会前主席郑晓云教授、清华大学环境学院杜鹏飞教授、华东师范大学地理科学学院何洪鸣教授、云南大学历史与档案学院潘威教授、南京信息工程大学法政学院李晓岑教授等。最后，我要感谢那些曾在各个方面给予我帮助的人。史学研究的基础是史料的搜集与整理。在本书的研究过程中，有太多的人为我搜集史料提供过帮助，既有素昧平生的国家图书馆、南京图书馆、江苏省方志馆、合阳县地方志编纂中心、陇县档案馆、千阳县档案馆、甘谷县档案馆等单位的工作人员，也有相识多年的同门师兄弟、本科同学周文燕和浙江大学博士研究生张文祥，等等。本书的项目申报与出版，离不开南京信息工程大学和中国科学技术大学的大力支持和资助，离不开社会科学文献出版社周琼编审等人的辛勤付出，在此一并致谢。

说到惭愧，这些年来，愧疚与不安时常萦绕心头。首先，我愧对家人。工作以来，我几乎将所有时间都献给了工作，为家庭付出太少。对于女儿的成长，我错过了许多重要时刻，很少陪她出去玩。对于父母、岳父母和妻子，他们为我付出了太多，承受了太多，而我并没有为他们“做什么”。其次，我愧对师长。毕业至今，我虽然努力工作，每天忙得像个陀螺，但因资质驽钝，至今没有取得成绩。最后，我对本书的相关研究仍有不足。记得2012年暑假，我给自己定下两个“只要”：只要是关于“城市与水”的研究，我全都看；只要是关于“关中－天水地区”的史料，我全都搜集。现在，十多年过去了，我做得如何了？在史料搜集方面，我一直希望做到“竭泽而渔”，如今还是有一定差距，尤其是在城建档案的搜集方面。国家社科基金后期资助项目立项后，我原本想去西北地区做进一步考察，但疫情发生了，许多计划被迫停止。虽然疫情期间，我尽一切可能去西北地区实地考察和获取资料，但总体而言，实地考察和现场感知方面仍有不足。在对前贤研究的关注方面，我虽然尽可能地广泛涉猎，但可能还是挂一漏万。与学界前辈的学术探讨，限于学识，可能有诸多不足或不当之处，还请相关者海涵。

本书呈现的是，本人十余年来对历史时期城市水利的一些思考和浅见。由于本人学识有限、精力有限、能力有限，书中谬误在所难免，敬请大家指正批评。最后想说的是，对于学术，我一直充满着期待，充满着热情，因为这件事情有趣、重要。我将不忘初心，持续努力，继续在学术道路上努力前进。

王　挺

2023年6月12日

于安徽合肥科大花园东苑